3ds Max + VRay

产品设计表现技法

卢建 李晓瑞/编著

清华大学出版社
北京

内 容 简 介

本书针对产品设计专业，精细地讲解3ds Max 和VRay的相关知识，包括建模、材质、灯光、摄影机、产品动画、渲染技术等。本书以实例教学为主，精选由易到难的多个有代表性的设计实例，包括家具制作、电器制作、电子产品制作、交通工具制作、产品动画制作等，让读者在学习技术的同时也感悟优秀的设计理念。

本书特点是针对性强、模型制作精细、材质表现逼真、渲染效果真实自然，最终作品均达到照片级品质。为避免学习软件的枯燥，作者在本书的实例讲解部分配有全程视频教程，结合7年的教学经验通俗易懂且有深度地讲解有关知识。通过对本书内容的学习理解，读者可在产品设计表现方面达到较高水平。

本书非常适用于高校产品设计专业师生和产品设计师，同时也可作为其他相关专业以及三维设计爱好者学习3ds Max和VRay的参考用书。

图书在版编目(CIP)数据

3ds Max+VRay产品设计表现技法 / 卢建，李晓瑞编著. — 北京：清华大学出版社，2017（2019.8重印）
ISBN 978-7-302-47637-5

Ⅰ.①3… Ⅱ.①卢… ②李… Ⅲ.①工业产品—计算机辅助设计—应用软件—教材
Ⅳ.①TB472-39

中国版本图书馆 CIP 数据核字（2017）第 145389 号

责任编辑：陈绿春
封面设计：潘国文
版式设计：方加青
责任校对：胡伟民
责任印制：宋　林

出版发行：清华大学出版社
网　　址：http://www.tup.com.cn，http://www.wqbook.com
地　　址：北京清华大学学研大厦 A 座　　**邮　　编：**100084
社 总 机：010-62770175　　**邮　　购：**010-62786544
投稿与读者服务：010-62776969，c-service@tup.tsinghua.edu.cn
质 量 反 馈：010-62772015，zhiliang@tup.tsinghua.edu.cn
印 装 者：三河市春园印刷有限公司
经　　销：全国新华书店
开　　本：190mm×260mm　　**印　　张：**21.75　　**字　　数：**680 千字
版　　次：2017 年 10 月第 1 版　　**印　　次：**2019 年 8 月第 3 次印刷
定　　价：89.00 元

产品编号：055424-01

前言

Autodesk 3ds Max是国际最流行的一款三维设计软件，广泛应用于包括产品设计在内的各行各业。3ds Max具有建模、材质、灯光、动画、特效、渲染等功能。好的创意需要具体地表现出来，设计表现类课程是培养产品设计人才的核心课程，课程要求学生能够熟练地应用计算机辅助设计软件表达自己的设计想法。

本书是为了使读者能更好的运用3ds Max进行设计表现而撰写的实用型教材，案例讲解从易到难，逐渐深入。作者七年来从事三维设计技法课程和产品设计课程教学，具有丰富的理论和实践经验。书中首先介绍基础知识，然后借助多个经典设计案例对各种操作方法和技术进行实例讲解。各章节的范例均是世界级的经典设计，在讲解技术的同时也讲解设计，使读者在学习设计表现技法的同时亦能够体会到优秀的设计思想。

本书共分7章，通过一系列的案例深入浅出地讲解3ds Max在产品设计表现方面的应用。第1章的内容主要包括产品设计表现概述与3ds Max基础知识。第2章通过红蓝椅讲解几何体建模，第3章通过瓦西里椅讲解二维图形建模和多边形建模。第4章通过自鸣水壶讲解家居用品制作。第5章通过iPhone 6s讲解电子产品制作。第6章通过法拉利跑车讲解交通工具制作。第7章讲解产品设计展示常用动画制作。本书的第2～7章全部有配套视频教学文件，总时长达21小时，可帮助读者更轻松地学习。

本书适用于产品设计从业人员、高校设计类学生、三维设计爱好者等，同时也适合作为高校教材、培训教材使用。书中的知识不仅适用于产品设计专业教学，也适合影视片头包装、影视产品广告、电影电视特技、游戏建模、虚拟现实等行业的读者学习。

本书素材文件下载地址：http://pan.baidu.com/s/1kVC9JKV 密码：8sjz。

扫描章首页的二维码，同样可以下载本书素材，进行深度学习。

本书素材使用说明，请扫描下面二维码查看。

本书由卢建（四川师范大学）、李晓瑞（四川传媒学院）编写，参与编写的人员还有牟家平、魏婷、马陈、安雪、邓如川、刘丹、李佳倩、杨凌莉、赵爱博、王磊、代璐、舒昭盛、李淑琪、颜弘烨。

作者

2017年7月

目

录

第1章　3ds Max与产品设计表现

第2章　几何体建模

——赫里特·托马斯·里特维尔德的红蓝椅

第3章　二维图形建模

——马塞尔·布劳耶的瓦西里椅

第4章　家居用品制作

——迈克尔·格雷夫斯自鸣水壶

第7章 产品设计展示动画
——飞利浦超声诊断系统ClearVue 650

第1章

3ds Max与产品设计表现

1.1 产品设计表现概述

产品设计是一个多学科交叉融合的应用型学科，既有功能性要求又有审美性要求。除功能和审美之外，一件产品的设计还要考虑到经济性、易用性、环保性、象征意义等。产品设计涉及的范围十分广泛，20世纪美国著名设计师罗维说："从可乐瓶到航天飞机都是产品设计的范畴"。产品设计已经是现代社会物质生活和精神生活的重要组成部分，很大程度上推动着人们生活方式的改变和生活质量的提高。

一个好的创意需要具体地表现出来，《产品设计表现技法》是培养产品设计人才的核心课程之一。产品设计表现类课程要求学生通过学习掌握手绘设计表现和计算机辅助设计的基本知识及原理，还要掌握几种常用的设计表现技法，能够熟练地运用设计表现技法来表达自己的设计目的。

产品设计效果图，图1.1所示是设计师将设计构想转化为现实产品的表达手段，发挥着语言文字等表现手段所不可替代的作用。其实质是将虚拟的构想加以视觉化，将抽象的形象具象化，充分表达一个产品的完整面貌。在解读产品设计效果图时，除了品味效果图本身的画面美感，更重要的是理解其作为视觉媒介带来的设计信息。

图1.1

产品设计效果图是创造的果实，是设计师独有的表达语言，在设计实践中具有不可或缺的重要地位。一个新的产品设计能否达到生产要求，设计师对产品的理解而产生的创意起着决定性的作用，制作产品设计效果图是一项综合性的创造活动，体现着设计师对创新的探索精神。产品设计师自身的专业素质和专业技能可以通过产品设计效果图体现出来。一般而言，设计师在进行产品设计的过程中，总是在已有知识和经验的基础上思考用户对产品的需求，发挥丰富的想象力，设计出符合要求的设计方案。产品设计效果图体现了设计师感悟生活、发现问题、解决问题的能力，将实用新型、产品改良甚至是发明创造包含在新的设计方案中。在物质生活堪称丰富的今天，各式各样的产品提供给消费者挑选，越来越多的厂商意识到要想赢得竞争，必须要重视产品设计。

产品设计必须考虑产品、人、环境三者的关系，因此也受到众多学科领域的影响。设计效果图表达的对象是创新的产品，产品设计师通过设计效果图这一表达方式体现出多学科知识，包括美学、技术美学、符号学、心理学、经济学、生理学、人机工程学、材料学、工艺学、生态学等方面。产品设计效果图还能反映出设计师对市场和消费者的了解，对行业技术条件、制造工艺等情况的了解，也体现出设计师综合解决问题的能力。

产品设计效果图是产品设计师的专业语言，是设计师必须掌握的技能。不少人轻视产品设计效果图的作用，认为只要有好的想法就可以，这种认识是错误的。熟练掌握产品设计效果图表达技法的设计师，可以轻松地将奇思妙想展现出来，有助于轻松开展设计工作，使图示思维方式与精准造型得到综合呈现，使设计开发相关人员更直观、明确、轻松地看到未来的产品。

1.1.1 设计表现的重要性

（1）设计表现是设计师创意灵感的具体体现，是设计师感悟生活、发现问题、解决问题的具象表现，具体而言就是通过各种方式方法把设计师的设计思想准确具象地呈现出来。

在产品设计过程中，往往从条件到构思再到表现然后定案，会经历一个流程。这个流程中的每一个环节都扮演着不同的重要角色，在生产出实体之前的设计表现无疑的最直观、最说明问题的一个环节。也就是说产品设计过程中，设计图的表现是一个将思维物化的过程，从无形到有形，从想象到具体，体现了一个复杂的创造性思维过程。流畅、快速的设计表现技法是设计师表达设计构思最直接、最重要和最经济的手段之一。设计表现图可以将一个多次反复、循序渐进的设计构思过程迅速、清晰地表现出来。这样既是记录设计过程、思考的重点以供设计师自己推敲之用，也是作为展示给有关客户、生产、销售等各类人员并进行协调沟通，从而实现设计构思的目的。因此，产品设计表现的技法课程应和产品设计创新表达紧密结合起来，不仅仅是强调技法的实践性。

表现技法作为设计创新思维表达的工具，要先行一步。随着社会的发展，计算机新媒体的普及和现代数字化时代的到来，现代设计表现也呈现出多样性。常见的有手绘设计表现、计算机辅助设计效果图表现、工程图的表现、手工模型的表现等。每种表现手法都有其独有的特色。手绘设计表现是设计概念生成的最好的交流工具，因为它能灵活快速地把创造思维灵感的火花记录下来。计算机辅助设计效果图表现可以很完整且细致地表现出某个产品的形态，但由于时间和工具本身的特点，设计的想象力会受到一些限制。工程图从工程方面反映产品的形状、结构、装配和加工方式。模型表现是从三维角度表现设计构想空间形态细节。由此可见，无论是何种形式的表现，其最终目的都是达到以设计意图为中心，把内在的含义由内而外地体现出来，用最快的速度传递给受众。每种表现都有各自的优缺点，在具体的实践中只有对多种技法加以借鉴才能达到更好的效果。

由此可见，设计表现是设计师在概念构思创意阶段快速表现自己创意的最佳方法。当然创意思维是所有艺术与设计的生命及核心，创意表现是创意思维与创意实现的一个桥梁，也是设计表现课程训练的主要内容。因此，产品设计表现技法训练的最终目的是培养学生的绘画表现能力、空间想象能力和创意思维能力，全面地提高他们的想象力、表现力和美学感悟力。

（2）设计表现具有语言文字无法企及的作用，能够帮助设计师更形象深入地思考设计。在设计实践过程中，设计表现和设计是相辅相成的，很难截然分开，不存在离开视觉形象表现的设计。对于设计方案的艺术性、科学性、经济性等方面的论证都需要设计表现的支持。

设计师的首要任务无疑是在图纸上较准确地反映出产品创意设计的意图。在过去，设计人员一般都需要采用绘制轴测图和透视图的方法，大量绘制设计方案图和效果图，还需要通过制作产品实物模型来展示效果。这样产生的效果并不理想。首先效果图是静止的，并不能全方位表现产品的造型及整体效果。其次这样做的成本高、周期又长，很难生产可供选择的多种方案，极大地影响产品进入市场的进程。再者这样也花费设计师的大量时间并造成重复劳动。设计师面临的严峻问题就是如何用更先进有效的设计手段来加快产品的开发，使产品设计表现符合时代潮流，满足市场需求。随着计算机技术的迅速发展，数字化时代的到来给设计师带来了根本性的变革。例如计算机辅助设计CAD技术在产品设计领域中的应用，能快速制作出形象逼真的产品动画效果、彩色效果图和精确的工程图。这样既提高设计质量、缩短设计周期，也极大地改善了设计人员的工作条件。

设计表现效果图是一种表现形式，是设计师采用某种视觉表现手段，在产品最终实现之前，使设计无论从质感、色彩、尺度上都能准确无误地展示给受众的一种传达手段。它具有很强的沟通功能和说服功能，是设计师与客户、生产者进行交流的重要工具。作为表达设计师构思和创意的媒介，它被广泛地应用于电子产品设计、汽车设计、建筑设计、平面广告设计、包装设计等领域。

1.1.2 产品设计表现手段

（1）手绘设计表现。设计创新，表现技法是首要考虑的因素。徒手绘制效果图是传统的设计表现方式，具有较强的艺术性，如图1.2所示。从达·芬奇的设计手稿中可以看出，手绘表现的朴素线条之下蕴含着丰富的意境。手绘效果图尤其是构思草图可以快速捕捉设计师瞬间的灵感，伴随着抽象灵活的线条展开自由的思考和创新。手绘效果图的主要作用是设计师之间的交流和自我交流，多采用简单概括的快速手绘方式。虽然精细的手绘效果图可以达到细腻甚至逼真的程度，但这种效果图费时费力且难以修改，故设计师很少采用。在设计初始阶段的手绘表现具有快速性和灵活性，但要详细完整地表达设计就力不从心了。复杂的产品结构、产品细节、材料质感等难以靠手绘表现清楚，而且工作效率低下。

图1.2

工业设计是依据市场需求对工业产品进行预想的开发设计，是一门实践性很强的应用学科。根据市场的需求，对消费者的分析，对工业产品从材料、形态、构造、色彩等各方面进行综合设计，以达到兼具实用功能和审美功能，从而既满足人们物质需求又满足人们精神需要的目的。手绘产品效果图能快速地抓住设计灵感，充分体现出新产品的设计理念和效用，是工业设计方案构思、资料搜集最有效的方法，是设计中的重要环节。产品设计效果图包含设计者对产品的感性形象思维和理性逻辑思维，是产品设计中的重要步骤，也是一名成功的产品设计师必须掌握的一项基本功。

近些年来社会的飞速发展，随着多媒体工具广泛应用和电脑绘图软件的普及，产品设计效果图也引进了数字化技术。手绘设计表达逐渐被各种电脑制图所取代。但仍有很多产品设计师坚持徒手绘图，之所以这样，是因为他们认为从手绘效果图这种最原始的表达方式中可以看到即兴的趣味和他们的设计姿态，能同他人交流得更多、更深入。所以说手绘效果图作为设计师用来表达设计意图、传达设计理念的一种专业技法，对未来产品设计师来说尤为重要。手绘设计表现在工业产品设计学习中永远不会被去除，因为它既是一种设计语言，又是设计的组成部分，是“从意到图”的设计构思与设计实践的升华，它不仅体现了产品设计的内在观念，还是促使工业设计发展的前沿力量。从徒手绘制的图纸中可以看到制图人的思考、困惑、文化背景等内容。除此之外，徒手绘图即兴、有姿态，具有描述性、思想性强且不受任何约束等特点。

（2）平面设计软件表现。产品设计是一门综合性学科，它不断吸收着最新的科学技术，这是面向批量生产制造的产品设计与其他艺术设计不同的一面。大量的新技术、新材料、新工艺会被不断地吸收运用到设计中，作为设计重要一环的表现也是如此。随着计算机硬件性能的不断提高和软件技术的快速发展，计算机辅助设计于20世纪80年代逐步普及，并承担了大部分的设计制图工作，是技术与艺术的又一次融合。与手绘相比，计算机辅助设计不仅表现力更强，也使设计工作变得更加高效。

产品效果图是产品设计师在没有将设计生产为实际产品，消费者没有获得直观使用体验前，将设计传达给客户和消费者的重要传达媒介。产品设计师对其设计进行必要的视觉化载体，借此来演示其设计构思的表现手段。利用计算机绘制产品平面效果图的过程和进行手绘产品效果图的过程都是关注产品的形态与质感，即产品外壳所使用的材料及其表现出来的肌理。只要能抓住这两点，我们就能以不变应万变，随心所欲地选择合适的表现手法绘制想要的效果，提高工作效率。产品计算机二维效果图主要表现产品的正面、左侧、右侧、顶部、底部、背面，并以工程图中三视图或者六视图的位置摆放，如图1.3所示。在制作之前，设计师需要用系统的方法来思考效果图的制作过程，也就是将产品的设计理念图形化的过程。

图1.3

随着计算机辅助工业设计（CAID）的发展，逐渐产生新的表现产品效果图的技法，即在计算机的工作平台上用三维或者平面设计软件来表达设计师的最终产品设计方案。这些新技法中，设计师常用Photoshop、CorelDRAW、Adobe Illustrator等平面设计软件来表现产品设计。平面设计软件善于运用三视图的形式进行设计表达，设计图具有更明确的产品结构关系和更真实的质感。运用平面设计软件分层次进行绘制的效果图细节丰富、质感细腻，且可控性非常高，修改时不会影响其他层次。产品绘图中通用的部分可复制使用或直接调用，如设计手机时，如果每次都绘制摄像头，则是一项繁重的重复劳动，直接调用之前存好的摄像头部分会大大提高效率。Photoshop是世界顶尖级的图像设计与处理工具软件，由于它在细节处理方面优势突出，很多产品设计师用它来表现设计方案。比如说一款产品设计的最终方案，需要针对不同的群体推出不同的颜色方案来吸引消费者。在手绘效果图的最终方案上改颜色是很麻烦的事情，必须重新绘制一张新的效果图，才能看出不同的色彩效果。而在Photoshop软件中则可以轻易快速实现多种颜色的切换，设计师只需调节一下图像的色相、饱和度和明度等色彩选项即可。产品的电脑效果图与计算机前时代的手绘效果图相比，电脑效果图更加逼真且制作效率更高。

（3）三维设计软件表现。完整的产品设计本身有着严格的设计程序，包括市场定位设计、概念的创造设计，及产品的可制造性设计等多个环节，是一种有目的、有计划的创造活动。在当今信息化时代，每一项设计的表现都离不开计算机辅助设计的支撑。Photoshop、CorelDRAW 等平面设计软件可以绘制出精美的最终方案效果图，客户如果想从另外一个角度去观测这个产品，设计师就不得不重新绘制一张另外一个角度的效果图。它们更适合表现诸如手机、U盘、热水器等造型相对简单的产品，对于造型更复杂的产品而言，则表现力不足，难以从多角度正确地表现产品的透视关系、复杂的造型和细节。因为产品毕竟是一个有空间感的立体实物，而平面设计软件绘制出的效果图不能提供给客户全方位的视野。设计师们尝试用新的三维设计软件去表达自己的设计方案。三维设计软件不仅能够提供全方位的角度，而且能够提供多种丰富的材质表现空间，使产品设计师们在表现自己的产品方案时更加全面。于是，表现力更强的3ds Max 、Rhino 、Pro/Engineer等三维设计软件进入了设计师的工作当中。三维设计软件不但善于构建复杂模型，而且可以轻松呈现多角度的渲染图。除了在造型表现上的优势外，其在材料、肌理、质感、环境影响方面的模拟也有了质的飞跃，十分接近于真实世界，如图1.4所示。从此，"效果图"一词在没有特指的情况下就指由三维设计软件建模、渲染出的设计表现效果图。目前可用于产品设计的三维建模及渲染软件主要有两大类: 其一是专业的设计及动画软件，如3ds Max、Rhino、Cinema 4D、Alias、Maya等；另一类主要是指中高档的三维工程设计软件，如 Pro/E、UG、Solidworks等。其中，3ds Max是Autodesk公司推出的面向PC 机的中型三维动画制作软件。它有着强大的效果图和动画制作功能，有300多家第三方厂商为其设计渲染插件，使其在效果图制作方面很轻松地就可以达到照片级的效果，其强大的动画制作功能，为产品的后期宣传起到了如虎添翼的作用。因此在产品设计领域，它已作为一种重要的三维建模手段而被设计师广泛应用。

图1.4

三维设计最基本的两项工作是三维数字模型和材质。在设计软件中建立三维的产品模型，可以在X、Y、Z 3个维度上移动、旋转选择角度。这种工作方式和原理使设计师不再需要花费大量时间来推敲产品效果图的透视是否正确，提高了设计的效率。通过材质和贴图的功能模块可以模拟金属、石材、塑料、织物等各种材料的属性。三维模型+材质的工作方式使设计图具有准确的空间关系、真实的立体感，以及逼真的材料质感，再经过恰当的渲染设置便可输出照片级的效果图。

三维设计软件的出现，在产品表现效果图制作领域有着革命性的意义。手绘效果图或平面软件设计表现手法是借助明暗透视关系，在二维平面上给人一种三维立体的视觉错觉。而三维设计软件则是依据设计好的长、宽、高等数据进行准确、真实的三维图像绘制。在绘制过程中，我们能够在计算机软件虚拟的三维空间里任意旋转物体，对它进行不同视角的观察，并可随时修改，就像在手工制作实物模型。设计师可以准确地将其设计创意借助计算机三维模型贯穿到最终的产品中。三维数据模型的建立可方便地生成不同的平面和立体效果图及三维动画效果，不但可用于产品设计前期的评审，而且可以广泛地应用于产品设计后期的宣传、推广及营销等各个方面，因此在产品设计活动中，建立有效的三维数据模型是非常重要的。

（4）动画技术表现。有时静态的产品效果图不能灵活地表达、生动地说明设计成果，人的注意力更容易被动态的事物所吸引。利用动画技术来表现产品设计可使作品的表现力提升到一个新的层次。使用Flash、After Effects、3ds Max等软件可以通过关键帧构建动画，制作出二维或三维的产品展示动画。加以文字、图像和音频的辅助，能够更清晰地突出设计重点，更有效地表现设计成果。动画技术在产品设计方案展示、产品工作方式展示、产品原理展示、能量传递展示等方面具有更好的效果。

1.2 3ds Max概述

Autodesk 3ds Max是一款强大的三维设计软件，具有建模、材质、灯光、动画、特效、渲染等功能。广泛应用在环境设计、工业设计、广告设计、游戏动漫设计、虚拟现实等行业，是全世界最流行的一款三维设计软件。Autodesk 3ds Max分为两个版本，一个是Autodesk 3ds Max，另一个是Autodesk 3ds Max Design。两个版本的核心功能和用法是一样的，区别只是具有不同的快捷工具包，因此两者没有本质的区别。本书除了第4章的建模采用Autodesk 3ds Max Design外，其他章节均采用Autodesk 3ds Max制作。

随着人们生活水平的提高，消费者对产品的要求也更加挑剔。产品设计已经逐步成为一个成熟的应用领域。早些时候，不少设计师使用Rhino、Alias Studio等三维设计软件进行设计工作。随着Autodesk 3ds Max在建模工具、材质类型、格式兼容性、渲染器等方面性能的不断提升，业界逐渐开始普遍使用。包括类似法拉利等一些世界著名的公司，也将3ds Max作为主要设计工具，帮助设计工作更高效地开展。3ds Max强大的表现功能使之可以十分出色地进行产品设计可视化的工作。

1.2.1　3ds Max界面介绍

在电脑中安装完Autodesk 3ds Max 2015之后，在桌面自动生成其快捷方式。

Autodesk 3ds Max 2015的工作界面，如图1.5所示。

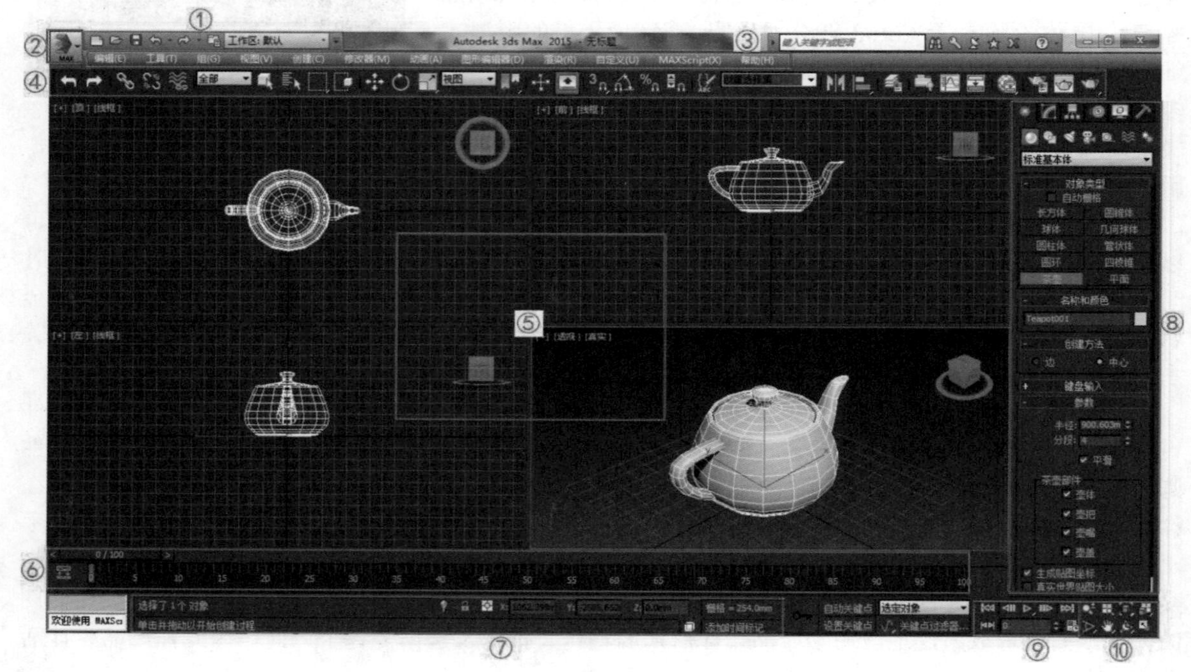

图1.5

（1）快速访问工具栏：本栏中有新建、打开、保存、撤销等常用操作，在其中还可以切换工作区。

（2）应用程序按钮：包含了早期版本中【文件】菜单的大部分命令，如打开、保存、重置、导入、导出、资源追踪等。

（3）菜单栏：菜单栏位于工作界面的顶端，其中包含12个菜单，分别是【编辑】、【工具】、【组】、【视图】、【创建】、【修改器】、【动画】、【图形编辑器】、【渲染】、【自定义】、【MAXScript（MAX脚本）】和【帮助】，如图1.6所示。

编辑(E)　工具(T)　组(G)　视图(V)　创建(C)　修改器(M)　动画(A)　图形编辑器(D)　渲染(R)　自定义(U)　MAXScript(X)　帮助(H)

图1.6

【编辑】菜单：包含暂存、反选等场景操作。

【工具】菜单：包含镜像、阵列等操作对象的工具。

【组】菜单：包含管理组合对象的命令。

【视图】菜单：包含视口背景、视口照明和阴影等命令。

【创建】菜单：包含标准基本体、扩展基本体、灯光、摄影机等对象的创建命令。

【修改器】菜单：包含一些修改对象的命令。

【动画】菜单：包含对象动画和约束动画的命令，以及角色动画和动力学系统的相关命令。

【图形编辑器】菜单：使用图形方式表示和编辑对象和动画，如轨迹视图、粒子视图等。

【渲染】菜单：包含环境设置、效果设置、渲染设置、光能传递等命令。

【自定义】菜单：可以自定义界面的控制、单位设置等。

【MAXScript菜单】：包含编辑脚本的命令。

（4）主工具栏：本栏中包含Autodesk 3ds Max中最常用的工具命令；很多工作都与这里的命令是分不开的，如链接、选择、选择并移动、选择并旋转、选择并缩放、角度捕捉、镜像、渲染等。比如可以通过单击【选择并移动工具】按钮，实现对物体的移动。虽然主工具栏中的大部分命令也可以在其他位置找到，但是主工具栏会使3ds Max的操作更方便快捷。3ds Max 2015的主菜单栏如图1.7所示。

图1.7

（5）视口：视口占据了软件界面的大部分空间，3ds Max的视口默认有4个视图，分别是顶视图、左视图、前视图和透视图。可从多个角度在视口中查看和编辑场景，还可以预览照明、阴影、材质、景深和动画等效果。

在视图左上角有3个括号，单击每个括号会出现不同的菜单。如单击第1个括号会出现【视口配置】等菜单选项；单击第2个括号会出现【切换视图】等菜单选项；单击第3个括号会出现【显示方式】等菜单选项，如图1.8所示。

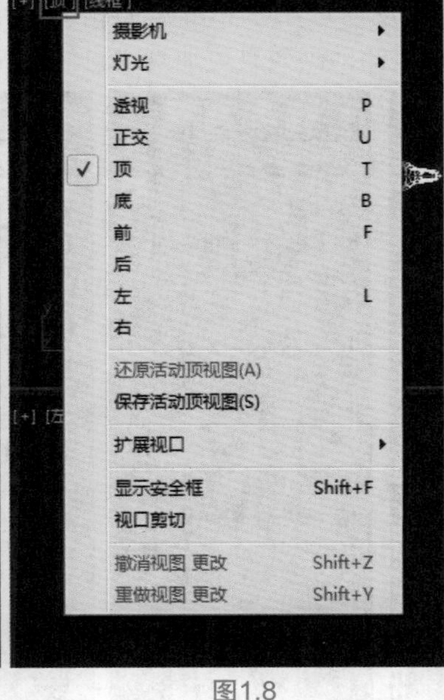

图1.8

（6）时间滑块：这里是制作动画的区域，可以通过这里跳转到场景中的各个动画帧。可以自动记录关键帧，快速设置对象变换的关键点；也可以手动记录关键帧。

（7）状态栏：该栏用于显示场景中对象的相关信息和提示信息，右侧的坐标栏可输入数值，用以调整对象的状态。

（8）命令面板：命令面板是包含工具命令最多的区域，可以满足绝大部分建模和动画命令需求，是以下6个面板的集合。

【创建】面板：包含各种对象创建工具。

【修改】面板：包含修改器和编辑工具，可用于增加几何体的复杂性。

【层次】面板：包含链接和反向运动学的各种参数。

【运动】面板：包含动画控制器和轨迹，是制作的动画常用面板。

【显示】面板：可对对象进行显示、冻结等控制，方便管理场景。

【实用程序】面板：包含其他一些工具。

（9）动画控件：动画控件是用于在视口中进行动画播放的时间控件。使用这些控件可以灵活地定位到某些关键帧，还可以进行时间配置。

（10）视口导航：包括缩放、平移视图、环绕子对象、最大化视口切换等按钮，使用这些按钮可以在视口中导航场景。

1.2.2 命令面板的基础知识

命令面板是3ds Max中最重要的面板，由6个子面板组成，分别是【创建】面板、【修改】面板、【层次】面板、【运动】面板、【显示】面板和【工具】面板。

【创建】命令面板：包含所有对象的创建工具，是命令层级最多的面板，在它下面有7个子按钮，分别是【几何体】、【图形】、【灯光】、【摄影机】、【辅助对象】、【空间扭曲】和【系统】。每个子按钮下还有子按钮，如【几何体】下有标准基本体、扩展基本体、复合对象等15个选项。【标准基本体】下又有长方体、圆锥体、球体等10个选项，如图1.9左所示。

【修改】命令面板：包含各种修改器和编辑工具。用于对已创建的对象进行修改和编辑。在【修改】面板中，会显示出当前选择对象的属性，还在各个卷展栏中列出所有可用于当前选择对象的修改命令，不同的对象对应的修改命令也不同，如图1.9中所示。

【层次】命令面板：包含链接、反向运动学和继承的相关命令。可以建立对象之间的父子关系，支持正向运动和反向运动，使对象的动画效果更加真实自然，如图1.9右所示。

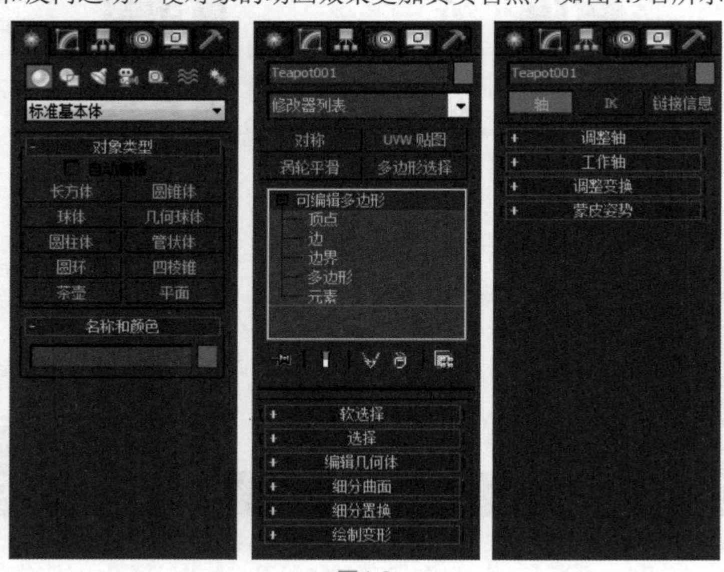

图1.9

【运动】命令面板：包含动画控制器和运动轨迹等命令。通过物体的运动轨迹可对物体动画进行直观地控制，一般配合【轨迹视图】进行动画操作，如图1.10左所示。

【显示】命令面板：主要包含对象的显示、冻结等控制选项，可控制场景中所有类型的对象，如几何体、图形、灯光、摄影机、辅助对象、粒子系统等。勾选了【按类别隐藏】卷展栏中的对象类型则表示该类对象被隐藏，但其作用仍然存在，如隐藏了灯光，场景的照明状况不会改变。其主要作用在于简化视图，方便操作，如图1.10中所示。

【实用程序】命令面板：包含透视匹配、测量、重置变换等一些有用的工具，一些独立运行的插件也可以在该面板调用，如图1.10右所示。

图1.10

1.2.3 对象属性

选择场景中的某个对象，单击鼠标右键，在弹出的菜单中选择【对象属性】命令，即可打开【对象属性】对话框。在对话框中可以查看对象信息；设置对象的隐藏、冻结等交互性；设置对象的透明、背面消隐等显示属性；设置可见性等渲染控制，还有运动模糊和高级照明控制的有关参数，如图1.11所示。

图1.11

1. 冻结

勾选该选项，对象则被冻结，无法对其进行选择和操作，从而避免误选择和误操作。默认是以灰色显示冻结对象，也可设置为以原貌冻结。

2. 透明

该选项可使被选择对象在视口中以半透明状态显示，但不影响渲染效果。常用于场景内容较多、有遮挡穿插情况时的观察和操作。在工作中也常使用键盘快捷键“Alt+X”来设置透明属性。

3. 背面消隐

勾选该选项后，对象的反面（即法线的反方向）在视口中表现为透明，以避免遮挡其他对象。例如用平面表示房间四面的墙壁，从房间内可见墙壁，从房间外则看不见墙壁，从而方便对室内对象的操作。

4. 轨迹

在视图中显示出对象运动的轨迹，可以直观地看到动画运动的状态，这在调节对象的位移动画时非常有用。

5. 可见性

【可见性】数值为1表示完全不透明，为0则表示完全透明。可用于制作透明度变化的动画。

6. 对摄影机可见

勾选该选项，对象对摄影机可见；取消勾选该选项，该对象则不出现在摄影机视图。

1.2.4 坐标系统

图1.12

3ds Max提供了9种参考坐标系统，在不同的坐标系统下进行移动、旋转、缩放等变换操作会呈现不同的状态。在工作中对物体进行变换时需灵活切换坐标系统，选择坐标系统，然后选择相应的轴向进行变换操作，如图1.12所示。

【屏幕】坐标系统：是3ds Max中默认的坐标系统，各视图中都使用与平行于屏幕栅格平面，X轴代表的是水平方向，Y轴代表的是景深方向。所以需要注意的是在不同的视图中，X、Y、Z轴所代表的含义是不同的。

【世界】坐标系统：X轴代表水平方向，Y轴代表景深方向，Z轴代表垂直方向。这种坐标轴向的对应关系在任何视图中都是不变的，所以以【世界】为坐标系统时，在任何视图中的操作都有相同效果。

【局部】坐标系统：在某些情况下，该系统是一个很方便的坐标系统，是物体自身的坐标系统。例如经过旋转倾斜的长方体，在【局部】坐标系统下，其X、Y、Z轴也保持与模型一样的倾斜。

1.2.5 VRay渲染器

VRay渲染器由Chaos Software公司出品，是全世界最受欢迎的高级全局照明渲染引擎之一，有VRay for 3ds Max、Maya等多个版本，为不同的三维建模软件提供材质和渲染支持。VRay渲染器能够在实现优秀的渲染品质的同时保持较快的渲染速度，是相对容易掌握的渲染器。VRay渲染器提供了多种GI（全局照明）方式，以供在渲染场景时灵活设置。

VRay渲染器包含7个部分的内容，分别是VRay渲染器、VRay对象、VRay灯光、VRay摄影机、VRay材质、VRay大气特效和VRay修改器，能够深度、全面地和3ds Max兼容。VrayMtl材质是VRay渲染器的专用材质，使用这个材质能更方便地控制场景中的反射和折射效果，并且得到更好的照明效果和更快的渲染速度。

1.3 3ds Max基本操作

1.3.1 常用视口操作

3ds Max中有6个正视图，是来自各正方向的投影视图，包括前视图、后视图、左视图、右视图、顶视图和底视图。工作中常通过键盘上的快捷键快速切换视图。除了正视图以外，还有透视图和正交视图，通常在工作时需要经常在各个视图中切换。

各视图对应的快捷键：

T=顶视图	B=底视图	L=左视图	F=前视图
P=透视图	C=摄像机视图	U=正交视图	

视口导航区常用按钮的功能。

（1）【缩放】按钮，单击该按钮，在任意视图中按住左键并上下移动鼠标，可以对视图进行放大或缩小显示。该命令的快捷键是Ctrl+Alt+鼠标中键。

（2）【最大化显示选定对象】按钮。单击该按钮可以将所选择的对象最大化地显示在当前视图中，快速地突出目标对象以方便编辑。该命令的快捷键是Z。

（3）【最大化视口切换】按钮。单击该按钮，会将当前视图占满整个视口以方便精细操作，再次单击则回到多视图状态。

（4）【平移视图】按钮。单击该按钮后，可以按住鼠标左键在视图中进行平移操作，移动观察场景内的对象。该命令的快捷键操作是按下鼠标滚轮并平移鼠标。

（5）【环绕子对象】按钮。单击该按钮后，按住鼠标左键可以在透视视图或正交视图中进行环绕操作，该命令主要用于透视图角度的调节。如果在正视图使用该命令，系统会自动将其转换为正交视图。该命令的快捷键是Alt+鼠标中键。

（6）栅格的显示与关闭：有时为了方便观察可以关闭栅格显示，可以单击视图左上角的“+”标识，在弹出的菜单中设置或取消勾选。该命令的快捷键是G。

（7）安全框。安全框的作用是标出渲染的有效范围，渲染输出大小的比例决定安全框的比例。可以单击视图左上角的“+”标识，在弹出的菜单中选择【视口配置】，然后在弹出的窗口中进行设置。该命令的快捷键是Shift+F。

1.3.2 常用场景操作

常用打开场景文件的方法有以下3种。方法1，直接找到文件双击即可打开。方法2，先启动3ds Max 2015，单击软件左上角的【应用程序】按钮，在弹出的菜单中选择【打开】命令，然后在弹出的窗口中双击鼠标以选择需要的文件即可。方法3，先启动3ds Max 2015，从电脑中找到所需文件并按住鼠标左键将其拖曳到视口中，在弹出的菜单中选择【打开文件】命令。

常用保存场景文件的方法有以下2种。方法1，单击界面左上角的【应用程序】按钮，在弹出的菜单中选择【保存】命令，然后在弹出的窗口中为场景文件命名，再单击【保存】按钮。方法2，按快捷键Ctrl+S，打开【文件另存为】对话框，然后为场景文件命名，再单击【保存】按钮。

归档操作可以将场景中的所有文件形成一个压缩包，可以保证在其他路径或其他电脑上正常打开，不会丢失任何文件，非常方便。单击界面左上角的【应用程序】按钮，然后在弹出的窗口中单击【另存为】按钮，再在右侧的二级菜单中选择【归档】命令，再在弹出的对话框中输入文件名，单击【保存】按钮即可。

使用3ds Max工作时经常需要导入3ds、obj等类型的外部文件。方法是单击界面左上角的【应用程序】按钮，在弹出的窗口中单击【导入】，然后在弹出二级菜单中再单击【导入】，再在弹出【选择要导入的文件】对话框中双击选择所需要的文件即可。

既然经常需要导入，肯定也需要经常导出场景对象，以备其他版本或其他软件使用。操作方法是选择要导出的对象，单击界面左上角的【应用程序】按钮，将鼠标放置在弹出的窗口中的【导出】选项上，然后单击二级菜单中的【导出选定对象】选项，再在弹出的对话框中输入文件名，单击【保存】按钮即可。

合并场景文件是指将其他的max格式文件合并到当前的场景中，也是设计工作中常用操作。单击界面左上角的【应用程序】按钮，将鼠标放置在弹出的窗口中的【导入】选项上，然后单击二级菜单中的【合并】选项，再在弹出【合并文件】对话框中双击选择所需要的文件。系统会弹出【合并】对话框，可以选择需要合并的文件名称或类型，然后单击【确定】按钮即可。

复制是工作中常用的方法，是一种十分方便的建模方法，常用的复制方法有两种。一种是选择要复制的对象并按快捷键Ctrl+V，即可弹出【克隆选项】对话框，可以选择复制、实例或参考的方式，单击确定即可在原地复制一个一样的对象。另一种是变换复制，选择要复制的对象并按住Shift键进行移动、旋转或缩放，松开鼠标即弹出克隆选项对话框，3种复制方式的效果不同，选择“复制”方式时，原对象和复制品无任何关联；选择“实例”方式时，修改原对象或复制品时都会影响另一个；选择“参考”方式时，修改原对象会影响复制品，反之不会。图1.13底部的圆点就是用旋转复制的方式产生的。

镜像操作可以将对象进行各轴向的翻转，类似于照镜子，还可以复制对象。方法是选择对象，在主工具栏中单击【镜像】按钮，在弹出的对话框中设置镜像轴、偏移值以及是否复制，从而确定以何种方式复制，最后单击【确定】按钮即可。图1.14中的标识是用【镜像】命令进行了镜像并复制的。

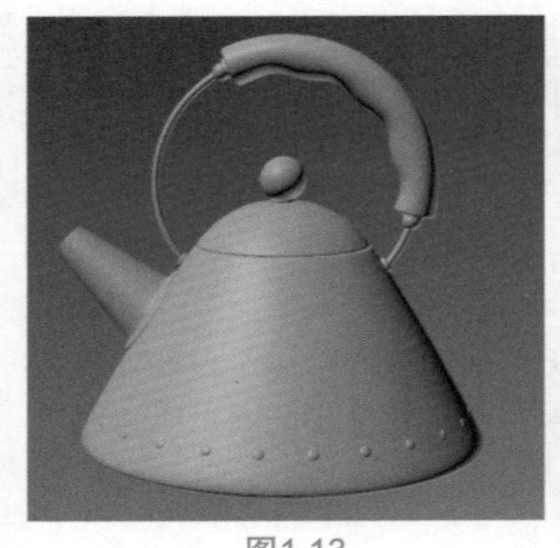

图1.13

图1.14

1.3.3 常用建模技术

建模就是建立数字三维模型，是进行产品设计表现的第一步，也是最重要的一步。3ds Max提供多种建模方法，常用的建模方法有基础建模、修改器建模、复合对象建模、多边形建模等。建模的过程大致可以分为3个步骤：确定建模方式和基础对象。对基本对象进行修改。进一步细化模型。

图1.15

建模从【创建面板】开始，【创建面板】包括7个分类，分别为几何体、图形、灯光、摄影机、辅助对象、空间扭曲和系统，如图1.15所示。

几何体分类内包含很多基本的模型，包括长方体、球体、软管等几十种类型，是建模工作最重要的一个分类。

图形是指二维的线构成的形状，包含多种类型。可以绘制圆、矩形、线等类型的图形。

灯光分为标准灯光和光度学灯光，可以照亮场景、产生阴影，使场景显得更加真实。

摄影机可以方便地为场景构图，产生景深效果，还可以设置摄影机的动画。

辅助对象包括虚拟对象、代理对象等，帮助设计人员更科学地构建场景。

空间扭曲包括风、重力等对象，可在空间中产生各种不同效果的扭曲，从而影响场景对象。

可将对象、控制器、层次结合在一起，提供具有行为关联的几何体。

1. 基础建模

（1）标准基本体

3ds Max中提供了10种标准基本体，有长方体、圆锥体、球体、几何球体、圆柱体、管状体、圆环、四棱锥、茶壶和平面，如图1.16所示。可以通过按住鼠标左键并拖曳鼠标来完成创建，有的是按住鼠标拖曳一次就能完成创建，如球体。有的按住左键拖曳后，要松开左键，移动鼠标后再单击左键完成创建，比如长方体。还有的需要单击三次鼠标才能完成创建，如管状体。每一种几何体都有很多参数，有的参数是专用的，有的是通用的，使用这些参数可以设置出不同形态的几何体。虽然这些标准基本体很简单，但是通过这些简单的对象可以编辑出复杂的模型，如一艘轮船的创建可能是从长方体开始的，一个水壶的模型是从圆柱体开始的。可以将标准基本体与其他对象结合形成复杂的对象，然后使用修改器进一步改变状态。还可以转换成可编辑多边形进行更加复杂的编辑。

（2）扩展基本体

在扩展基本体中包括13种对象，分别是异面体、环形结、切角长方体、切角圆柱体、油罐、胶囊、纺锤、L-Ext、球棱柱、C-Ext、环形波，软管、棱柱，如图1.17所示。这些对象比标准基本体更复杂，可调的参数更多，不适合于转换为可编辑多边形进行复杂造型，适合于直接使用或经修改器修改后使用。

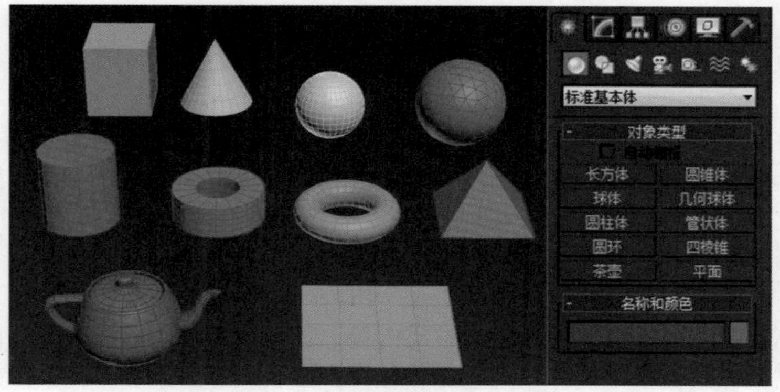

图1.16

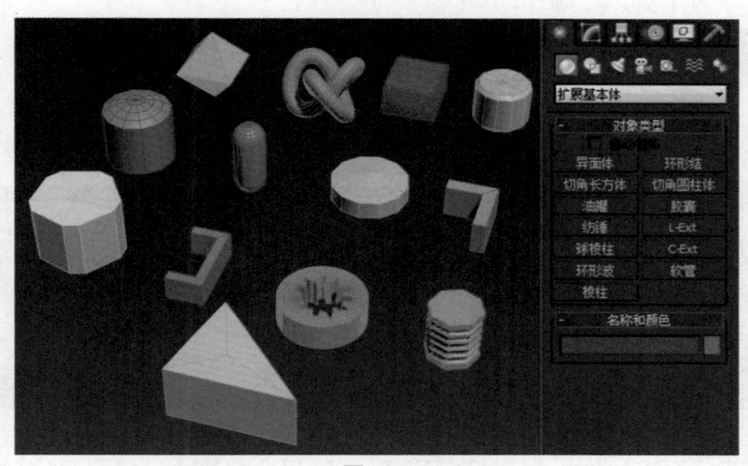

图1.17

（3）样条线建模

样条线建模即二维图形建模，是 3ds Max 中一种灵活的建模方法，常用二维图形配合修改器来进行建模。首先将二维图形修改成需要的形状，再利用编辑修改器对图形执行挤出、车削、倒角等操作，从而将样条线变为三维的模型。该方法灵活、易于控制，在某些方面比用其他方式更方便快速、可控性高，如图1.18所示。

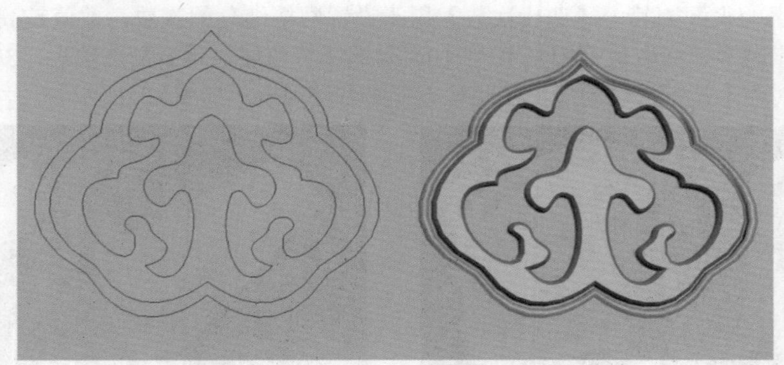

图1.18

2. 修改器建模

虽然3ds Max 为用户提供了大量的标准基本体、扩展基本体，但在实际的建模工作中，这些参数化的三维对象往往满足不了设计需求。可以借助修改器来对标准基本体、扩展基本体进行更深入地加工，改变基础三维形体的形状以达到工作要求。在3ds Max的修改器列表中，提供了大量的修改器，用于对已经建立的模型进行各种方式的修改。以下介绍几种最常用的修改器，对于没有提及的修改器，读者可自行试验一下。

【对称】修改器可以将当前对象按指定的镜像轴进行对称地复制，类似于照镜子的效果。对称轴处会自动融合，不会出现穿插重叠现象。该修改器对于制作工业产品模型十分有用，能够节约大量时间。在制作模型时经常会删除一半模型，然后添加【对称】修改器，配合I【显示最终结果开关】在制作可编辑多边形的一半模型时可以直观地看到完整模型的效果，方便观察模型比例和造型是否正确。移动或旋转镜像轴时，会改变镜像效果，变换的过程可记录为动画，如图1.19所示。

【壳】修改器可以通过拉伸面为对象，从而制作出真实的厚度。该修改器适合于建造变化较复杂的有厚度的物体。【壳】修改器的原理是添加一组与当前面方向相反的面，并连接内外两组面，从而生成对象的厚度，还可以自定义厚度、材质ID等。在建模时可用没有厚度的面片对象进行塑造形状，由于面片结构比较简单，制作起来也比较轻松，形状做好后添加【壳】修改器，设置内部量或外部量，从而实现物体厚度，如图1.20所示。

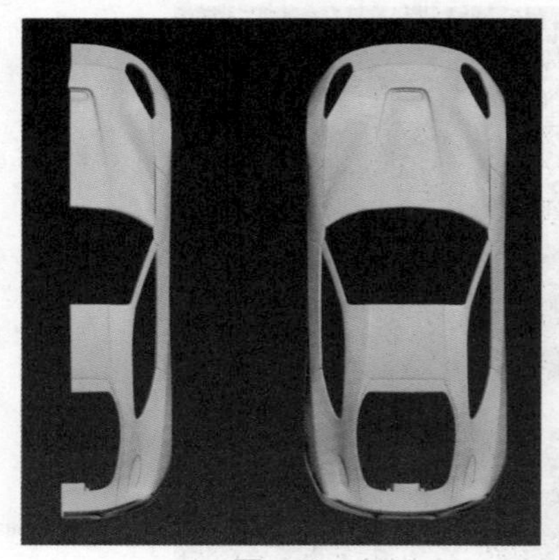

图1.19

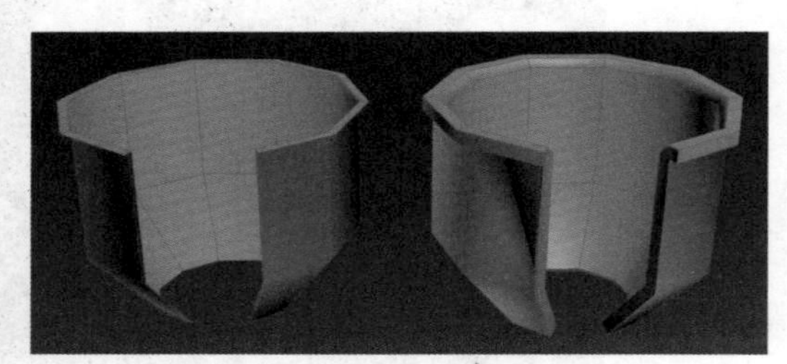

图1.20

【FFD】类型的系列修改器有【FFD2X2X2】、【FFD3X3X3】、【FFD4X4X4】、【FFD长方体】、【FFD圆柱体】，这类修改器的原理是在对象表面笼罩了一个线框，通过调节线框上控制点的相对位置来影响对象的形状。用这类修改器可以很轻松地改变对象的形状，并且灵活多变，如图1.21所示。

【涡轮平滑】修改器是制作产品模型最有用的修改器之一。该修改器通过对顶点、边和多边形创建平滑差补顶点来细分模型。它可以对用较少多边形制作出的模型进行优化处理，使之拥有更多的多边形和更平滑的表面。其中【迭代次数】用于设置网格细分的次数，数值越高则对象的表面越平滑，多边形数量越多，其取值范围是 0 至 10。勾选【等值线显示】复选项后，3ds Max 仅显示对象的等值线，即对象未被平滑时的边，在此状态下更方便观察，如图1.22所示。

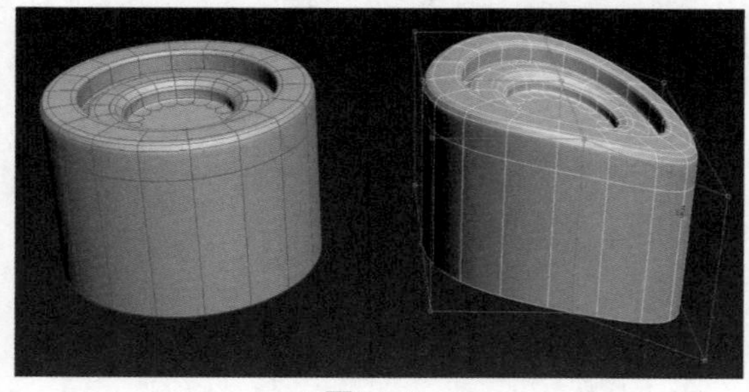

图1.21

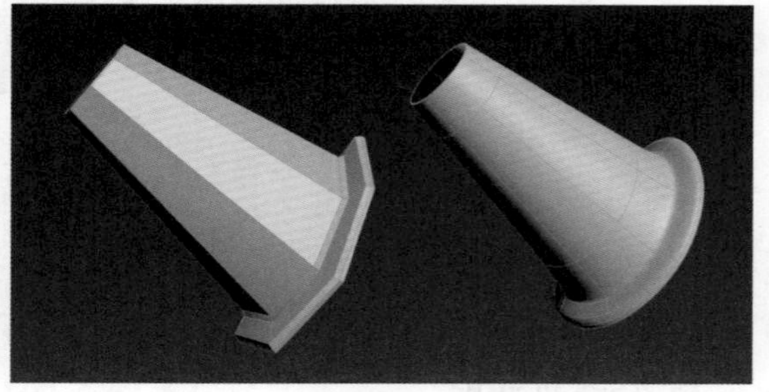

图1.22

3. 复合对象建模

复合对象建模是3ds Max中一种特殊的建模方法，其原理是将两个以上的对象通过特定的运算方式结合为一个对象，从而创建出更为复杂的模型。对于复合的过程，可以反复地调节，还可以将过程记录为动画。3ds Max 2015中提供了12种复合对象类型，分别是变形、散布、一致、连接、水滴网格、图形合并、布尔、地形、放样、网格化、Proboolean、ProCutter。其中的“布尔”和“图形合并”是产品设计建模中常用的两种类型。

【布尔运算】是指对多个对象进行并集、交集或差集运算，以得到新对象的复合建模方法。进行布尔运算前，首先要在视图中选择一个操作对象，【布尔】按钮才变成可用状态。在布尔运算中，2个对象被称为操作对象，先选择的是操作对象A，后拾取选择的是操作对象B。对象进行布尔运算后还可以对原始对象进行移动等操作，也可以对布尔的方式进行修改，修改布尔运算的过程可记录为动画，常用来表现切割效果。布尔运算有时会出现错误，两个操作对象的分段数越高，得到的结果也就越准确，能降低运算出错的几率，如图1.23所示。

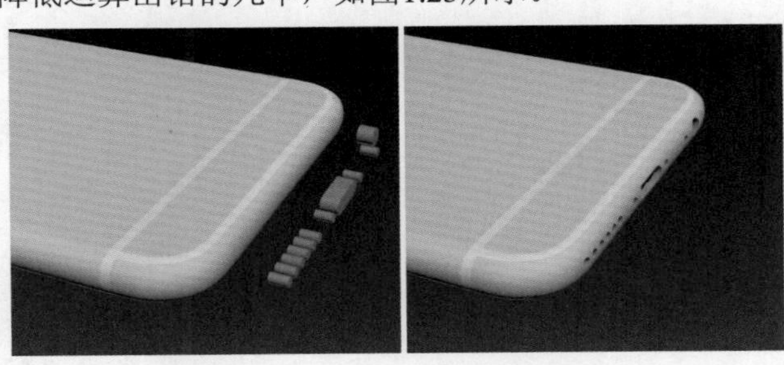

图1.23

【图形合并】可以将一个二维图形投影到一个三维模型的表面，然后在模型表面产生相应的线，从而形成图形形状的多边形。这种建模方法常用于制作对象表面复杂的凹凸、浮雕、镂空等效果，具有较高的效率。

4. 多边形建模

【可编辑多边形】有5个子对象修改层级，分别是【顶点】、【边】、【边界】、【多边形】和【元素】。该建模方法可以进入到对象的各个子对象层进行编辑，是一种更自由、更深入的编辑模式，给设计师提供了更广阔的创作空间，能够建立出更复杂、更优质的模型。一般使用3ds Max进行产品设计建模时，主要使用这种方法，其他方法作为辅助。使用该建模方法编辑模型时，需要频繁地对顶点、边、多边形进行编辑操作，不确定性强。能否建立优质的模型取决于设计师个人经验丰富与否。可编辑多边形不能直接创建，一般通过塌陷对象或单击鼠标右键，在弹出的菜单中选择转换为可编辑多边形的方法得到。配合【涡轮平滑】修改器使用，可使可编辑多边形更加平滑、细致，如图1.24所示。

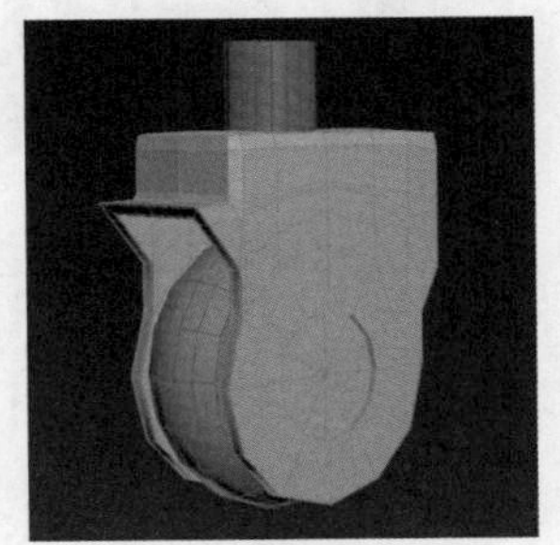

图1.24

第2章

几何体建模

——赫里特·托马斯·里特维尔德的红蓝椅

设计师赫里特·托马斯·里特维尔德(Gerrit Thomoas Rietveld)设计的红蓝椅是荷兰风格派最著名的代表作品之一。红蓝椅（如图2.1）于1917-1918年设计，当时为灰黑色。1923年里特维尔德（如图2.2）通过使用单纯明亮的色彩来强化结构，设计出了着色版本。椅子整体是木结构，由15根木条相互垂直构造，再加2块木板组成，体现了风格派抽象的构成法则。各结构间用螺丝连接而非传统的榫接，可避免有损于结构，这种标准化的构件设计为日后批量生产提供了潜在的可能性。红蓝椅呈现出的是与众不同的现代形式，彻底摆脱了传统家具设计风格的影响，该作品对包豪斯产生了很大的影响，也对整个现代主义设计运动产生了深刻影响。

图2.1

图2.2

本章重点难点

1.单位设置；
2.创建和修改标准基本体；
3.移动和旋转对象，理解坐标轴的使用方法；
4.配合Shift键的变换复制；
5.配合Ctrl和Alt键选择物体；
6.【多维/子对象】材质的设置方法；
7.【VRayMtl】材质；
8.【UVW贴图】修改器的用法。

2.1 椅子木条的制作

该模型全部由长方体组成，极具构成美感。使用几何体中的【长方体】即可，制作过程中可配合Shift键进行移动复制以提高制作效率。各木条之间的摆放要注意避免穿插和明显的间隙。

01 为了方便制作，首先对系统单位和显示单位进行设置。选择菜单栏中的【自定义】→【单位设置】命令，将显示单位设置为毫米，将系统单位设置为厘米，如图2.3所示。

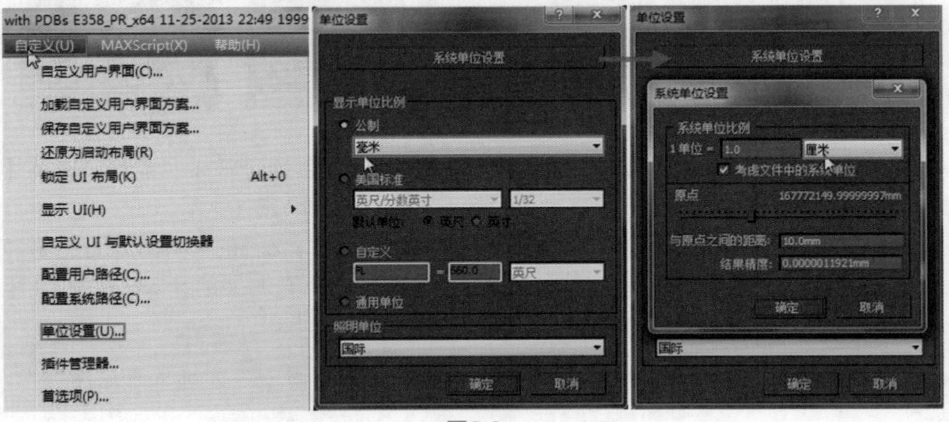

图2.3

02 在左视图中，单击【长方体】按钮创建一个长方体，并将【长度】设置为40、【宽度】设置为1070、【高度】设置为40，如图2.4所示。进入【修改面板】中将其名称修改为“纵条”，如图2.5所示。

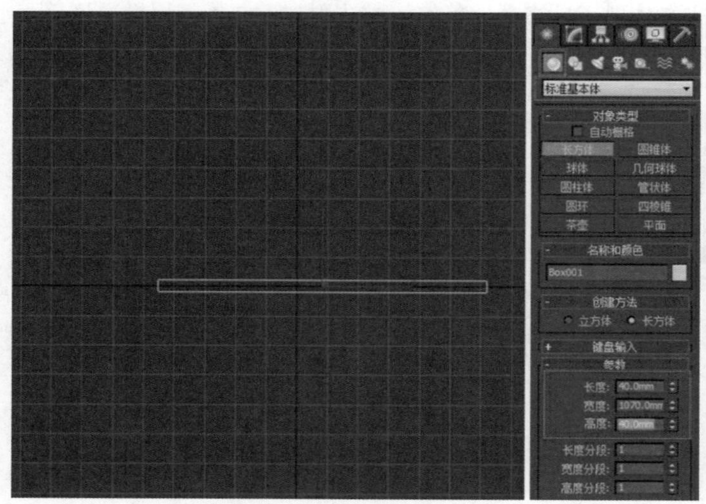

图2.4

图2.5

> **TIPS** 由于本例中有大量形状类似的对象，所以要对各个对象进行分别命名，以方便选择和管理。

03 在前视图中单击【长方体】按钮创建一个长方体，并且将【长度】设置为40、【宽度】设置为970、【高度】设置为40， 进入【修改面板】中将其名称修改为“横条”，如图2.6所示。

> **TIPS** 在此时图中创建对象的宽度表示物体最长的部分。

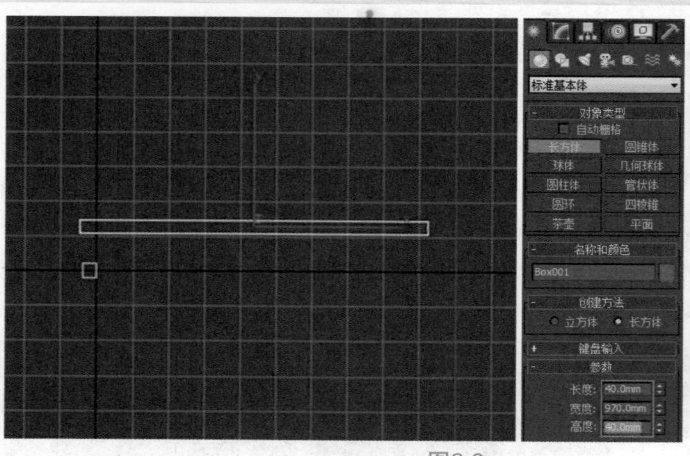

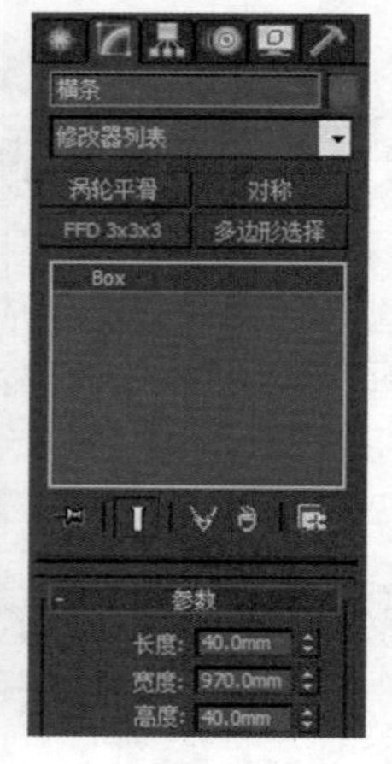

图2.6

04 单击【长方体】按钮，在前视图中创建一个长方体，将名称设置为“前腿”，将【长度】设置为40、【宽度】设置为40、【高度】设置为530，如图2.7所示。

05 在顶视图中用【选择并移动】工具将对象的X轴、Y轴、Z轴的位置分别进行调整，组合成椅子腿的一角。移动时注意各对象之间既不要穿插也不要有明显的缝隙，如图2.8所示。

> **TIPS** 移动物体时，当鼠标放在方向轴上时，对应的轴的颜色将变为黄色。鼠标单独放在一个轴上，物体只能在该黄色轴上进行移动。如果将鼠标放在轴的中间方形区域就可以进行两个轴向间自由移动。

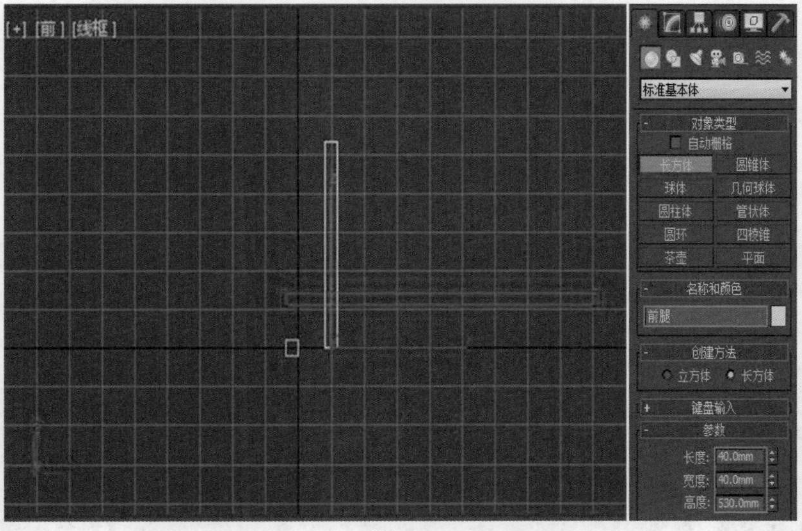

图2.7

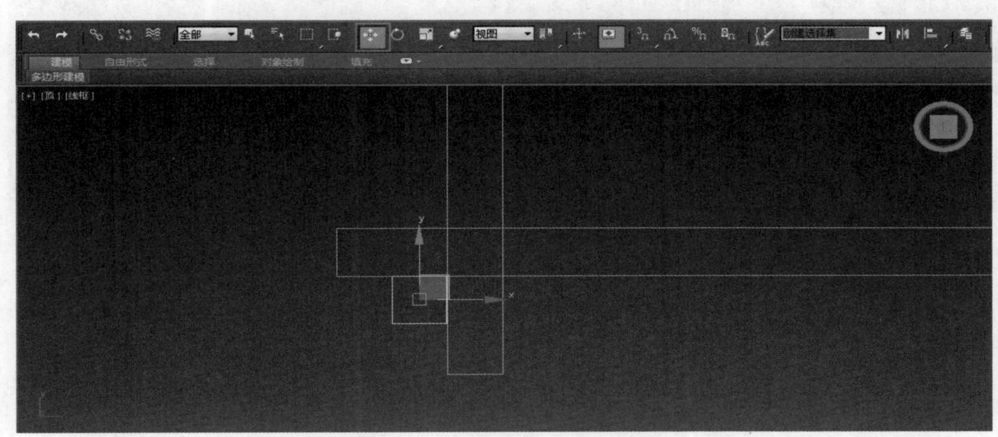

图2.8

06 从透视图中，选择对象“前腿”，在按住键盘Shift键的同时，用【选择并移动】工具将鼠标放在Y轴上并向后拖动，进行物体的复制，将复制出来的物体的名字修改为“后腿”。进入【修改】面板，将“后腿”的高度设置为760，如图2.9所示。

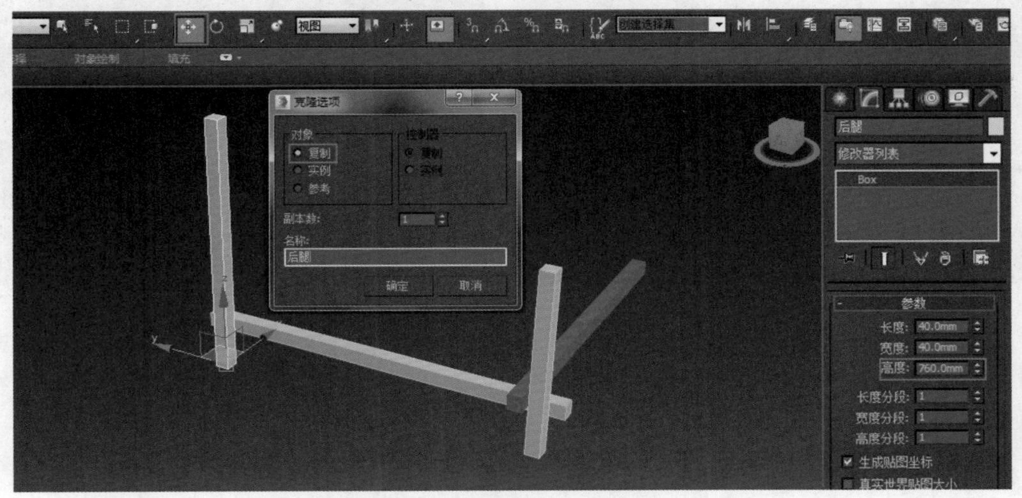

图2.9

TIPS 在任何视图中都可以对物体进行移动复制，而在透视图中操作会更加直观，在前视图、顶视图、左视图等二维视图中则更加清晰、准确，读者可根据自己的习惯进行选择。

07 同复制“后腿”的方法一样。选择对象“前腿”，在按住键盘Shift键的同时，使用【选择并移动】工具将鼠标放在Y轴上并向后拖动，进行物体的复制，将物体的名字修改为“中腿”。进入【修改】面板，将对象“中腿”的【高度】设置为720，如图2.10所示。

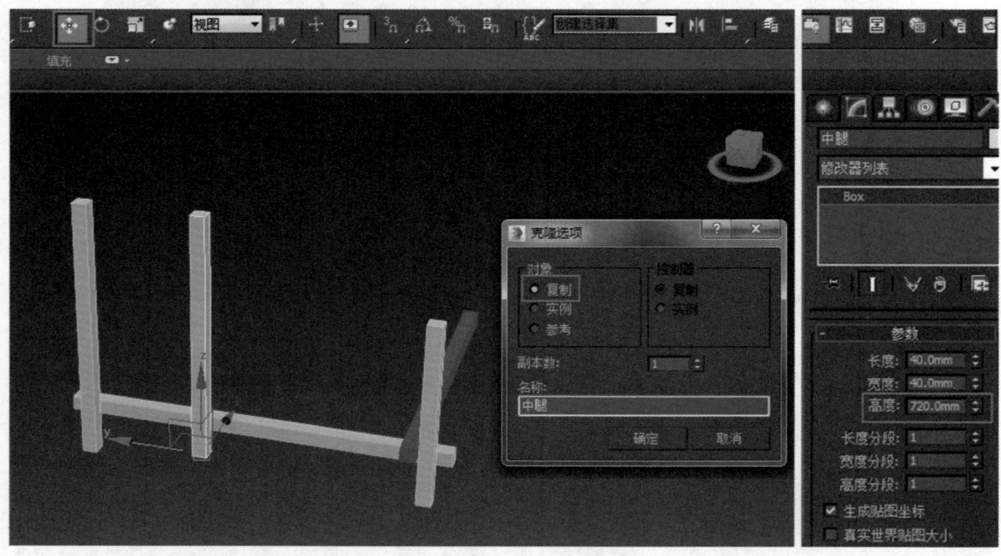

图2.10

08 在左视图中选择“中腿”对象，使用【选择并移动】工具将对象“中腿”的最高点与“后腿”对象的最高点对齐，如图2.11所示。至此椅子腿的一半形状已经完成，接下来就是进行另一半的制作。

09 在透视图中，选择椅子的一条腿，然后按住键盘上的Ctrl键并选择其他的两条腿，它们将会被一起选择。再按住键盘上的Shift键，在X轴箭头上进行移动复制，如图2.12所示。复制完成后，可用【选择并移动】工具继续在前视图中调整位置。

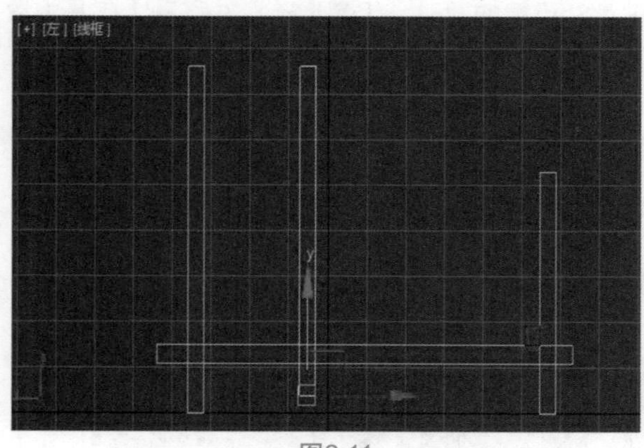

图2.11

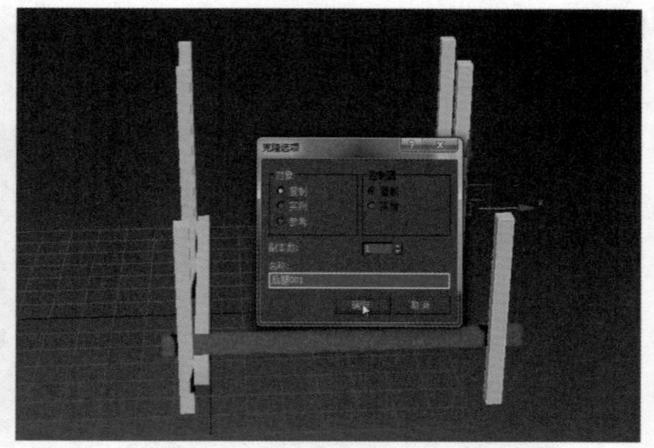

图2.12

10 用同样的方法，选择对象“纵条”并向右复制。在按住键盘上Shift键的同时，在X轴箭头上进行移动复制，如图2.13所示。复制完成后，同样可以用【选择并移动】工具继续在左视图、顶视图等二维视图进行位置的调整。

11 选择对象“横条”，在左视图中向上复制和向中间复制，参考图片调节物体相应的位置，如图2.14所示。选择最后一根“横条”，进入【修改】面板，修改物体宽度为1050，再参考图片在顶视图、左视图等二维视图进行位置调节，如图2.15所示。到这一步，椅子腿就基本制作完成了。

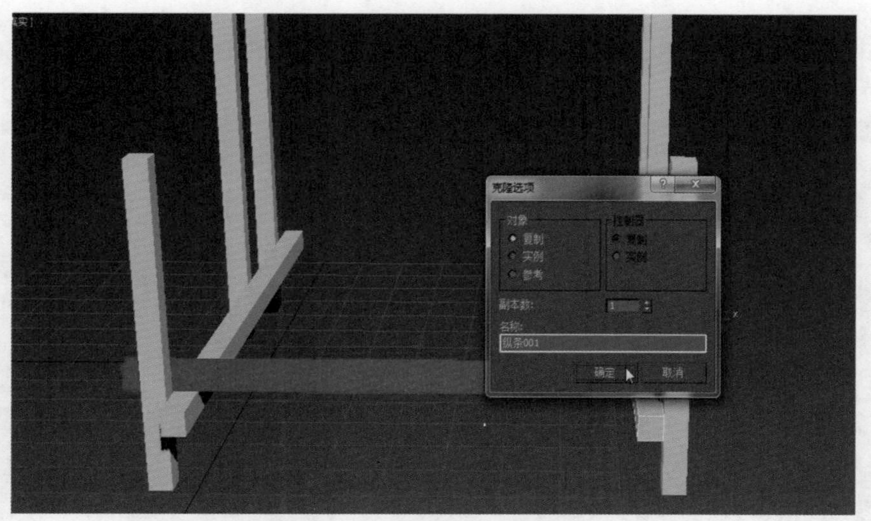

图2.13

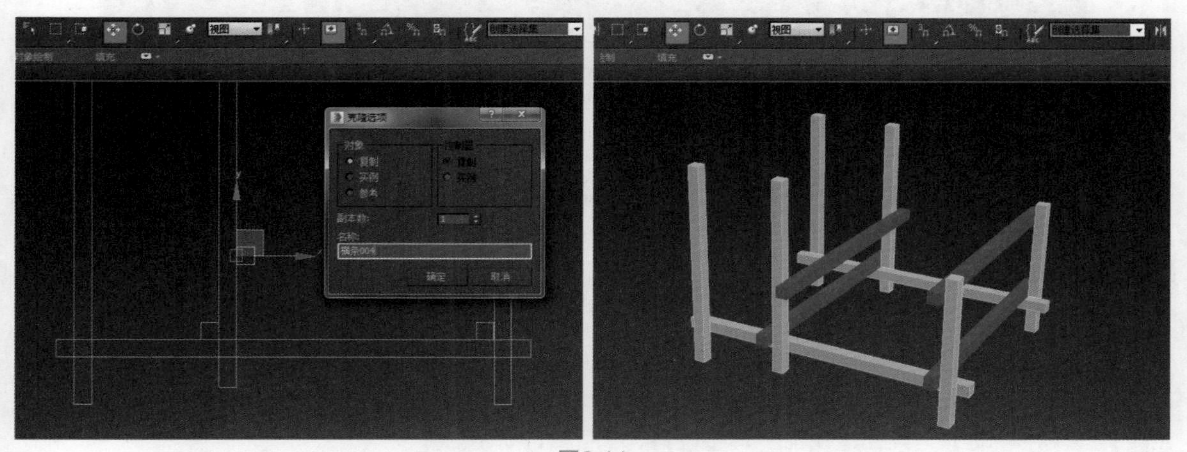

图2.14

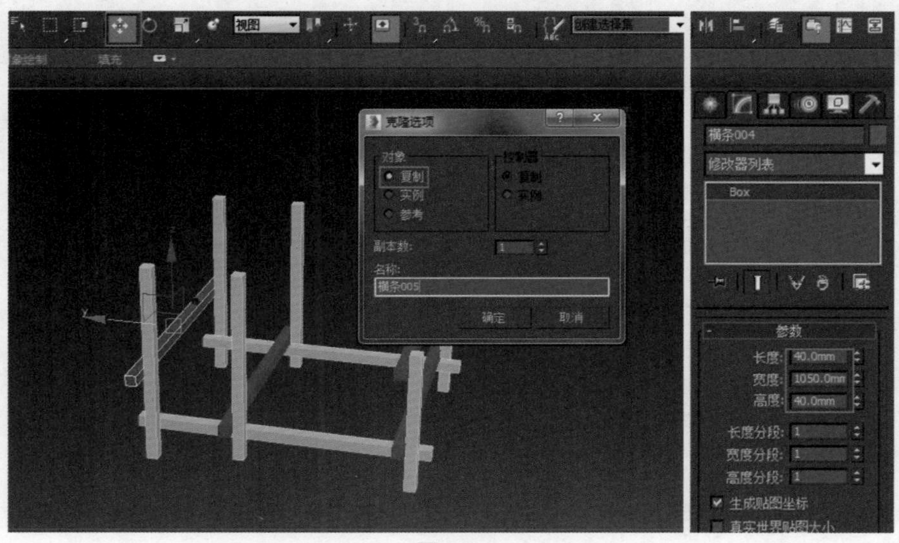

图2.15

2.2 椅子木板的制作

01 接下来制作椅子的扶手，在顶视图中创建一个长方体，将其【长度】设置为760、【宽度】设置为1250、【高度】设置为40，如图2.16所示。

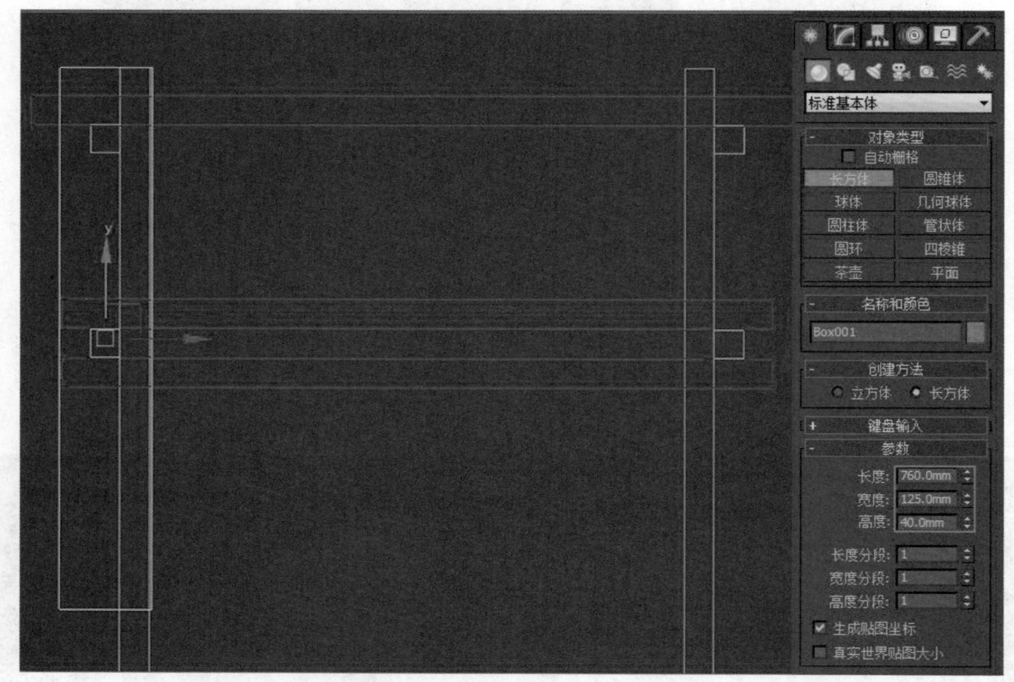

图2.16

TIPS 视口中的栅格线有时不利于观察对象，可以按键盘快捷键G来开启和关闭栅格线显示。

02 选择已经做好的扶手，使用【选择并移动】工具，按住键盘上的Shift键并拖动鼠标沿着X轴向右移动，复制得到另外一边的扶手。按住键盘上的Ctrl键选择刚刚制作的两个扶手，使用【选择并移动】工具在透视图中调整位置，如图2.17所示。

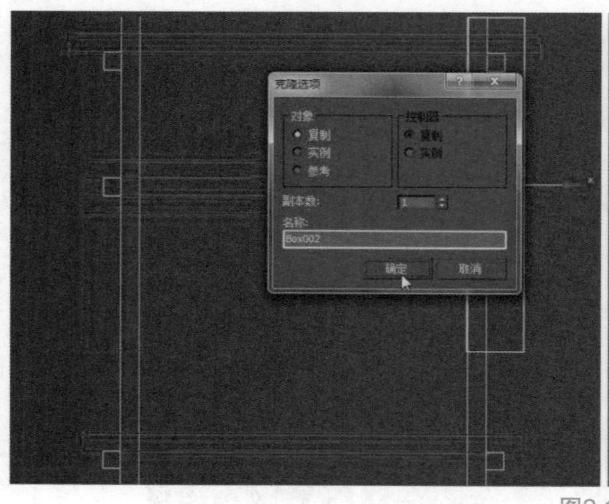

图2.17

03 参考图片，在多个视图中使用【选择并移动】工具对木条进行细致的位置调整，如图2.18所示。

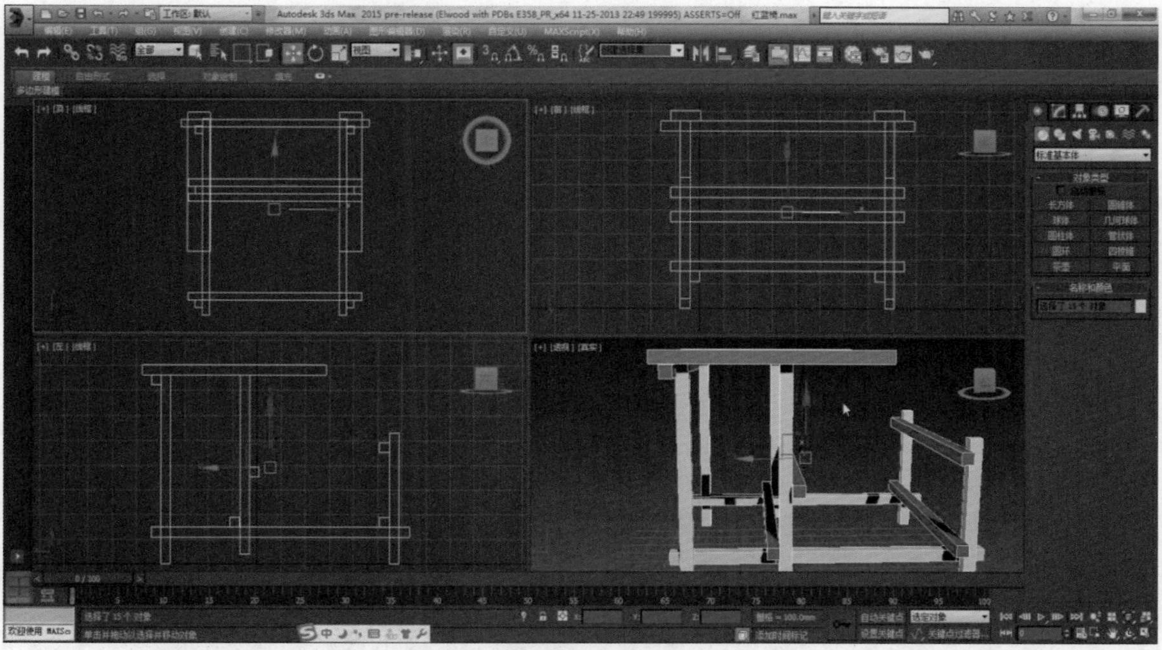

图2.18

04 在顶视图中，单击【创建】按钮创建一个长方体，并将其【长度】设置为800、【宽度】设置为600、【高度】设置为16，单击鼠标右键，结束创建长方体。使用【选择并移动】工具将其移动到中心位置，将其制作为红蓝椅的坐板，如图2.19所示。

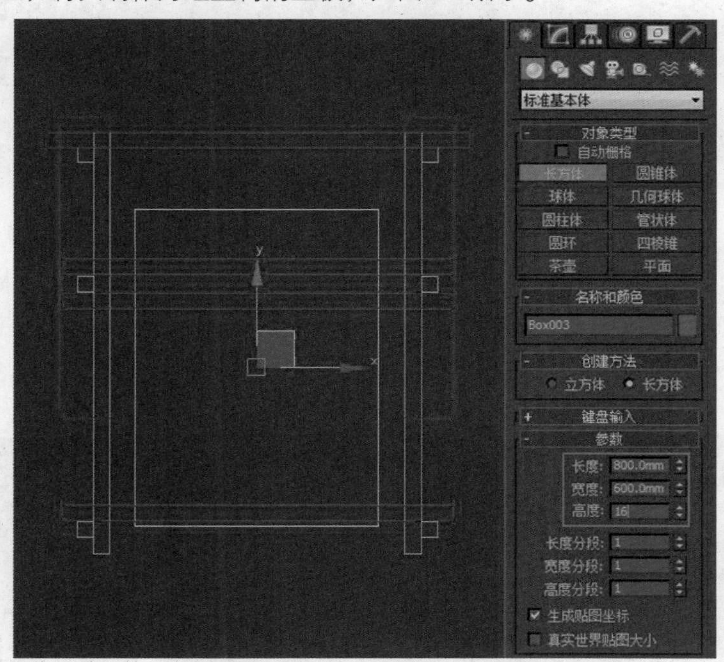

图2.19

05 参照图片，在左视图中使用【选择并移动】工具仔细调整物体的位置，使用工具栏上的【选择并旋转】工具仔细调整对象的旋转角度，使用工具栏上的【选择并移动】工具调整位置，如图2.20所示。

TIPS 在进行旋转时，将鼠标放置在旋转图标的黄色线圈上拖动，否则容易出现不规范的旋转。

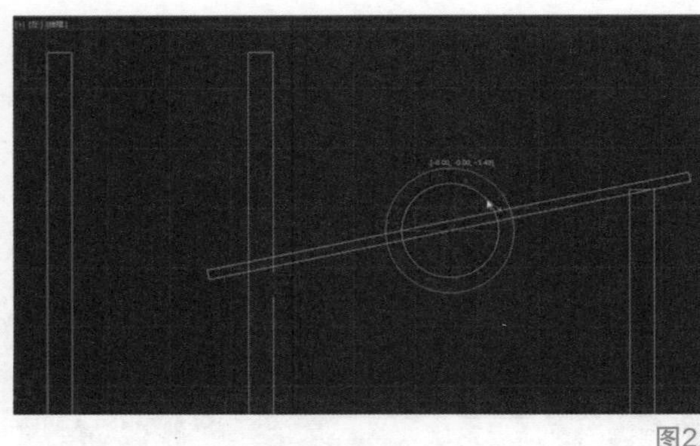

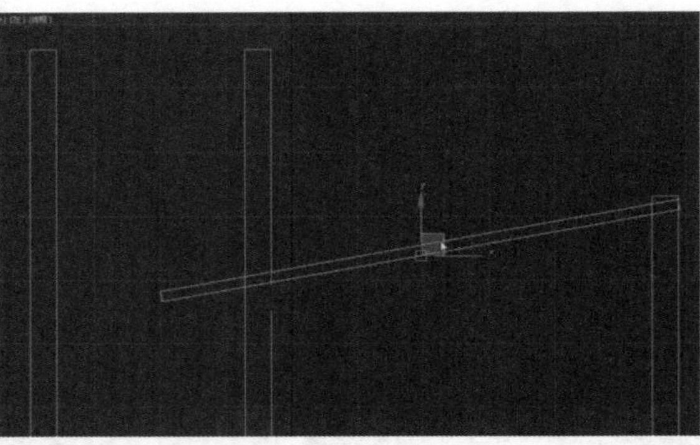

图2.20

06 在顶视图中，单击【长方体】按钮创建靠背板，并将【长度】设置为1420、【宽度】设置为530、【高度】设置为16。使用【选择并移动】工具将其移动到中心位置，在左视图中用鼠标调节靠背板的高度，如图2.21所示。

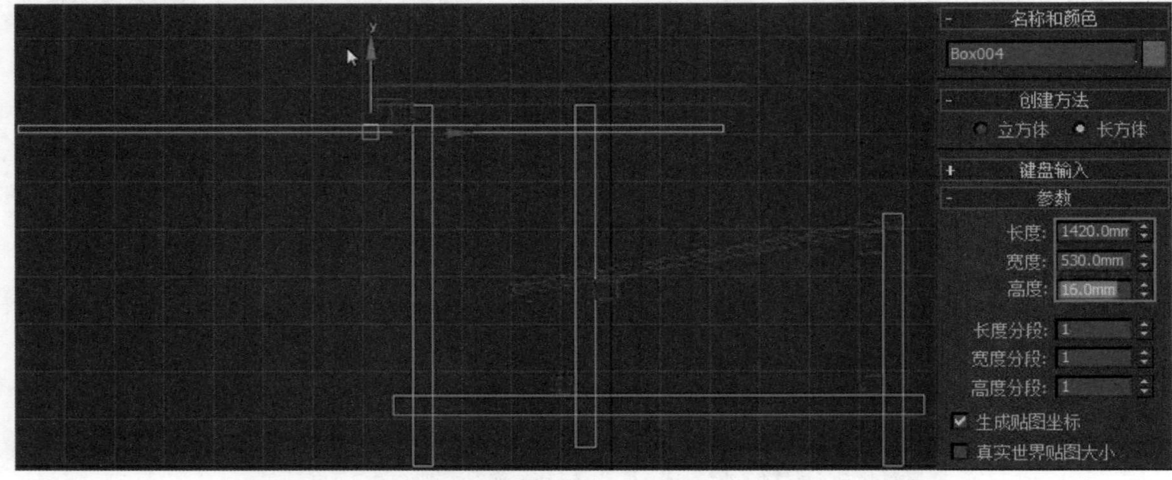

图2.21

07 参照图片，在左视图中使用【选择并移动】工具继续仔细调整靠背板的位置，使用【选择并旋转】工具仔细调整旋转角度，如图2.22所示。

08 最后发现靠背板和座板之间有交叉，选择座板对象，再修改面板以适当降低长度数值。再使用【选择并移动】工具继续仔细调位置即可。至此，红蓝椅的模型已经制作完成，如图2.23所示。

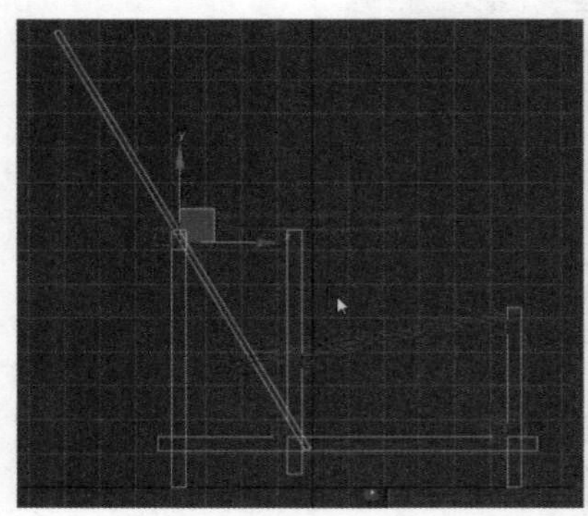

图2.22

图2.23

2.3 椅子材质和渲染设置

对红蓝椅的材质进行设置时需要把握油漆的质感，以及木板呈现出来细微的木纹凹凸。对木条的材质设置需要使用【多维/子对象】材质，对木条和端头分别设置不同的材质。由于本产品整体颜色较暗，所以适合用白色背景来渲染效果图。椅子产生的阴影不宜太清晰，也不宜太模糊，从而保证画面更具美感。

01 单击工具栏的【渲染设置】开关，在弹出的【渲染设置】面板中选择【公用】选项卡，在【指定渲染器】卷展栏下单击【产品级】后的按钮，将渲染器改为V-Ray Adv渲染器，如图2.24所示。

图2.24

02 进入【V-Ray】选项卡，在【图像采样器（抗锯齿）】卷展栏下，设置【类型】为自适应、【过滤器】为Catmull-Rom。在【环境】卷展栏下将【全局照明（GI）环境】开启，单击【颜色】色块，在弹出的【颜色编辑器】中将红色数值改为242、绿色数值改为249、蓝色数值为255，即可将【颜色】改为更淡的蓝色。由于场景中还会有其他光源，所以【全局照明（GI）环境】的倍增值不宜太高，可将其设置为0.5，如图2.25所示。

图2.25

03 进入【GI】选项卡，勾选【启用全局照明（GI）】复选项，单击两次【基本模式】，使之切换为【专家模式】，将二次引擎的【倍增】改为0.4，如图2.26所示。

> TIPS 二次引擎倍增值最大为1，倍增值越大，暗部会越亮，场景明暗对比越弱；反之暗部越暗，场景对比度更高。

04 调节好V-Ray渲染器参数之后，需要给椅子创建一个背景。按键盘快捷键L，进入左视图，单击【创建】→【图形】→【线】按钮，按住键盘上的Shift键，绘制水平的直线，松开Shift键，单击并拖曳鼠标建立一段曲线，再次按住Shift键以绘制一段垂直的线，如图2.27所示。

图2.26

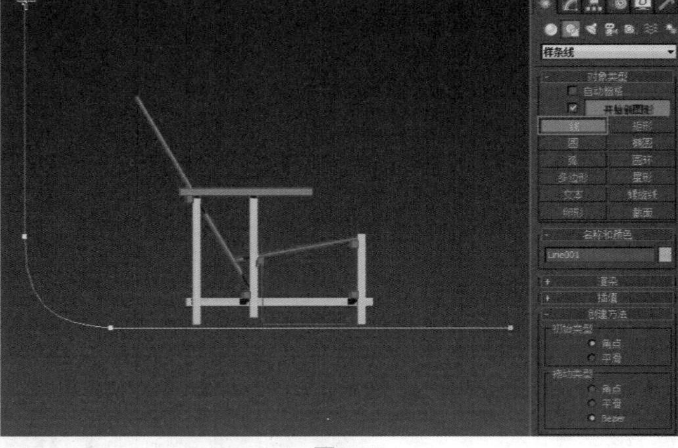

图2.27

> TIPS 使用键盘快捷键时需要在英文输入法状态下。

05 选择图形，在【修改器列表】选择【挤出】修改器，设置【数量】值为3490，即可将图形挤出为面片对象，如图2.28所示。

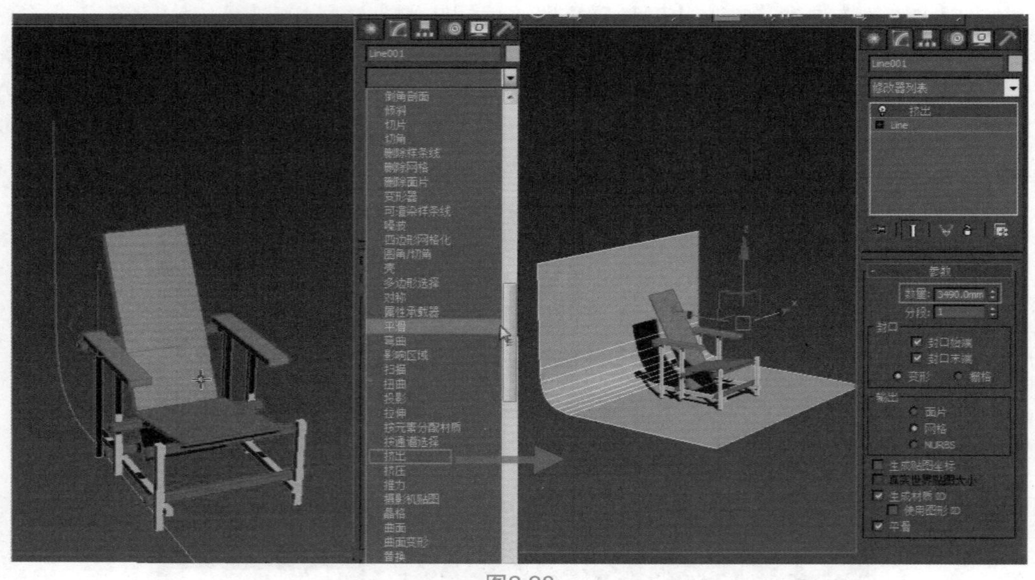

图2.28

> TIPS 视口中的栅格线有时不利于观察，可以按键盘快捷键G来开启和关闭栅格线显示。

06 背景创建完毕，开始创建灯光。单击【创建】选项卡下的【灯光】按钮，选择【标准】灯光中的【目标平行光】选项，在前视图中拖曳创建出灯光并调整合理角度，如图2.29所示。

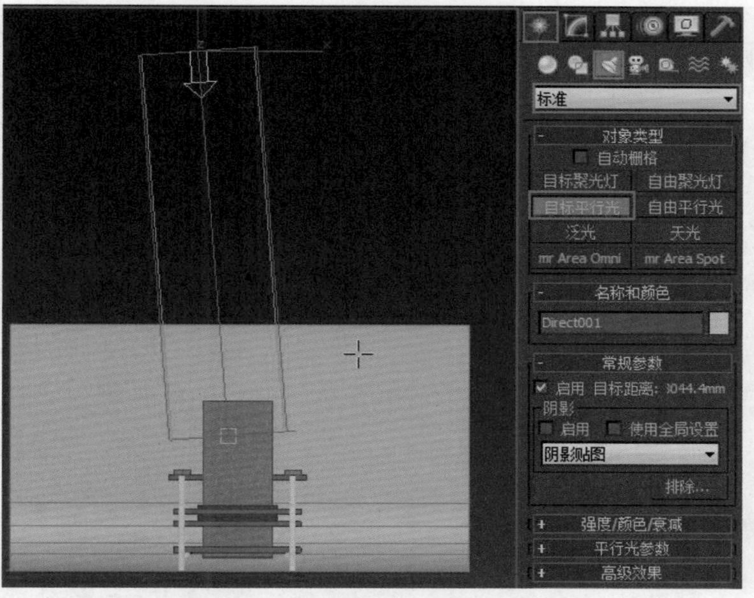

图2.29

07 进入修改面板设置灯光参数，启用【阴影】功能，将阴影类型设置为【区域阴影】，将倍增值设置为0.7。在【平行光参数】卷展栏中将【聚光区/光束】参数调节为2790，使灯光可以覆盖场景。在【区域阴影】卷展栏中将【阴影完整性】设置为4，将【阴影质量】设置为10，设置区域灯光尺寸的【长度】和【宽度】值均为800，如图2.30所示。

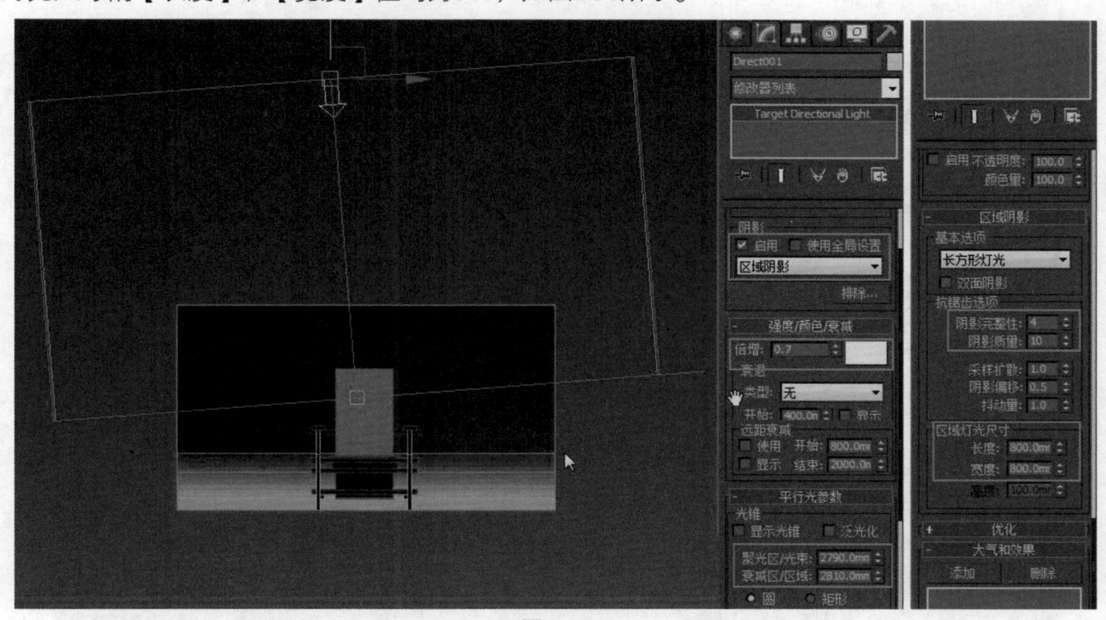

图2.30

08 选择地面对象，进入V-Ray渲染设置的【设置】选项卡，单击【基本模式】选项，使其切换为【高级模式】，单击【对象设置】按钮，在弹出的对话框中勾选【无光对象】、【无光反射/折射】和【阴影】等复选项，将地面对象设置为无光/投影对象，如图2.31所示。

TIPS

无光/投影对象的一个重要功能就是它是非自阴影、非自阻挡和非自反射的，不会将间接灯光投影到自身上面。它仍旧可以接收其他对象的阴影，以及反射其他对象等。该对象在渲染出的效果图中表现为透明对象，能够透出背景颜色和贴图，与背景浑然一体。

图2.31

09 第一个灯光创建完毕，其主要作用是产生投影，在左视图再次创建一个灯光，用于照射产生高光，使渲染效果更有光泽。键盘快捷键L进入左视图，单击【创建】选项卡下的【灯光】按钮，选择【VRay】灯光中的【VR-灯光】并拖曳以创建出灯光，如图2.32所示。

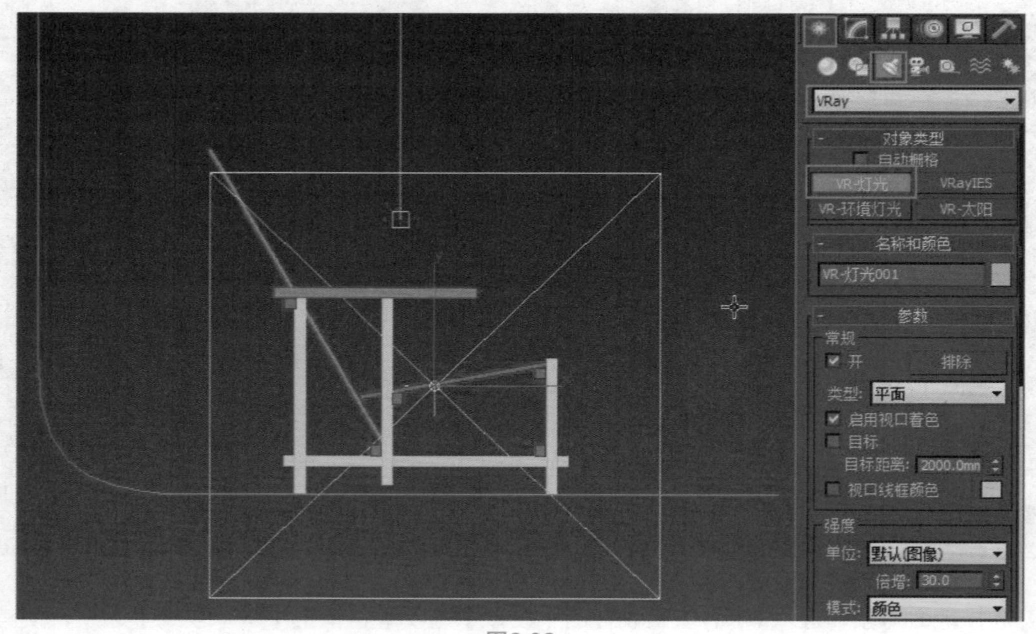

图2.32

10 创建灯光后，进入修改面板对灯光参数进行调整，单击【颜色】后的色块，在弹出的【颜色编辑器】中将红色数值改为255，绿色数值改为253，蓝色数值改为243，色调数值改为35，单击【确定】按钮。颜色调整完毕后，将【大小】中的【1/2长】调整为800、【1/2宽】调整为780。再将【选项】中的【不可见】、【影响高光】和【影响反射】等复选项勾选，关闭其他复选项。将【采样】中的【细分】改为16，如图2.33所示。

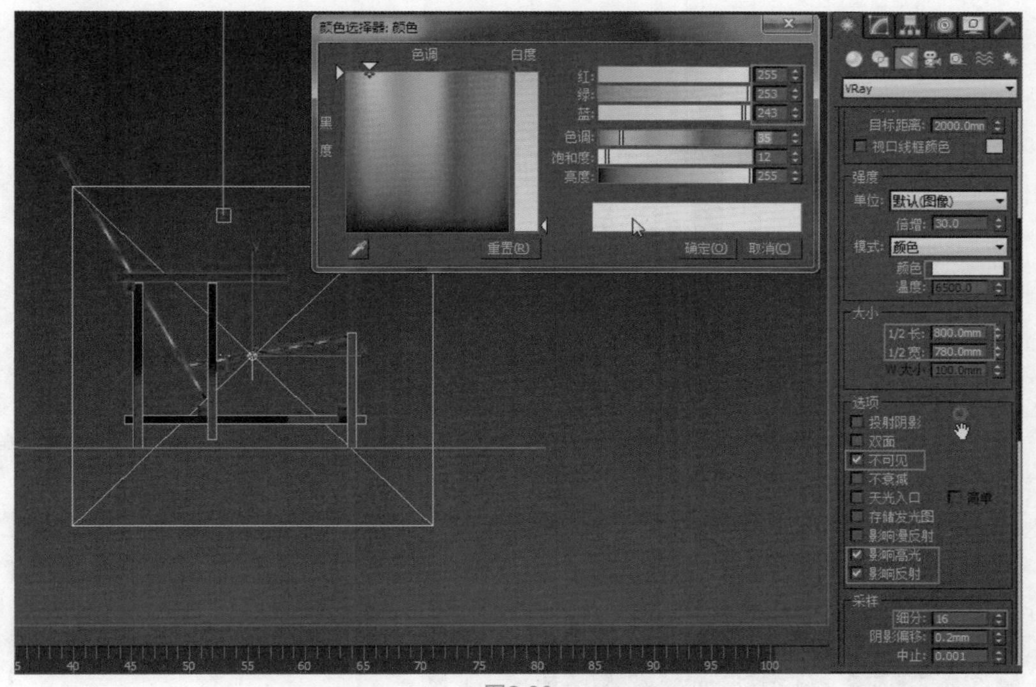

图2.33

11 单击工具栏的【材质编辑器】，在打开的Slate材质编辑器左侧的【贴图/材质浏览器】中双击【VRayMtl】材质，即可在视图中出现一个材质，为了方便区分和管理各对象的材质，将其命名为“kaobeiban”。由于靠背板漫反色的颜色为红色，所以将【漫反射】颜色中的红色数值改为173，绿色数值改为12，蓝色数值改为0。把它的【反射】颜色红、绿、蓝的数值均设置为0、亮度数值为65，如图2.34所示。

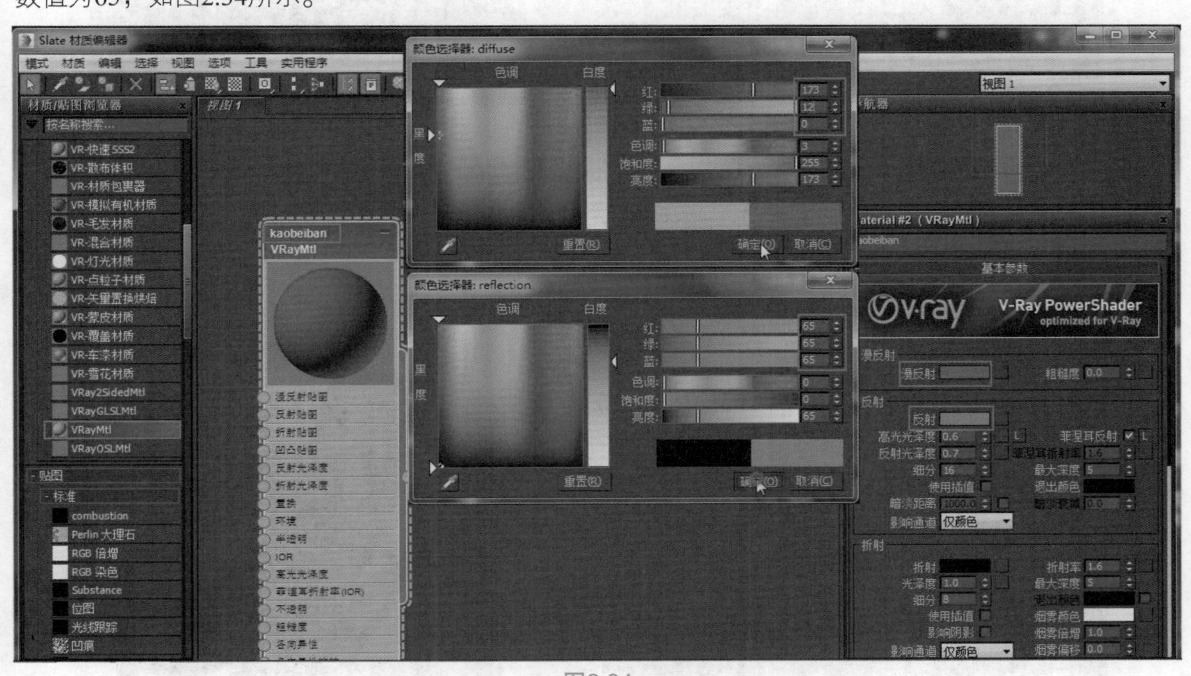

图2.34

12 单击按钮将【高光光泽度】开关打开，将【高光光泽度】调整为0.6，【反射光泽度】调整为0.7，将【细分】调整为16，如图2.35所示。

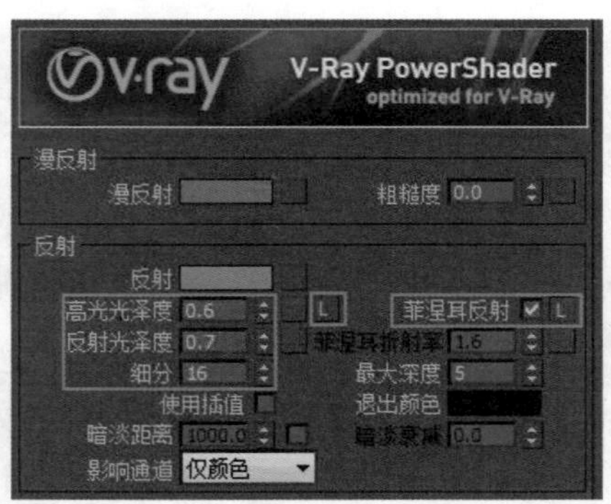

图2.35

13 为了体现木纹的凹凸肌理，在材质【凹凸贴图】通道里选择【标准】中的【位图】选项，在弹出的素材文件夹中选择木纹贴图，如图2.36所示。选择靠背板对象，双击主材质，单击按钮赋予。双击贴图层级，单击按钮使之在视口中显示贴图，如图2.37所示。

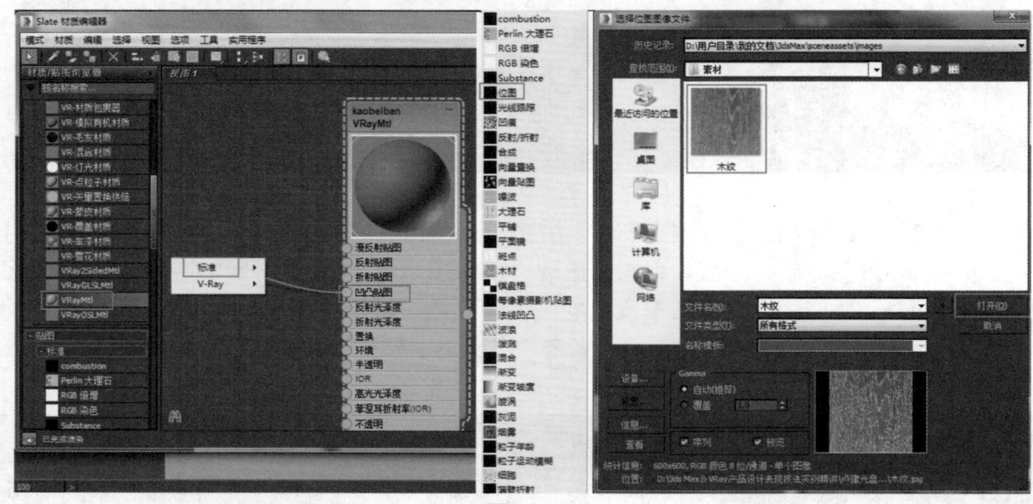

图2.36

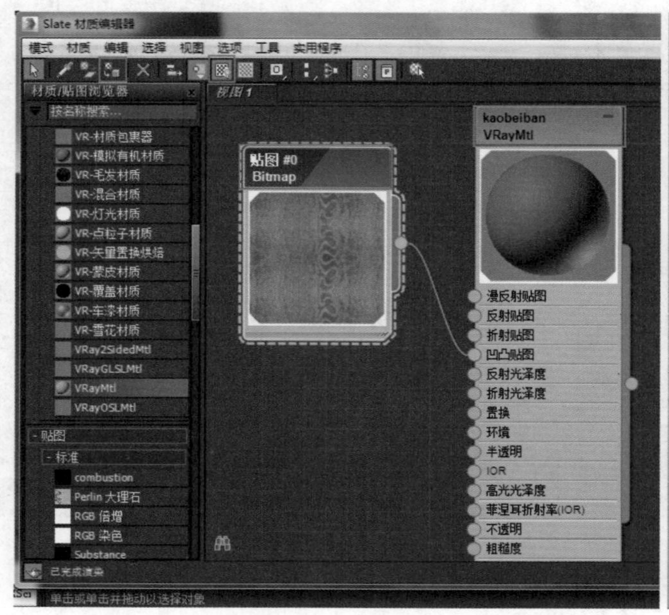

图2.37

14 调整木板贴图纹理，双击材质中的贴图层级，在右侧弹出的参数设置栏中，将【坐标】展卷栏中的【瓷砖】U向参数设置为1.5，V向参数设置为2.0。将【镜像】中V向选项打开，红色靠背板材质制作完毕，如图2.38所示。

图2.38

15 接下来需要制作蓝色坐板的材质，坐板材质和靠背板材质只有颜色上的差别，所以只需要框选红色靠背板材质（包括二级材质），按住键盘快捷键“Shift”并移动鼠标，复制出材质2。双击材质2的主材质，在右侧弹出的参数设置栏中单击【漫反射】后的色块，在弹出的【颜色选择器】中将红色数值改为2，绿色数值改为12，蓝色数值改为14。选择蓝色坐板，双击主材质2，单击按钮赋予材质。双击贴图层级，单击按钮将其显示，如图2.39所示。

图2.39

16 调整蓝色坐板贴图纹理，双击材质2中的贴图层级，在右侧弹出的参数设置栏中，将【坐标】展卷栏中的【瓷砖】V向参数设置为1.0，如图2.40所示。

图2.40

17 接下来需要制作黑木条的材质，由于黑木条的端头是黄色的，所以需要创建两个材质球，框选蓝色坐板材质（包括二级材质），按住键盘快捷键“Shift”并移动鼠标，复制出两个材质球并修改材质球名称为“huang”和“hei”。双击“huang”材质球，修改【漫反射】的颜色数值，将红色数值改为193、绿色数值改为123、蓝色数值改为12。由于黄色端头不需要贴图纹理，所以可以将“huang”材质球中的纹理贴图删除。双击“hei”材质球，修改【漫反射】的颜色数值，将红色数值改为7、绿色数值改为5、蓝色数值改为5。双击hei材质中的贴图层级，在右侧弹出的参数设置栏中，将【坐标】展卷栏中的【瓷砖】U向参数设置为1.0，如图2.41所示。

图2.41

18 两个材质创建完毕后，需要用【多维/子对象】材质将其并联起来。在左侧双击【多维/子对象】材质，双击视口中出现的材质球，在右侧将其命名为“mutiao”。单击【设置数量】按钮，在弹出的【设置材质数量】对话框中将材质数量设置为2。将【多维/子对象】材质中的1号材质链接“huang”材质球，将2号材质链接“hei”材质球，如图2.42所示。

图2.42

19 现在需要将模型的ID号分出。选定不需要分ID号的模型，单击鼠标右键，在弹出的菜单中选择【隐藏选定对象】选项。选择视口中的一个模型，单击鼠标右键，将其转换为可编辑多边形。再在修改面板单击 附加 【附加】按钮，依次单击拾取其他模型。附加完毕后，再次单击 附加 【附加】按钮以结束附加，如图2.43所示。

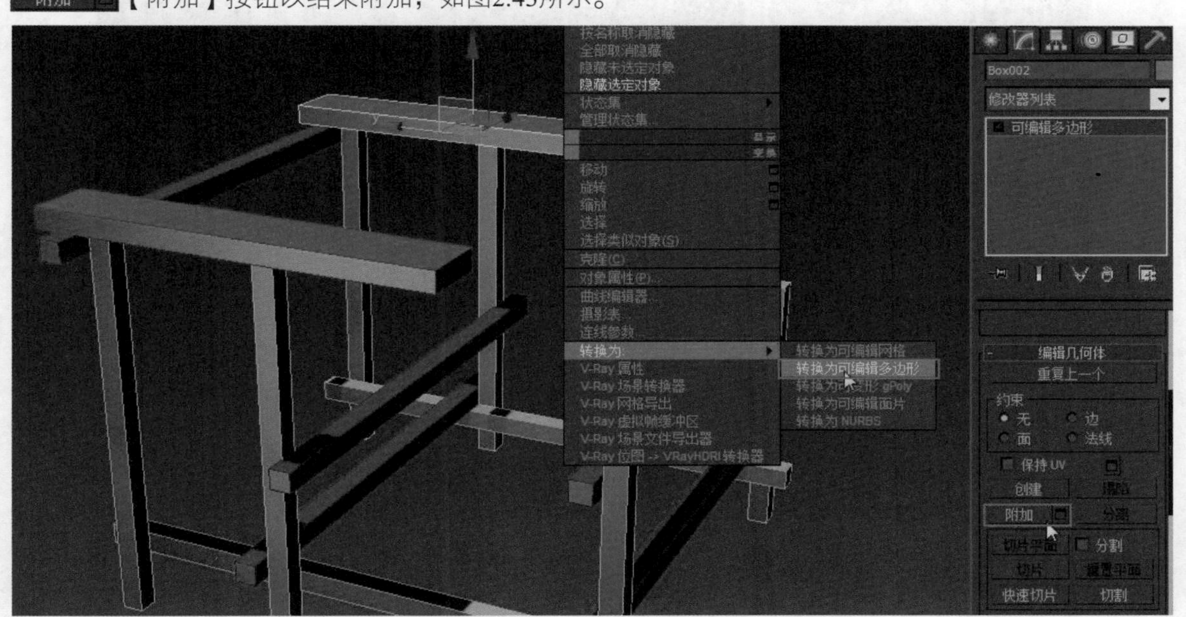

图2.43

20 现在进入多边形层级，选择所有木条端头黄色的多边形。下拉命令面板，在【多边形：材质ID】展卷栏中设置ID为1，按下Enter键以确定。执行菜单栏【编辑】→【反选】命令，即可选择其他多边形，设置ID为2，按下Enter键以确定，如图2.44所示。

21 将ID号分好后，退出多边形层级，选择整个对象。按下键盘快捷键M，打开【材质编辑器】，双击“mutiao”（多维/子对象）材质，单击赋予。双击鼠标左键，选择“hei”材质的贴图层级，单击显示，使其在视口模型中显示木纹贴图，如图2.45所示。

图2.44

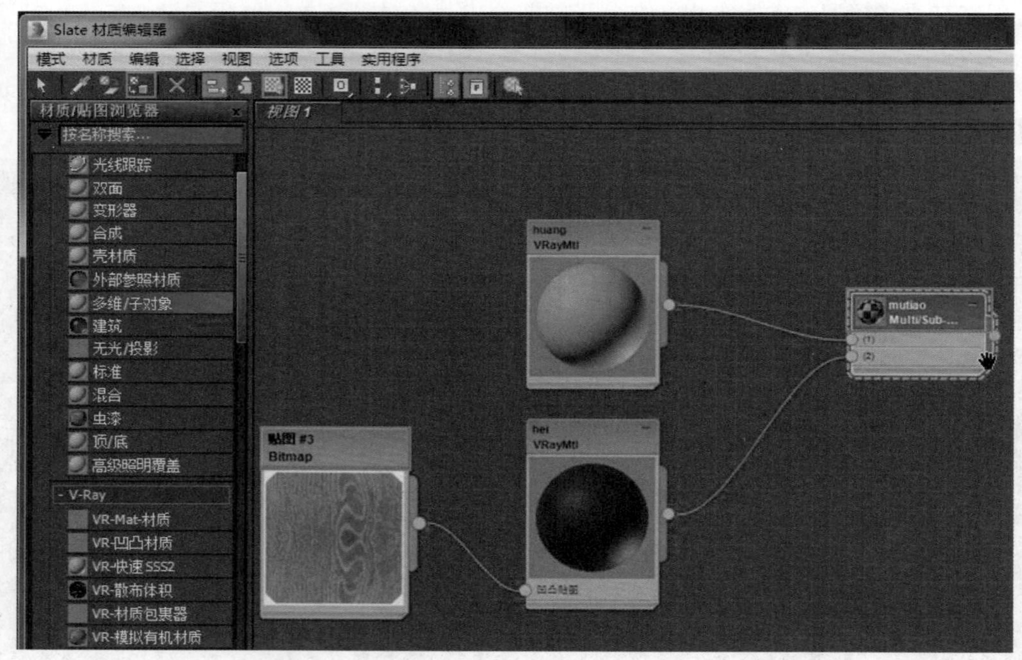

图2.45

22 进入多边形层级，选择ID为2 的多边形，进入【修改器列表】，选择【UVW贴图】修改器。将贴图类型改为【长方体】，将长度、宽度、高度均改为300，即可解决贴图拉伸问题，如图2.46所示。

23 此时有一部分贴图纹理是纵向的，不与木条长度方向一致。选择模型并单击鼠标右键，将模型再次转换成可编辑多边形，进入多边形层级，按住快捷键Alt排除贴图正确的部分，只保留不正确的部分。再次添加【UVW贴图】修改器，选择长方体贴图类型、将长、宽、高均修改为300。单击【UVW贴图】修改器前的“+”标识，单击【Gizmo】按钮，打开工具栏的角度捕捉开关，纵向旋转90度。修改完成，若发现还有部分贴图不正确，重复上一步骤，直至全部贴图正常，如图2.47所示。

图2.46

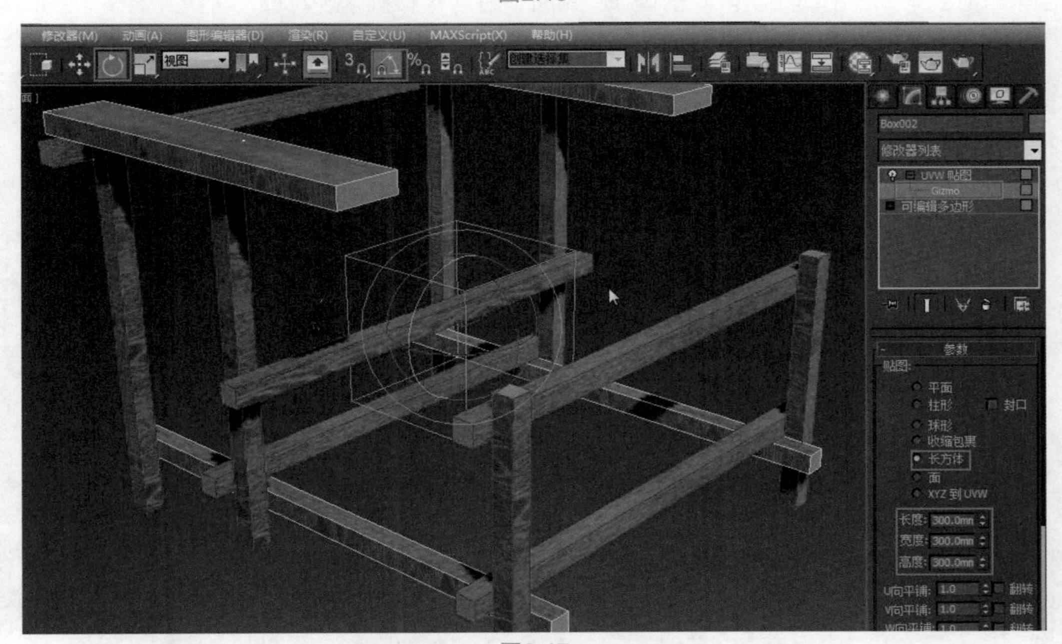

图2.47

24 为了得到更好的渲染效果，需要给背景赋予一个材质，按下键盘快捷键M，打开【材质编辑器】。在左侧双击【标准】材质，双击视图中弹出材质球，在右侧将其命名为“dimian”。选择背景模型，单击赋予。修改一下渲染环境，选择菜单栏的【渲染（R）】→【环境和效果】面板，将背景颜色改为白色，如图2.48所示。

图2.48

25 现在材质贴图全部设置完毕，需要架台摄影机，调一个合适的角度进行渲染。单击鼠标右键，选择【全部取消隐藏】命令，进入透视图，调整视图角度，按下键盘快捷键Ctrl+C，建立一台与当前视角一样的摄相机。双击选择摄影机，进入摄影机修改面板，将镜头值调为35mm。调整摄影机到合适角度，如图2.49所示。

图2.49

26 看一下渲染效果，打开工具栏的【渲染设置】工具，进入【GI】选项卡，在【发光图】展卷栏中将【当前预设】设置为低。进入【公用】选项卡，将输出大小设置为640×480，单击工具栏的【渲染产品】工具以渲染效果图，如图2.50所示。

图2.50

27 如上一步骤中的渲染效果达到要求，则开始渲染大图。打开工具栏的【渲染设置】工具，进入【GI】选项卡，在【发光图】展卷栏中将【当前预设】设置为高。进入【V-Ray】选项卡，将【全局确定性蒙特卡洛】中的【噪波阈值】设置为0.002，进入【公用】选项卡，锁定【图像纵横比】，将【宽度】设置为2400。单击【渲染产品】工具以渲染效果图，如图2.51所示。

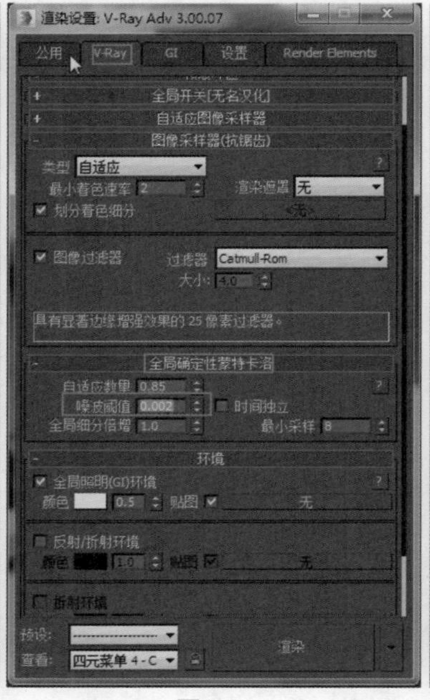

图2.51

渲染完成的红蓝椅效果图如图2.52所示。

图2.52

第3章

二维图形建模

——马塞尔·布劳耶的瓦西里椅

自行车钢管把手具有高强度、轻盈等特点。受此启发，德国设计师马塞尔·布劳耶（如图3.1）于1925年设计了“瓦西里椅”（如图3.2），成为世界上第一把钢管椅。因其具有明快的金属质感和简约大气的设计，而很快在全世界风靡起来。“瓦里西椅”体现了包豪斯理性的、科学的设计思想，是包豪斯“技术和艺术应该和谐统一”教育观念的完美体现。它依靠工业生产的技术工艺，采用价格低廉而实用的材料，是功能主义的代表作品。

马塞尔·布劳耶是第一个采用电镀镍来装饰金属的设计师。关于金属家具，布劳耶在1928年的文章中写道：“金属家具是现代居室的一部分，它是无风格的，因为它除了用途和必要的结构外，并不期望表达任何特定的风格。所有类型的家具都由同样的标准化的基本部分构成，这些部分随时都可以分开或转换。”

图3.1

图3.2

本章重点难点

1.利用线创建图形，修改图形形状；
2.利用【镜像】命令编辑样条线；
3.焊接样条线的顶点；
4.不同坐标系的应用；
5.显示样条线的体积；
6.利用【连接】命令将多边形分段；
7.【壳】修改器的用法；
8.【倒角】命令的用法。

3.1 钢管椅钢管部分的制作

本例的大部分由管状体组成，主要使用图形工具中的【线】工具创建，制作过程中可配合命令面板中的【镜像】按钮进行对称复制，以此提高制作效率。镜像复制后的样条线注意融合、焊接，使之成为一个整体。

01 参考图片，单击【图形】→【线】按钮，在前视图中配合键盘上的Shift键画出钢管椅的一部分形状，单击鼠标右键结束创建，如图3.3所示。

TIPS 钢管椅腿的圆弧部分可通过修改参数进行调整，创建线条时按住键盘中的Shift键有助于画水平和垂直的直线。

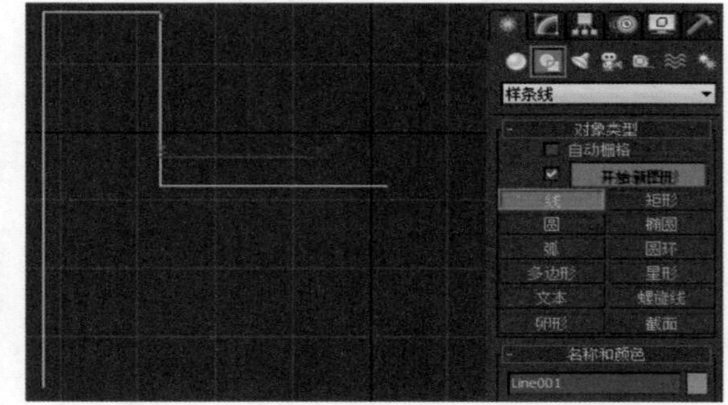

图3.3

02 选择样条线，在【修改】面板中选择其样条线层级，在命令面板中找到【镜像】按钮并选择左右镜像，并勾选【复制】复选项，再单击【镜像】按钮对所选择的样条线进行向右翻转复制。用工具栏上的【选择并移动】工具沿着X轴向右进行位置移动，从而获得样条线的另一半，如图3.4所示。

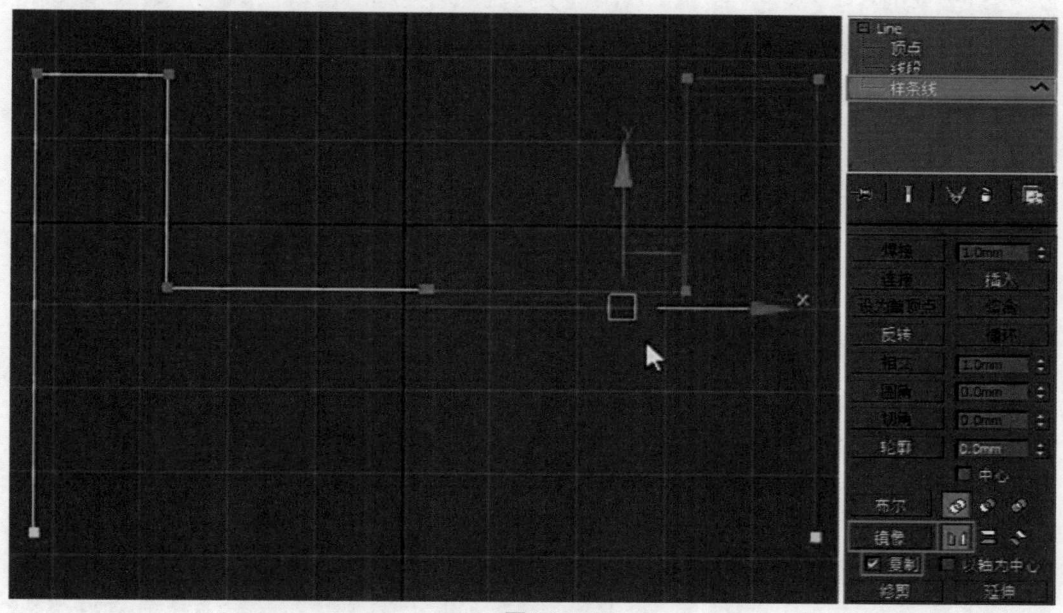

图3.4

03 进入其顶点层级，用【选择并移动】工具框选图3.5所示的两个顶点，进入命令面板并单击【熔合】按钮，让两个顶点重合在一起。接着再单击【焊接】按钮，将两个点焊接成一个点，如图3.6所示。

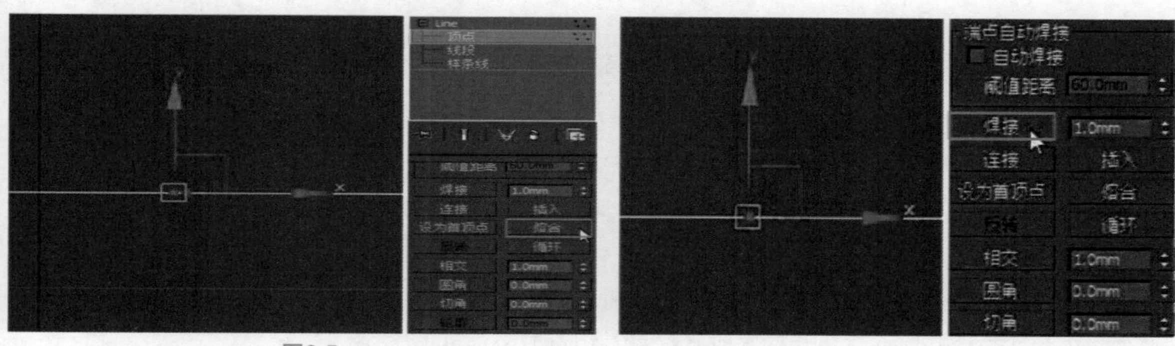

图3.5　　图3.6

04 退出顶点层级，用【选择并移动】工具选择整个样条线对象，按住键盘上的Shift键沿Y轴拖动鼠标，复制出钢管椅的后腿的部分，如图3.7所示。选择其中一个样条线，进入命令面板，单击 附加 【附加】按钮，选择另外一个样条线并将两个样条线对象附加成一个样条线对象，如图3.8所示。单击鼠标右键以结束附加操作。

05 为了实现对物体的精确捕捉，应对工具栏上的捕捉按钮进行参数设置。用鼠标右键单击【三维捕捉】工具，在【捕捉】选项卡下选择【顶点】复选项，设置完成后关闭设置栏，如图3.9所示。

06 在透视图中将对象样条线中间进行连接，单击【三维捕捉】工具，进入顶点层级，在命令面板单击【创建线】按钮，单击一个顶点后再单击另一个顶点，创建出一条线。单击鼠标右键结束操作，如图3.10所示。

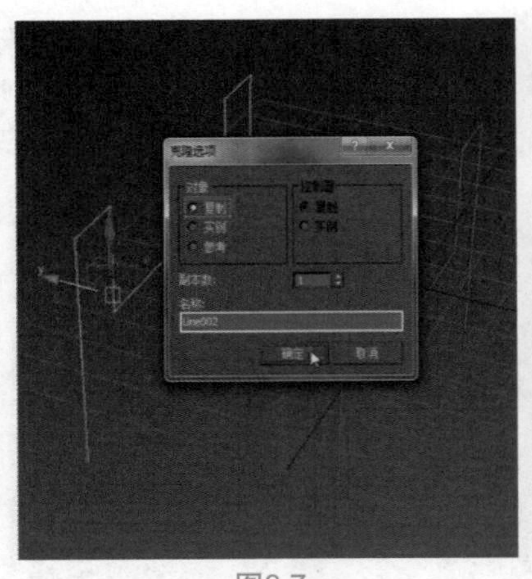

图3.7

图3.8

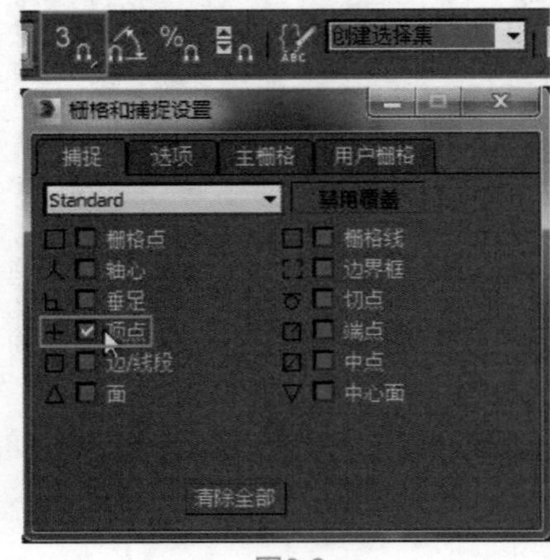

图3.9

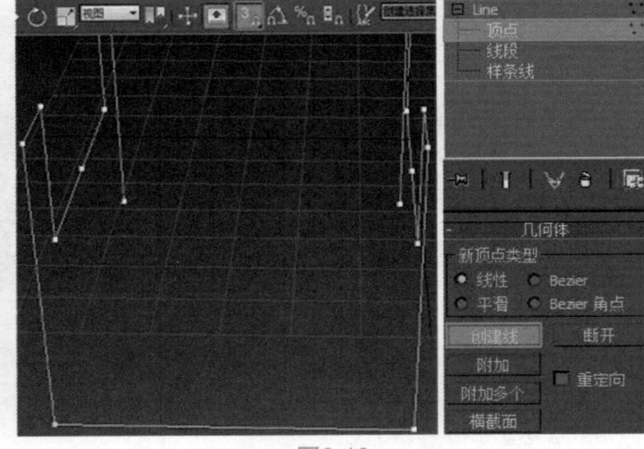

图3.10

TIPS 在透视图中进行顶点连接时，开启【三维捕捉】工具有利于更精确地选择和对齐顶点。

07 再次进入顶点层级，分别框选刚刚所创建线的两个顶点，在命令面板中单击【焊接】按钮，分别将两端的顶点焊接，如图3.11所示。

TIPS 因为在创建线时开启了【三维捕捉】工具，所以两个顶点间的距离为零，因此不用熔合顶点，直接焊接即可。

08 同前面两步做法一样，进入【Line】的顶点层级，通过【创建线】按钮和【焊接】按钮创建出另外一条底面的线，并焊接顶点，如图3.12所示。

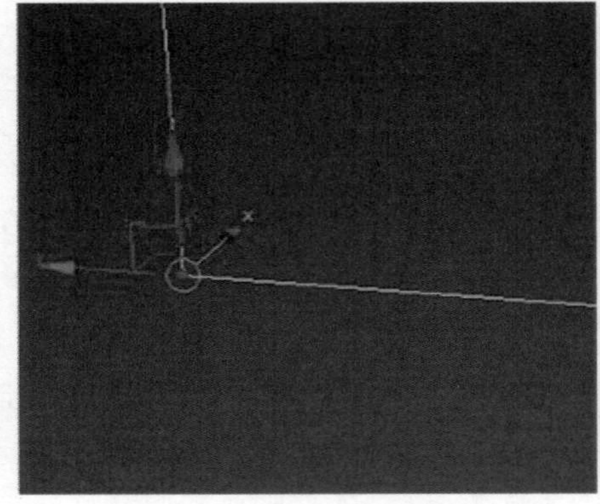

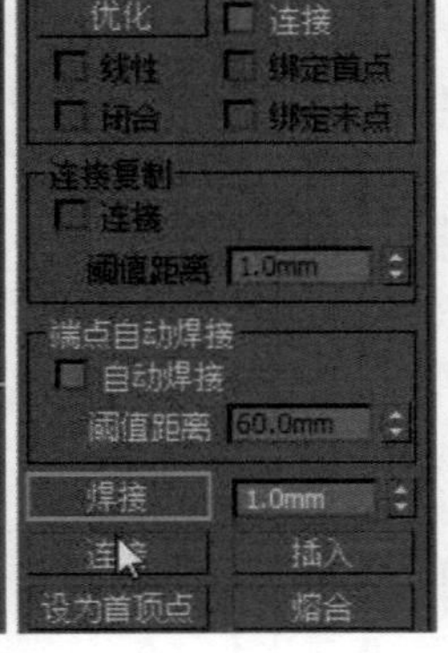

图3.11

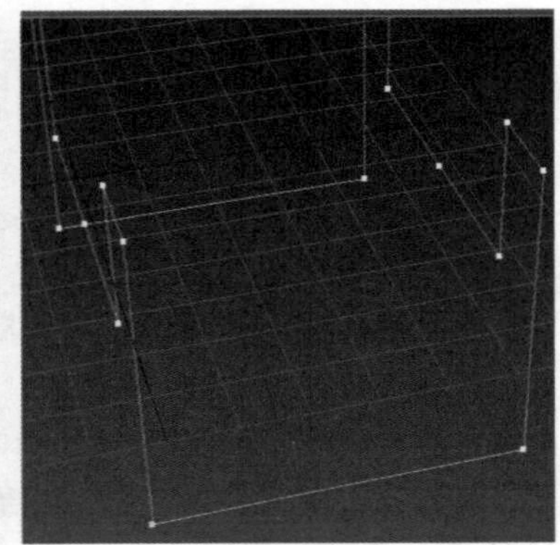

图3.12

09 参考图片，从多个视图在【Line】的线段层级使用【选择并缩放】工具，通过对两端线条的缩放进行形状调整，如图3.13所示；在【Line】的顶点层级使用【选择并移动】工具，通过对顶点的移动进行形状调整，如图3.14所示。

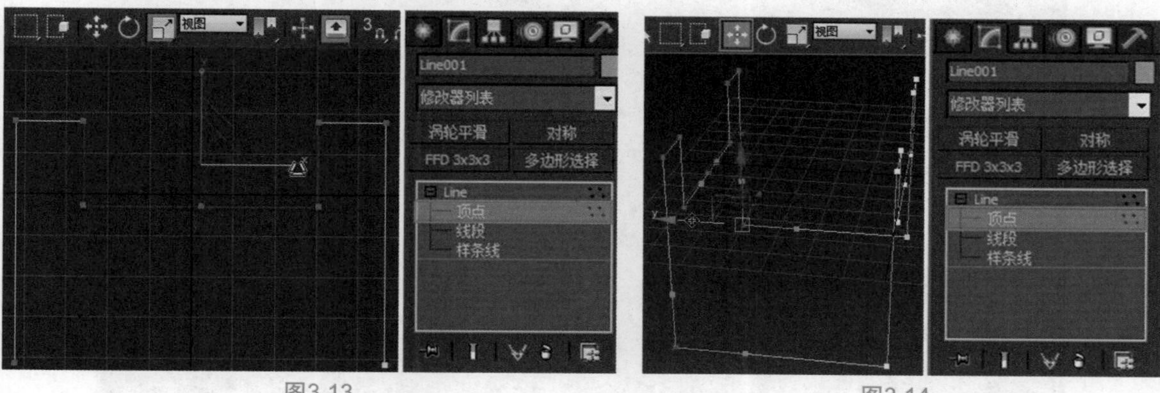

图3.13　　图3.14

TIPS 在自由调节顶点高度时应关闭【三维捕捉】工具，以防止移动时产生不必要的混乱。

10 在前视图中单击【线】按钮并配合使用键盘上的Shift键，创建钢管椅靠在内侧的横条部分，使用【选择并移动】工具对其顶点进行位置调整，如图3.15所示。然后按住键盘上的Shift键，同时用【选择并移动】工具将鼠标放在X轴上并向左移动，进行线条的复制，如图3.16所示。

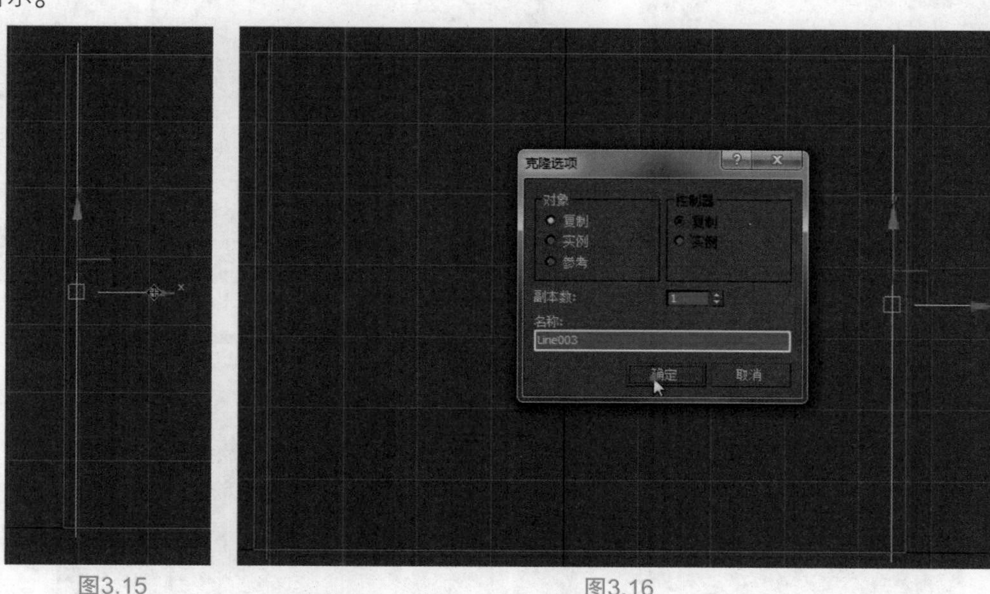

图3.15　　图3.16

11 单击【线】按钮，在顶视图中配合使用键盘上的Shift键，创建钢管椅靠背的一半，在其样条线层级选择该样条线，单击【左右镜像】按钮，选择【复制】复选项，再按【镜像】按钮获得另一半靠背，如图3.17所示。

12 选择样条线，使用【选择并移动】工具沿着X轴对样条线进行位置的调整，如图3.18所示。在顶点层级选择镜像物体中间两个没有焊接的点，单击【熔合】按钮使两个顶点重叠在一起，再单击【焊接】按钮使之焊接成一个顶点，如图3.19所示。

13 退出顶点层级，选择样条线，在左视图中使用【选择并旋转】工具使样条线倾斜到相应的角度，并且使用【选择并移动】工具将样条线移动到相应的位置，如图3.20所示。

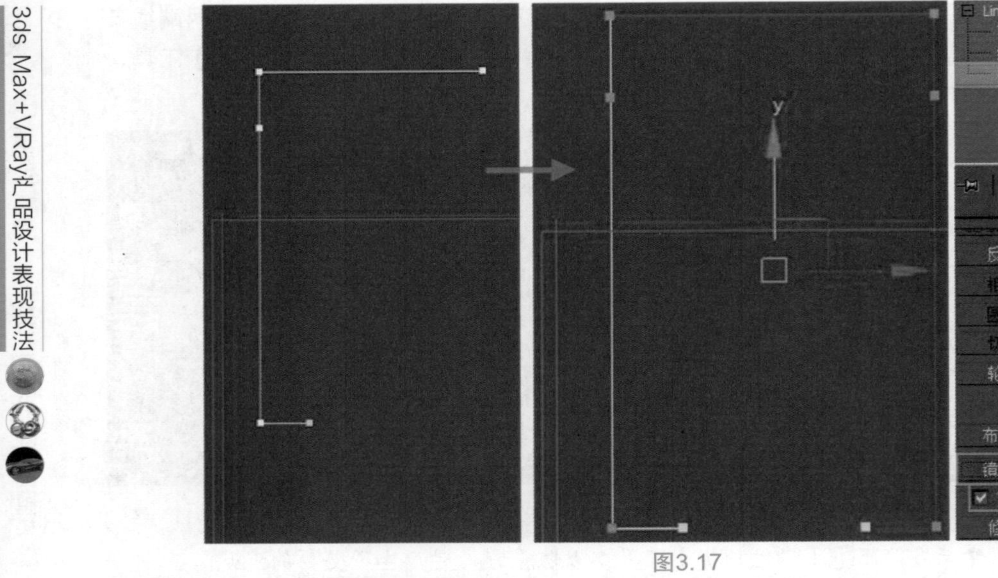
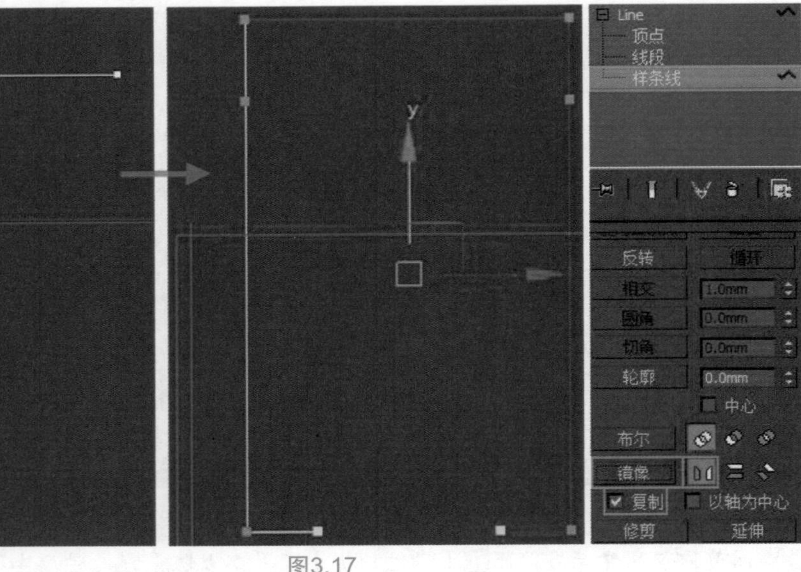

图3.17

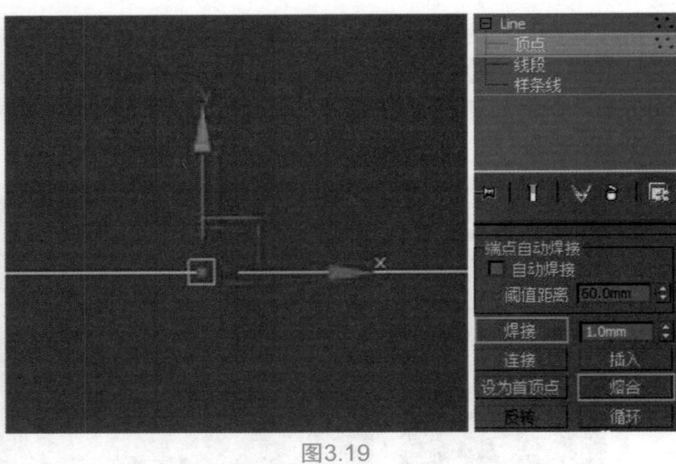

图3.18　图3.19

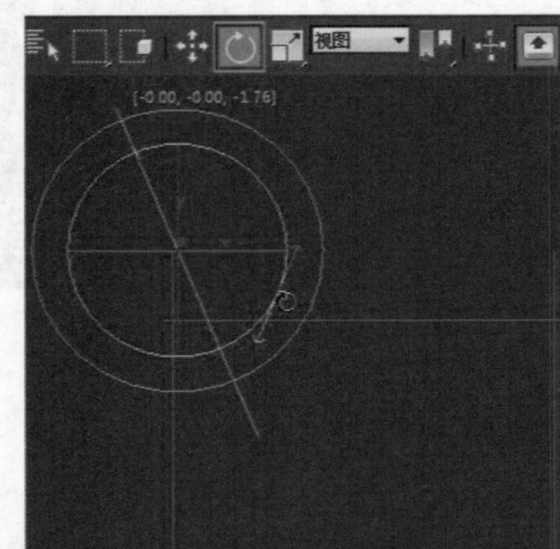
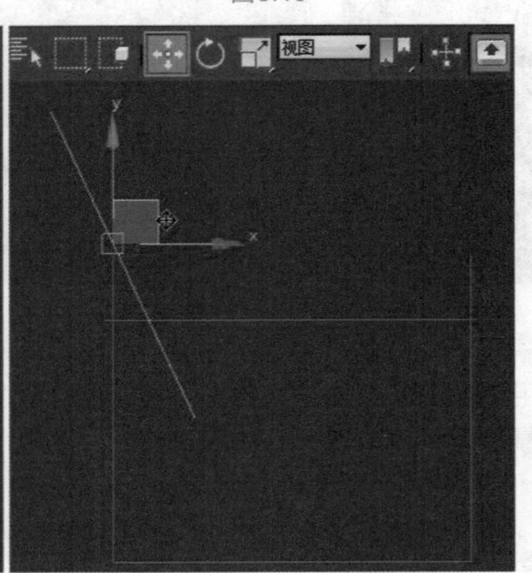

图3.20

14 待用于制作靠背的样条线调整好位置后，进入顶点层级并选择相应的顶点，使用【选择并移动】工具调节线段的长短和距离，如图3.21所示。

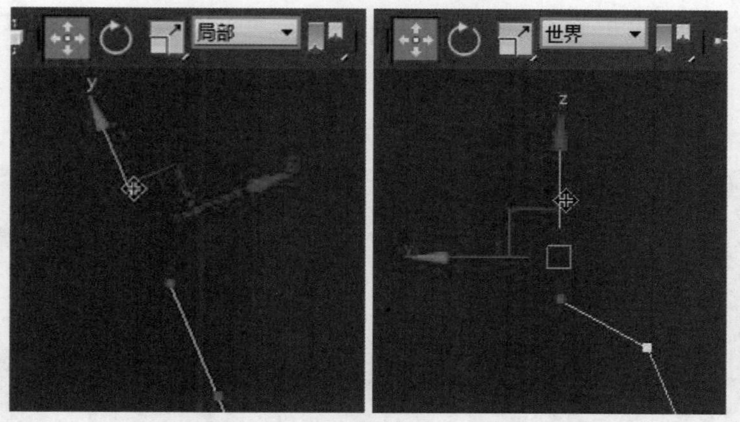

图3.21

TIPS

调节倾斜的样条线顶点时，在工具栏的参考坐标系中选择【局部】坐标，当鼠标放置在坐标箭头上移动对象时，对象会沿着倾斜的线条方向移动；在【视图】坐标系下移动对象时，对象会沿着水平和垂直方向移动。

15 在顶视图中单击【线】按钮并按住键盘上的Shift键，创建钢管椅坐板的钢管部分，在顶视图和左视图中使用【选择并移动】工具对其顶点进行位置的调整，如图3.22所示。

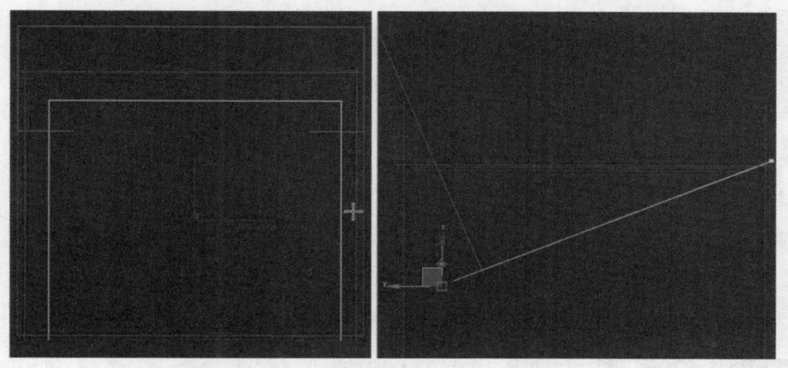

图3.22

16 为了方便操作，将以上所有样条线附加成一个整体。退出顶点层级，选择场景中的一个样条线对象，进入【修改】面板，单击附加【附加】按钮，并依次单击场景中所有的样条线进行附加，附加完成后再次单击【附加】按钮以结束附加操作，如图3.23所示。

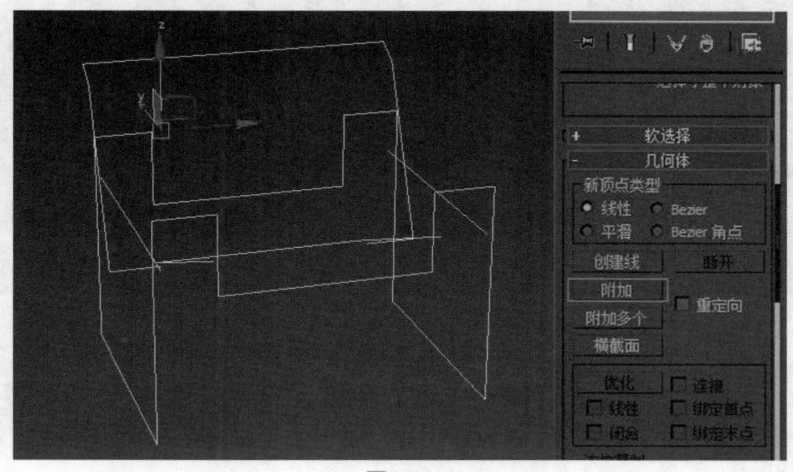

图3.23

17 在所有样条线附加完成后，接着处理圆角，由于圆角大小不一，应分两次进行处理。在顶点层级，按住键盘上的Ctrl键选择多个顶点，选择所有需要做大圆角的顶点，单击命令面板的【圆角】按钮，然后将鼠标放在其中一个顶点上并拖曳以调节圆角的大小，如图3.24所示。用同样的方法制作出钢管椅靠背部分的小圆角，如图3.25所示。到这一步钢管椅的框架就基本制作完成了。

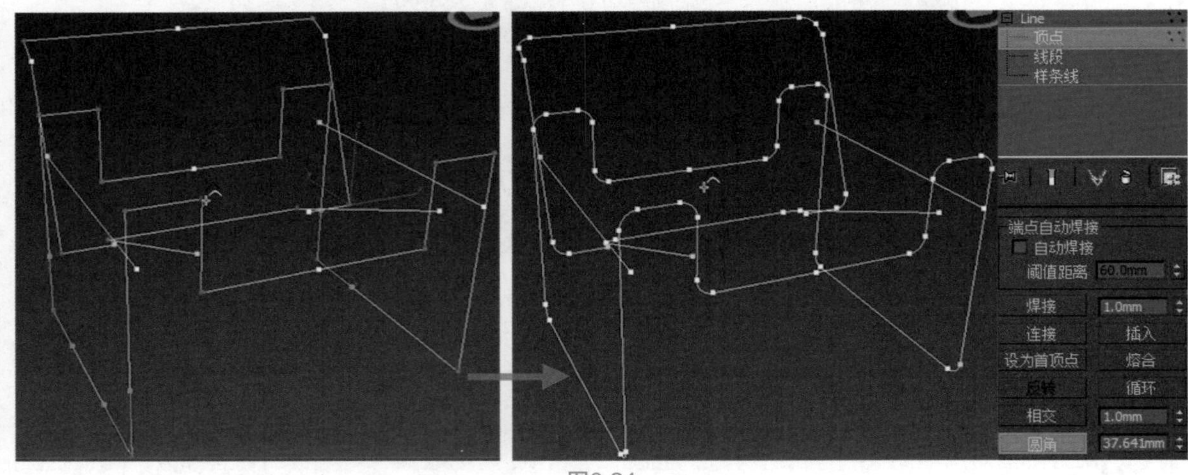

图3.24

TIPS 鼠标放在顶点上进行单击并拖曳调节圆角大小的操作要一次性完成，如果比例不对可以按键盘上的Ctrl+Z快捷键撤销命令，然后再重新制作。

18 现在需要制作框架的体积，退出顶点层级，进入【修改】面板。点开【渲染】卷单栏，勾选【在渲染中启用】和【在视口中启用】复选项，将【厚度】设置为27mm，此时钢管的厚度便呈现出来了，如图3.26所示。

TIPS 选择【在渲染中启用】复选项时，只能在渲染的时候才可以看见对对象所设置的厚度，不能在场景中看见设置的厚度。选择【在视口中启用】复选项时，只能在场景中看见对对象所设置的厚度，但是在渲染的时候不会被渲染出来。一般在制作样条线对象的厚度时应将这两个复选项都被勾选上。

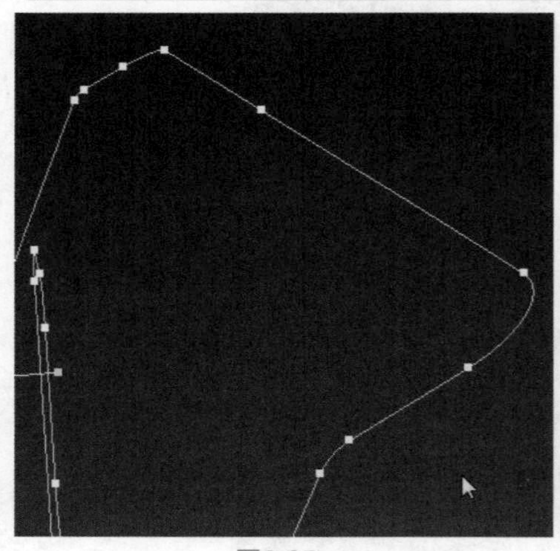

图3.25

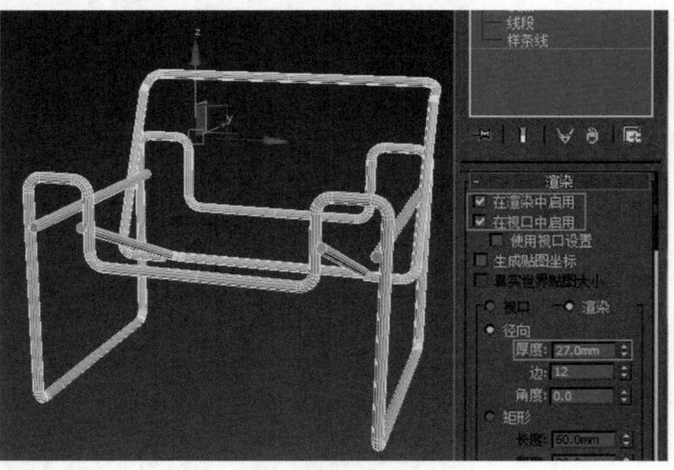

图3.26

19 钢管有了一定的厚度之后，与其相邻的两条钢管可能会产生穿插。在顶点层级使用【选择并移动】工具调节各个顶点与样条线之间的位置，或者在样条线层级使用【选择并移动】工具移动调节样条线与样条线对象之间的位置，如图3.27所示。调整完毕的后椅子的钢管部分便制作完成，如图3.28所示。

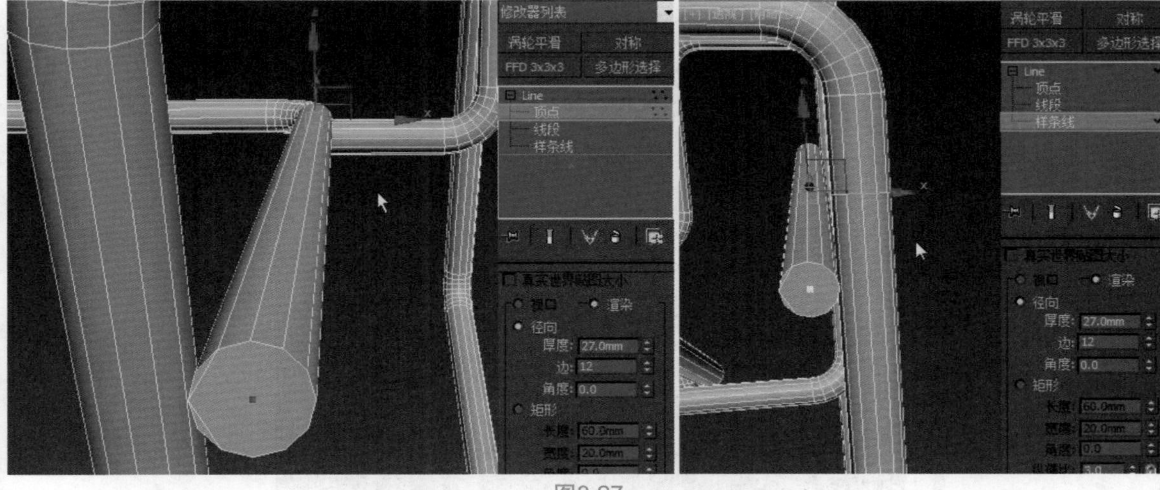

图3.27

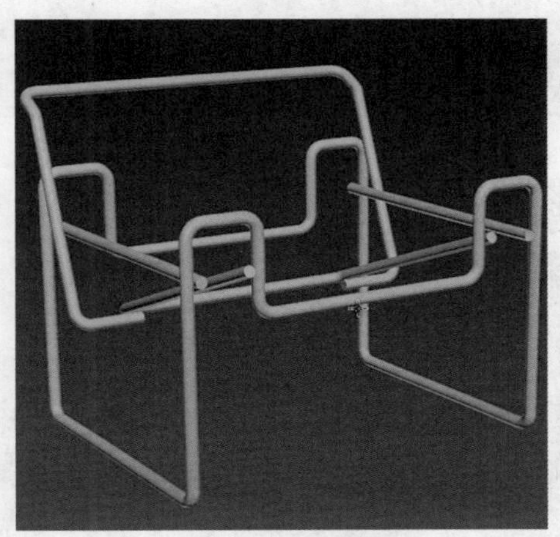

图3.28

TIPS 在移动样条线对象的顶点或者样条线时应注意样条线与样条线之间不要有穿插，也不要有明显的缝隙。

3.2 瓦西里椅的织物部分制作

除了钢管之外，瓦西里椅上还有织物材料。织物材料构成靠背、座板和扶手等部分，可变形的材料特点保证了椅子的舒适性。软性、柔光的织物与坚固、明亮的钢管形成强烈对比。

01 选择样条线对象，单击鼠标右键，在弹出的快捷菜单中选择【转换为】→【可编辑多边形】命令，如图3.29所示。

02 选择【可编辑多边形】对象，在【修改】面板进入其多边形层级，使用【选择并移动】工具，同时按住键盘上的Ctrl键框选靠背的两组多边形，在命令面板中单击 分离 【分离】按钮，在弹出的对话框中选择【以克隆对象分离】复选项，如图3.30所示。

TIPS 使用【分离】命令是将所选择的对象从原有的对象中分离出来，原对象便少了这部分多边形。选择【以克隆对象分离】复选项是将所选择的对象从原有的对象中复制一份出来，不会改变原有对象。

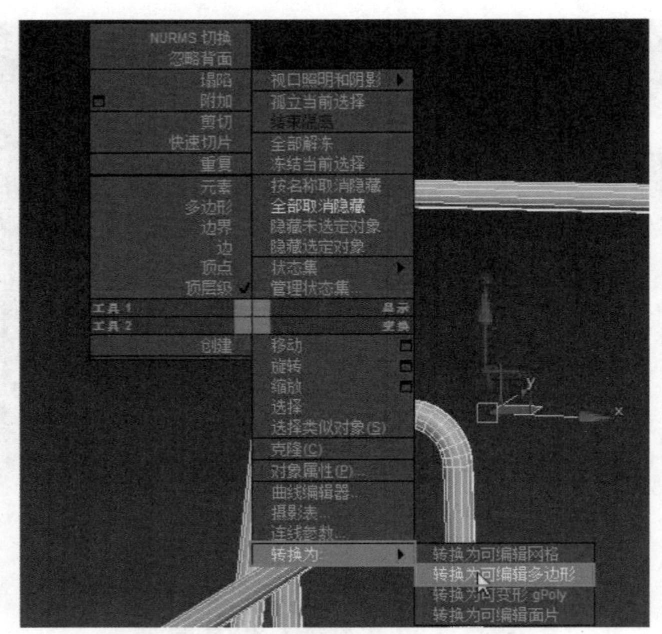

图3.29

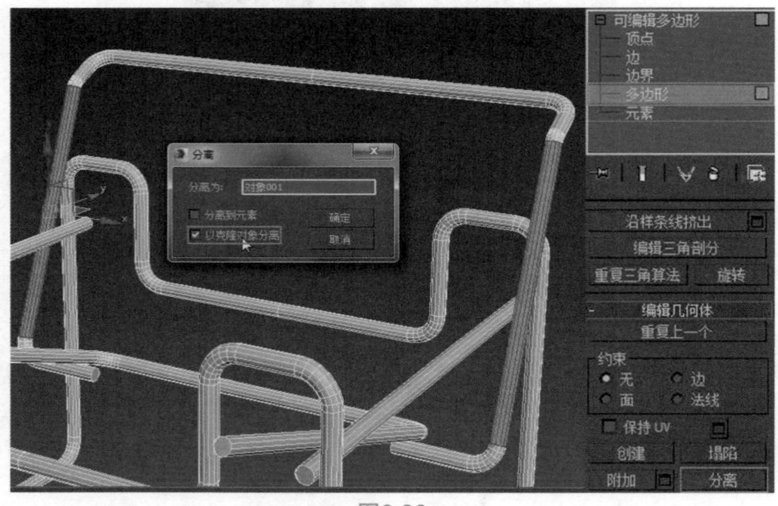

图3.30

03 对象分离完成后，退出当前多边形层级，用鼠标单击场景中的空白处，再选择复制分离出来的多边形对象。由于两个对象完全贴合，复制出来的对象不容易被选择，可以在原对象上单击鼠标右键在弹出的快捷菜单中选择【隐藏选定对象】命令，将原对象隐藏起来。在场景中选择复制对象后，再单击鼠标右键，选择【全部取消隐藏】命令，将所有隐藏的对象全部显示出来，如图3.31所示。

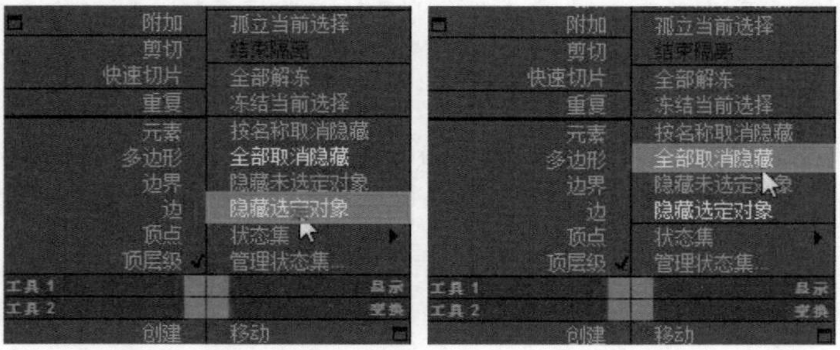

图3.31

TIPS 分离完成后，若不退出当前多边形层级，则复制分离出的多边形对象将不会被选择。

04 选择复制出的对象，进入其边层级。按住键盘上的Ctrl键并选择中间的线，在命令面板中单击 连接 【连接】按钮后面的设置框进行参数设置，将【分段】参数设置为3，如图3.32所示。

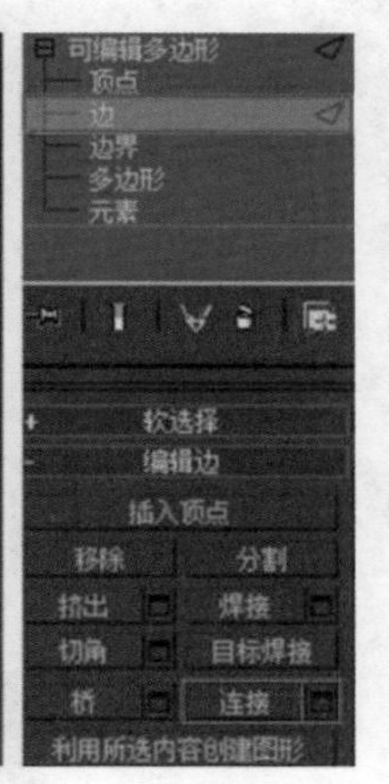

图3.32

05 分段完成后，进入【可编辑多边形】的多边形层级，选择下面的3段多边形，按下键盘上的Delete键将其删掉，如图3.33所示。进入剩下部分的可编辑多边形的顶点层级，将工具栏上的参考坐标系改为【局部】，使用【选择并移动】工具对顶点位置进行略微移动调整，如图3.34所示。

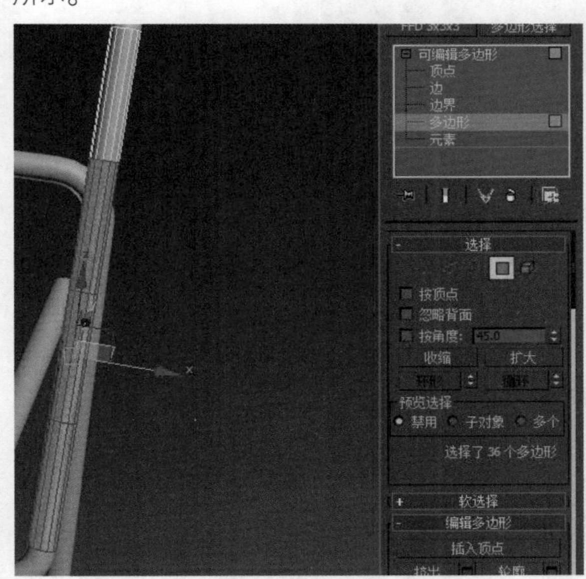

图3.33

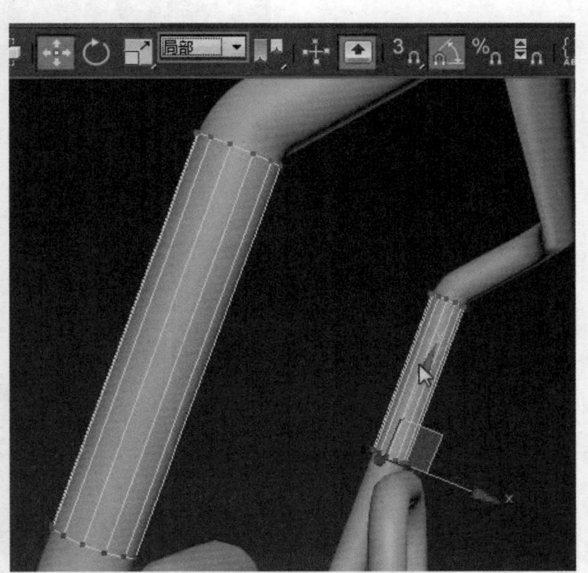

图3.34

06 为方便操作，按下键盘上的Alt+Q快捷键孤立显示选择对象。将工具栏上的参考坐标系更改为【世界】，进入其边层级，选择将要作为连接部分的一条边。在命令面板中单击【分割】按钮，将其断开分成两条线，使用【选择并移动】工具点选边，将其拉开以调节位置。对相对应的另一条边也做同样的操作，如图3.35所示。

07 在边层级中，按住键盘上的Ctrl键，同时选择要连接的左右两条边，在下拉菜单的命令面板中单击 桥 【桥】按钮，两条边之间自动连接为一个多边形，单击鼠标右键，选择【全部取消隐藏】命令，观察织物模型在整体中的状态，如图3.36所示。

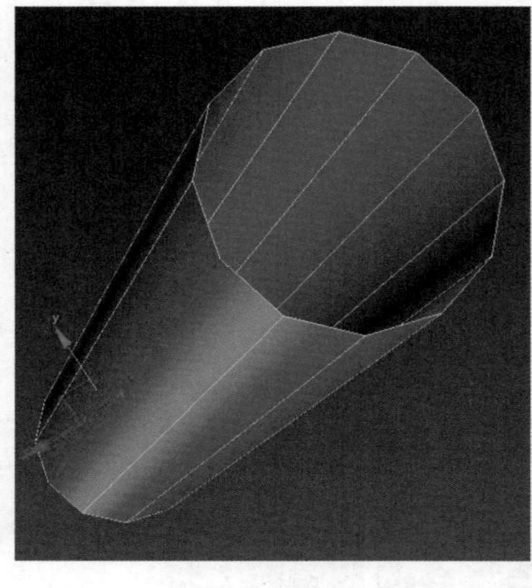

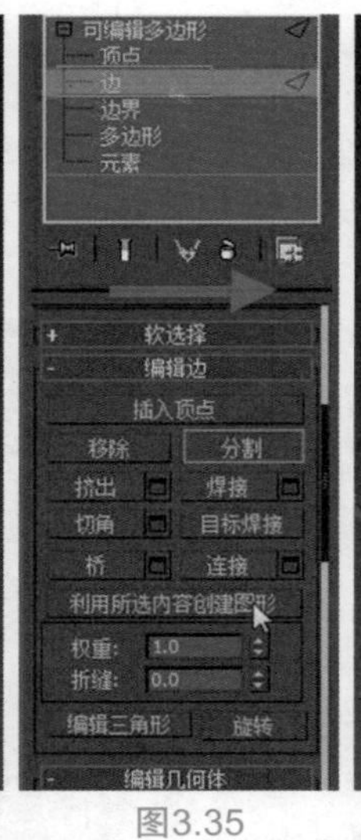

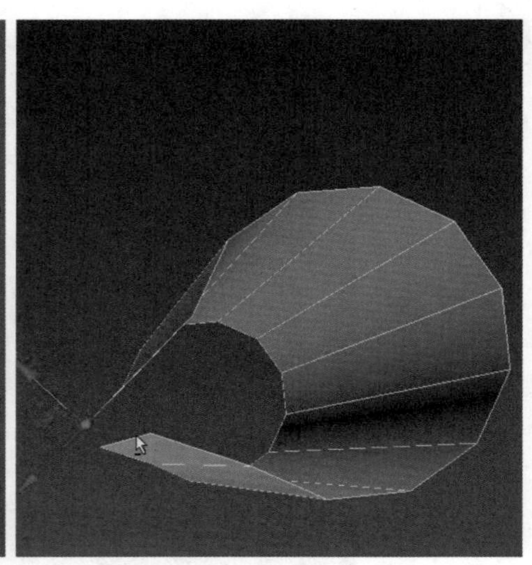

图3.35

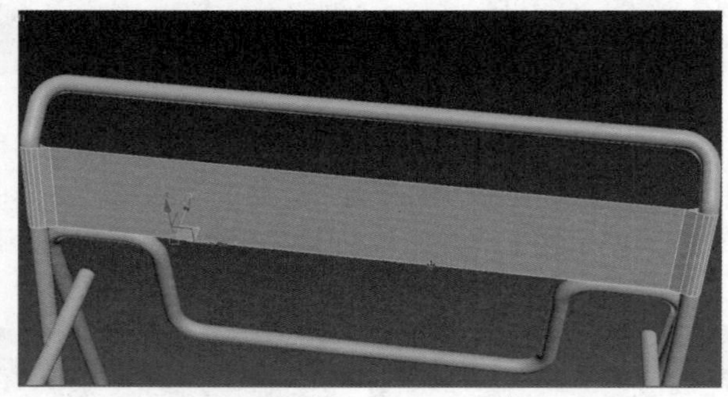

图3.36

08 因为靠背织物是柔软的，所以不可能是直的。选择横条中间的两条线进行连接，在命令面板单击 连接 【连接】按钮后面的设置框，在弹出的对话框中将【分段】数设置为3，如图3.37所示。然后选择这3条连接产生的边，适当向后移动以使靠背织物产生相应的弧度，如图3.38所示。

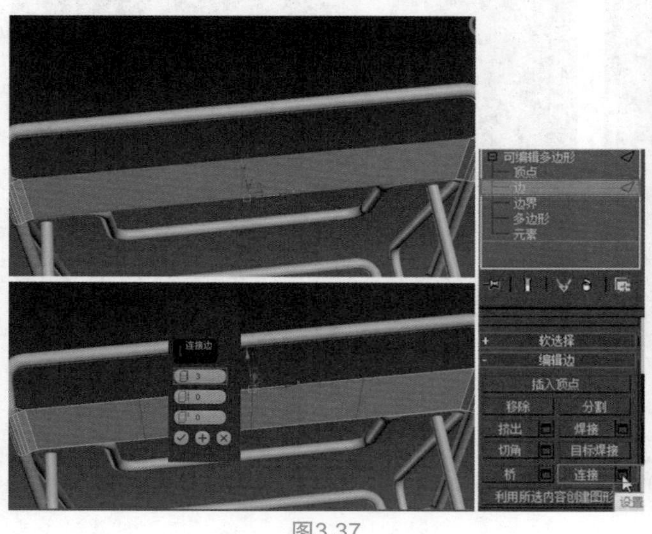

图3.37

图3.38

09 退出边层级，为了更方便观察靠背与钢管的相对位置，可以在【修改】面板中将它的颜色改为绿色。进入多边形层级，选择靠背的全部多边形，在命令面板中单击  挤出 【挤出】按钮后面的设置框，将挤出的方式设置为【局部法线】类型，挤出的高度设置为2.18左右，如图3.39所示。

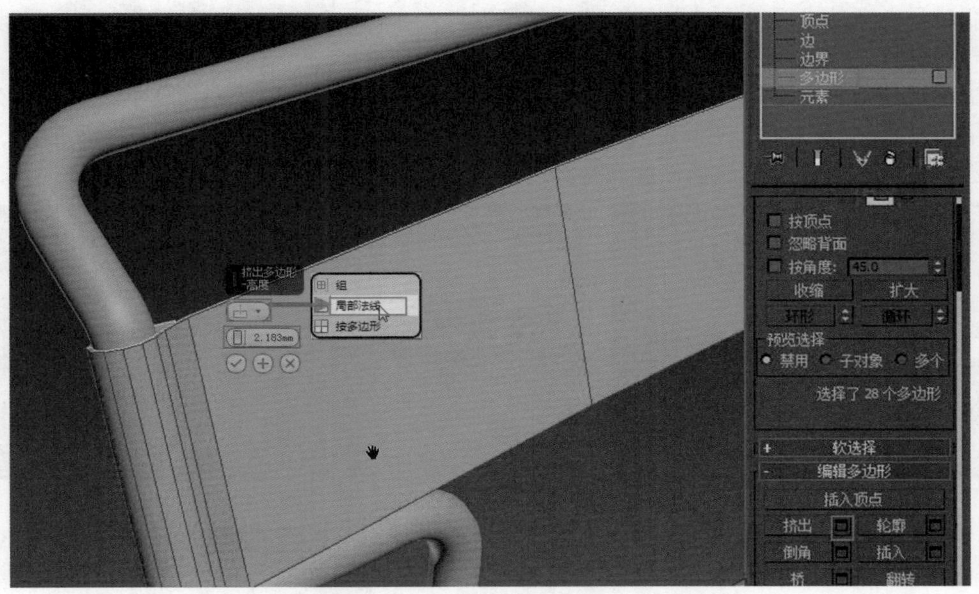

图3.39

10 进入边层级，按住键盘上的Ctrl键，选择背面上下没有连接的对应的边，在命令面板单击 桥 【桥】按钮，将两边连接起来以封住背面，如图3.40所示。

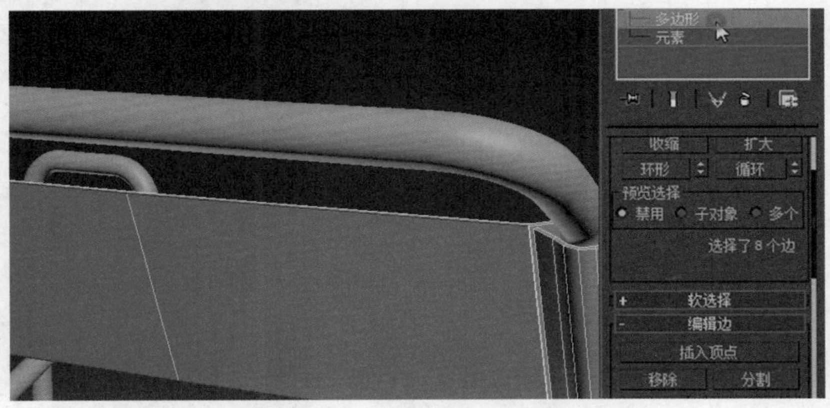

图3.40

TIPS 键盘快捷键F2是着色选择面开关，按下此键可以将所选择的多边形不以红色显示，从而方便观察和操作，在本步骤中就使用了此项功能。

11 对横条两边的缝隙进行细节上的处理。进入多边形层级，选择图3.41所示的面，按下键盘上的Delete键将其删掉；进入边层级，单击鼠标右键，选择【目标焊接】命令，在场景中选择需要焊接的一条边，再单击另外一条边，让两条边焊接在一起，如图3.42所示。

图3.41

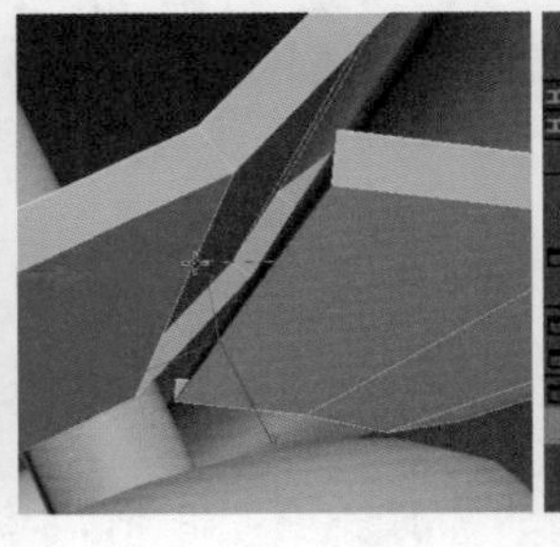

图3.42

12 移动另一条边，调节两边的缝隙以使其基本缝合，如图3.43所示。对靠背的另一边也采用同样的操作方法。

13 退出边层级，单击鼠标右键，在弹出的快捷菜单中选择【全部取消隐藏】命令。再次进入边层级，选择图3.44左上所示的竖边，在命令面板中单击 连接 【连接】按钮后面的设置框，将分段参数设置为2、收缩值参数设置为87。

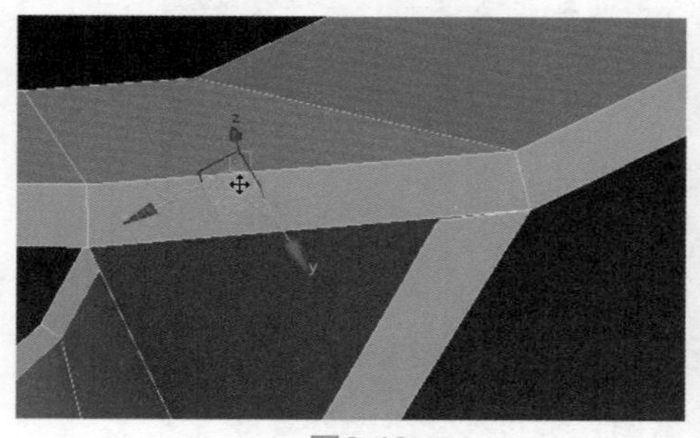

图3.43

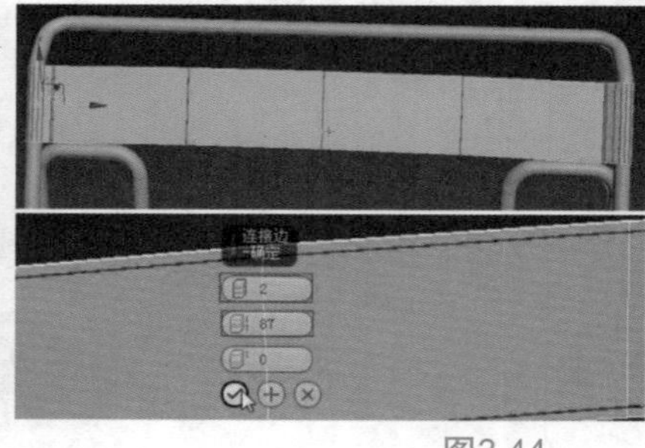

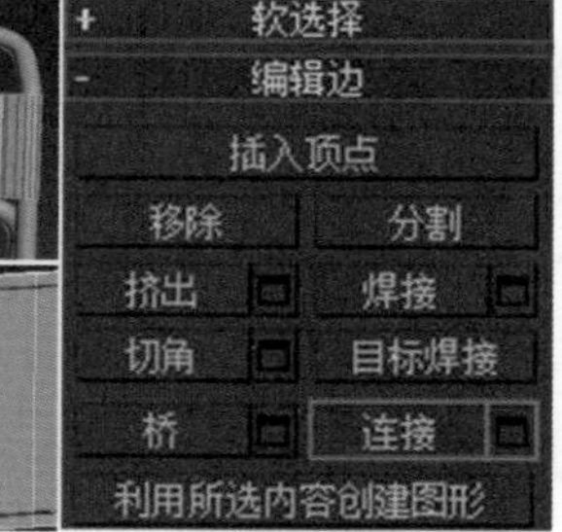

图3.44

14 进入多边形层级，选择中间的多边形，在命令面板中单击 倒角 【倒角】后面的设置框，将倒角的方式设置为【局部法线】类型，倒角的高度值设置为-0.81，倒角的轮廓值设置为-1.155，如图3.45所示。

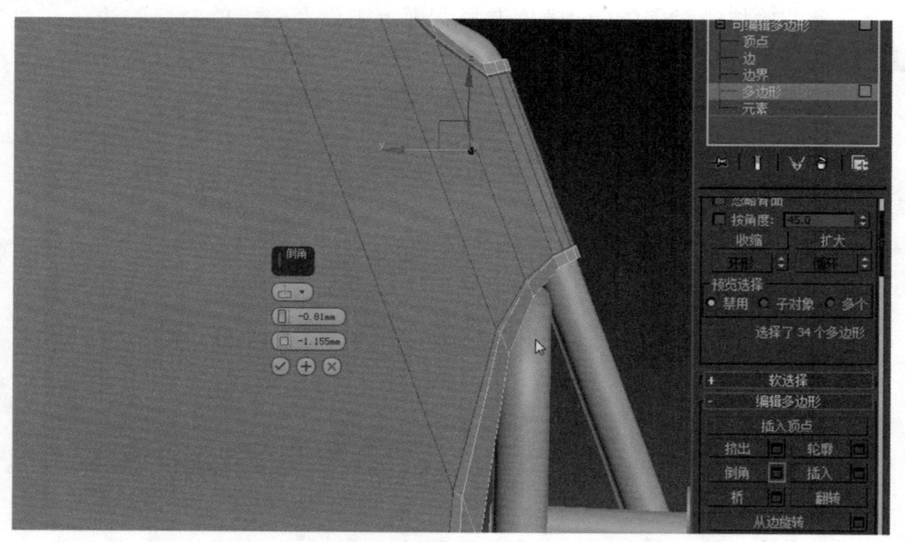

图3.45

> TIPS
> 在进行倒角操作时，数值为负数则多边形向内凹，当数值为正数时多边形向外凸。倒角的高度值用于控制面突出的高低，当数值是正数时面变高，当数值是负数时面变低；倒角的轮廓值控制图形的大小，倒角的轮廓值为正数时面的面积变大，倒角的轮廓值为负数时面的面积变小。

15 为了让模型看起来更加平滑，进入元素层级，单击对象的整个元素。下拉框中单击【自动平滑】按钮，整个模型会呈现出比较平滑的效果，如图3.46所示。为了让平滑之后的对象边缘轮廓更加明显，选择上下边缘的多边形，再次单击【自动平滑】按钮，对象边缘的轮廓就变得更加明显了，如图3.47所示。

> TIPS
> 按下键盘上的F4键关闭线框显示，这样可以更好地观察物体的平滑状态，再次按下该键则会恢复线框模式，如图3.46所示。

> TIPS
> 选择一个多边形，按住键盘上的Shift键并单击相邻的多边形，可以实现循环选择。

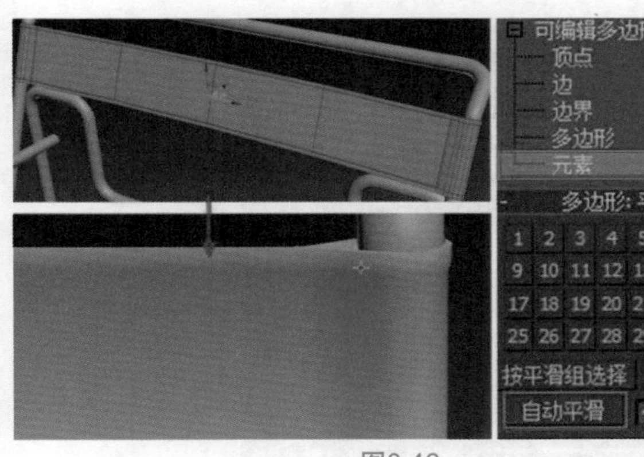

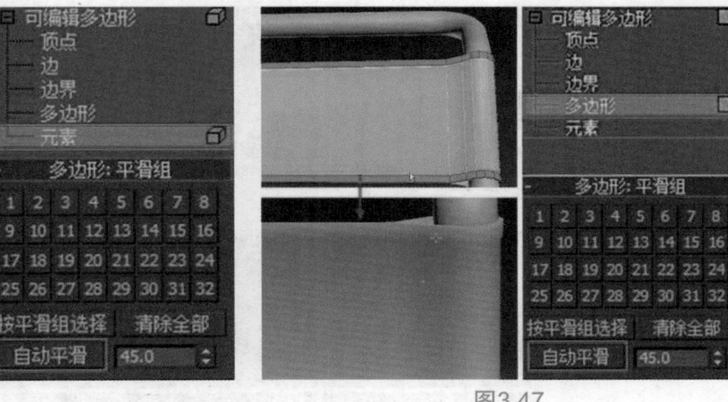

图3.46　　图3.47

16 退出边层级，将工具栏上的参考坐标系修改为【局部】。使用【选择并移动】工具，按住键盘上的Shift键向下复制一个靠背，然后调节靠背的位置，如图3.48所示。

17 扶手的制作方法跟靠背的方法类似。按住键盘上的Ctrl键选择扶手上钢管的两组多边形，在命令面板中单击 分离 【分离】按钮，选择【以克隆对象分离】复选项，如图3.49所示。为了方便操作，退出多边形层级，分别选择其他几个多边形对象，单击鼠标右键然后选择【隐藏选定对象】命令，将其他对象隐藏，选择制作扶手的部分，按键盘上的快捷键Alt+Q将其孤立显示。

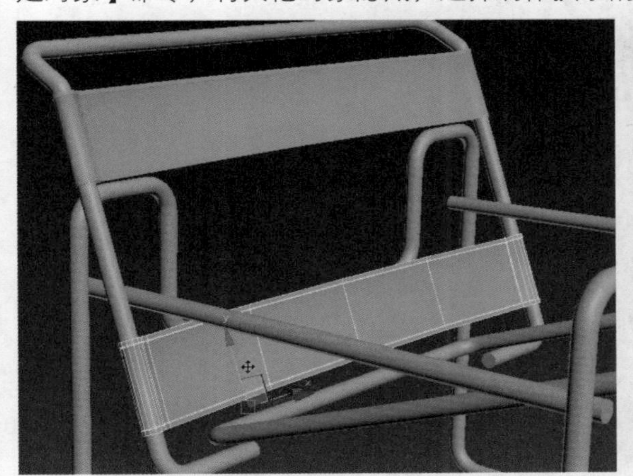

图3.48

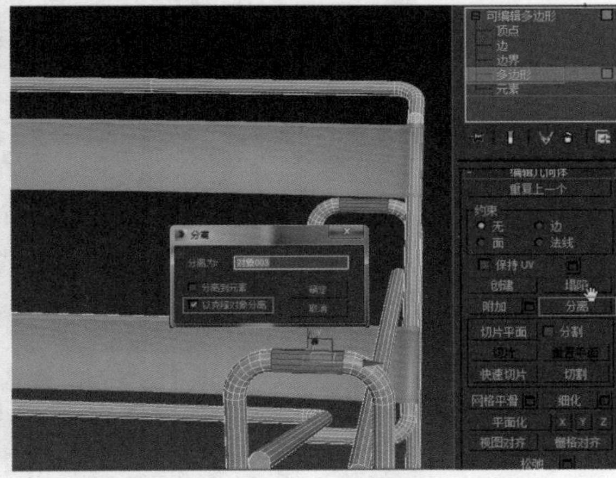

图3.49

18 在边层级中按住键盘上的Ctrl键，同时选择对象中间需要制作连接部分的两条边，在命令面板中单击【分割】按钮，将其分别断开分成两条线。使用【选择并移动】工具移动分割出来的边，如图3.50左下所示。

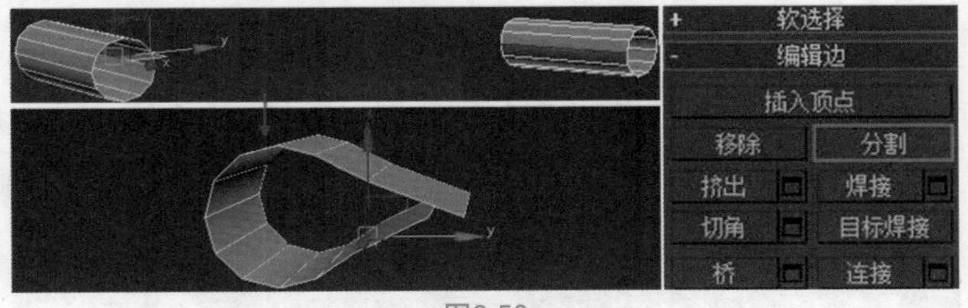

图3.50

19 按住键盘上的Ctrl键，选择作为连接的两条边，在命令面板中单击 桥 【桥】按钮，可将两条边连接起来，如图3.51所示。

20 选择中间的两条线，在命令面板中单击 连接 【连接】按钮后面的设置框，将边数设置为3，并且使用【选择并移动】工具调节连接后的边的位置，使其产生一定的弯曲，如图3.52所示。

图3.51

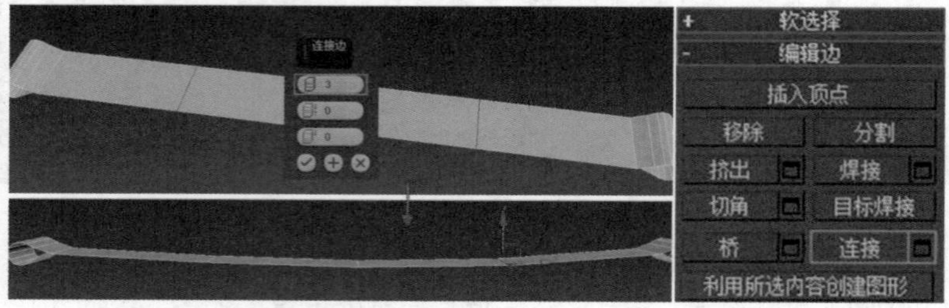

图3.52

21 退出边层级，在【修改】面板的修改器列表中选择【壳】修改器，将【壳】的【外部量】设置为1.4mm，如图3.53所示。

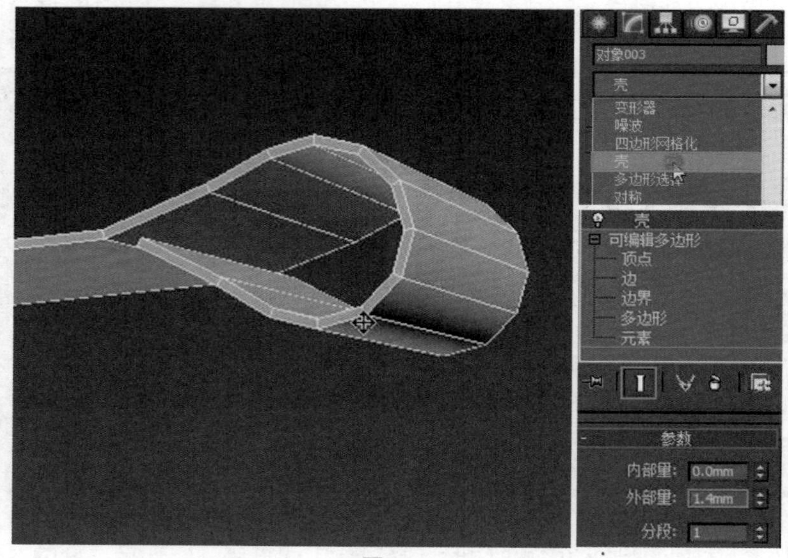

图3.53

TIPS

本步骤与靠背的做法有所不同，【挤出】命令和使用【壳】修改器都能让物体增加体积，读者可以都尝试一下这两种方法。

22 选择扶手对象，单击鼠标右键，在弹出的菜单中选择【转换为】→【可编辑多边形】命令。选择【可编辑多边形】，进入【修改】面板，在边层级中选择图3.54左上所示的边，在命令面板中单击【连接】按钮后面的设置框，将分段数设置为2、收缩值设置为89。

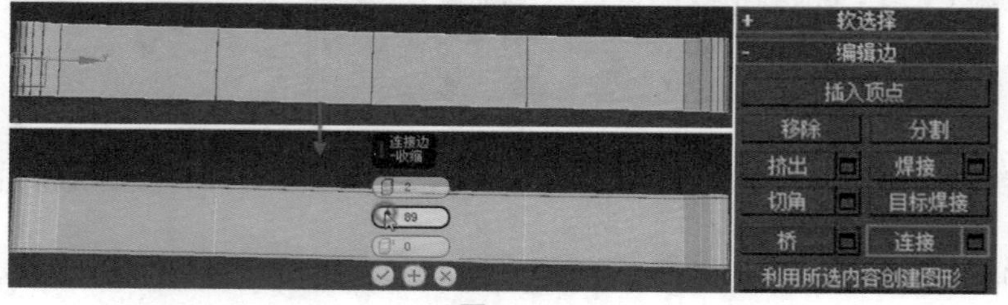

图3.54

23 在左视图中使用【选择并移动】工具，在边层级或者在顶点层级中选择并移动对象两侧的边或顶点，将对象两侧的缝隙闭合，如图3.55所示。

24 进入多边形层级，循环选择扶手中间的一圈多边形，在命令面板中单击 倒角 【倒角】按钮后面的设置框，将倒角的类型设置为【局部法线】类型、倒角高度设置为-0.24、倒角轮廓设置为-0.939，如图3.56所示。

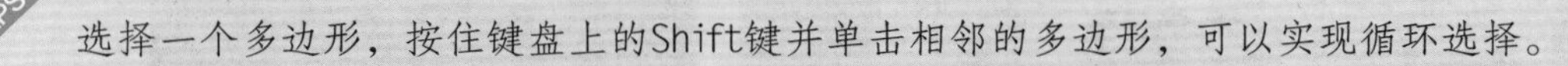

TIPS 选择一个多边形，按住键盘上的Shift键并单击相邻的多边形，可以实现循环选择。

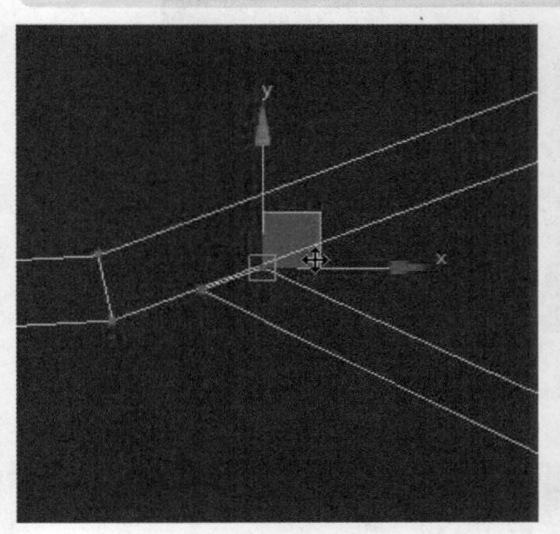

图3.55

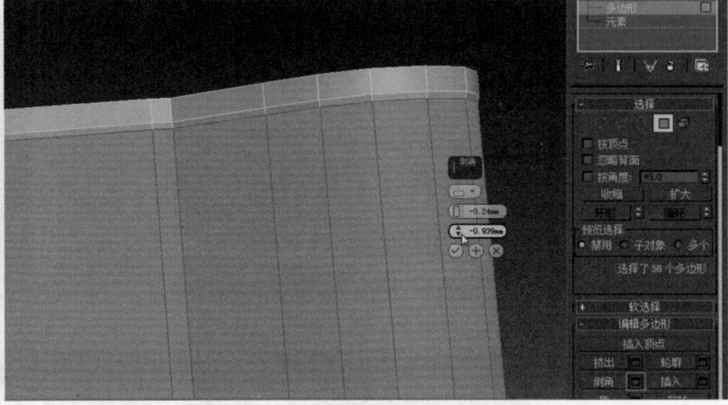

图3.56

25 为了让模型看起来更加平滑，进入元素层级，单击对象的整个元素。在下拉框中单击【自动平滑】按钮，整个模型会呈现出比较平滑的效果，如图3.57所示。为了让平滑之后的对象边缘轮廓更加明显，选择上下边缘的多边形，再次单击【自动平滑】按钮，对象边缘的轮廓就变得更加明显了，如图3.58所示。

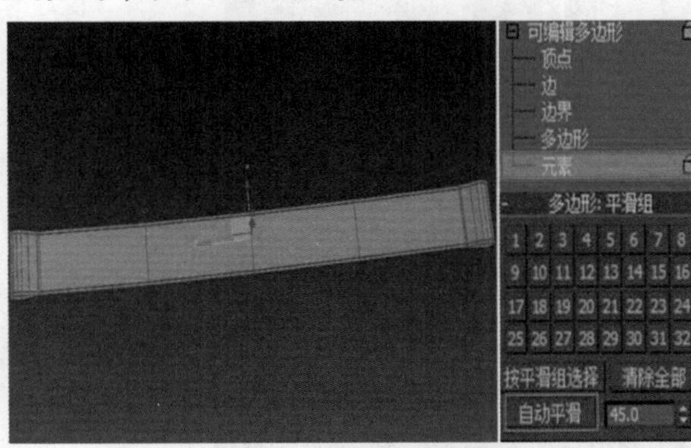

图3.57

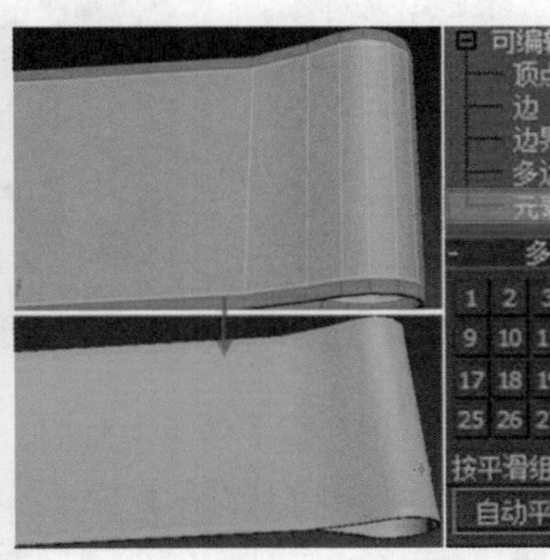

图3.58

TIPS 按下键盘上的F4键关闭线框显示，可以更好地观察物体的平滑状态，再次按下该键则会恢复线框模式。

26 在对象平滑完成后，退出元素层级，单击鼠标右键，然后选择【全部取消隐藏】命令，将场景中所有隐藏对象全部显示出来。选择扶手，使用【选择并移动】工具，同时按住键盘上的Shift键，复制出扶手的侧面织物对象，如图3.59所示。

27 打开工具栏上的【角度捕捉】开关，使用【选择并旋转】工具并将鼠标放置在旋转图标的黄色线圈上拖动，使复制出来的对象旋转-90度，如图3.60所示。

28 为方便移动、旋转等操作，需要对轴心进行设置。进入【层次】面板，单击【仅影响轴】按钮，在对齐方式单击【居中到对象】按钮，让坐标轴自动移动到对象中心，再次单击【仅影响轴】按钮，关闭对轴的设置。将工具栏上的坐标系更改为【世界】，为了方便观察，可以在

【修改】面板中更改它的颜色，然后使用【选择并移动】工具在多个视图中仔细调整物体的位置以避免物体间有穿插，如图3.61所示。

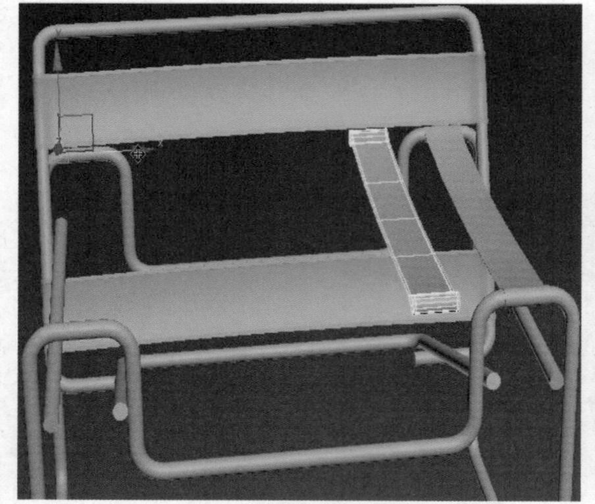

图3.59

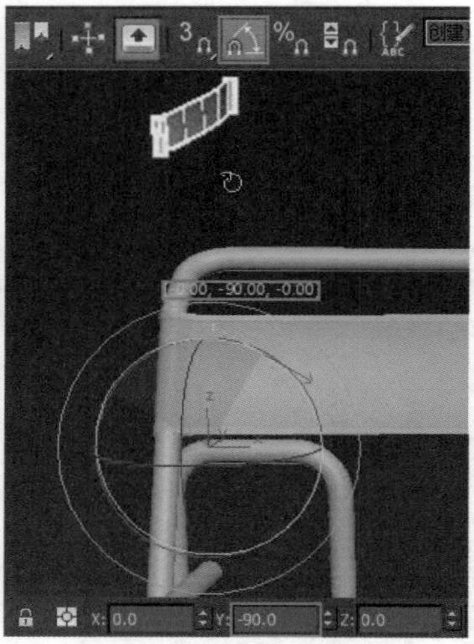

图3.60

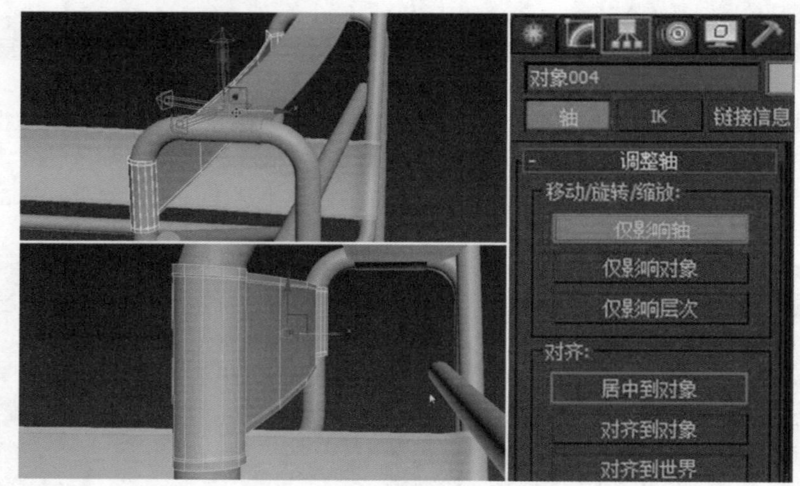

图3.61

29 选择侧面扶手，进入【修改】面板，在顶点层级中选择中间的几个点，使用【选择并移动】工具先将其移动并调整成直线，然后向下做一点弯曲，如图3.62所示。

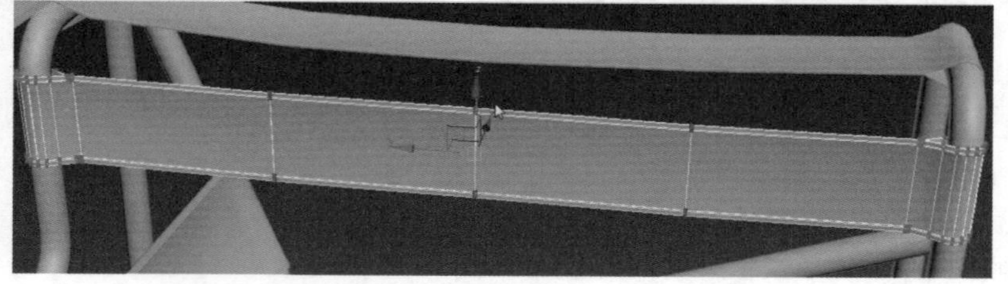

图3.62

30 一边的扶手制作完成后，为了更方便制作出另一边的扶手，需要将两个扶手附加成一个对象。退出刚才操作对象的顶点层级，选择一个扶手对象，在【修改】面板单击 附加 【附加】按钮，在场景中单击另一个扶手对象，再次单击【附加】按钮结束附加操作，如图3.63所示。单击工具栏上的【镜像】按钮，选择【X】轴、【复制】选项，对称复制出另一边的扶手，如图3.64所示。

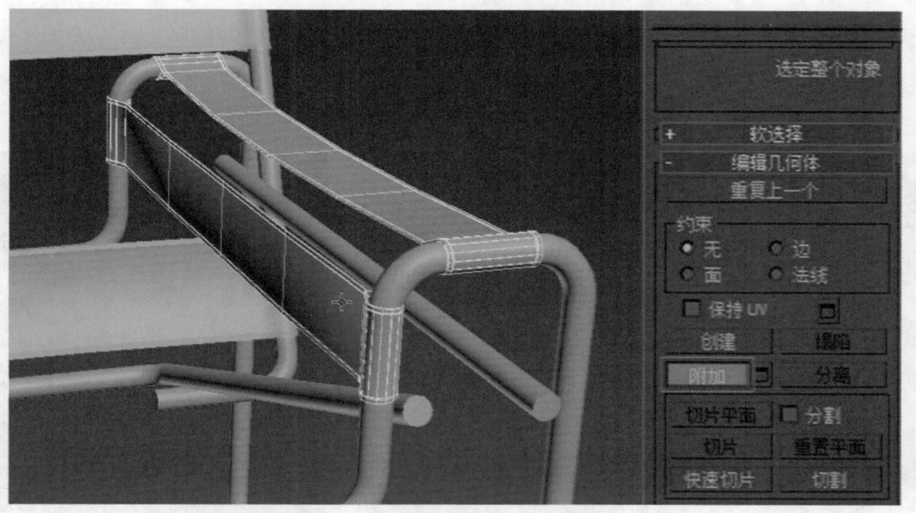

图3.63

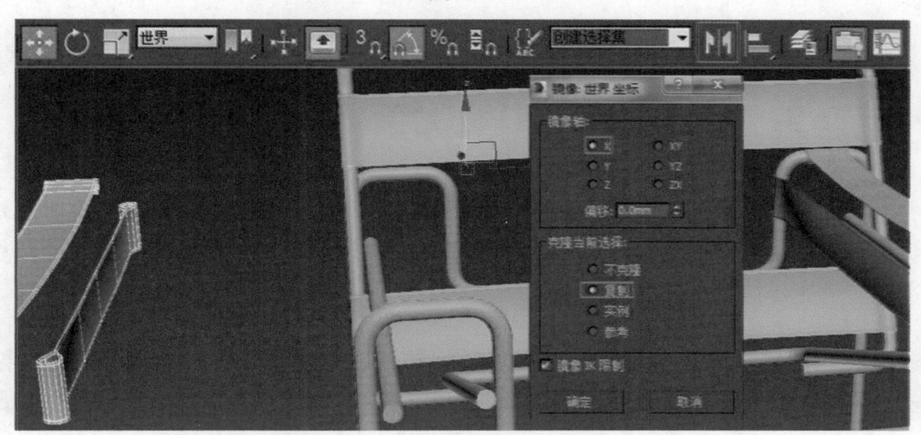

图3.64

31 选择镜像复制出来的对象，进入【层次】面板，单击【仅影响轴】按钮，在对齐方式中单击【居中到对象】按钮，让坐标轴自动移动到对象中心，再次单击【仅影响轴】按钮关闭以对轴的设置，如图3.65所示。

32 使用【选择并移动】工具在多个视图中仔细调整物体的位置。为了更容易地发现该对象与其他对象是否有穿插，可以在【修改】面板中修改该对象的颜色，如图3.66所示。

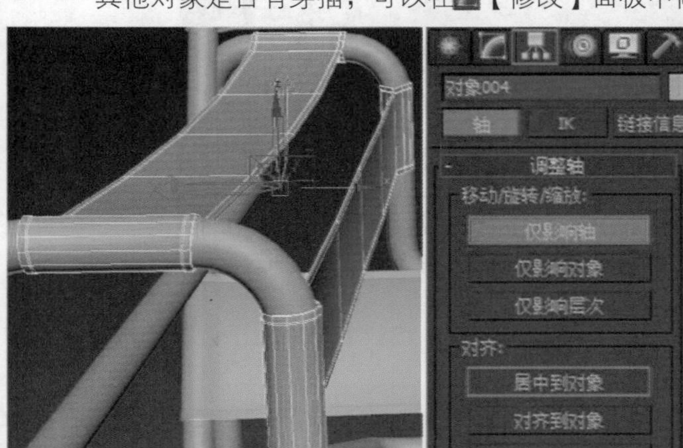

图3.65

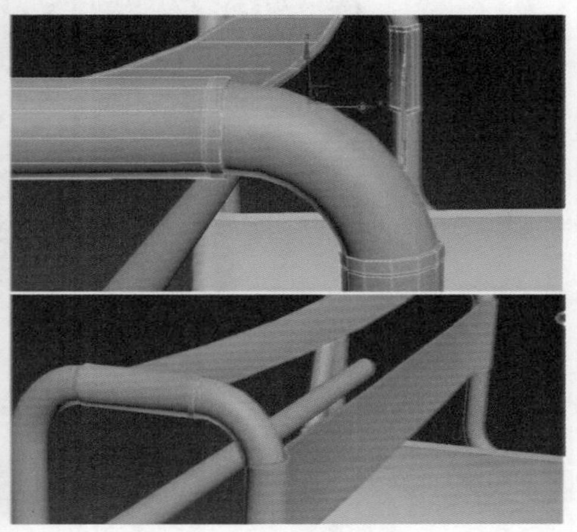

图3.66

33 坐板的制作方法与扶手、靠背的制作方法大致相同，制作好的座板织物效果如图3.67所示。

34 选择所有的织物对象，使用 附加 【附加】命令将其附加在一起以方便后续操作，瓦西里椅的模型制作完毕，如图3.68所示。

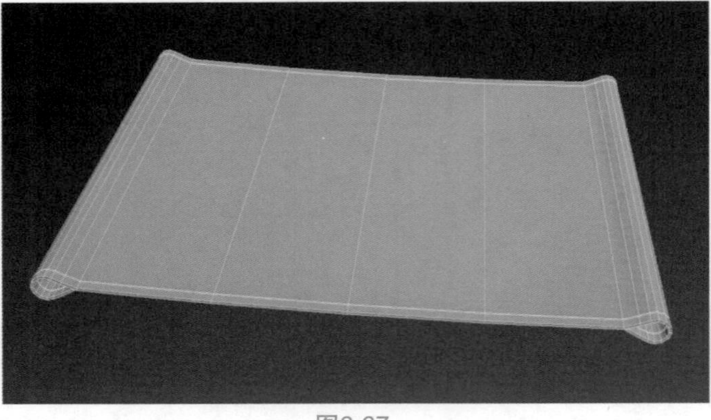

图3.67

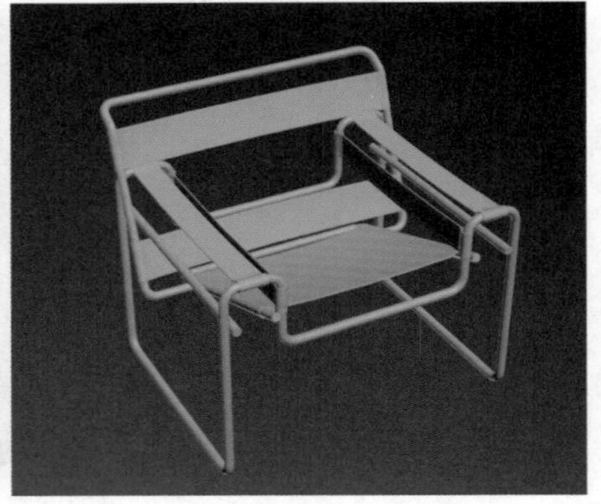

图3.68

3.3 瓦西里椅的材质和渲染设置

钢管材质的反射是强烈的，所以需要在反射/折射环境中使用HDR贴图，使其反射HDR贴图中的信息。织物材质的反射是柔和的，需要一张纹理位图，使其表面显示轻微的纹理和凹凸。本例中还用VR-灯光产生柔和的阴影。

01 创建地面，按键盘的快捷键L以切换至左视图，单击创建面板下的【图形】按钮，选择【线】类型，在视图中创建样条线。按住Shift时绘制直线，单击并拖曳鼠标以拉出弧线，如图3.69所示。

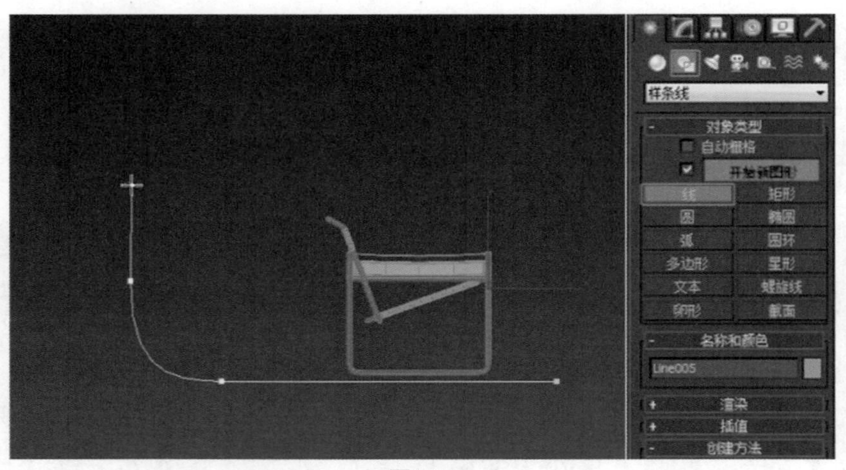

图3.69

02 选择样条线，从修改器列表中选择【挤出】修改器，在【参数】卷展栏下设置【数量】参数为3000，即可将样条线挤出为面片物体，如图3.70所示。

03 在创建面板下选择【灯光】→【VRay】→【VR-灯光】，在视图中创建一个VR-灯光，设置【倍增】为7、【1/2长】为730、【1/2宽】为650。在【选项】组中勾选【投射阴影】、【不可见】、【影响漫反射】、【影响高光】、【影响反射】等复选项，如图3.71所示。

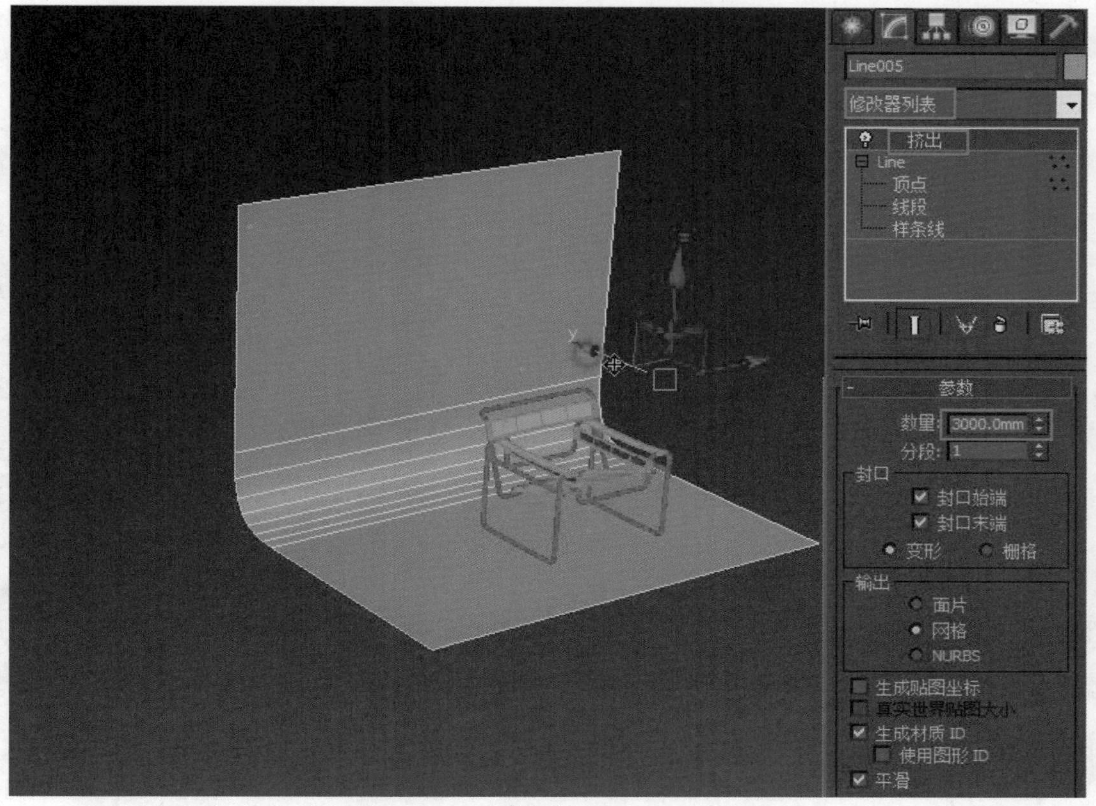
Line005
修改器列表
挤出
Line
顶点
线段
样条线
参数
数量: 3000.0mm
分段: 1
封口
封口始端
封口末端
变形
栅格
输出
面片
网格
NURBS
生成贴图坐标
真实世界贴图大小
生成材质 ID
使用图形 ID
平滑

图3.70

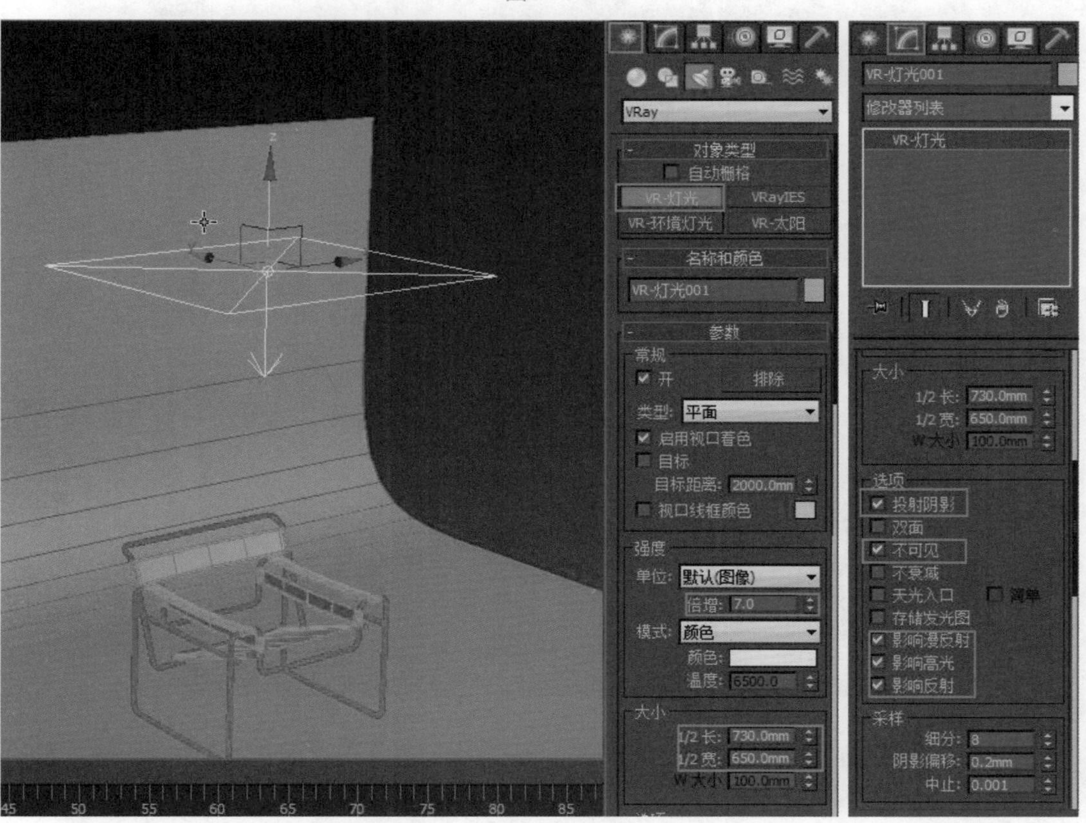
VRay
对象类型
自动栅格
VR-灯光
VRayIES
VR-环境灯光
VR-太阳
名称和颜色
VR-灯光001
参数
常规
开
排除
类型: 平面
启用视口着色
目标
目标距离: 2000.0mm
视口线框颜色
强度
单位: 默认(图像)
倍增: 7.0
模式: 颜色
颜色:
温度: 6500.0
大小
1/2 长: 730.0mm
1/2 宽: 650.0mm
W 大小: 100.0mm
VR-灯光001
修改器列表
VR-灯光
大小
1/2 长: 730.0mm
1/2 宽: 650.0mm
W 大小: 100.0mm
选项
投射阴影
双面
不可见
不衰减
天光入口
简单
存储发光图
影响漫反射
影响高光
影响反射
采样
细分: 8
阴影偏移: 0.2mm
中止: 0.001

图3.71

04 在透视图中选取一个好的观察角度，按下键盘快捷键Ctrl+C，可以创建一个以当前角度为视角的摄像机，在【修改】面板中设置镜头为50mm，然后用右下角的【推拉摄影机】按钮调整视角，如图3.72所示。

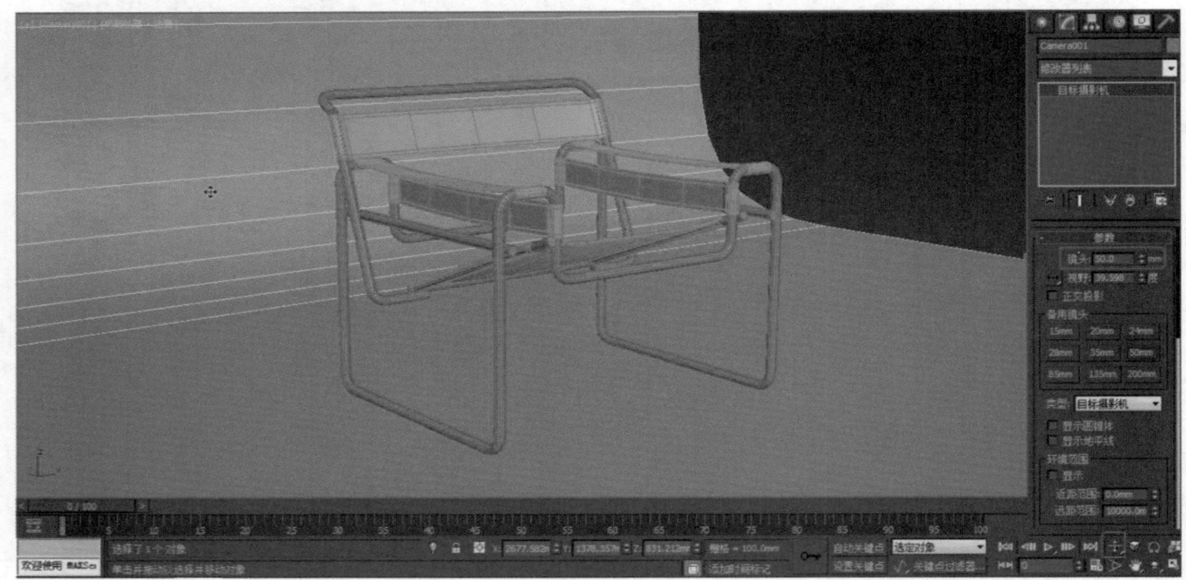

图3.72

05 单击工具栏的【渲染设置】开关，在弹出的【渲染设置】面板中选择【公用】选项卡，在【指定渲染器】卷展栏下单击【产品级】后的按钮，将渲染器改为V-Ray Adv渲染器，如图3.73所示。

图3.73

06 进入【V-Ray】选项卡，打开【全局开关】卷展栏，单击【基本模式】，使其切换为【高级模式】，将【默认灯光】设置为关。在【图像采样器（抗锯齿)】卷展栏下，将【类型】设置为自适应，将【过滤器】选择为Catmull-Rom，如图3.74所示。

图3.74

07 在【环境】卷展栏下，勾选【全局照明（GI）环境】，将参数设置为0.7，勾选【反射/折射环境】复选项，单击其后面的【无】按钮，弹出【材质/贴图浏览器】，选择【V-RayHDRI】材质，如图3.75所示。

图3.75

使用快捷键M打开【材质编辑器】，将贴图V-RayHDRI拖至【材质编辑器】视口中，然后选择【实例】选项，如图3.76所示。双击贴图以进入V-Ray材质设置面板，单击【位图】后按钮，选择配套光盘提供的高动态贴图30443028，将【贴图类型】切换为角度，将【垂直旋转】参数设置为-50，如图3.77所示。

图3.76

图3.77

08 进入【GI】选项卡，在【全局照明】卷展栏下勾选【启用全局照明(GI)】复选项，单击【基本模式】，将其切换为【专家模式】，将二次引擎倍增参数设置为0.5。进入【设置】选项卡，将【基本模式】切换为【高级模式】，如图3.78所示。

09 单击【对象设置】按钮，弹出【VRay对象属性】窗口，选择地面（Line005)，勾选【无光对象】、【无光反射/折射】、【阴影】复选项，将地面设置为无光/投影对象，如图3.79所示。

图3.78

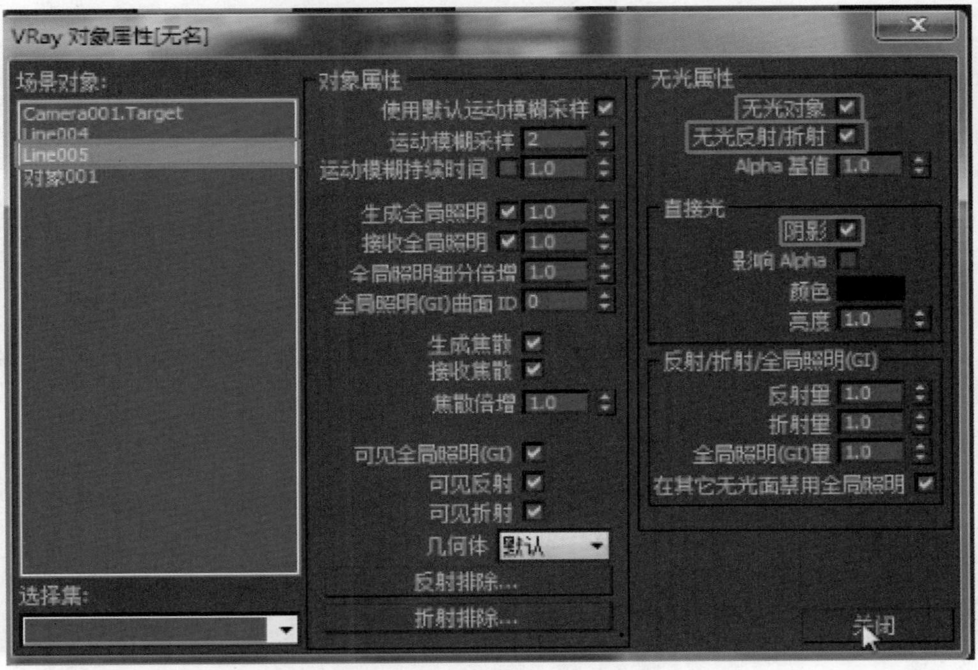

图3.79

10使用快捷键M再次打开【材质编辑器】，然后进行金属材质设置，在打开的Slate材质编辑器左侧的【贴图/材质浏览器】中双击【VRayMtl】材质，即可在视图中出现一个材质。双击该材质，在右侧单击【漫反射】按钮后的色块，在弹出的窗口中设置色调为0、饱和度为0、亮度为25。更改【反射】的颜色值，设置色调为0、饱和度为0、亮度为133。关闭【菲涅尔反射】功能，将【反射光泽度】参数设置为0.84，细分值设置为24，如图3.80所示。选择钢管模型，单击【将材质指定给选定对象】按钮，将金属材质赋予给模型。

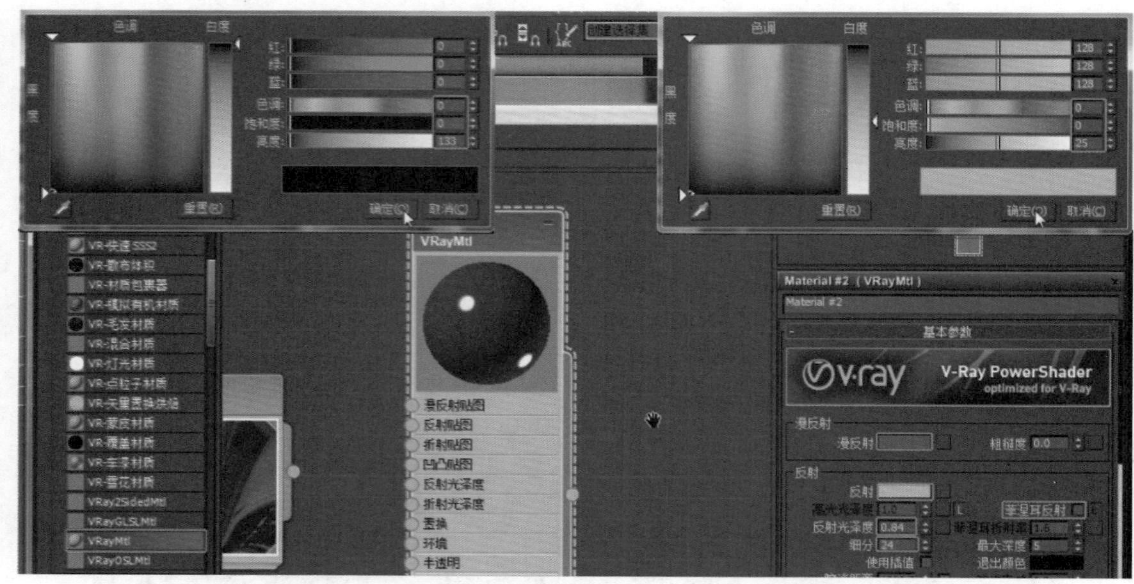

图3.80

11 织物材质设置。在Slate材质编辑器左侧的【贴图/材质浏览器】中双击【VRayMtl】材质，即可在视图中出现一个材质。双击该材质，在右侧单击【漫反射】按钮后的色块，在弹出的窗口中设置红、绿、蓝值均为0，单击色块后的按钮以进入【材质/贴图浏览器】，单击【位图】按钮，然后选择配套光盘提供的“织物”贴图，如图3.81所示。

图3.81

将织物贴图同时链接到【凹凸贴图】通道，打开【贴图】卷展栏，将【漫反射】百分比参数设置为10，将【反射】颜色值设置为（0，0，34），勾选【菲涅尔反射】复选项，将【反射光泽度】参数设置为0.55，将【细分】值设置为24，如图3.82所示。

12 选择织物材质模型，单击【将材质指定给选定对象】按钮，将织物材质赋予给模型，双击织物贴图层级，单击【视口中显示明暗处理材质】按钮，将织物材质在视口中显示。在修改器列表选择【UVW贴图】，将贴图方式设置为长方体，如图3.83所示。

图3.82

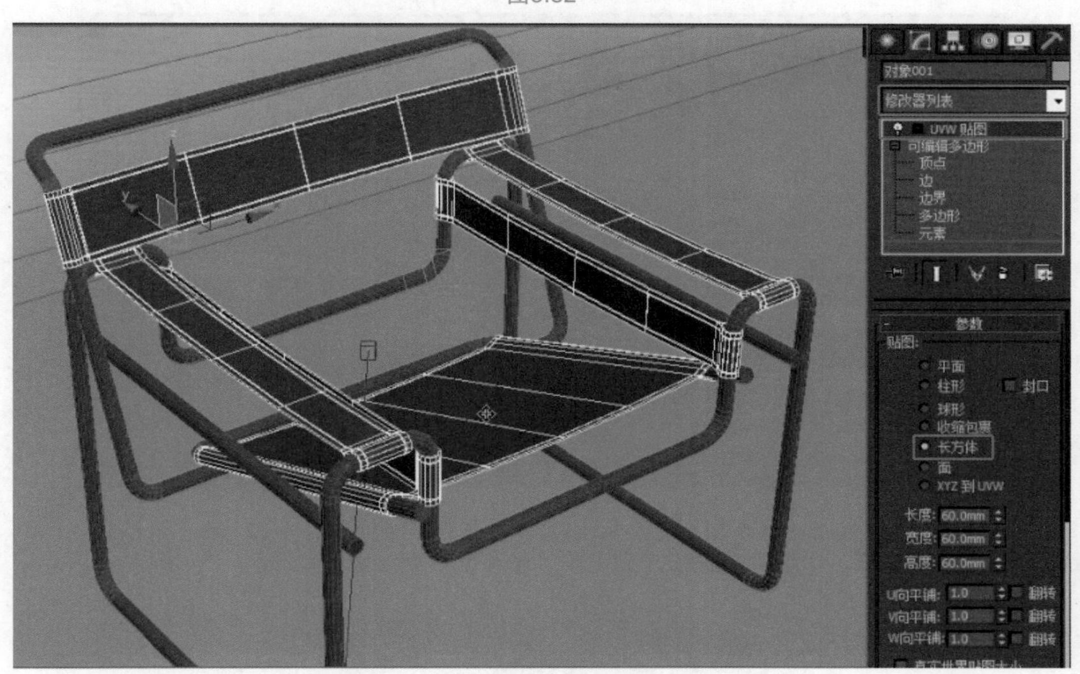

图3.83

13 黑色背景不利于体现产品，选择菜单栏【渲染】下拉菜单中的【环境】命令，在弹出的【环境和效果】面板中选择【环境】选项卡。单击色块，在弹出的菜单中将红、绿、蓝的值均设置为255，即纯白色，如图3.84所示，单击工具栏的【渲染产品】按钮测试渲染效果。

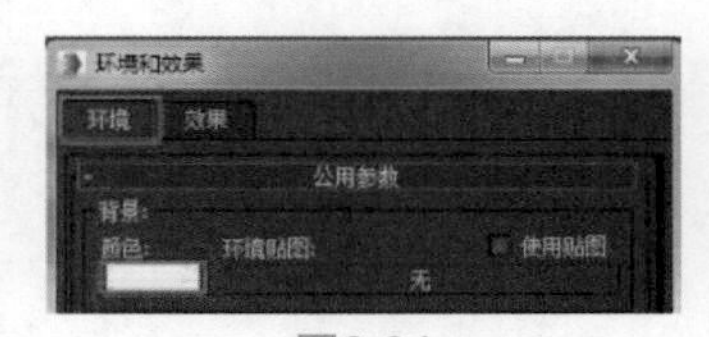

图3.84

14 调整渲染参数，提高渲染精度。选择灯光，在修改面板中将【细分】值设置为16。在命令面板单击【渲染设置】按钮，进入【GI】选项卡，将【发光图】卷展栏下的【当前预设】切换为高。进入【公用】选项卡，锁定图像纵横比，手动输入【宽度】

参数为2400、【高度】参数为1800。进入【V-Ray】选项卡，将【全局确定性蒙特卡洛】卷展栏下的【噪波阈值】参数设置为0.001，如图3.85、图3.86所示。

图3.85

图3.86

15 单击【渲染产品】按钮，进行产品渲染，最终的效果如图3.87所示。

图3.87

第4章

家居用品制作

——迈克尔·格雷夫斯自鸣水壶

1985年，一只线条优雅的不锈钢水壶正在烧着开水，“快乐鸟”一阵欢乐地鸣叫宣告水开了，人们从此摆脱厨房开水壶单调的鸣笛声，开始了另一种快乐而优雅的生活方式。这是由著名建筑师迈克尔·格雷夫斯（见图4.1）设计的一款水壶。此后“快乐鸟”水壶成为市场销售和设计评论界的双重热点，经久不息。“快乐鸟”水壶（见图4.2）的设计者也因此被更多民众所熟知。这把水壶的最大特色是壶嘴上停立着一只塑胶小鸟，在水烧开时它能发出欢快的鸟鸣声。它的诞生，突破了人们对水壶形状及功用的传统认识，甚至升华了早餐体验的性质，并让使用者一整天的心情都能愉悦起来。迄今为止该款水壶已卖出了150万把，因为高端消费群体仍然钟意于“快乐鸟”自鸣水壶的品质，这款已经销售了三十年的水壶至今还在售卖，其售价约为110欧元。

图4.1

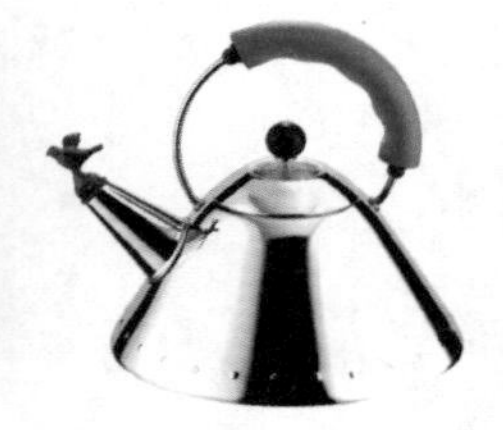
图4.2

本章重点难点

1.利用【倒角】命令实现模型的起伏变化；
2.利用【连接】命令优化模型布线；
3.对【可编辑多边形】的次物体层级进行变换复制建模；
4.对象轴心精确调整；
5.“对称”修改器的使用；
6.“显示最终结果开关”的使用；
7.以小鸟为例生物体模型的制作；
8.不锈钢材质和透明塑料材质的制作。

4.1 壶身的制作

壶身是整个产品中最大的一个部分，是产品功能的主要承担部分，也主导着整个产品设计的风格。从侧面看来，它呈一个圆润的三角形，建模中最重要的就是把握轮廓线条的变化，保证壶身线条的流畅、硬朗、饱满。

01 在透视图中创建一个平面并将其【长度】和【宽度】均设置为200，将【长度分段】和【宽度分段】均设置为1，如图4.3所示。将素材图片“自鸣水壶1”赋予平面并使之在视口中显示。

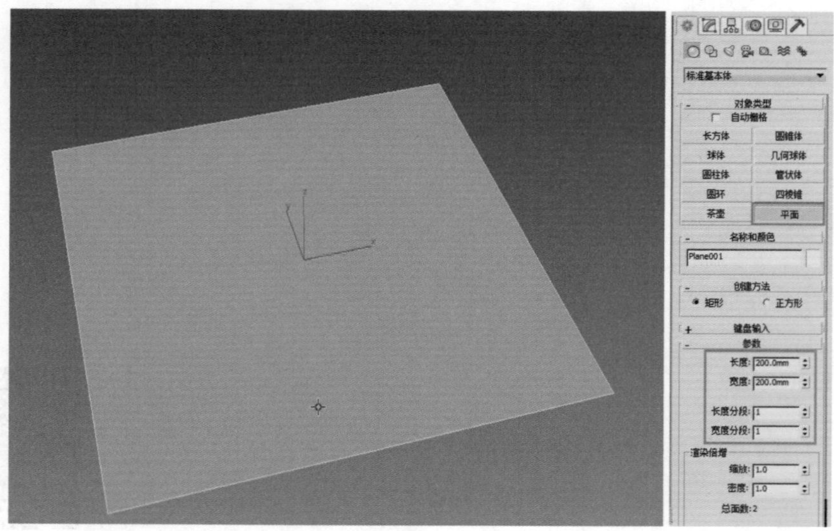

图4.3

02 从修改器列表中为平面对象增加【UVW贴图】修改器。取消对【真实世界贴图大小】复选项的选择，即可现实正确的贴图坐标，如图4.4所示。

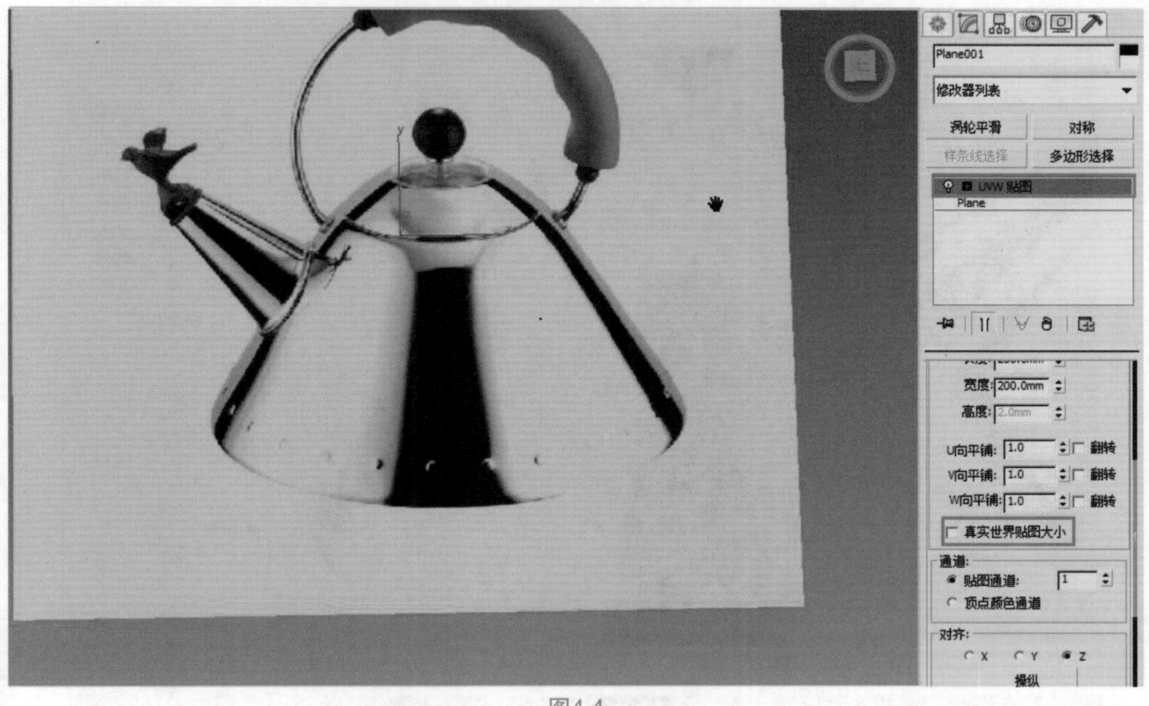

图4.4

03 打开【角度捕捉】开关，对平面进行X轴旋转90°。从顶视图中向后移动，避免遮挡下一步即将创建的图形，如图4.5所示。

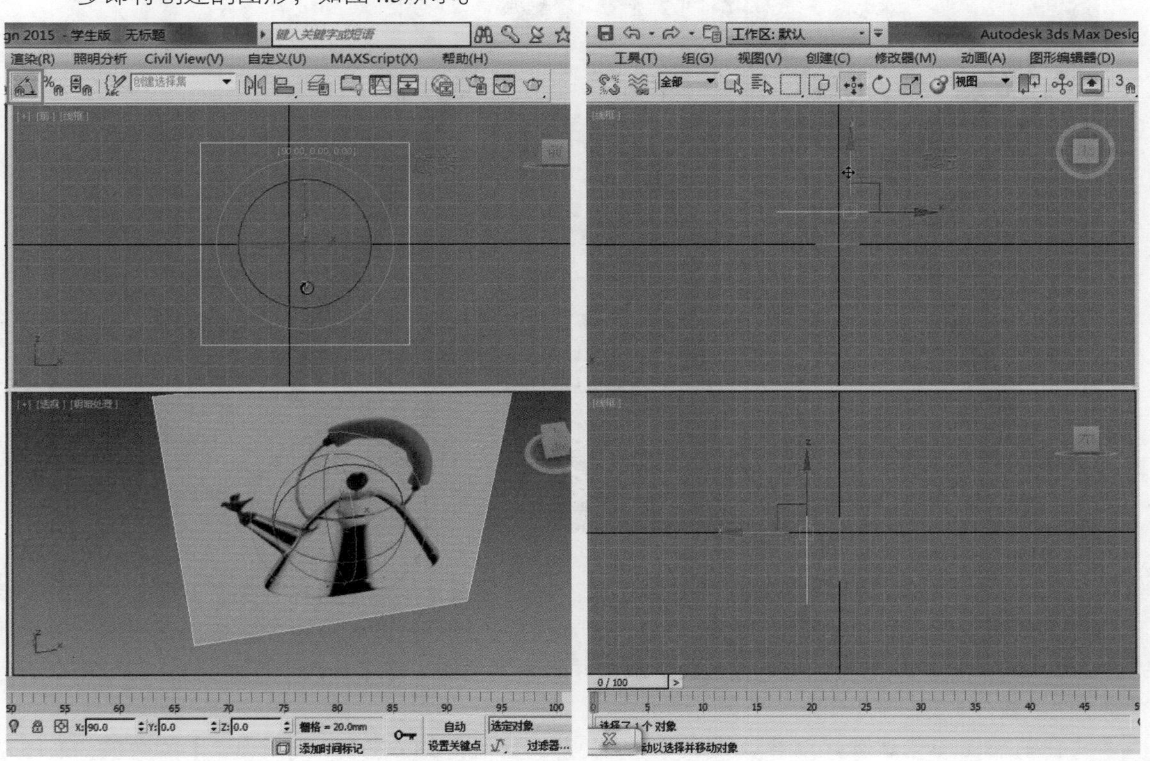

图4.5

04 单击【线】按钮，设置创建方法为：设置【初始类型】为顶点、【拖动类型】为Bezier。在前视图中绘制样条线以绘制出壶身的轮廓线，如图4.6所示。进入样条线的修改面板调节顶点位置、Bezier点的控制杆以修改曲线的形态，如图4.7所示。

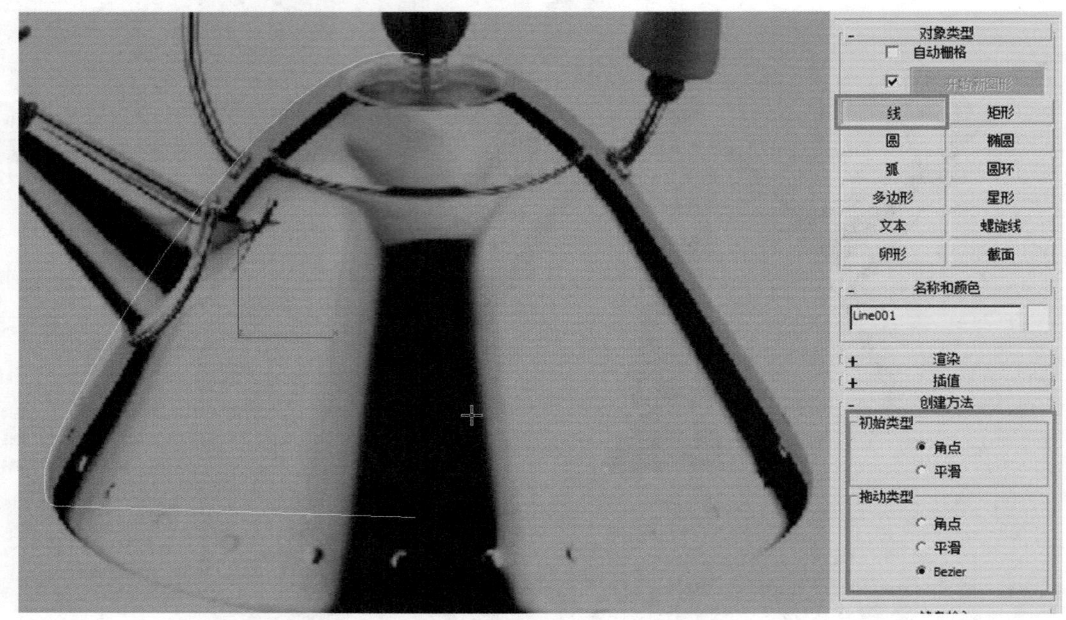

图4.6

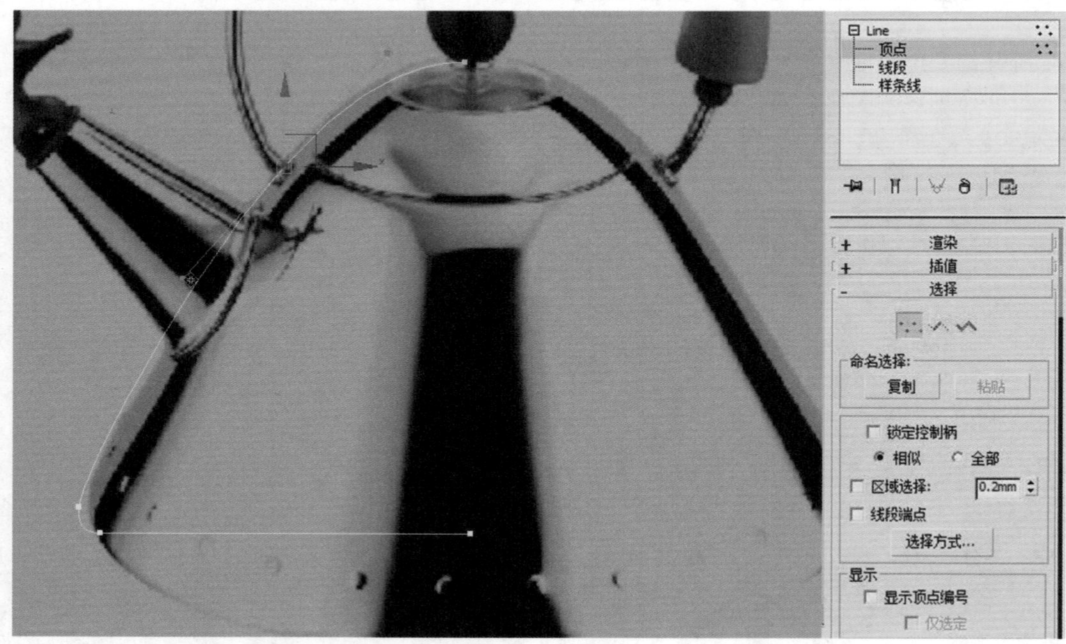

图4.7

05 从修改器列表中为样条线增加【车削】修改器。设置车削的【对齐方式】为最大，此时会发现车削所形成的壶身模型分段数较高，尤其是底边缘处的圆角分段数较多，这样不利于后期的进一步精细建模。单击鼠标进入【Line】层级并修改其插值，将【步数】设置为3，即可将车削后的模型边数减少，如图4.8所示。

06 在前视图中创建圆环对象，设置【半径1】的数值为38.6左右，【半径2】的数值为1.15左右，其他数值为默认。然后将其移动至合适的位置作为水壶提手的模型，如图4.9所示。

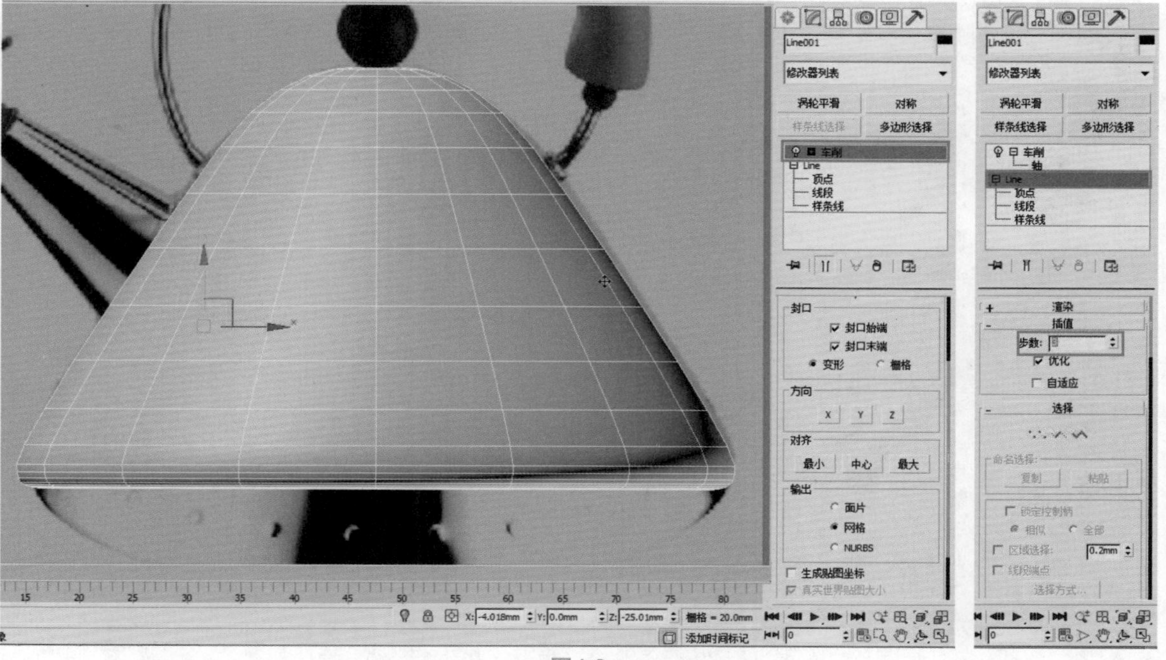

图4.8

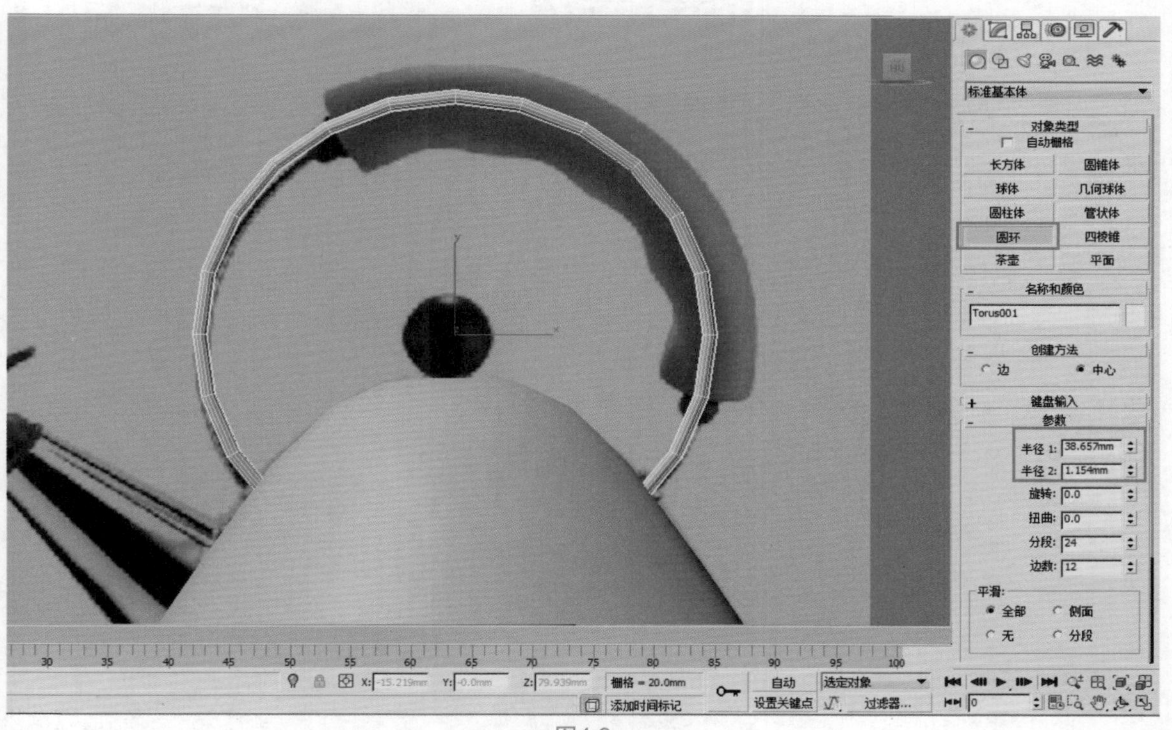

图4.9

07 在顶视图中创建圆锥体，设置【半径1】的数值为13.67左右、【半径2】的数值为7.2左右、【高度】的数值为35.1左右。设置【高度分段】为1、【端面分段】为1、【边数】为8。在前视图中用【选择并移动】和【选择并旋转】工具将圆锥体调整合适的位置和角度，作为水壶嘴的模型，如图4.10所示。

08 在前视图中创建球体，设置【半径】为6.8左右、【分段】为32，用【选择并移动】工具将球体移动至合适的位置，作为水壶盖上的壶钮，如图4.11所示。

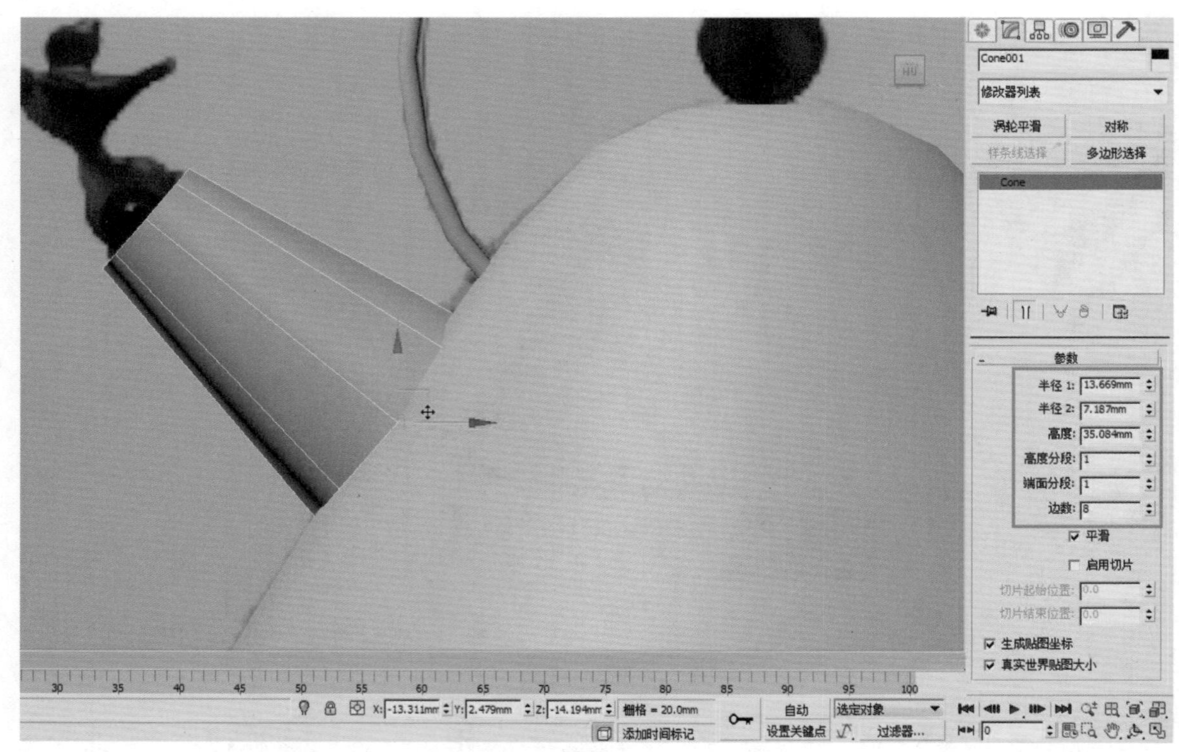

图4.10

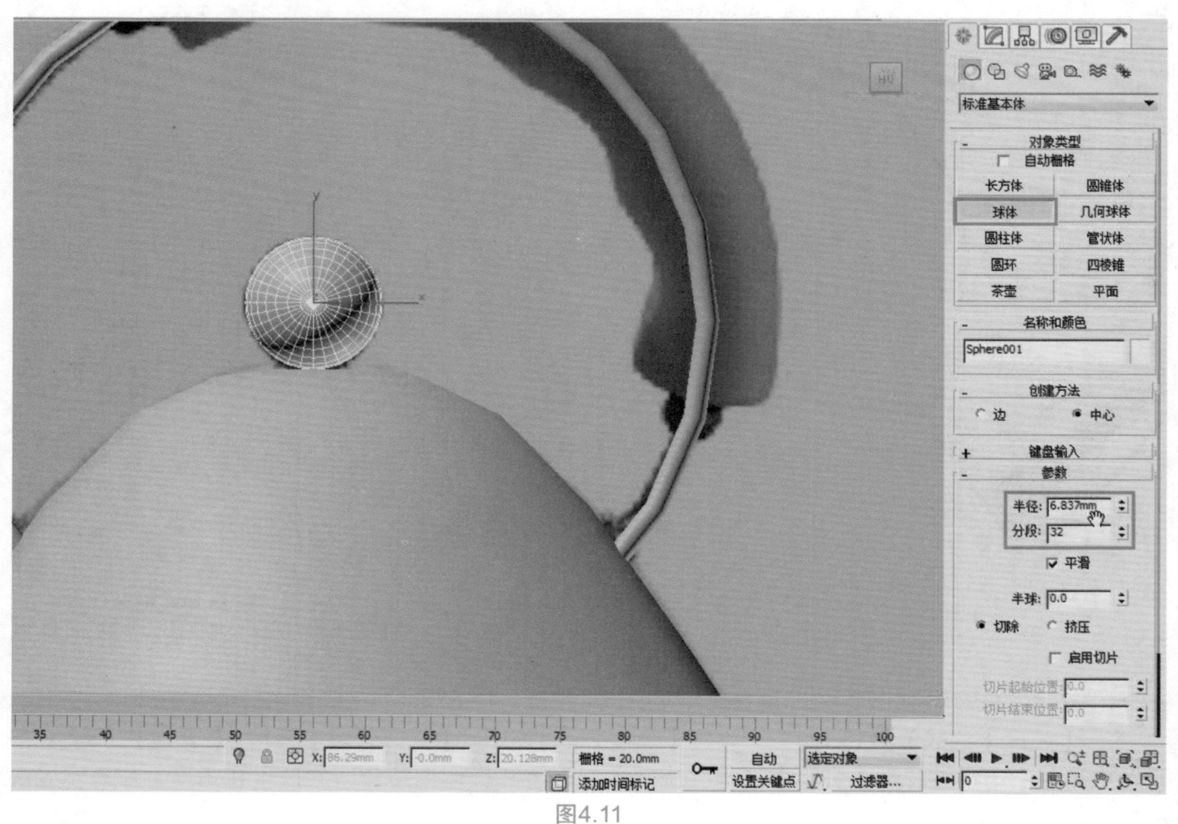

图4.11

09 选择壶体对象，单击鼠标右键，在弹出的菜单中选择【转换为】→【可编辑多边形】命令，进入边层级，选择图4.12所示的一圈边，在命令面板设置【约束】为边，便可使用【选择并移动】工具在模型表面上下滑动调整位置而不改变模型形态。待调整到合适的位置，将其作为壶盖和壶身分界线。

TIPS 要选择相连的一圈边可以直接双击其中一条，或是选择一条之后在命令面板单击【循环】按钮。

TIPS 将【约束】设置为边可以在模型形状保持基本不变的情况下滑动模型上的点和线，以此达到优化模型布线的目的。在操作完后，应及时将【约束】设置为无，否则在一些操作中会导致混乱。

图4.12

10 接下来需要将该模型的壶盖和壶身分开。选择图4.12所示的一圈边，单击命令面板中的 切角 【切角】按钮，在弹出的对话框中设置边切角量数值为0.1左右。勾选【切角】选项，可以使模型在此处裂开一条细缝，模型也就变成了两个元素，如图4.13所示。

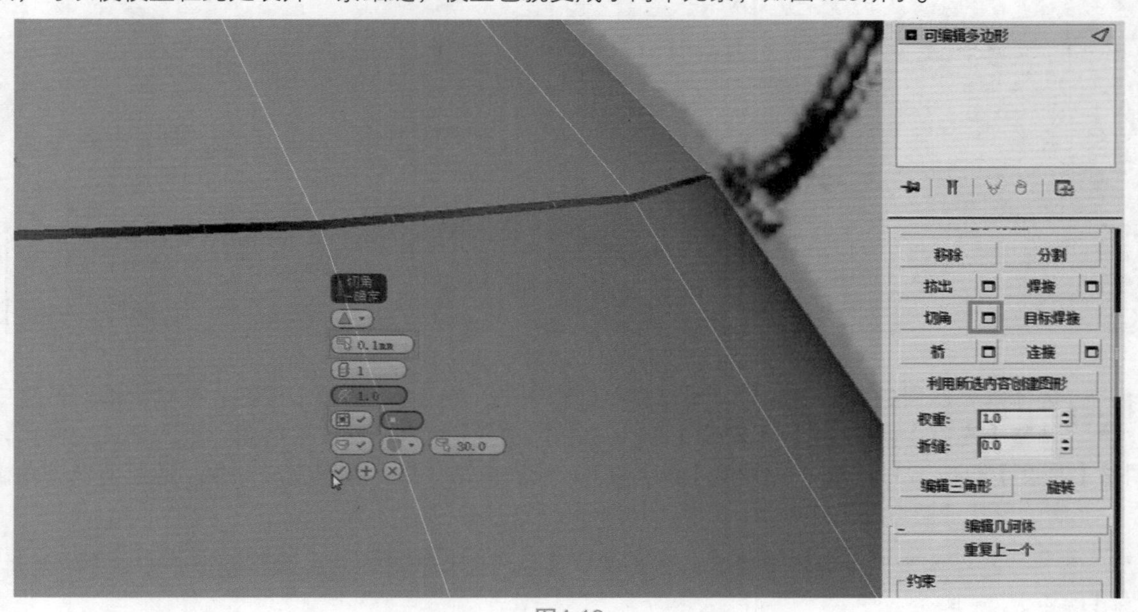

图4.13

11 进入对象的元素层级，选择壶盖部分，单击命令面板中的 分离 【分离】按钮，这样模型就分成了壶体和壶盖两个独立的模型，如图4.14所示。

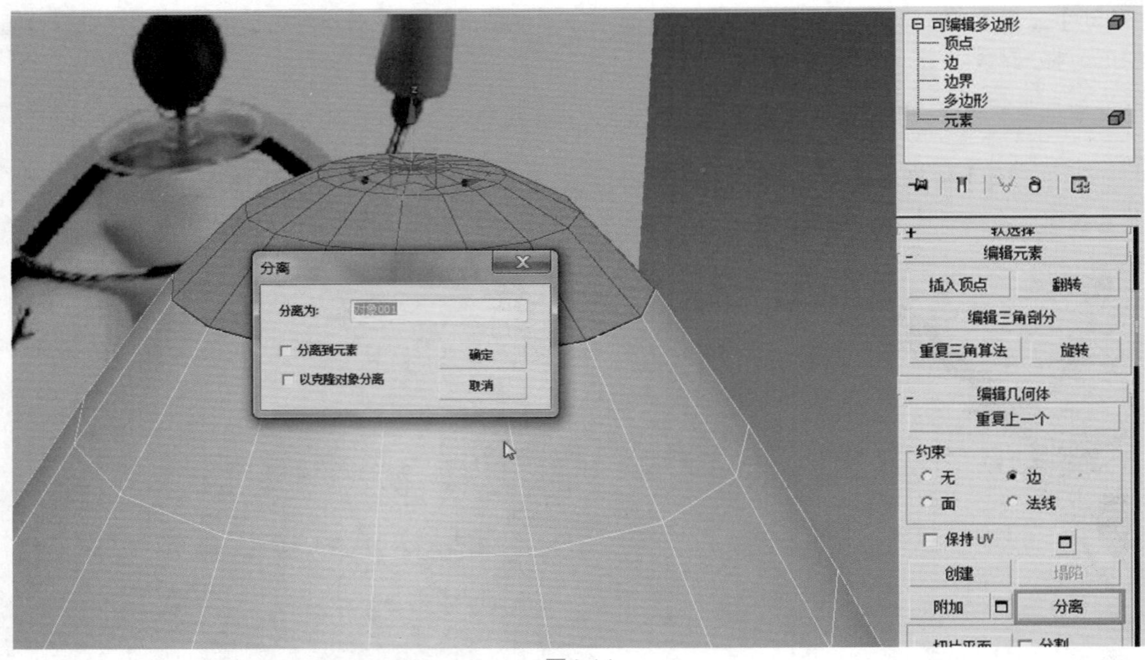

图4.14

12 车削形成的壶底部中心并不完美，需要进行细致编辑。进入顶点层级，选择壶底中心处的顶点，单击鼠标右键，在弹出的菜单中选择【塌陷】命令，这样选中部分的顶点就会塌陷成为一点，壶底也就焊接好了，如图4.15所示。

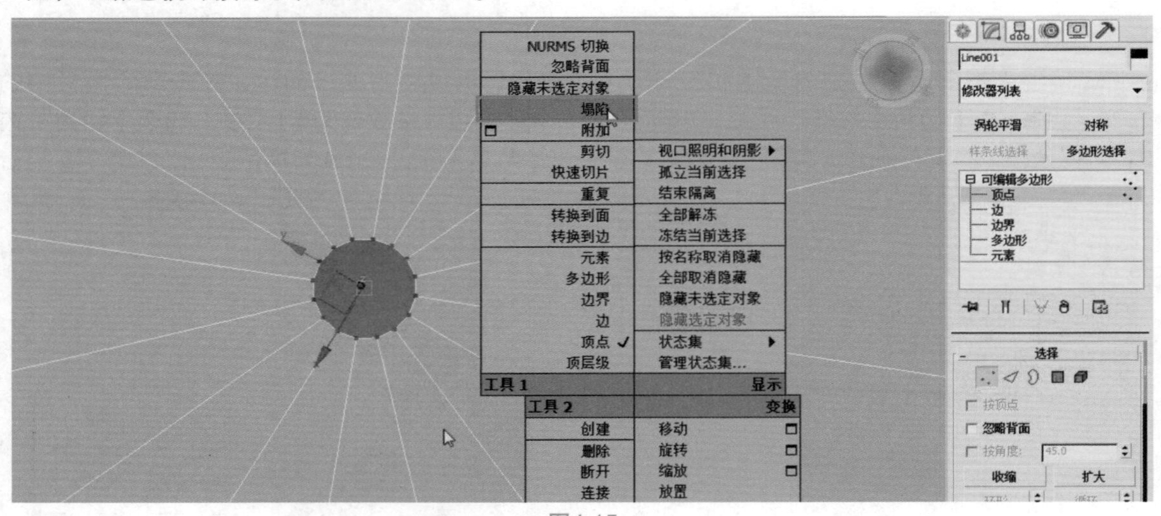

图4.15

13 选择茶壶底面的所有多边形，单击命令面板中的 倒角 【倒角】按钮，在弹出的对话框中调整【高度】数值为0、【轮廓】值为-3。单击⊕【应用并继续】按钮，进入第二次倒角，调整【高度】数值为3.8左右、【轮廓】值为-1.8，最后单击“√”按钮完成倒角。通过两次倒角操作，壶底的形状便塑造地更加细致，如图4.16所示。

> TIPS 要快速选择本步骤中的所有底面的方法是单击中间圆心点后，单击鼠标右键并选择【转换到面】命令。

14 选择茶壶底部的边，单击命令面板中的 连接 【连接】按钮，在弹出的对话框中调整滑块数值为75左右，可将连线调整到合适位置，如图4.17所示。

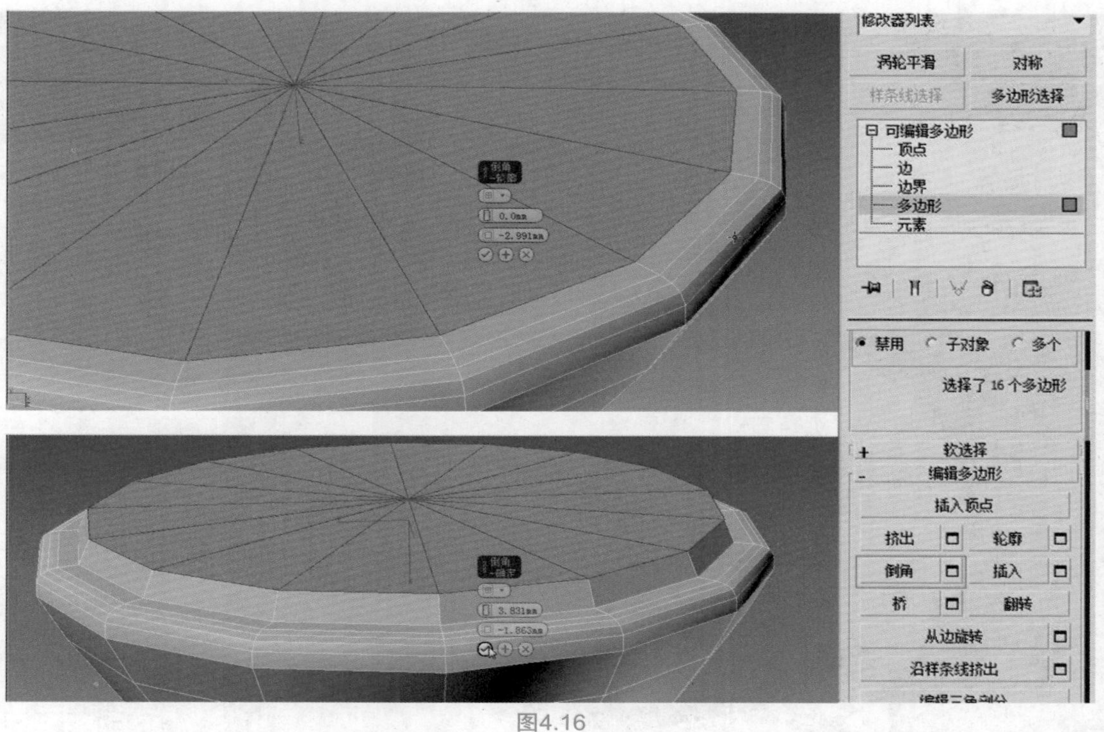

图4.16

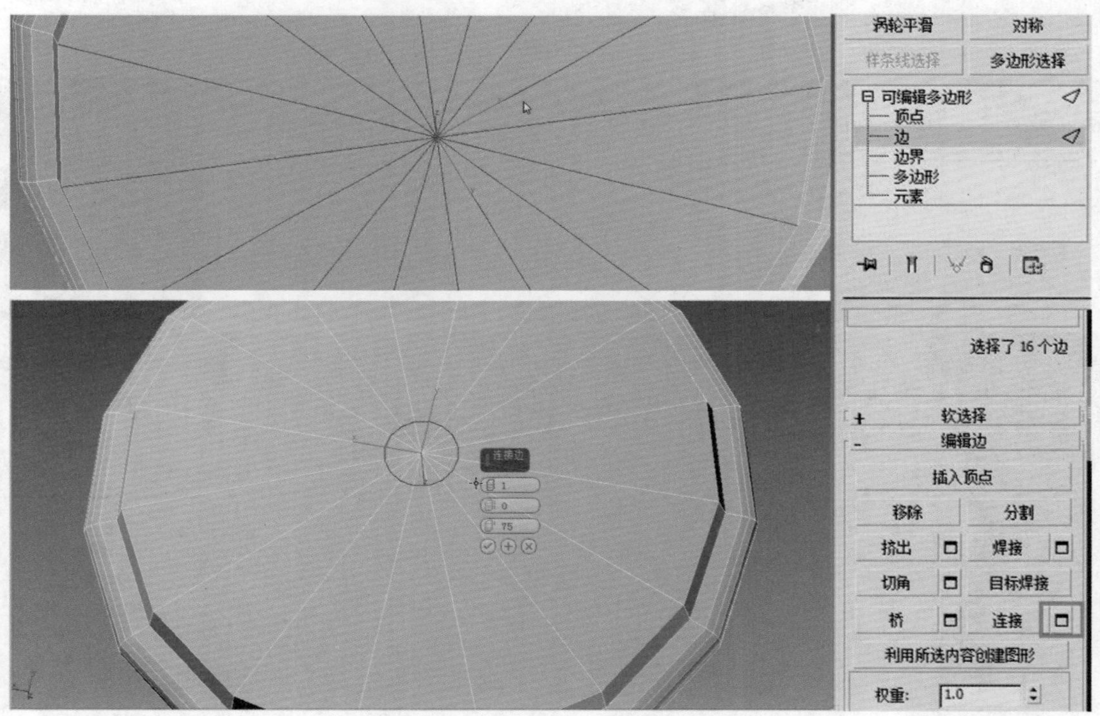

图4.17

15 继续对底部一圈放射状的边进行连接，选择图4.18上部分所示的边，单击命令面板中的 连接 【连接】按钮，在弹出的对话框中设置分段数为3、收缩值为-65、滑块值为-388，可将连线调整到合适位置。

16 选择图4.19上所示的8条边进行切角操作。单击命令面板中的 切角 【切角】按钮，在弹出的对话框中调整【边切角量】的数值为2左右，这样使单线变为双线的同时形成8个新的多边形。

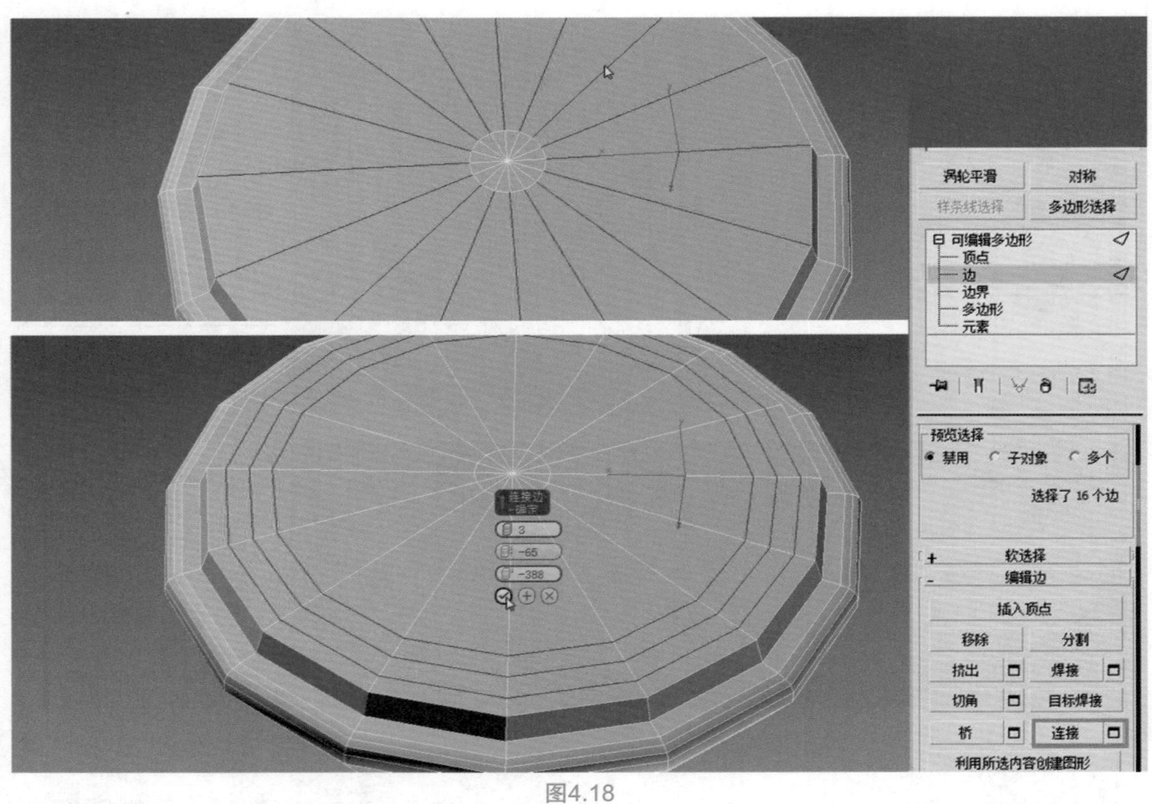

图4.18

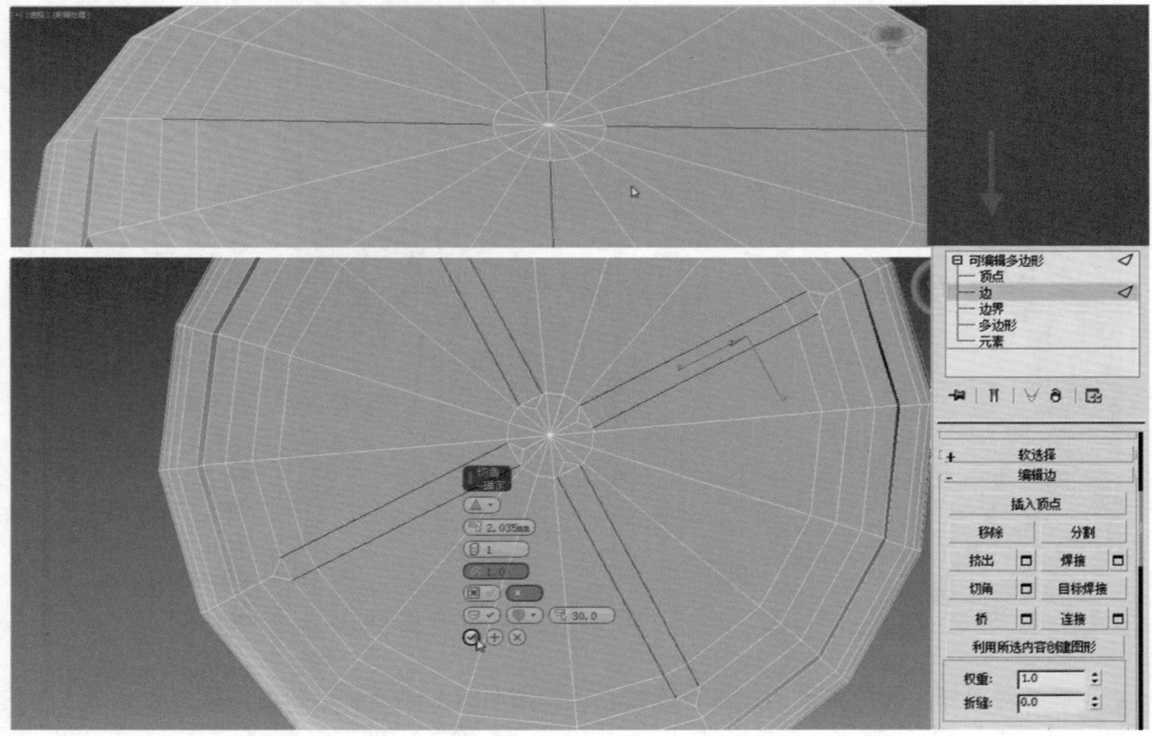

图4.19

TIPS

要快速选择本步骤中的所有放射状线的方法是单击其中一条，然后按住Shift键，同时再单击另一条，或者在命令面板中的选择卷展栏下单击【环形】按钮。

17 选择图4.20所示的多边形，单击命令面板中的 倒角 【倒角】按钮，在弹出的对话框中调整【高度】数值为-0.65左右、轮廓值为-0.65左右，如图4.20所示。

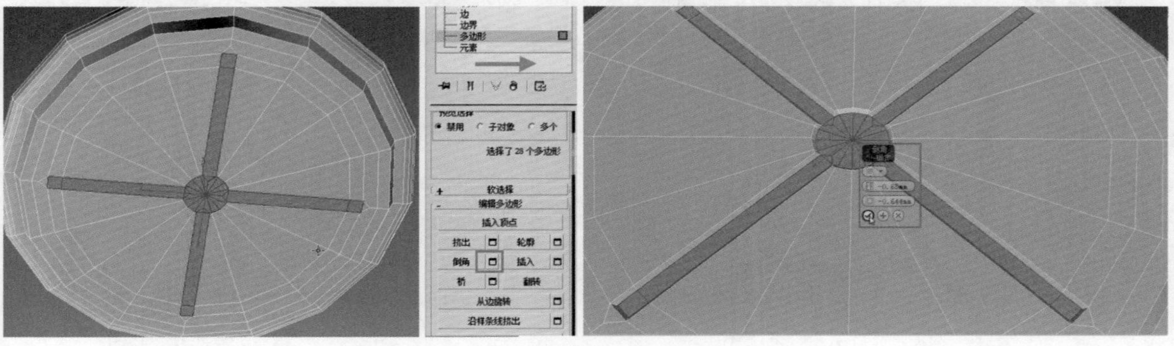

图4.20

18 退出多边形层级，为模型添加【涡轮平滑】修改器并设置【迭代次数】为2。这时会看到平滑后的模型底部凹槽不够明显，需要进一步优化布线，如图4.21所示。

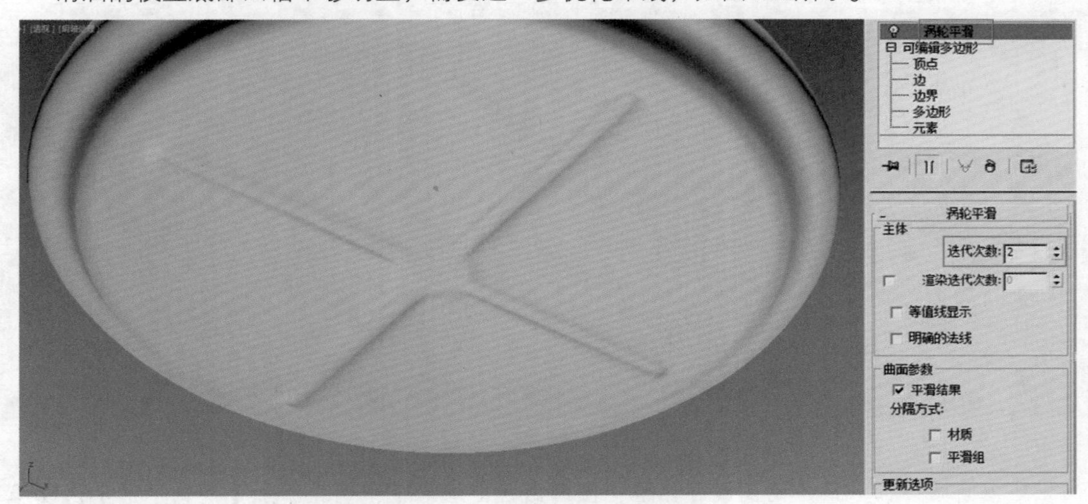

图4.21

19 回到【可编辑多边形】层级，选择图4.22左侧所示的边，单击命令面板中的 连接 【连接】按钮，在弹出的对话框中设置分段数为1、收缩值为0、滑块值为0，可在其中间连接一圈边。

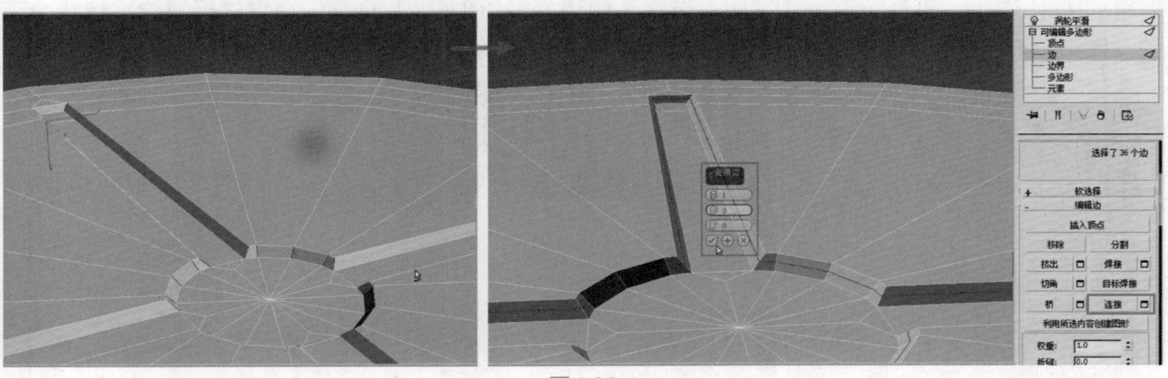

图4.22

20 因为壶底中间圆形区域的多边形比较混乱，不方便继续处理，所以可将圆形区域的多边形删除，随后进入边界层级，选择一圈边界并按住Shift键进行缩放复制两次，重新构造出布线调理的多边形，如图4.23所示。

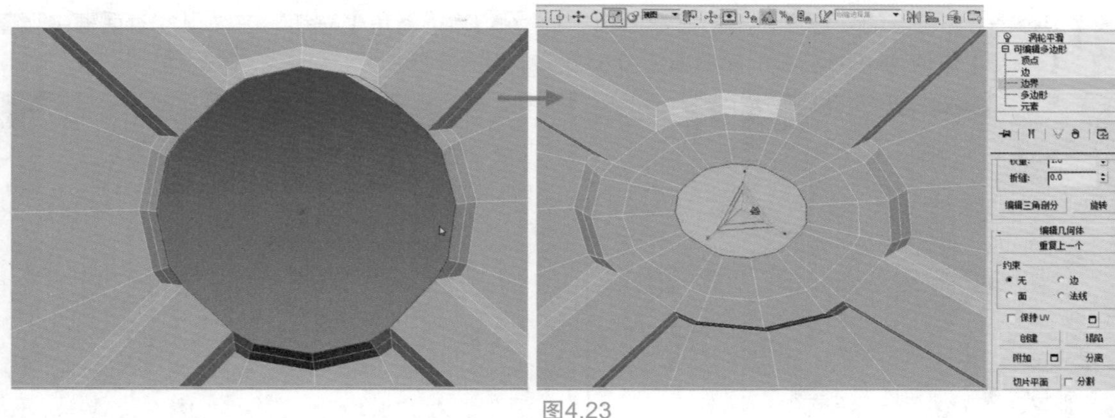

图4.23

21 继续保持选择边界，单击鼠标右键，在弹出的菜单中选择【塌陷】命令，即可将圆孔封闭并产生一个中心点，如图4.24所示。

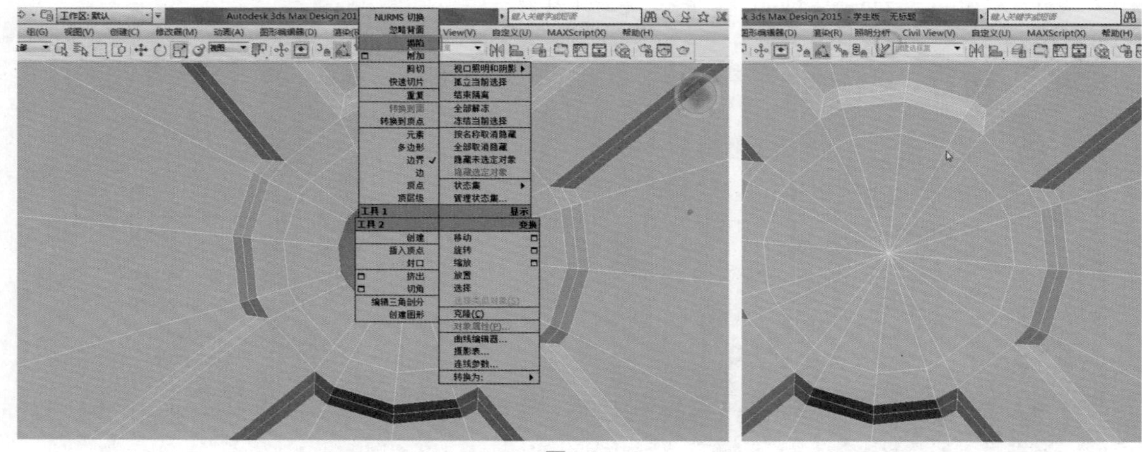

图4.24

TIPS 此处中间圆圈部分产生两圈线并塌陷一圈的做法能够保证模型在添加【涡轮平滑】修改器后保持较好的平滑效果。

22 继续对壶底边缘的一圈突起做处理。现在看来底部边缘的线稍多，分成的层比较多且每层面积比较小，不利于进一步编辑。选择一圈边并按Ctrl+Backspace快捷键进行移除。选择余下的几圈边，在“约束到边”的前提下进行适当移动，使之分布均匀，如图4.25所示。

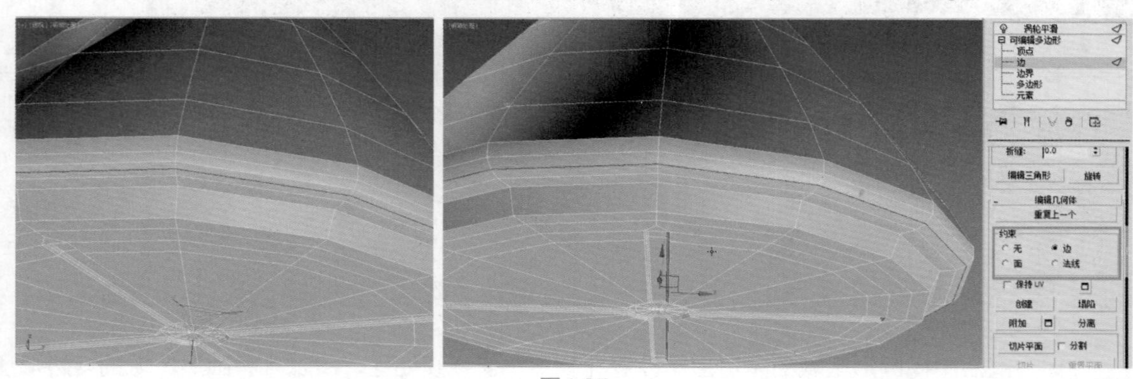

图4.25

TIPS Ctrl+Backspace快捷键能够完整地移除所选择的边并且不留下顶点。

23 选择图4.26左侧所示的一圈多边形，单击命令面板中的 倒角 【倒角】按钮，在弹出的对话框中调整高度数值为1.58左右、轮廓值为0，即可实现在底部边缘形成一圈凸起。

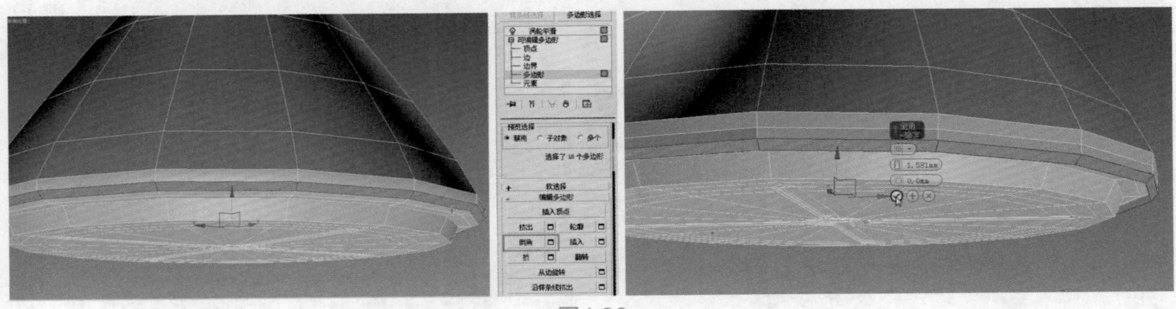

图4.26

24 上一步骤中做的一圈凸起的多边形并不是垂直向下的，而是倾斜的，可以使用【平面化】命令快速使之平面化。保持该圈多边形处于选择状态，单击命令面板中【平面化】按钮后的【Y】按钮即可将其平面化处理，如图4.27所示。

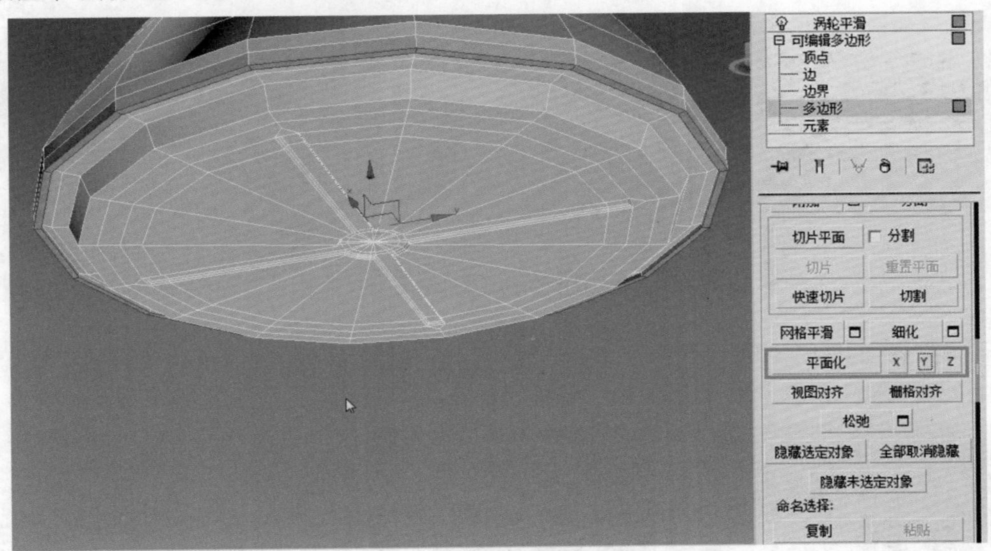

图4.27

25 回到【涡轮平滑】修改器的堆栈层级，观察到模型的细腻程度已经令人满意，但其侧面线条与参考图还有一定差距，需进一步调整，如图4.28所示。对相应的边进行缩放和位移调整模型形态，在精细缩放时，如用鼠标拖动难以精确控制则可在工具栏的【选择并均匀缩放】按钮上单击鼠标右键，在弹出的【缩放变换输入】对话框中微调偏移值。精细移动也可用同样的方式。对边进行位移时则可配合切换“约束到边”方式，约束到边时保持模型基本不变形调整布线，无约束时移动边则可改变模型形态，如图4.29所示。

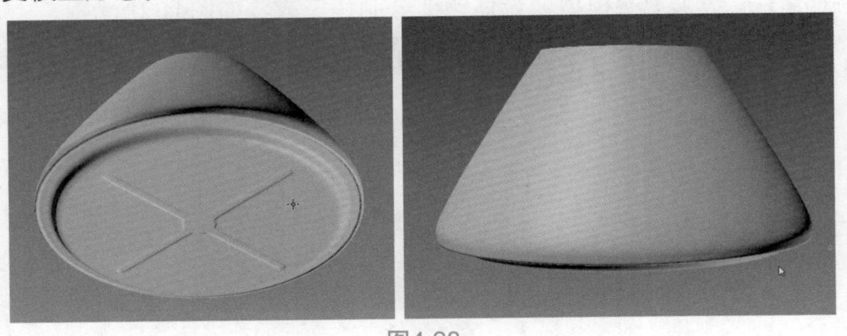

图4.28

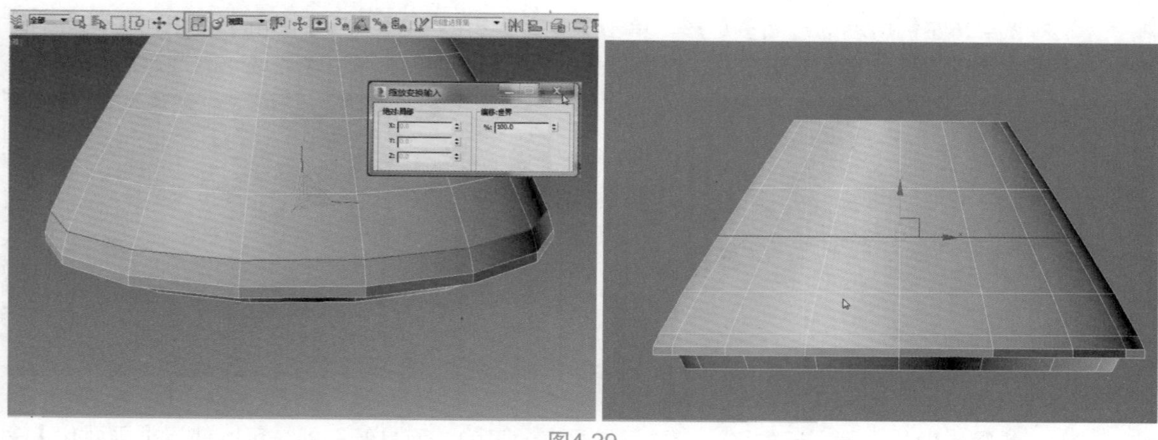

图4.29

26 回到【可编辑多边形】层级，对水壶口部进行处理。目前水壶口部为没有厚度的面片结构，进入边界层级，选择壶口的边界并按住Shift键向内缩放复制出一层多边形。继续按住Shift键对边界进行移动复制，向下复制出一层多边形，如图4.30所示。

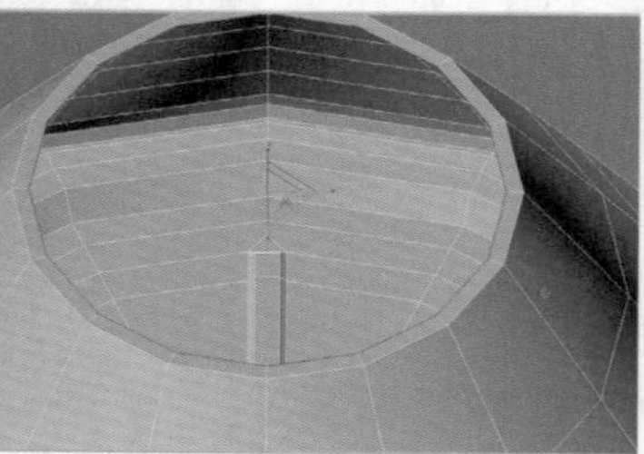

图4.30

27 环形选择图4.31左侧所示壶身顶部的一圈边，单击命令面板中的 连接 【连接】按钮，在弹出的对话框中设置分段数为2、收缩值为76左右。

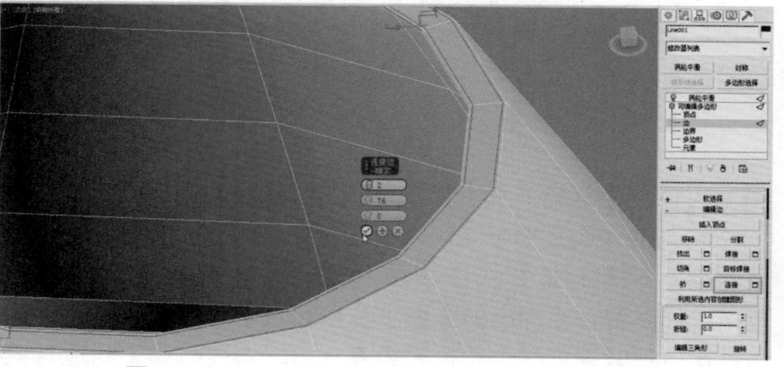

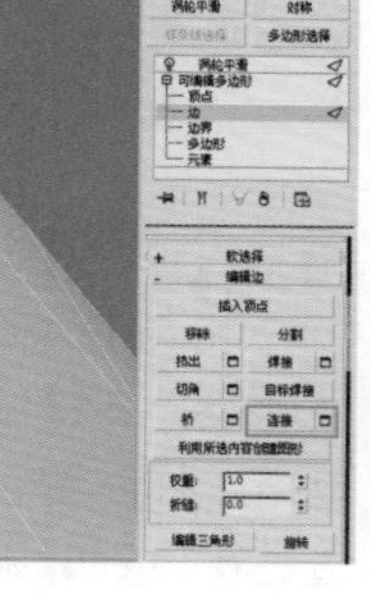

图4.31

回到【涡轮平滑】层级来观察模型，壶体的部分制作完成，如图4.32所示。

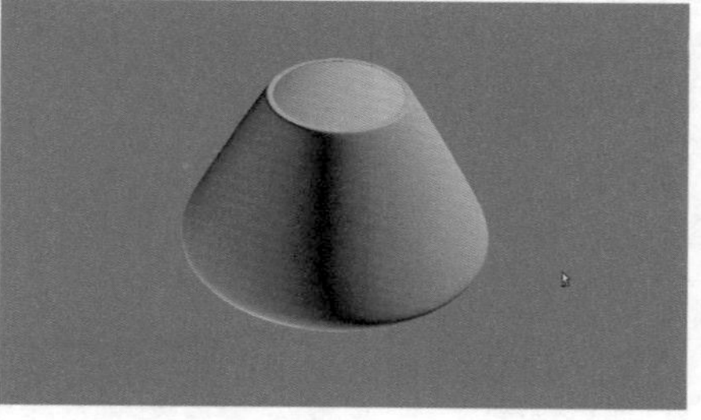

图4.32

4.2 壶盖的制作

壶盖由多个部分组成：金属主体、黑色塑料提壶钮、透明塑料、金属连接件等部分。在建立模型时需要分别创建，这样既能保证各部分之间结合准确，又能保证与壶身的协调匹配。

01 环形选择图4.33左所示的一圈边，单击命令面板中的 连接 【连接】按钮，在弹出的对话框中调整滑块数值，将连线调整到合适位置。

图4.33

> TIPS 快速选择本步骤中的所有放射状线的方法是单击其中一条，然后按住Shift键，同时再单击另一条，或者在命令面板中的【选择】卷展栏下单击【环形】按钮。

02 选择图4.34所示的多边形，单击命令面板中的 分离 【分离】按钮，将其分离成独立的对象。这部分就与原来的模型分开了，以此作为透明塑料的部分。

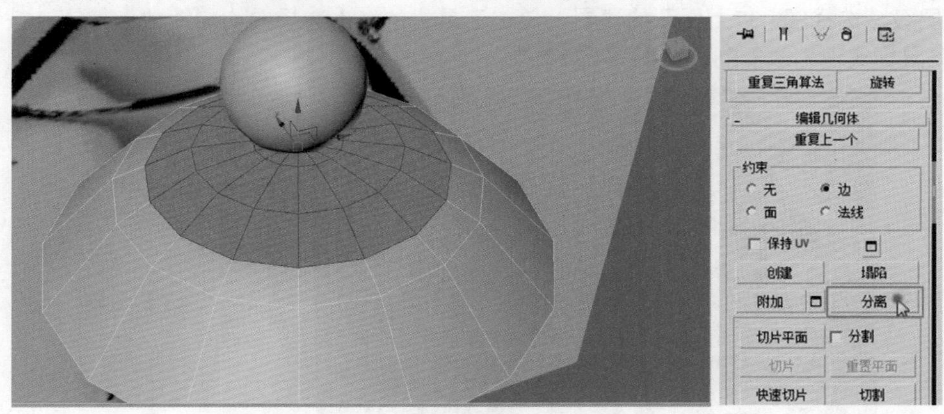

图4.34

03 进入【可编辑多边形】的边界层级，选择图4.35左侧所示的边界，单击工具栏的【选择并均匀缩放】按钮，按住Shift键的同时拖动鼠标实现缩放复制，实现图4.35右侧的效果。

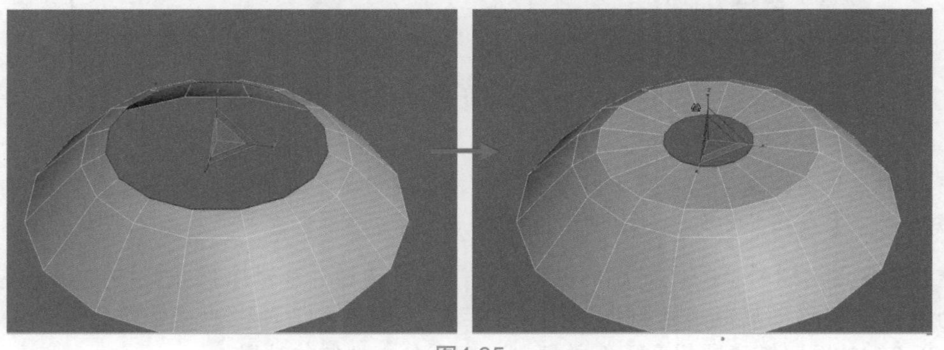

图4.35

04 保持选择此边界，单击鼠标右键，在弹出的菜单中选择【塌陷】命令，即可将所选内容塌陷为一点，达到封口效果，如图4.36所示。

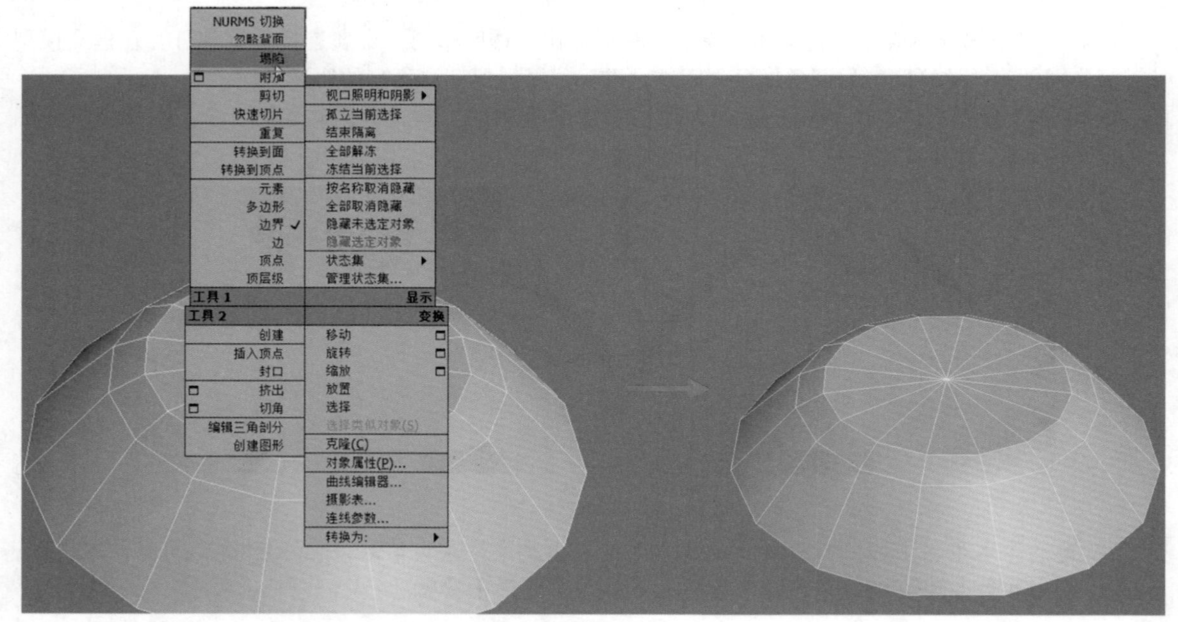

图4.36

05 此时壶盖的底部还是单片的，需要为其制作出向内延伸的结构。进入【可编辑多边形】的边界层级，选择图4.37上所示的边界，单击工具栏的【选择并均匀缩放】按钮，按住Shift键的同时拖动鼠标实现缩放复制，实现图4.37效果。

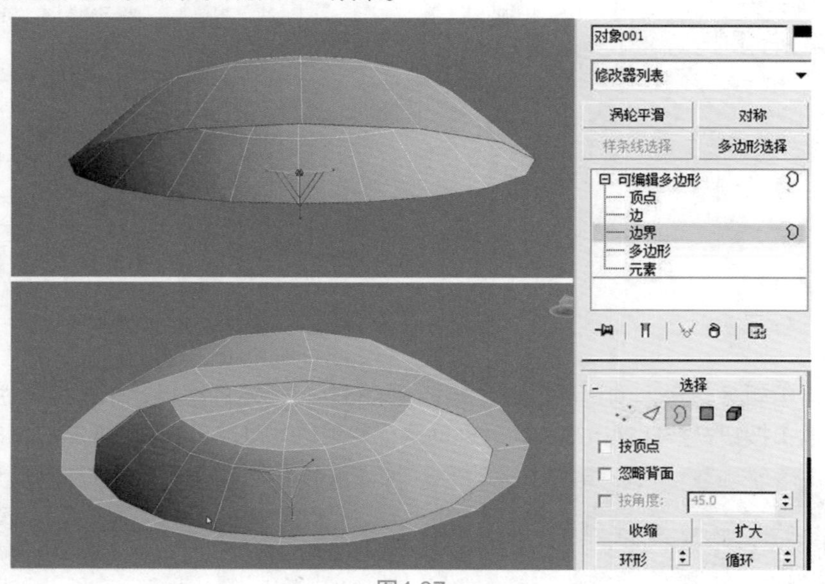

图4.37

TIPS

本操作中边界向内延伸的程度需对照壶身，建议读者将壶身取消隐藏。到顶视图中，在线框显示模式下用【选择并均匀缩放】调整边界的大小以与壶身匹配。

06 继续选择图4.38所示的边界，单击工具栏的【选择并移动】按钮，按住Shift键的同时拖动鼠标实现移动复制，达到向下延伸的目的。再单击工具栏的【选择并均匀缩放】按钮，按住Shift键的同时拖动鼠标实现缩放复制，实现向内延伸的效果。

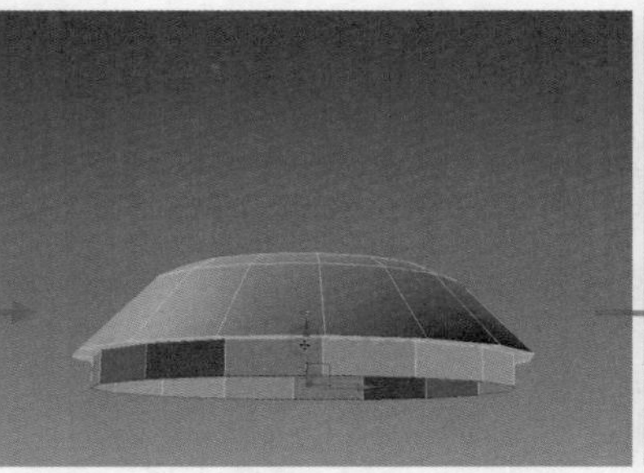
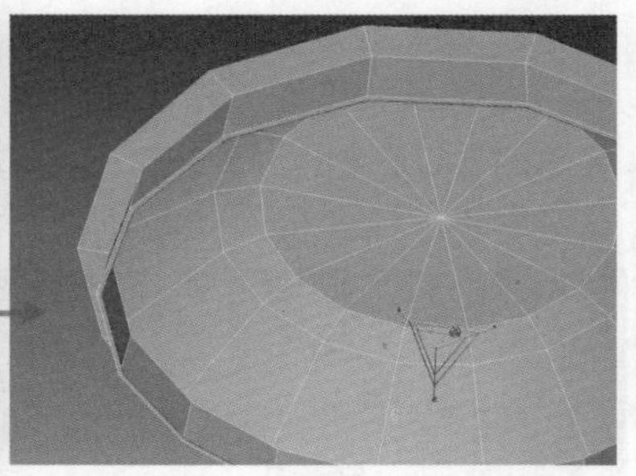

图4.38

TIPS 若要对选择的边界进行精细地缩放，用手拖动鼠标难以把握时，可以在工具栏的【选择并均匀缩放】按钮单击鼠标右键，在弹出的对话框中调整数值，移动与旋转与此同理。

07 此时壶盖的基本形状已经完成，但如果现在给其添加【涡轮平滑】修改器，平滑后的效果一定是不正确的，还需要进行布线调整。选择图4.39左侧所示的一圈边，单击命令面板中的 连接 【连接】按钮，在弹出的对话框中调整滑块数值，将连线调整到如图4.39右侧所示位置。

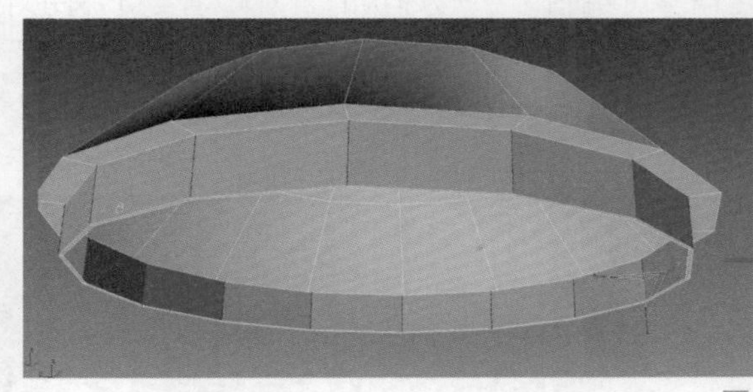
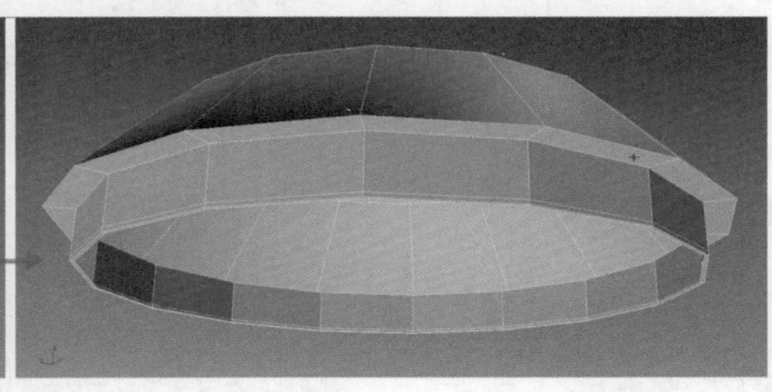

图4.39

08 继续对模型进行加线操作，选择图4.40左侧所示的一圈边，单击命令面板中的 切角 【切角】按钮，在弹出的对话框中调整【边切角量】数值为0.35左右，可实现如图4.40右侧所示的效果。

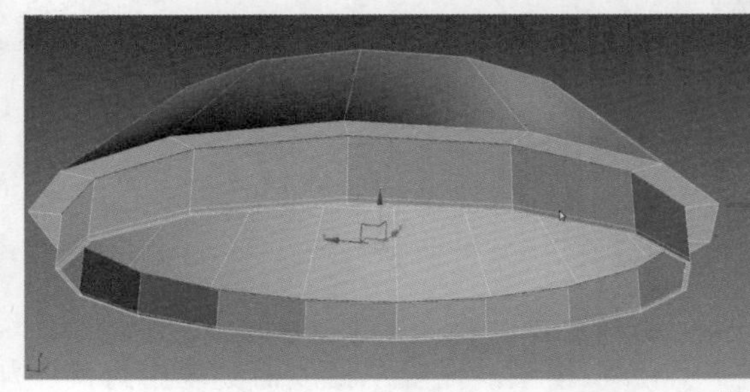
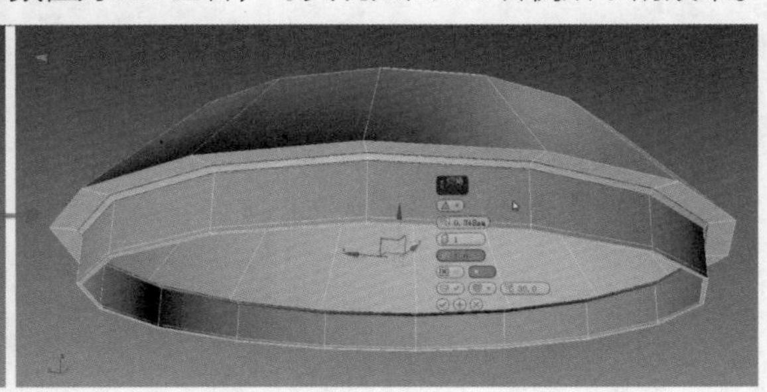

图4.40

09 对壶盖模型顶部进行加线操作，选择图4.41左侧所示的边，单击命令面板中的 连接 【连接】按钮，在弹出的对话框中将滑块数值调整为-97，即可在模型顶部边缘增加一圈边。

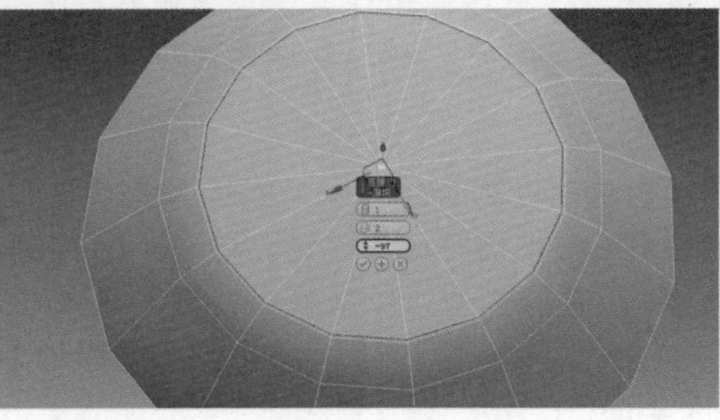

图4.41

10 选择壶盖、壶身和壶盖塑料孤立显示，为壶盖模型添加【涡轮平滑】修改器后，观察三者的匹配程度以及产品的外形流线形状，还需要进一步调整。进入【可编辑多边形】的边层级，选择图4.42左侧所示的边，单击命令面板中的 连接 【连接】按钮，在弹出的对话框中将滑块数值调整为48，即可在图4.42右侧所示的位置增加一圈边。

图4.42

11 在【涡轮平滑】状态下分别调整壶盖和壶身的形态，如图4.43所示。在可编辑多边形层级下单击【显示最终结果开关】按钮，即可在调整可编辑多边形形状时直观地看到【涡轮平滑】后的效果。在【涡轮平滑】层级勾选【等值线显示】复选项，可以显示更少的边，从而便于观察。在可编辑多边形层级下调整壶盖和壶身的边，可对整圈的边进行移动、缩放，从而调整模型形态。

图4.43

TIPS 对步骤11中进行整圈边移动时，可灵活运用【约束】来调整。设置【约束】为【边】类型时，移动选择边时仅会在模型表面滑动，不改变可编辑多边形的形状，但有可能会影响【涡轮平滑】后模型的形状。无约束时的移动会影响可编辑多边形的形状，如图4.44所示。

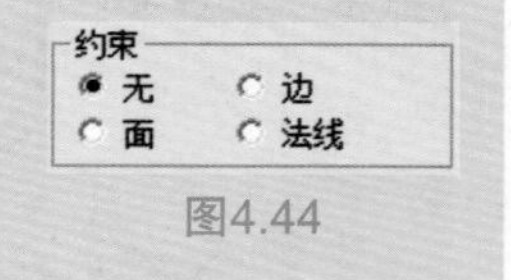

图4.44

12 选择壶盖上方的透明塑料对象，目前它还是一个片状模型。需要从修改器列表中为其添加【壳】修改器，并设置【内部量】为0.75、【外部量】为0，这样它就具有了厚度，如图4.45所示。

TIPS 此步骤中【壳】修改器中有内部量和外部量两个数值都可为模型产生壳厚度，外部量是向多边形的法线方向增长厚度，势必会破坏已有的形状；而内部量是向法线的反方向增长厚度，不会影响模型的外观形态。

13 透明塑料对象虽然有了厚度，但是下边缘并不是一个平面，这样与壶体不匹配。单击工具栏上的【三维捕捉开关】按钮，单击鼠标右键，在弹出的【栅格和捕捉设置】对话框中勾选【顶点】复选项。选择模型，单击鼠标右键，在弹出的菜单中选择【转换为】→【可编辑多边形】命令，选择图4.46所示的一圈边，用【选择并移动】工具拖曳Z轴到模型外边缘的一个顶点，即可对齐到同一个平面。

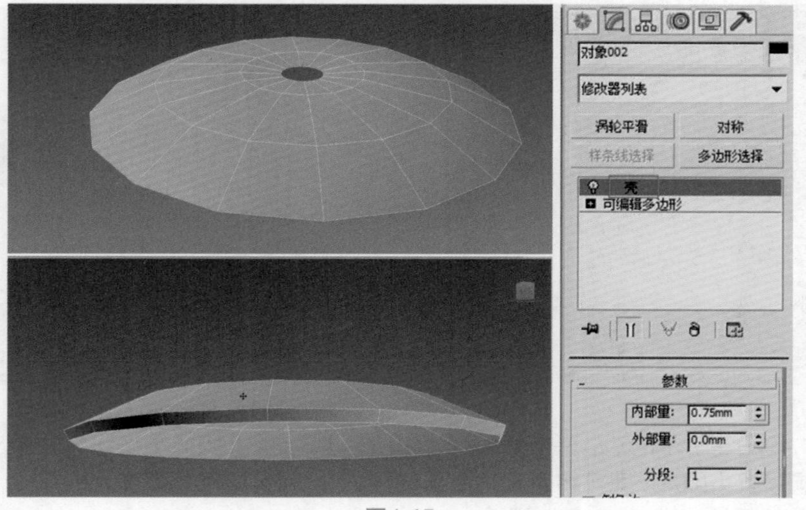

图4.45

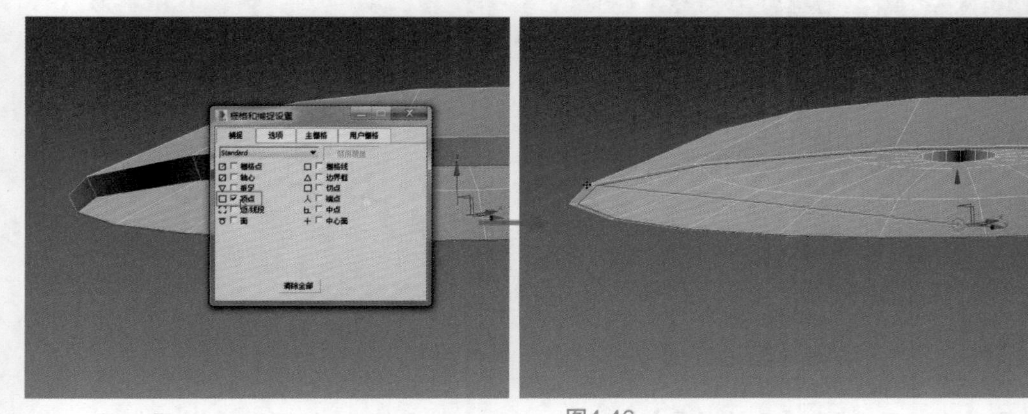

图4.46

14 目前边缘的壁变得较薄，保持选择该圈边，使用【选择并均匀缩放】按钮对其适当缩小，如图4.47所示。

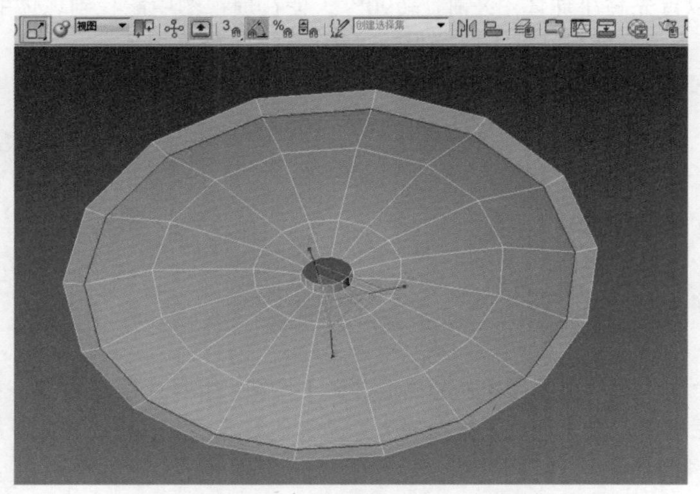

图4.47

15 此部分模型的基本形状已经完成，但在加【涡轮平滑】修改器后形状会过度圆滑，需事先进行布线处理。选择图4.48左侧所示的边，单击命令面板中的 连接 【连接】按钮，在弹出的对话框中将分段数设置为2、收缩值设置为76，即可增加两圈边。

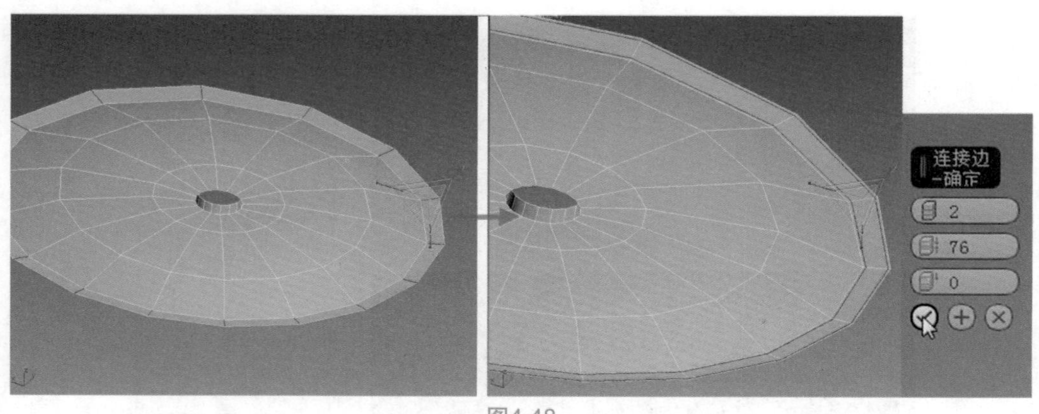

图4.48

16 选择图4.49左侧所示的边，单击命令面板中的 切角 【切角】按钮，在弹出的对话框中将边切角量设置为0.06，即可将两圈边变为四圈。

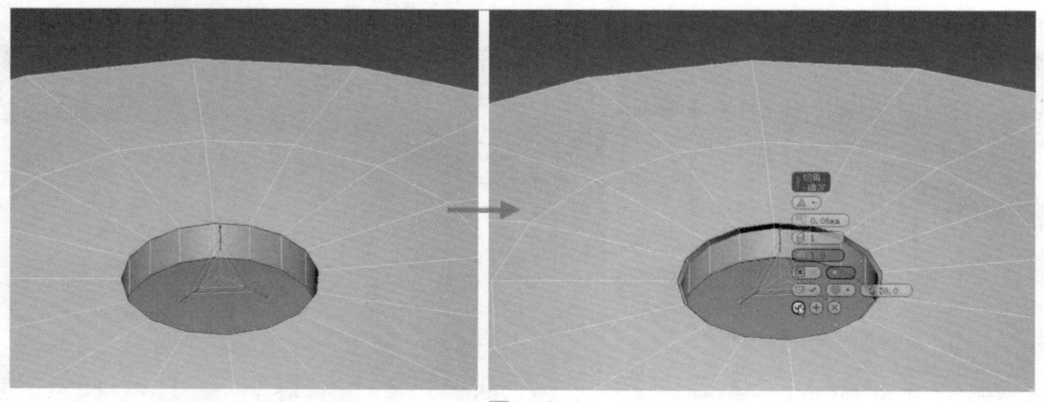
图4.49

17 退出边层级，为模型添加【涡轮平滑】修改器，并将【迭代次数】设置为3，效果如图4.50。

18 在对圆球壶钮进行细化之前，需要将其对齐到壶盖或壶体的中心。对齐操作在顶视图中会更加方便，所以首先将小球体沿X轴旋转90°，使在顶视图中能找到球体的圆心位置。该操作需要开启工具栏的【角度捕捉开关】以确保精确地旋转，如图4.51所示。

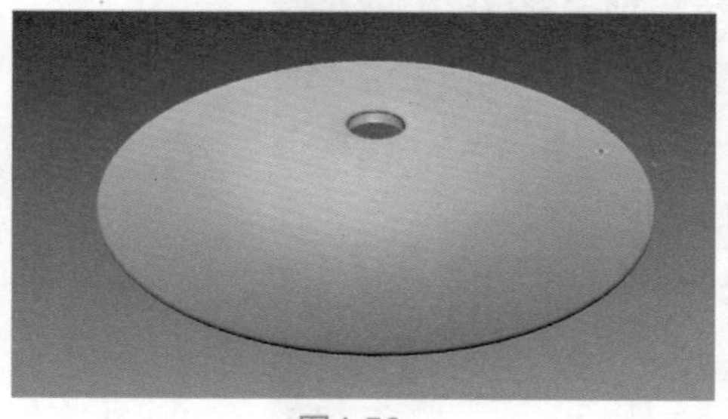
图4.50

图4.51

19 到顶视图中单击工具栏上的【2.5D捕捉开关】按钮，并单击鼠标右键，在弹出的【栅格和捕捉设置】对话框中勾选【顶点】复选项（关闭其他复选项）。移动球体以靠近壶体中心，即可完成对齐操作，如图4.52所示。

TIPS

2.5D捕捉是介于二维与三维之间的一种捕捉工具。利用该工具可以捕捉到当前平面上的点与边，也可以捕捉到顶点与边在某一个平面上的投影，用途广泛。利用三维捕捉工具可以在三维空间中捕捉到对象。单击并长按鼠标左键可在两种捕捉方式间进行切换。

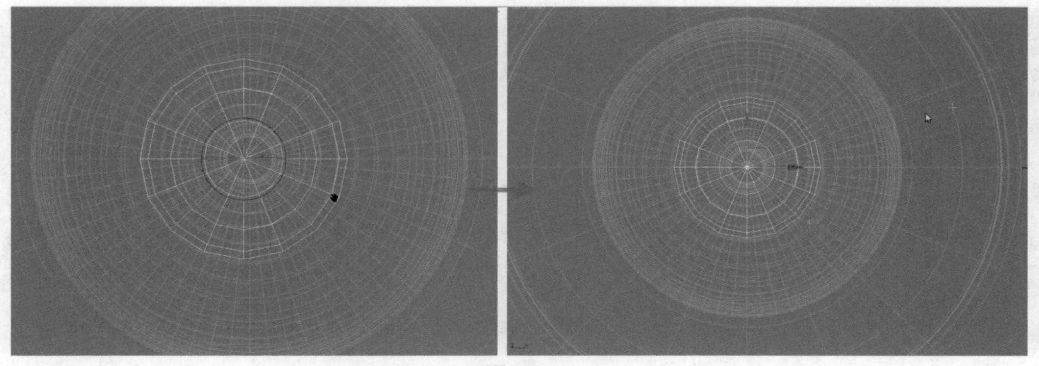

图4.52

20 选择圆球体，在修改面板的参数中设置分段数为32以提高模型精度，如图4.53所示。

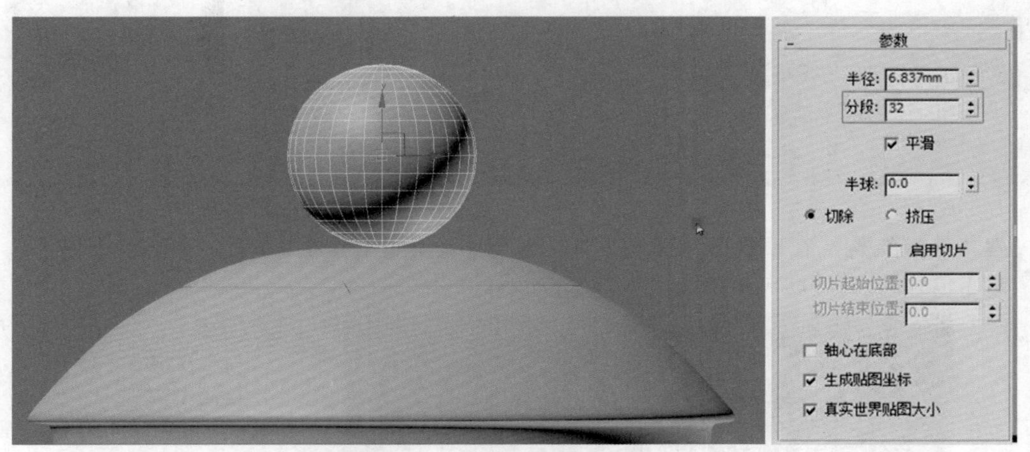

图4.53

21 建立圆球下的金属垫片结构。在顶视图中绘制圆柱体，修改【半径】值为3.5、【高度】值为2、【高度分段】值为1、【端面分段】值为1、【边数】值为8，移动调整位置至如图4.54所示。

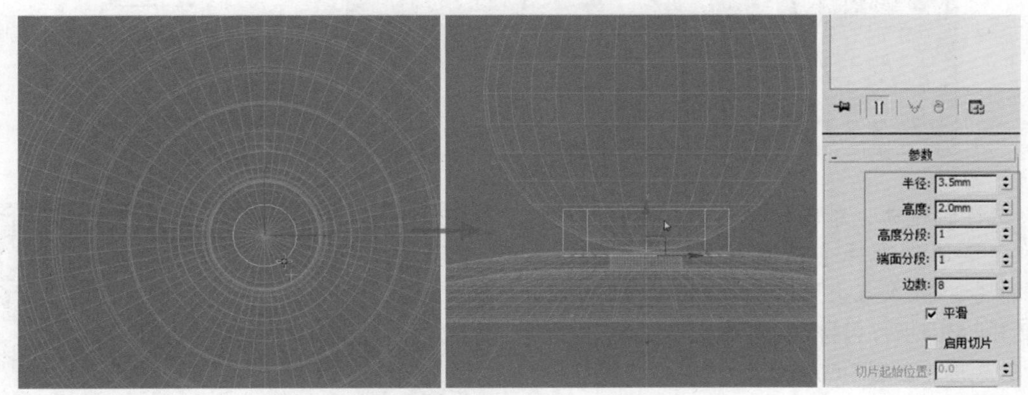

图4.54

22 将垫片模型转换为可编辑多边形，选择图4.55左侧所示两圈边，单击命令面板中的 切角 【切角】按钮，在弹出的对话框中调整【边切角量】数值为0.24左右。

23 用命令面板中的 连接 【连接】按钮在垫片模型中间增加一圈边，这样可避免平滑后过度圆滑，如图4.56所示。随后在顶点层级下调整模型的形状。调整完成后为其添加【涡轮平滑】修改器，将【迭代次数】设置为2，适当缩放调整大小，如图4.57所示。

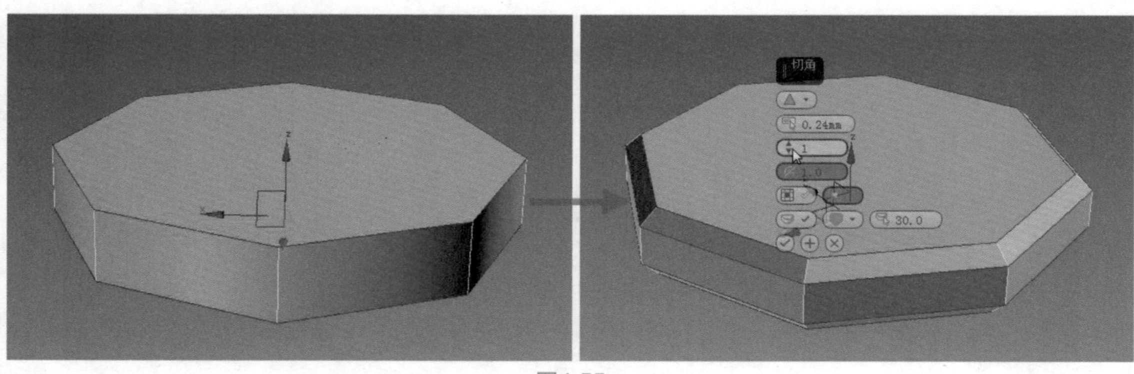

图4.55

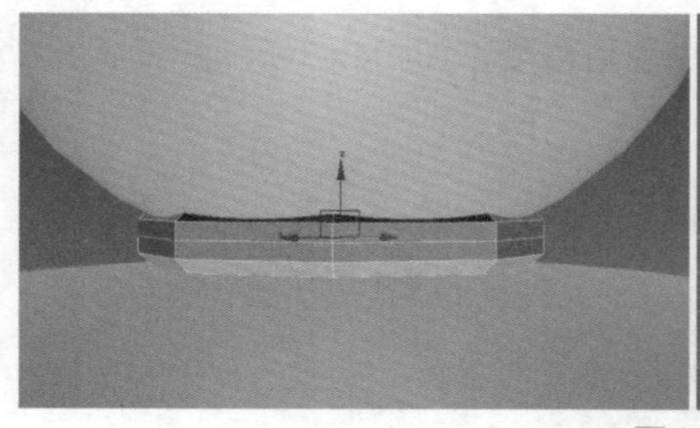

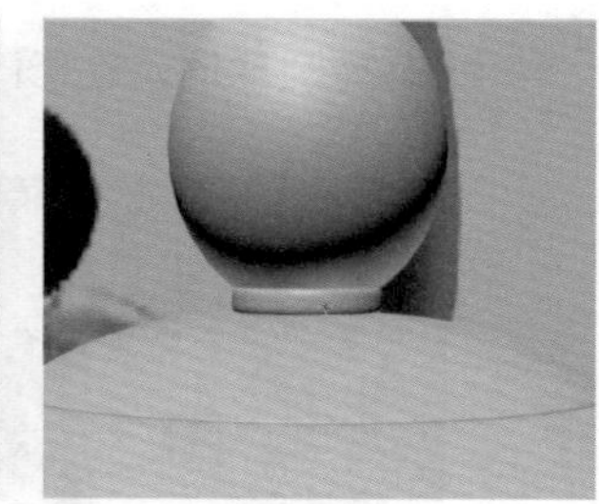

图4.56　　图4.57

24 建立连接结构。在顶视图创建圆柱体，设置【半径】值为2.2左右、【高度】值为2、【边数】值为8，并移动调整位置，如图4.58所示。

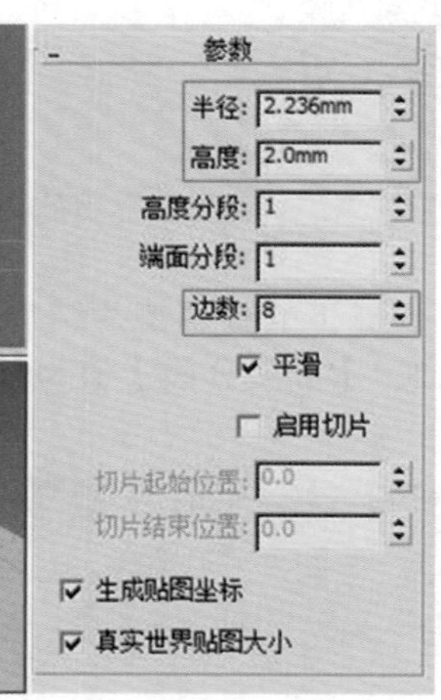

图4.58

25 选择圆柱体，单击鼠标右键，在弹出的快捷菜单中选择【转换为】→【可编辑多边形】命令。进入多边形层级，删除底部的多边形，如图4.59所示，并根据整体比例关系适度调整模型的高度，如图4.60所示。

TIPS 将一些穿插在模型内部的多边形删除不会影响模型效果，而且能够降低模型的数据量，在后期加入【涡轮平滑】修改器后，也不会出现过度平滑的问题。

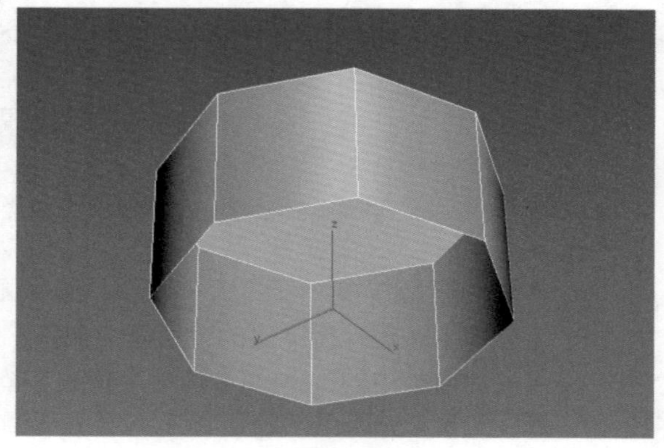

图4.59

26 选择模型顶部的多边形，单击命令面板中的 倒角 【倒角】按钮，在弹出的对话框中调整高度数值为0、轮廓值为-0.6左右。单击⊕【应用并继续】按钮进入第二次倒角，调整高度数值为1.5左右、轮廓值为0，便可将金属连接件的形状塑造出来，如图4.60所示。

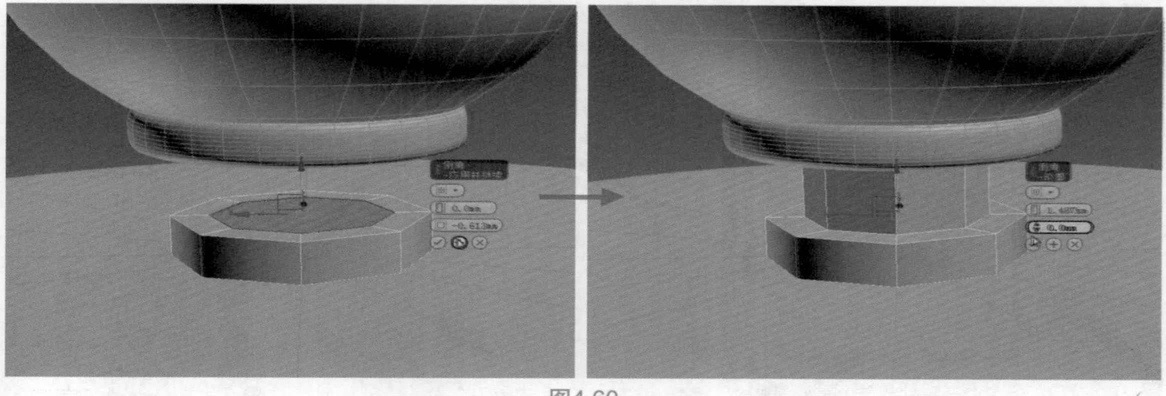

图4.60

27 选择图4.61所示的三圈边，单击命令面板中的 切角 【切角】按钮，在弹出的对话框中调整边切角量数值为0.04左右。这样可将3圈边变为3双圈，从而保证平滑后的转折依然明确有质感。

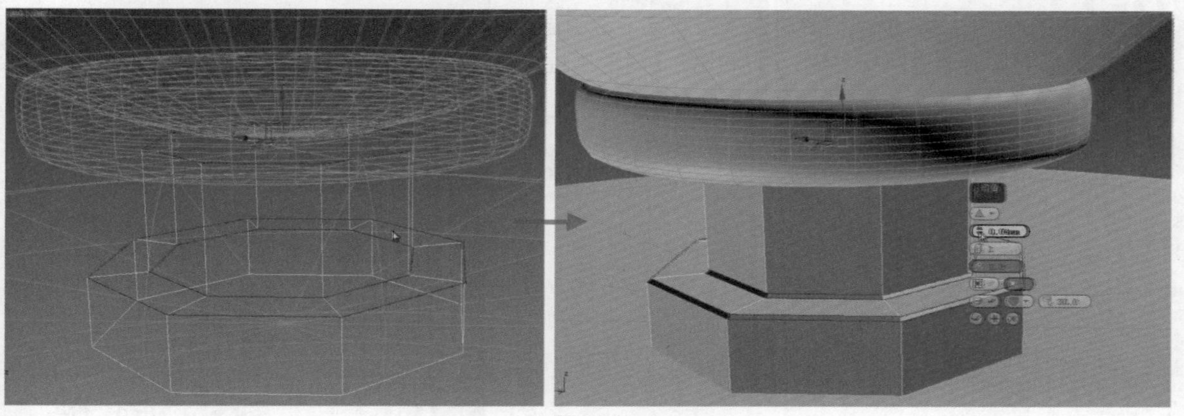

图4.61

28 从修改器列表中为连接件模型添加【涡轮平滑】修改器，设置【迭代次数】为2，至此水壶的盖子模型制作完成，如图4.62所示。

图4.62

4.3 提手的制作

水壶的提手制作分为3个部分，第一部分是金属环，第二部分是蓝色橡胶手柄，第三部分是其他小零件。先制作第一和第二部分，使用【圆环】工具进行创建并修改，待第一、二部分完成后再制作第三部分的模型。

01 要制作蓝色橡胶手柄模型也需要用一个圆环状物体进行制作，而且需要与金属圆环保持匹配，也就是具有相同的圆心，这样制作出的模型才会准确严谨。比较方便的做法是选择金属圆环，按下键盘上的快捷键Ctrl+V，在弹出的【克隆选项】对话框中选择【复制】选项。然后在修改面板修改【半径2】的数值为6.75左右、【切片起始位置】为25.5、【切片结束位置】为-102.5，如图4.63所示。

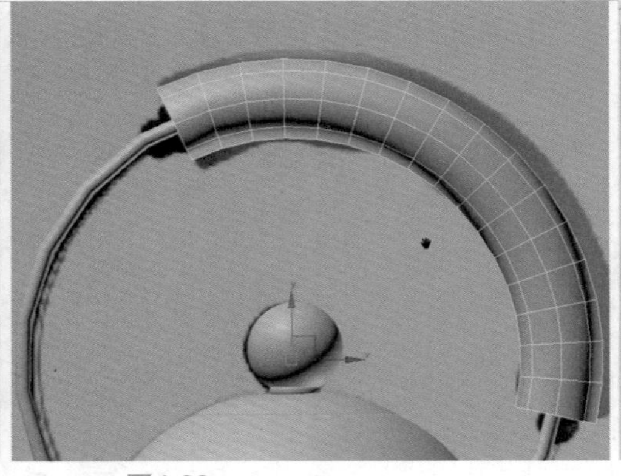
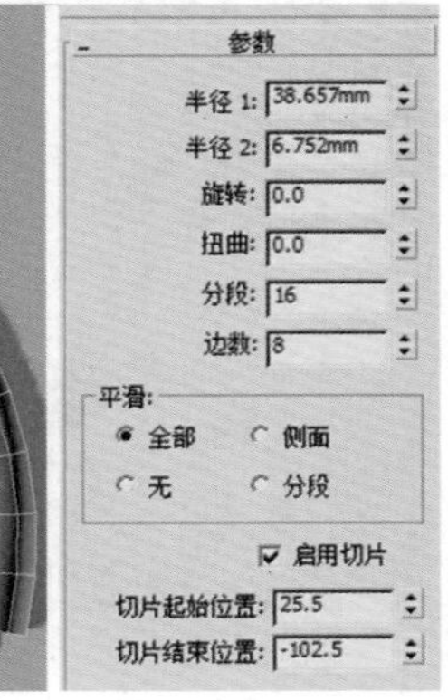

图4.63

02 将塑胶手柄模型转换为可编辑多边形，为调节顶点形态做准备。调节形态时需要参考对照视图中的产品图片，所以需要将该模型对象半透明显示，如图4.64所示。可以按键盘快捷键Alt+X，或者在选择对象时单击鼠标右键，在弹出的【对象属性】面板中勾选【透明】复选项，如图4.65所示。

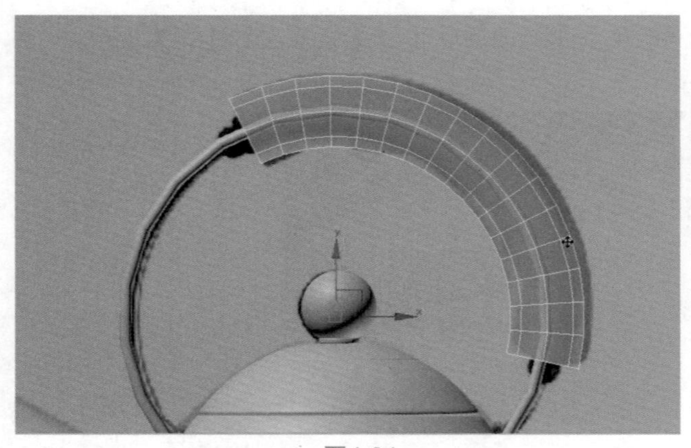

图4.64

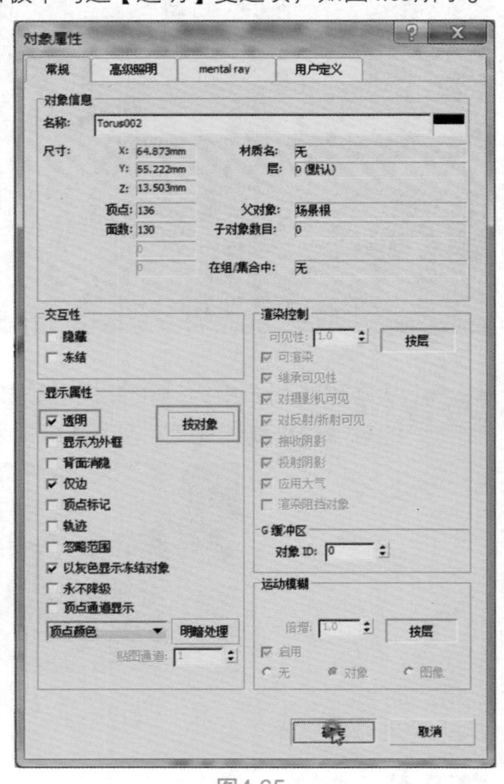

图4.65

03 在修改面板【可编辑多边形】的顶点层级下依次选择相应的顶点并进行位移操作，使对象呈现出如图4.66所示的凹凸变化。

TIPS 本操作需要在二维视图进行，可以确保位移的准确性和快捷性。如果在透视图或正交视图下操作，则容易出现选择错误或位移错误的问题。

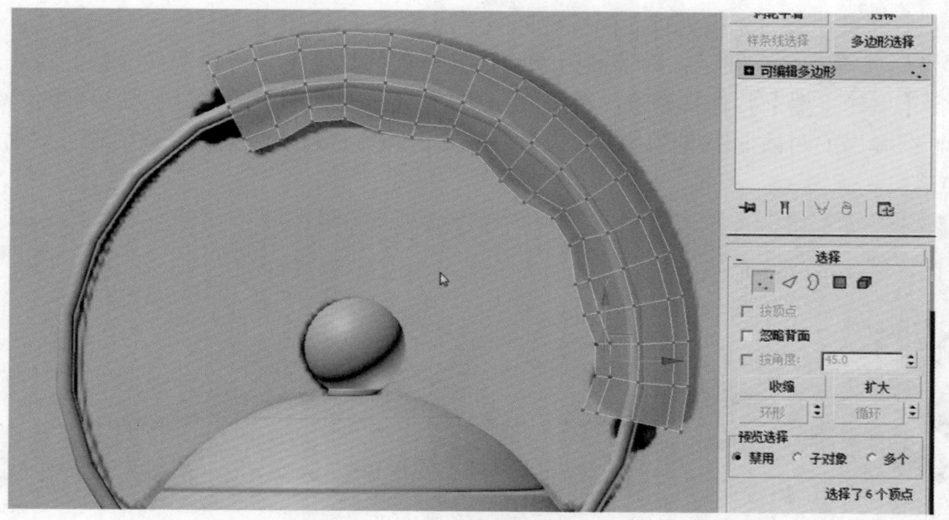

图4.66

04 退出顶点层级，选择对象，在修改器列表中选择【涡轮平滑】修改器，调整【迭代次数】为1，即可看到平滑后的模型效果，如图4.67所示。

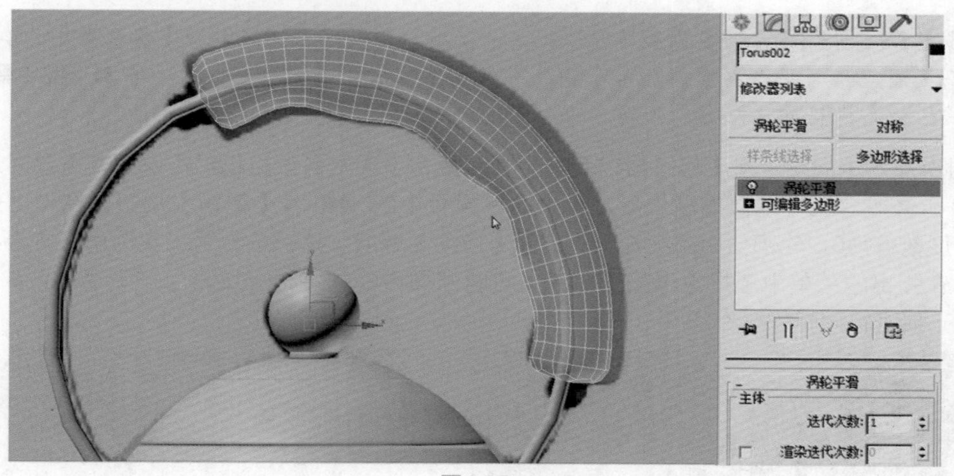

图4.67

05 单击【显示最终结果开关】按钮，将其切换到开状态，即可在【可编辑多边形】的顶点层级下进一步调整顶点的位置，此时可以直观地、即时地观察平滑之后的效果，如图4.68所示。

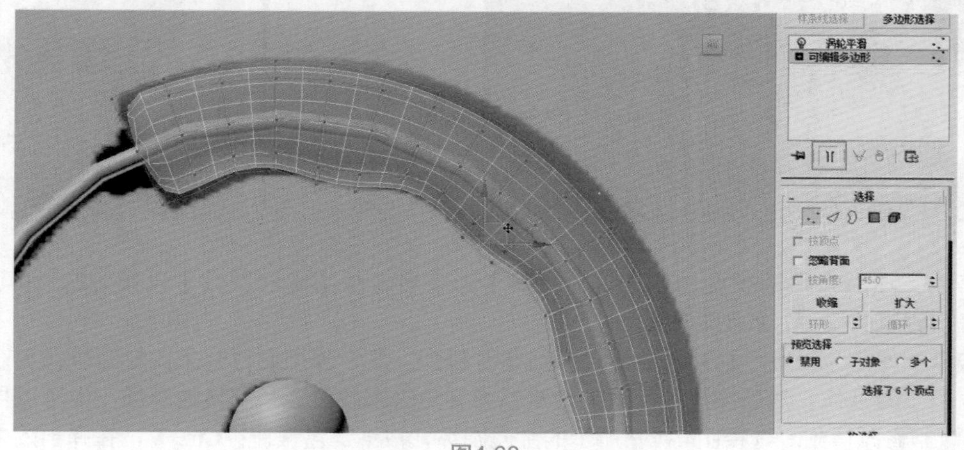

图4.68

06 在上一步骤中经过平滑处理后的模型形态更加真实了，但仍需要进一步调整形态。如两端在平滑后显得有些太圆了，需要通过增加边的方式使其变得转折更明确一些。首先从修改器堆栈中选择【涡轮平滑】并将其删除。选择图4.69左所示的一圈边，单击命令面板中的 连接 【连接】按钮，在弹出的对话框中调整滑块数值为41左右，即可将连线调整到合适位置，对另一端进行同样的操作。

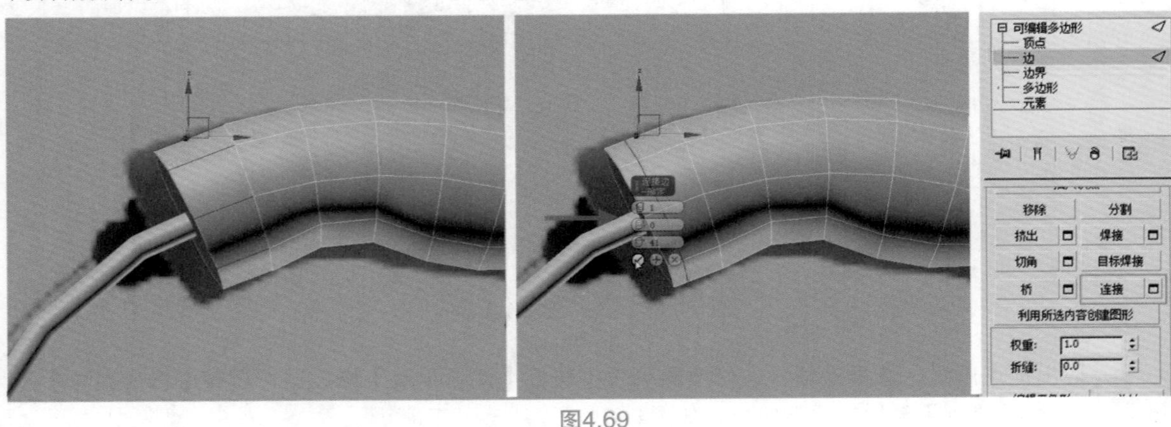

图4.69

TIPS 本步骤需要回到可编辑多边形层级进行修改模型，所以将【涡轮平滑】修改器删除会比较方便，如需要看平滑效果时再重新添加【涡轮平滑】修改器。或者也可以单击 **网格平滑**修改器前的开关图标，将其暂时关闭。

07 再次加入【涡轮平滑】修改器以观察平滑效果，发现端面效果仍然不够好，需要对端面结构进行修改。选择端面的多边形，单击命令面板中的 倒角 【倒角】按钮，在弹出的对话框中调整高度数值为0，轮廓值为-2左右。单击⊕【应用并继续】按钮进行第二次倒角。紧接着单击鼠标右键，在弹出的菜单中选择【塌陷】命令，可将端面中间的多边形塌陷为一个顶点，如图4.70所示，对另一端进行同样的操作。

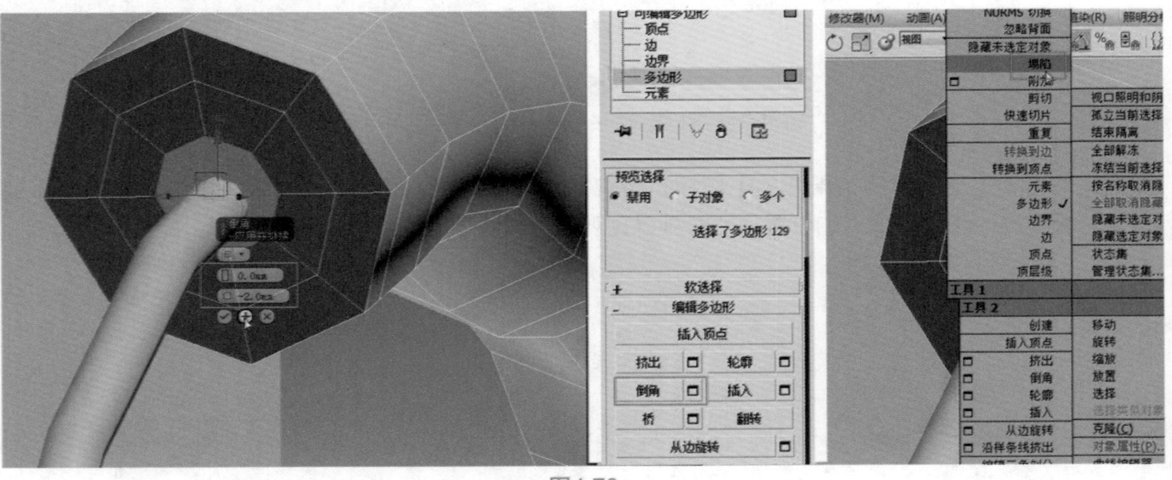

图4.70

08 修改完毕后为手柄模型加入【涡轮平滑】修改器，将【迭代次数】设置为2，即可得到准确、细腻的模型，如图4.71所示。

09 接着制作蓝色橡胶手柄外端的黑色塑胶垫片模型。这个模型制作起来比较简单，可以单独建立两个圆柱体，然后摆放在合适的位置。为了免去摆放位置和旋转的麻烦，也可以再次利用金属圆环复制修改得到。选择图4.72左所示的金属圆环，按下键盘快捷键Ctrl+V，在弹出的【克隆选项】对话框中选择【复制】选项。然后在修改面板修改【半径2】的数值为3.23左右、【切片起始位置】为27、【切片结束位置】为-104。将【边数】改为16可以使该物体更加圆滑饱满。

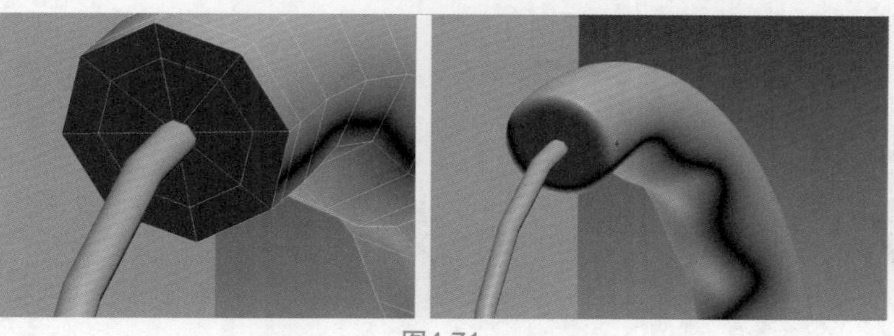

图4.71

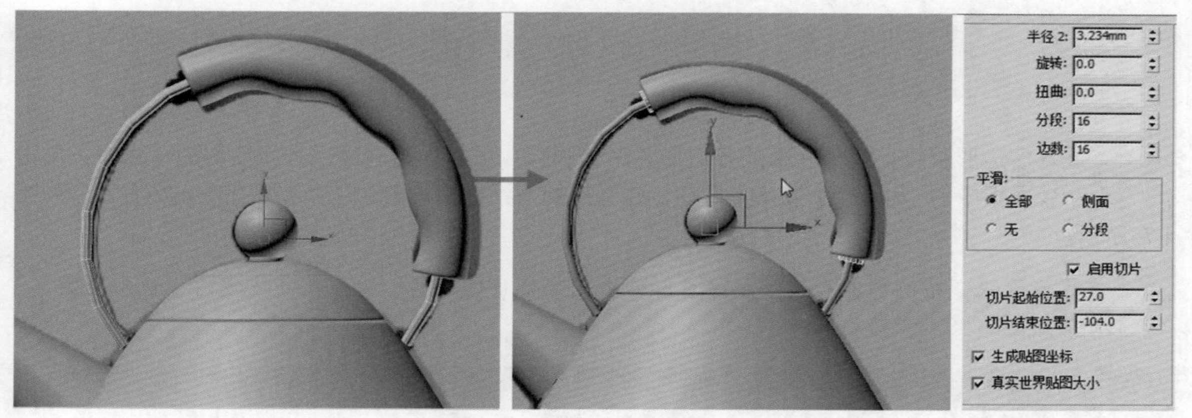

图4.72

TIPS 本步骤中需要制作两个黑色垫片。为了制作方便，使用了一个切片的圆环两端伸出蓝色手柄模型即可。类似制作这样小的、非主要的部件，可以不使用【涡轮平滑】修改器，适当提高分段数、边数即可。

10 建立一个球体，将其【半径】修改为2.7、【分段】修改为24，放置在图4.73所示位置，然后复制一个球体，将其摆放在橡胶手柄的另一端。

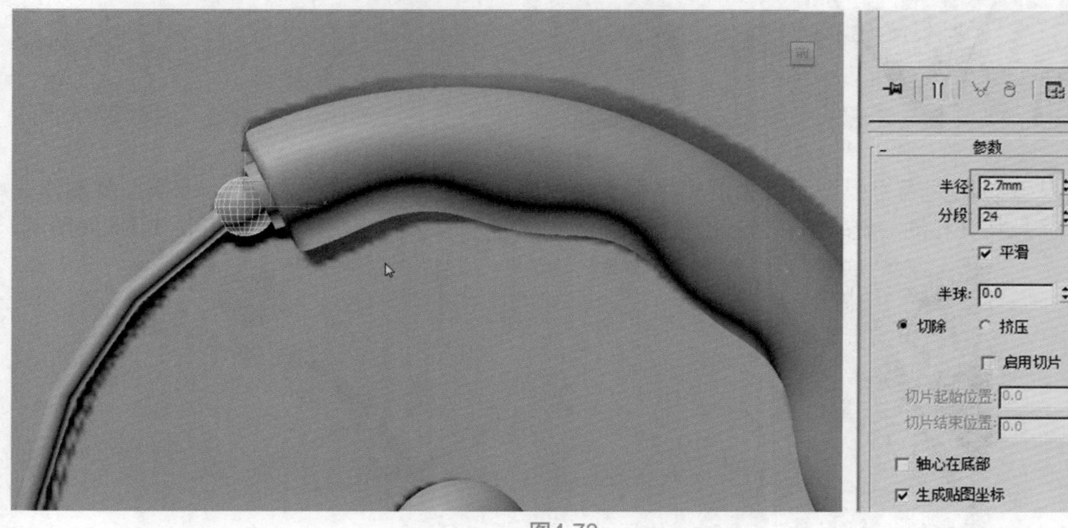

图4.73

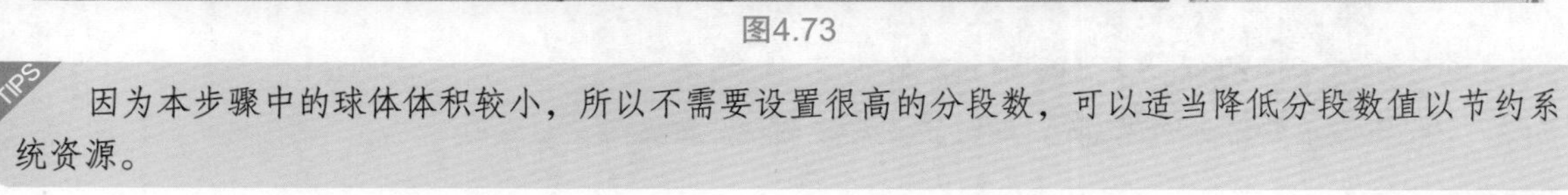

TIPS 因为本步骤中的球体体积较小，所以不需要设置很高的分段数，可以适当降低分段数值以节约系统资源。

11 接下来建立金属圆环与壶身结合处的金属垫片。创建一个如图4.74所示的圆柱体，设置其【边数】为8、【高度分段】为1，单击鼠标右键，将其转换为可编辑多边形。在顶点层级选择底部的顶点并向上移动，修改垫片的厚度。

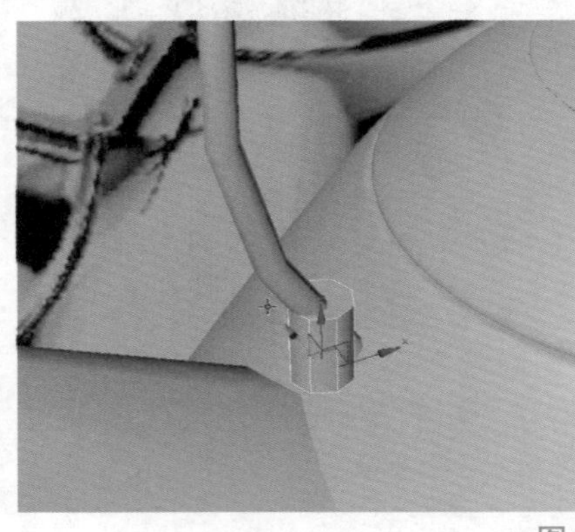

图4.74

12 进入多边形层级，选择底部的多边形并将其删除。再进入边层级，选择顶部的一圈边，单击命令面板中的 切角 【切角】按钮，在弹出的对话框中调整边切角量数值为0.26左右，如图4.75所示。

> TIPS 在本步骤中，将底部的多边形删除可以省去底部切角的步骤，也能节约一定的多边形面数，并不影响模型的整体视觉效果。

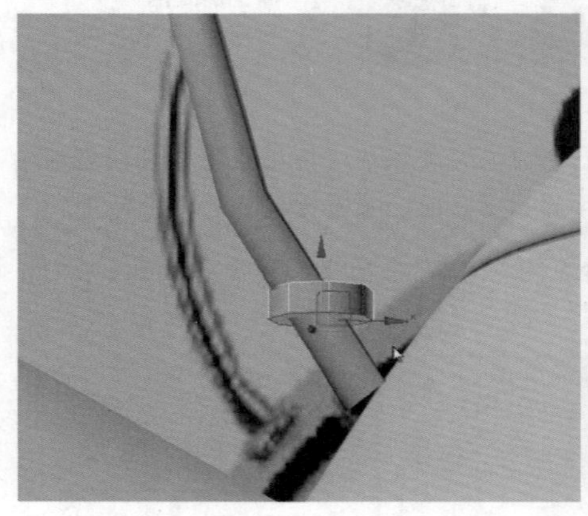
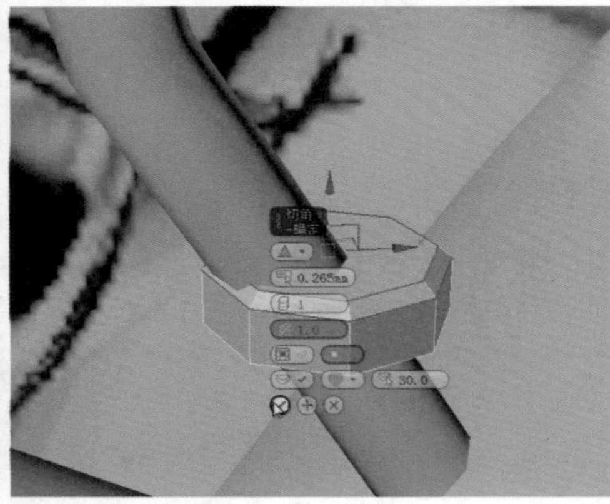

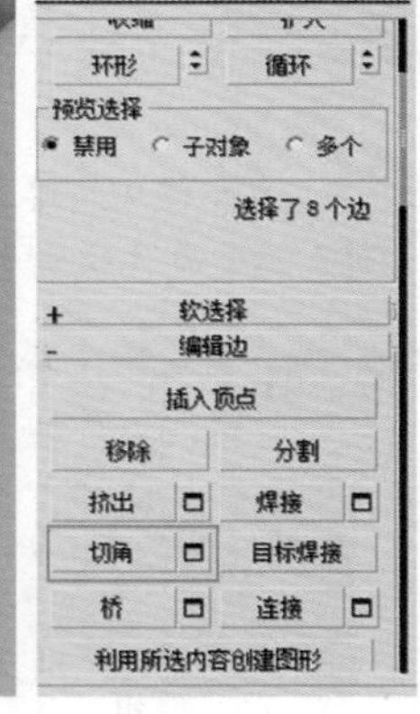

图4.75

13 从修改器列表为模型添加【涡轮平滑】修改器，调整【迭代次数】为2，该模型就制作完成了。将其移动、旋转放在合适的位置和角度，再复制一个安放在另一侧即可，如图4.76所示。

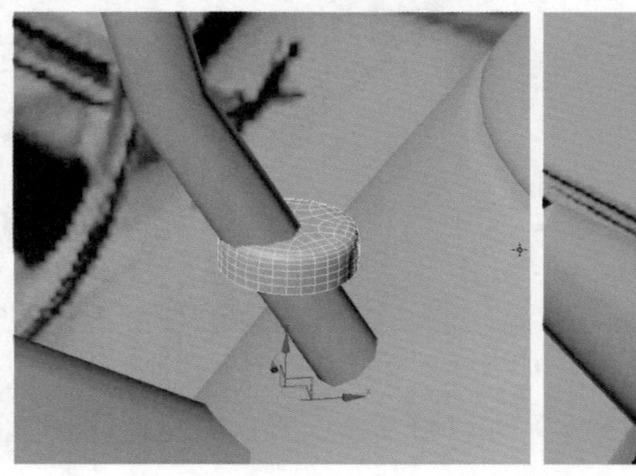
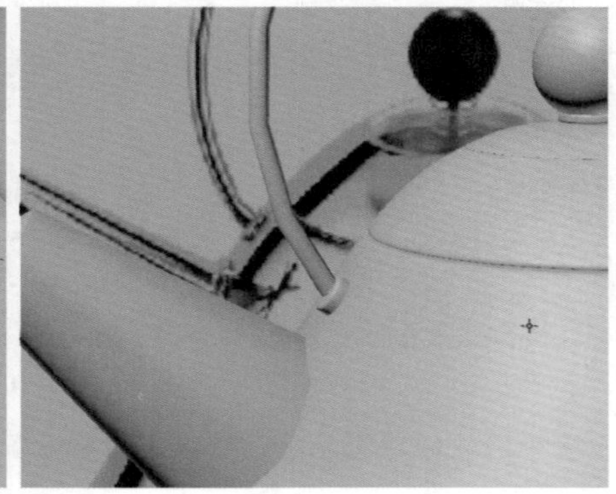

图4.76

TIPS 在本步骤中，另一个金属垫片的生成可以用【镜像】工具生成，选择镜像轴为X轴，可以省去复制后再旋转的麻烦。

14 选择金属圆环物体，由于之前创建的模型精度较低，最后需要进行细化。在修改面板将【分段】数设置为80、【边数】设置为24即可，如图4.77所示。

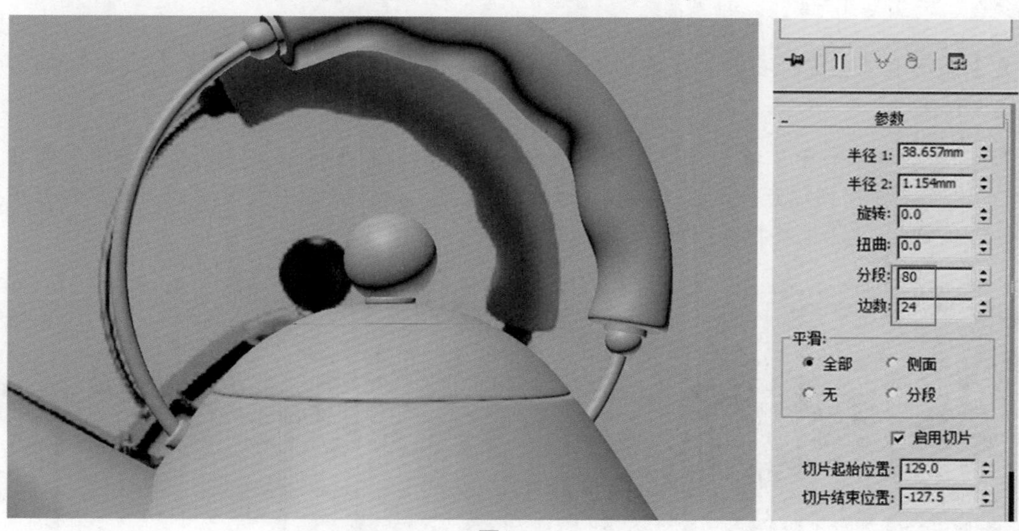

图4.77

4.4 壶嘴的制作

壶嘴是水壶的重要组成部分，需要单独制作。制作时注意要使其形态圆滑饱满。制作难点在于与壶身衔接处的一圈弧形突起。

01 首先需要在前视图中将该圆锥体对象进行参数的细微调整以使其与壶身协调，设置【半径1】为12.8左右、【半径2】为5.8左右、【高度】为36.5左右。再使用【选择并移动】工具和【选择并旋转】工具对其位置和角度进行精细调整，如图4.78所示。

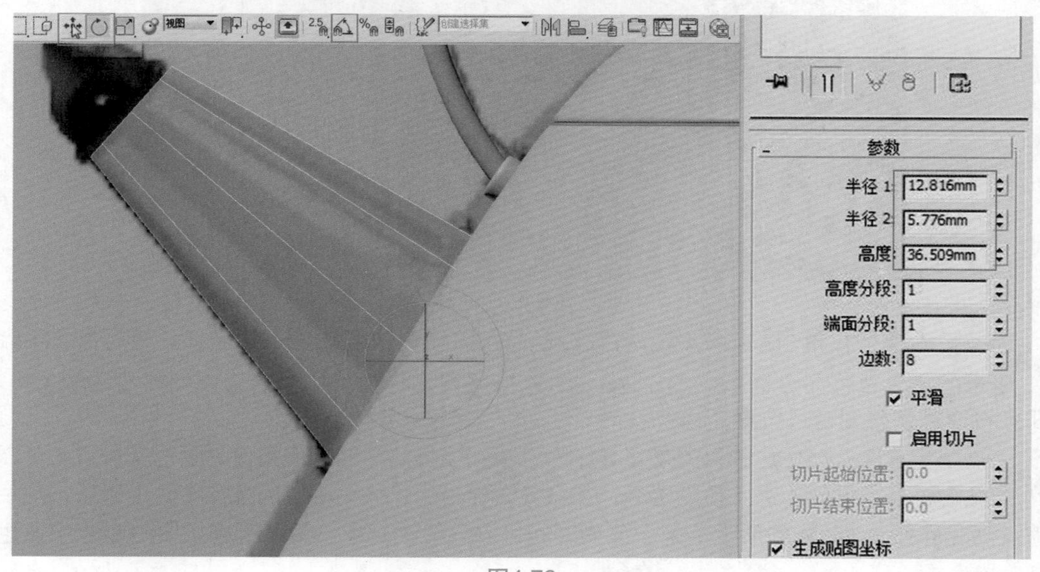

图4.78

TIPS 在本步骤中，调整出参数之前可以先将模型调整为半透明状态以便于观察参考图，办法是按键盘快捷键Alt+X，或者在选择对象时单击鼠标右键，在弹出的【对象属性】对话框中勾选【透明】选项。其与壶身衔接的部分要适当地穿插进去一部分，从而方便后续制作。

02 上一个步骤从前视图对壶嘴模型的位置和角度进行了调整，但从顶视图中观察，该模型仍然没有与壶身对齐，使用2.5D捕捉功能可以精确对齐。如图4.79所示，在工具栏上的【2.5D捕捉开关】按钮上单击鼠标右键，在弹出的【栅格和捕捉设置】对话框中勾选【顶点】复选项，然后按下捕捉开关。

TIPS 2.5D捕捉工具是介于二维与三维之间的一种捕捉工具。利用该工具可以捕捉到当前平面上的点与边，也可以捕捉到顶点与边在某一个平面上的投影。因而该工具用途广泛。在鼠标左键上长按可以在2维捕捉、2.5维捕捉和3维捕捉之间进行切换。

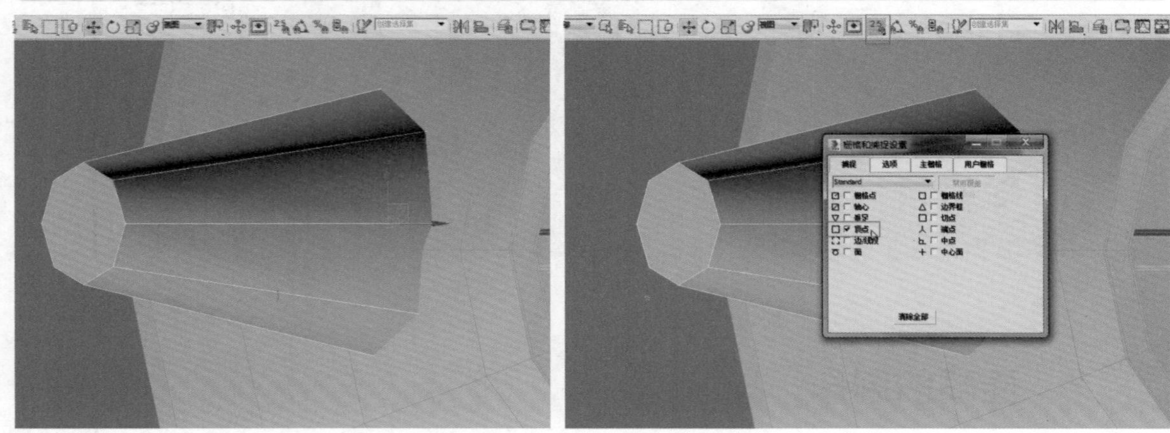
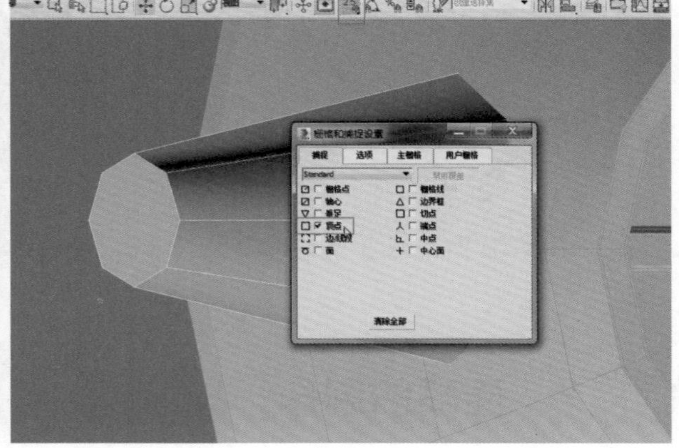

图4.79

03 如图4.80所示，使用【选择并移动】命令，将鼠标放置在绿色的Y轴上，拉动到壶身中间的一个顶点位置，即可在Y轴上与水壶正中对齐，随后将捕捉开关关闭。

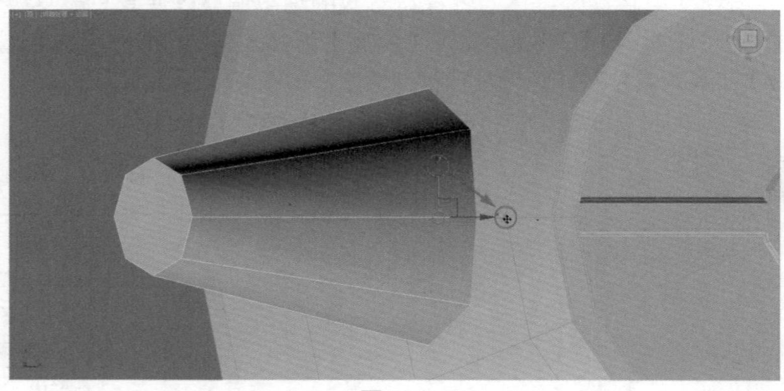

图4.80

04 选择壶嘴模型，单击鼠标右键，将其转换为可编辑多边形。进入边层级，选择如图4.81左侧所示的边，单击命令面板中的 连接 连接按钮，在弹出的对话框中调整滑块数值为-71左右，即可将连线调整到合适位置。

05 上一个步骤连接产生边的目的是将其作为壶嘴和壶身的相交线使用，需要对其做进一步调整才能贴合壶身的弧度。进入顶点层级，在命令面板中的【约束】栏内选择【边】选项，然后依次移动顶点到交界处，如图4.82所示。为了节约时间可以只修改一半，另一半在后面的步骤中通过【对称】修改器生成。

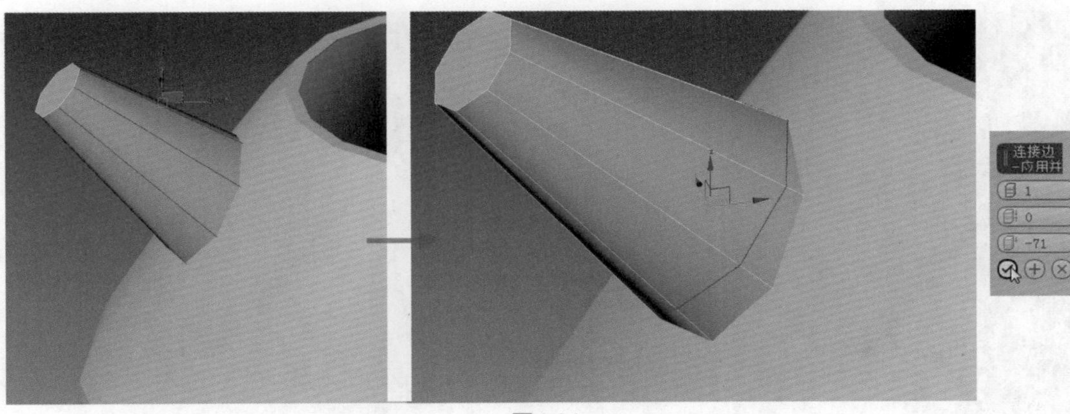

图4.81

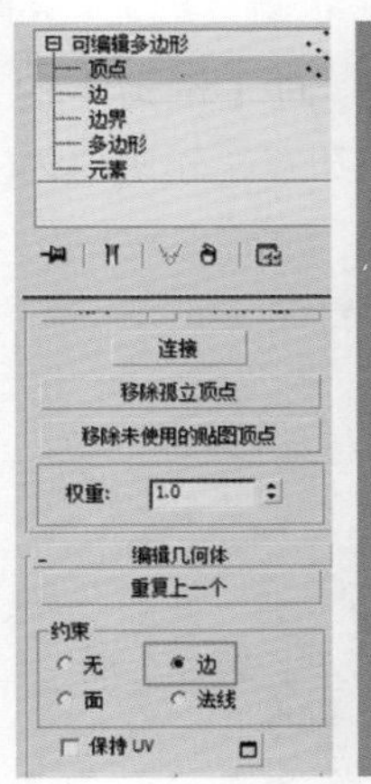

图4.82

TIPS “约束到边”的方式可以在模型形状保持基本不变的情况下滑动模型上的点和线来达到优化模型布线的目的，在使用完后应及时设置为“无”，否则在一些操作中会导致混乱。

06 进入多边形层级，选择图4.83左侧所示的多边形并将其删除。随后退出多边形层级，从修改器列表找到【对称】修改器，设置合适的对称轴，可以生成整个的壶嘴。

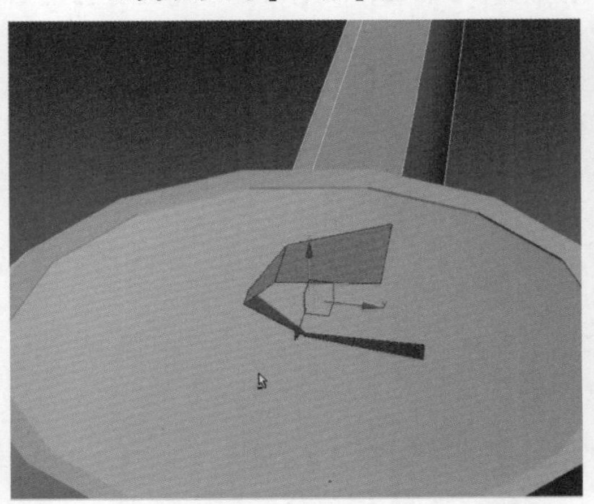

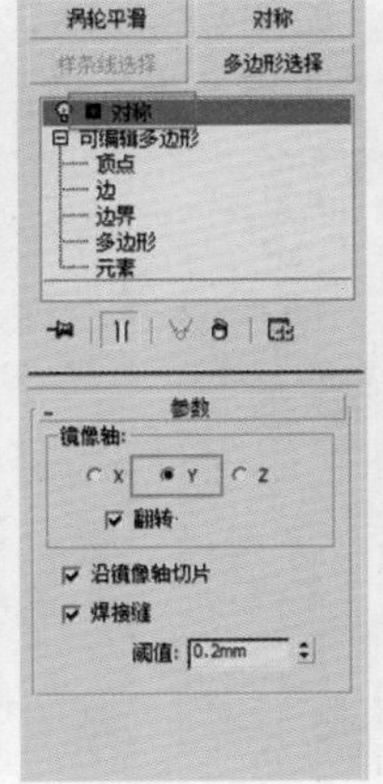

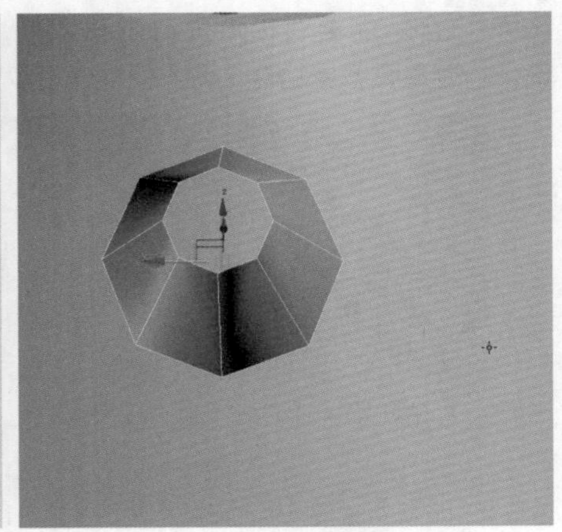

图4.83

07 将其再次转换为可编辑多边形，选择顶部的多边形并将其删除，接下来需要制作壶嘴与壶身衔接处的结构。选择图4.84左侧所示的边，单击命令面板中的 连接 【连接】按钮，在弹出的对话框中调整滑块值为-93左右，可在与壶身衔接处附近连接一整圈边。

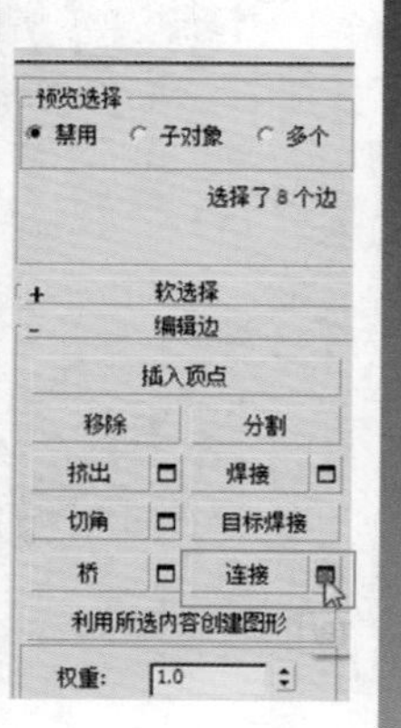

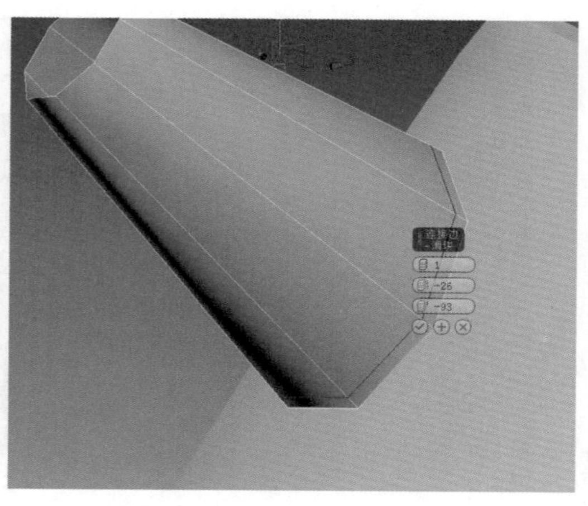

图4.84

08 进入多边形层级，选择图4.85所示的一圈多边形，单击命令面板中的 倒角 【倒角】按钮，在弹出的对话框中调整倒角方式为“局部法线”，设置高度数值为3.72左右、轮廓值为0，即可实现衔接处的结构变化。

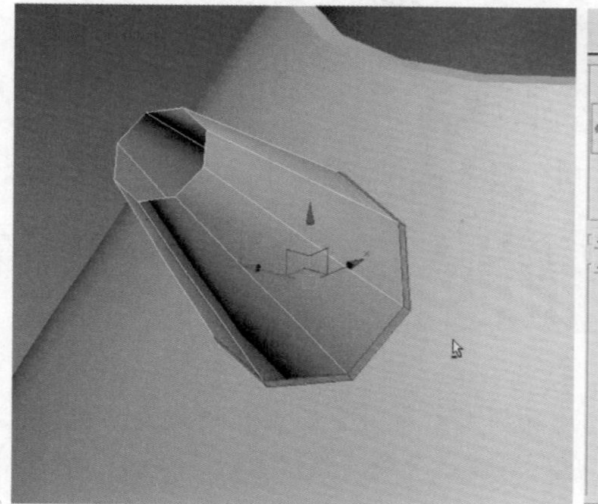

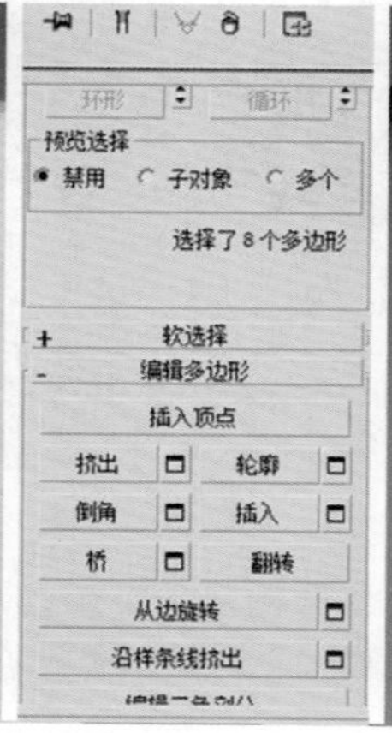

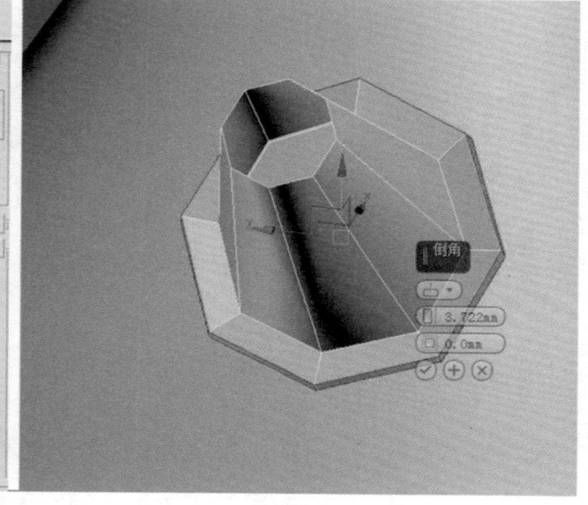

图4.85

09 上个步骤中壶嘴与壶身衔接处的一圈挤出之后的形态并不准确，没有准确地与壶身弧度贴合。需要对顶点进行位移调整，如图4.86所示，依次选择顶点进行位移操作，使其形状更准确，与壶身弧度更贴合。为方便操作可以先删除一半的模型，待完成后再用【对称】命令生成整个模型。

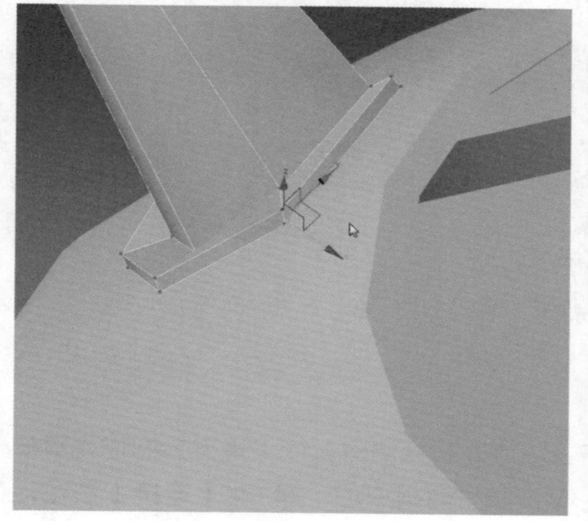

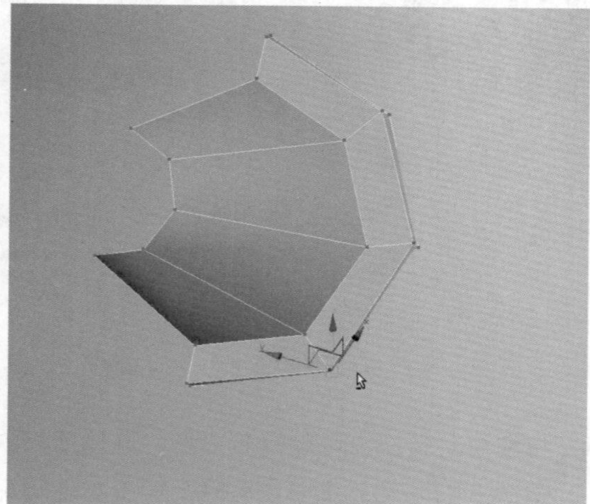

图4.86

10 一半的壶嘴模型调整完成后，选择该模型，从修改器列表中选择【对称】修改器。设置合适的镜像轴，即可形成整个模型。随后单击鼠标右键，将其转换为可编辑多边形，选择图4.87右侧所示的多边形并将其删除。

> TIPS 在本步骤中，将底部的多边形删除可以省去底部切角的步骤，也能节约一定的多边形面数，并不影响模型的视觉效果。

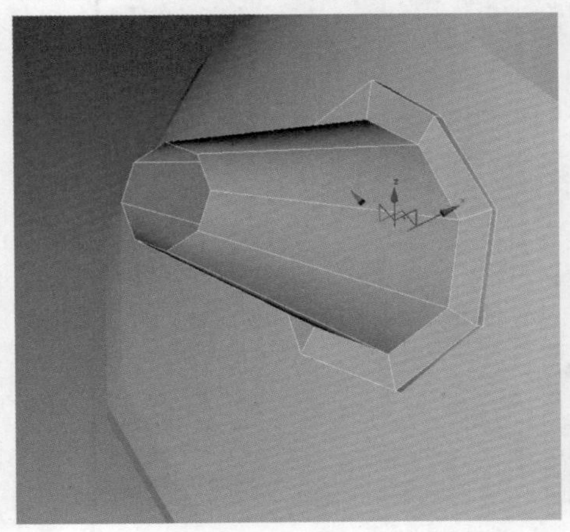
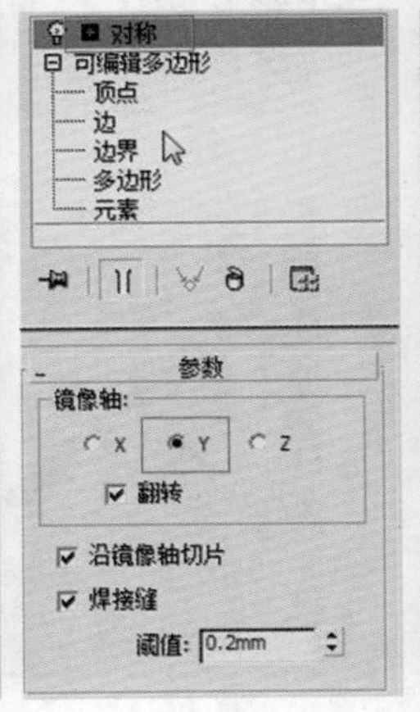

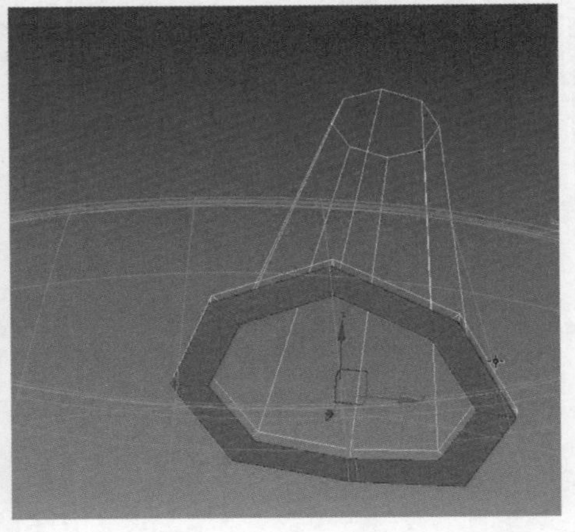

图4.87

11 将壶身的【涡轮平滑】修改器开启，为壶嘴模型也加上【涡轮平滑】修改器，并调整【迭代次数】为3。这时会发现平滑后两者的外形有所变化，原本贴合的衔接处又有了缝隙。选择壶嘴模型，进入【可编辑多边形】的边界层级，选择衔接处边界，单击修改面板的【显示最终结果开关】按钮，调整边界的位置。还可以进入顶点层级，然后选择相应的顶点并移动，从而使平滑后的高精度模型正确地衔接，如图4.88所示。

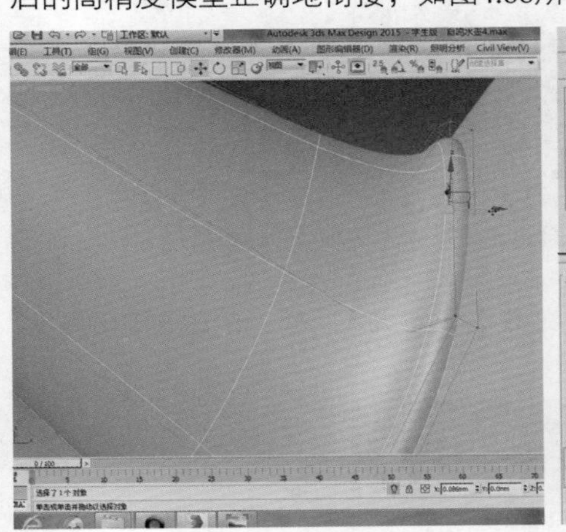
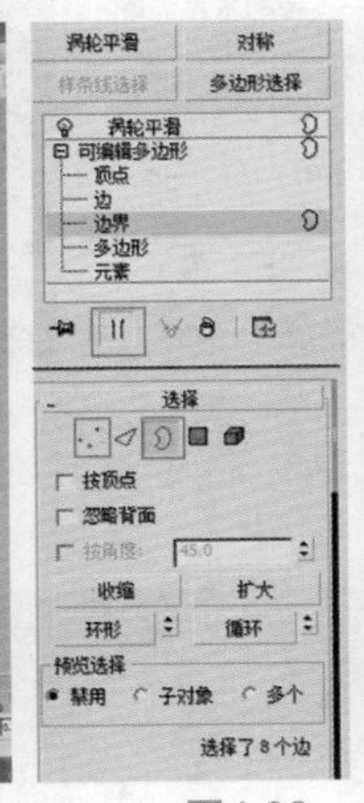

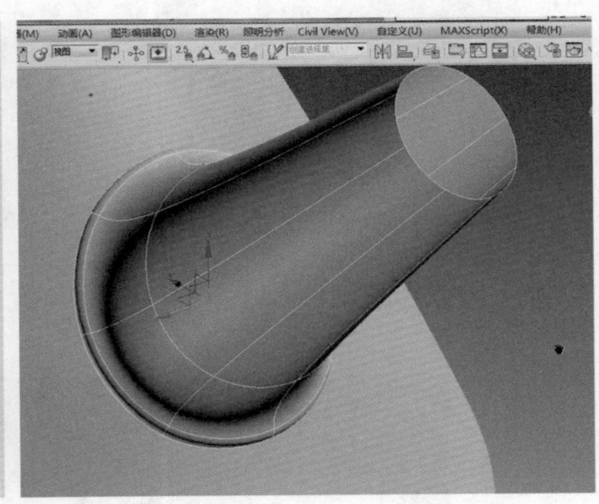

图4.88

12 从上一个步骤中可以看出，壶嘴模型在平滑后失去了根部的明显转折，变得过度圆滑，需要对转折处进行切角处理。选择图4.89左侧的一圈边，单击命令面板中的 切角 【切角】按钮，在弹出的对话框中调整【边切角量】数值为0.53左右，可实现如图4.89右侧效果。

13 选择图4.90左侧所示的一圈边，单击命令面板中的 切角 【切角】按钮，在弹出的对话框中调整【边切角量】数值为0.35左右，可实现如图4.90右侧效果。

14 此时进行涡轮平滑处理，观察此处的转折效果已经得到极大的改善，但在步骤13中得到的切角处平滑后显得有些厚。选择图4.91右侧的一圈边，在"约束到边"的前提下向外移动。

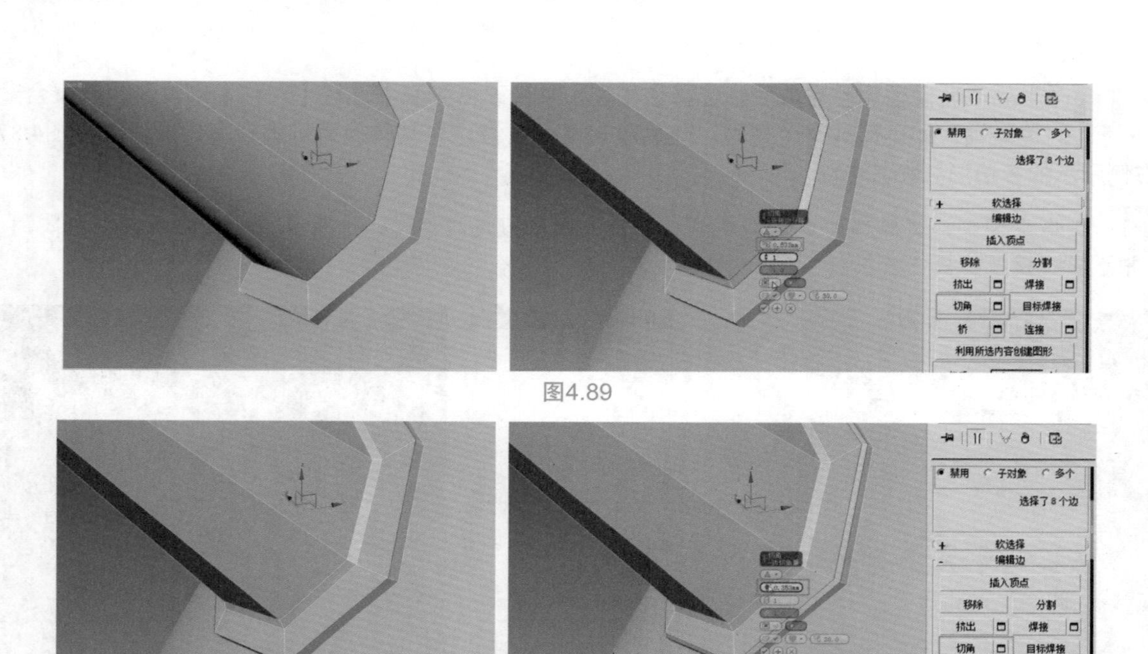

图4.89

图4.90

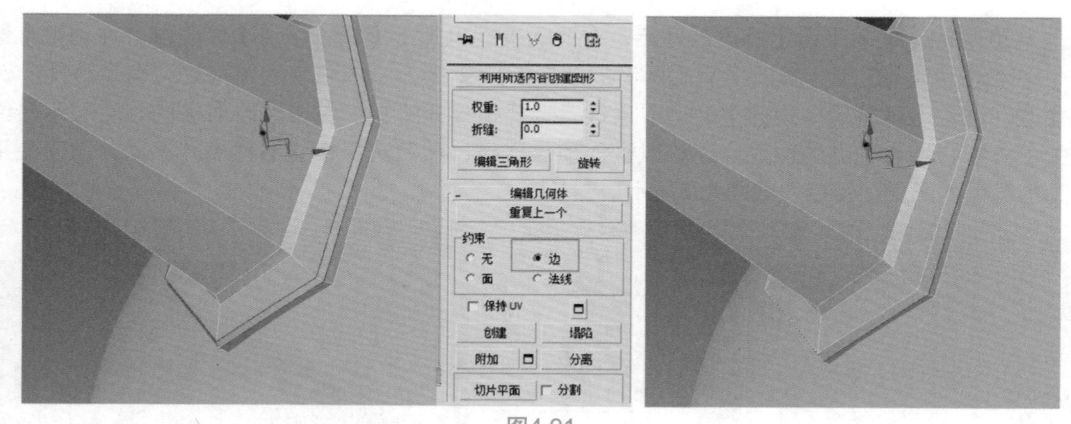

图4.91

15 为壶嘴模型添加【涡轮平滑】修改器，将【迭代次数】设置为3，模型的效果如图4.92所示。

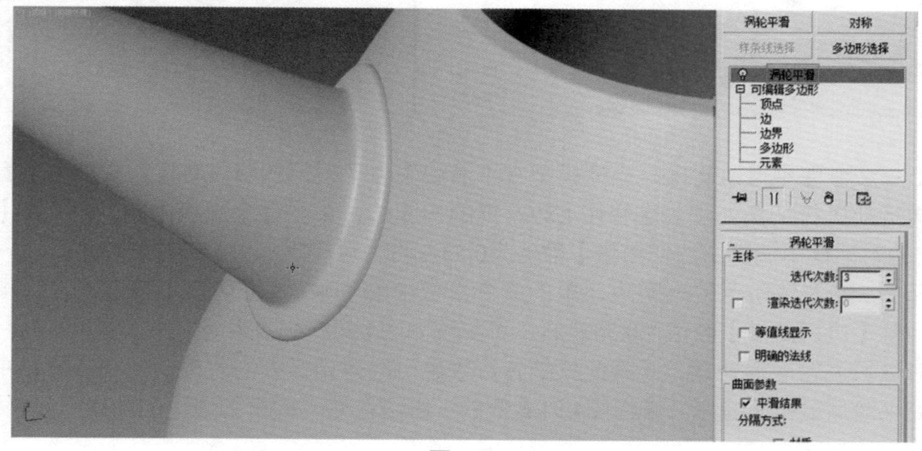

图4.92

16 此时的壶嘴处还是片状结构，需要为其制作出厚度面。选择图4.93左侧所示的边界，按住Shift键的同时使用【选择并均匀缩放】工具，进行缩放复制，可以向内延伸出金属厚度面。

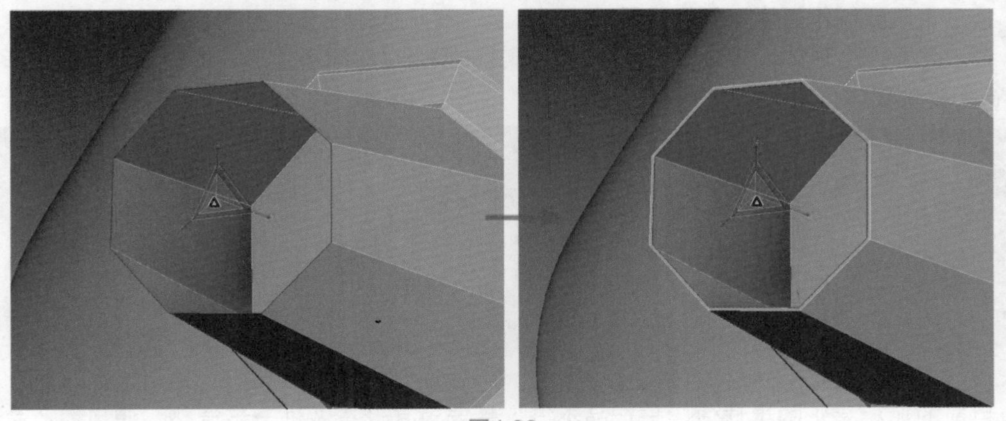
图4.93

17 上一步骤中壶嘴的厚度面虽然已经制作出来，但此时如果为其添加【涡轮平滑】修改器，平滑效果会变得过度圆滑而失去原有的转折。所以需要在转折处再增加一圈边，选择图4.94左侧所示的边，单击命令面板中的【连接】按钮，在弹出的对话框中调整滑块数值为99左右，即可在转折处增加一圈边。

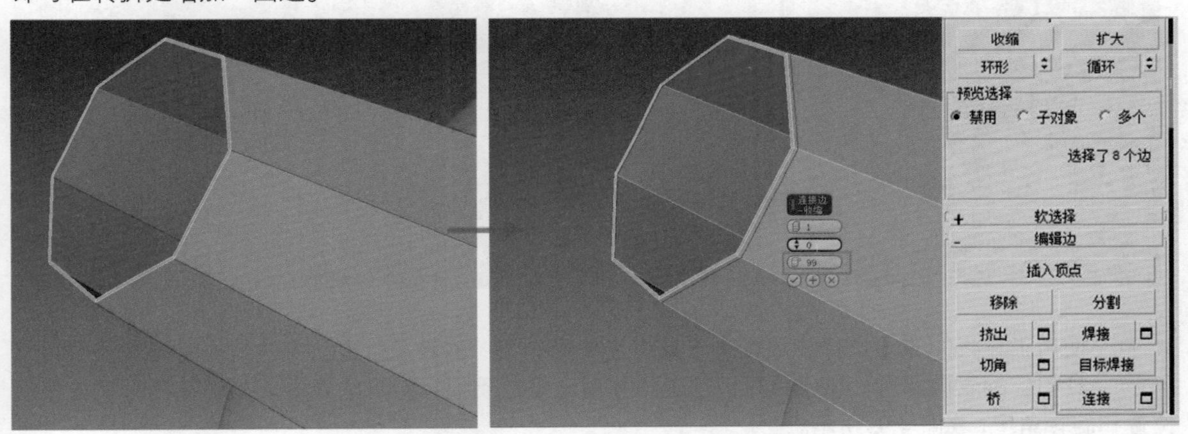

图4.94

18 继续细化转折处的线面结构，选择图4.95左侧所示的边，单击命令面板中的【连接】按钮，在弹出的对话框中调整滑块数值为0，即可在转折处增加一圈边。

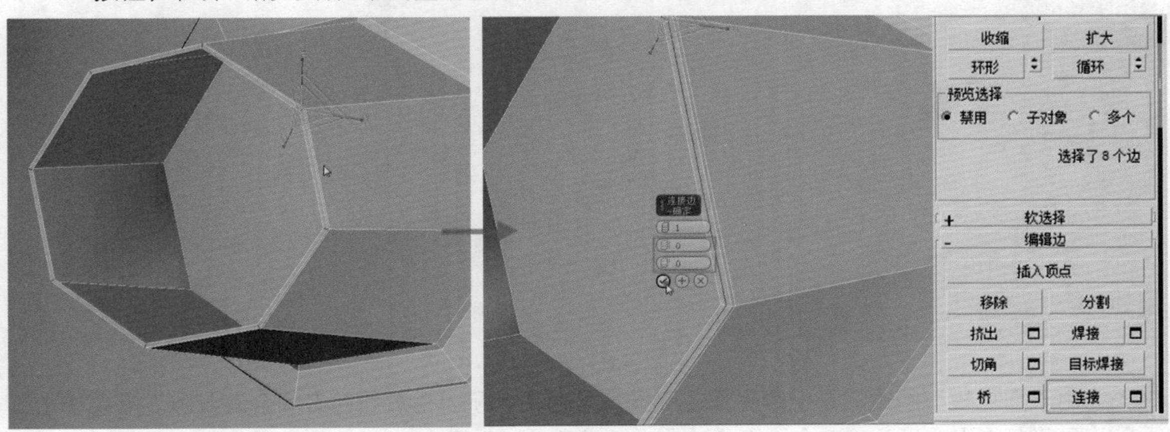

图4.95

19 为壶嘴模型添加【涡轮平滑】修改器，将【迭代次数】调整为3，壶嘴模型制作完成，如图4.96所示。

20 接下来需要制作壶体下部的一圈圆点型突起，有了这些细节，整个产品的设计感才会得到保证。建立一个球体，将分段数设为16。将其转换为可编辑多边形，选择下部的多边形并将其删除，得到半个球体，如图4.97所示。

图4.96

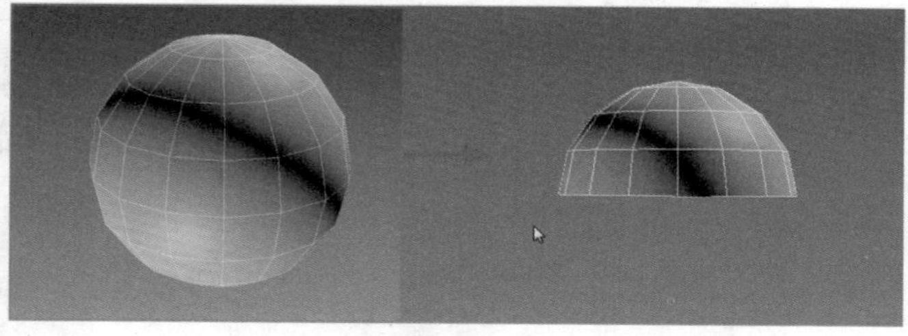

图4.97

21 目前的形状是正的半球体，与产品不符，需要对其形态做进一步调整。使用缩放命令对整体大小进行缩放、对高度进行压缩，如图4.98左侧所示。还可以对对象的顶点进行缩放和移动，如图4.98右侧所示。反复调整以使其形态准确。

图4.98

22 使用工具栏的【选择和放置】工具将其放置在壶身的合适位置。方法是拖曳圆点模型到壶身相应的表面即可。该工具可以快速地将对象摆放到目标对象的表面，不必花费时间去移动位置和旋转角度，如图4.99所示。

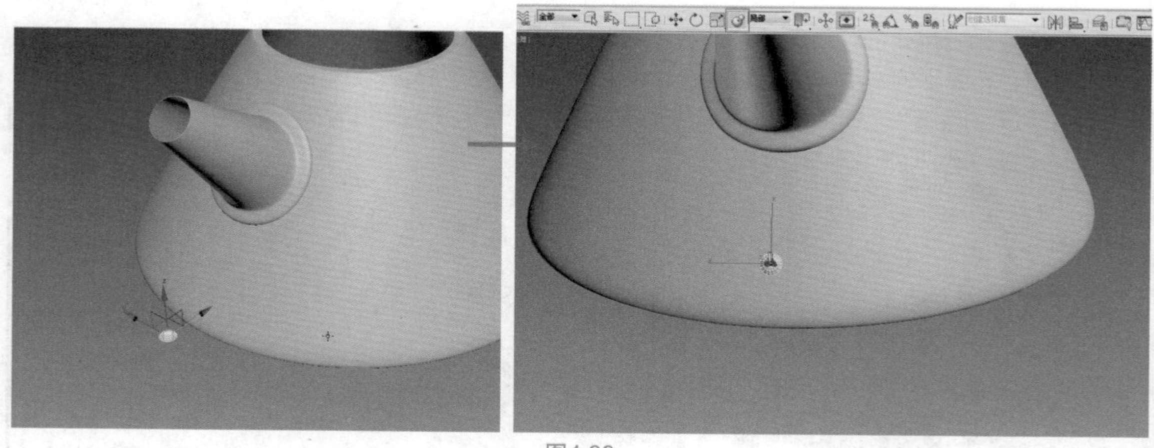

图4.99

23 由于圆点模型的边界是一个平面，而壶身是曲面，所以摆放后两者间会有缝隙。需要单击工具栏的【选择并移动】按钮将其向内稍微移动，如图4.100所示。

图4.100

24 现在需要为旋转复制做准备工作，旋转复制的轴心应该是壶身的中心，而不是圆点自身的中心。选择圆点模型，单击【层次】选项卡→【轴】→【仅影响轴】按钮，可以看到轴的图标已出现，配合使用【2.5D捕捉】按钮将其移动到壶钮的圆心即可。当轴心移动到位后需要关闭【仅影响轴】按钮，如图4.101所示。

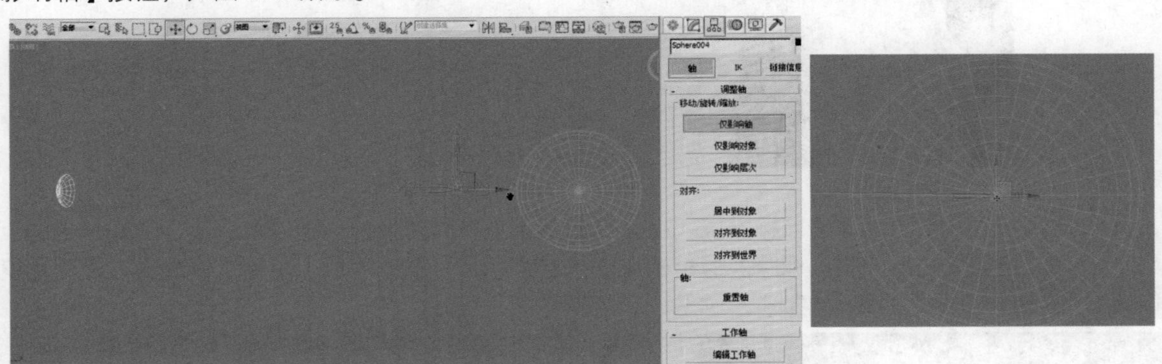

图4.101

TIPS

在本步骤中，需要将圆点模型的轴心对齐到壶身中心，由于壶钮与壶身的中心是一致的，又因为壶身底部布线较为复杂且不易对齐，所以将圆点模型轴心捕捉到壶钮中心即可。为操作简便，可以只选择两个对象，然后按快捷键Alt+Q孤立当前选择。

25 整个壶身需要24个圆点均匀分布，经计算应该每隔15° 旋转复制一个。按下工具栏【角度捕捉】工具，选择圆点对象，按住Shift键并将其旋转15° 。松开鼠标左键，在弹出的对话框中设置【副本数】为23即可，如图4.102所示。完成的效果如图4.103所示。

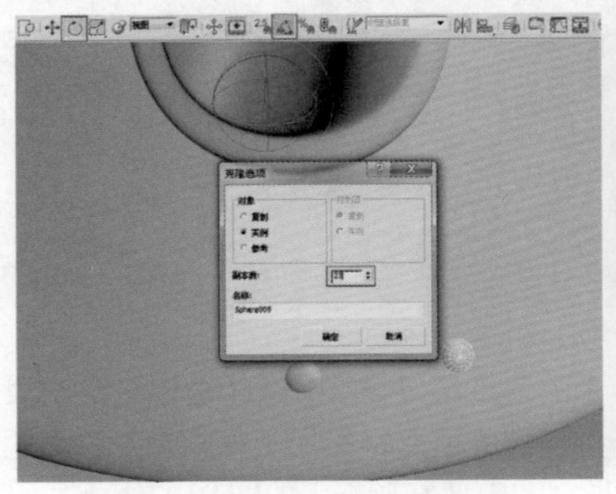

图4.102

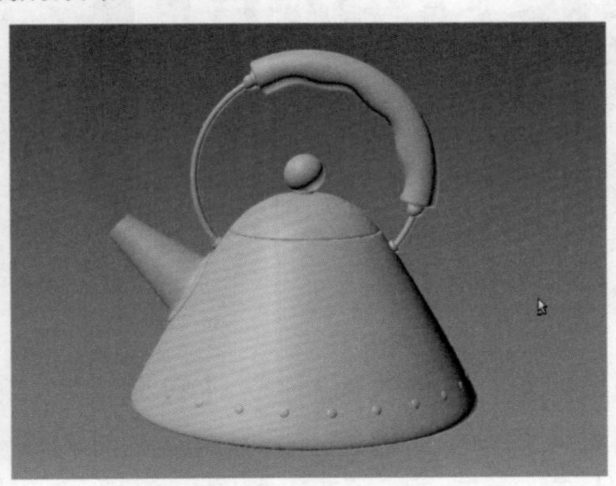

图4.103

4.5 小鸟塞子的制作

安放于壶嘴的小鸟形状的塑胶塞子是本产品的点睛之笔，它虽然很小，但是有了它水壶才能被称为“快乐鸟”水壶。它既是鸣音装置又是防止水沸腾溢出的塞子，其设计十分巧妙。生动的造型点缀了烧水壶简单的几何造型，暗红色的塑胶材质中和了不锈钢的冰冷。模型制作分为小鸟和鸣音装置两个部分，最后再将两者附加组合为一个对象。

01 小鸟模型的制作是利用将【长方体】转换为【可编辑多边形】的方法制作而成。建立一个长方体，设置【长度】为11.3左右、【宽度】为24.8左右、【高度】为9.8左右、【长度分段】为2、【宽度分段】为5、【高度分段】为3，如图4.104所示。

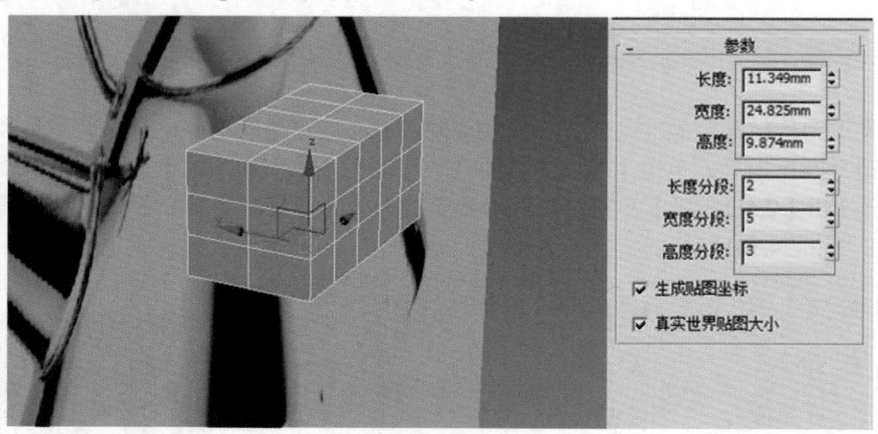

图4.104

02 选择长方体对象，单击鼠标右键，在弹出的菜单中将其转换为可编辑多边形，选择一半的顶点或边或多边形并将其删除。退出相应的子层级后，为对象添加【对称】修改器，设置【镜像轴】为Y轴并选择【翻转】复选项，如图4.105所示。

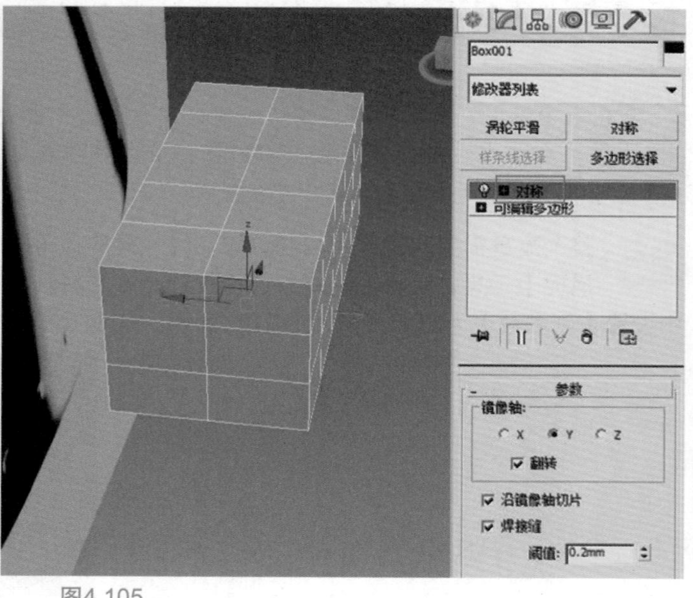

图4.105

03 选择对象，在修改面板进入【可编辑多边形】的顶点层级，打开【显示最终结果开关】，调整可编辑多边形的顶点位置。这时调整一半模型的顶点，呈现出来的是对称后的整个模型的形态。从前视图中调整形态，如图4.106所示，从顶视图中调整形态，如图4.107所示。

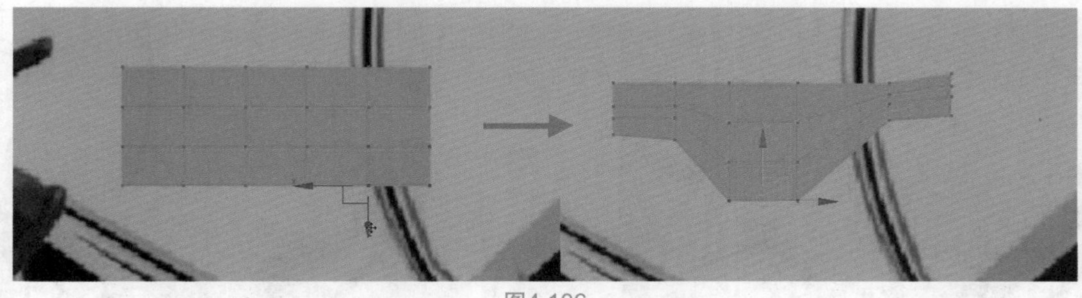

图4.106

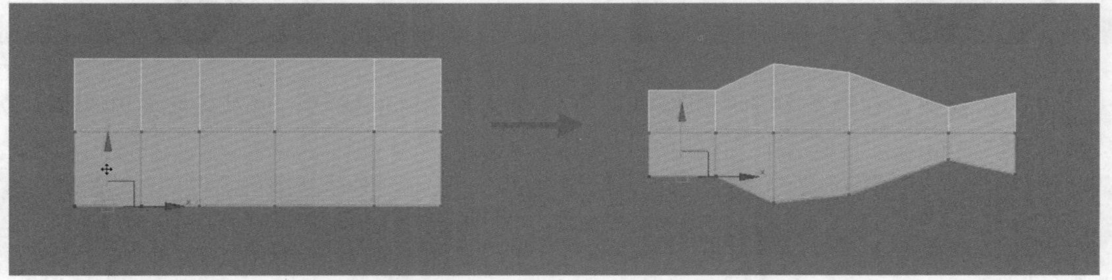

图4.107

04 继续在打开 【显示最终结果开关】的状态下从透视图中调整顶点的位置。移动各个顶点，使原本方正的边缘变得圆润，逐步呈现出小鸟的雏形，如图4.108所示。

图4.108

05 在小鸟的基本形体比例调整完毕后，需要细化各部分，目前小鸟头部的分段较少，因而无法进行下一步细化造型。选择图4.109所示的边，单击命令面板中的 连接 【连接】按钮，在弹出的对话框中调整分段数为2，即可增加局部多边形数量。

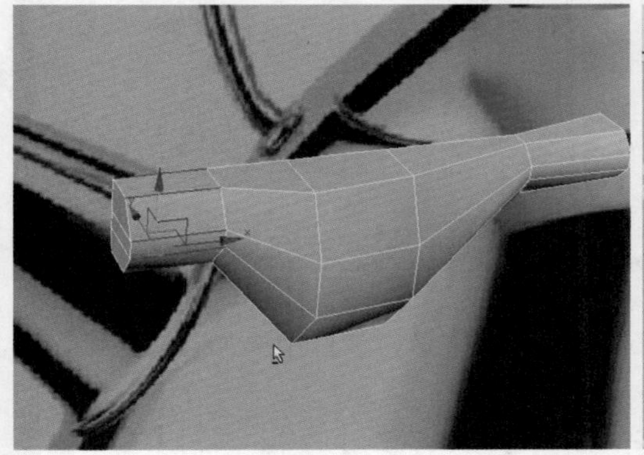

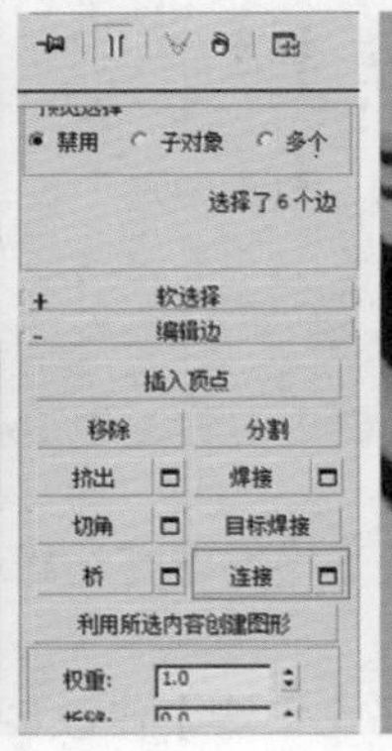

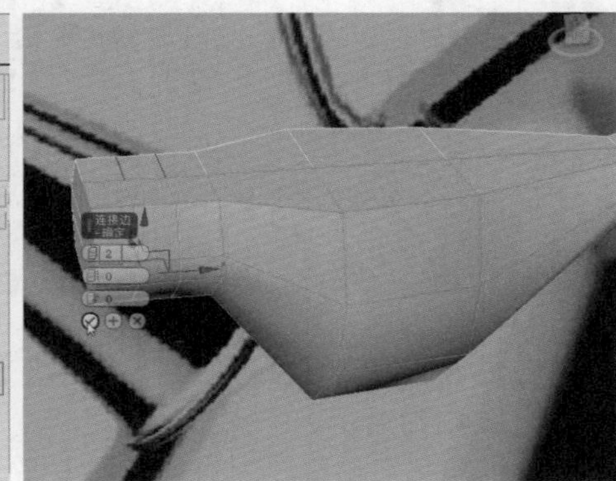

图4.109

06 小鸟尾部的分段也比较少，因而无法进行下一步细化造型，选择图4.110所示的边，单击命令面板中的 连接 【连接】按钮，在弹出的对话框中调整分段数为1，即可增加局部多边形数量。

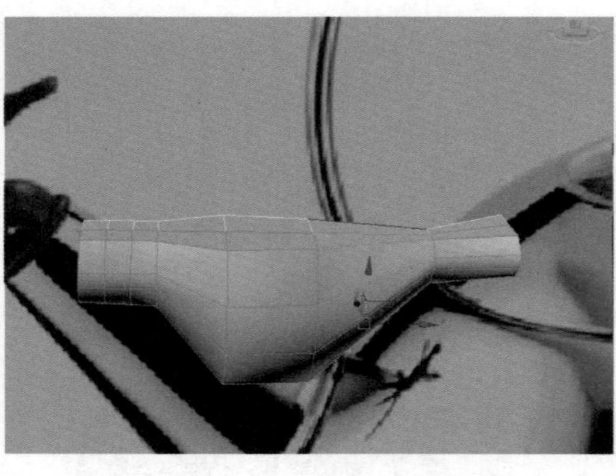
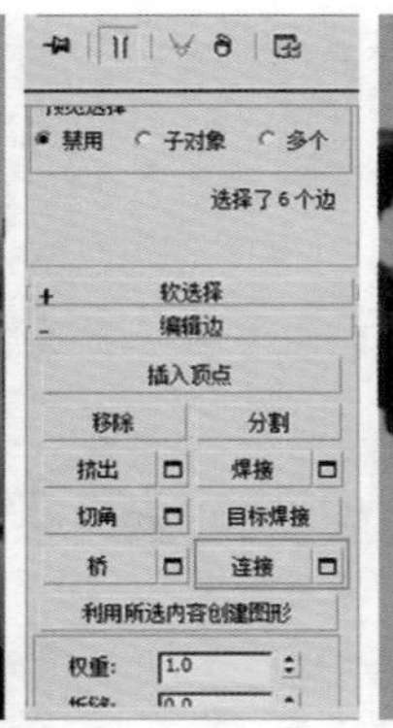

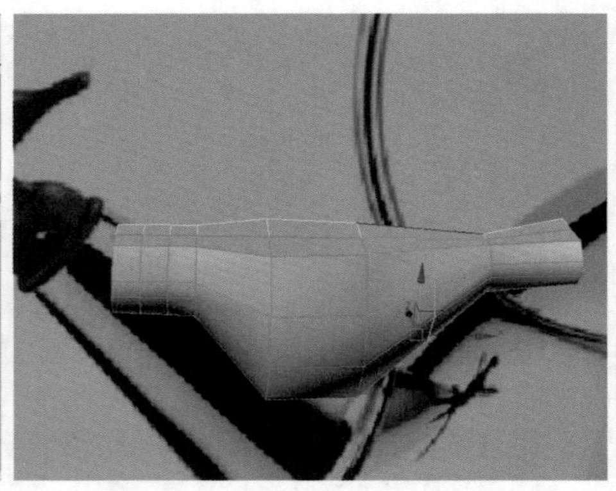

图4.110

07 进入前视图，在对象的顶点层级和边层级中调整小鸟的形状，使其轮廓更加圆滑，如图4.111所示。

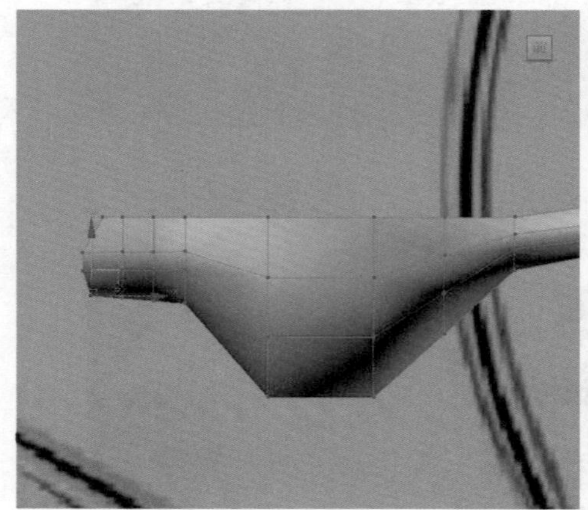
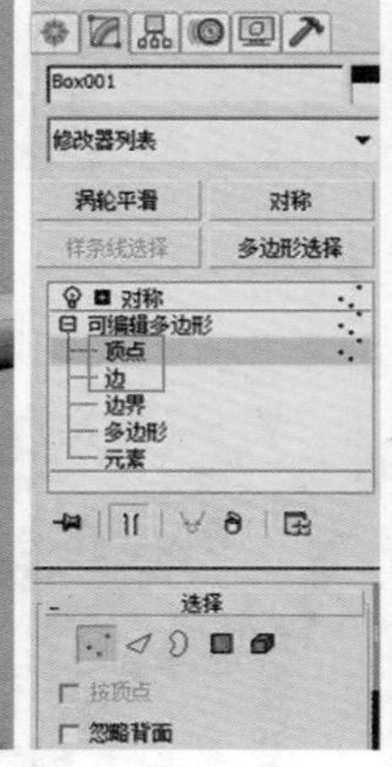

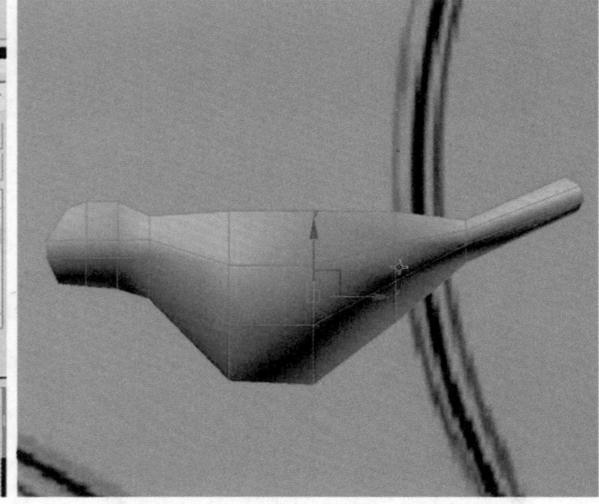

图4.111

08 进入顶视图，在对象的顶点层级下移动调整相应顶点的位置，使造型更加接近于小鸟的形状，如图4.112所示。

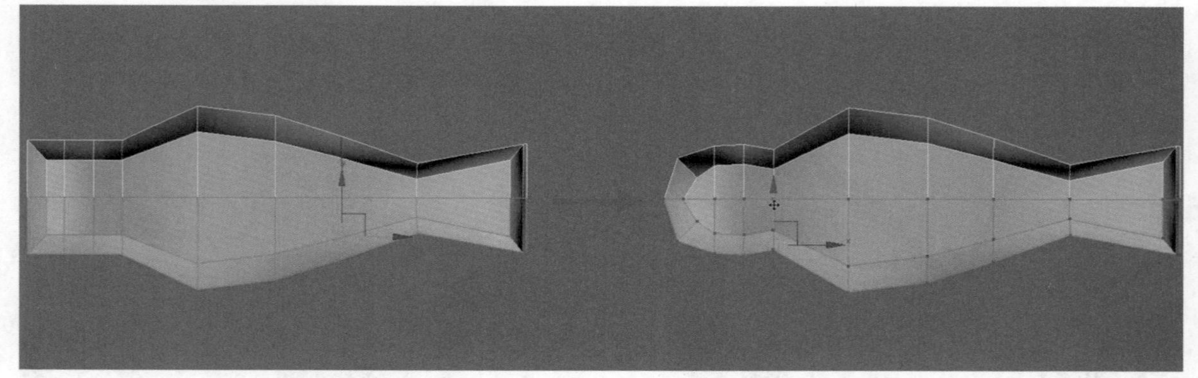

图4.112

09 进入透视图，在对象的顶点层级下移动调整边缘相应顶点的位置，使造型更加圆润饱满，如图4.113所示。

10 退出顶点层级，为对象添加【涡轮平滑】修改器，设置【迭代次数】为2。回到【可编辑多边形】的顶点层级，在打开【显示最终结果开关】的状态下调整顶点的位置。可以在直观地看到平滑效果的情况下精细调整模型形状，图4.114是在前视图中调整的状态，图4.115是在顶视图中调整的状态。

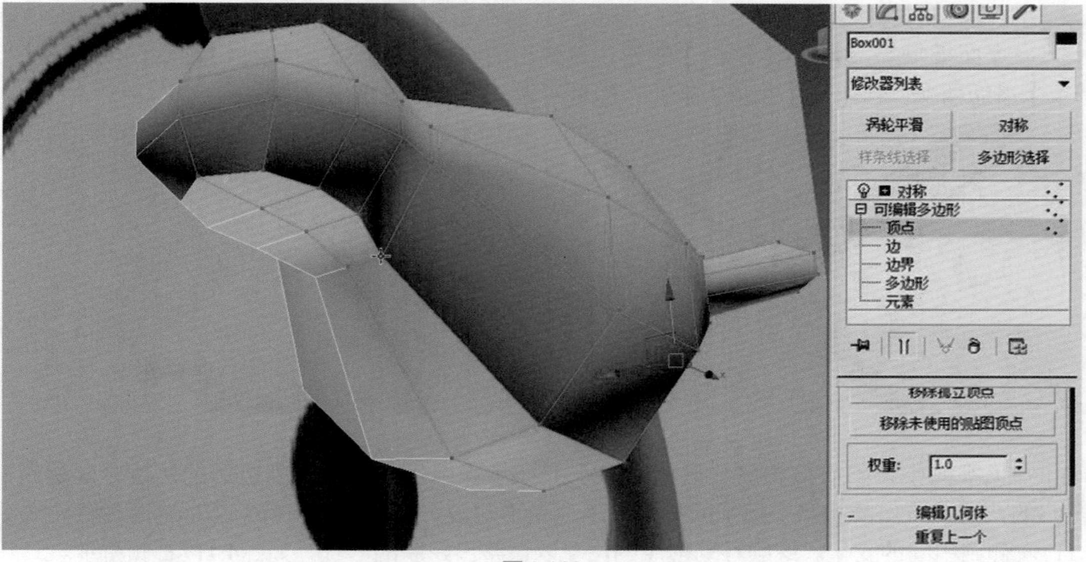

图4.113

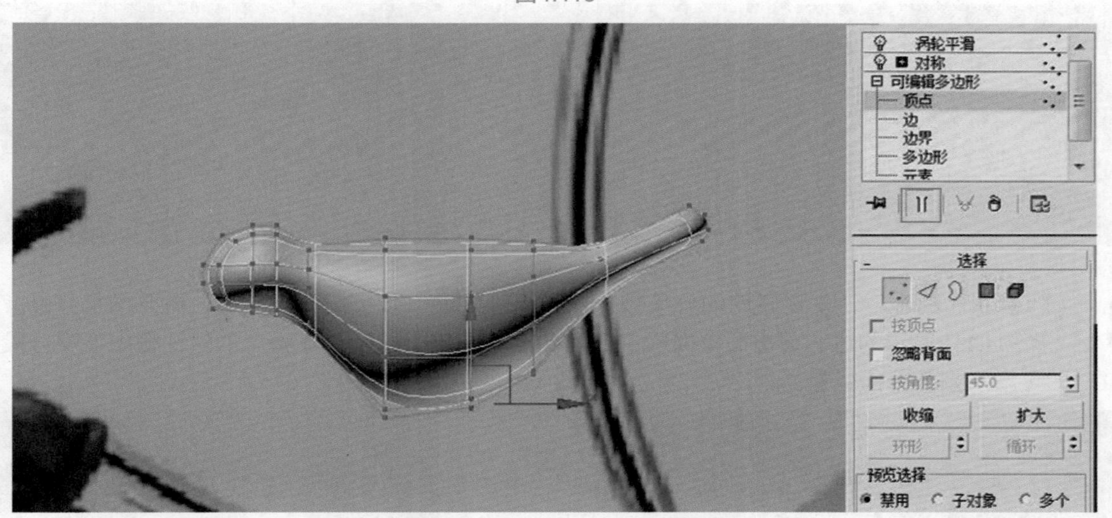

图4.114

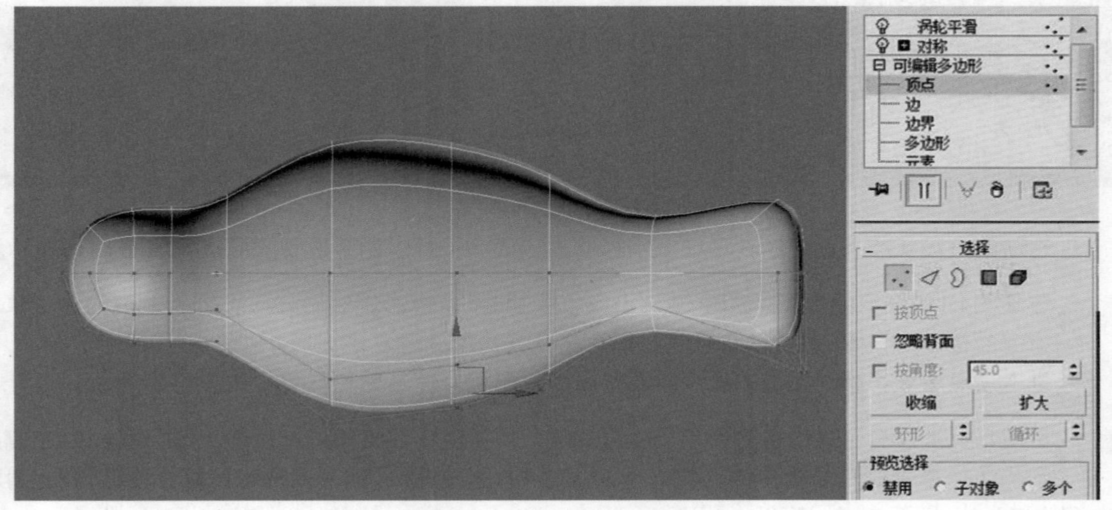

图4.115

11 小鸟模型的身体形状基本形成后，需要为其制作翅膀，选择图4.116所示的两个多边形，单击命令面板中的 挤出 【挤出】按钮。在弹出的对话框中设置高度为4.1左右，单击【应用并继续】按钮两次，再单击【完成】按钮，即可实现三层结构的挤出。

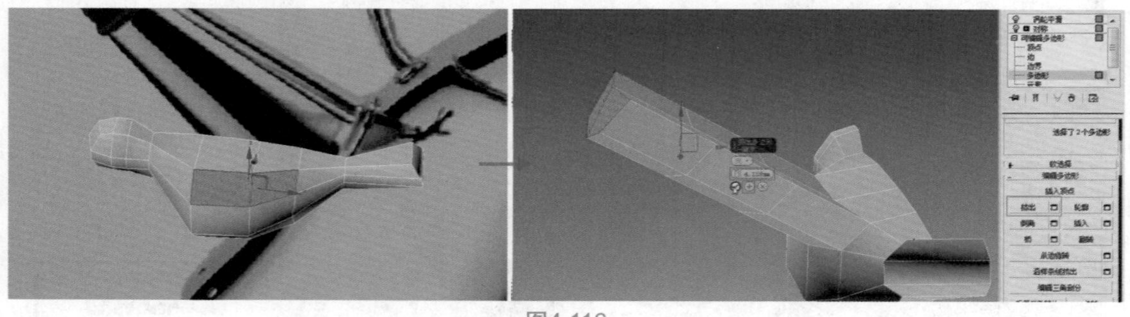

图4.116

12 在顶视图中调整小鸟翅膀的形状。由于上一步骤中用于挤出的多边形的法线方向是斜向上的，所以挤出的翅膀在顶视图看来上下顶点不对应，需要一一将其对应以方便后续制作，如图4.117左侧到中间的变化。继续移动顶点的位置以调整出翅膀的形状，如图4.117右侧所示。

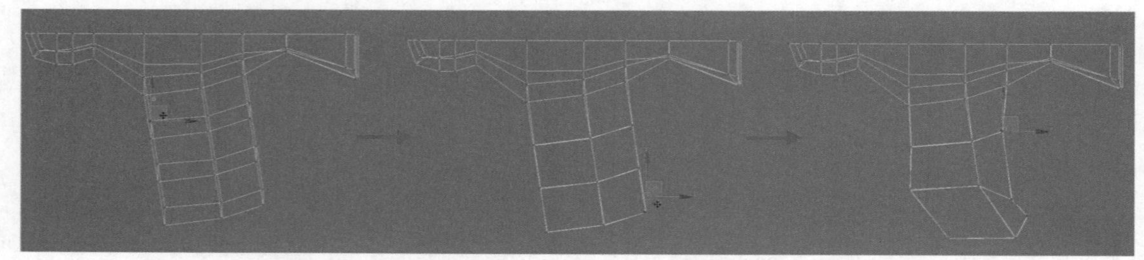

图4.117

13 随着制作的进行，发现翅膀的分段较少，因而难以进一步精细调整形状，需要增加分段。选择图4.118所示的边，单击命令面板中的 连接 【连接】按钮，在弹出的对话框中调整分段数为1，即可增加翅膀分段数量。

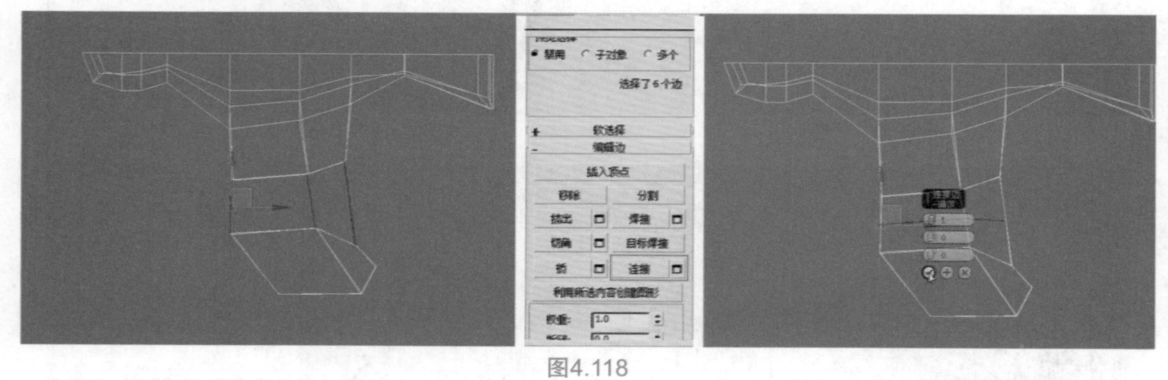

图4.118

14 在新的分段状态下，继续在顶视图中移动相应顶点位置以调整翅膀的形状，如图4.119所示。

15 删除图4.119所示的顶点，即可删除相应位置的3个多边形。然后分两次选择上下的边，单击命令面板中的 桥 【桥】按钮，即可将两条边之间建立多边形，如图4.120所示。

16 进入顶点层级，移动相应的顶点以调整翅膀的形状，使其更加真实，如图4.121所示。

17 目前鸟头上没有合适的多边形用于生成鸟嘴，需要对布线结构进行调整。选择图4.122左侧所示的边，单击命令面板中的 连接 【连接】按钮，在弹出的对话框中设置分段数为1、滑块和收缩值均为0，即可在中间连接一圈边。

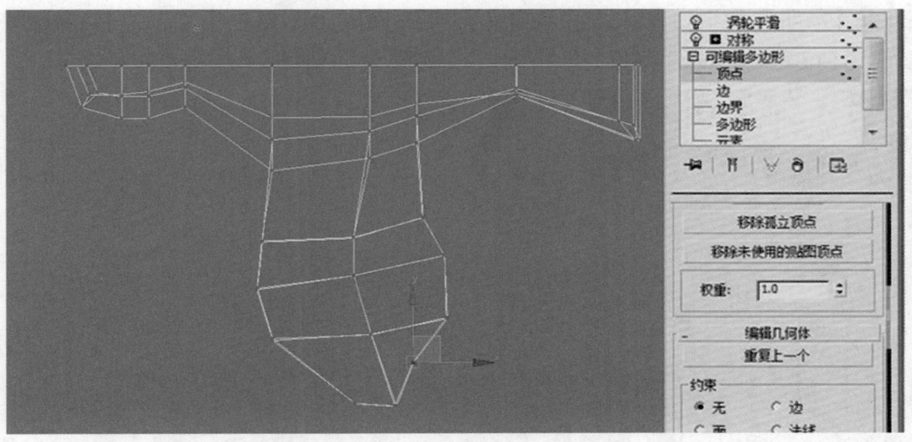

图4.119

图4.120

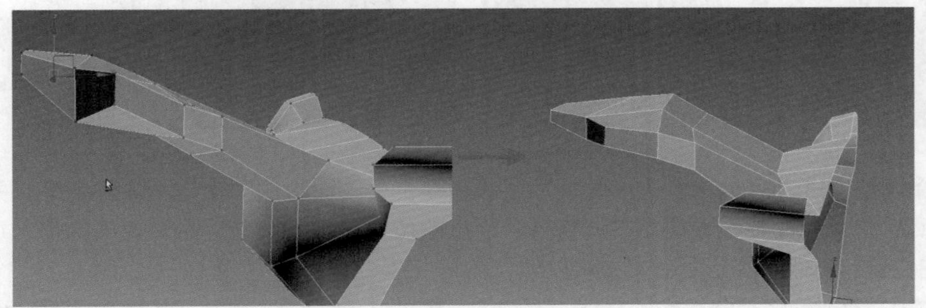

图4.121

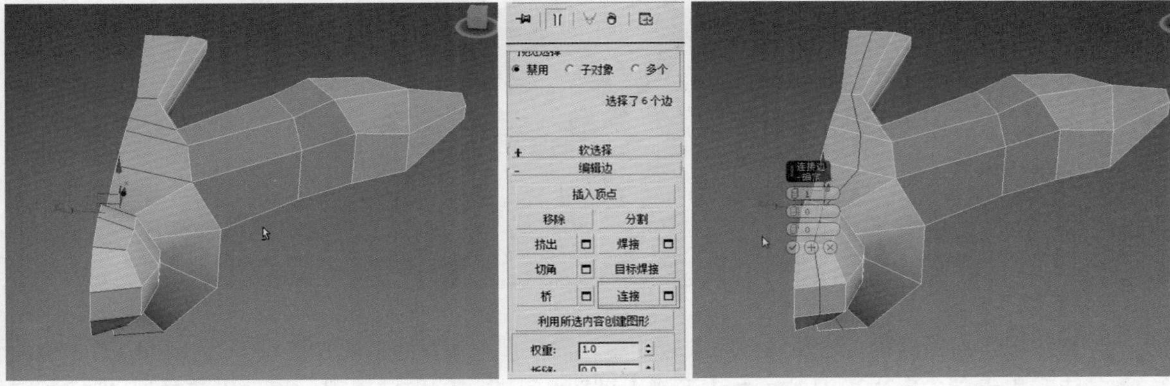

图4.122

18 选择图4.123所示的多边形，单击命令面板中的 挤出 【挤出】按钮。在弹出的对话框中设置高度为1.66左右，即可将多边形挤出一定高度，为鸟嘴形状的塑造做好准备。

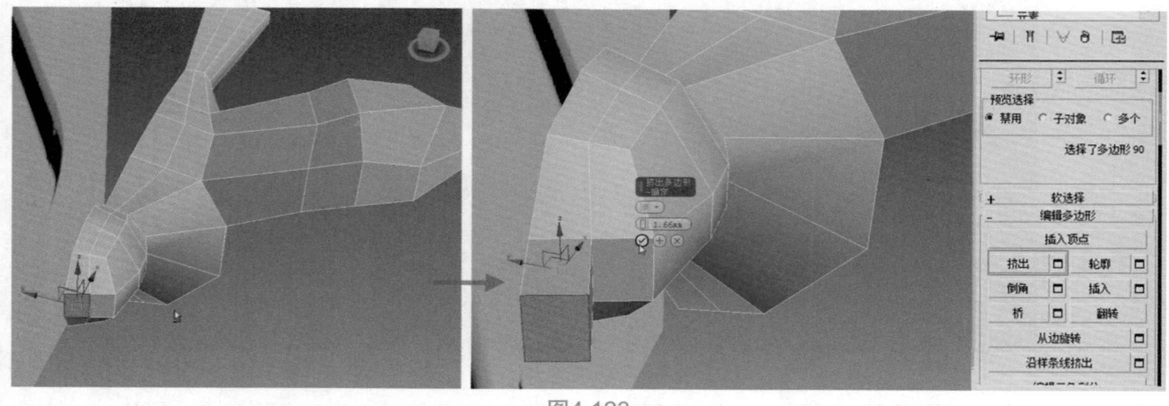

图4.123

19 执行挤出操作后进入多边形层级，选择图4.124所示的多边形并将其删除，因为小鸟模型是要进行对称的，所以并不需要中间的多边形。

20 进入顶点层级，选择图4.125所示的顶点并进行位移、缩放调整，使鸟嘴模型前面变尖，鸟嘴的基本形状便制作完成。

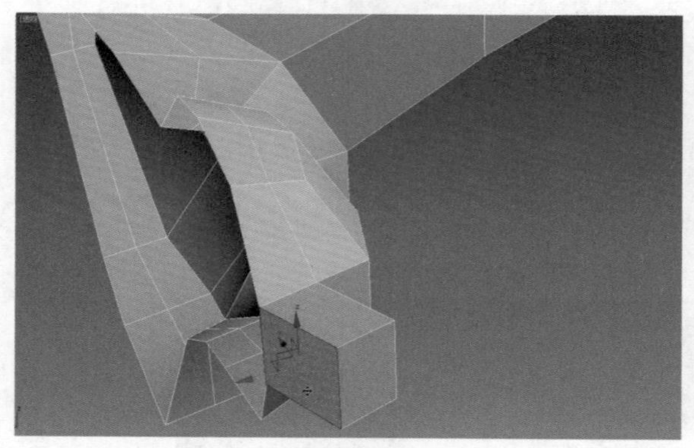

图4.124

图4.125

21 选择模型，进入可编辑多边形的顶点层级，单击修改面板的 【显示最终结果开关】按钮，从顶视图、前视图、透视图中调整各个顶点的位置。在直观看到平滑效果的情况下仔细调整各个顶点的位置以修改模型形状，如图4.126所示。

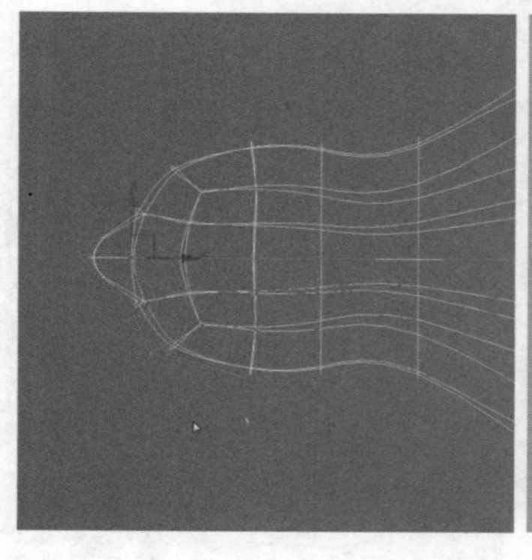

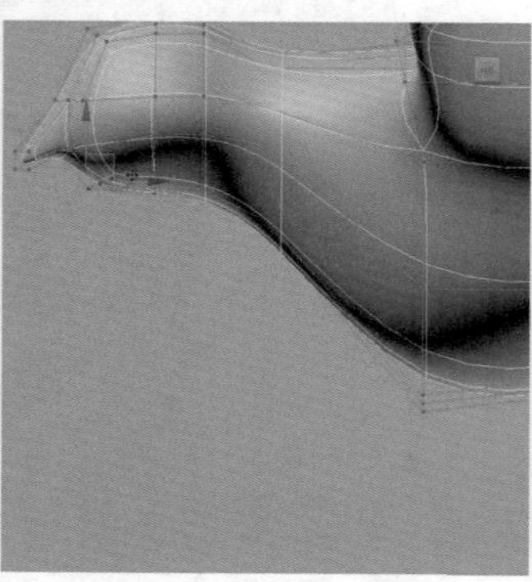

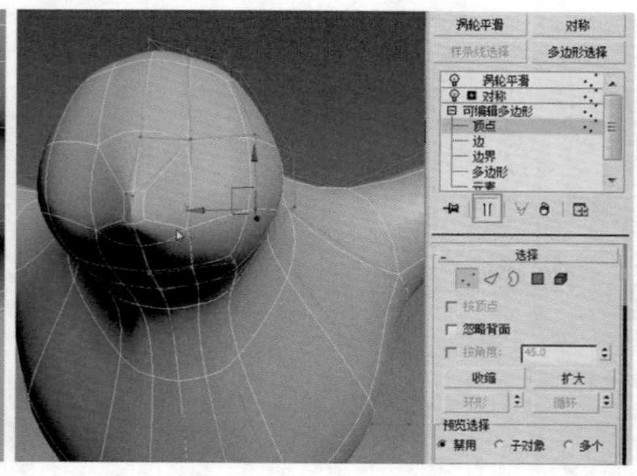

图4.126

22 整体观察鸟的形状，发现尾部线条较简单，需要调整使其线条更加美观。选择图4.127左侧的边，单击命令面板中的 连接 【连接】按钮，在弹出的对话框中设置分段数为1、滑块和收缩值为0，即可在中间连接一圈边，从而实现对尾部形态的调整，如图4.127右侧所示。

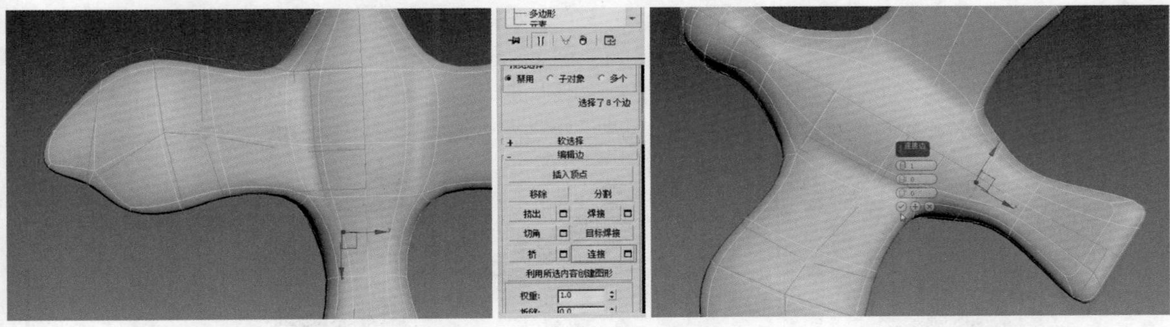

图4.127

23 进入修改器堆栈的【涡轮平滑】层级，按下键盘的快捷键F4，在明暗处理的状态下观察模型的质量，发现鸟模型的腹部不平滑，需要对可编辑多边形此处的布线进行调整，如图4.128所示。

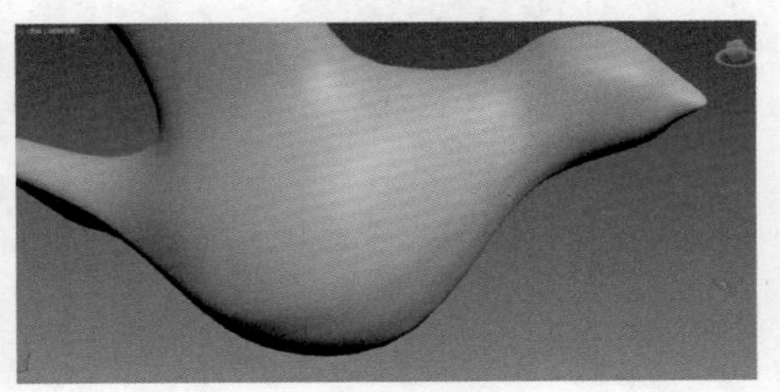

图4.128

24 如图4.129左侧所示，此处选择的3条边距离过近是造成平滑效果不佳的原因。选择相应的顶点或边，移动使布线分布更均匀，也使模型更圆润饱满，如图4.129右侧所示。

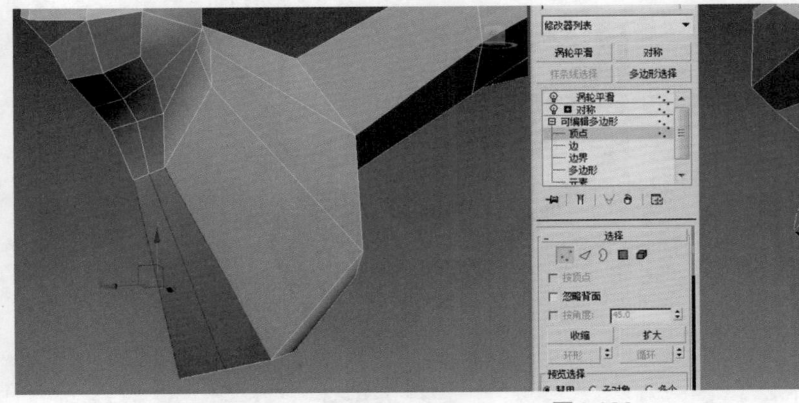

图4.129

25 最后再在开启【显示最终结果开关】的情况下调整顶点的位置，使造型更加流畅、准确，如图4.130所示。

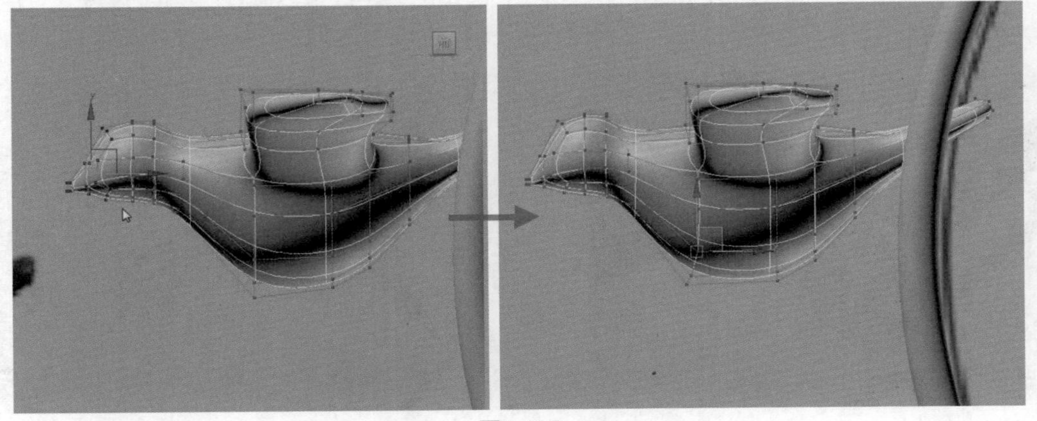

图4.130

26 接下来制作鸣音装置，制作完成后与小鸟模型相结合。为保证鸣音装置与壶嘴的衔接适合，可以从壶嘴上取多边形。在壶嘴修改器堆栈的【涡轮平滑】修改器上单击鼠标右键，然后将其删除，进入多边形层级。选择图4.131左侧所示的一圈多边形，单击命令面板中的 分离 【分离】按钮，在弹出的对话框中选择【以克隆对象分离】复选项，即可将选择的多边形复制为一个独立的对象。

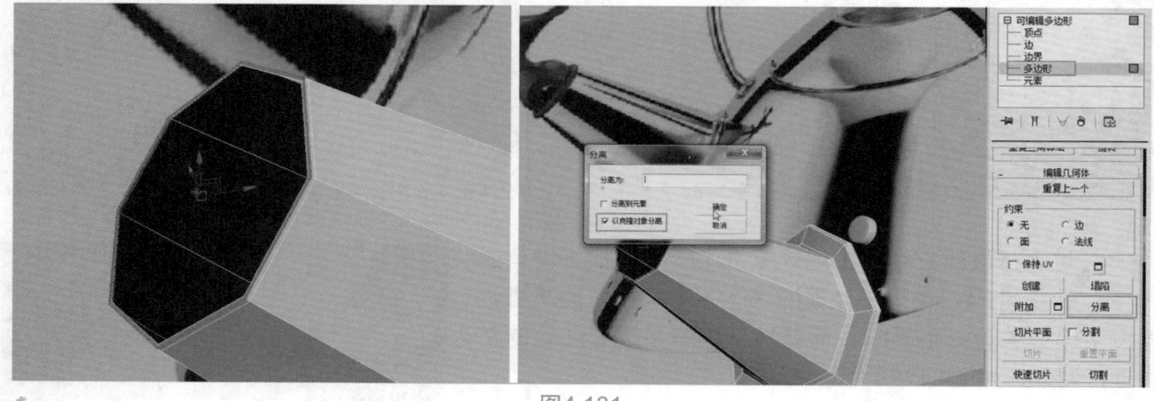

图4.131

27 退出壶嘴的多边形层级，选择刚刚产生的对象。进入其边界层级，选择内圈的边界，单击工具栏的【选择并缩放】按钮并进行缩小操作，使对象的多边形具有更大的宽度。在进行缩放操作时，注意将鼠标放置在坐标轴的中心区域进行拖动，如图4.132所示。

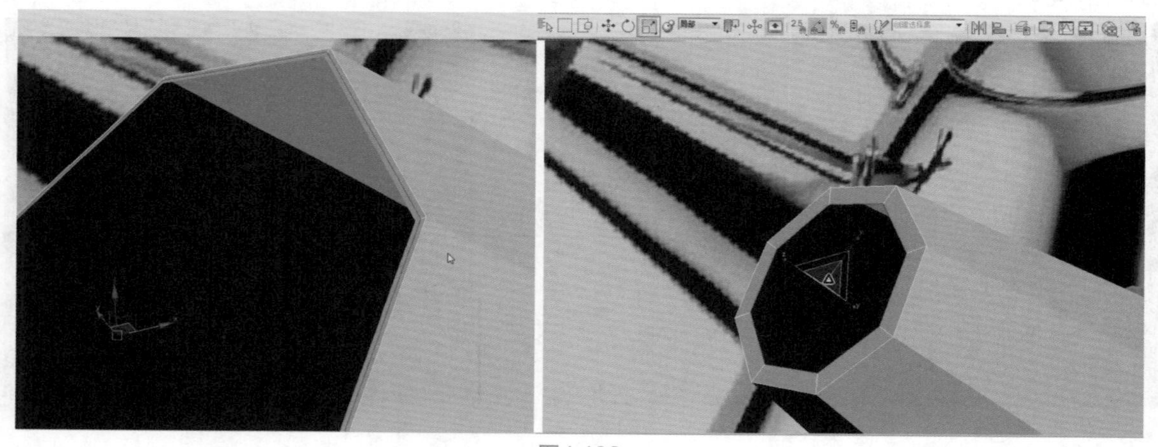

图4.132

28 进入鸣音装置对象的多边形层级，选择图4.133所示的多边形（即整个对象全部的多边形），单击命令面板中的 挤出 【挤出】按钮。在弹出的对话框中设置高度为0.83左右，即可实现模型厚度的挤出。

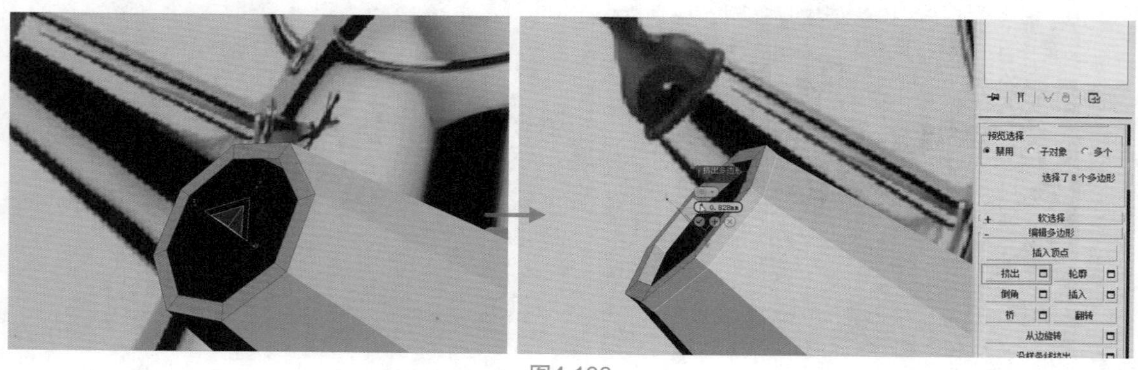

图4.133

29 继续对鸣音装置对象的侧面进行挤出高度操作，选择图4.134所示的多边形，单击命令面板中的 倒角 【倒角】按钮，在弹出的对话框中设置高度为0.42左右即可。

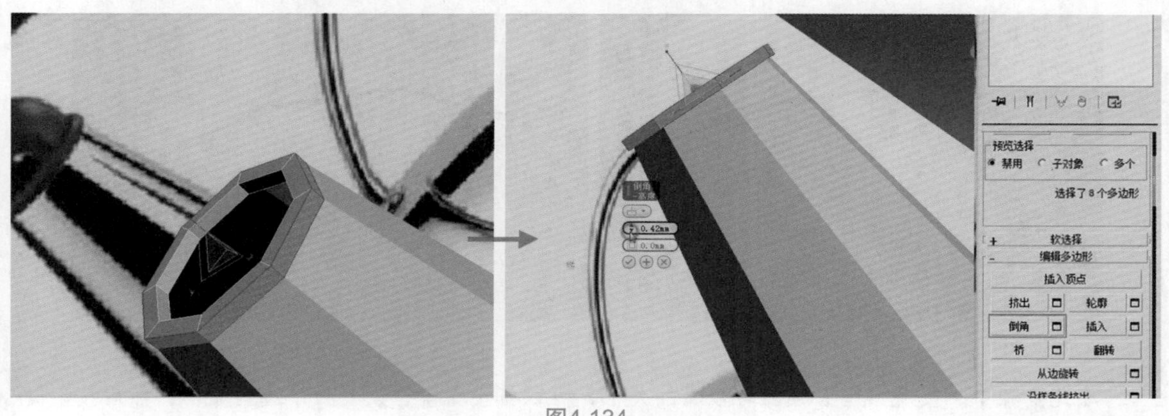

图4.134

30 完成两次挤出高度操作之后，该鸣音装置对象就有了相应的形状，但也随之产生了一些多余的边和多边形。选择图4.135左侧所示的边界，按下键盘的Delete键将其删除。选择图4.135右侧所示的一圈多边形，按下键盘快捷键Ctrl+Backspace即可将其和顶点一起移除。

图4.135

31 然后需要在鸣音装置的上端制作出半球体的形状，选择图4.136（1）所示的边界，按住Shift键并进行移动复制得到图4.136（2）所示的状态，再次按住Shift键并进行移动复制得到图4.136（3）所示的状态，接着对其边界进行缩放变小，得到图4.136（4）的状态，使用同样的方法可以得到图4.136（7）所示的状态。需要注意的是本步骤中的操作都应该在局部坐标系下进行才会方便正确。其切换方法为单击工具栏的坐标系按钮，然后在下拉列表中选择。

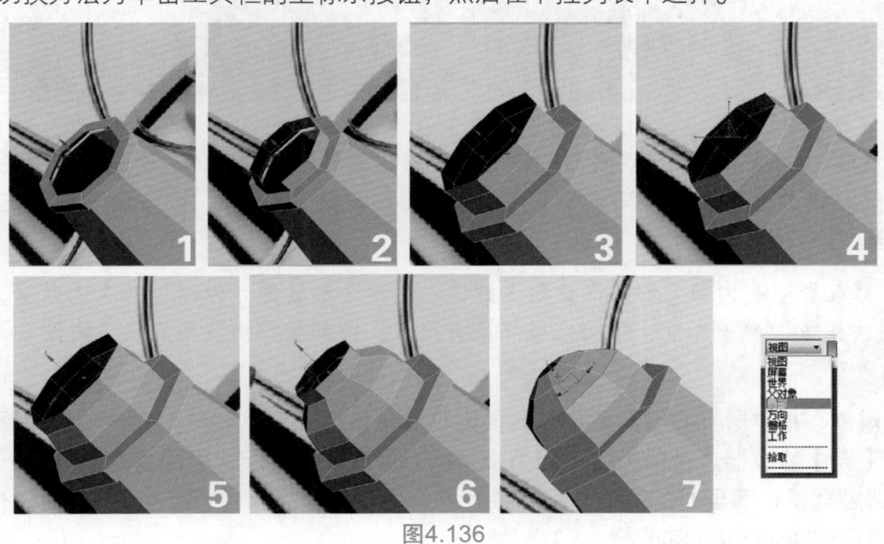

图4.136

32 选择图4.137左侧所示的边界，按住键盘上的Shift键进行缩放复制，从而实现图4.137右侧所示效果。

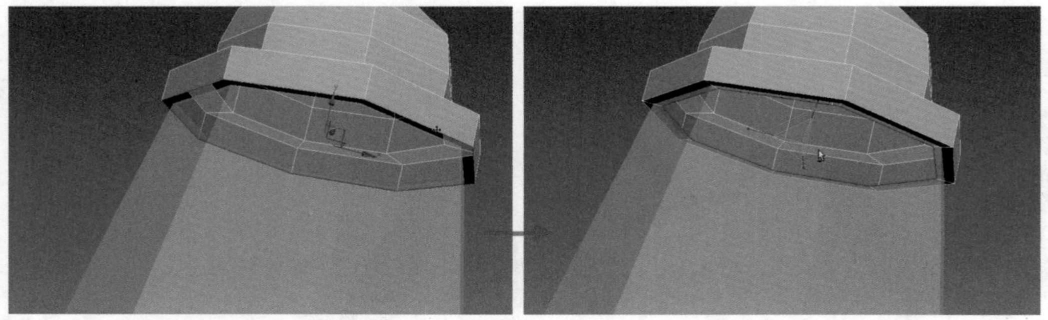

图4.137

TIPS 在此步骤中，要观察鸣音装置与壶嘴的关系，可以将壶嘴模型设置为半透明显示，然后按下键盘上的快捷键Alt+X，或者在选择对象时单击鼠标右键，在弹出的【对象属性】对话框中勾选【透明】选项。

33 保持上一步中的边界处于选择状态，按住键盘的Shift键，进行移动复制，实现模型向下的延伸。同时适当移动调整高度，如图4.138所示。

图4.138

34 上一步骤已经基本出现了鸣音器的轮廓，但该对象还是面片物体，不是有厚度的模型。选择对象，从修改器列表中为其添加【壳】修改器，设置【内部量】为1.08左右，这样它就成为了有厚度的模型，如图4.139所示。

TIPS 【壳】修改器中有内部量和外部量两个数值，这两个参数都可为模型产生壳厚度，外部量是向多边形的法线方向增长厚度，势必会破坏已有形状；内部量是向法线的反方向增长厚度，不会影响模型的外观形态。

35 选择对象，单击鼠标右键然后将其转换为可编辑多边形，然后进行进一步的编辑。因为模型是由【壳】修改器产生的厚度，因为模型的外面有一圈突起，里面肯定就会有一圈凹陷。外面的突起是造型需要，而里面的凹陷是不应该有的，所示应该简化内部结构。选择图4.140所示的两圈边，按下键盘的Delete键将其删除。

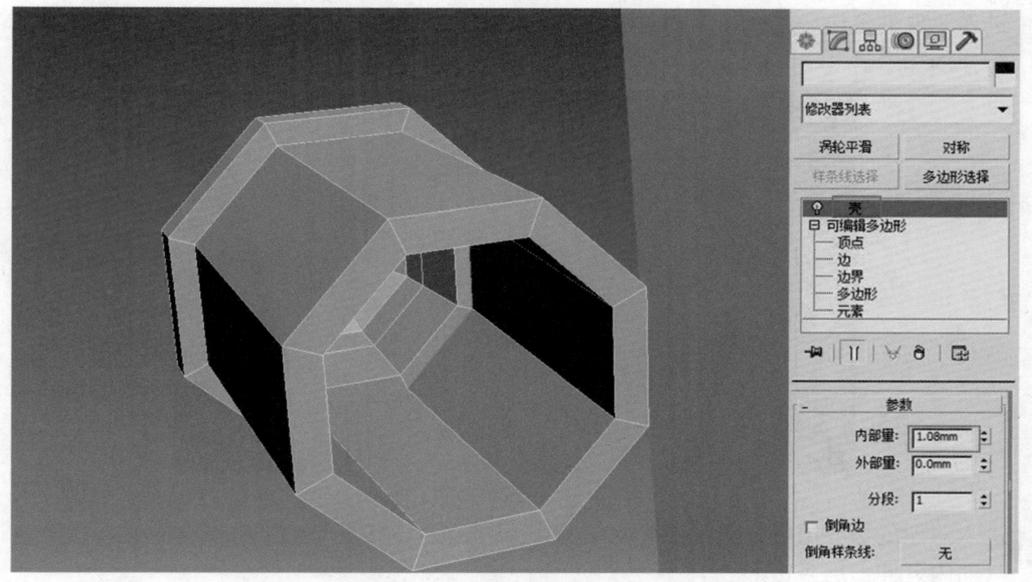

图4.139

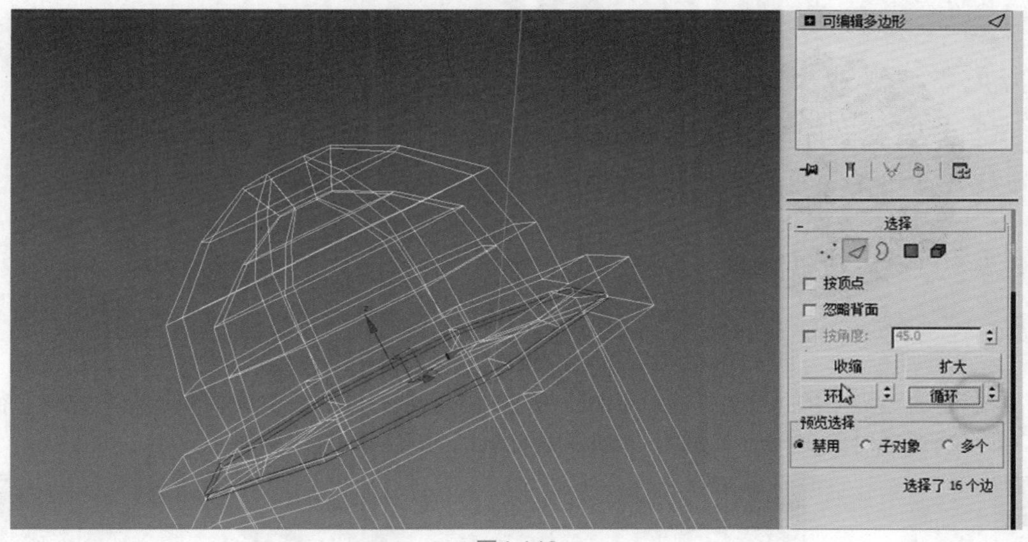

图4.140

36 而后进入边界层级，选择刚产生的两个边界，如图4.141左侧所示，单击命令面板中的 桥 【桥】按钮，即可在两条边之间建立多边形，以此修补原来产生的破洞。随后用移动工具适当调整两圈边的高低关系。

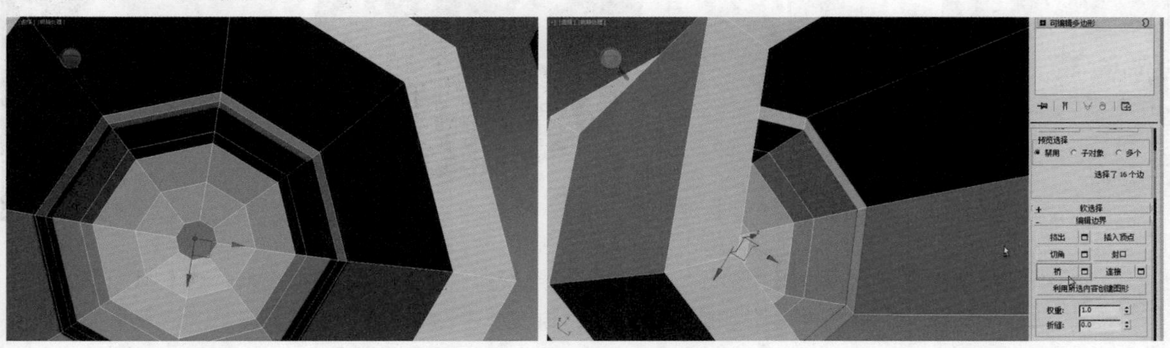

图4.141

37 进入对象的多边形层级，选择对象顶部图4.142所示的多边形并将其删除，以便对内、外面进行分别加工。

图4.142

38 进入对象的边界层级，选择图4.143左侧所示的边界，按住键盘的Shift键并进行缩放复制，使其向内延伸一层多边形。

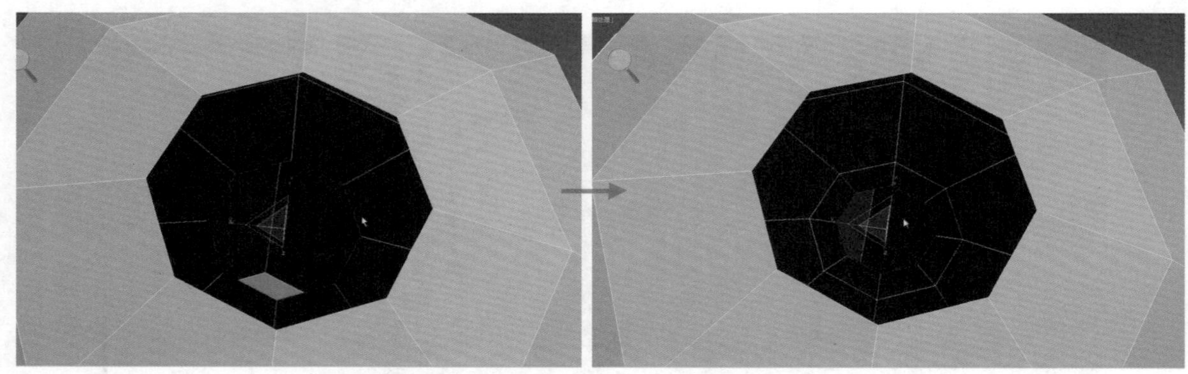

图4.143

39 保持上一步骤中的边界处于选择状态，单击鼠标右键，在弹出的菜单中选择【塌陷】命令，即可将选择对象变为一个顶点，从而实现此处的封闭，如图4.144所示。

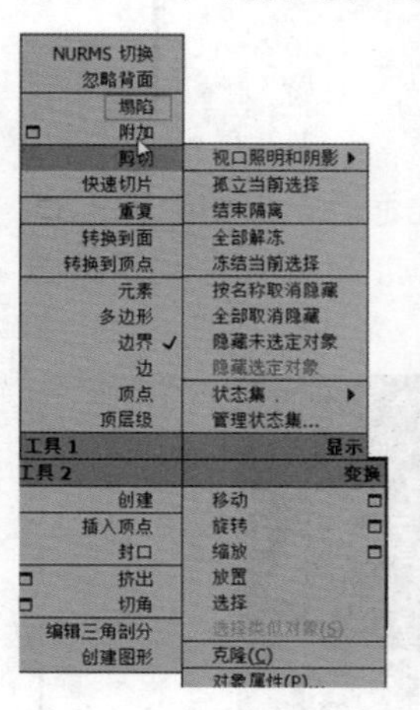

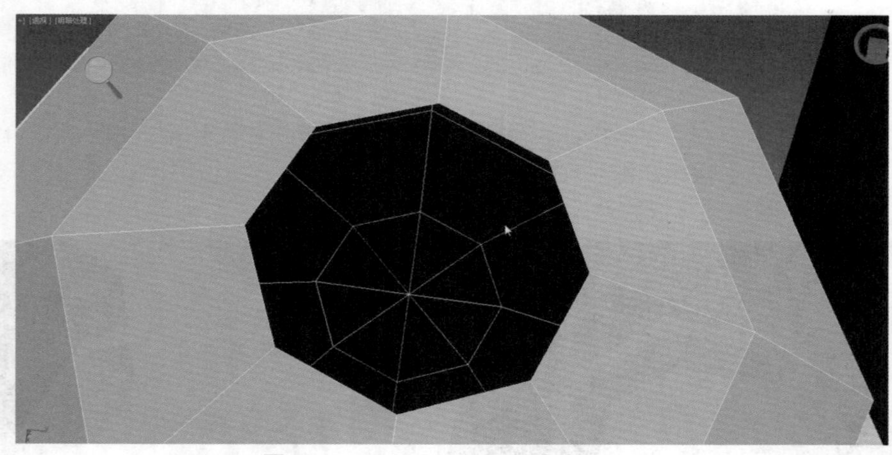

图4.144

40 将小鸟模型和鸣音器模型孤立显示，选择鸣音器模型，在命令面板单击 附加 【附加】按钮，再单击小鸟模型即可将两者附加成一个对象，再次单击 附加 【附加】按钮以结束附加操作。进入对象的元素层级，选择小鸟元素，在顶视图中移动位置以对齐到鸣音器元素，如图4.145所示。

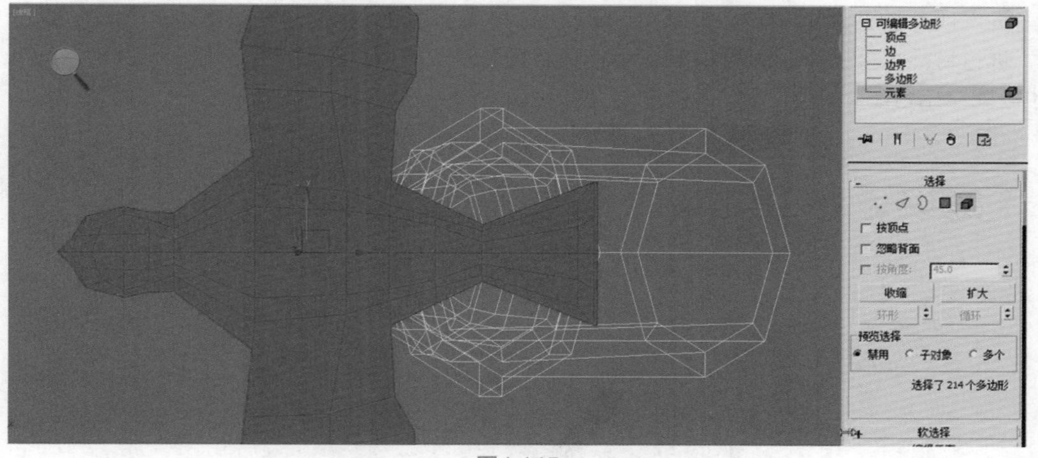

图4.145

41 进入多边形层级，选择小鸟模型腹部的4个多边形，单击命令面板中的 挤出 【挤出】按钮。在弹出的对话框中设置合适的高度值，可以将小鸟模型向下延伸，然后将选择的4个多边形删除，如图4.146所示。

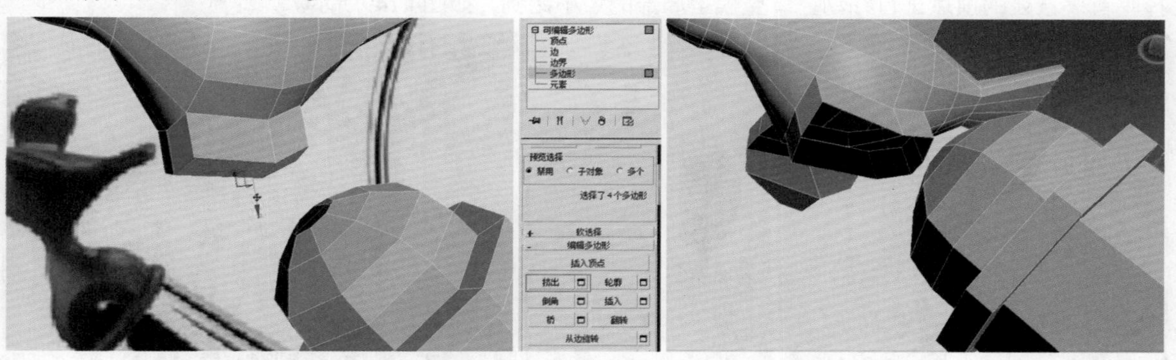

图4.146

42 进入边界层级，选择上一步因删除多边形而产生的边界，按住Shift键进行向下移动复制。使小鸟部分继续向下延伸，为与鸣音装置结合做好准备，如图4.147所示。

图4.147

43 进入顶点层级，单击鼠标右键，选择【目标焊接】命令，然后一一对应地单击上下顶点，对其进行目标焊接操作，如图4.148所示，直至16个对应的顶点完成全部焊接，成为8个顶点，两个元素也就完全结合了。

图4.148

44 上下两部分结合后，需要进一步调整中间结合部的形状。进入顶点层级，选择相应的顶点并进行移动，使结合处上部宽大、下部细小一些，调整布线结构使布线合理、形态流畅。再选择鸣音装置处的顶点进行移动，调整模型局部的大小比例，如图4.149所示。

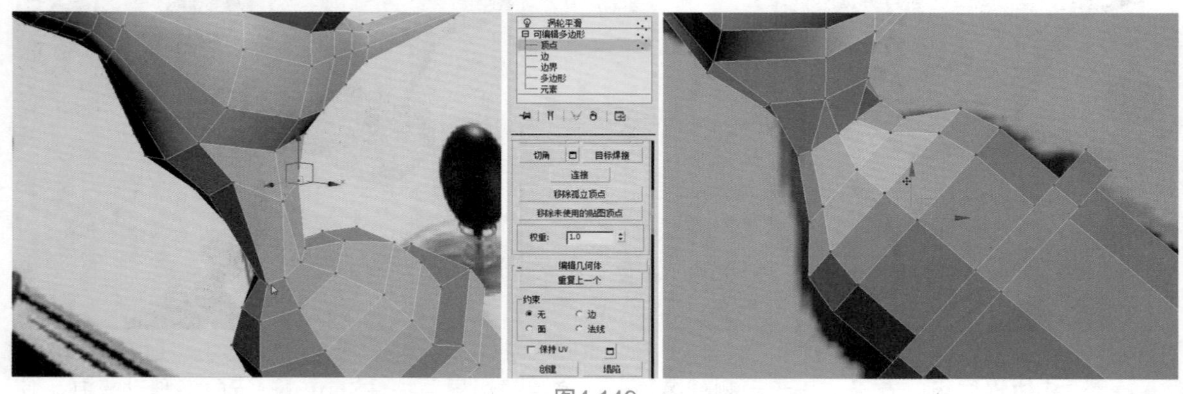

图4.149

45 上一步骤中模型的形态已经较为完善，但要进行【涡轮平滑】修改器的平滑处理还需要对其进一步加工。进入边层级，选择如图4.150左侧所示的一圈边，单击命令面板中的 切角 【切角】按钮，在弹出的对话框中调整边切角量的数值为0.1左右。原来的单圈边变成了两圈紧靠的边，平滑后可以保持较好的转折。

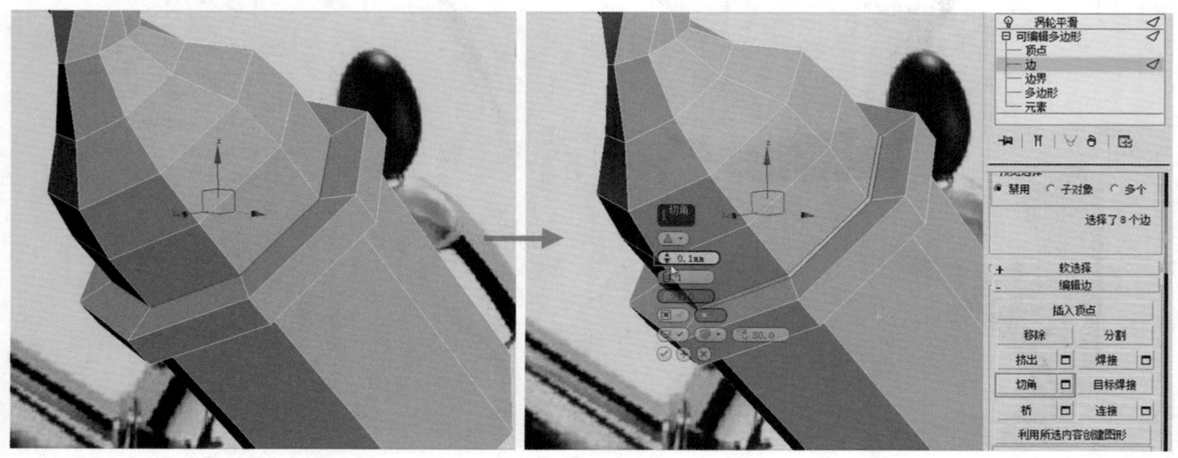

图4.150

46 在边层级选择图4.151左侧所示的一圈边，单击命令面板中的 连接 【连接】按钮，在弹出的对话框中调整滑块的数值为8左右，可将连线调整到合适位置。这一圈边的增加可以使模型在平滑后的形状更加正确。使用同样的方法将底面连接一圈多边形，如图4.152所示。

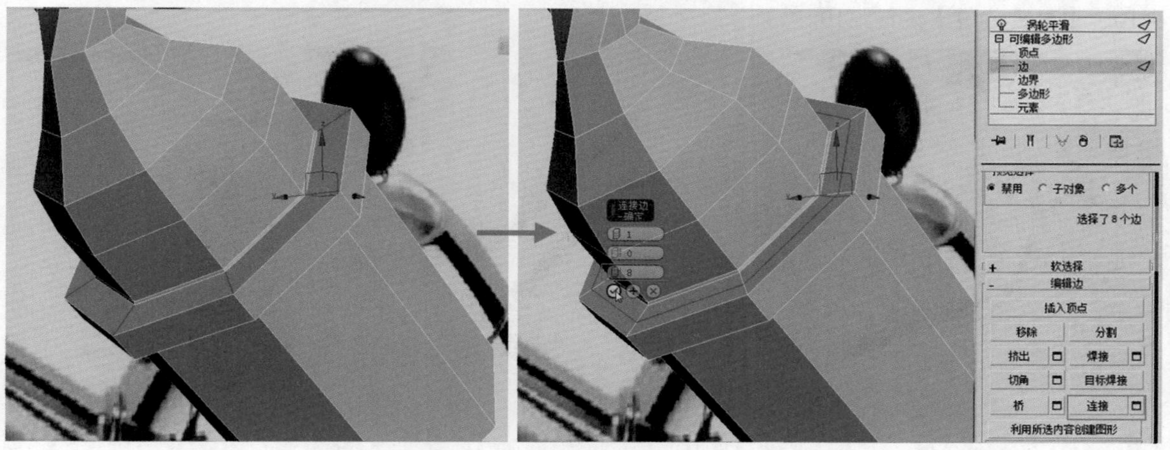

图4.151

图4.152

47 在边层级中选择如图4.153左侧所示的一圈边，单击命令面板中的 连接 【连接】按钮，在弹出的对话框中设置分段数为2、收缩值为71左右，即可在两边连接两圈边。这两圈边的增加可以使模型在平滑后有明显的转折，如图4.154所示。

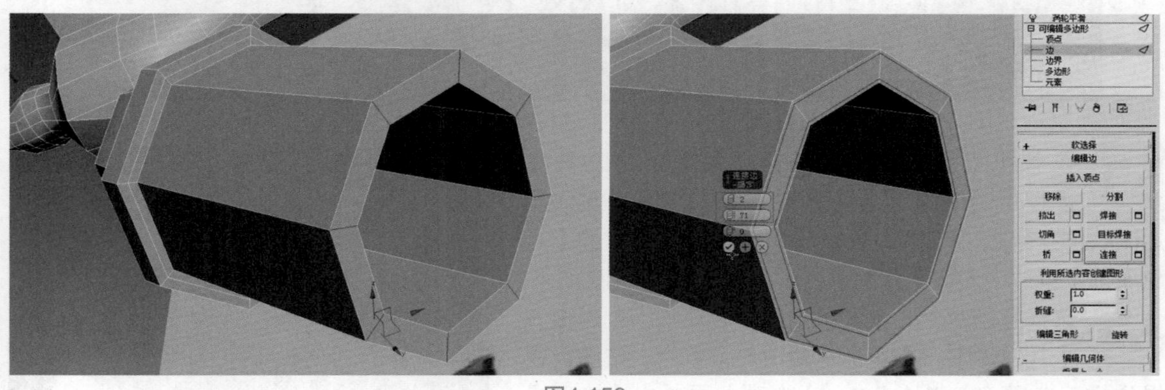

图4.153

48 为模型添加【涡轮平滑】修改器，将【迭代次数】设置为2，效果如图4.154所示。

49 上一步骤中完成的塞子模型中还缺少两侧的孔，较为方便的做法是用布尔运算修剪出来。首先需要创建一个与其进行布尔运算的长方体对象，如图4.155所示。将其【长度】设置为5左右、【宽度】设置为9.2左右、【高度】设置为6左右、【长度分段】设置为10、【宽度分段】设置为10、【高度分段】设置为10。

图4.154

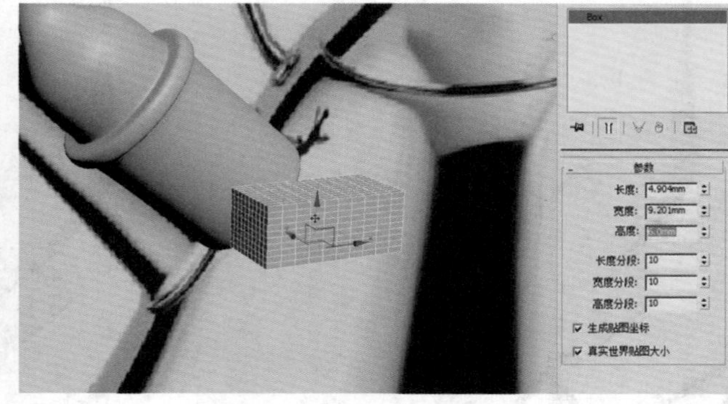

图4.155

TIPS

进行相减布尔运算时可能会出现运算结果不稳定的情况，其中很大一部分原因是由于两个对象的网格密度相差太大，所以在本步骤中将长方体的分段数设置得较高，与平滑后的塞子模型基本协调。

50 将长方体移动旋转到图4.156所示位置和角度，旋转时应关闭【角度捕捉】开关，可以调节任意角度。如需要细微调节角度却难以用鼠标控制时，可以在【选择并旋转】按钮上单击鼠标右键，在弹出的【旋转变换输入】对话框中精细调节角度，如图4.156所示。

图4.156

51 在透视图中观察两者的穿插关系，将长方体模型半透明显示会更直观。可以按键盘快捷键Alt+X，或者在选择对象时单击鼠标右键，在弹出的【对象属性】菜单中勾选【透明】选项，如图4.157所示。

52 选择塞子对象，依次单击命令面板的【创建】→【几何体】→【复合对象】→【布尔】按钮，在操作栏下选择【差集（A-B）】选项，再单击【拾取操作对象B】按钮，然后单击长方体即可实现两者的布尔运算，如图4.158所示。

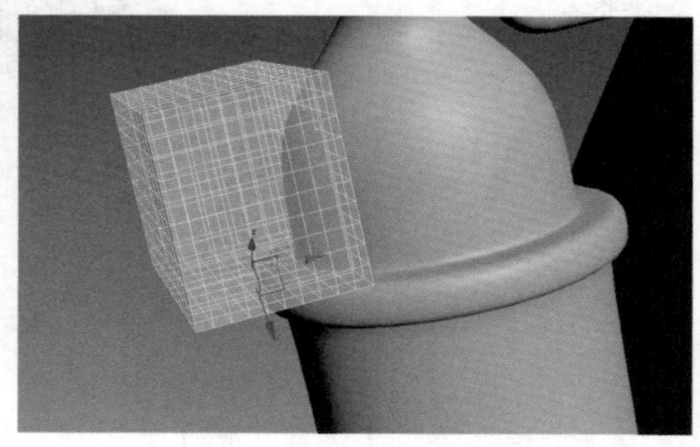

图4.157

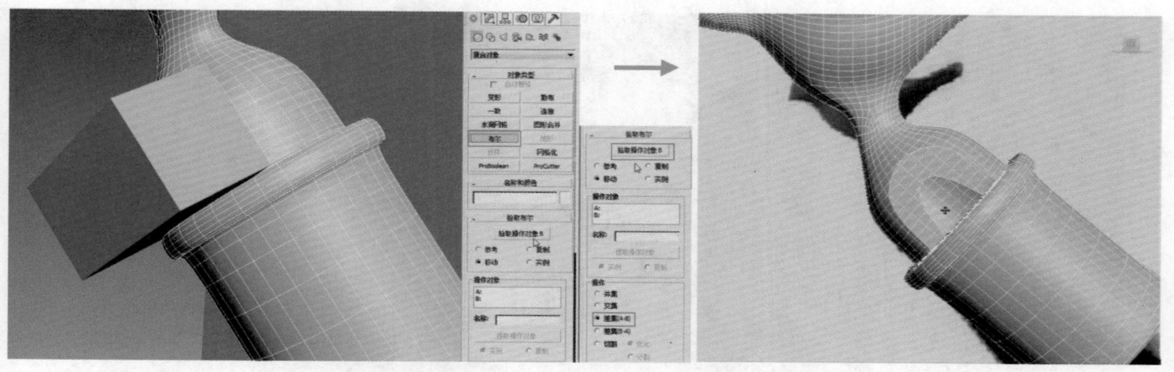
图4.158

53 完成布尔运算后还有一些细节处需要处理，图4.159左侧图中黄线标出的是缺少的线，这里处于横竖面交界处，应该有边将其分隔。在顶点层级下按下键盘的快捷键Alt+C后，依次单击3个顶点以切割出应有的两条边。

图4.159

54 从图4.159右侧还可以看出即使切割了两条边，横面和竖面的相交处仍然显得不整齐，这是平滑组的错误问题。选择图4.160所示布尔相减得到的所有横向的多边形，在命令面板的【多边形：平滑组】下单击【清除全部】按钮，横向和竖向面的分界便可正确显示。

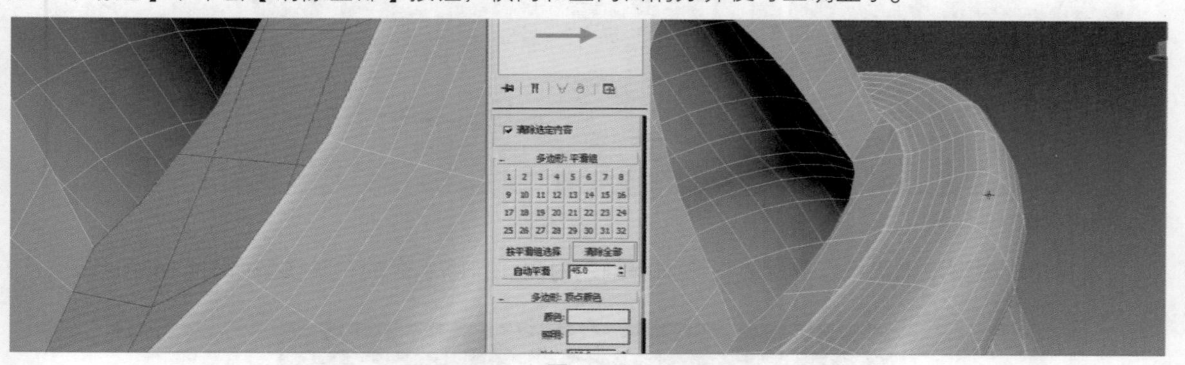
图4.160

55 一半制作完成后，另一半可以通过对称复制实现。选择塞子对象，从修改器列表中找到【对称】修改器，设置【对称轴】为Y，勾选【翻转】复选项，将焊接缝的【阈值】改小至0.02，即可将另一半对称复制出来，如图4.161所示。

TIPS

对称操作时，如果焊接缝的阈值过大就会造成中缝附近的一些边焊接混乱，应适当调低其数值。

56 选择模型并单击鼠标右键，在弹出的菜单中选择【转换为】→【可编辑多边形】命令。如图4.162所示，对称后中缝附近有3圈多边形，将其移除会降低模型数据量，但不影响模型的精度。选择图4.162所示的边，按键盘上的Ctrl+Backspace快捷键进行移除。

图4.161

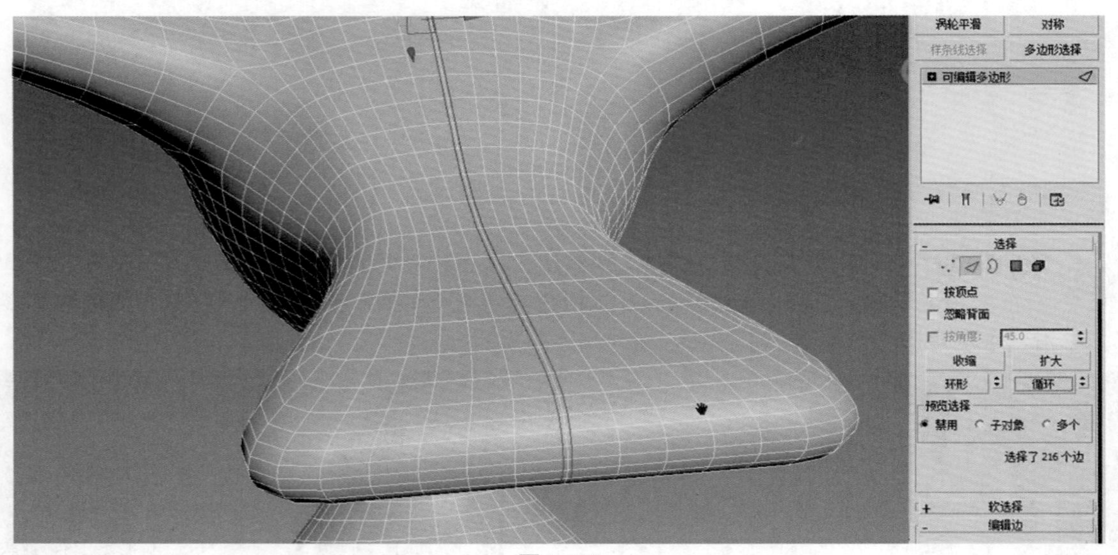

图4.162

57▶将全部模型取消隐藏，删除参考平面等辅助对象，自鸣水壶的完整模型如图4.163所示。

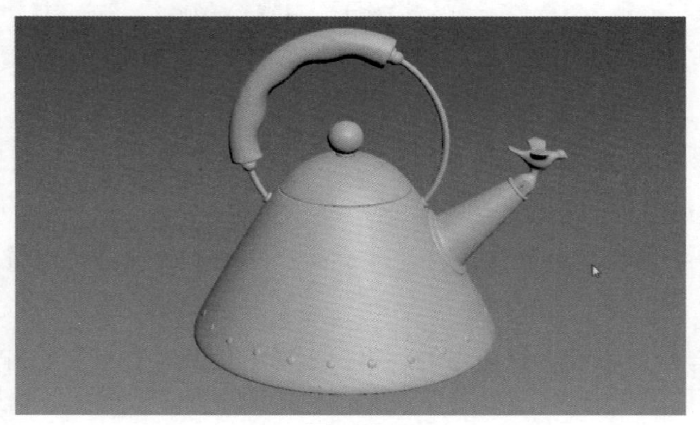

图4.163

4.6 水壶的材质和渲染

前期进行了精细的产品建模，接下来需要通过后期的材质来表现产品的质感，从而得到最终的效果。这是最后一步，也是整个制作过程中很关键的一步。水壶的把手、壶盖、壶身等部分是由不同的材料制成的，主要以金属材质为主，还有蓝色塑料、暗红色塑料以及透明塑料等几种材料。

01 单击工具栏的【渲染设置】开关，在弹出的【渲染设置】面板中选择【公用】选项卡，在【指定渲染器】卷展栏下单击【产品级】后的按钮，将渲染器改为V-Ray Adv渲染器，如图4.164所示。

图4.164

02 首先设置金属材质，单击工具栏的【材质编辑器】按钮，在打开的Slate材质编辑器左侧的【贴图/材质浏览器】中双击【VRayMtl】材质，即可在视图中出现一个材质，为了方便区分和管理各对象的材质，将其命名为“jinshulasi”，如图4.165所示。将【漫反射】颜色的【亮度】设置为15，因为金属的反射效果很强，所以把它的【反射】颜色调为纯白，如图4.166所示。

图4.165

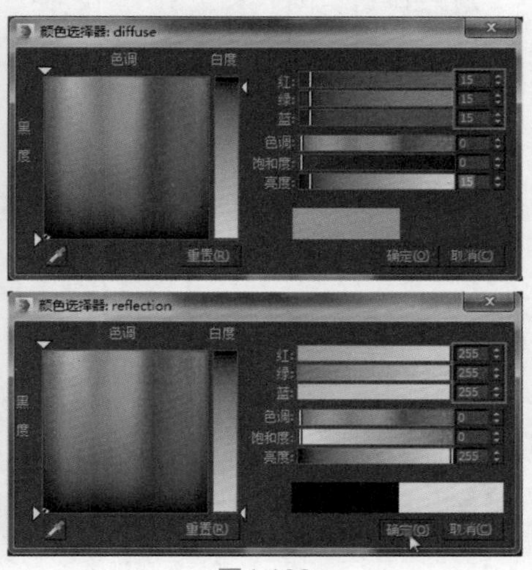

图4.166

03 为金属材质的反射通道添加衰减贴图可以使渲染效果更有层次感。单击【反射】后的按钮，在弹出的【材质/贴图浏览器】中选择【衰减】选项，如图4.167所示。

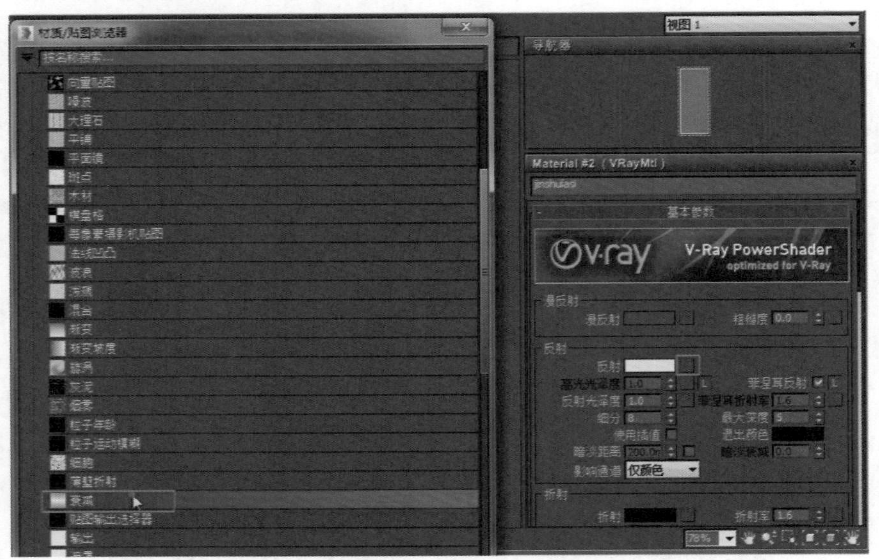

图4.167

04 进入【衰减】层级，单击黑色块后的【无】按钮，在弹出的【材质/贴图浏览器】中选择【位图】选项。再在弹出的窗口中选择随书光盘中提供的“拉丝”图片，如图4.168所示。

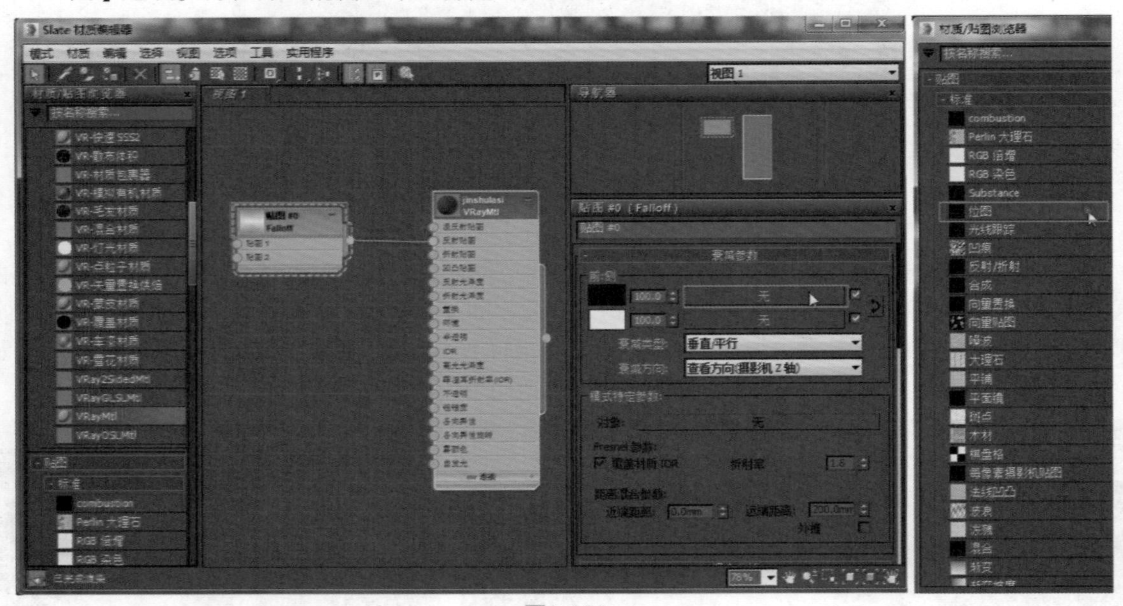

图4.168

05 返回材质顶层级并继续调整参数，因为金属不需要菲涅耳反射，所以把【菲涅耳反射】复选项取消选择。将【反射光泽度】值调整为0.95、【细分】值改为16。由于目前材质偏暗，反射效果较弱，进入【贴图】通道，将【反射】改为80。这样的调整使得金属的反射效果80%由衰减组成、20%由白色组成。最后将该材质赋予场景中的金属物体，如图4.169所示。

06 接下来制作壶钮的黑色塑胶材质。在Slate材质编辑器左侧的【贴图/材质浏览器】中双击【VRayMtl】材质，在视图中新建一个材质，将其命名为“heisujiao”。将其【漫反射】颜色的亮度值设置为3，【反射】颜色的亮度值设置为15，取消选择【菲涅尔反射】复选项，将【反射光泽度】调整为0.6，将【细分】值设置为16，如图4.170、图4.171所示。

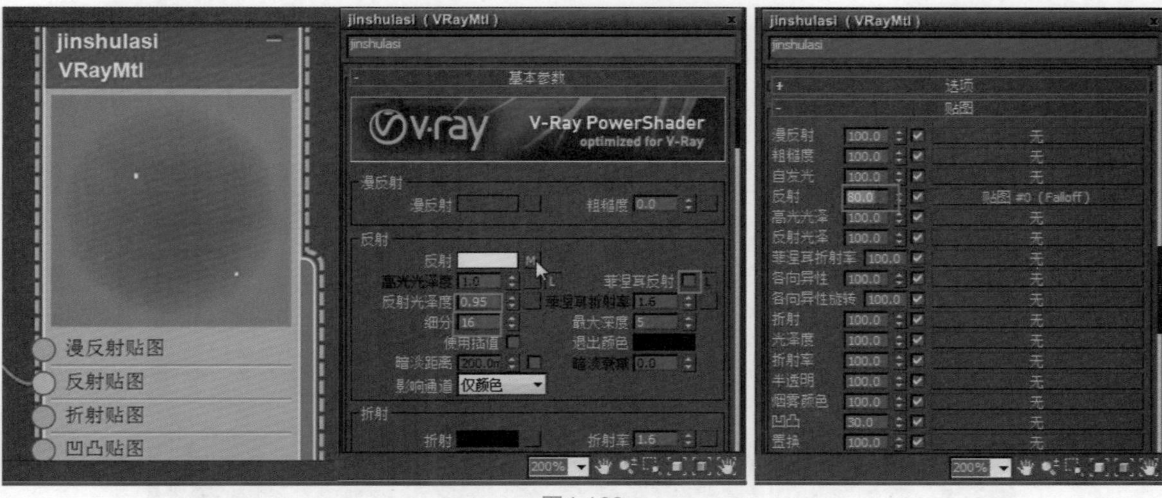

图4.169

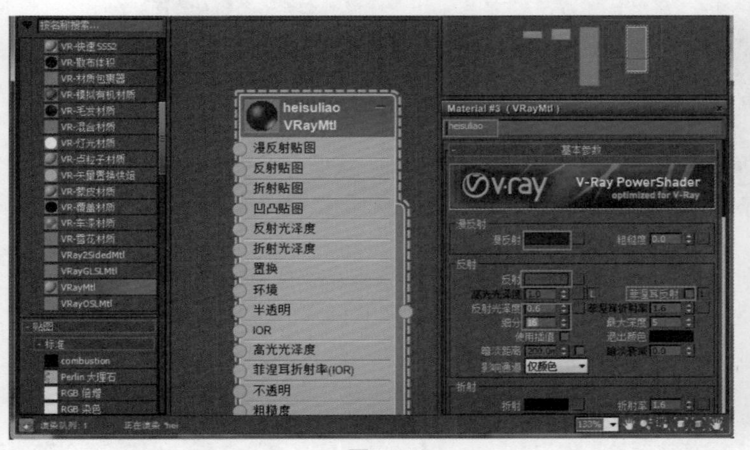

图4.170

图4.171

07 为了使塑料球的质感更好，需要为其制作凹凸效果。在材质【凹凸贴图】通道里选择【标准】中的【噪波】类型，双击进入【噪波】层级并设置其【噪波参数】中的【大小】为20，使其变得更为细腻。最后将材质赋予壶钮对象，如图4.172所示 。

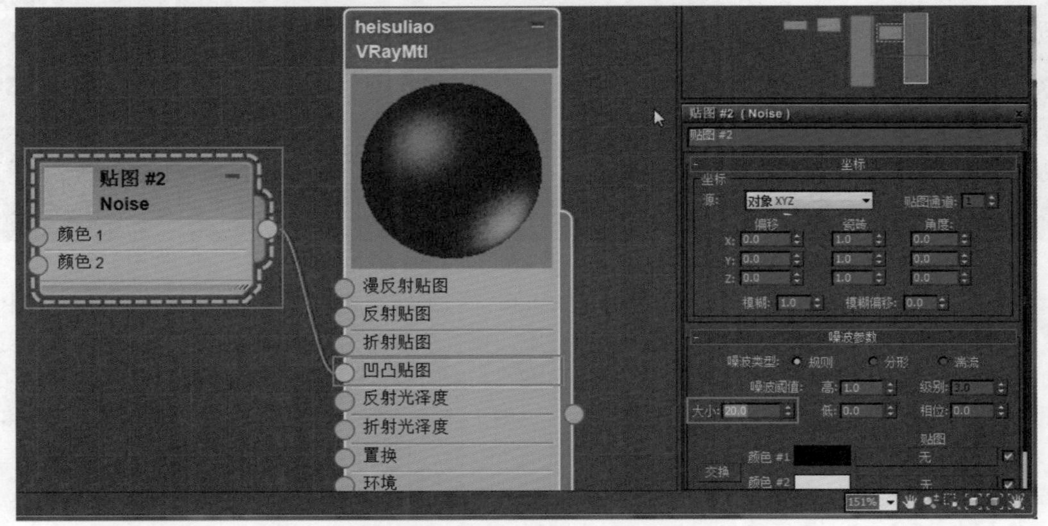

图4.172

08 蓝色塑胶材质的设置方法与黑色塑胶基本一致，按住键盘上的Shift键并移动复制材质球，将复制出来的材质球命名为“lansujiao”。将【漫反射】颜色的R（红）、G（绿）、B（蓝）值分别设置为18、59、90(如图4.173）。对【反射】、【反射光泽度】、【细分】的值不做修改。将其赋予给蓝色橡胶把手对象，如图4.173所示。

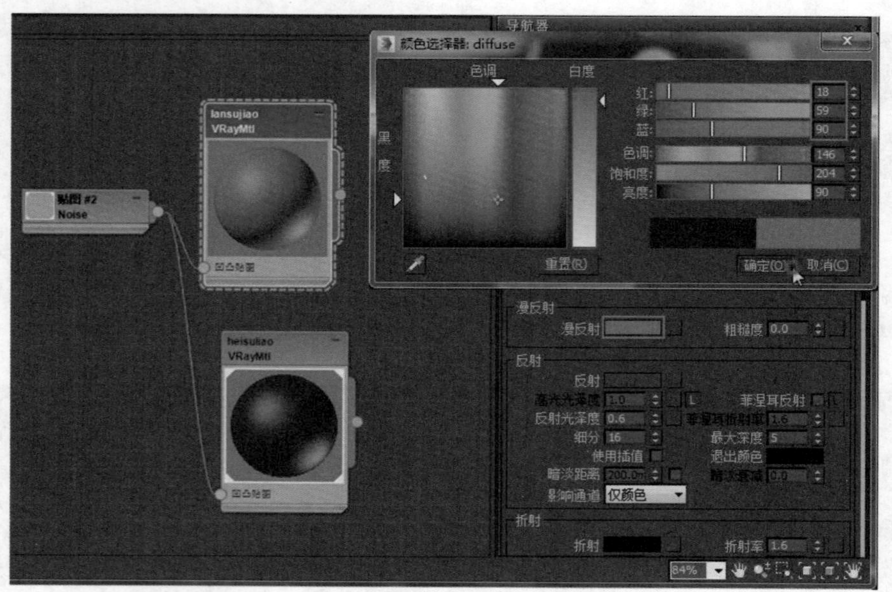

图4.173

09 再次复制出一个塑胶材质球并命名为“hongsujiao”。修改【漫反射】颜色的R（红）、G（绿）、B（蓝）值分别为48、5、5。对【反射】值稍微调整，由原来的15降低成10，使其反射效果变化，对其他的参数值不做修改。最后将“hongsujiao”材质赋予小鸟塞子对象，如图4.174、图4.175所示。

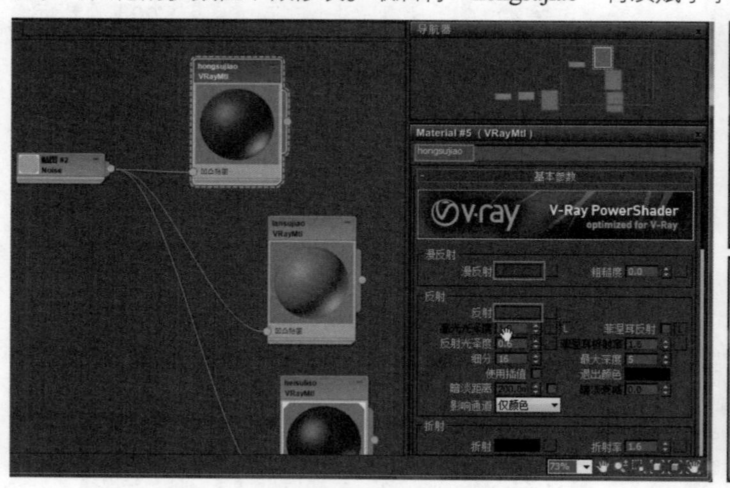

图4.174

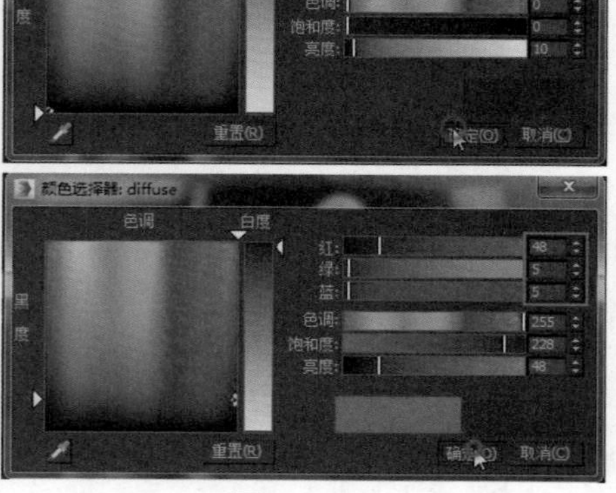

图4.175

10 壶盖上还有一部分材质是透明塑料，在Slate材质编辑器左侧的【贴图/材质浏览器】中双击【VRayMtl】材质，在视图中新建一个材质，将其命名为“toumingsuliao”。将其【漫反射】颜色的R（红）、G（绿）、B（蓝）值分别设为128、128、128。透明塑料的材质主要通过反射和折射来体现，设置【反射】颜色的R（红）、G（绿）、B（蓝）值皆为255，全白代表反射最强。将【高光光泽度】值设置为0.85，将【反射光泽度】值设置为0.95，将【细分】值设置为16，勾选【菲涅耳反射】复选项。将【折射】值的R（红）、G（绿）、B（蓝）值都改为226，将【折射率】设置为1.7，将【细分】值设置为16。最后将材质赋予壶盖上部的塑料部件对象，如图4.176、图4.177所示。

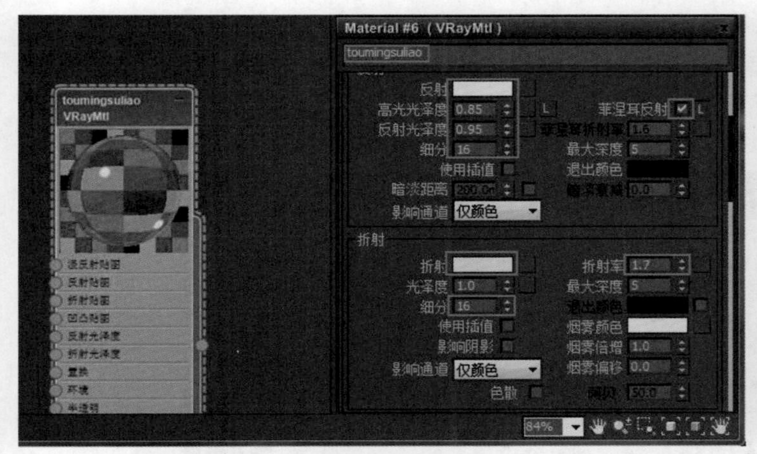

图4.176

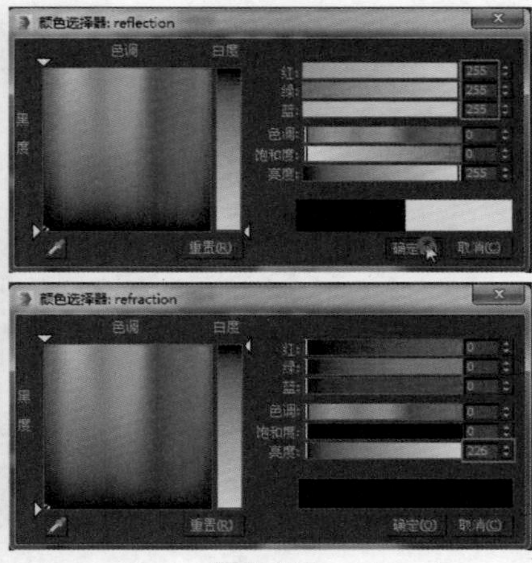

图4.177

11 所有的材质都已制作完毕，但由于在金属材质的【反射】通道中，【衰减】层级中运用了“拉丝”贴图，需要设置其贴图坐标。用鼠标双击“拉丝贴图”层级，使其在窗口中显示明暗材质，在此状态下可以看见视图中模型的纹理，方便设置，如图4.178所示。

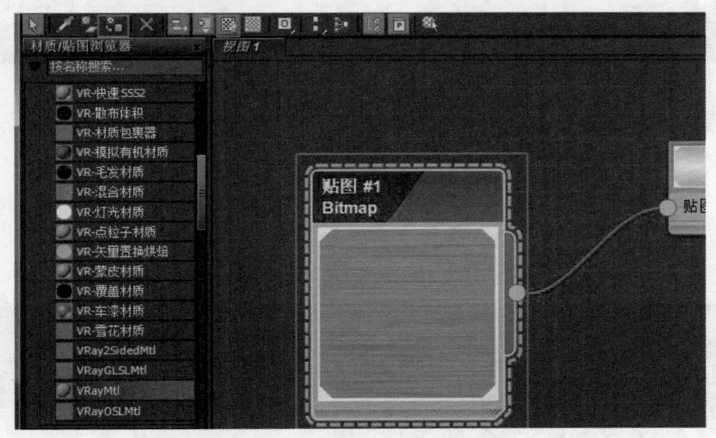

图4.178

12 将材质赋予金属对象后，拉丝效果不正确，因此需要进一步对其进行调整。从修改器列表中为金属对象增加【UVW贴图】修改器。在【修改】面板中设置【贴图】方式为柱形、【高度】值为60，如图4.179所示。

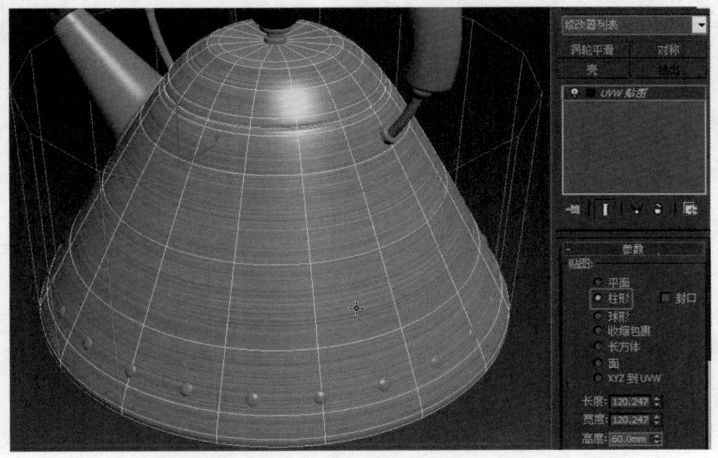

图4.179

13 壶身上的许多凸起的圆点也要调整贴图坐标，由于该对象是以实例的方式复制，因此只需要选择其中一个圆点对象，从修改器列表中为其添加【UVW贴图】修改器。在【修改】面板中设置【贴图】方式为平面。展开【UVW贴图】修改器，单击【Gizmo】按钮，使用【选择并旋转】工具，对贴图进行X轴旋转，调整到与金属整体贴图大小和方向一致，此时的【长度】值约为110，如图4.180所示。

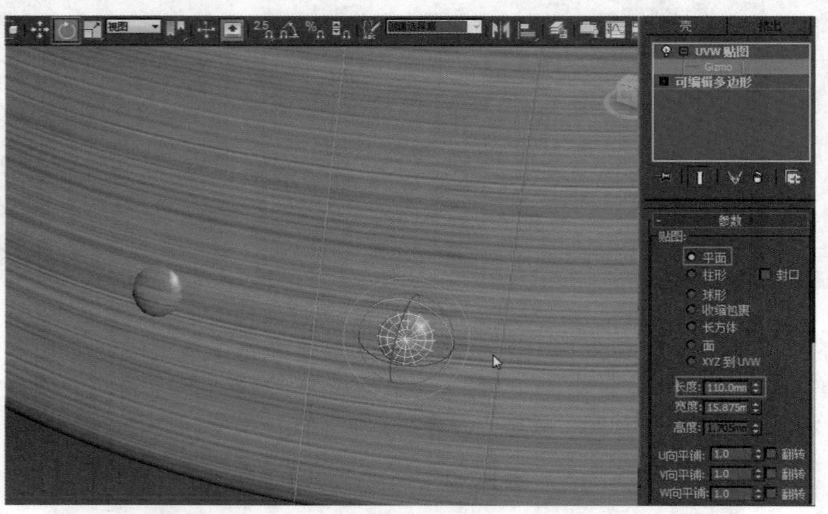

图4.180

14 上一步操作完毕后，退出【UVW贴图】修改器。选择水壶壶嘴，该对象应作为两个部分来进行贴图坐标调整。壶嘴主体为一个部分，壶嘴与壶身相接处为另一个部分。首先将其转化为可编辑多边形，进入其多边形层级，选择图4.181所示的多边形，在命令面板选择“多边形材质ID”【设置ID】为1。单击工具栏中【编辑】层级，反选。被选择的多边形是与壶身相接的部分，在命令面板选择“多边形材质ID”【设置ID】为2，如图4.181所示。

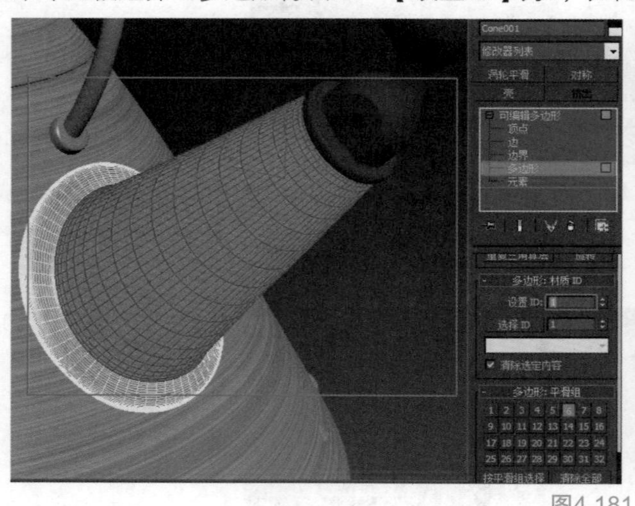

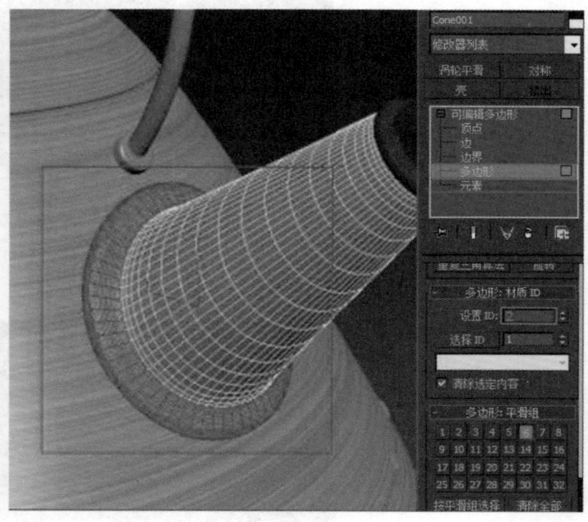

图4.181

15 从修改器列表中为【材质ID】为2的多边形增加【UVW贴图】修改器。在【修改】面板中设置【贴图】方式为平面。展开【UVW贴图】修改器，单击【Gizmo】按钮，为了使其与壶身拉丝贴图大小方向一致，首先打开【角度捕捉开关】，再使用【选择并旋转】工具，对贴图进行X轴旋转90度，设置【长度】值为90，【宽度】值不变。调整到与壶身整体贴图大小和方向一致，最后再将其转化为可编辑多边形，如图4.182所示。

使用同样的方法，选择壶嘴ID号为1的多边形并为其添加【UVW贴图】修改器，设置【贴图】方式为平面，将【高度】值设置为90，即可在壶嘴上显示一致的纹理，如图4.183所示。

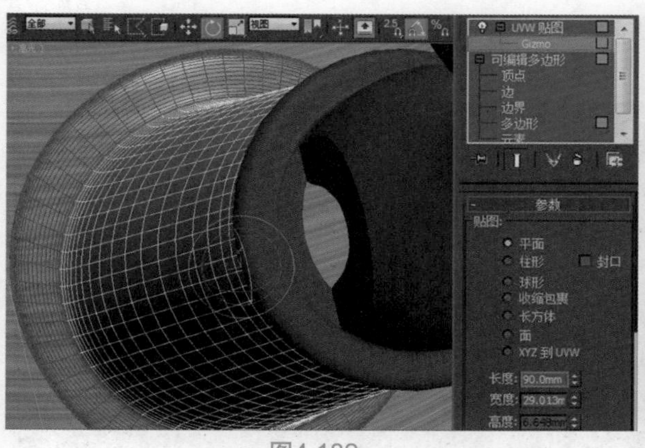
图4.182

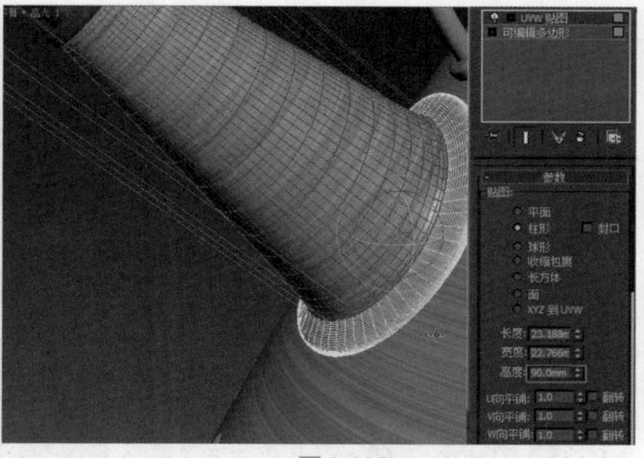
图4.183

16 壶把手两端的金属圈部分不是拉丝金属质感，因此需要进行调整。单击工具栏的【材质编辑器】，按住键盘上的Shift键并移动复制金属拉丝材质球，将其命名为“jinshu”并删除“拉丝”位图。将其赋予壶盖处的金属以及壶把手部分的金属，如图4.184所示。

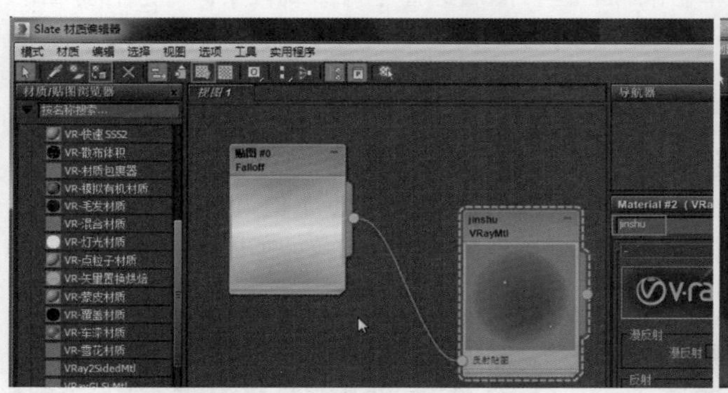
图4.184

17 水壶材质制作完毕，下一步的渲染需要一个空间，以此作为水壶渲染展示的平台。在顶视图中，首先需创建长方体对象，如图4.185。设置【长度】为4000、【宽度】为4000、【高度】为2000、【长度分段】为1、【宽度分段】为1、【高度分段】为1。

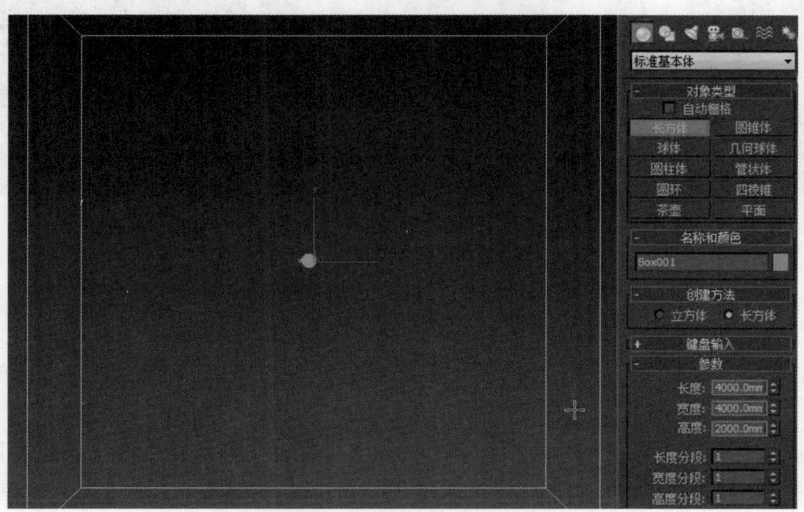
图4.185

18 将其转化为可编辑多边形，进入对象的元素层级，选择整个对象，在编辑元素层级中，单击【翻转】按钮。为了使长方体的4个侧面对摄像机不可见且不影响灯光，因此进入对象的多边形层级中，将4个侧面与上下两个面分开，单击命令面板中的 分离 【分离】按钮，这样模型就分成了上面、底面和4个侧面两个独立的模型，如图4.186所示。

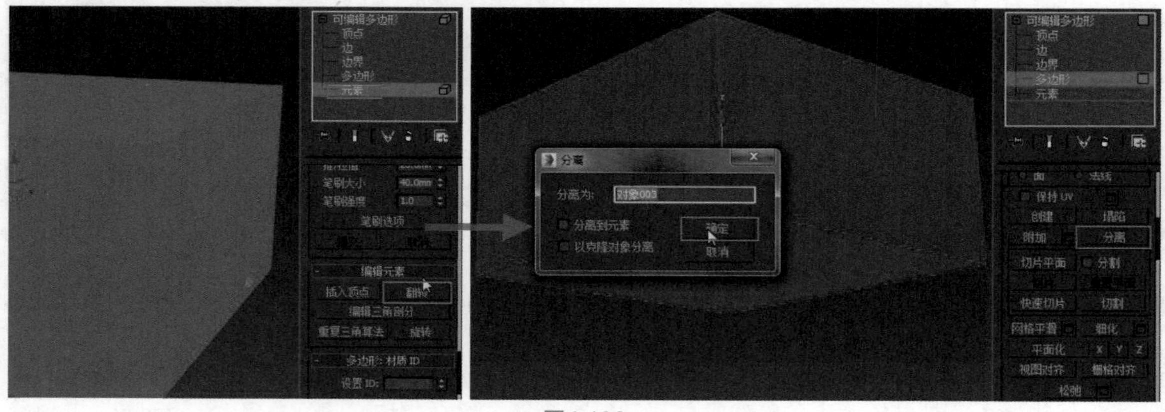

图4.186

19 选择被分离后的长方体的4个侧面，单击鼠标右键，然后选择【对象属性】命令。在弹出的对话框中【显示属性】层级中，勾选【背面消隐】复选项，取消对【对摄像机可见】复选项的勾选，最后单击【确定】按钮，如图4.187所示。

20 下一步是为该对象制作材质，单击工具栏的【材质编辑器】，在打开的Slate材质编辑器左侧的【贴图/材质浏览器】中双击【VRayMtl】材质，将其命名为“kongjian”。将【漫反射】RGB值均设置为148、【反射】RGB值均设置为10。将【反射光泽度】值调整为0.5，将【细分】值改为8，取消勾选【菲涅耳反射】复选项。最后将调好的材质赋予对象，如图4.188所示。

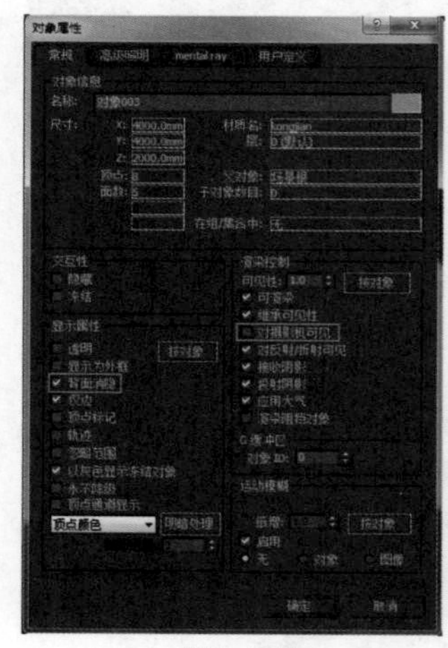

图4.187

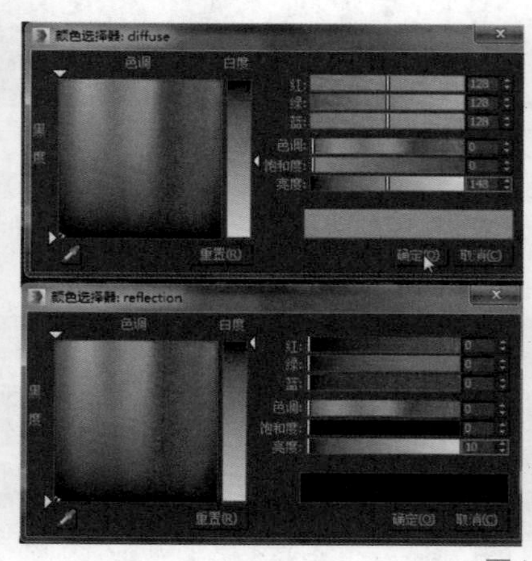

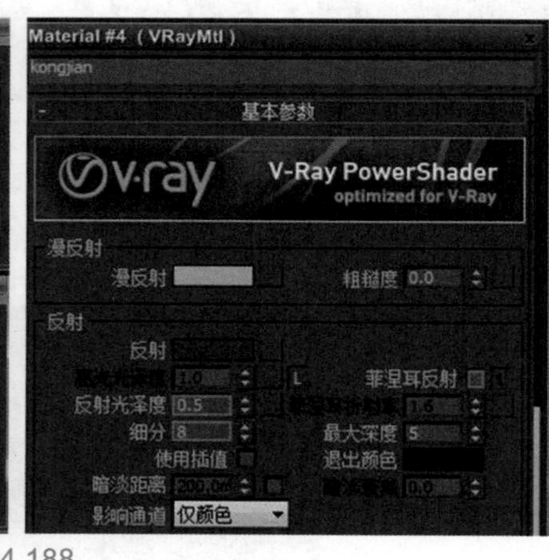

图4.188

21 所有材质基本制作完毕，本步骤是制作VR-灯光，为整个场景打光以营造氛围。需要创建多个VR-灯光，模拟一个小型摄影棚的效果。在创建面板下选择【灯光】→【VRay】→【VR-灯光】选项，在视图中创建一个VR-灯光，设置【1/2长】为290、【1/2宽】为350。在透视图中，使用【选择并旋转】工具将灯光调整至图4.189所示的位置，将其放置在水壶的正上方。再次选择【VR-灯光】，在【修改】面板中将灯光的颜色的R（红）、G（绿）、B（蓝）值调整为240、250、255。由于该灯光不是场景中的唯一灯光，所以将其【倍增】值适度降低，调整为1.5。在【选项】层级中勾选【投射阴影】、【不可见】、【影响漫反射】、【影响高光】、【影响反射】等复选项。

22 选择上一步骤中的【VR-灯光】，按住键盘上的Shift键并移动复制一盏灯光。使用【选择并旋转】工具，对灯光进行Y轴旋转。选择该灯光，在【修改】面板中将灯光的【颜色】调整为纯白，设置【倍增】值为1.5。设置【1/2长】和【1/2宽】分别为130、280，如图4.190所示。

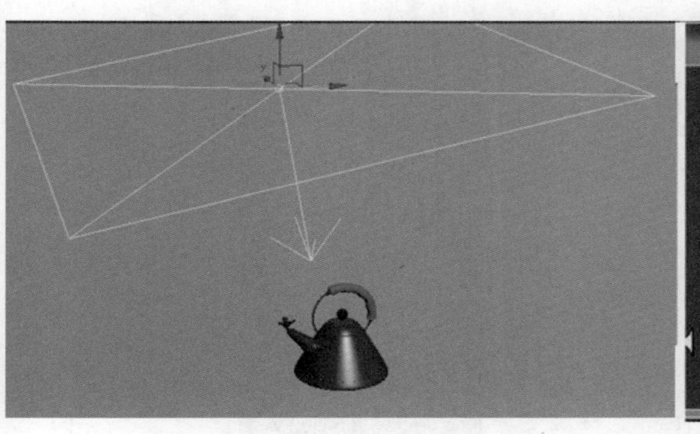
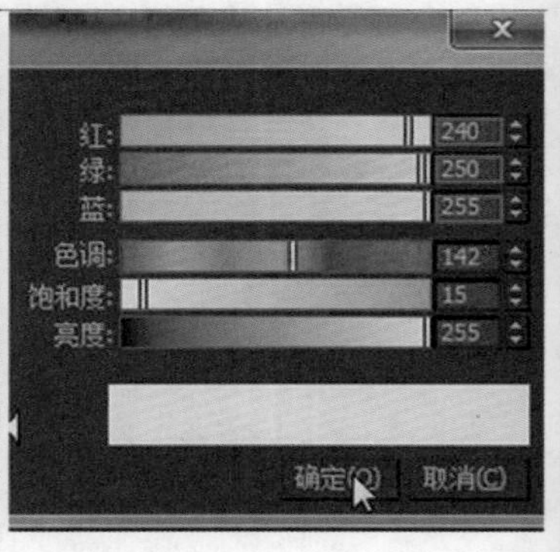

图4.189

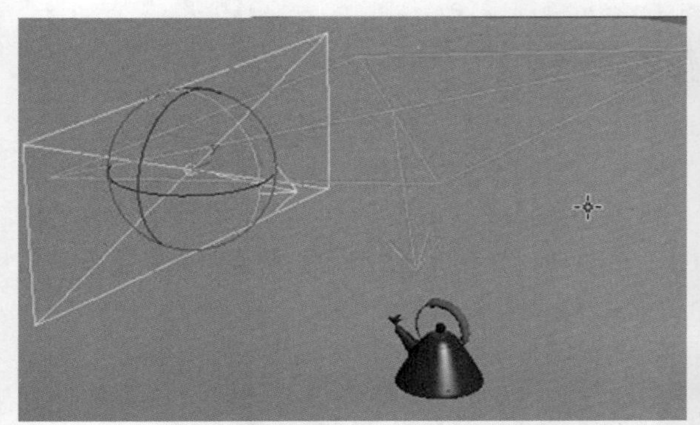
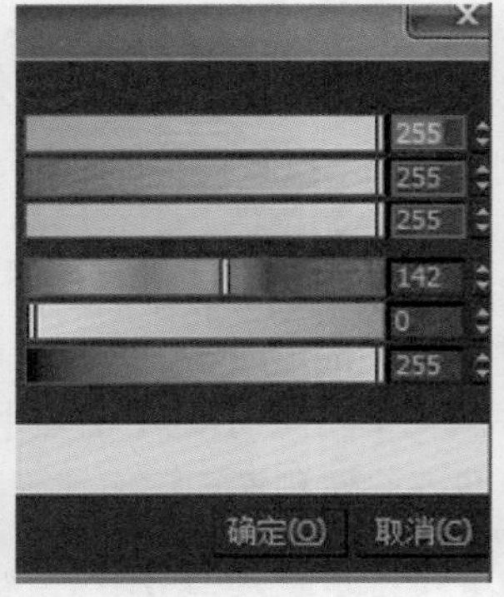

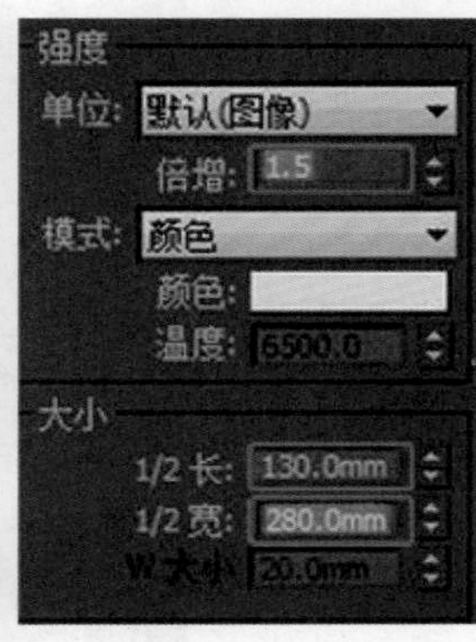

图4.190

23 再次按住键盘上的Shift键并移动复制该灯光，用于制作场景的反光板，并将其镜像，适当调整灯光角度和位置，调整【大小】值中的【1/2长】、【1/2宽】分别为130、250。在【选项】层级中，取消勾选【影响漫反射】复选项，其他设置不变，如图4.191所示。

图4.191

24 重复上一步操作，按住键盘上的Shift键并移动复制该灯光，制作该场景的又一光源。调整灯光角度和位置，调整【大小】值中的【1/2长】、【1/2宽】分别为100、200。在【选项】层级中，取消勾选【投射阴影】复选项，勾选【影响漫反射】复选项，其他设置不变，如图4.192所示。

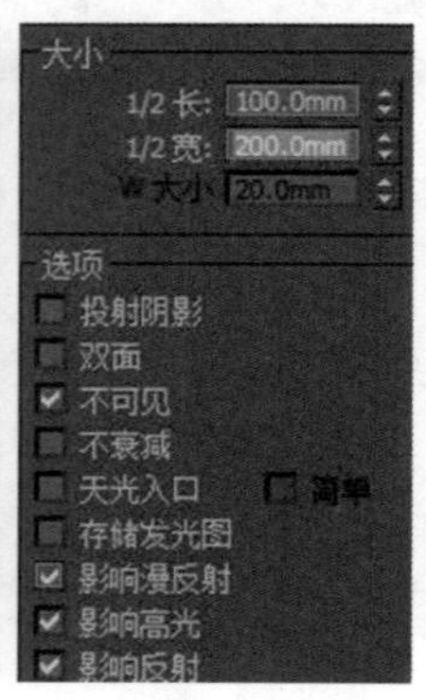

图4.192

TIPS 在制作有光泽的产品渲染时，可以使用多面布置灯光的方式使其表面反射灯光，形成特有的质感。本例中加入了不同角度的多个【VR-灯光】，有的取消对【投射阴影】和【影响漫反射】复选项的选择，但都可以影响水壶的高光和反射，起到“反光板”的作用。

25 灯光制作完毕后的步骤是设置渲染参数。单击工具栏的【渲染设置】按钮，在弹出的【渲染设置】面板中选择【公用】选项卡，将【公用】选项卡中的【输出大小】调整【宽度】和【长度】分别为640、480。选择【V-Ray】选项卡，将【图像采样器】卷展栏中的【类型】调整为自适应，将【过滤器】调整为Catmull-Rom。选择【GI】选项卡，勾选【启用全局照明开关】复选项，切换到【专家模式】，将【二次引擎】的【倍增】值调为0.4，如图4.193所示。

图4.193

26 渲染水壶，得到草图。观察草图的质量，再做进一步修改，将4盏灯光调整至合适的位置，使用【选择并旋转】工具对水壶进行X轴旋转，使其微微倾斜。最终的灯光位置和水壶位置如图4.194所示。

27 提高渲染参数来渲染最终的效果图。选择【公用】选项卡，将【输出大小】中的【宽度】和【长度】分别设置为1800、1350。选择【GI】选项卡，在【全局照明】卷展栏中将【二次引擎】调整为【灯光缓存】。在【V-Ray】选项卡的【全局确定性蒙特卡洛】卷展栏中，将【噪波阈值】改为0.001，如图4.195所示。

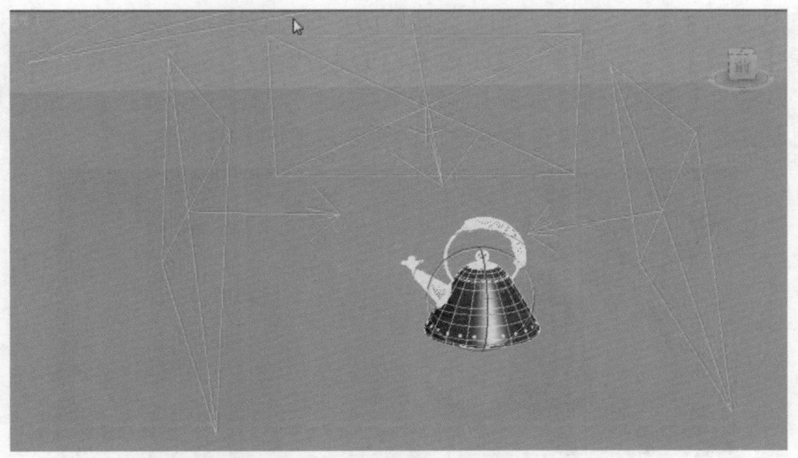

图4.194

图4.195

28 按住键盘上的快捷键Ctrl+C，在场景中创建摄像机。选择该摄像机，在【修改】面板的【参数】卷展栏中，将【备用镜头】调整为35mm。用右下角的按钮适当推进镜头，如图4.196所示。

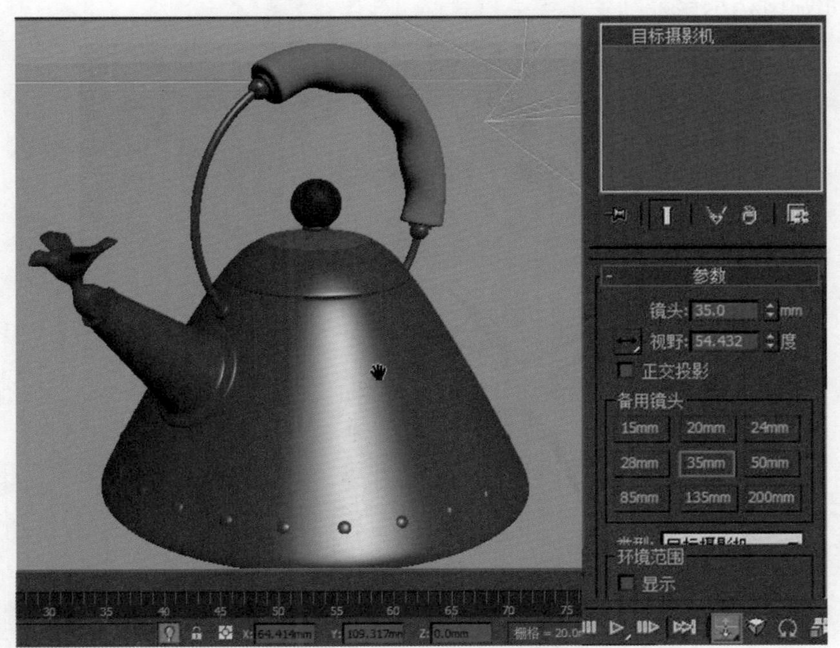

图4.196

29 本例中可以实现3种渲染效果：①（如图4.197上）近处拉丝贴图清晰，远处拉丝贴图则模糊，这是【衰减】贴图的效果。②（如图4.197中）拉丝贯穿整个壶身，设置是只需要拉丝贴图连接到【漫反射贴图】通道。③（如图4.197下）是无拉丝效果，设置是无须拉丝贴图，只在【反射贴图】通道加【衰减】即可。读者可根据自己的需要设置不同的效果。

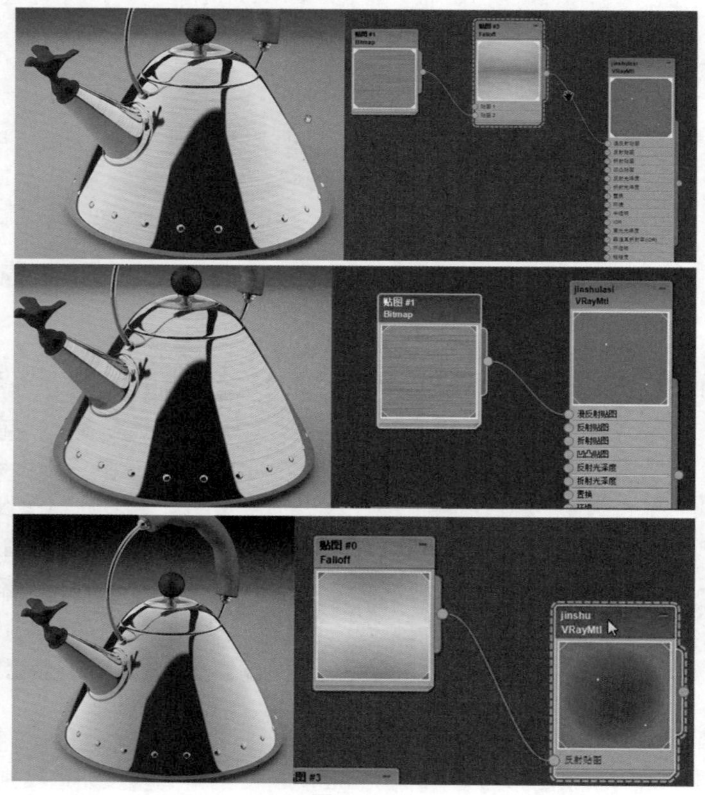

图4.197

最终的效果如图4.198所示。

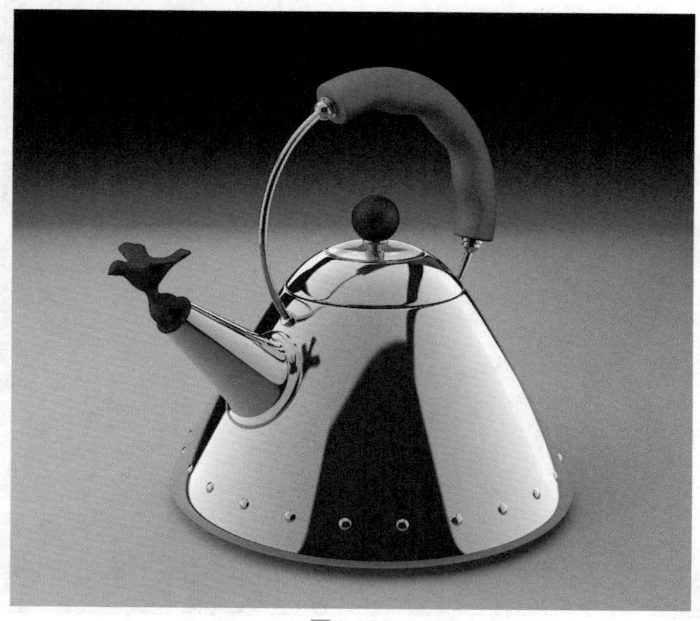

图4.198

第5章

电子产品制作

——苹果公司的iPhone 6s

2015年9月10日美国苹果公司发布了iPhone 6s智能手机（如图5.1）。iPhone 6s一体成型的设计使通体圆润流畅，有金、银、深空灰、玫瑰金4种配色（如图5.2）。这台手机只有7.1毫米的厚度和143克的重量，机身采用7000系列铝金属打造，屏幕采用高强度的Ion-X玻璃。处理器采用苹果A9处理器，后置摄像头为1200万像素，前置摄像头为500万像素。

苹果产品的设计一向简洁，不管是ID设计还是UI设计都推崇简单，拒绝繁杂。iPhone 6s的外观看起来仿佛就只有屏幕和金属机身两个大组件，是苹果追求简约和整体的体现。将机身做成弧形的边框有利于握持，屏幕也设计成2.5D屏幕，从而与边框相匹配，屏幕与金属边框的连接非常自然。有弧度的抛光玻璃让iPhone 6s变得光滑圆润，屏幕显示的内容有“漂浮”在整机表面的精致感。机身背部整体都采用了阳极氧化金属，保证了视觉效果和手感。不过机身上下用来覆盖天线的注塑条和凸起的摄像头成为最有争议的两点。这是苹果为了手机信号和拍照效果做出的妥协，是产品设计中形式和功能博弈的结果。

图5.1

图5.2

本章重点难点

1.高精度模型制作；
2.多边形ID号设置；
3.布尔运算；
4.图形合并；
5.布尔运算后的细节处理；
6.磨砂金属材质设置；
7.玻璃材质设置；
8.【多维/子对象】材质设置；
9.灯光布置。

5.1 制作机身形状模型

饱满流畅的机身是整个产品设计中最大的一个特点，轻薄、圆滑、精致的机身造型主导着整个产品设计的风格。

01 选择菜单栏【自定义】→【单位设置】命令，在弹出的对话框中将系统单位设置为毫米，将显示单位也设置为毫米，如图5.3所示。

02 在顶视图中创建长方体。设置【长度】的数值为138.3、【宽度】的数值为67.1、【高度】的数值为7.1，设置【长度分段】为3、【宽度分

图5.3

段】为3、【高度分段】为1，如图5.4所示。

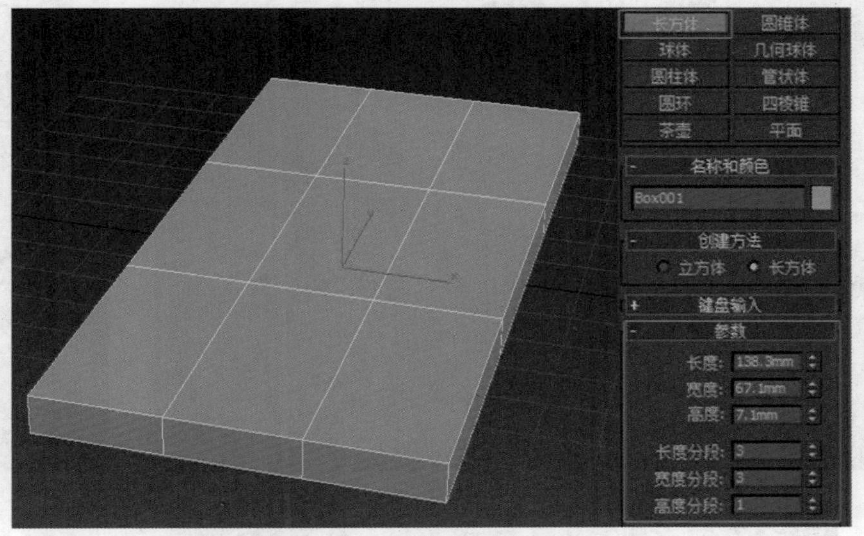

图5.4

03 选择长方体对象，单击鼠标右键，在弹出的菜单中选择【转换为】→【可编辑多边形】命令，进入其边层级，选择图5.5所示的2圈边。

图5.5

TIPS 要循环选择相连的一圈边可直接双击其中一条，需要选择更多的循环边时按住Ctrl键，继续双击选择其他边即可。

04 单击命令面板中的 切角 【切角】按钮，在弹出的对话框中调整边切角量数值为1.7左右，即可将模型周边切出斜角。然后退出边层级，从修改器列表中为对象添加【涡轮平滑】修改器，如图5.6所示。

TIPS 在设计工作中经常用到的修改器可以直接显示在修改面板中，这样就避免每次再从修改器列表中选择，从而节约大量时间。方法是单击命令面板的【配置修改器集】按键，而后单击【显示】按钮即可显示出部分修改器集。对显示的修改器按钮进行修改的方法是单击命令面板的【配置修改器集】按钮，然后在弹出的菜单中选择【配置修改器集】命令即可打开对话框。在对话框左侧选择需要的修改器并将其拖曳到右侧的按钮上即可，还可以修改按钮的数量，如图5.7所示。

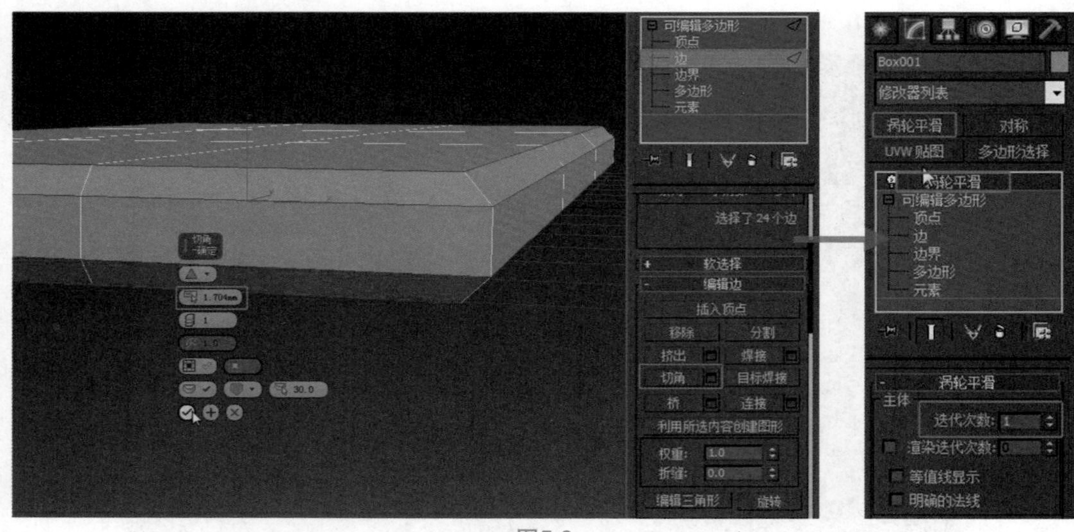

图5.6

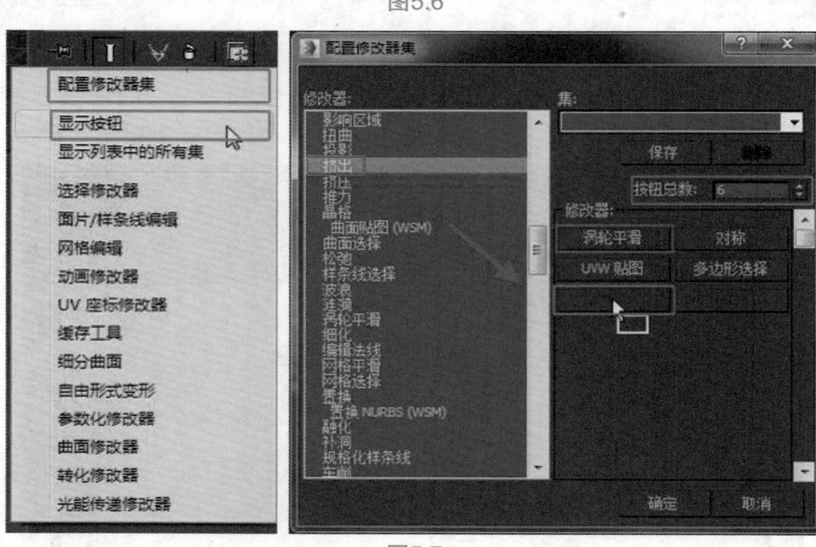

图5.7

05 在建模时加入平面参考图会十分方便，在透视图中创建一个平面并将【长度】和【宽度】均设置为153，使平面为正方形，将【长度分段】和【宽度分段】均设置为1。将素材图片“1”赋予平面并使之在视口中显示。用【选择并移动】、【选择并均匀缩放】和【选择并旋转】工具将平面放置在机身底部的合适位置，使参考图中机身正面图与长方体模型匹配。在前视图中单击工具栏的【选择并旋转】按钮，按住Shift键的同时拖动鼠标以实现旋转复制。再将复制后的图像中的手机底部图和模型适配，该对象叫作参考平面1，如图5.8所示。

06 由于参考平面太大，不方便观察，可将平面进行裁剪处理。选择平面模型，单击鼠标右键，在弹出的快捷菜单中选择转换为【可编辑多边形】命令。进入其边层级，选择左、右的边，单击命令面板中的 连接 【连接】按钮，在弹出的对话框中调整滑块数值和收缩值，将连线调整到合适位置，如图5.9所示。进入多边形层级，删除多余部分。左右的长度也是用同样的方法连线、删除多边形，该对象叫作参考2，如图5.10所示。

TIPS 在调整过程中，为便于观察可单击视图左上角的【真实】，将显示方式改为【明暗处理】方式；将栅格隐藏，其快捷键为G；将模型进行半透明显示，其快捷键为Alt+X。

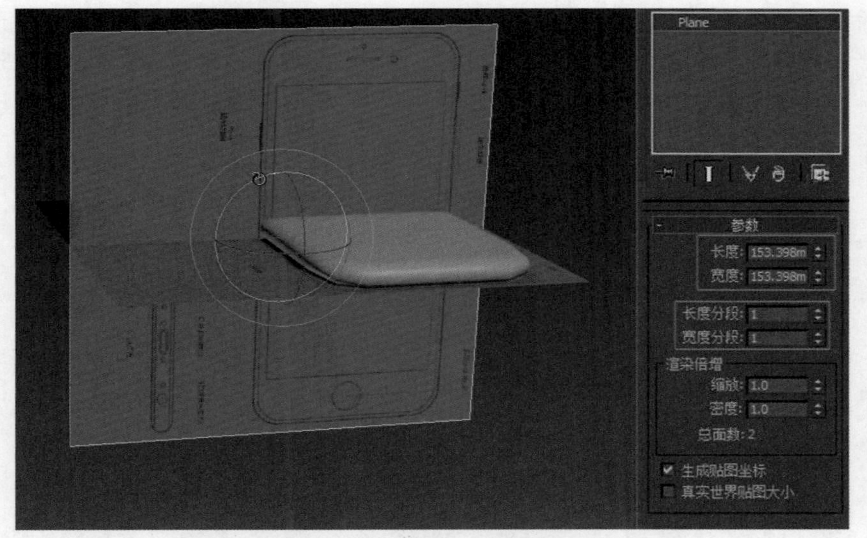
Plane
参数
长度: 153.398m
宽度: 153.398m
长度分段: 1
宽度分段: 1
渲染倍增
缩放: 1.0
密度: 1.0
总面数: 2
生成贴图坐标
真实世界贴图大小
图5.8

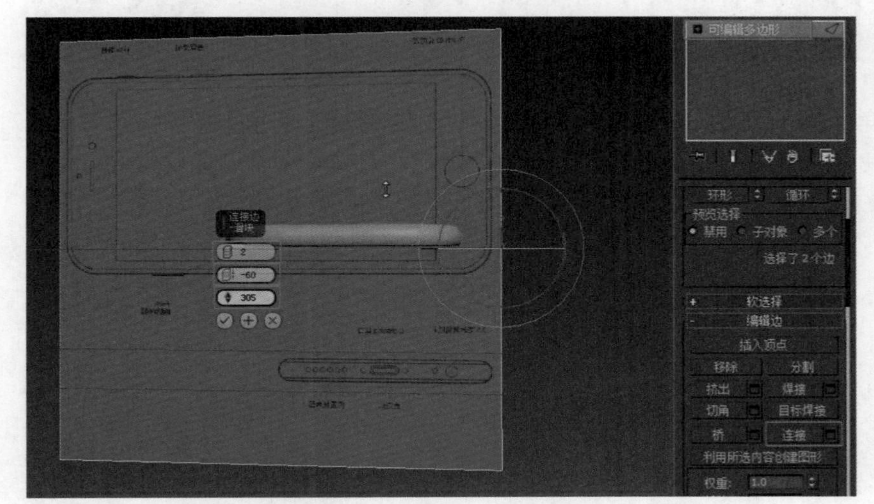
可编辑多边形
环形
循环
预览选择
禁用
子对象
多个
选择了 2 个边
软选择
编辑边
插入顶点
移除
分割
挤出
焊接
切角
目标焊接
桥
连接
利用所选内容创建图形
权重: 1.0
图5.9

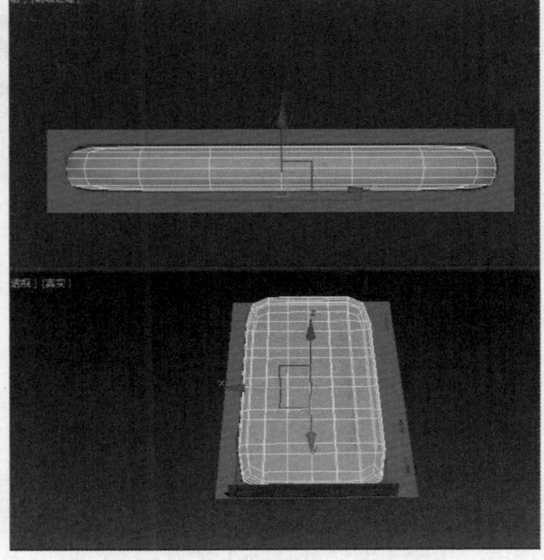
图5.10

07 单击命令面板的【显示最终结果开关】，切换到开状态。即可在【可编辑多边形】的边层级下进一步调整顶点的位置，此时可以直观地、即时地观察平滑之后的效果，如图5.11所示。

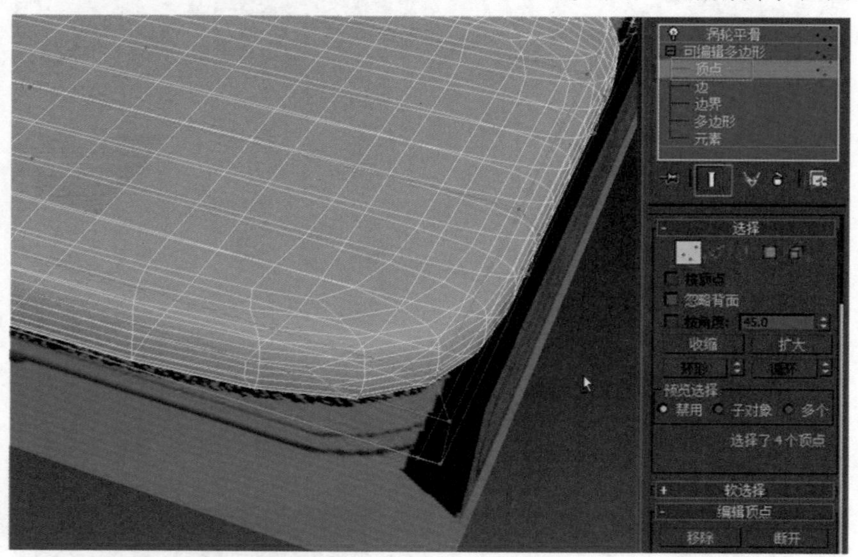

图5.11

08 选择角上的一圈边，然后单击命令面板中的【切角】按钮，在弹出的对话框中调整边切角量数值为5.4左右，将对象的一个角进行切角操作，如图5.12所示。

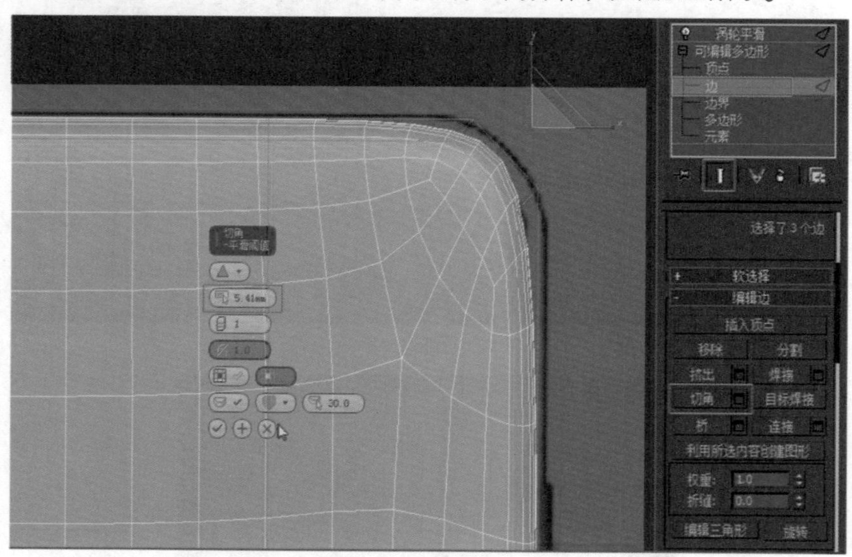

图5.12

> TIPS 由于模型是对称的，所以在对角进行调整时只需要做好一个即可，在之后的步骤中可以通过【对称】修改器得到另外3个。

09 在【涡轮平滑】修改器下勾选【等值线显示】复选项，可以显示更少的边，从而便于观察，如图5.13所示。

10 在修改器堆栈层级中单击【可编辑多边形】，进入其点层级，框选中间的两行顶点，单击工具栏上【选择并均匀缩放】按钮，纵向缩放以调整转角形态。再框选中间的两列顶点，单击工具栏上【选择并均匀缩放】按钮，横向缩放以调整转角形态。观察模型与参考平面图的差距，再调整模型。从顶视图框选相应的顶点，用【选择并移动】工具反复调整，力求准确，如图5.14所示。

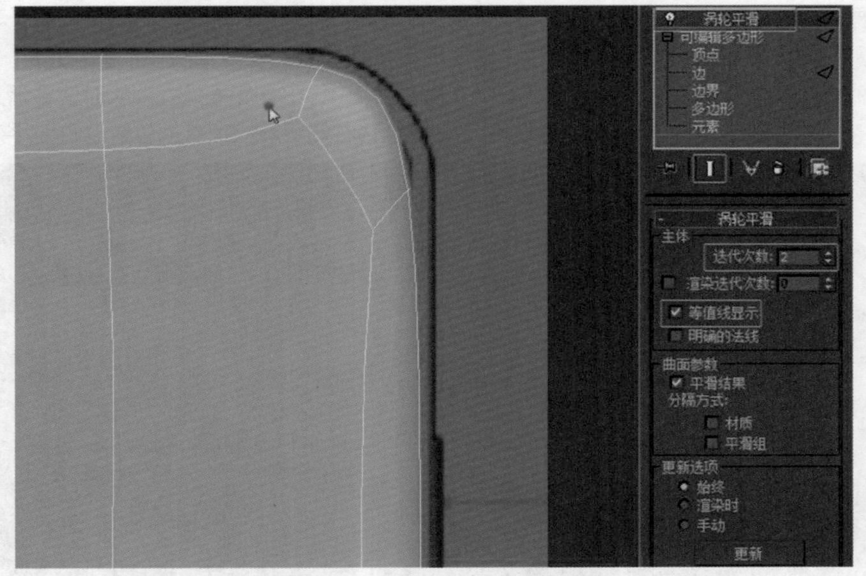

图5.13

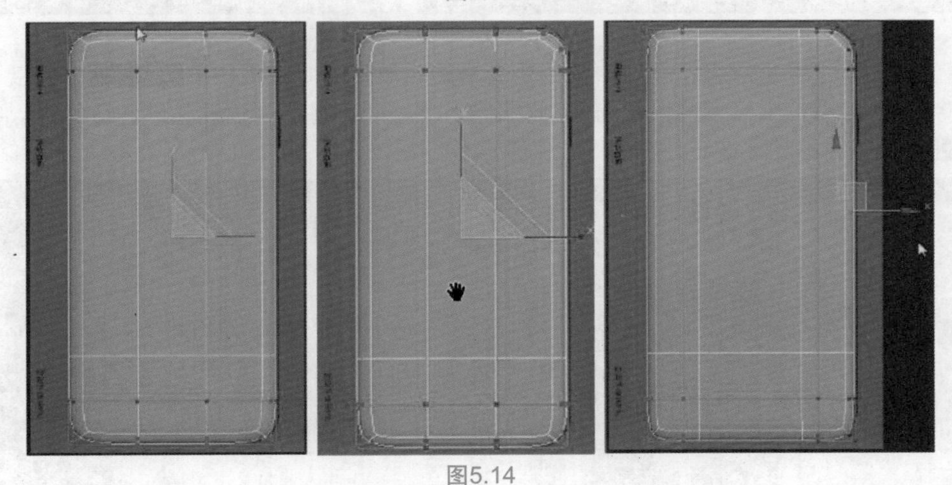
图5.14

11 从前视图中观察模型边缘的弧度是否和参考平面2一致。单击命令面板的【显示最终结果开关】按钮，进入顶点层级并选择相应的顶点，用【选择并移动】工具进行位置调整，单击【选择并均匀缩放】按钮，缩放以调整转角状态，如图5.15所示。

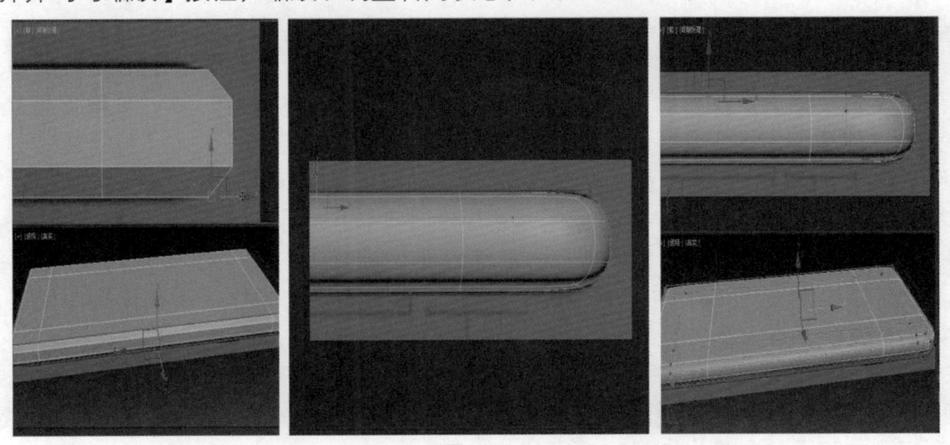
图5.15

12 经过调整后的模型并不准确，还需要进行细致编辑。观察中发现模型弧度变化太长，需用加线的方法解决该问题。进入边层级，选择中间的所有横边，单击命令面板中的【连接】按钮，在弹出的对话框中设置分段数为2、收缩值为67，即可在相应位置链接两圈边，从而使平滑后模型边缘的弧度也相应改变，如图5.16左所示。再到前视图中调整图5.16右侧所示的顶点的位置以改变平滑后的形态。

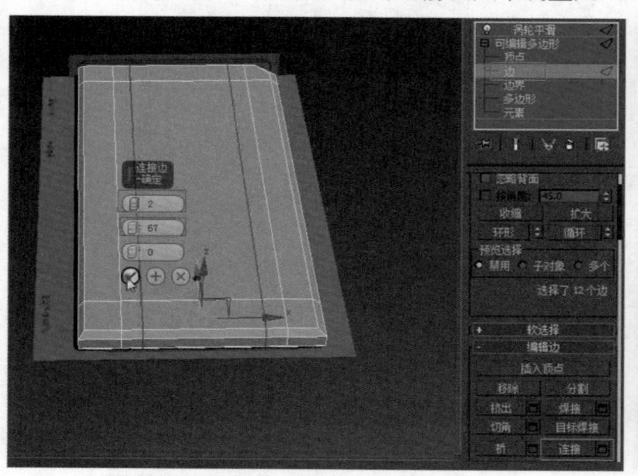

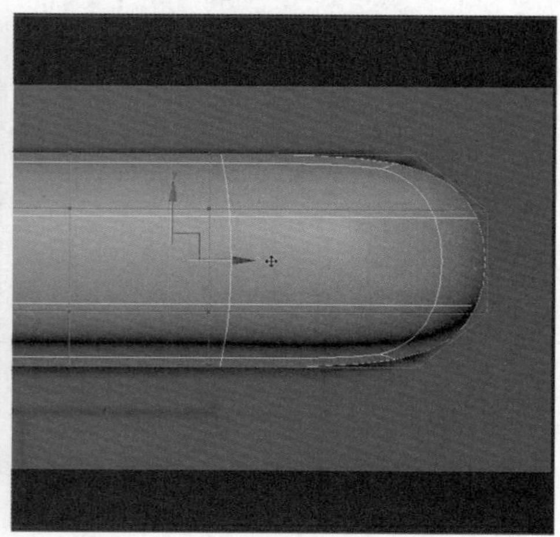

图5.16

13 在顶视图下进入边层级，选择中间的所有横边，单击命令面板中的【连接】按钮，在弹出的对话框中设置分段数为2、收缩值为67，即可将两圈边调整到合适位置。然后单击工具栏上【选择并移动】按钮，在顶点层级下进行位置微调，如图5.17所示。

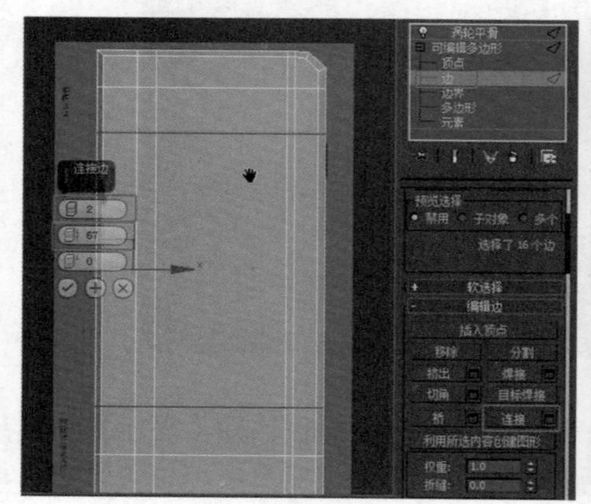

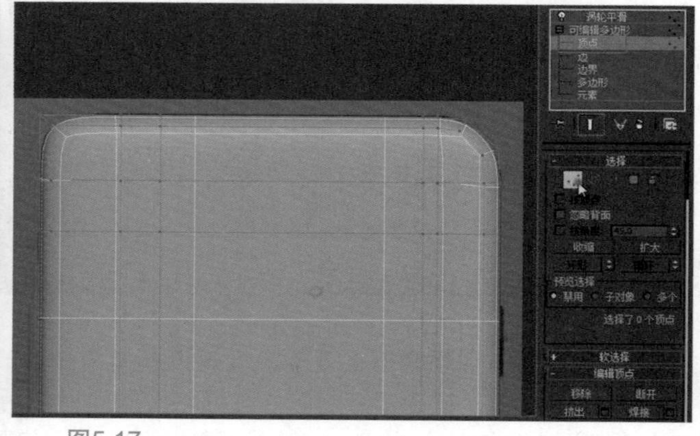

图5.17

14 调整得当后，因之前的调整中仅针对4个角中的一个，所以需进行对称处理。为方便观察首先将模型孤立显示，其快捷键为Alt+Q。选择模型，在【涡轮平滑】修改器上单击鼠标右键，将【涡轮平滑】修改器删除，从修改器列表中单击选择【对称】修改器，观察模型变化，调整合适的对称轴，使模型有两个角是正确的。再次从修改器列表中选择【对称】修改器，设置合适的对称轴。经过两次对称操作后，模型的4个角都正确了，如图5.18所示。

15 选择对象，单击鼠标右键，在弹出的菜单中选择【转换为】→【可编辑多边形】命令，然后从修改器列表为模型添加【涡轮平滑】修改器，调整【迭代次数】为3。观察平滑后的模型，发现模型四周布线较密集而中间较稀疏，不利于后期模型的制作，需在模型中间区域进行加线处理，如图5.19所示。

16 在修改器堆栈单击【可编辑多边形】，进入其边层级，选择中间一条线，再单击【循环】按钮。单击命令面板中的【切角】按钮，在弹出的对话框中调整边切角量数值为8左右，即可为模型中间添加布线，如图5.20所示。

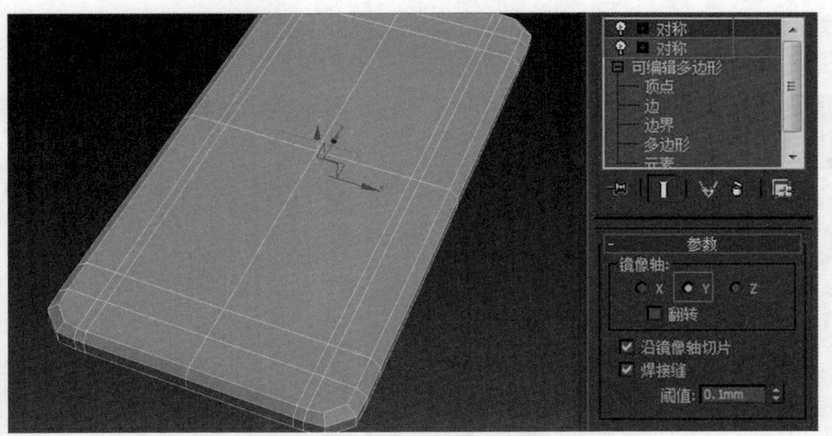

图5.18

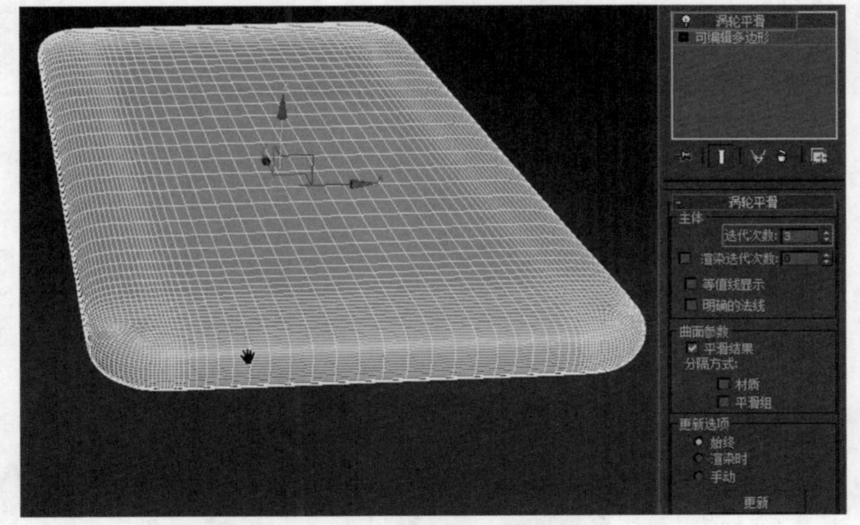

图5.19

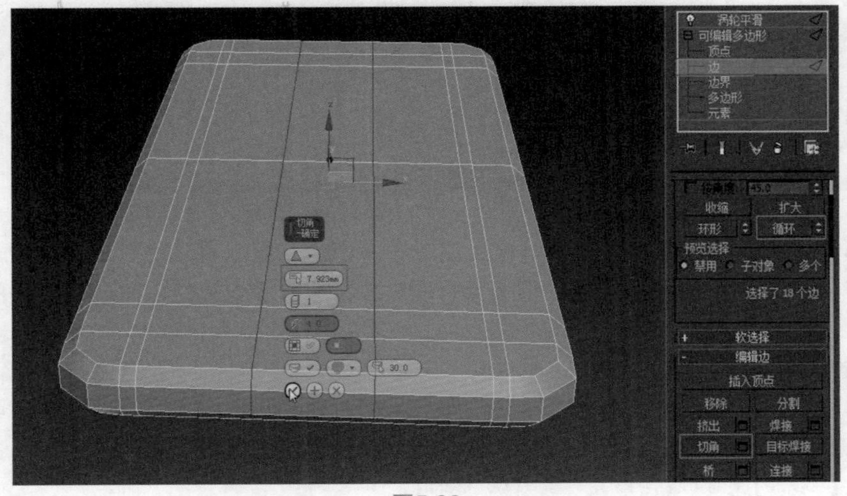

图5.20

17▸在之前的制作中所参照的参考平面图，有可能因像素等问题导致现在所建成的模型与实际手机有所偏差。为使模型更加精致，需再次导入一张平面图以对照调整模型形状。在创建面板单击【平面】按钮，按住Ctrl键并拖曳出一个正方形平面，将其【长度分段】和【宽度分段】均设置为1。将素材图片“2”赋予平面并使之在视口中显示。用【选择并移动】、【选择并均匀缩放】工具将平面放置合适的位置，使参考图中的机身与机身模型匹配，如图5.21所示。

图5.21

TIPS 在使参考图与机身模型匹配过程中，可将模型半透明显示以方便观察、调整，半透明操作的快捷键为Alt+X。

18 在缩放时如果用鼠标难以精确控制细微的变化，可用鼠标右键单击工具栏中的【选择并均匀缩放】按钮，在弹出的对话框中调整偏移值的大小以实现细致缩放，如图5.22左所示。细致观察模型与参考平面图的差距，从顶视图中框选相应的顶点，用【选择并移动】工具对其进行调整，力求准确，如图5.22右所示。

图5.22

19 在【涡轮平滑】修改器下勾选【等值线显示】复选项，可以显示更少的边，便于观察。进入【可编辑多边形】的顶点层级，依次选择图5.23右侧所示的顶点，单击工具栏的【选择并移动】按钮，细致调整转角形态（在横向和竖向上要单独操作）。仅调整4个角中的一个即可，其余3个角可通过对称操作实现。

20 在【涡轮平滑】修改器上单击鼠标右键将【涡轮平滑】删除，然后再删除图5.24左侧所示的3个角，从修改器列表中单击【对称】修改器，观察模型变化并调整对称轴，再次从修改器列表中单击添加【对称】修改器，设置合适的对称轴。

TIPS 本步骤中先删除部分多边形，再进行对称操作的目的是便于观察对称是否正确，由于对转角处改动比较细微，对称后不容易判断是否需要“翻转”。此步骤不是建模所必须的，读者可根据自己习惯来操作。

图5.23

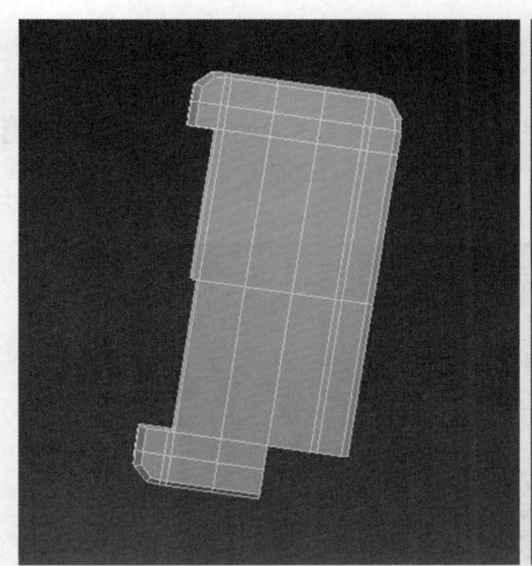
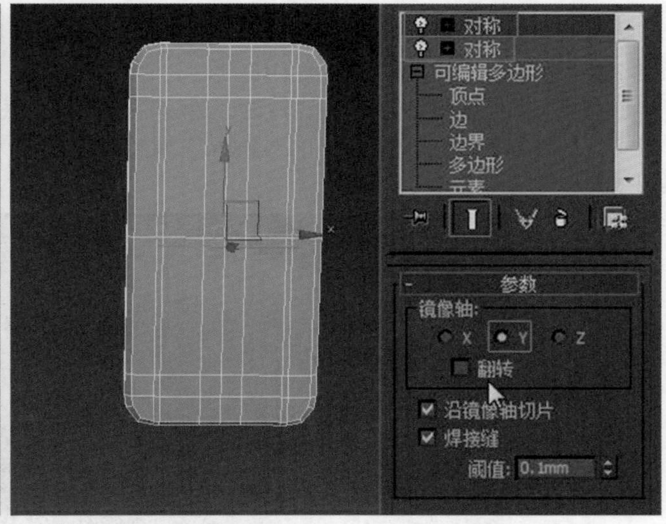

图5.24

21 选择模型，单击鼠标右键，在弹出的菜单中选择【转换为】→【可编辑多边形】命令。从修改器列表中单击【涡轮平滑】修改器，然后进入【可编辑多边形】的边层级，选择图5.25左侧所示一圈边并将其删除。再依次选择图5.25中间所示直线，单击命令面板中的 连接 【连接】按钮，在弹出的对话框中设置分段数为1、收缩值为0、滑块值为0，可在其中间连接一圈边。对另一边也是同样操作来加一圈边。

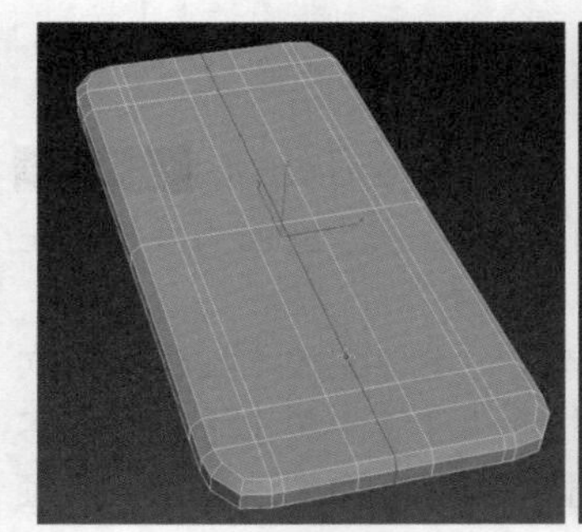
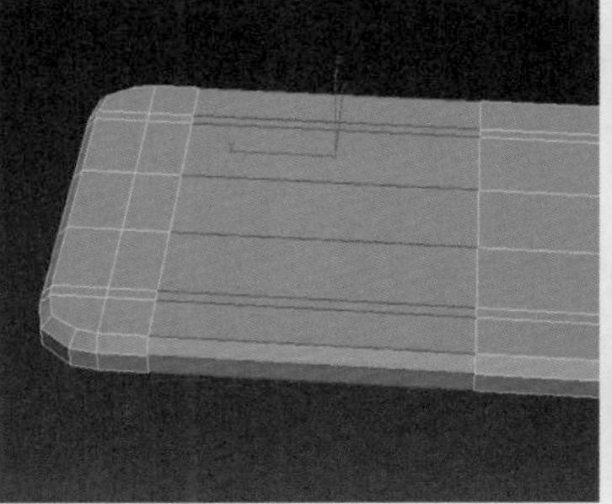
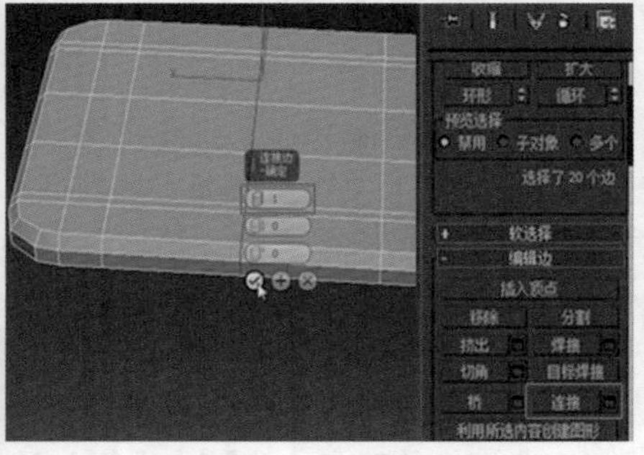

图5.25

在修改器堆栈中单击【涡轮平滑】修改器，观察完成的机身，其形状如图5.26所示。

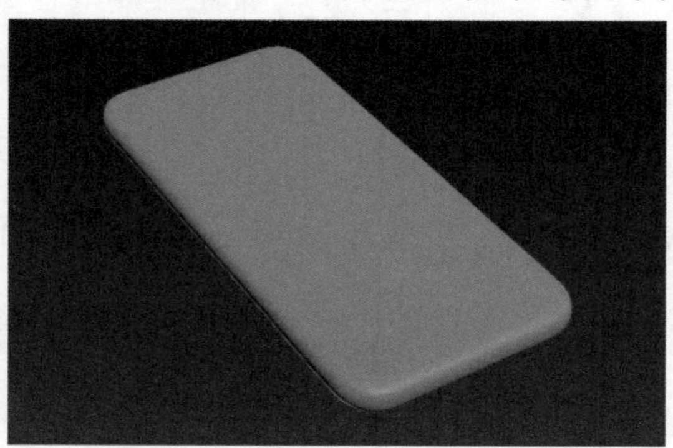

图5.26

5.2 将机身细分为三大部分

这一节当中需要将机身细分为3个大的部分，分别是屏幕、金属机身、天线塑料条。赋予模型【多维/子对象】材质，设置正确的ID号。

01 进入【可编辑多边形】的多边形层级，选择模型底面的多边形，单击命令面板中的 倒角 【倒角】按钮，在弹出的对话框中调整高度数值为0、轮廓值为-2.7左右，此面为手机的背面，如图5.27所示。

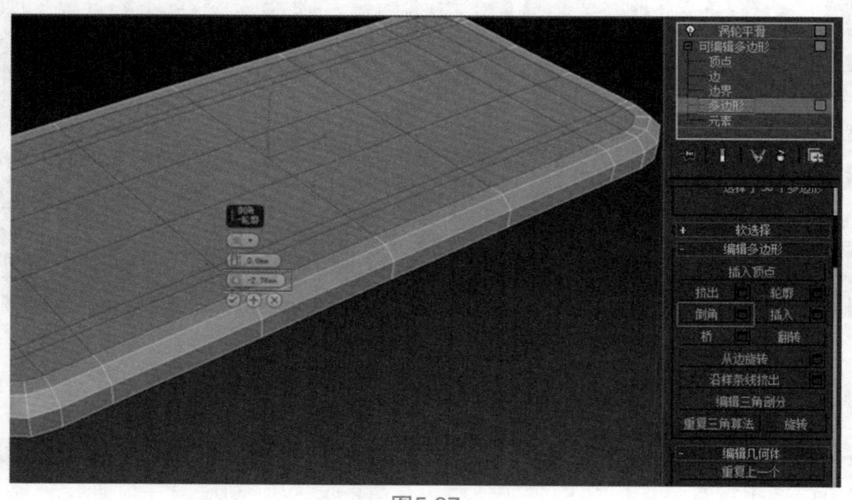

图5.27

TIPS 本操作中在选择多边形时可先选择中间两个多边形，然后通过多次单击命令面板中的【扩大】按钮来选择。

02 进入【可编辑多边形】的多边形层级，选择模型顶面的多边形，单击命令面板中的 倒角 【倒角】按钮，在弹出的对话框中调整高度数值为0.35、轮廓值为-2.7左右。此面为手机的正面，因为有2.5玻璃的弧度，所以在倒角操作中要设置一定的高度，如图5.28所示。

03 将模型和参考平面1孤立显示。选择模型，单击工具栏上【选择并均匀缩放】按钮，再次依照参考平面图调整模型大小，如图5.29左所示。然后在修改器堆栈层级中单击【可编辑多边形】，进入其点层级，单击【显示最终结果开关】按钮，观察模型与参考平面图的差距，从顶视图框选相应的顶点，用【选择并移动】工具反复调整，直至准确，如图5.29右所示。

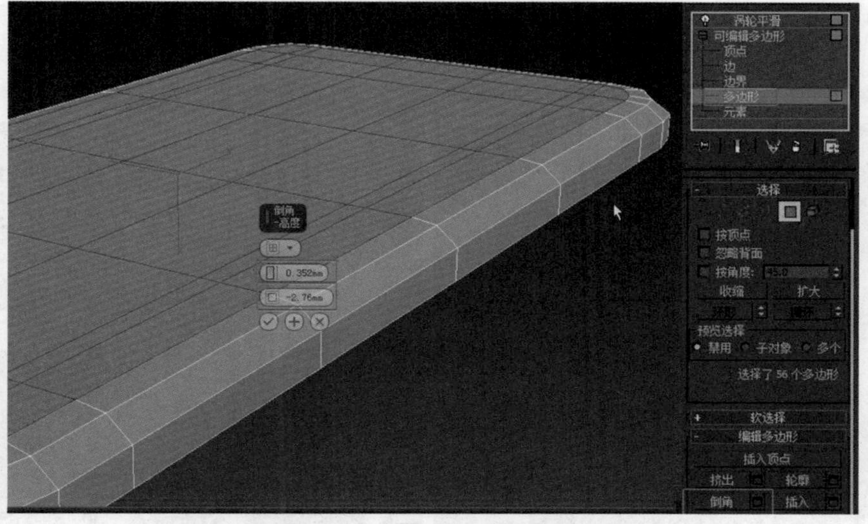

图5.28

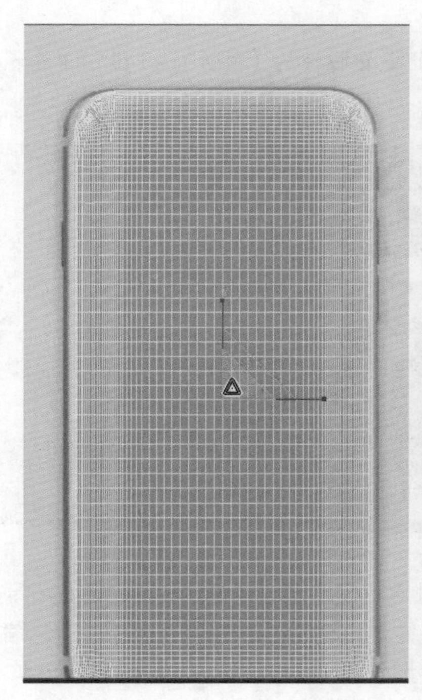
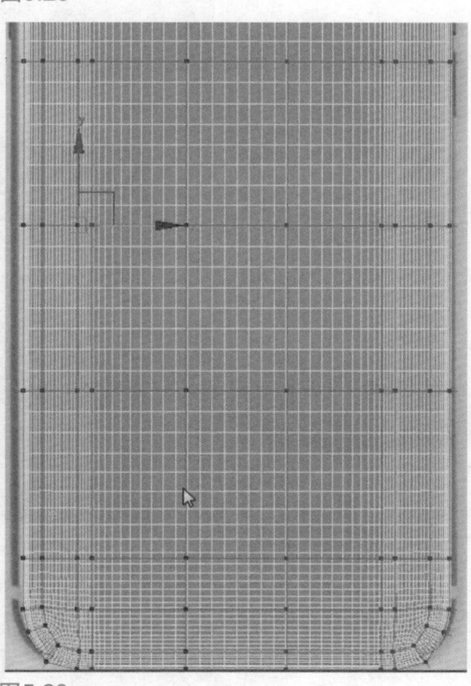
图5.29

04 当对模型的形状调整准确无误后，选择模型，单击鼠标右键，在弹出的菜单中选择【转换为】→【可编辑多边形】命令，对模型的多边形进行ID设置。单击工具栏上的【材质编辑器】按钮，在弹出的Slate材质编辑器左侧的【材质/贴图浏览器】中双击【多维/子对象】材质。在材质编辑器视图中双击材质标题栏，在右侧单击【设置数量】按钮，在弹出的对话框中将数量调整为3。单击1号ID后的【无】按钮，在弹出的对话框中选择【标准】材质，然后双击1号材质，在右侧将漫反射颜色调为黄色。然后按照同样的方法将2号ID漫反射颜色设置为白色，3号ID漫反射颜色设置为蓝色。设置完成后选择模型，单击【将材质指定给选定对象】按钮，将【多维/子对象】材质指定给模型，如图5.30所示。

TIPS 本步骤中为模型设置【多维/子对象】材质的目的是方便对模型ID号分组，并不是最终渲染材质。

05 选择模型，按下键盘上的快捷键Alt+X，将模型半透明显示。从修改器堆栈中选择【可编辑多边形】，进入【多边形】层级，选择所有多边形，在命令面板中将ID设置为1，按

【Enter】键确定。然后对照平面参考图选择图5.31左侧所示的2圈多边形，在命令面板中设置ID为2。然后再对照参考图选择图5.31右侧所示多边形，在命令面板中设置ID也为2。

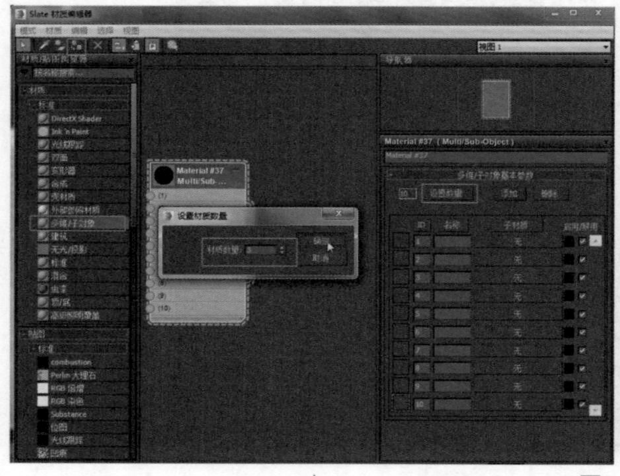
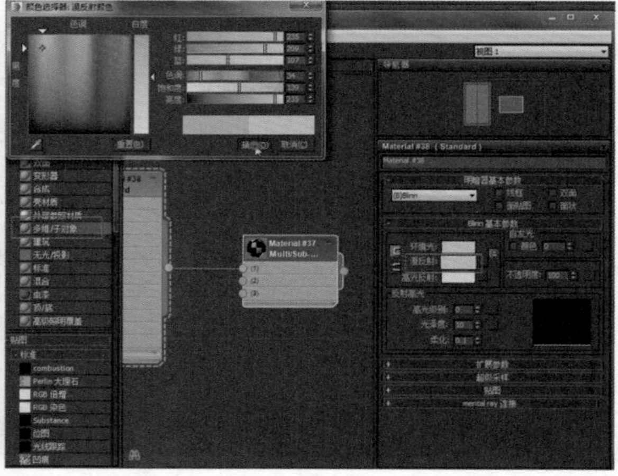

图5.30

> TIPS 选择竖向多边形时，可先选择对应边，然后单击修改面板的【环形】按钮，单击鼠标右键，在弹出的菜单中选择【转换到面】命令。

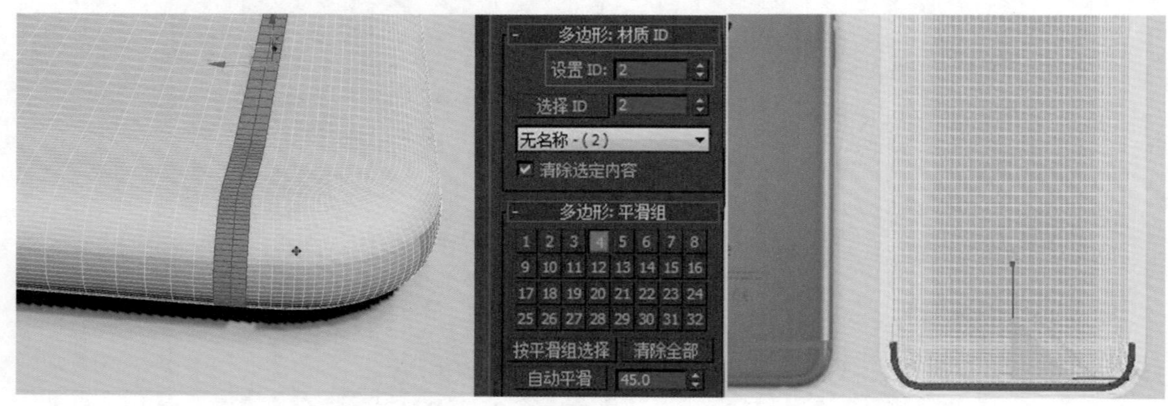

图5.31

06 在修改器堆栈层级中单击【可编辑多边形】，进入其顶点层级，框选图5.32左上所示一圈顶点，单击工具栏上【选择并移动】按钮，仔细调整位置，然后再单击【选择并均匀缩放】按钮，纵向缩放以使选择的顶点平面化。再框选图5.32左下所示顶点，单击工具栏上【选择并均匀缩放】按钮，进行纵向缩放，再用【选择并移动】工具调整模型的形态，使白色区域不再出现弯曲现象。

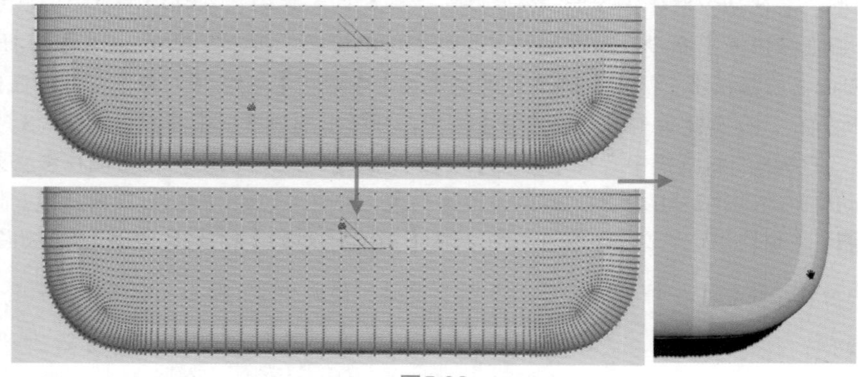

图5.32

07 调整完一端的白色塑料条后，用【对称】按钮实现对另一端的创建。选择模型，添加【对称】修改器，选择其镜像轴为Y轴，勾选【翻转】复选项。然后单击鼠标右键，在弹出的菜单中选择【转换为】→【可编辑多边形】命令，如图5.33所示。

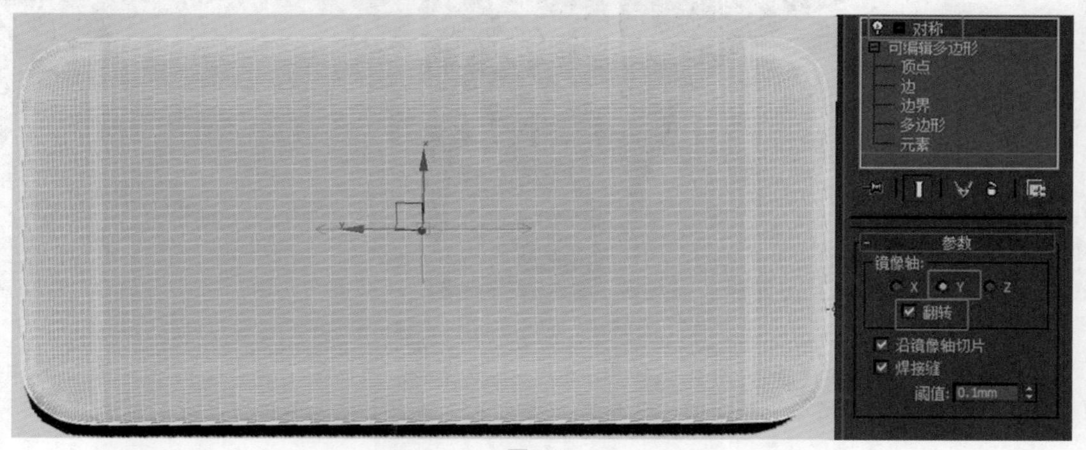

图5.33

08 在修改器堆栈层级中单击【可编辑多边形】，进入其多边形层级，框选图5.34所示多边形，在命令面板中设置ID为3。

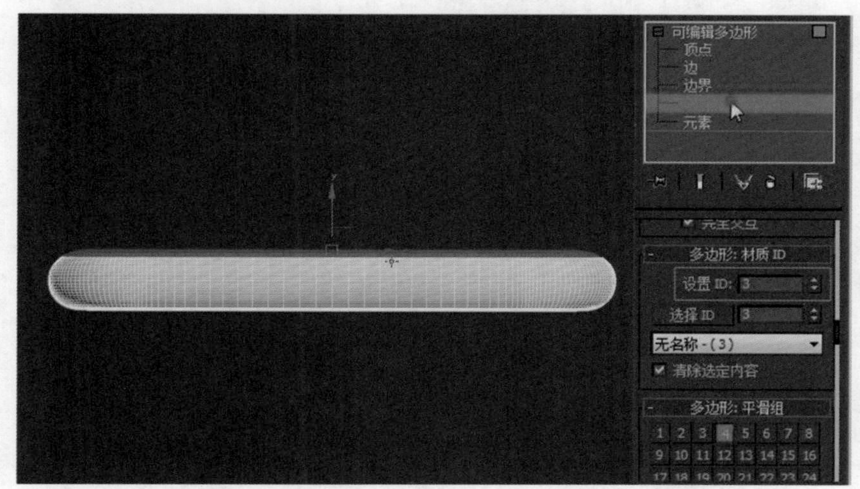

图5.34

> TIPS 在模型制作过程中需注意较为平整的一面为机身背面，略微鼓起的一面为屏幕。

09 在修改器堆栈层级中单击【可编辑多边形】，进入边层级，选择图5.35左所示一圈线。单击命令面板中的 连接 【连接】按钮，在弹出的对话框中调整滑块数值和收缩值，将连线调整到合适位置。

> TIPS 在选择图5.35所示的一圈边时，可以先选择其中一条，然后按住Shift键加选相邻一条，即可环形选择该圈边；也可以在选择一条边后，单击命令列表中的【环形】按钮。

10 在修改器堆栈层级中单击【可编辑多边形】，进入多边形层级，选择图5.36上所示多边形。然后单击命令面板中的 倒角 【倒角】按钮，在弹出的对话框中选择【局部法线】选项，调整高度数值为0.04左右、轮廓值为-0.025左右。

11 选择图5.37所示的整圈多边形，在命令面板中设置ID为2。在完成之后对照平面参考图对机身ID号进一步检查有无错误。

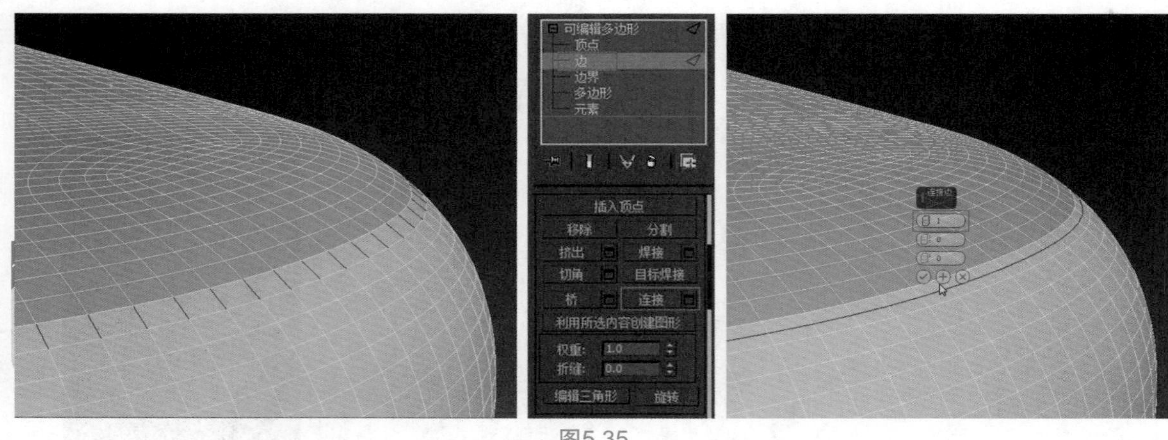

图5.35

TIPS 在本步骤中选择多边形时，可先选择中间的一个多边形，然后按下键盘上的Shift键，再单击相邻的多边形即可实现循环选择整圈，然后再单击命令面板的【扩大】按钮，可扩展为3圈。

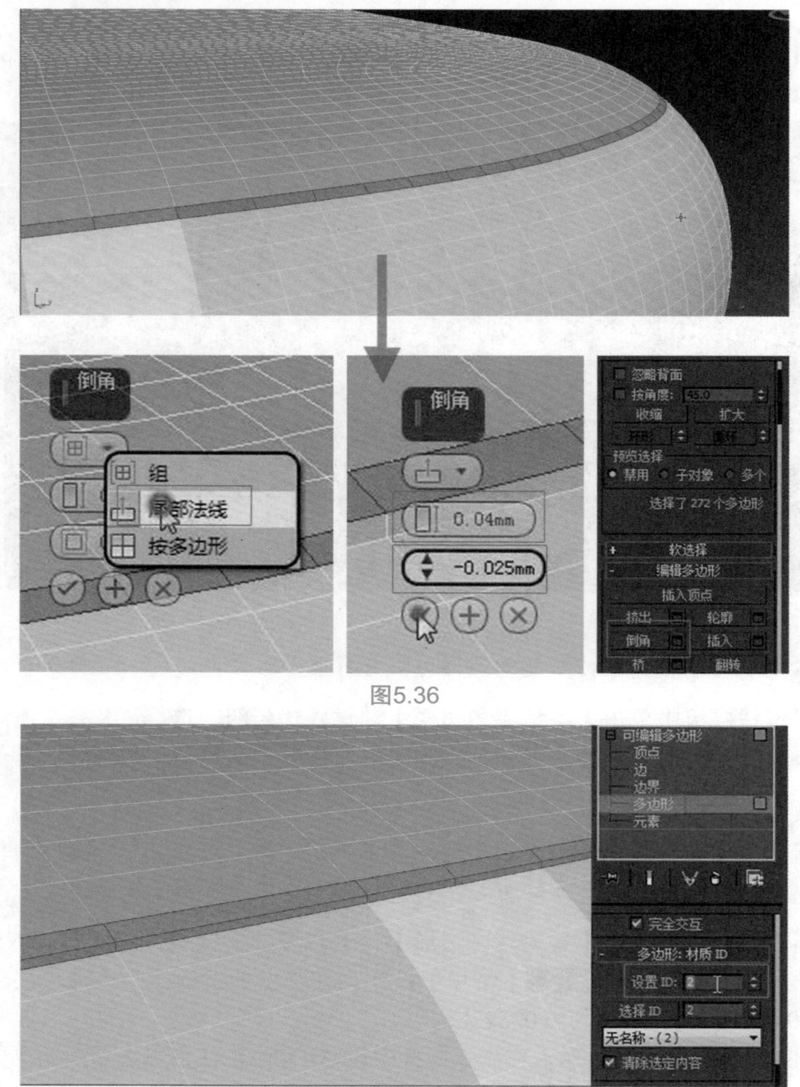

图5.36

图5.37

5.3 制作手机正面细节

本步骤是制作手机正面的细节，由于真实情况是隔着玻璃看屏幕的。所以要制作出一个叫作“屏幕内”的平面物体，使其位于玻璃下方，该对象包括屏幕、感应器等。还要制作两个用于布尔减出孔位的对象。

01 在修改器堆栈层级中单击【可编辑多边形】，进入多边形层级，在修改面板中的【选择ID】后输入3，再单击【选择ID】按钮即可选择所有3号ID的多边形。然后在命令面板中单击【分离】按钮，再在弹出的对话框中勾选【以克隆对象分离】复选项，如图5.38所示。

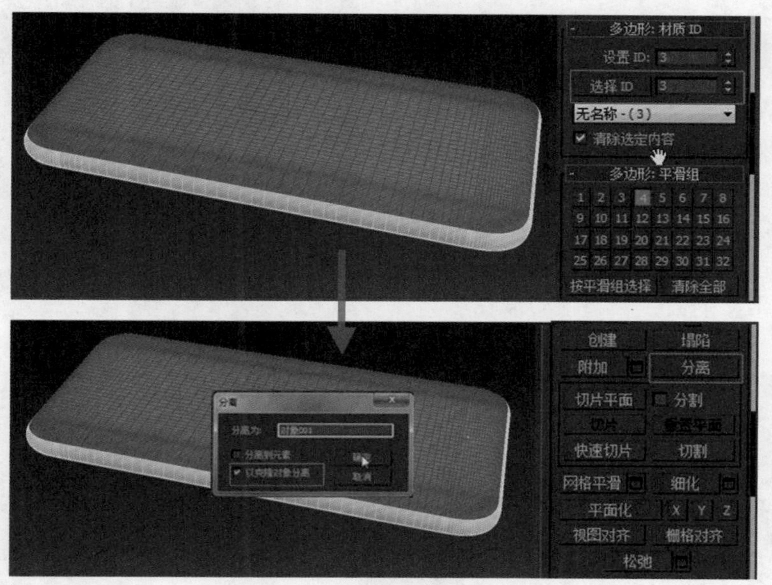

图5.38

02 退出多边形层级，在视口中选择上一步骤中克隆出来的对象，按快捷键Alt+Q将模型单独显示。选择对象，目前它还是一个片状模型。需要从修改器列表中为其添加【壳】修改器，设置其【内部量】为0.58、【外部量】为0，这样它就具有了厚度，如图5.39所示。

> TIPS
> 【壳】修改器中有内部量和外部量两个参数，这两个参数都可为模型产生壳厚度，外部量是向多边形的法线方向增长厚度，势必会破坏已有形状；而内部量是向法线的反方向增长厚度，不会影响模型的外观形态。

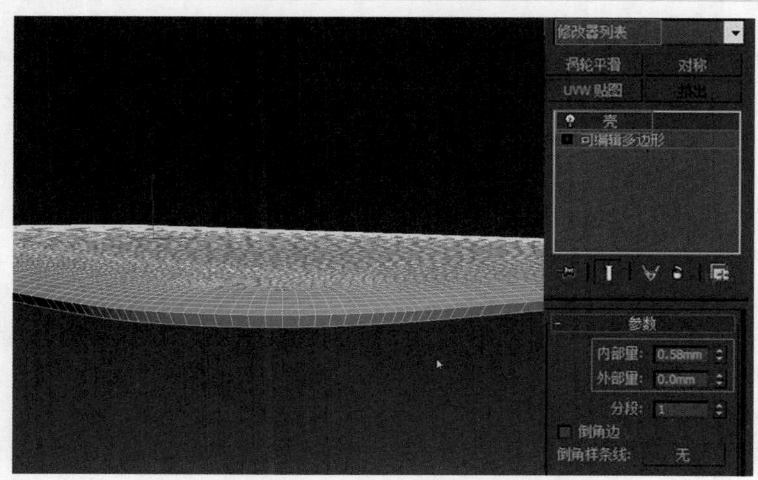

图5.39

03 选择模型，对模型进行ID设置，在命令面板勾选【覆盖内部材质ID】、【覆盖外部材质ID】、【覆盖边材质ID】等复选项，并将其数值分别设置为1、3、2。然后在模型上单击鼠标右键，将其转换为可编辑多边形，而后进入多边形层级，在修改面板中单击【选择ID】按钮，选择3号ID的多边形并将其删除，如图5.40所示。

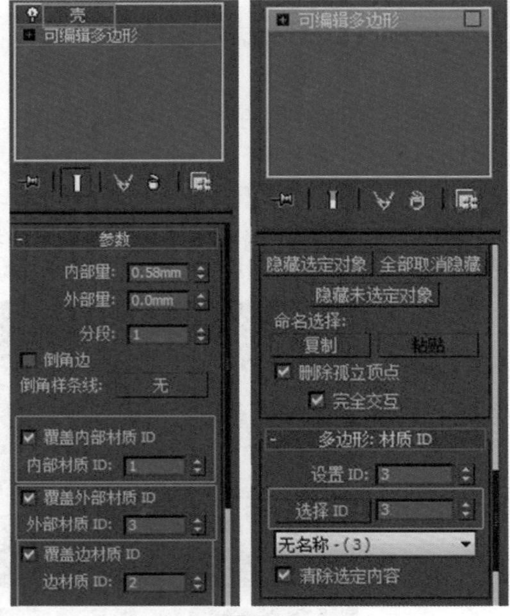

图5.40

04 在修改器堆栈层级中单击【可编辑多边形】，进入边级别，选择图5.41左所示的4条边，单击命令面板【循环】按钮，然后按下键盘上的快捷键Ctrl+Backspace，删除所选择的边。在修改器堆栈层级中单击【可编辑多边形】，进入元素层级，选择整个元素，然后在修改面板单击【自动平滑】按钮，这样对象就变成了一个比较平整的面片，将该对象命名为“屏幕内”。

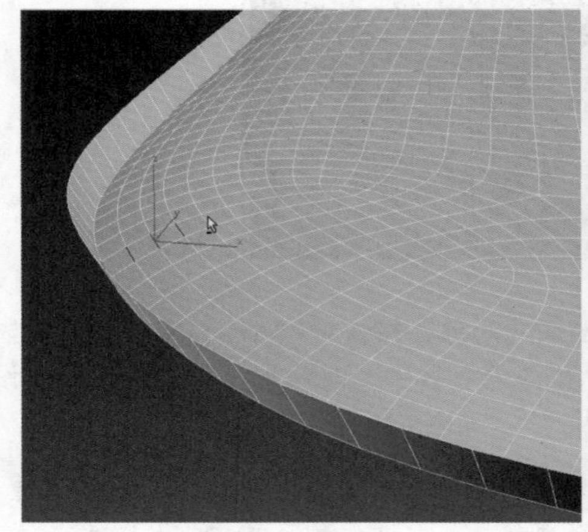
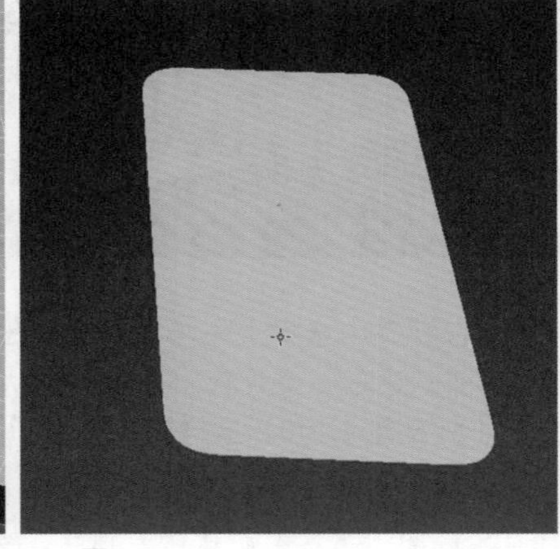

图5.41

05 在空白处单击鼠标右键，在弹出的菜单中选择【按名称取消隐藏】命令，将平面参考图1取消隐藏。选择模型，然后使用快捷键Alt+X将其半透明显示，然后选择平面参考1，用【选择并移动】工具和【选择并均匀缩放】工具调整大小，使平面图和模型对应。选择图5.42左侧所示的多边形，在命令面板设置ID为2。然后打开菜单栏的【编辑】菜单，选择【反选】命令，再在命令面板中设置ID为1。

06 在修改器堆栈层级中单击【可编辑多边形】，进入顶点层级，框选2号ID上边缘部分，用【选择并均匀缩放】工具在Y轴上缩放顶点，使顶点在一条直线上。再框选2号ID下边缘部分，同样的缩放使顶点在一条直线上，如图5.43所示。

07 在创建面板中单击【图形】按钮，在命令面板中单击【圆】按钮，对照参考平面中的光线感应器，单击鼠标并拖曳创建出圆，然后用【选择并移动】工具和【选择并均匀缩放】工具调节圆的形态位置和大小，调整好形态后在命令面板单击【插值】卷展栏，在下拉列表中将【步数】设置为4。再用同样的方法对照距离感应器形态创建出一个圆。选择其中一个圆，单击鼠标右键，选择【转换为】→【可编辑样条线】命令，在修改面板中单击【附加】按钮，然后再单击另一个圆，单击鼠标右键以结束附加，如图5.44所示。

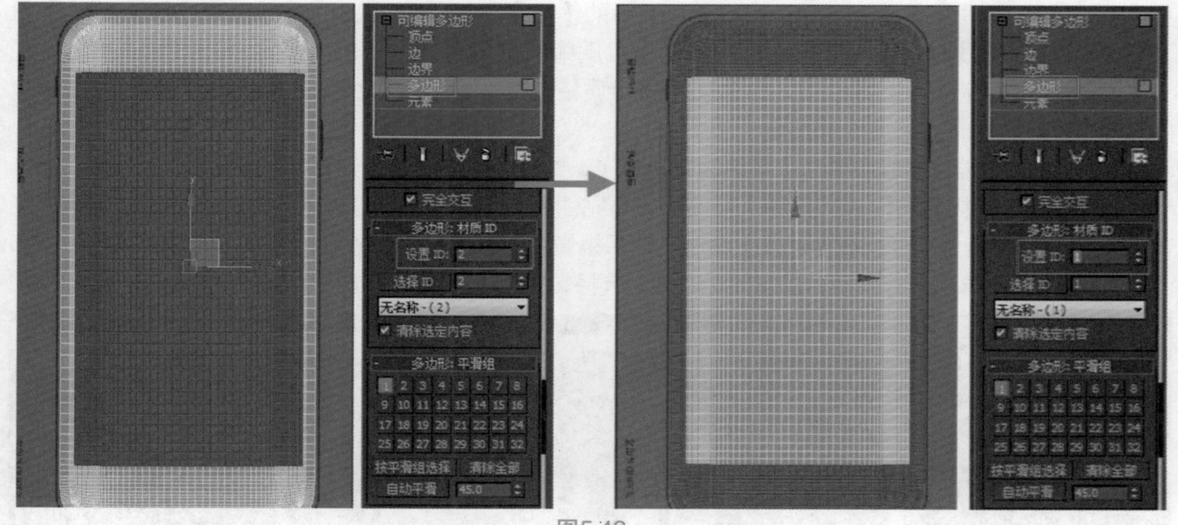

图5.42

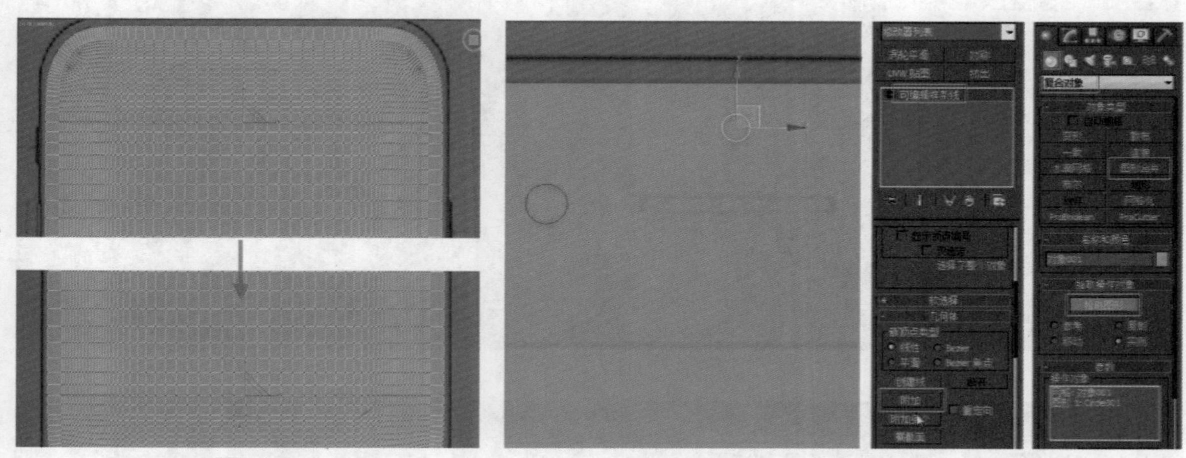

图5.43 图5.44

08 选择“屏幕内”，在创建面板中单击【几何体】按钮，在下拉列表中选择【复合对象】选项，再单击【图形合并】按钮，然后在命令面板中单击【拾取图形】按钮，最后单击圆形即可将图形映射在模型上，如图5.44所示。

> TIPS 如若确认已拾取图形，却没有看到“屏幕”上出现映射的话，可选择模型，单击命令面板的【工具】选项卡，单击【重置变换】列表下的【重置选定内容】按钮。然后选定模型，单击鼠标右键，选择【转换为】→【可编辑多边形】命令，再次进行图形合并即可。

09 选择图形合并后的模型，单击鼠标右键，选择【转换为】→【可编辑多边形】命令，进入其多边形层级，选择光线感应器对应的圆形区域，在命令面板中设置ID为3号。再选择距离感应器对应的圆形区域，在命令面板中设置ID为4号。然后单击工具栏上【材质编辑器】按钮，在弹出的Slate材质编辑器左侧的【材质/贴图浏览器】中双击【多维/子对象】材质，在材质编辑器视图中双击材质标题栏，在右侧单击【设置数量】按钮，在弹出的对话框中将数量调整为4。单击1号ID后的【无】按钮，在弹出的对话框中选择【标准】材质，然后双击弹出的对话框标题栏，在右侧将漫反射颜色调为白色。单击2号ID后的【无】按钮，在弹出的对话框中选择【标准】材质，然后双击弹出的对话框标题栏，在右侧单击漫反射后面的小方框，在弹出的对话框中单击【位图】按钮，选择配套光盘提供的“屏幕”图片。再单击3号ID后的【无】按钮，在弹出的对话框中选择【标准】材质，然后双击弹出的对话框标题栏，在右侧单击漫反射后面的小方框，在弹出的对话框中单击【位图】按钮，选择“摄像头”图片。单击4号ID后的【无】按钮，在弹出的对话框中选择【标准】材质，然后双击弹出的对话框标题栏，在右侧将漫反射颜色调为黑色。单击将2号、3号子材质在视口中显示。设置完成后选择模型，单击【将材质指定给选定对象】按钮，将【多维/子对象】材质指定给模型，如图5.45、图5.46所示。

10 在修改器堆栈层级中单击【可编辑多边形】，进入多边形级别，选择2号ID的多边形，然后在修改器列表中添加【UVW贴图】修改器，将贴图方式选择为【长方体】。然后选择模型，单击鼠标右键，选择转换为【可编辑多边形】命令。选择摄像头所在位置的多边形，然后在修改器列表中添加【UVW贴图】。再次选择模型，单击鼠标右键，选择转换为【可编辑多边形】命令，如图5.47所示。

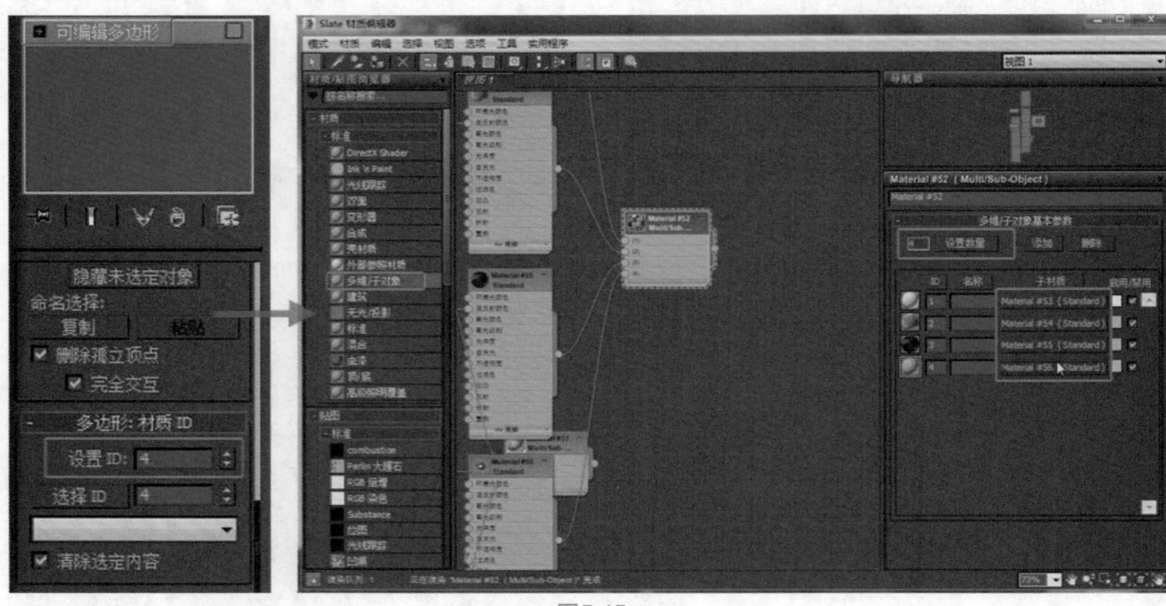

图5.45

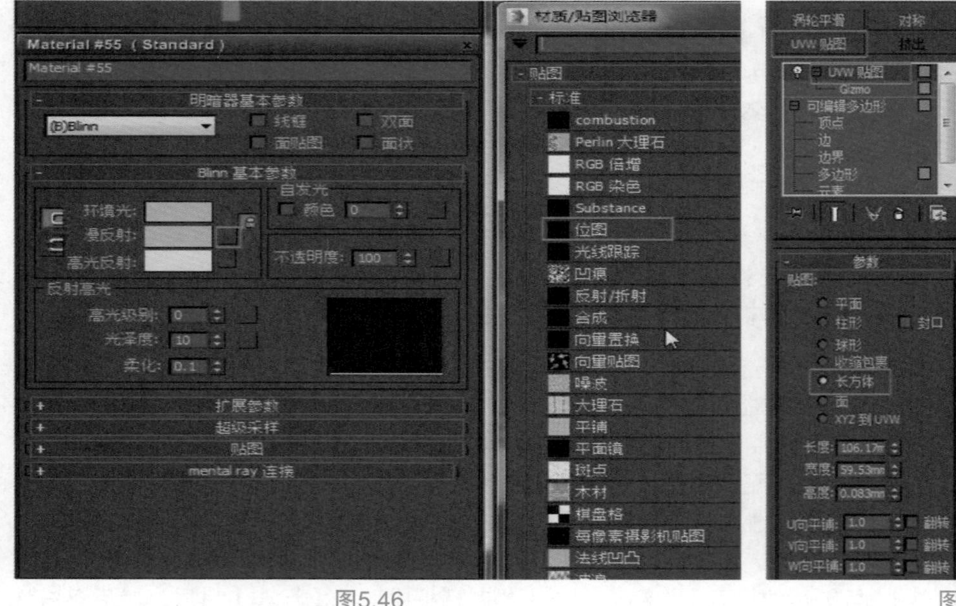

图5.46

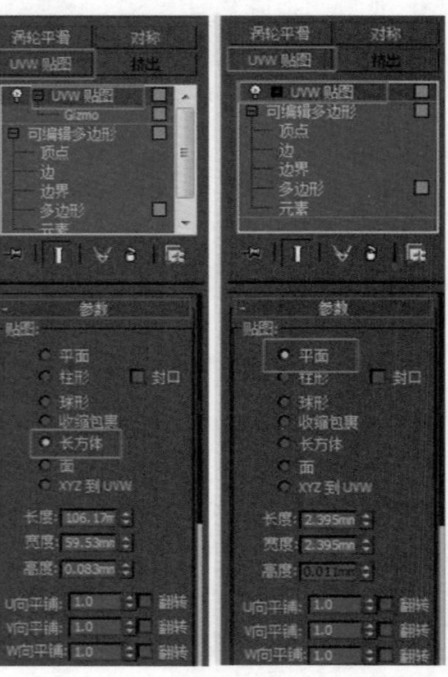

图5.47

11 在空白处单击鼠标右键，在弹出的菜单中选择【全部取消隐藏】命令，然后选择参考平面1，使用快捷键Alt+Q将其独立显示。回到创建面板，在下拉列表中选择【标准基本体】选项，单击【圆柱体】按钮，设置【半径】值为0.5、【高度分段】为1，用【选择并移动】工具调节圆柱体至听筒位置。单击鼠标右键，执行【可编辑多边形】命令，进入顶点层级，选择一边的顶点，将其移动到指定位置，这样就使对象变为条，如图5.48所示。

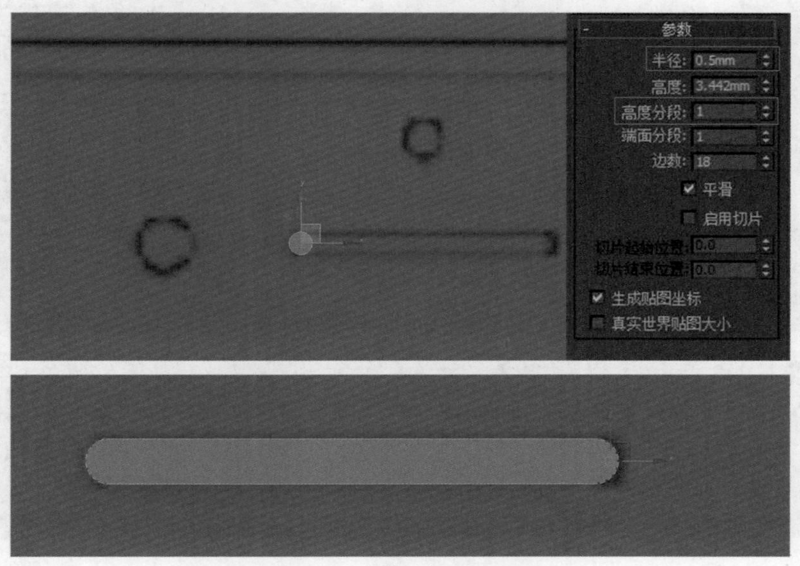

图5.48

12 再创建一个圆柱体，设置【半径】值为5.5左右、【高度】值为7左右、【边数】为32。用【选择并移动】工具调节圆柱体位置至Home键处，如图5.49所示。

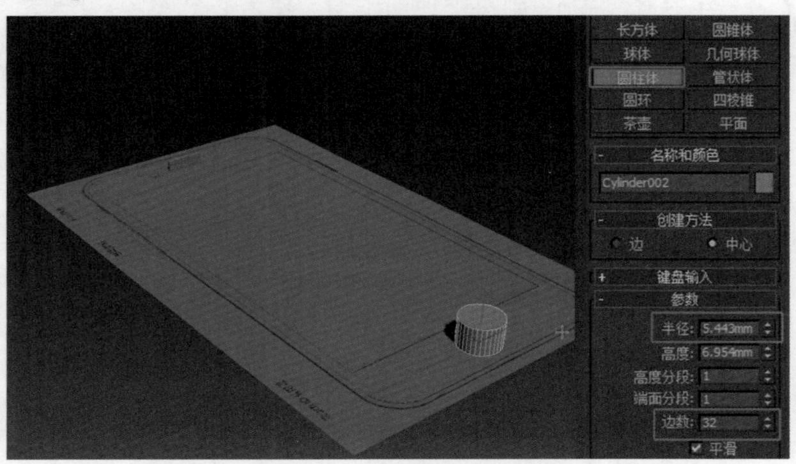

图5.49

5.4 制作布尔对象

本步骤需要制作出各个即将进行布尔运算的对象，包括用于制作扬声器孔的圆柱、制作按钮槽的模型等多个对象。制作难度较低，需要注意的是模型比例和位置要准确。

01 将底部参考平面选择，用快捷键Alt+Q将其孤立显示。再单击创建面板中的【圆柱体】按钮，在前视图中对照底部线框图进行创建，设置【半径】为1.8左右、【高度】为3左右、【高度分段】为1、【端面分段】为1、【边数】为18。再使用【选择并移动】工具对其位置进行精细调整。然后使用【选择并移动】工具，按住键盘上的Shift键，移动复制出一个圆柱体，修改【半径】值为0.85左右、【边数】值为12，其他参数不变。按照同样的方法复制出图5.50所示圆柱体。

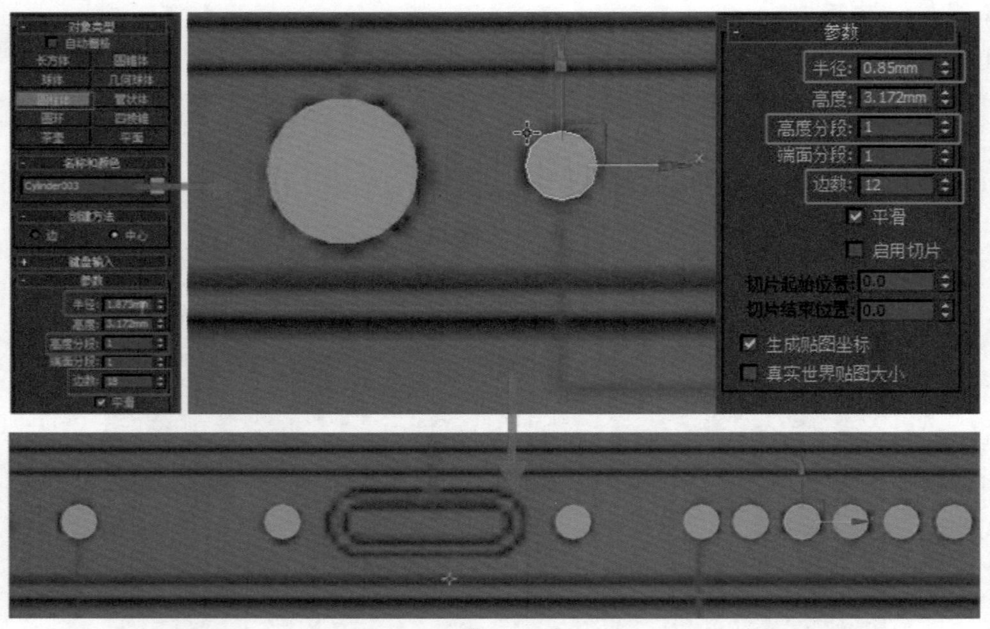

图5.50

02 单击其中一个圆柱体，移动复制出一个，设置【半径】值为1.55左右、【边数】值为18，将其放置在lighting接口位置。然后单击鼠标右键，将圆柱体转换为可编辑多边形，进入点层级，在顶视图中选择一半的顶点并拖曳到图5.51所示位置，使之变长。

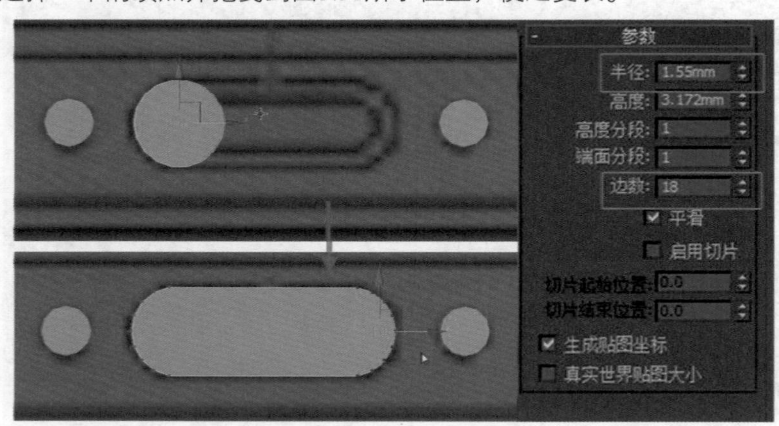

图5.51

TIPS 本步骤中如选择右侧的顶点并进行移动时，会出现上下边缘不水平的问题，应事先配合角度捕捉开关将圆柱体旋转一定的角度，从而使其最上端和最下端是平面。

03 在空白处单击鼠标右键，选择【全部取消隐藏】命令，选择参考平面2，单击鼠标右键，选择【隐藏选定对象】命令。再次对照平面参考图，用【选择并移动】工具和【选择并均匀缩放】工具调整底部圆柱的位置和大小。然后选择Lighting接口处所对应的圆柱，按住Shift键复制出一个，将其重命名为“备用”，再单击鼠标右键，隐藏“备用”对象。将机身和图5.52所示的圆柱体，使用快捷键Alt+Q将其孤立显示，再选择机身，按键盘上的快捷键Alt+X，使之半透明显示。然后选择全部圆柱体，用【选择并移动】工具调整位置，使其与机身相交，如图5.52所示。

04 在空白处单击鼠标右键，选择【全部取消隐藏】命令，然后隐藏参考平面2。选择用于修剪出听筒和Home键的对象，用【选择并移动】工具调整位置，和机身放置在同一平面上，再调整其和机身相交的深浅，如图5.53所示。

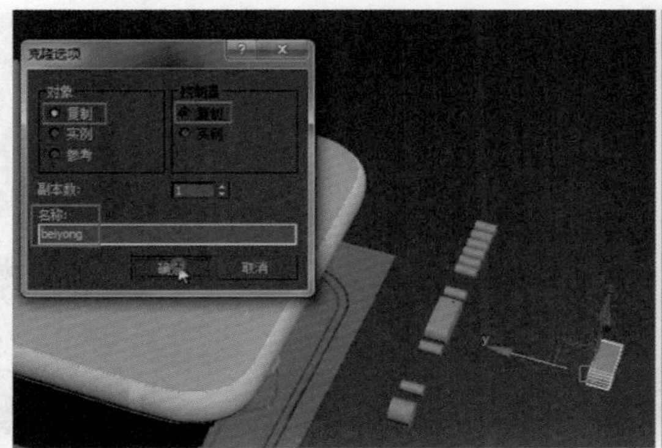

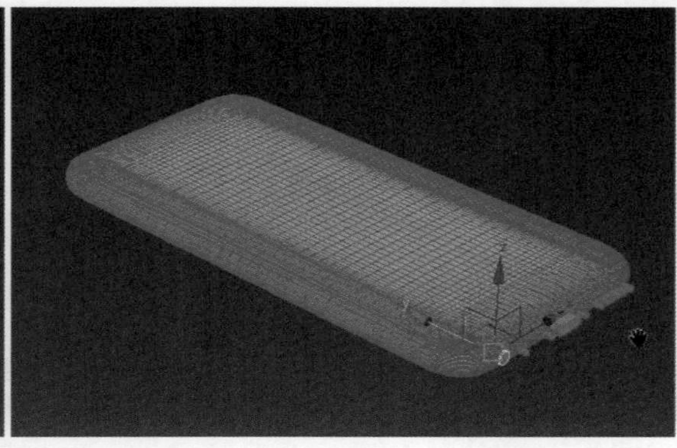

图5.52

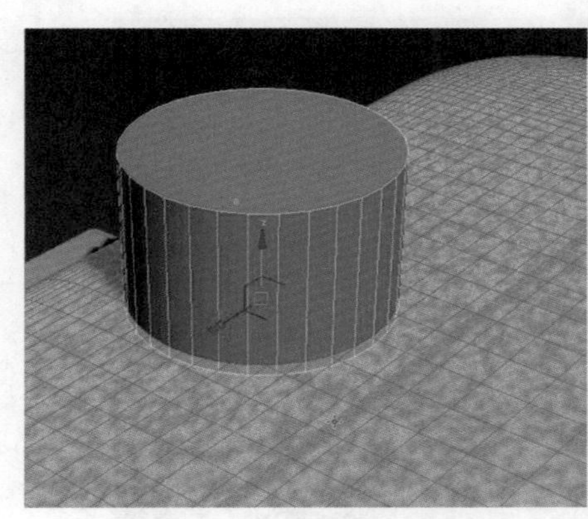

图5.53

05 现在制作机身右侧的细节，在右视图中创建一个圆柱体，设置【半径】值为0.9、【高度分段】为1、【边数】为16。然后单击鼠标右键，将其转换为可编辑多边形。开启工具栏的【角度捕捉】开关以确保精确地旋转，将圆柱体向右旋转10度。选择一半的顶点，用【选择并移动】工具向右拖曳，使对象变长。然后按住Shift键复制一个。对照平面参考图调整两个圆柱体的大小和位置，如图5.54所示。

TIPS 本步骤中如选择右侧的顶点进行移动时，会出现上下边缘不水平的问题，应事先配合使用【角度捕捉开关】将圆柱体旋转一定的角度，使其最上端和最下端是平面。

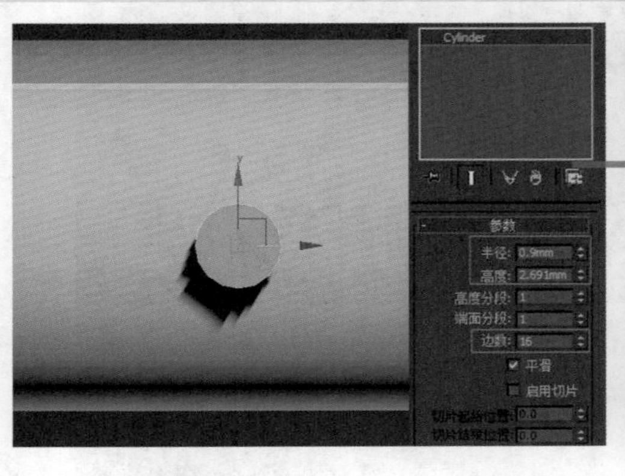

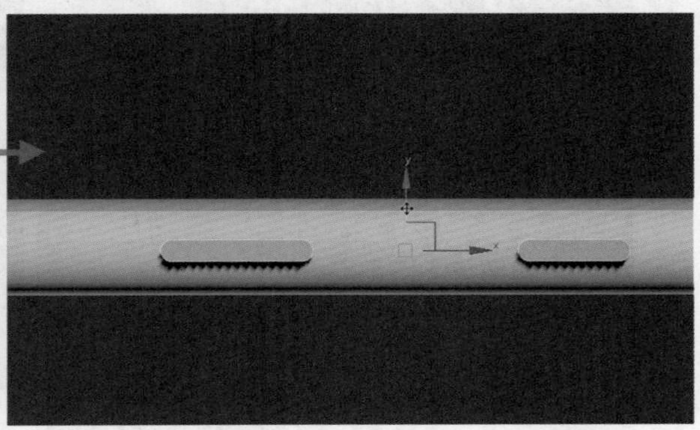

图5.54

06 选择图5.55所示的对象，单击鼠标右键，执行【可编辑多边形】命令。进入多边形层级，删除顶面和底面的多边形。然后退出多边形层级，到修改器列表中添加【壳】修改器，将【内部量】值设置为0.1，如图5.55所示。再创建一个圆柱体，设置【半径】值0.5左右、【高度】值0.86左右，然后用【选择并移动】工具将其调整到图5.56所示位置。

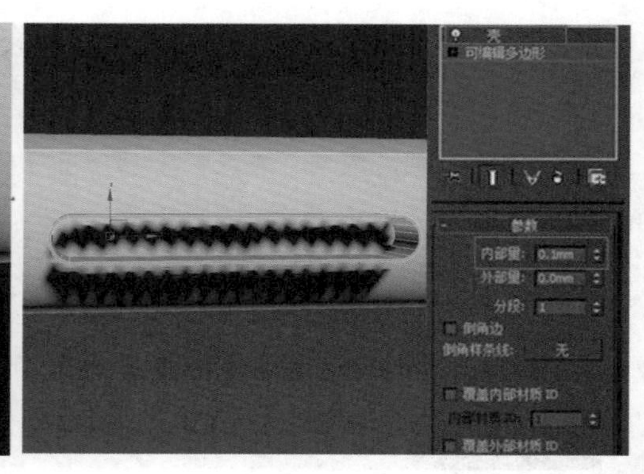

图5.55

图5.56

07 现在创建机身左侧的对象，在左视图中创建图5.57所示长方体，设置【长度】为1.8左右、【宽度】为3.7左右、【高度】为-3.7左右。单击鼠标右键，将其转换为可编辑多边形，然后进入边层级，选择图5.57右上所示的边，单击命令面板【切角】按钮，在弹出的对话框中将切角边量数值设置0.3左右，这样即可将4条边变为8条。再回到可编辑多边形级别，用【选择并移动】工具调整对象与机身的相对位置。

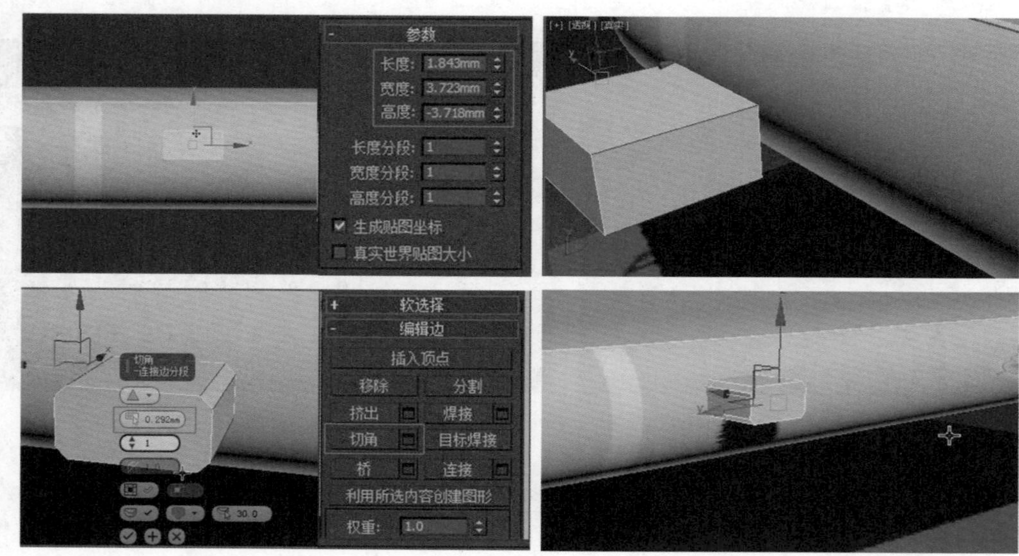

图5.57

08 在左视图中创建图5.58左上所示的圆柱体，设置【半径】值为1.2左右。开启工具栏的【角度捕捉】开关以确保精确地旋转，将圆柱体向右旋转10度。选择该圆柱体，单击鼠标右键，将其转换为可编辑多边形。然后选择一半的顶点，用【选择并移动】工具向右拖曳，调整位置。再单击鼠标右键，将其转换为可编辑多边形，进入多边形层级，删除顶面和底面的多边形。进入边层级，选择图5.58左下所示两端的边，单击命令面板中的【桥】按钮即可在顶面产生多个多边形。

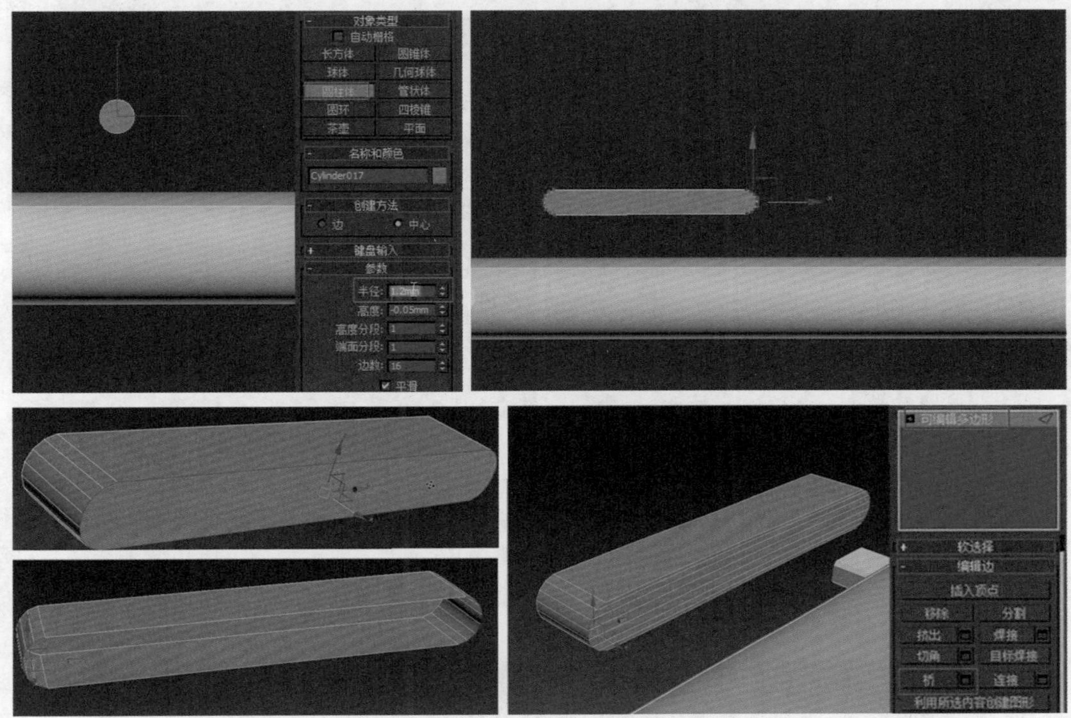

图5.58

09 进入点层级，在前视图中用【选择并移动】工具选择相应的顶点，将按钮调整到图5.59左侧所示的弧度形态，然后到顶视图中对照参考平面1调整模型大小及位置。

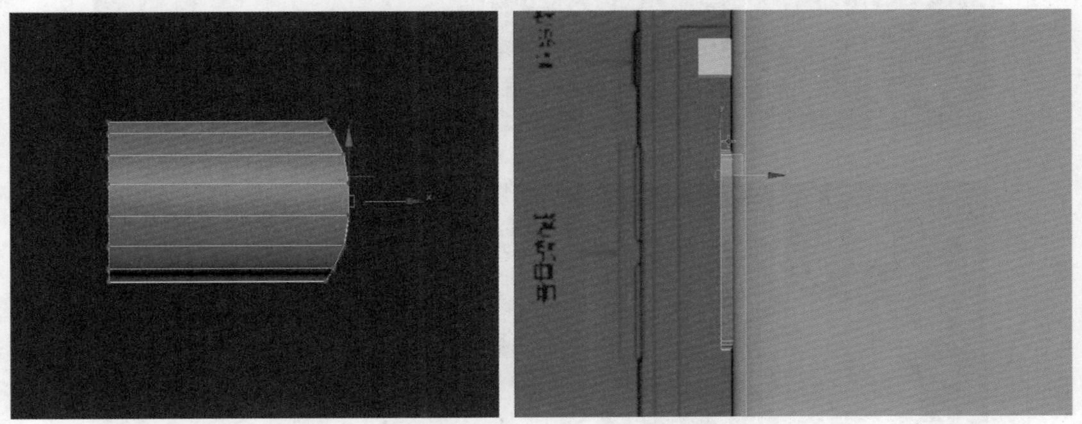

图5.59

10 在创建面板中单击圆柱体按钮，拖曳鼠标创建圆柱体，调整其边数为24。然后单击鼠标右键，将其转换为可编辑多边形。进入多边形层级，选择顶面的多边形，单击命令面板中的 倒角 【倒角】按钮，在弹出的对话框中调整高度数值为0.3左右、轮廓值为-0.27左右。单击【应用并继续】按钮进入第二次倒角，调整高度数值为0，轮廓值不变，然后删除底面的多边形。再用【选择并移动】工具、【选择并均匀缩放】工具调整摄像头的位置和大小，如图5.60所示。

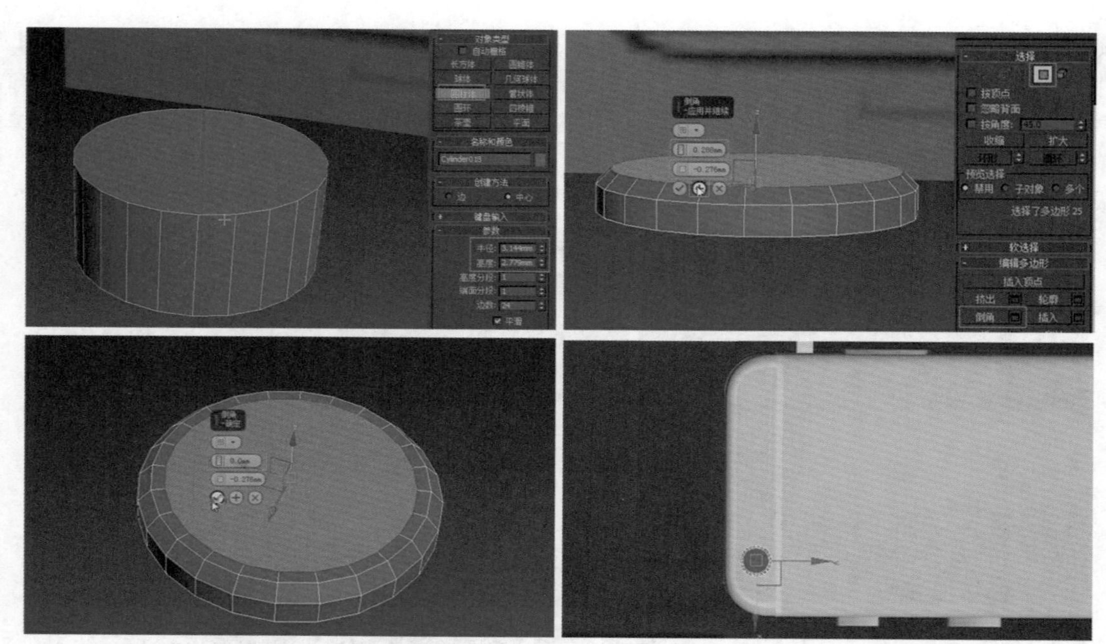

图5.60

11 切换到顶视图，单击创建面板中的圆柱体按钮，拖曳鼠标创建圆柱体，设置【半径】值为0.7左右、【高度】为4左右、【边数】为12。再用【选择并移动】工具将圆柱体移动到摄像头旁边。然后按住Shift键复制出一个，设置其【半径】值为1.6、【边数】为18，再用【选择并移动】工具调整其位置。然后切换到透视图，用【选择并移动】工具调节以上两个圆柱体与机身穿插的深浅，如图5.61、图5.62所示。

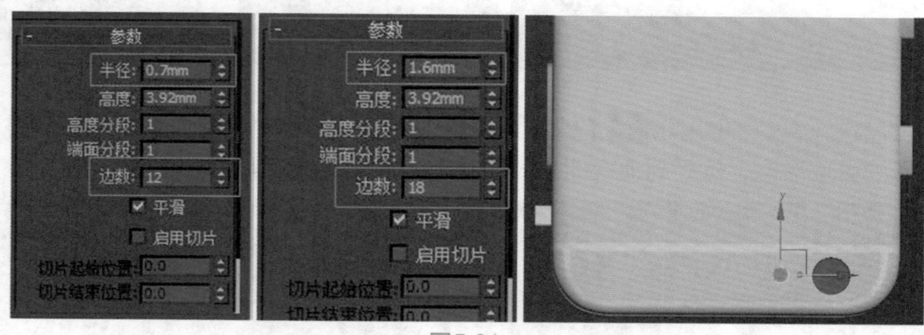

图5.61

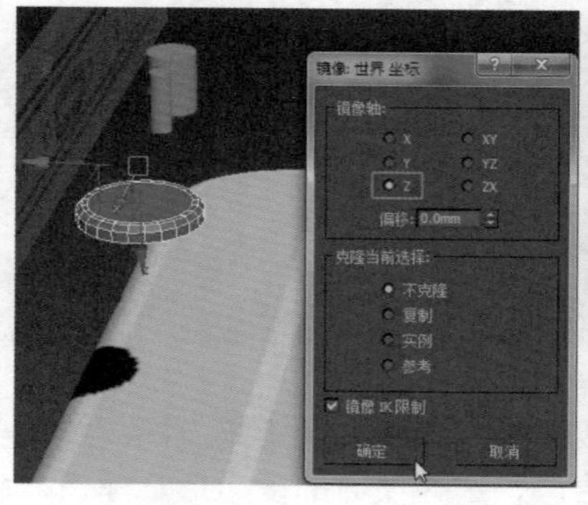

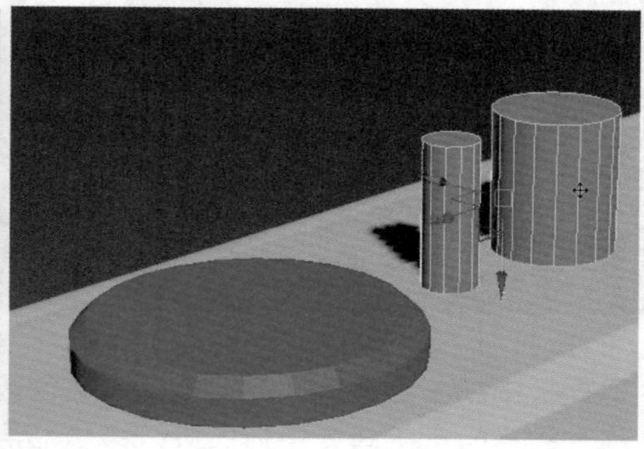

图5.62

TIPS

如若对象上下颠倒时，可单击工具栏中的【镜像】按钮，在弹出的对话框中选择合适的径向轴进行调整。

12 单击创建面板中的【平面】按钮，按住Ctrl键并拖曳出一个方形平面，然后将图片3（苹果标识）拖曳到该平面上，使其作为贴图显示出来。在创建面板单击【图形】按钮，选择【线】类型，依据平面参考图3绘制图形（要分别绘制叶子和苹果）。绘制完成后，选择任何一个，在命令面板单击【附加】按钮后拾取附加另一个即可，如图5.63所示。

13 进入顶点层级，选择图5.64右下所示顶点，单击鼠标右键，在弹出的对话框中选择【Bezier角点】选项，再单击图5.64所示坐标轴的黄色方形区域，用【选择并移动】工具调整控制杆。其他顶点无须转换，直接调整顶点的位置和控制杆的状态即可。调整妥当之后退出顶点层级，完成后将用于参考的平面对象删除。

图5.63

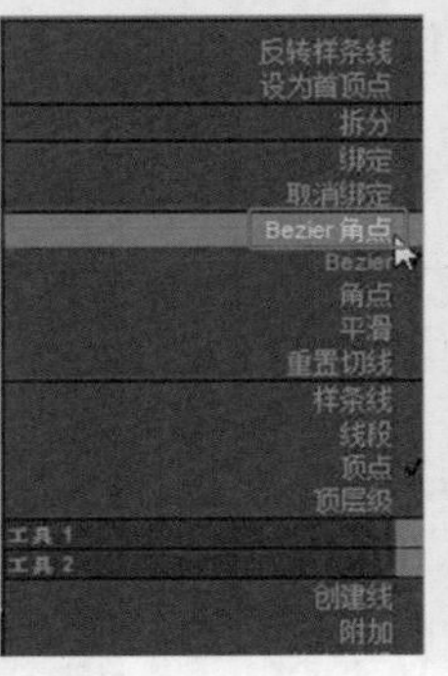

图5.64

14 选择苹果标志图形，在修改器列表中选择【挤出】修改器，调整【数量】为3。如果对象出现翻转则需要单击工具栏的【镜像】按钮，在弹出的对话框中选择合适的轴。然后再用【选择并移动】、【选择并均匀缩放】工具调整模型的位置和大小，使其与机身背面有少量穿插，如图5.65、图5.66所示。

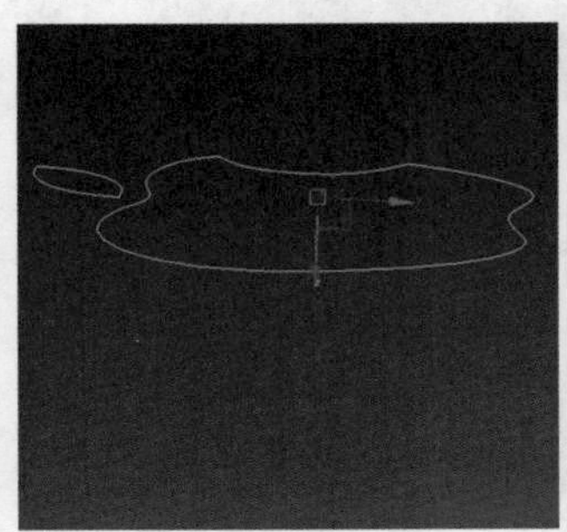

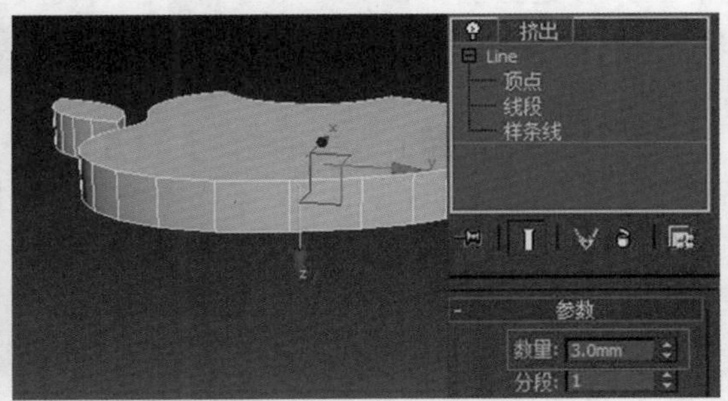

图5.65

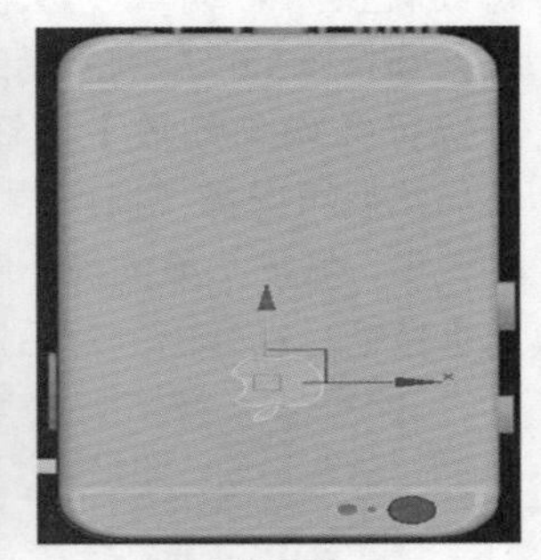

图5.66

15 选择摄像头对象，进入多边形层级，选择图5.67所示的多边形，在命令面板单击【自动平滑】按钮，然后退出多边形级别。本操作可以将原本块面感明显的一圈多边形进行平滑处理，又可以保持纵向（高度）上的层次感。

TIPS 在本步骤中选择多边形时，可先选择其中一个多边形，然后按下键盘上的Shift键，再单击相邻的多边形，即可实现循环选择整圈多边形。

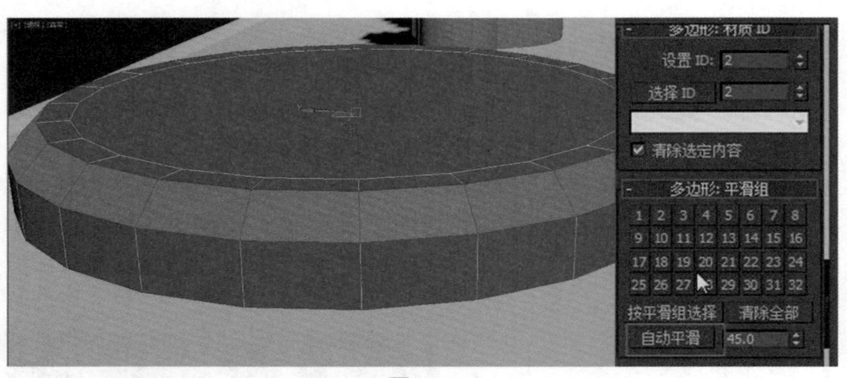

图5.67

5.5 布尔运算以及后期修饰

本节中进行布尔运算，用上一节中创建的对象在机身上减出各个孔。然后将其转换为可编辑多边形后再继续细化这些孔。制作出倒角，设置不同的平滑组，用于模拟真机CNC加工产生的倒角边。这些倒角在渲染时会产生金属光泽，其效果真实。除此之外还要创建一些按钮，也需要进行倒角处理。

01 选择用于修剪出“Home键”的圆柱体，单击鼠标右键，将其转换为可编辑多边形。在命令面板中单击【附加】按钮，依次选择图5.68左侧所示的所有对象。完成后再次单击【附加】按钮即可退出附加操作。

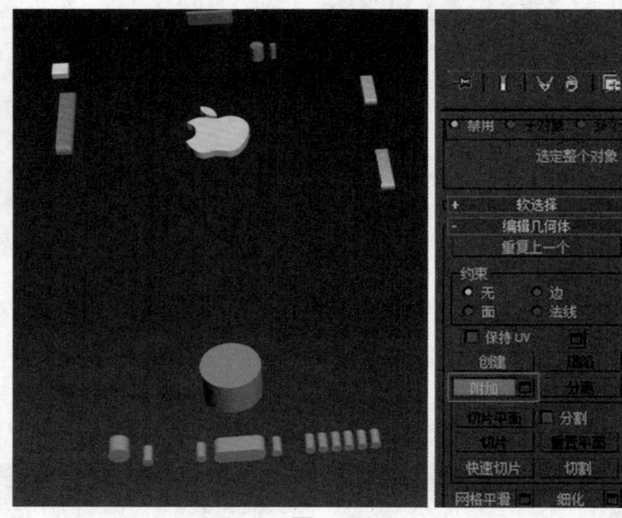

图5.68

02 选择机身模型，单击【创建】面板，在下拉列表中选择【复合对象】选项，单击【布尔】按钮。单击【拾取操作对象B】按钮，然后拾取上一步骤中附加到一起的对象。布尔结束后，单击鼠标右键，将其转换为可编辑多边形，进入多边形层级，选择图5.69左侧所示的多边形，单击【选择并均匀缩放】按钮，调整多边形大小。然后再选择“扬声器”处的多边形，用【选择并移动】、【选择并均匀缩放】工具调整深浅和大小，做出边缘的细小倒角效果。然后继续使多边形处于选择状态，单击命令面板中的 挤出 【挤出】按钮。在弹出的对话框中设置高度为-1.4左右，即可向内挤出扬声器孔的深度，如图5.69右所示。

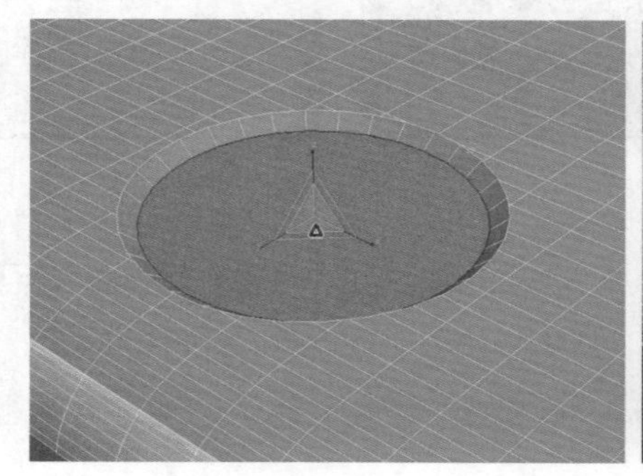

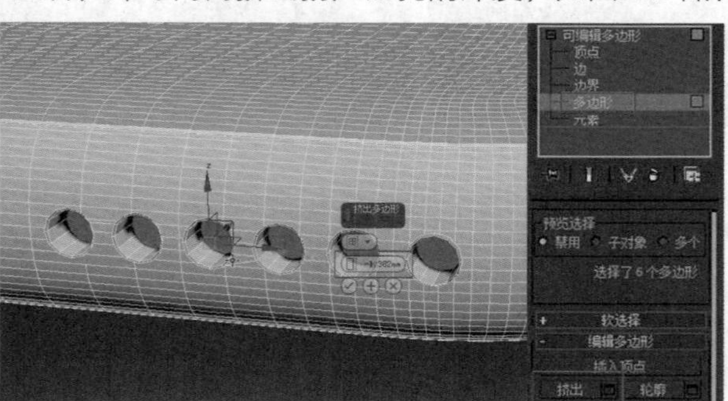

图5.69

03 删除图5.70所示的耳机孔处的多边形，进入边界层级，选择新产生的边界。单击【选择并移动】按钮，按住Shift键并向内复制，再单击【选择并均匀缩放】按钮进行缩放，继续单击【选择并移动】按钮，按住Shift键并向内复制，随后在命令面板中单击【封口】按钮。

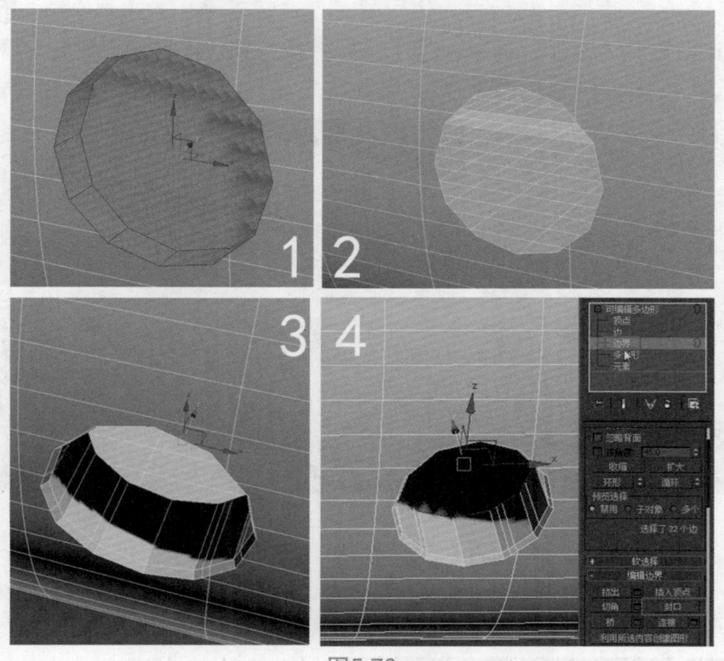

图5.70

04 进入多边形层级，选择图5.71耳机孔处左侧所示的一圈多边形，在命令面板单击【分离】按钮，在弹出的对话框中选择【以克隆对象分离】复选项。退出多边形层级，选择分离出来的几何体，进入多边形层级，选择所有的面，单击【选择并均匀缩放】按钮，将其适当缩小，随后退出多边形级别。在修改器列表单击【壳】修改器，设置其【外部量】为0.06。单击鼠标右键，将其转换为可编辑多边形，进入顶点层级，在顶视图和其他视图中调整外边缘的形状。

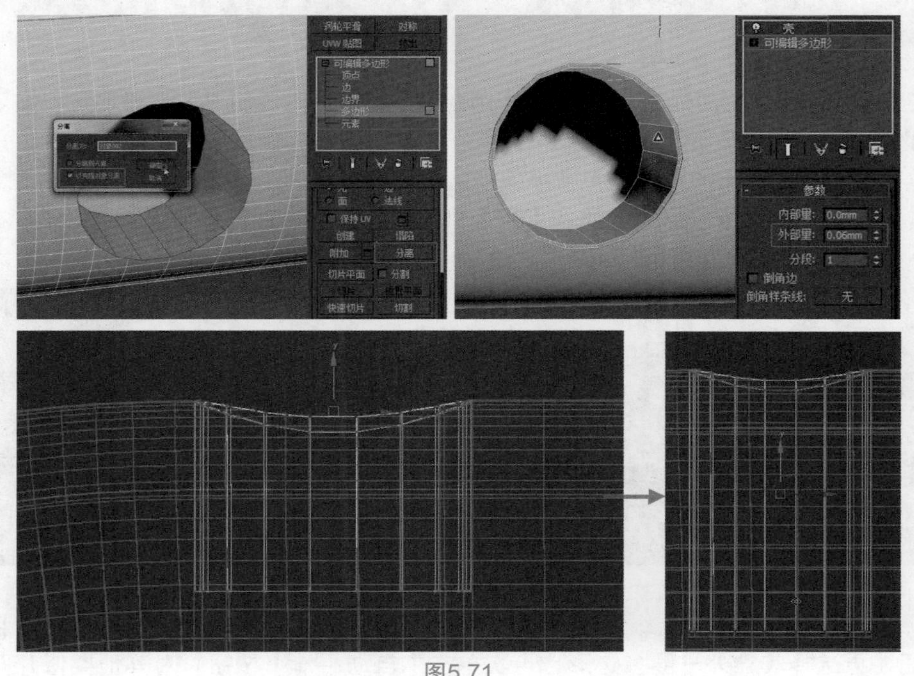

图5.71

TIPS 由于分离出来的物体和机身贴在一起，所以难以对其进行选择，可以先框选机身和对象，然后按住Alt键，这样排除机身会比较方便。

05 删除图5.72所示的多边形，然后进入边界层级，选择新产生的边界，单击【选择并移动】按钮，按住Shift键并向内复制，再单击【选择并均匀缩放】按钮，进行稍微缩小以形成倒角，然后继续单击【选择并移动】按钮，按住Shift键并向内复制，最后在命令面板单击【封口】按钮。

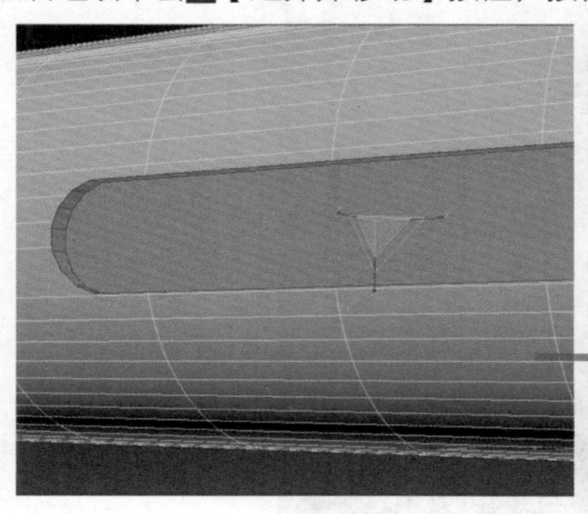

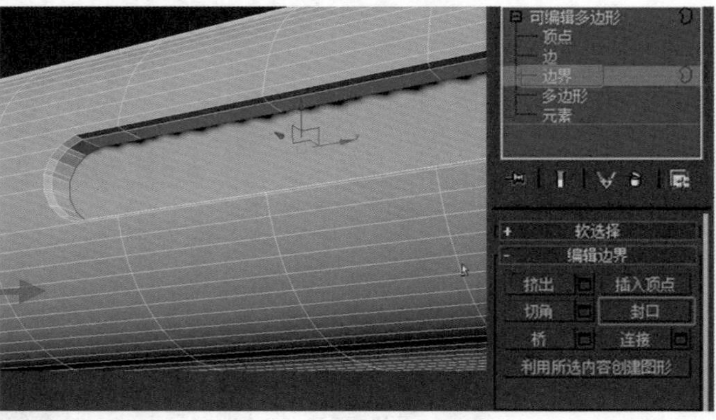

图5.72

06 选择闪光灯处的多边形，单击【选择并均匀缩放】按钮，调整多边形大小。然后再用【选择并移动】工具调整深浅，用【选择并均匀缩放】工具进行缩小以产生倒角效果。再选择Logo处的多边形，用【选择并移动】工具向上移动以调节深度，如图5.73所示。

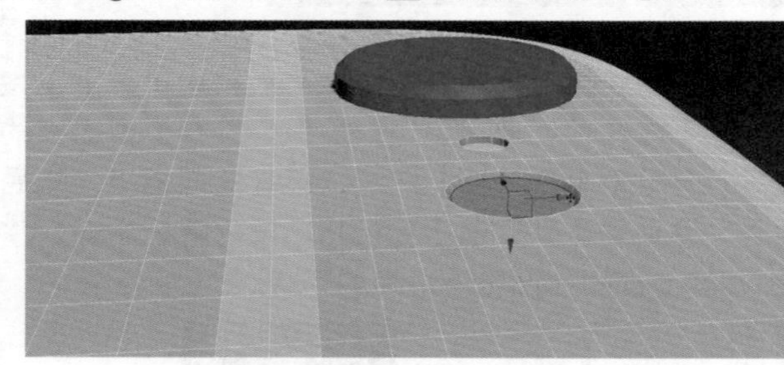

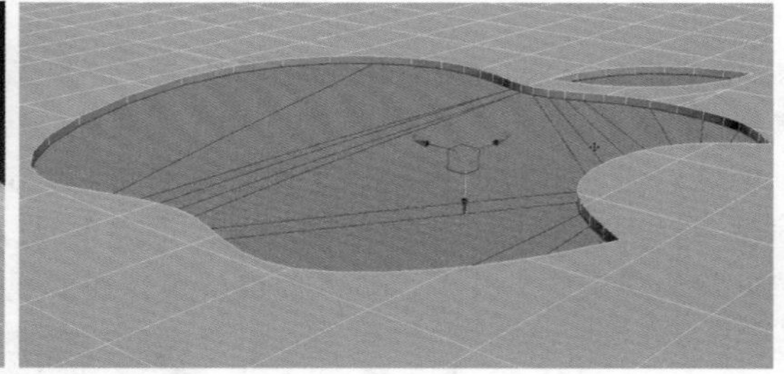

图5.73

07 在空白处单击鼠标右键，选择【全部取消隐藏】命令。选择机身和“备用”，按下键盘的快捷键Alt+Q，将其孤立显示。选择“备用”对象，进入其元素层级，鼠标右键单击【选择并均匀缩放】按钮，在弹出的对话框中减小偏移值以调整模型大小。删除顶面和底面的多边形，然后退出多边形层级，再到修改器列表添加【壳】修改器，将【内部量】值设置为0.16左右，再适当调整其大小和位置，即可制作好lighting接口处的细节，如图5.74所示。

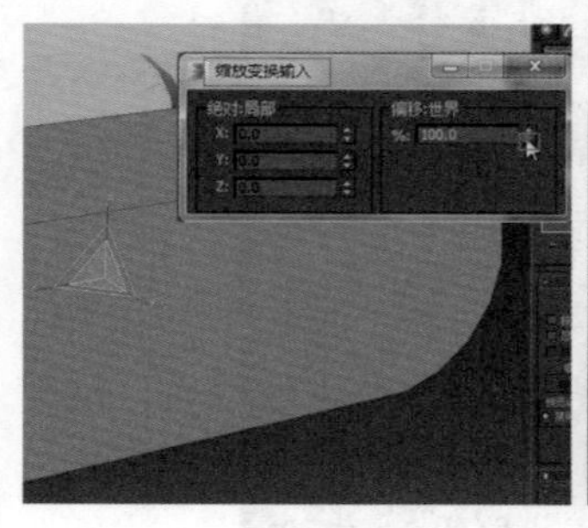

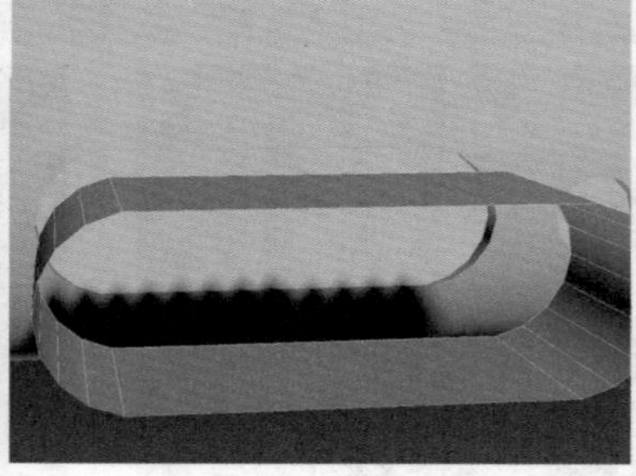

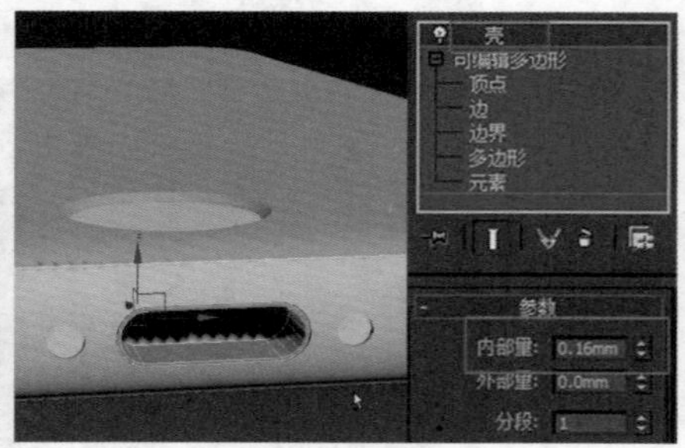

图5.74

08 选择机身，进入多边形层级，选择图5.75左侧所示的多边形，在命令面板单击【自动平滑】按钮，再选择其靠外一圈多边形，再次单击【自动平滑】按钮。对其他类似开孔处也使用相同的处理方法。本操作可以将原本块面感明显的一圈多边形进行平滑处理，又可以保持纵向（高度）上的层次感。

TIPS 在选择多边形时，可先选择其边界，单击鼠标右键，选择【转换到面】命令，然后在命令面板中单击【扩大】，这样操作比较快速。

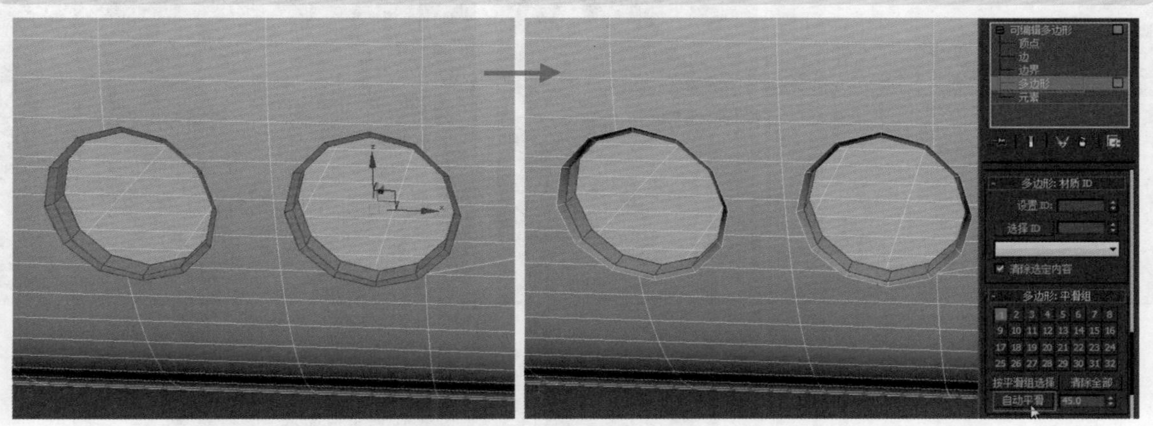

图5.75

09 接下来创建按钮。进入左视图，单击创建面板，选择【标准基本体】类型后单击【圆柱体】按钮，单击鼠标并拖曳以创建圆柱体，设置【半径】为1左右、【高度】为3.4左右、【边数】为16。单击鼠标右键，将其转换为可编辑多边形，开启工具栏的【角度捕捉】开关以确保精确地旋转，将圆柱体向右旋转10度。选择一半的顶点，用【选择并移动】工具向右移动，调整到图5.76右侧所示的位置。

本步骤中如选择右侧的顶点进行移动时会出现上下边缘不水平的问题，应事先配合使用【角度捕捉开关】将圆柱体旋转一定的角度，使其最上端和最下端是平面。

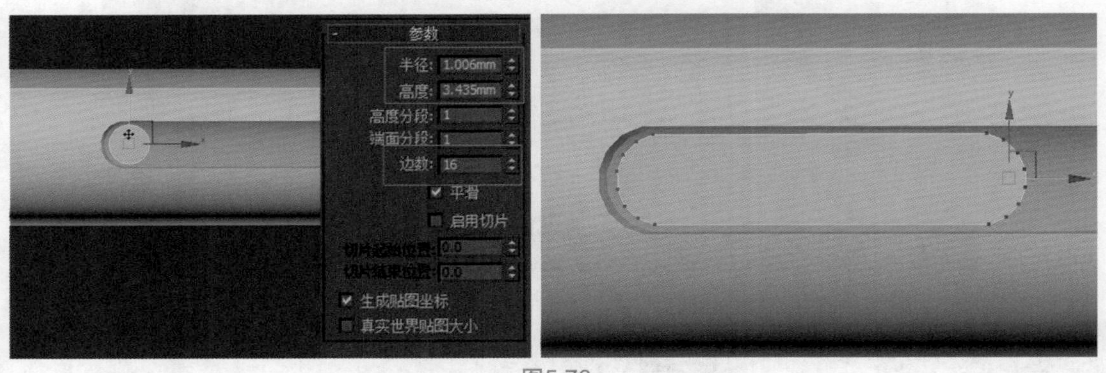

图5.76

10 删除顶部的多边形，进入边层级，选择图5.77所示的两端的边，在命令面板中单击【桥】按钮，使之产生多个新的多边形。转换到前视图中，进入点层级，调整至图5.78所示的形态。

11 进入边层级，选择图5.79所示的边，单击命令面板中的【切角】按钮，设置切角边量为0.05左右。再退出边层级，用【选择并移动】工具调整到图5.80所示位置，按住Shift键移动复制出另一个，复制方式选择【实例】即可。如大小不合适，可进入顶点层级调整大小，两个按钮同时联动，如图5.80所示。

12 按住Shift键，再复制出另一个按钮，复制方式选择【复制】即可，移动到机身另一侧，单击工具栏【镜像】按钮，在弹出的对话框中选择【X轴】使其翻转。然后再用【选择并移动】、【选择并均匀缩放】工具调节大小和位置，最后将其放置在按钮槽中，如图5.81所示。

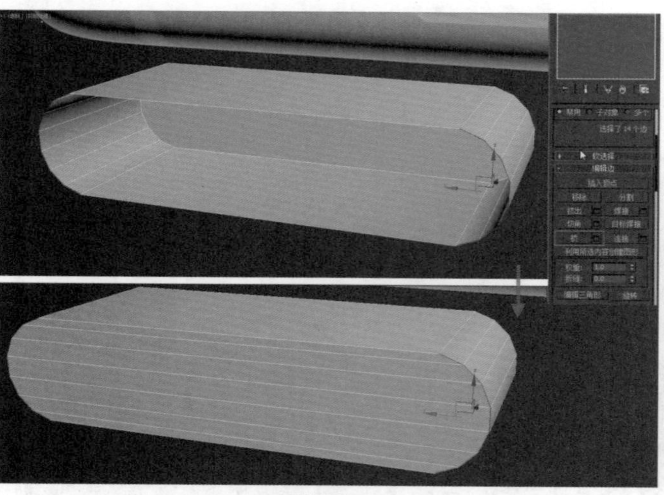

图5.77

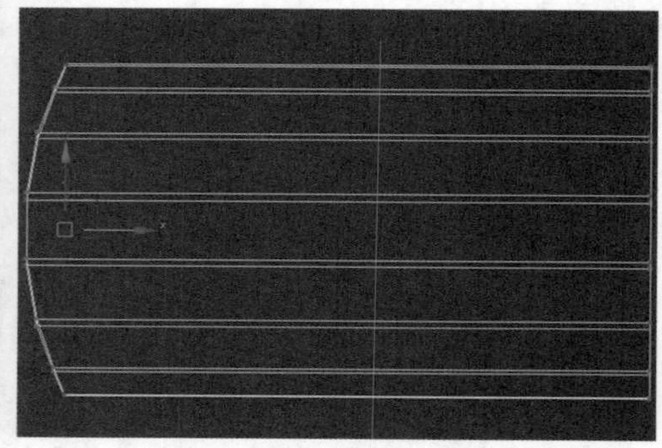

图5.78

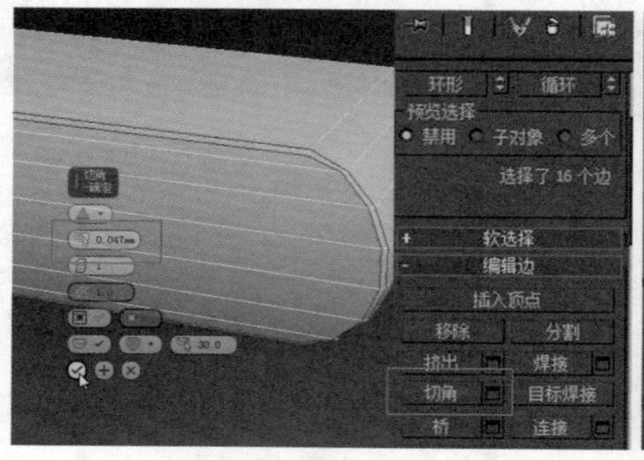

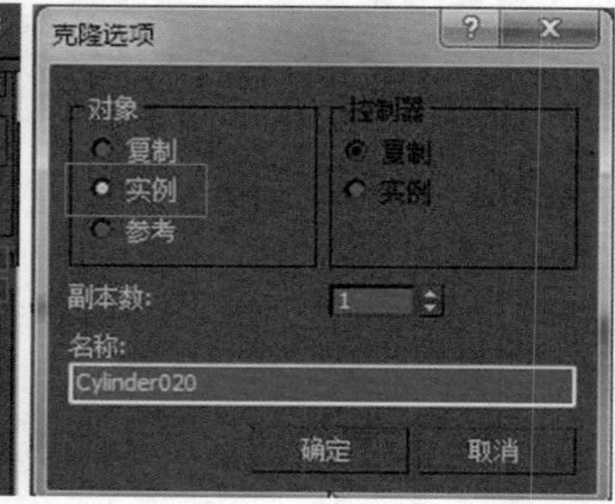

图5.79

图5.80

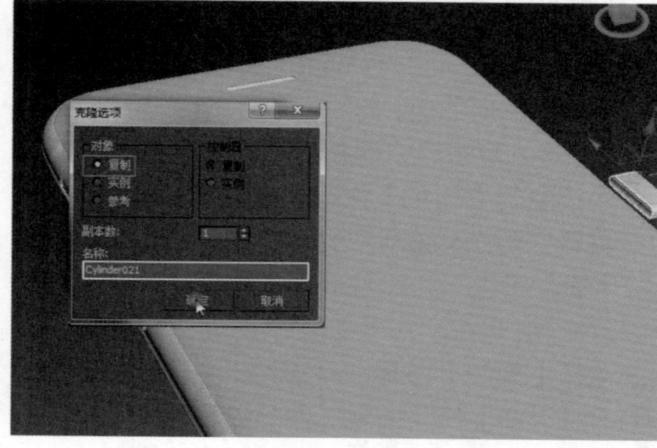

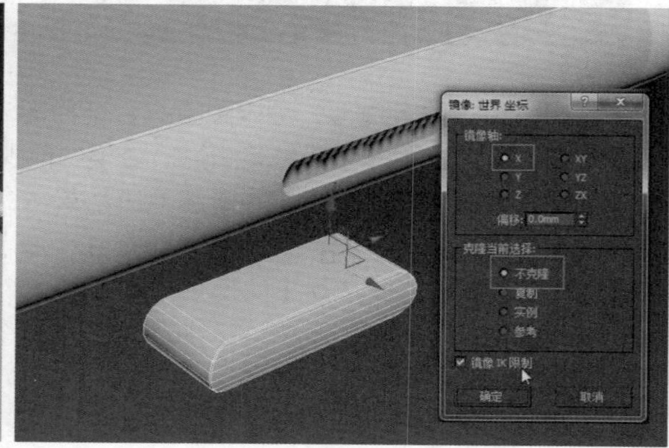

图5.81

13 进入创建面板，单击【长方体】按钮，在左视图中创建长方体。设置【长度】为0.8左右、【宽度】为3.9左右、【高度】为1.4左右，如图5.82左上所示。单击鼠标右键，将其转换为可编辑多边形，进入边层级，选择图5.82右上所示的4条边。然后在命令面板单击【切角】按钮，设置切角边量为0.25左右、数量为2，如图5.82左下所示。退出边层级，用【选择并移动】工具移动到如图5.82右下所示的位置，将其作为响铃/静音开关。

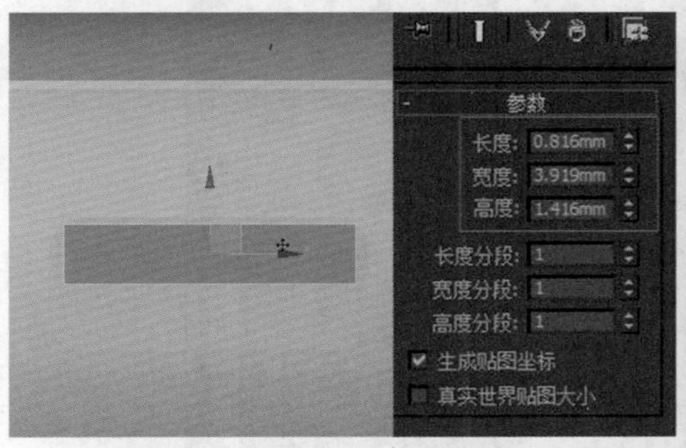

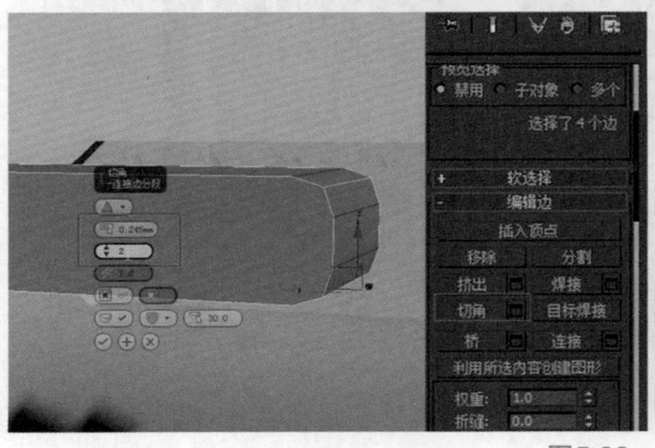

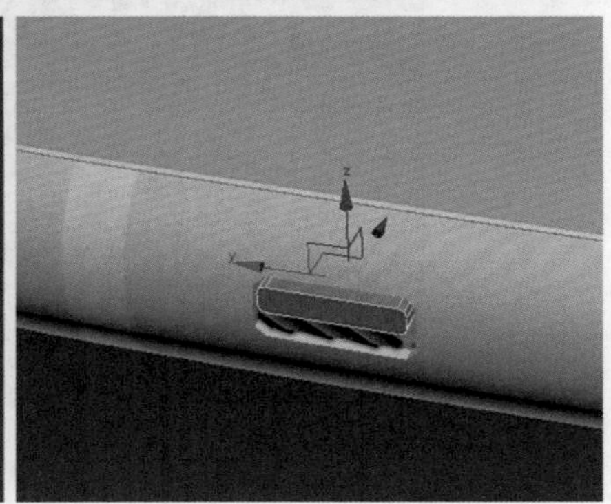

图5.82

至此iPhone 6s手机的模型制作完成，如图5.83所示。

图5.83

5.6 手机的材质和渲染

本节中对手机的材质进行设置，采用【多维/子对象】材质设置机身和“屏幕内”材质。其中的磨砂金属材质，需要注意光泽度的设置，玻璃材质注意折射度和折射率的设置，还有一些材质需要用到贴图。在环境中需要用高动态贴图作为模型的反射环境。为了更好地呈现产品的渲染效果，需要设置从不同角度照射的5盏VR-灯光。

01 首先需要将渲染器改为V-Ray Adv渲染器，单击工具栏的【渲染设置开关】按钮，在弹出的【渲染设置】面板中选择【公用】选项卡，在【指定渲染器】卷展栏下单击【产品级】后的按钮，将渲染器改为V-Ray Adv渲染器，如图5.84所示。

图5.84

02 进入【V-Ray】选项卡，在【全局开关】卷展栏下,单击【基本模式】按钮，使之切换为【高级模式】，将【默认灯光】设置为关。在【图像采样器（抗锯齿）】卷展栏下，设置【类型】为自适应，【过滤器】为Catmull-Rom。在【环境】卷展栏下将【全局照明（GI）环境】开启，单击【颜色】后的色块，在弹出【颜色编辑器】中将其设置为纯白，数值设置为0.5，如图5.85所示。

图5.85

03 勾选【反射/折射环境】复选项，单击【无】按钮，在弹出的【材质/贴图浏览器】中用鼠标双击【VRayHDRI】材质。按快捷键M打开材质编辑器，拖曳【VRayHDRI】材质至材质编辑器，在弹出的对话框中选择【实例】选项，如图5.86所示。用鼠标双击材质，在右侧单击【位图】后的按钮，选择配套光盘提供的Volume.2.hdr。将【贴图类型】改为角度，由于贴图颜色比较偏暖，所以需要将【处理】中的【全局倍增】改为0.5，将【反向伽马】提高至1.5，如图5.87所示。

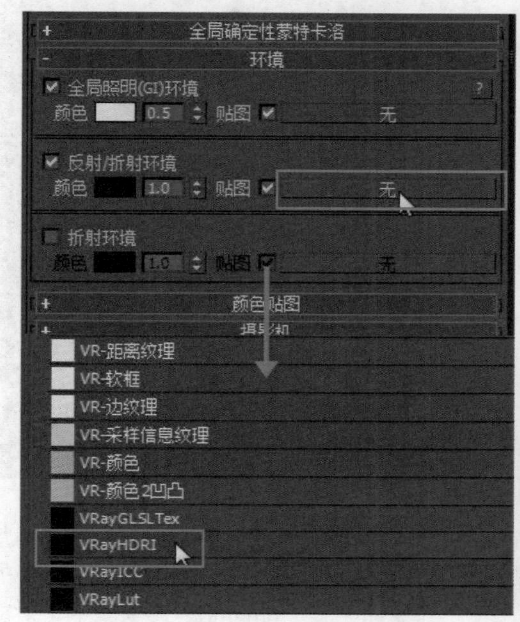

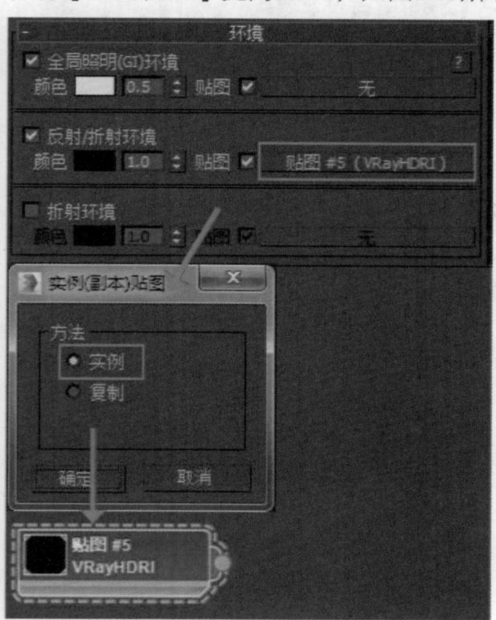

图5.86

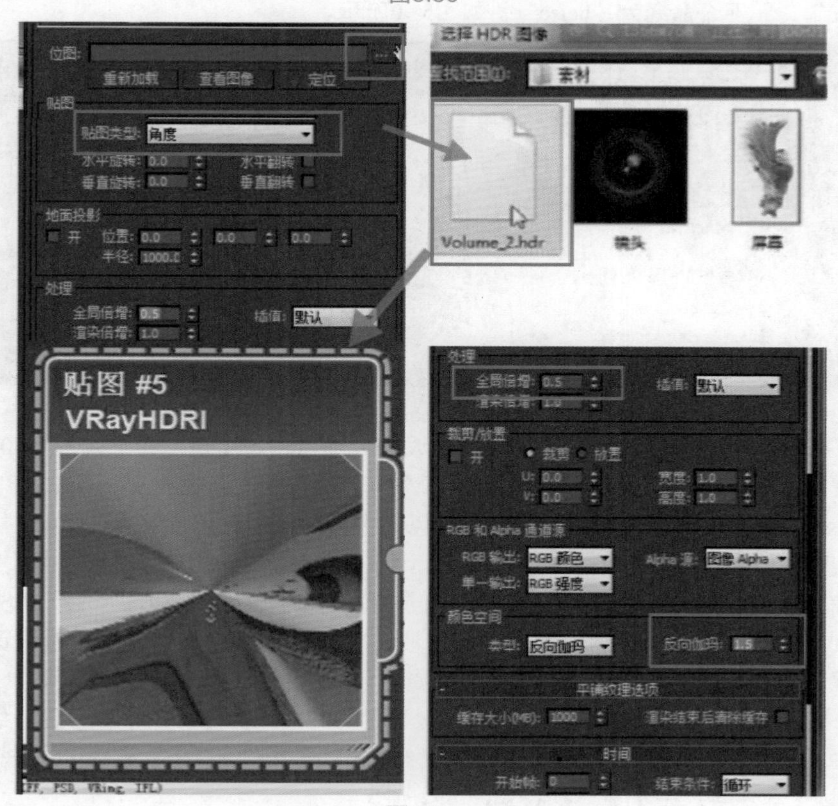

图5.87

04 进入【GI】选项卡，勾选【启用全局照明（GI）】复选项，单击两次【基本模式】按钮使之切换为【专家模式】，将二次倍增改为0.3，将发光图卷展栏中的【当前预设】调整为低，如图5.88所示。进入【公用】选项卡，将【输出大小】设置为800×600，如图5.89所示。

图5.88

图5.89

05 渲染参数设置完毕，下面开始设置材质。将整个手机分为玻璃内和机身两部分，这样添加材质比较方便。按快捷键M进入材质编辑器。里面有两个多维子对象，将其中子对象为4个的命名为“bolinei”，第一个子对象命名为“baise”，第二个子对象命名为“pingmu”，第三个子对象命名为“shexiangtou”，第四个命名为“heise”，如图5.90所示。

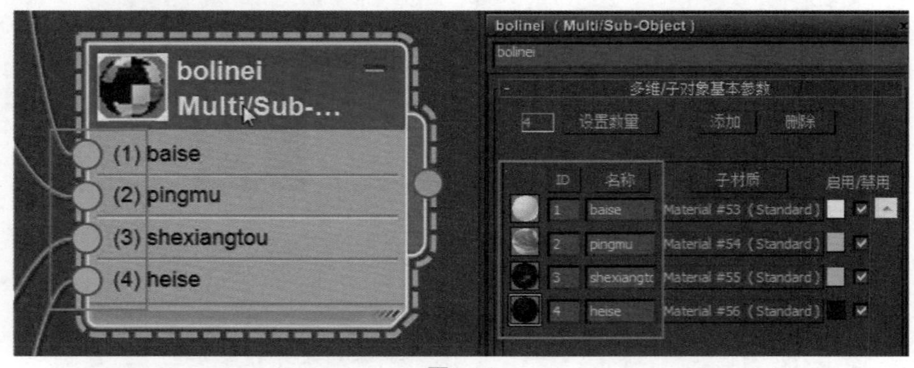

图5.90

06 设置“baise”子对象参数，将【漫反色】设置为纯白，将【自发光】设置为50。“pingmu”子对象在【漫反色颜色】中添加位图贴图“屏幕”，双击“pingmu”子对象，将【自发光】设置为70。“shexiangtou”子对象在【漫反色颜色】中添加位图贴图“镜头”。将“heise”子对象【漫反色】的颜色【亮度】设置为3，如图5.91所示。

07 接下来开始设置机身材质，在Slate材质编辑器左侧的【贴图/材质浏览器】中双击【VRayMtl】材质，在视图中新建一个材质，在右侧将多维子对象的数量设置为8，命名为“jishen”。双击材质编辑器中的【VRayMtl】材质。创建第一个V-Ray材质，命名为“moshajin”，设置【漫反色】颜色值，红色为242、绿色为126、蓝色为32。设置【反射】颜色值，红色为247、绿色为173、蓝色为108。将【高光光泽度】设置为0.4，将【反射光泽度】设置为0.5，将【细分】设置为24，取消勾选【菲涅耳反射】复选项，如图5.92所示。

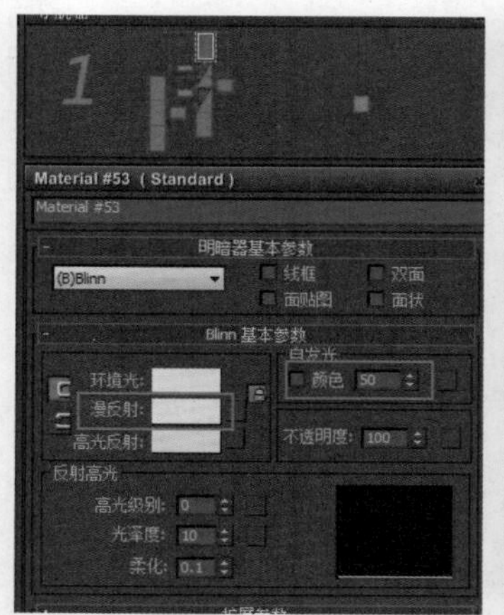

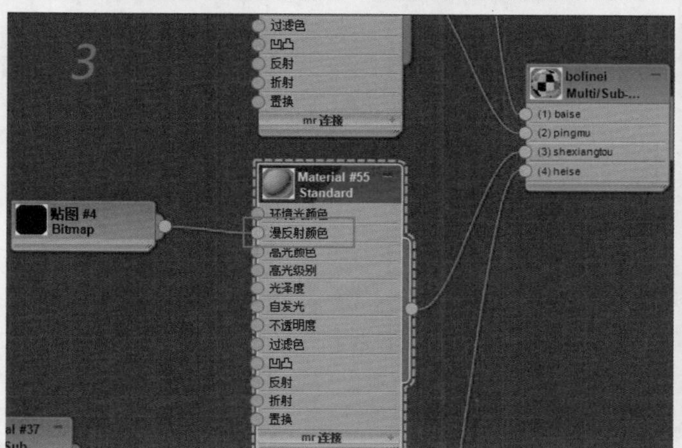

图5.91

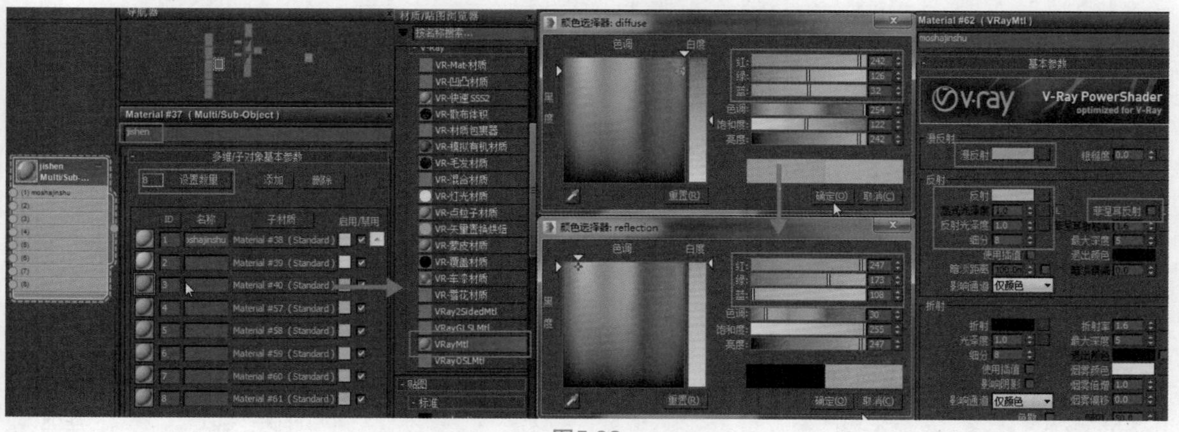

图5.92

08 按住Shift键并拖曳“moshajin”材质复制出第二个V-Ray材质，命名为“guangzejinshu”。关闭【高光光泽度】复选项，将【反射光泽度】设置为0.9，将【细分】设置为16，关闭【菲涅耳反射】复选项。创建第三个V-Ray材质，在Slate材质编辑器左侧的【贴图/材质浏览器】中双击【VRayMtl】材质，在视图中新建一个材质，将其命名为“baise”，将【漫反色】设置为纯白，将【反射】颜色【亮度】设置为15。将【高光光泽度】设置为0.6，将【反射光泽度】为设置0.55，将【细分】设置为16，关闭【菲涅耳反射】复选项。单击▩【在预览中显示背景】按钮，可以更好地观察材质球，如图5.93所示。

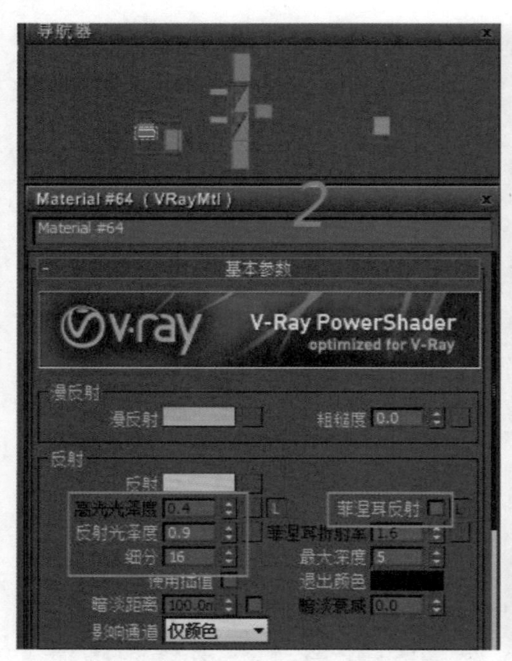

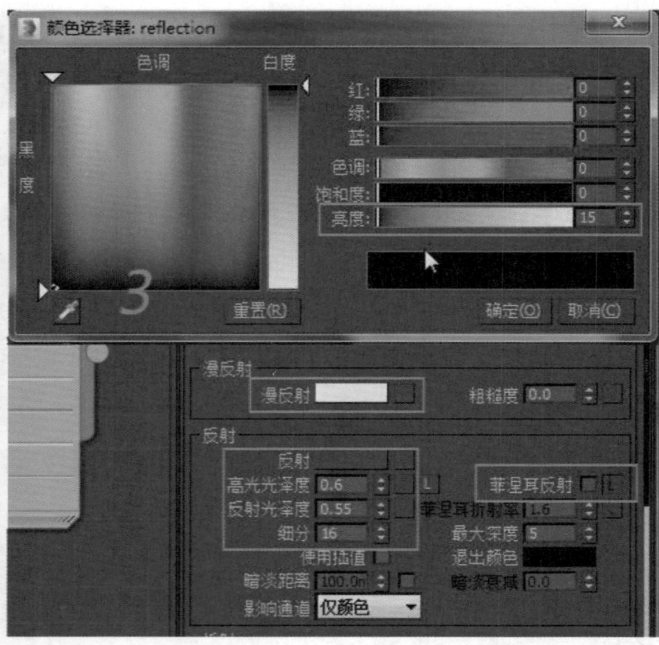

图5.93

09 创建第四个V-Ray材质，将其命名为“boli”，将【反射】颜色设置为红色为228、绿色为228、蓝色为228。将【反色光泽度】设置为0.9、【细分】设置为24。将【折射】颜色设置为纯白，【细分】设置为24、【折射率】设置为1.8。然后创建第五个V-Ray材质，将其命名为“buibaijinshu”，设置【漫反色】颜色的红绿蓝值均为107、【反射】颜色亮度为153、【反射光泽度】为0.9、【细分】为16，关闭【菲涅耳反射】复选项，如图5.94所示。

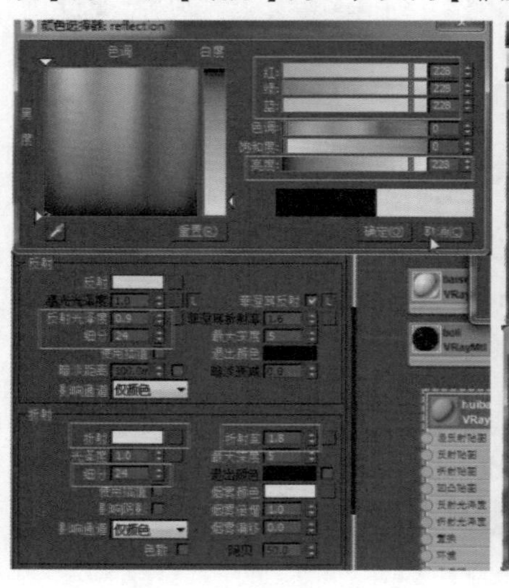

图5.94

10 创建第六个材质，为标准材质，命名为“heise”。设置【环境光】亮度为3。创建第七个材质，为V-Ray材质，命名为“logo”，设置【漫反色】颜色为红色31、绿色16、蓝色11。【反射】颜色设置为亮度54。【反射光泽度】为0.9、【细分】为16，关闭【菲涅耳反射】复选项，如图5.95所示。

11 创建第八个V-Ray材质，命名为“shanguangdeng”，单击【漫反色】后黑色按钮为其添加位图，在配套素材中找到贴图“闪光灯”。设置【反射】颜色的红绿蓝值均为112、【光泽度】为0.9，如图5.96所示。设置完成的“机身”材质如图5.97所示。

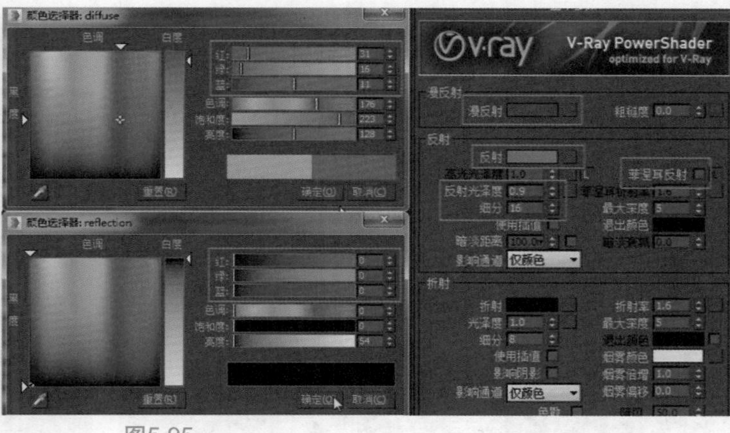

图5.95

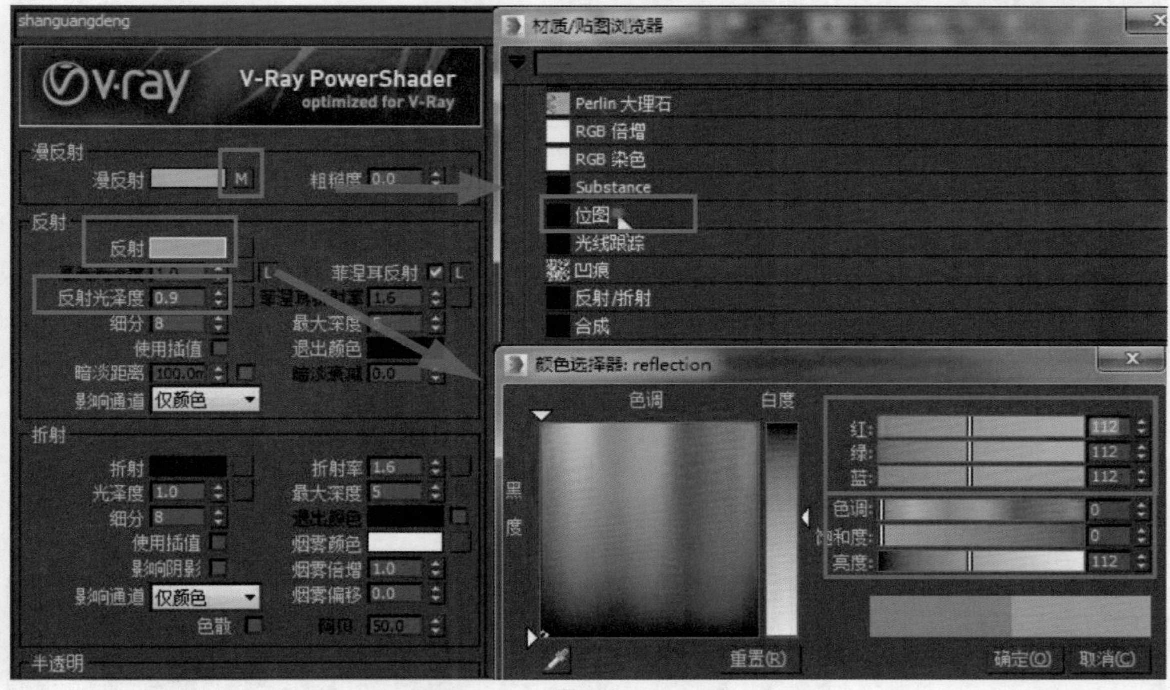

图5.96

12 材质创建完毕，现在开始设置多边形的ID号。选择玻璃部分，将ID号设置为4（玻璃部分原ID号为3，选择时可通过ID号3选择，然后配合Alt键框选排除多的部分），如图5.98上所示。选择原来ID号为1的，按住Ctrl键框选漏选的部分，设置ID号为1，如图5.98中所示。选择原来ID号为2的面，配合Alt键框选排除多选的部分，设置ID号为3，如图5.98下所示。

13 因为听筒是黑色的，所以将其位置的多边形ID号设置为6。Home键是玻璃材质，将ID号设置为4，如图5.99所示。Home键周围的一圈多边形是灰白色的金属材质，选择将其ID号设置为5。充电孔和其两旁的螺丝也是灰白色金属，将其ID号也设置为5，如图5.100所示。耳机孔是白色的，将其ID号设置为3。选择多个小孔内部的多边形，将其ID号设置为2，如图5.101所示。

14 底部ID基本完成，现在开始设置侧面ID，选择左侧的响铃/静音开关，将1号子材质赋予它，如图5.102所示。下面的两个按钮，将其中一个转换为可编辑多边形，然后在修改面板中单击【附加】按钮后再单击附加另一个，单击鼠标右键以结束附加操作。因为按钮上有两个材质，其中按钮边缘部分为金属光泽，所以选择边缘部分的多边形，设置ID号为2。在菜单栏中选择【编辑】→

【反选】命令，将选择的多边形ID号设置为1，如图5.103所示。退出多边形层级，选择按钮模型，将“机身”材质指定给它。机身右侧与此相同的按钮也按照此方法设置，如图5.104所示。

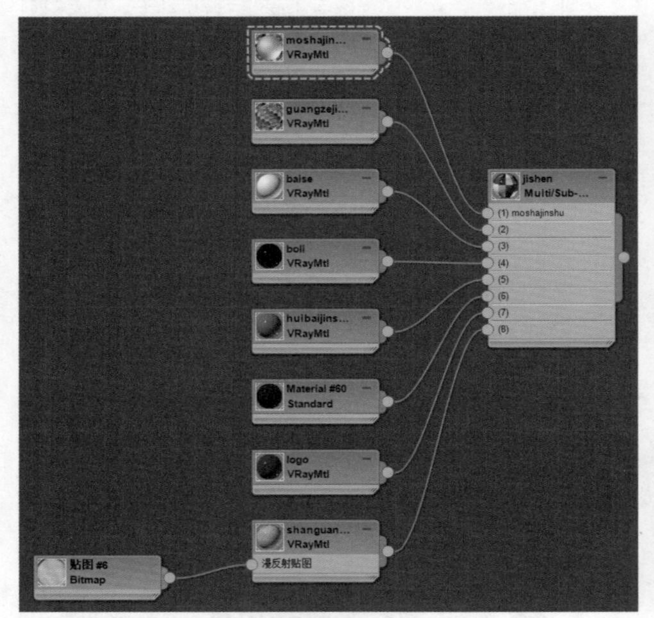

图5.97

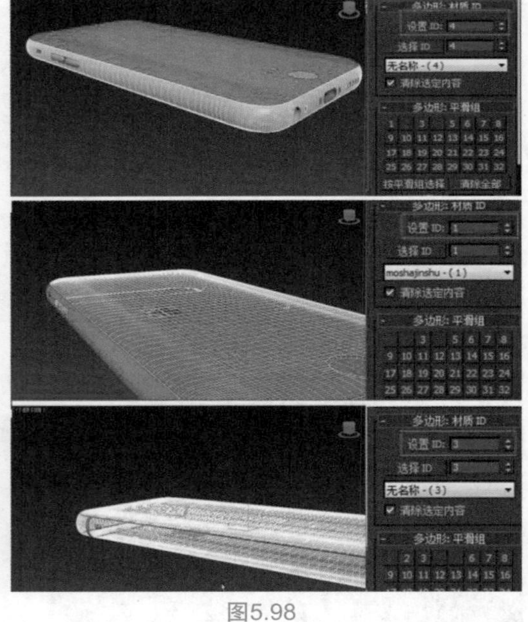

图5.98

图5.99

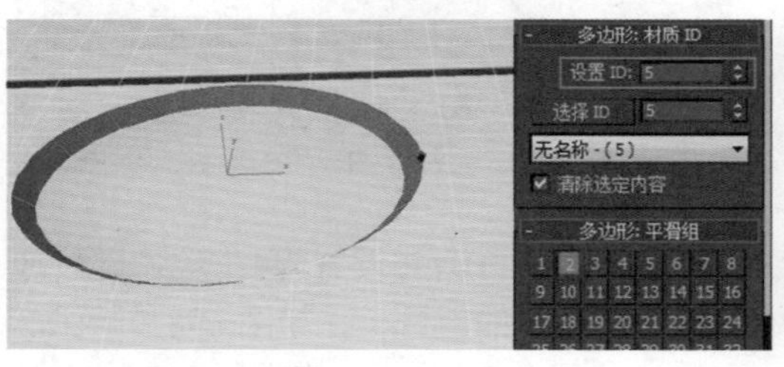

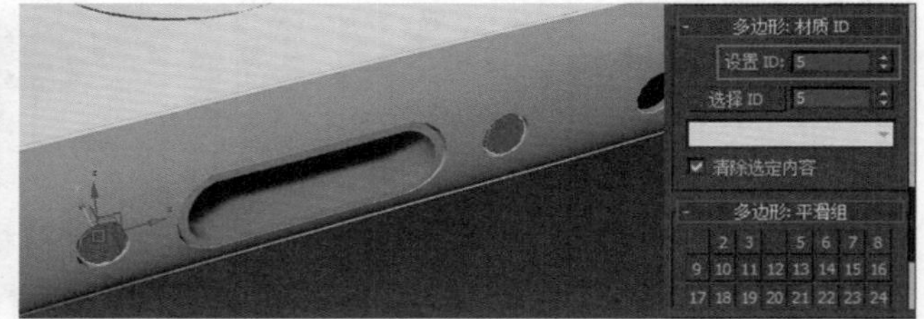

图5.100

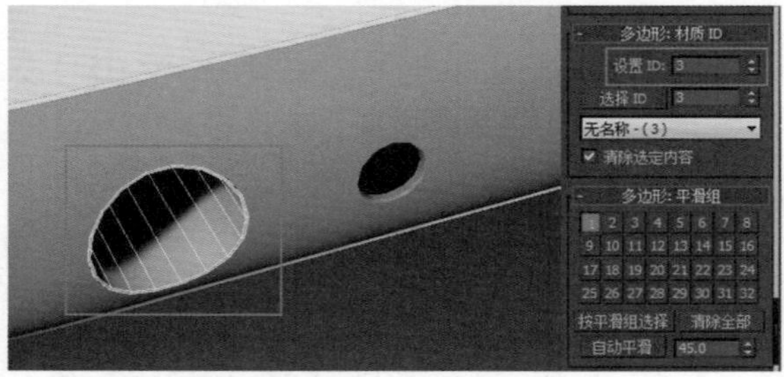

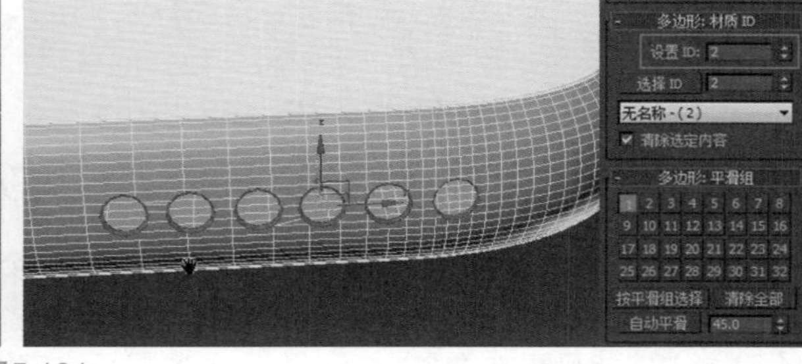

图5.101

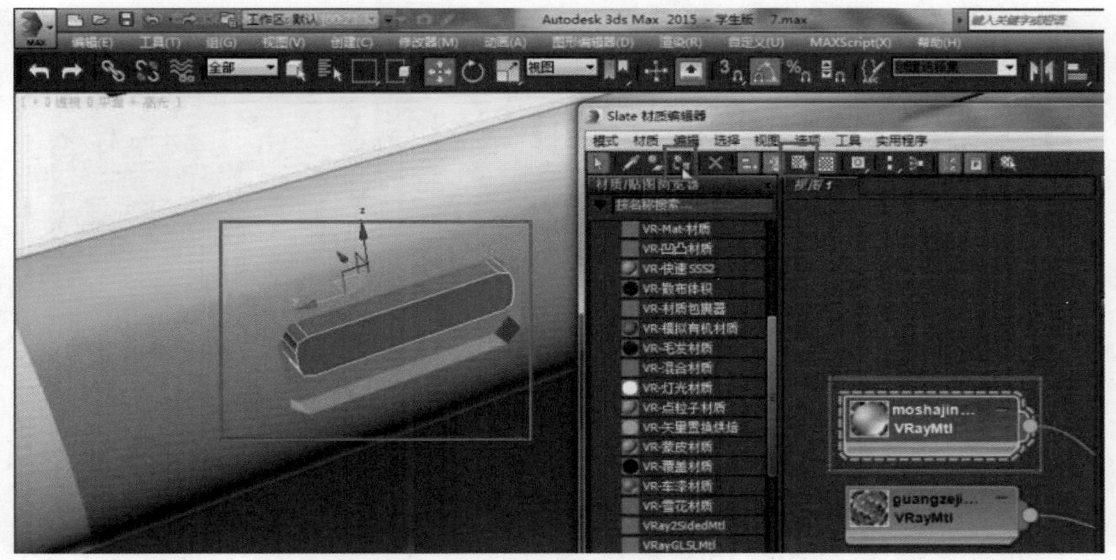
图5.102

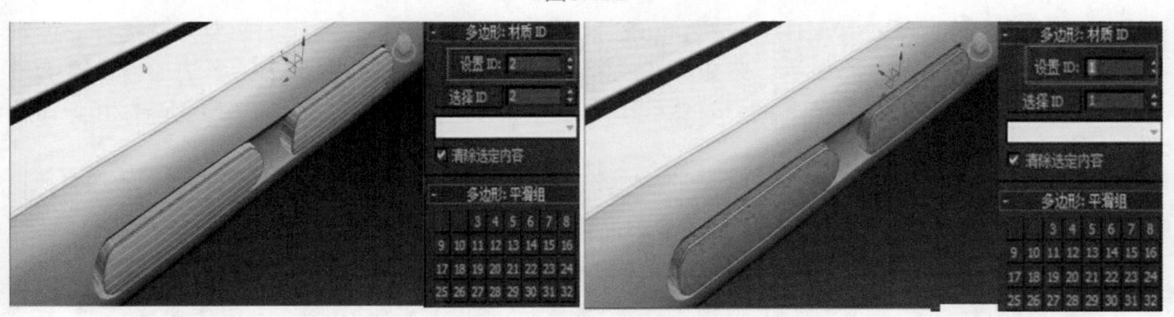
图5.103

图5.104

15 现在开始设置手机右侧对象的ID，选择凹槽内部边缘的面，按住Ctrl键加选中间圆形的面，设置ID号为2，如图5.105所示。

图5.105

16 现在开始设置手机背面ID，选择logo图形的多边形，注意logo高度的面要一起选择。设置ID号为7，如图5.106所示。选择闪光灯旁边大小两个凹槽的边缘部分的多边形，设置ID号为2。选择大凹槽闪光灯底部的多边形，修改ID号为8。选择小凹槽底部的面，修改ID号为6，如图5.106所示。

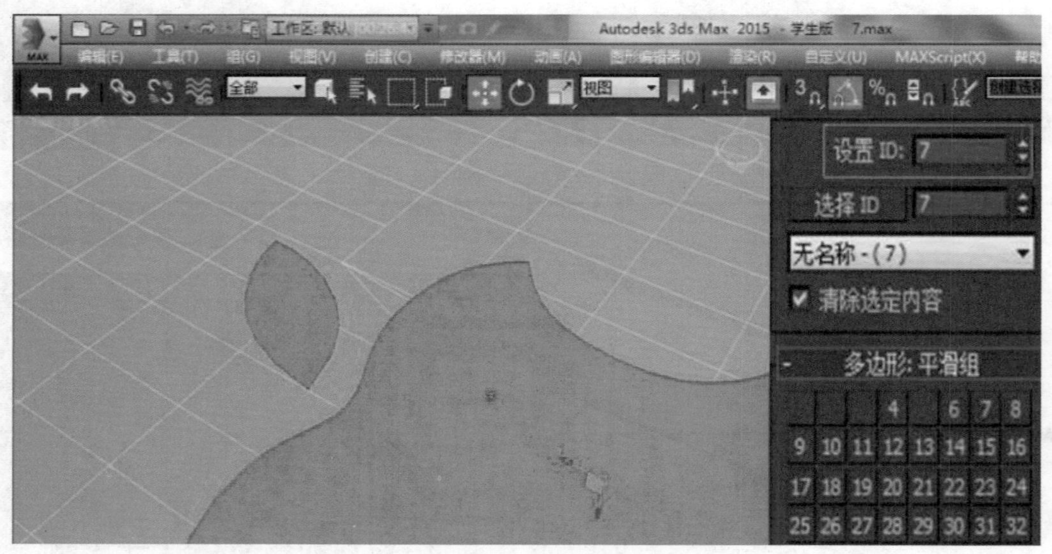

图5.106

17 因为摄像头部分需要贴图，所以需要将其分离。进入多边形层级，选择摄像头中间的多边形，单击命令面板的【分离】按钮，将面与几何体分离，并命名为“镜头”。选择摄像头外边框部分，将2号材质赋予它，如图5.108所示。再创建一个V-Ray材质，命名为“shexiangtou”，将【反射】颜色亮度调至110左右，【反射光泽度】设置为0.9、【细分】为16。单击【漫反色】后的小按钮，在弹出的菜单中选择【位图】选项，然后选择配套素材中的“镜头”贴图，双击以确定。选择摄像头中间的部分，将材质指定给它，如图5.109所示。

18 因为手机底部的小孔内部是空的，为防止渲染时出现差错，需要在内部遮挡一下。按快捷键F进入前视图，单击创建面板中的【平面】按钮，创建可以遮住小孔的两个平面。创建一个标准材质，命名为“zhedang”，将其【漫反色】颜色亮度设置为30，指定给两个平面对象，如图5.110所示。

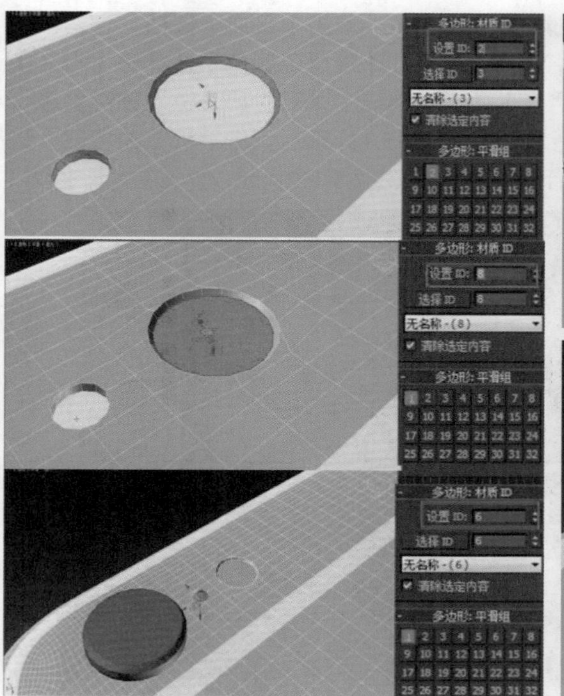

图5.107

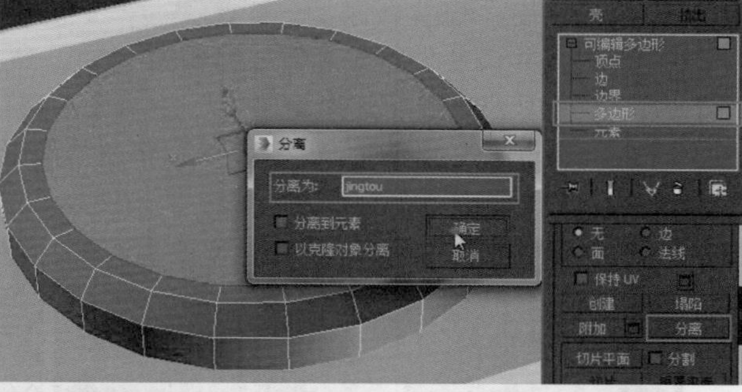

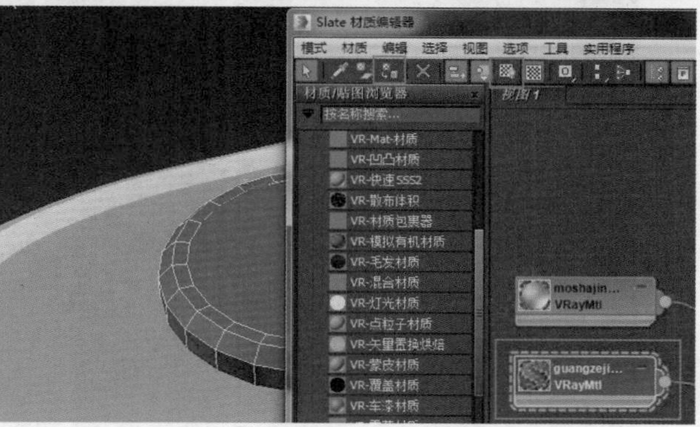

图5.108

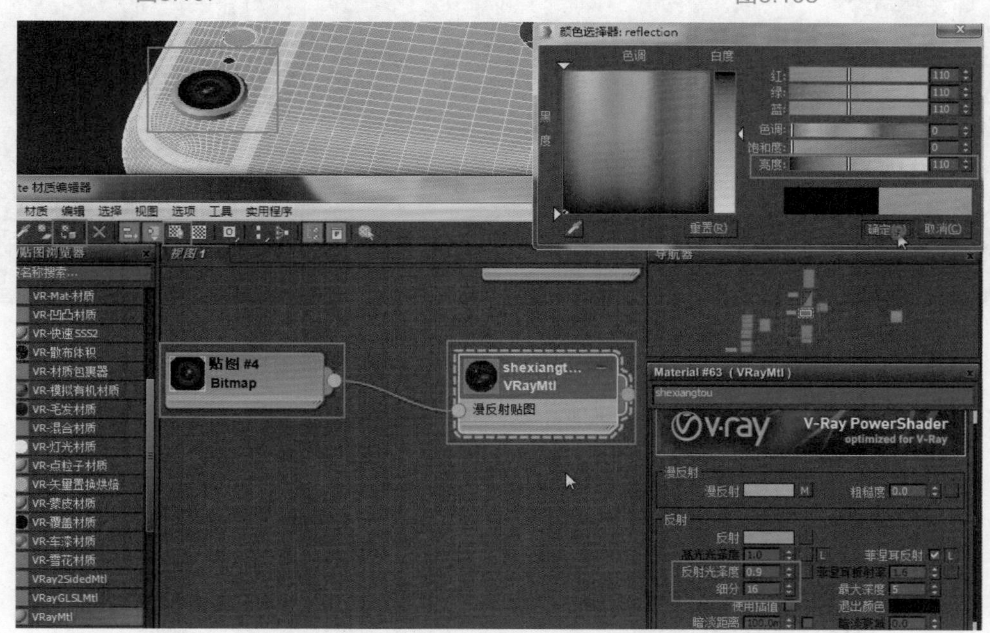

图5.109

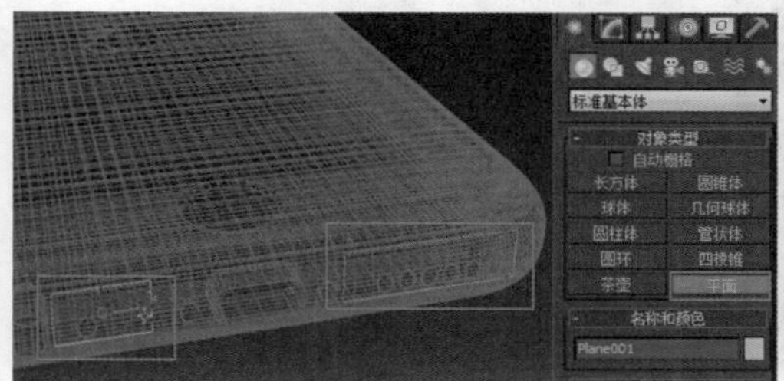

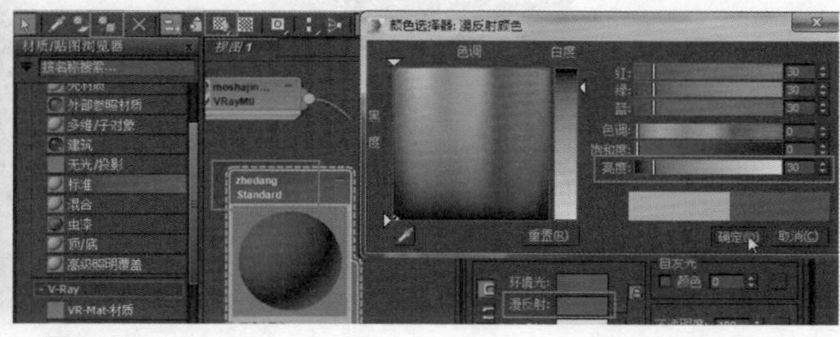

图5.110

19 接下来给手机背面添加一些文字，按下快捷键T进入顶视图，单击【平面】按钮，创建一个平面，并调整位置。新建一个标准材质，命名为“zi”，在【漫反射颜色】选择→【标准】→【位图】选项，找到配套素材“字”。将【不透明度】通道也链接上贴图材质，进入贴图层级，将【单通道输出】改为【Alpha】。然后将材质指定给平面，如图5.111所示。将手机上的各部分选择，选择菜单栏的【组】→【组】命令，方便之后的移动和旋转，如图5.112所示。

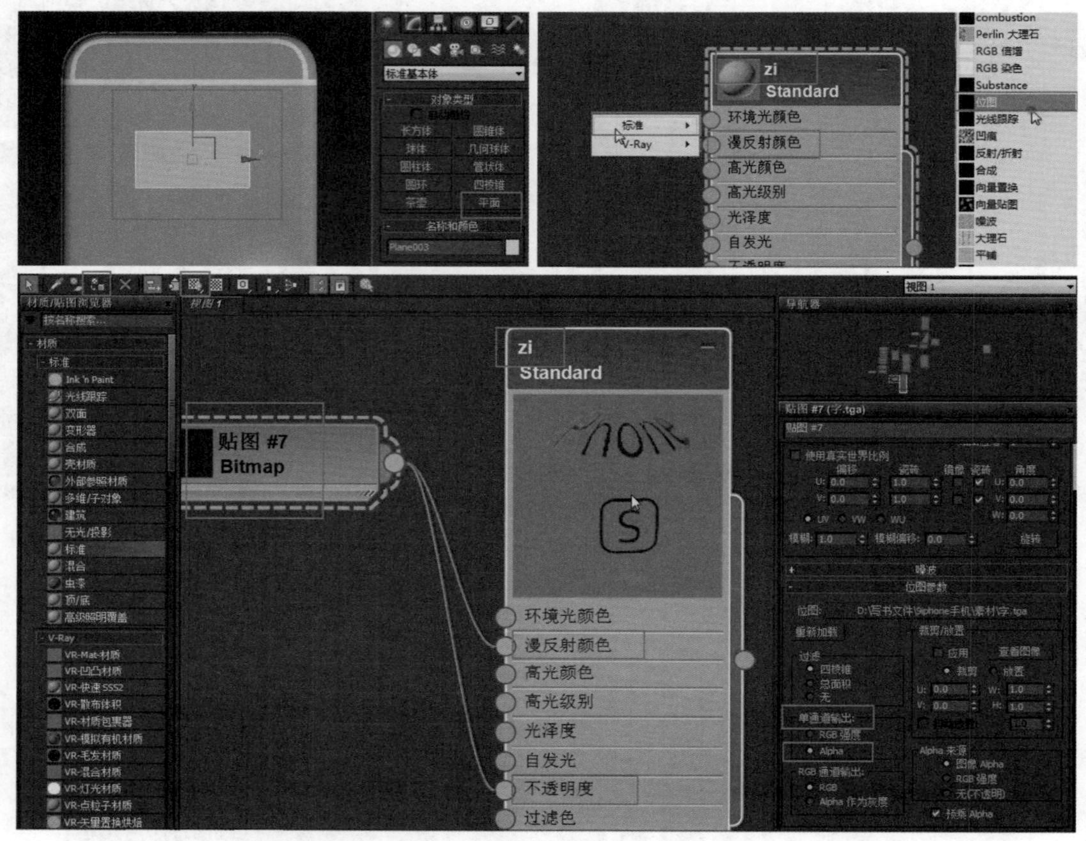

图5.111

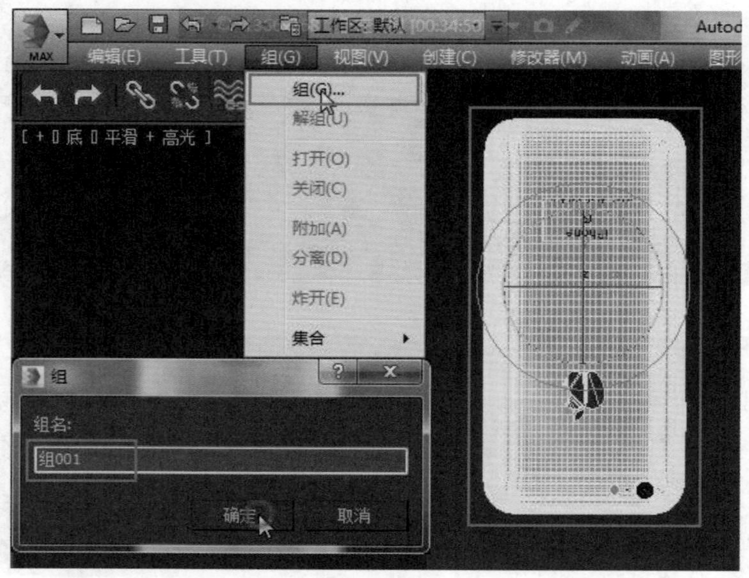

图5.112

20 下面需要创建一个背景，按下快捷键T进入顶视图，单击创建面板中的【平面】按钮，创建一个长、宽皆为200的平面，并调整位置，如图5.113所示。新建一个标准材质，将其命名为“dimian”，将其【漫反射】颜色亮度设置为190，然后指定给平面，如图5.114所示。

图5.113

图5.114

21 接下来设置灯光，单击【创建】选项卡下的灯光，选择【VRay】中的【VR-灯光】，创建出灯光并调整高度，放置在手机上方。在修改面板将【倍增】改为6，【颜色】设置为纯白色，将【1/2长】改为65，【1/2宽】改为83，勾选【投射阴影】、【不可见】、【影响漫反射】、【影响高光】和【影响反射】复选项，如图5.115所示。

22 按快捷键L进入左视图，新建【VR-灯光】并调整位置。将【倍增】改为1.5，将【1/2长】改为85，【1/2宽】改为30，勾选【不可见】、【影响高光】和【影响反射】复选项。然后再移动复制出3个，用工具栏上的【选择并移动】和【选择并旋转】工具进行调整以放置在手机周围，如图5.116所示。

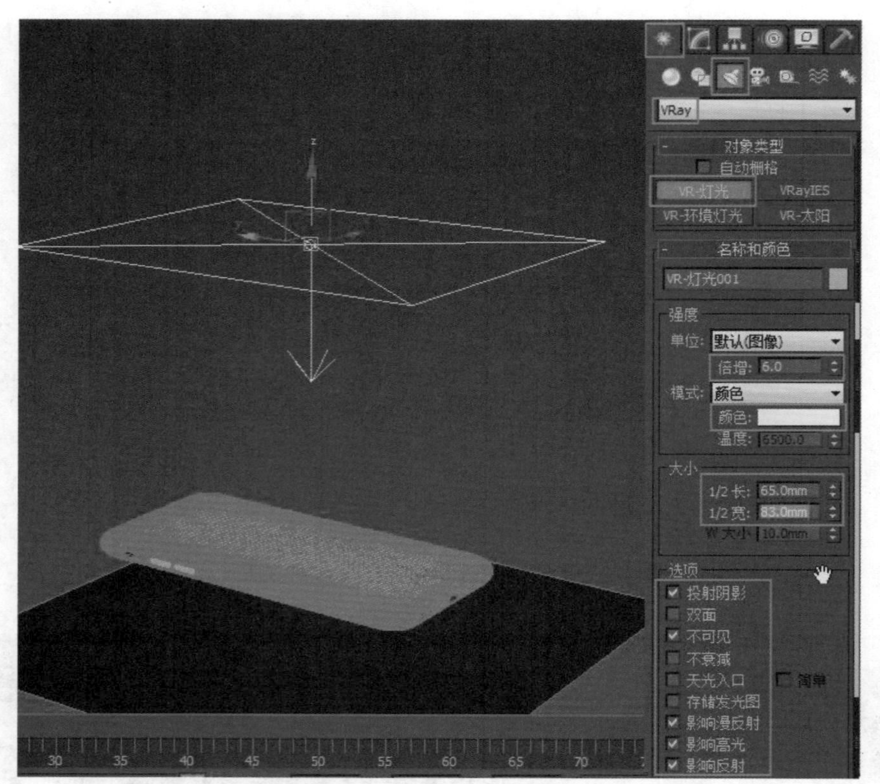

图5.115

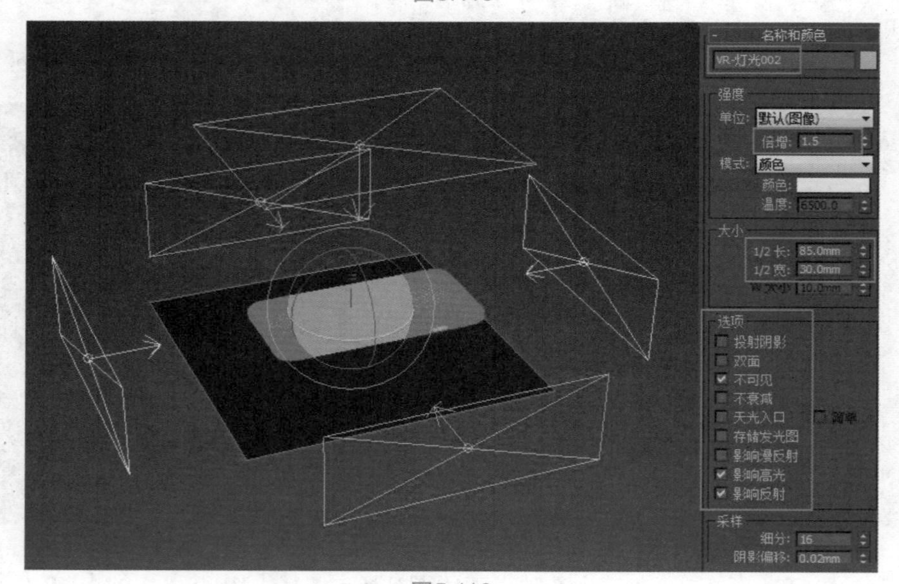

图5.116

23 复制出一个手机，用【选择并旋转】工具将其旋转180°，在透视图中选择一个合理角度，按快捷键Ctrl+C创建一个摄影机，在修改面板将【镜头】设置为45。按快捷键Shift+F显示安全框。再用右下角的【推拉摄影机】工具调整构图，如图5.117所示。

24 测试渲染无问题后，再次设置渲染参数以提高渲染品质。单击工具栏中的【渲染设置】按钮，在弹出的渲染设置窗口中选择【公用】选项卡，将输出的【宽度】设置为2400，【高度】设置为1800。进入【GI】选项卡，在【发光图】展卷栏中将【当前预设】设置为高。回到场景中，在修改面板将全部灯光的【细分】值设置为16，如图5.118所示。

图5.117

图5.118

25 最后渲染效果如图5.119所示。调整模型和灯光位置，然后再次进行渲染，得到效果如图5.120所示。

图5.119

图5.120

第6章

交通工具制作

——法拉利公司的F12 Berlinetta跑车

法拉利F12 Berlinetta（如图6.1）搭配了多项法拉利（如图6.2）的高科技成果，让这款跑车灵活而强劲，堪称创厂以来最完美的V12动力车款。F12 Berlinetta的工业设计由法拉利造型中心与宾尼法利纳共同完成，这款跑车线条流畅而又具有力量感，像是一件绝妙的艺术品。全新设计的车架底盘和车身外壳采用了12种不同的合金，不少车身组件还采用了碳纤维材质，车身设计既达到轻量化设计的要求又保证了组件的强度。该车的阻力系数仅为0.299，将空气动力学运用到了极致。其空气桥设计利用引擎盖上的造型将空气从车的上半部分导流至车辆侧翼，与轮舱的尾流交汇，有效地减少阻力、增加压力。在优美紧凑的外壳之下，车内空间却较为充足，保证了驾驶的舒适度。Frau皮革内饰的加入使先进的科学技术与精细的手工工艺相得益彰。

图6.1

图6.2

本章重点难点

1.参考图片在场景中的设置；
2.模型对象的透明和孤立显示；
3.【分离】和【附加】命令的使用；
4.“涡轮平滑”命令的使用；
5.车身线条的把握；
6.【目标焊接】命令的使用；
7.各部分边缘的处理；
8.车身细节的处理；
9.【曲面】修改器的使用；
10.【VRay-车漆材质】的设置；
11.各种金属材质的设置。

6.1 从轮眉开始制作车身一侧

本例中跑车的造型较为复杂，为了更准确地建模，需要在场景中用到汽车前视图、后视图、侧视图和顶视图4张图片作为辅助。建模工作从轮眉开始，逐渐向外延伸扩展，要在各个视图中不断调整边、面的位置。

01 在透视图中按住键盘上的Ctrl键创建一个平面，并将【长度分段】设置为1、【宽度分段】设置为1。使用【选择并移动】工具，将平面的位置坐标全部设置为0，使其放在场景中间，然后将配套光盘中提供的“F12top”参考图指定到平面上，并设置在视口中显示，如图6.3所示。

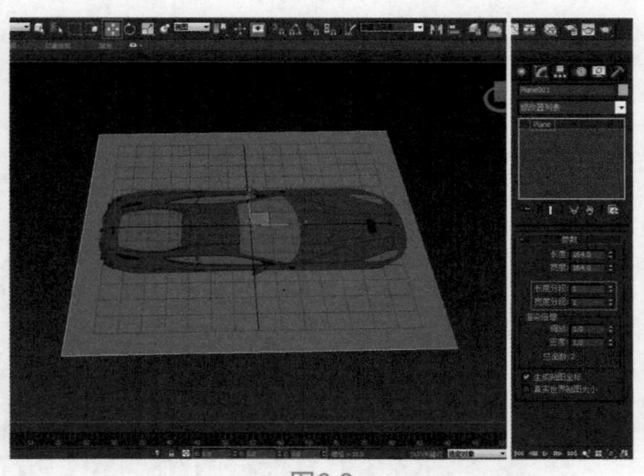
图6.3

TIPS 在创建平面时按住键盘上的Ctrl键可创建正方形平面，配套光盘中所提供的4张汽车平面图片均为正方形，指定给正方形的平面后无需设置贴图坐标。

02 选择平面对象，使用【选择并旋转】工具，打开【角度捕捉】按钮，按住键盘上的Shift键拖动鼠标将平面复制旋转90°，然后将“F12side”汽车侧视图指定给平面，并使其在视口中显示。使用【选择并移动】工具沿着Y轴将两个平面的距离拉开，如图6.4所示。

TIPS 如果拖放在场景中的图片方向不正确，可以使用【选择并旋转】工具并打开【角度捕捉】按钮对平面进行旋转调整。

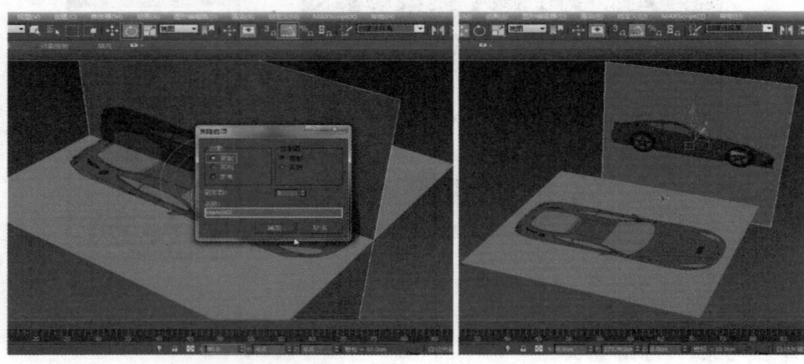

图6.4

03 再次选择第一个平面，按住键盘上的Shift键并旋转90°进行复制，使用【选择并移动】工具将复制出来的平面沿着X轴拖动到左边，将汽车前视图图片“F12front”指定给平面并使之在视口中显示，如图6.5所示。使用【选择并移动】工具按住键盘上的Shift键并沿着X轴移动复制出另一个平面，将汽车后视图图片“F12back”指定给该平面并使之在视口中显示，如图6.6所示。

图6.5

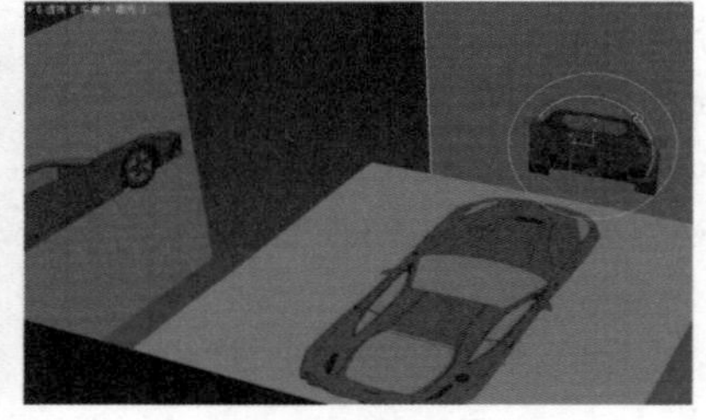

图6.6

04 将汽车参考图放入场景中以后，还应该对这些参考的位置进行对齐摆放。选择场景中所有的图片，单击鼠标右键，找到【对象属性】，勾选【背面消隐】选项，然后分别在前视图、左视图和右视图中调节图片的位置，拉开图片间的距离，使其车轮都位于栅格水平线上，如图6.7所示。为了方便观看汽车的整体造型同时又不对图片位置进行误操作，可以选择全部对象，单击鼠标右键，找到【对象属性】，勾选【冻结】选项，取消【以灰色显示对象】功能，如图6.8所示。

图6.7

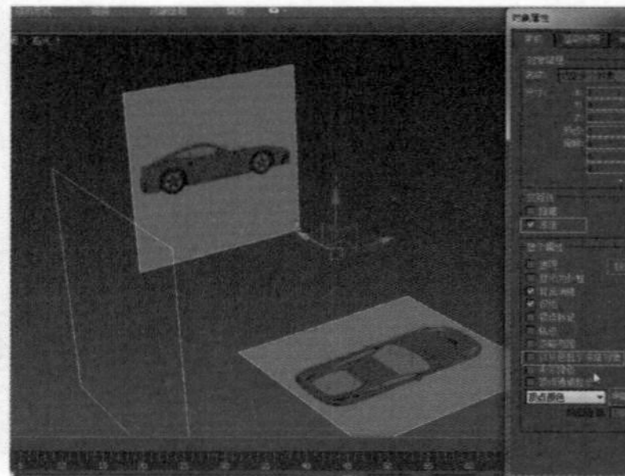

图6.8

TIPS 勾选【背面消隐】选项能隐藏物体的背面，从而能显示出被物体背面遮住的正面，这样有助于在视图中对物体进行观察、选择和操作。

05 为了让图片在场景中显示最高的清晰度，需要对3ds Max进行配置驱动程序。在菜单栏选择【自定义】→【首选项（P)...】命令，在【视口】选项卡中找到【选择驱动程序】→【从Direct3D回到上一界面】→【旧版Direct3D】，设置完毕后单击【确定】按钮，如图6.9所示。保存文件后重启3ds Max，再次选择【自定义】→【首选项（P)...】命令，在【视口】中找到【配置驱动程序】→勾选两个【尽可能接近匹配位图大小】，单击【确定】按钮结束设置命令，如图6.10所示。再次重启3ds Max就会得到图片在场景中最高的清晰度。

图6.9

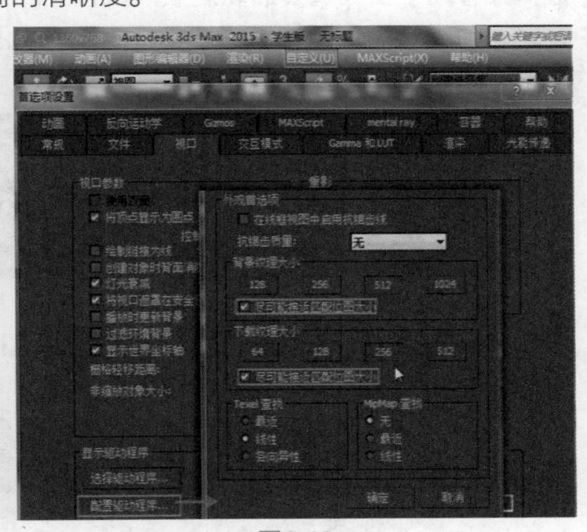

图6.10

TIPS 3ds Max【显示驱动程序】在默认情况下的选择是【推荐】的显示驱动程序，而【配置驱动程序】在这种情况下是不能被使用的。

06 在前视图中，单击【圆柱体】按钮，在车轮位置创建一个圆柱体。为了方便操作，可以按下键盘上的Alt+X键，让对象半透明显示，透出参考汽车图片。将圆柱体对象的【高度分段】和【端面分段】设置为1，【边数】设置为18，然后对齐图片到车轮位置。（如图6.11）单击鼠标右键，将圆柱体对象转化为可编辑多边形。

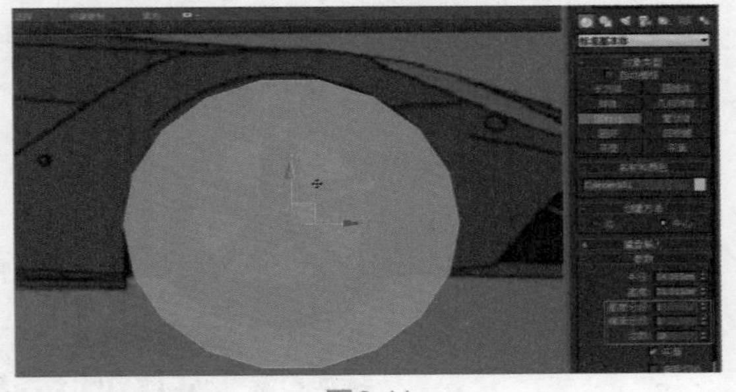

图6.11

07 在修改面板中进入其多边形层级，只保留最外面的一个多边形，将其余的多边形都删掉。选择仅剩的圆形多边形，在命令面板中单击【插入】按钮后面的设置框进行参数设置，拖动鼠标设置【插入】的数量，如图6.12所示。进入多边形层级，删掉中间和底面不需要的面，让对象呈现出汽车轮眉的基本形态。进入顶点层级，选择对象的顶点，调整对象顶点的位置，使其与轮眉完全符合，如图6.13所示。

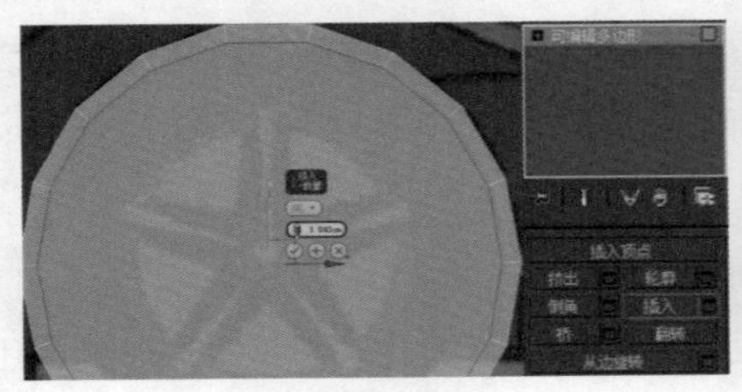

图6.12

图6.13

TIPS 为了在多边形层级中选择多边形时不遮住其后面的图片，可以按下键盘上的F2键，让选择的多边形不以红色的多边形显示而是以红色的边来显示。

08 由于轮眉的长度和分段数不够，需要对其底部进行复制加长。进入边层级，选择底部的边，按住键盘上的Shift键，沿着坐标轴进行移动复制，从而实现多边形的延伸，如图6.14所示。退出边层级，按住键盘上的Shift键，移动复制出后面的轮眉，进入复制出来的轮眉顶点层级，使用【选择并移动】工具调节后轮眉顶点的位置。然后在侧视图中，对照前视图调节前轮眉的位置，对照后视图调节后轮眉的位置，如图6.15所示。

图6.14

图6.15

09 现在将调整好的两个轮眉附加在一起。在透视图中选择其中一个轮眉，在修改面板中单击【附加】按钮，在场景中单击另外一个轮眉进行附加，再次单击【附加】按钮以结束附加操作，如图6.16所示。

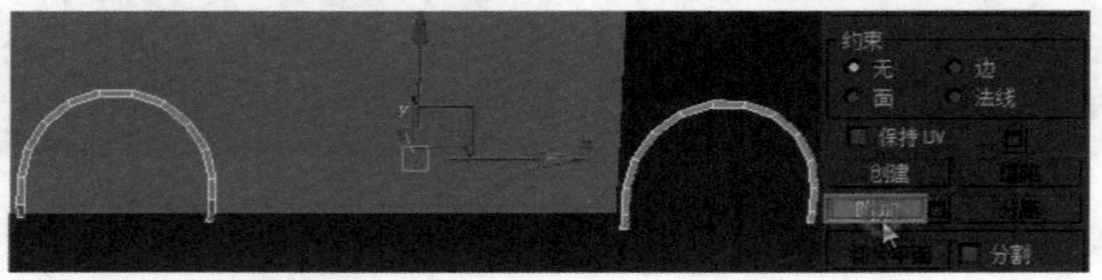

图6.16

10 在前视图中通过轮眉创建车身，应将轮眉的几何体布线调节到汽车对应的缝隙上，然后将两个车轮连接起来以组成车身。按住键盘上的Ctrl键，选择车轮中间的6条边，在命令面板单击【桥】按钮，将其自动连接，如图6.17所示。

TIPS 在调节轮眉布线时，在边层级选择【约束】为"边"类型，可以使边或顶点在保持物体形状基本不变的情况下进行移动。如果希望对物体造型进行修改则要将【约束】到"边"修改为【约束】到"无"，从而让边或点的位置进行自由移动操作。

图6.17

11 对象连接完成后还需按下键盘上的快捷键Alt+C，对车门等缝隙进行布线的【切割】，完成一段切割后，单击鼠标右键以结束切割操作。整个分割完成后单击两次鼠标右键结束切割操作，如图6.18所示。

TIPS 在对对象进行切割时，应注意把分割点对准车身缝隙。

12 在建模的过程中应尽量使建造的模型的面片是四边形，因此对不是四边形的面还需要进行切割，对多余的顶点进行焊接，对不需要的边进行删减调整，如图6.19所示。

图6.18

图6.19

13 为了方便后面给汽车做造型，需要给中间部分比较空的位置进行连线。在边层级中选择中间的横向线条，在命令面板单击【连接】后面的设置框，在其中连接一圈线。然后在约束到“边”的情况下调整连接后产生的顶点，使其顺应汽车结构和缝隙，如图6.20所示。

14 选择图6.21所示的一条线，按下键盘上的快捷键Ctrl+Backspace将其去掉。在约束到“边”的情况下调整顶点的位置，使其对应汽车的缝隙，如图6.22所示。

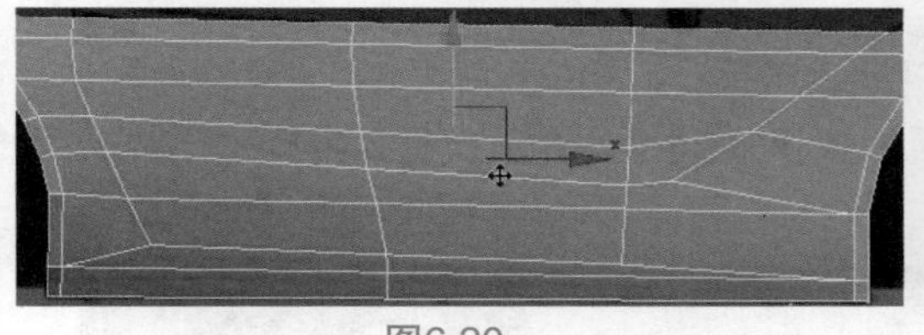
图6.20

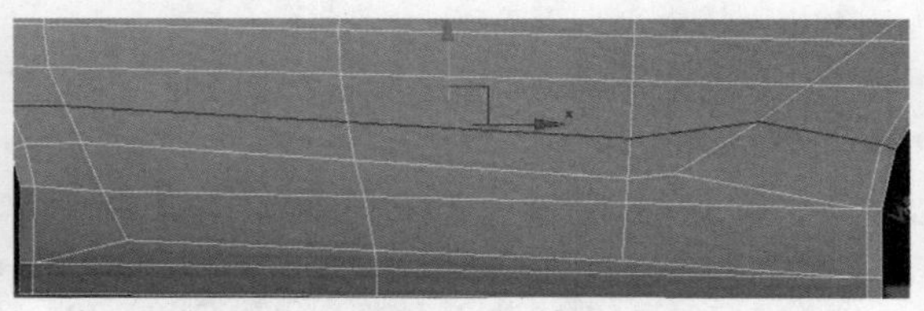
图6.21

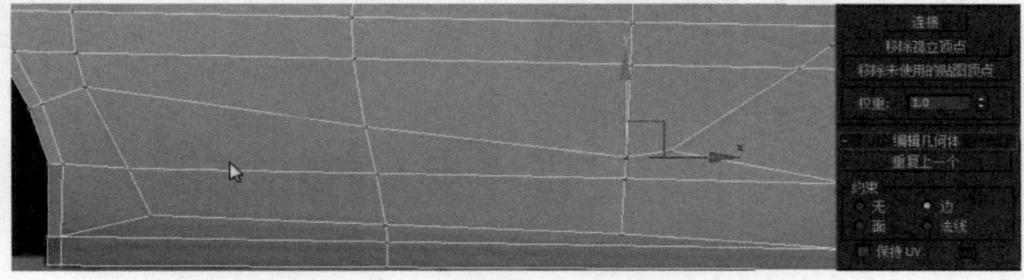

图6.22

15 同样给右边比较空的部分进行布线处理。首先按下键盘上的快捷键Alt+C，切割出一条边连接至轮眉，然后选择中间多余的线段，按下键盘上的快捷键Ctrl+Backspace键将其去掉，使用【选择并移动】工具调节顶点的位置，如图6.23所示。

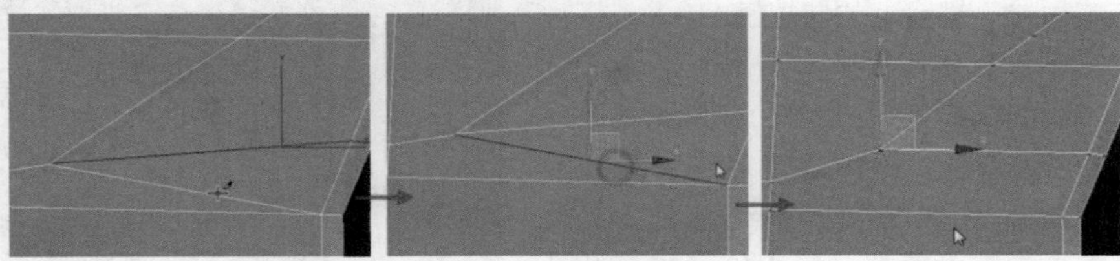
图6.23

16 在前视图中进入边层级，选择图6.24所示的3条边，按住键盘上的Shift键向上复制，然后进入顶点层级，使用【选择并移动】工具在多个视图中调节车身顶点的位置，使其对齐汽车接缝，如图6.25所示。

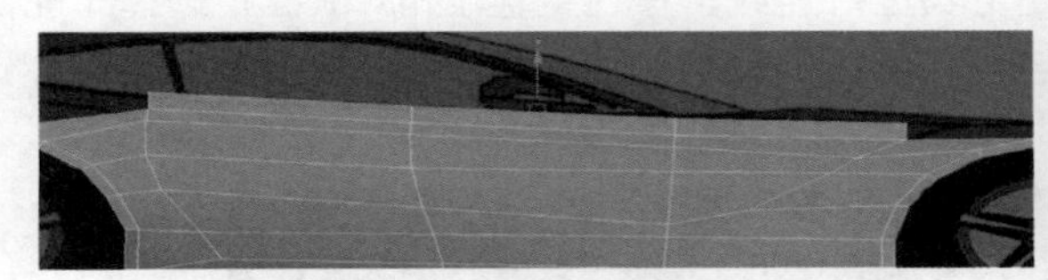
图6.24

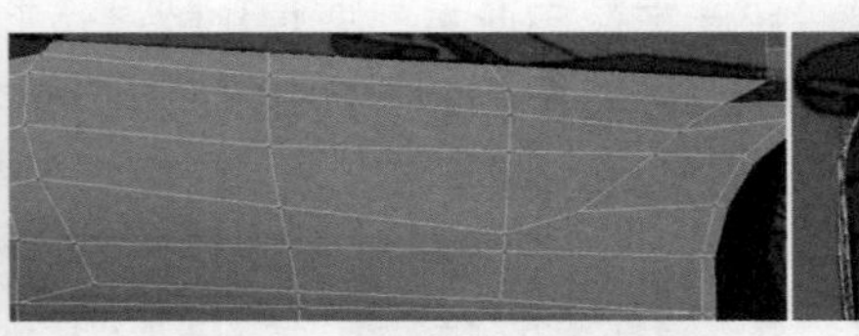
图6.25

17 在前视图中选择前车轮上的3条边，按住键盘上的“Shift”键，向上复制做延伸，继续使用【选择并移动】工具在多个视图中调节顶点的位置，单击鼠标右键，选择【目标焊接】命令将需要重合的两个点焊接起来，单击鼠标右键结束操作，如图6.26所示。

18 在前视图中选择前车轮上剩余的几条边，按住键盘上的Shift键向外复制车灯的形状，继续使用【选择并移动】工具在多个视图中调节顶点的位置，再次按下快捷键Alt+X取消半透明显示，观察整体位置，如图6.27所示。

TIPS 在调节车灯外形部分时尽量围绕车灯的形状进行调节。

图6.26

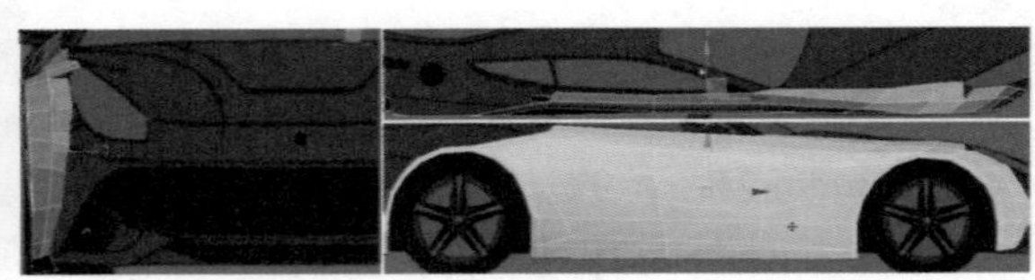

图6.27

19 车灯的围合需要用多边形逐步地延伸，但是应注意面的大小，将较大的面用线分割得小一些。进入边层级，选择需要加线的一圈边，在命令面板单击【连接】后面的设置框，将其进行连接，如图6.28所示。单击鼠标右键，选择【目标焊接】命令将需要焊接的两个顶点焊接在一起，如图6.29所示。

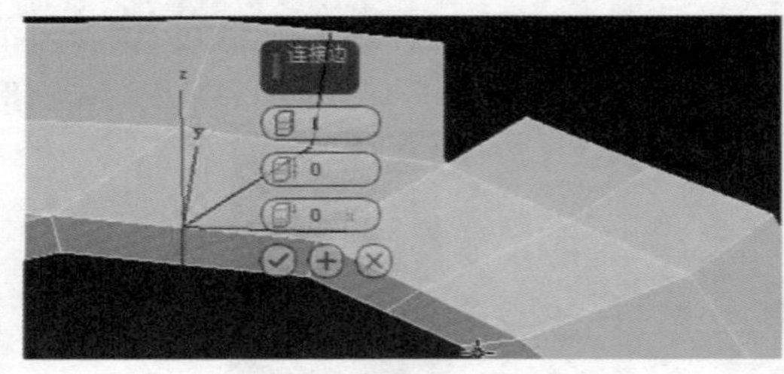

图6.28

图6.29

6.2 制作引擎盖

01 焊接完成后按下键盘上的快捷键Alt+X，将对象半透明显示，继续围合车灯形状。进入边层级，选择车灯部分的边，按住键盘上的Shift键进行移动复制。进入顶点层级，使用【选择并移动】工具调节顶点的位置。再次进入边层级，在命令面板中单击【连接】后面的设置框，将【分段数】设置为2，从而将其分成3段，然后进入顶点层级调节其位置，如图6.30所示。

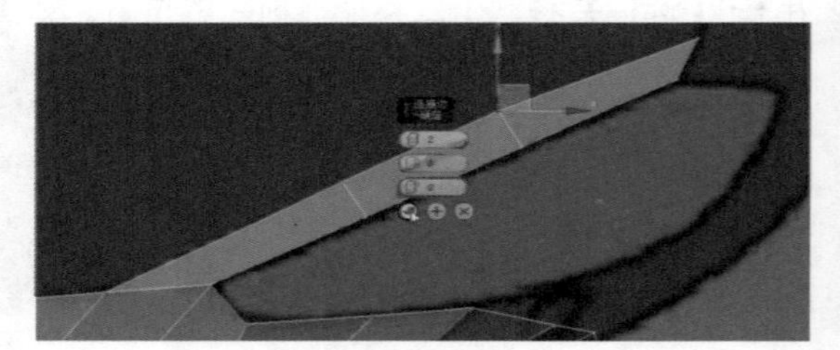

图6.30

02 进入边层级，按住键盘上的Shift键沿着车灯轮廓继续复制。由于连接的轮廓离汽车图片还有一段距离，因此在需要焊接的多边形处再次进行连线，按住键盘上的Ctrl键，选择车轮的边，在命令面板中单击【连接】按钮，让其连接成一条边。然后进入顶点层级，单击鼠标右键，选择【目标焊接】命令，将复制出来的轮廓与车轮相连接，如图6.31所示。

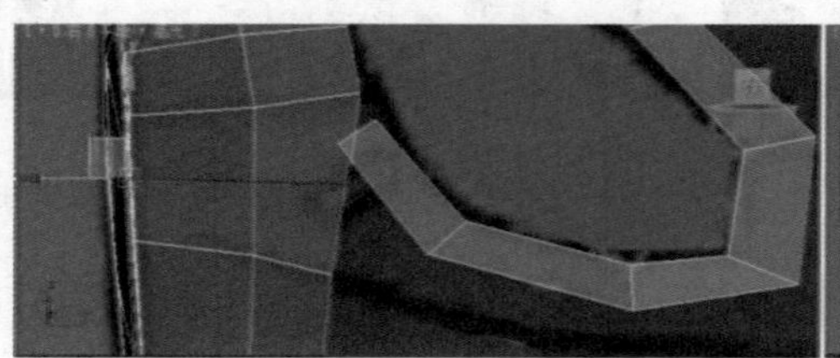

图6.31

03 引擎盖的制作。为了方便操作，按下键盘上的快捷键Alt+C，在图6.32所示的位置进行切割，并适度调节顶点的位置。

图6.32

04 进入边层级，取消约束到“边”，按住键盘上的Shift键复制出车柱和小三角部分，如图6.33所示。

TIPS 由于复制出的多边形是四边形，因此小三角的制作还需进入顶点层级，单击鼠标右键，进行【目标焊接】操作，再使用【选择并移动】工具调节顶点的位置。

05 继续选择边，按住键盘上的Shift键，向引擎盖方向复制出3段，然后再在多个视图中进行位置的调整，如图6.34所示。

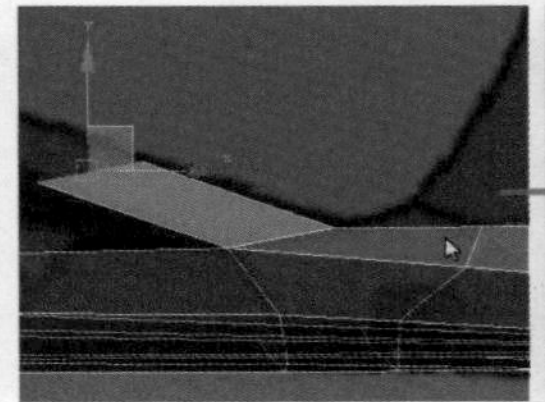

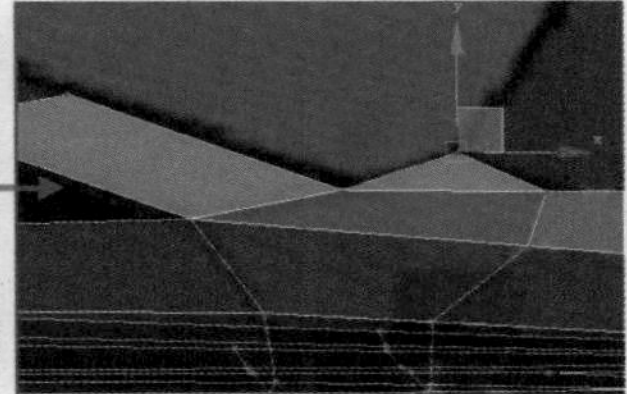

图6.33

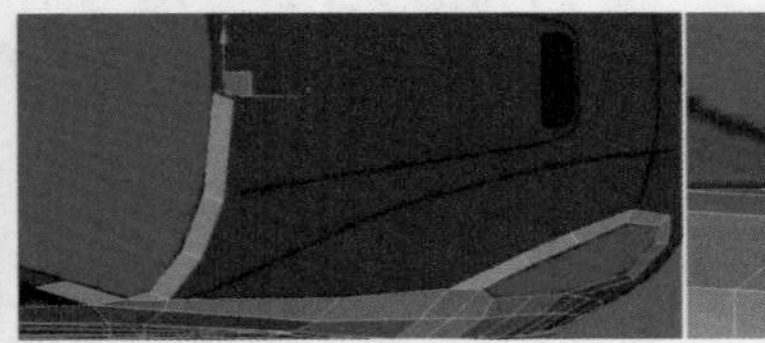

图6.34

06 选择中间的一条边，按住键盘上的Shift键，向下复制出一个大的面并将其延伸到汽车前方，再进入边层级，按住键盘上的Ctrl键选择中间的两条边，在命令面板单击【连接】按钮后面的设置框，将【分段数】设置为4，在前视图中调整其高度。进入顶点层级，分别移动4组顶点，使其在侧视图中贴合引擎盖的形状，如图6.35所示。

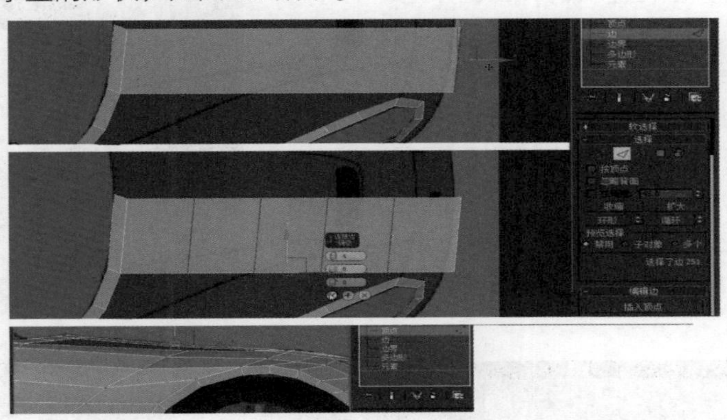

图6.35

07 在前视图中，按住键盘上的Ctrl键并选择车灯附近的半圈线，按住键盘上的Shift键向下复制，得到车灯外面的一圈多边形。为了使复制出来的部分与车身成为一个整体，需要在顶点层级中单击鼠标右键，执行【目标焊接】命令，将复制出部分的顶点与车轮的顶点进行【焊接】操作，然后使用【选择并移动】工具调节对象的位置，如图6.36所示。

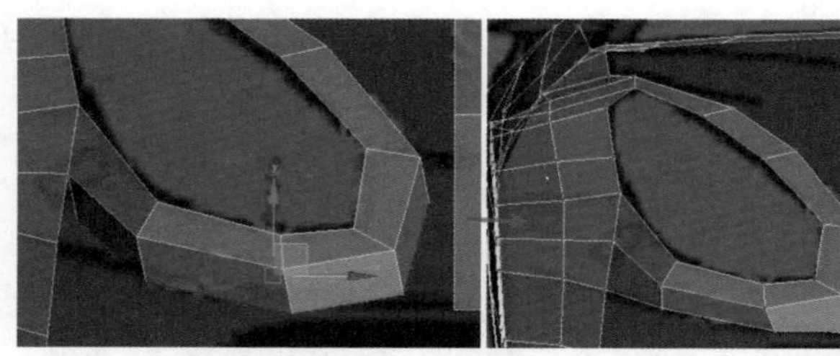

图6.36

08 进入边层级，在引擎盖中间最前面的一个面的左右两条边中间连接一条直线，在顶点层级中单击鼠标右键，选择【目标焊接】命令将上步骤复制出的车灯外的顶点与其引擎盖相焊接闭合，如图6.37所示，并在多个视图中调节复制出来的部分，如图6.38所示。

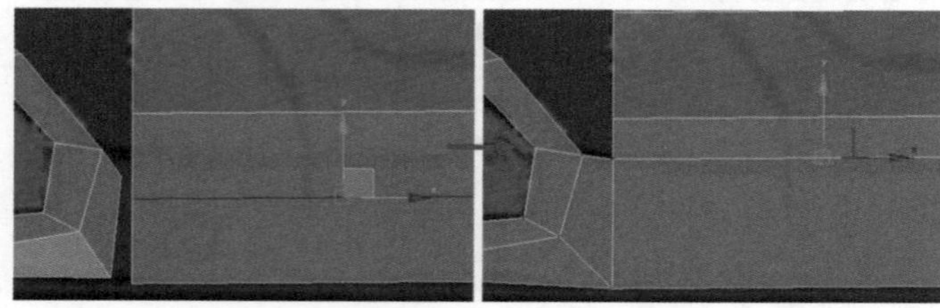

图6.37

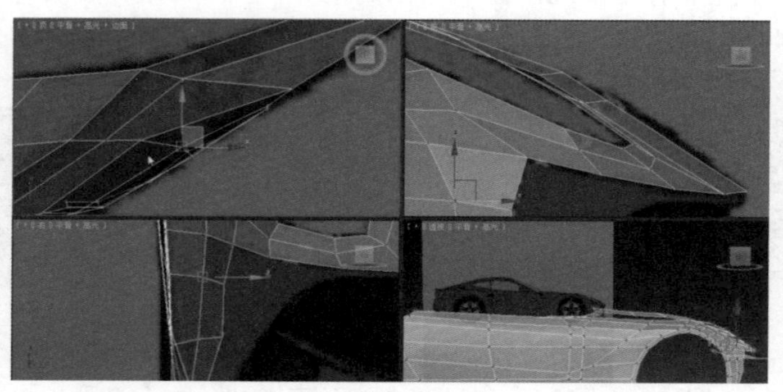

图6.38

09 继续制作引擎盖。按住键盘上的Ctrl键，选择中间的几条边，按住键盘上的Shift键并拖动鼠标向内移动复制。进入顶点层级，单击鼠标右键，选择【目标焊接】命令将前后两头的顶点与相邻的顶点进行焊接，并在多个视图中调节其位置，如图6.39所示。

10 由于引擎盖空白处的两边的都是五条边，可以用【桥】命令来进行连接补面。按住键盘上的Ctrl键，选择多边形对应的5条边，如图6.40所示。在修改面板中单击【桥】按钮，对象将会自动进行连接，如图6.41所示。

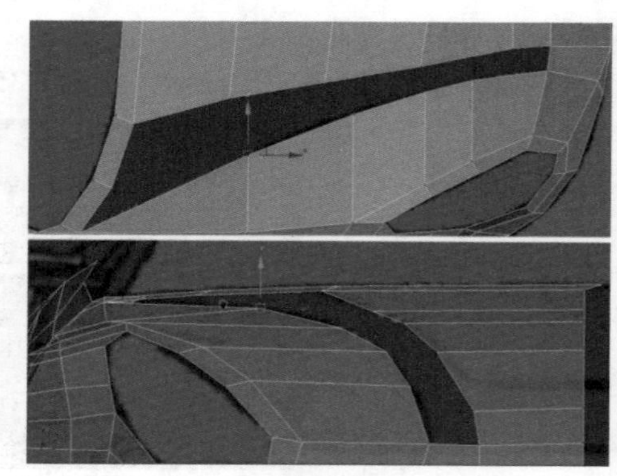

图6.39

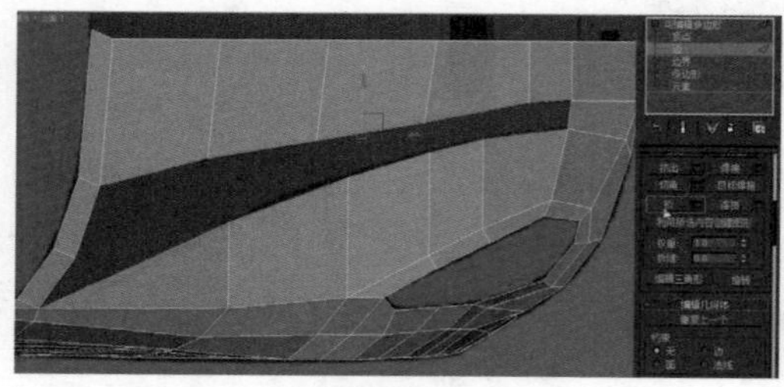

图6.40

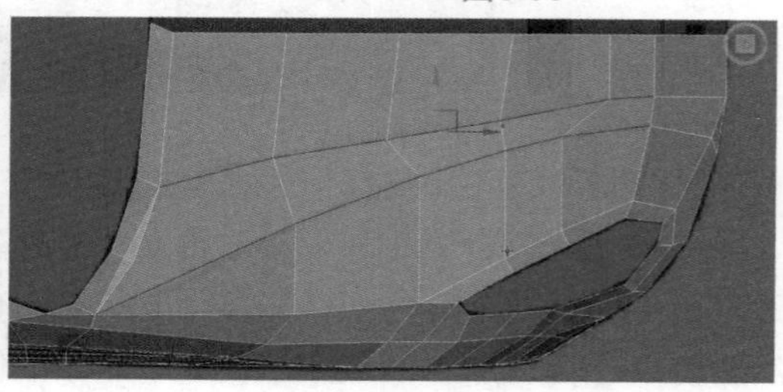

图6.41

11 对于没有连接上的地方，使用键盘快捷键Alt+C对多边形进行【切割】，如图6.42所示，切割完成后单击鼠标右键以结束对该命令的继续操作。进入顶点层级，再次单击鼠标右键，选择【目标焊接】命令，将两个分开的顶点焊接起来，如图6.43所示。

图6.42

图6.43

TIPS 可以将焊接后出现的两个小三角面暂时搁置，随着制作的深入再进行解决。

12 引擎盖边缘上凹槽的部分的制作。需要按住键盘上的快捷键Alt+C对引擎盖【切割】出两条线，如图6.44所示。在顶视图中继续切割，转到右视图，将线剪切贯穿整个车身，如图6.45所示，选择需要制作凹槽的顶点，向下移动以形成一个凹槽，如图6.46所示。

TIPS 在拖曳凹槽时要注意车头处的凹槽较浅，后面空气桥处的凹槽较深。

13 为了更方便进一步向下制作，需要将靠近车牌部分的引擎盖上的非四边形进行重新布线。利用键盘上的快捷键Alt+C切割出需要的线，然后选择不需要的边线，利用键盘上的快捷键Ctrl+Backspace将其去掉，并调整点的位置，如图6.47所示。

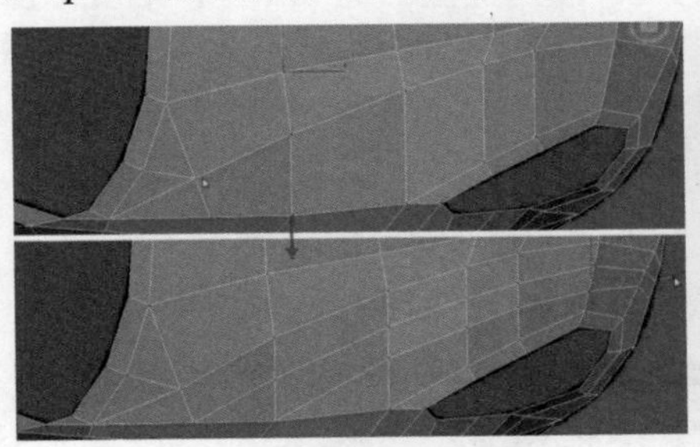
图6.44

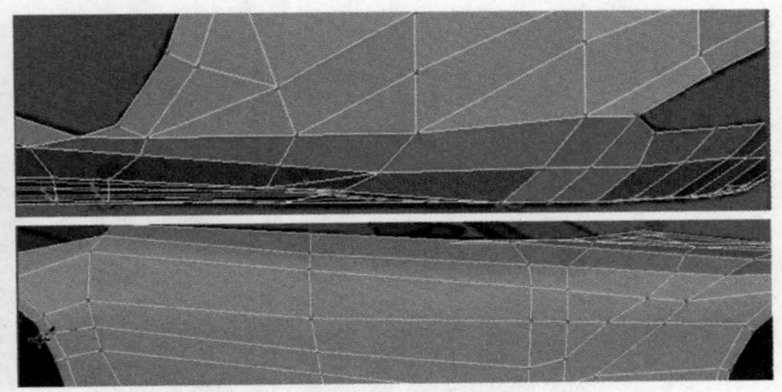
图6.45

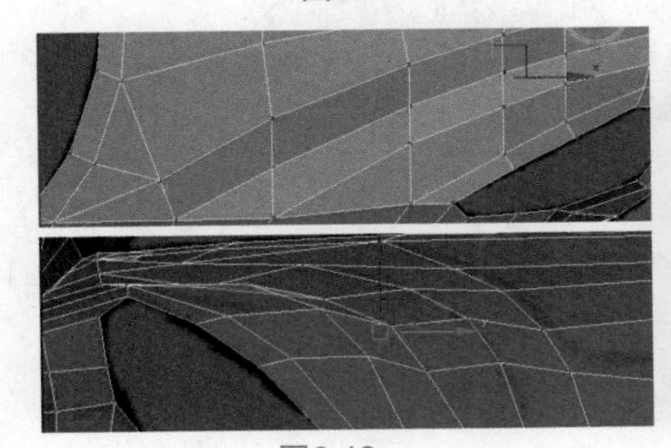
图6.46

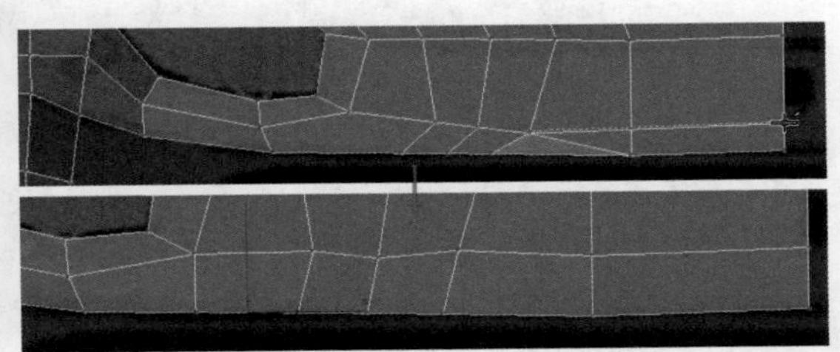
图6.47

14 选择大灯附近的6条边，按住键盘上的Shift键向下进行复制并在侧面视图中调整顶点的高度，如图6.48所示。

15 在前视图中，继续选择边并向下移动复制4次，延伸出四段多边形，然后进入顶点层级，单击鼠标右键，将对象进行目标焊接，在多个视图中反复调整顶点的位置以调整多边形的形状，如图6.49所示。

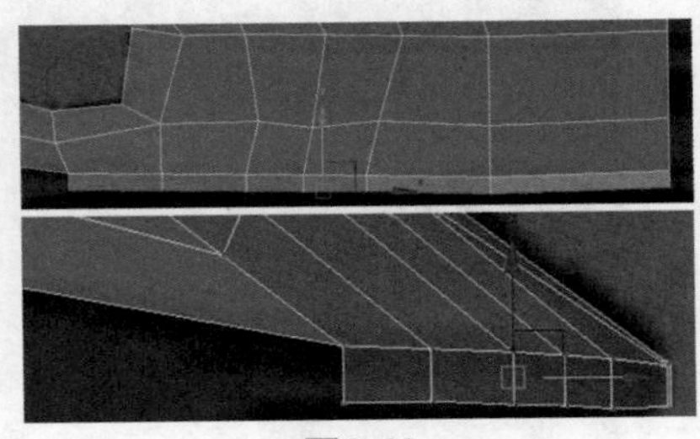
图6.48

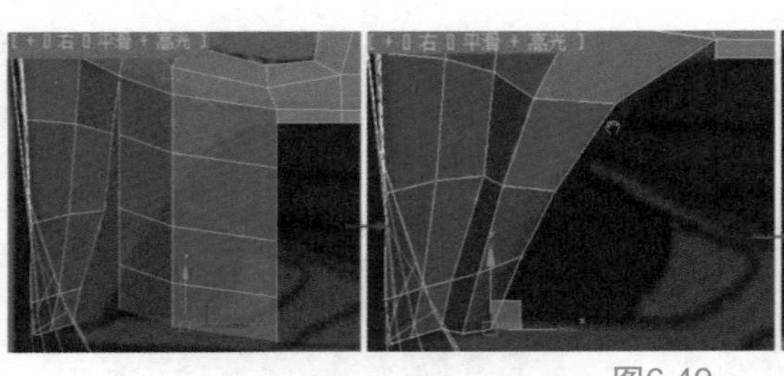
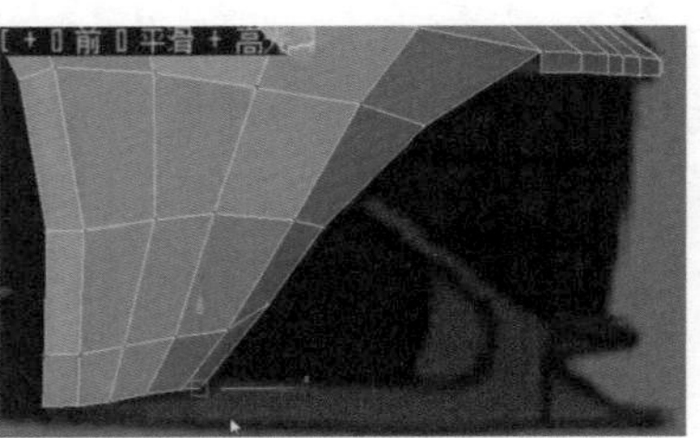

图6.49

16 如图6.49所示，还有一个小缺口需要进行焊接。首先按下键盘上的快捷键Alt+C切割出需要的线，然后选择中间不需要的线，按下键盘上的Delete键将其删掉，接着按下键盘上的Ctrl键，选择需要连接的两条边，在命令面板中单击【桥】按钮，将其进行自动连接，如图6.50所示。

17 调整各个顶点的位置，选择车头部分的一圈边，按住键盘上的Shift键适当地拖动鼠标向内进行延伸复制，如图6.51所示。

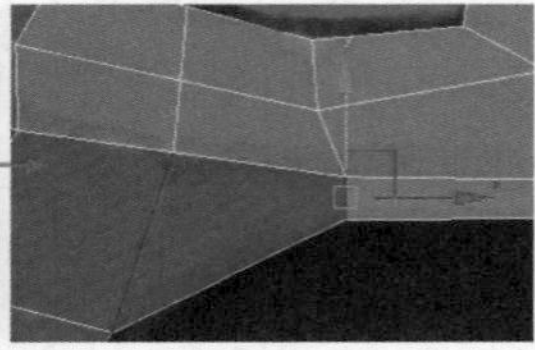

图6.50

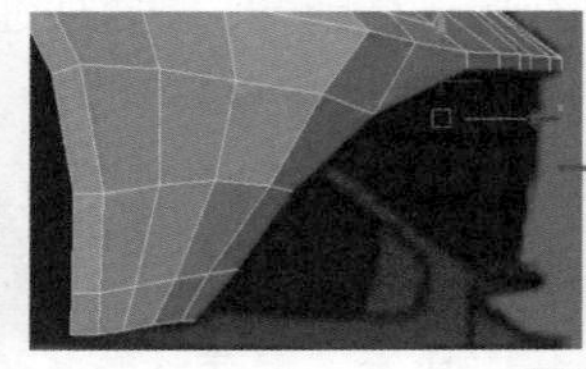
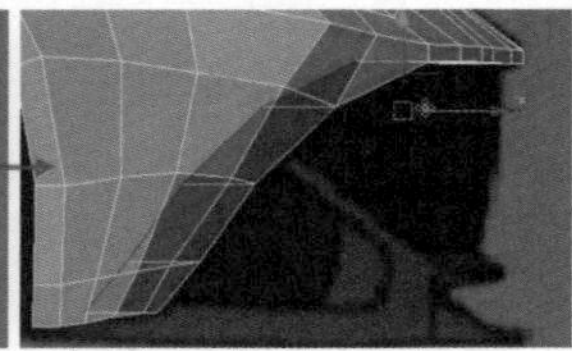

图6.51

18 车头部分制作完成后，需要将车窗部分的车柱制作出来。首先将前面制作出来的车柱部分在多个视图中调整位置，然后在顶视图中选择它的边，按住键盘上的Shift键，沿着车窗边缘进行复制围合，如图6.52所示。

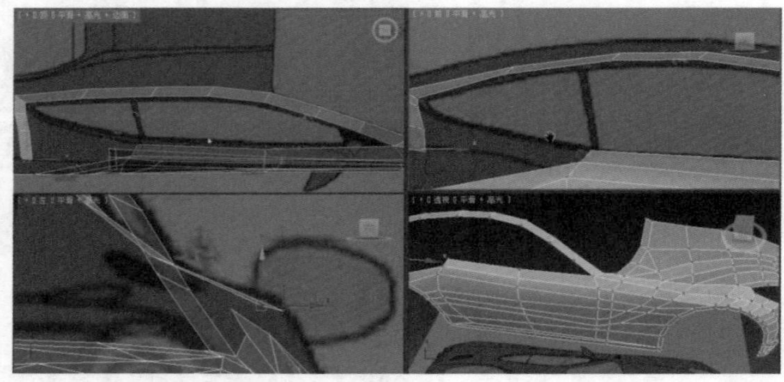

图6.52

19 为了方便后面的操作，删掉图6.53所示的后轮眉位置的边，然后再选择后轮眉正上方的边，按住键盘上的Shift键，向上进行移动复制，接着按住键盘上的Ctrl键，选择复制出来的中间的两条边，在命令面板中单击【桥】按钮，将其进行连接，如图6.54所示。

图6.53

图6.54

20 进入顶点层级，单击鼠标右键，选择【目标焊接】命令将围绕车框的顶点与轮眉延伸复制出来的多边形顶点进行焊接，如图6.55所示。进入边层级，按住键盘上的Ctrl键，选择中间空白处的两侧的边，在命令面板中单击【桥】按钮，将其进行连接，并在多个视图中反复调整顶点的位置，如图6.56所示。现在车身的一半外壳基本制作完成了。

图6.55

图6.56

6.3 车的顶部和尾部制作

01 车身后半部分的制作。在顶视图中选择车框上的3条边，按住键盘上的Shift键，向中间复制出三段多边形作为汽车的车顶，并在左视图中调节车顶的位置，如图6.57所示。

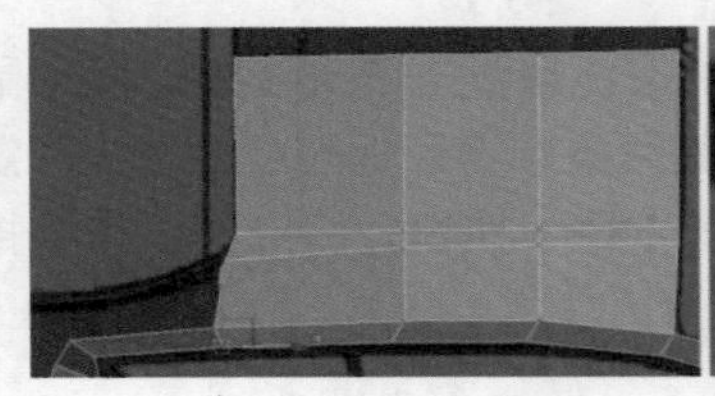

图6.57

02 在顶视图中，继续选择边，按住键盘上的Shift键，向下进行移动复制。单击鼠标右键，选择【目标焊接】命令将顶点焊接在一起。选择中间的一圈线，在命令面板中单击【连接】按钮后面的设置框，将中间缺少的线进行连接补齐，参考图片调节对象的位置，如图6.58所示。

图6.58

03 进入边层级，选择较短的边，按住键盘上的Shift键，拖动鼠标围绕后挡风玻璃进行移动复制，并在多个视图中调节其高度，如图6.59所示。

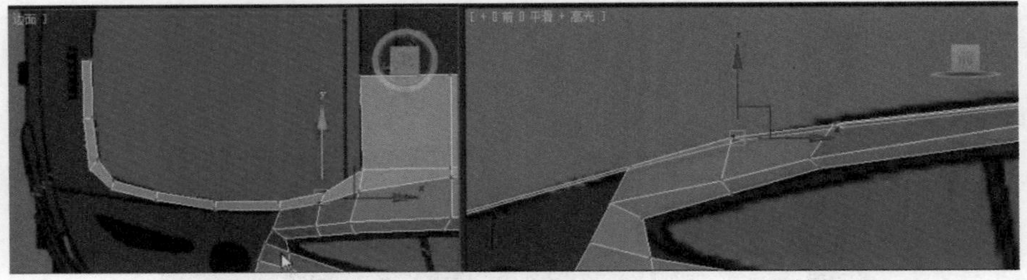

图6.59

04 继续选择边，按住键盘上的Shift键，拖曳复制出两个多边形，单击鼠标右键，将接缝进行目标焊接并在多个视图中调节顶点位置，如图6.60所示。

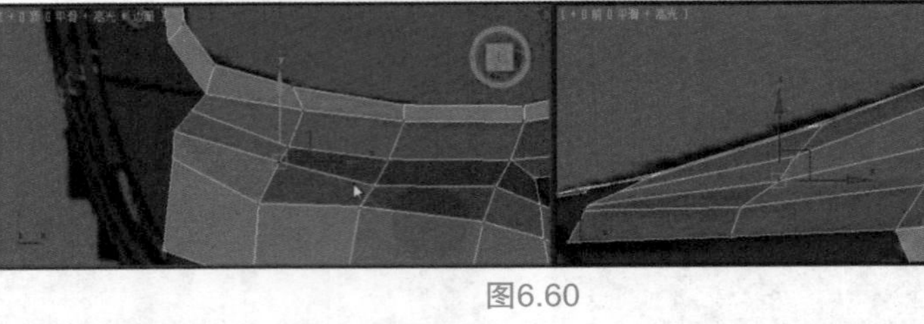

图6.60

05 在顶视图中选择图6.61所示的边，按住键盘上的Shift键，向下进行复制并且在前视图和顶视图中调节顶点的位置，如图6.62所示。

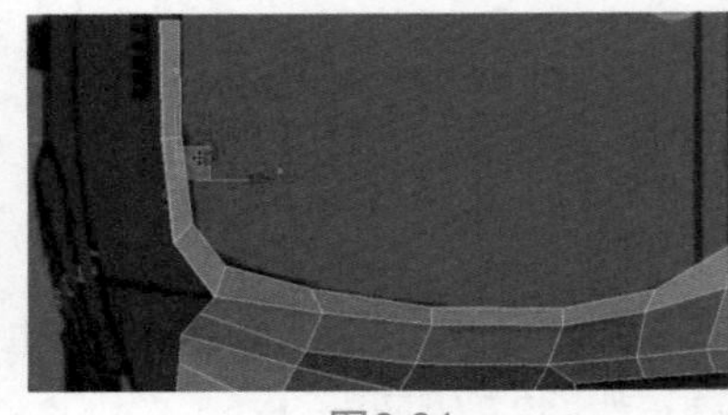

图6.61

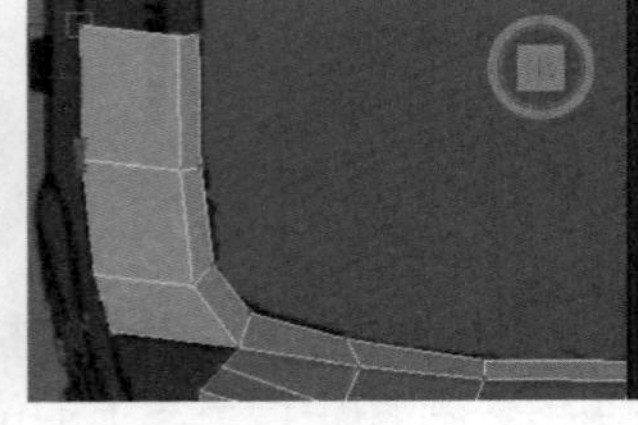

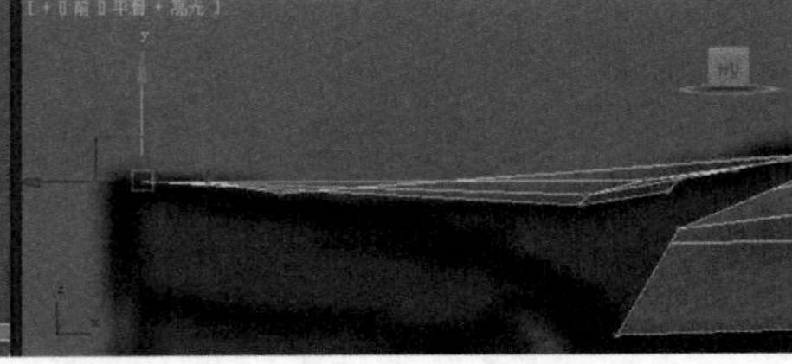

图6.62

06 在前视图中按住键盘上的Ctrl键，选择后车轮的边，按住键盘上的Shift键，移动鼠标向左复制出两段可编辑多边形，并且调节顶点的形态，让其线条顺着后保险杠的边缘和缝隙，如图6.63所示。调整完后选择中间的两条边，在命令面板中单击【桥】按钮，将中间进行连接，再从其他视图中围绕后车灯进行调整，如图6.64所示。

TIPS

调节顶点的时候注意线条不要太扭曲或者弯曲的坡度太大，线条尽量朝向一个地方弯曲而且线条整体要有张力，不要太凌乱；如果线条比较乱，不太容易看清。可以单击鼠标右键，然后选择【对象属性】命令，勾选【背面消隐】选项让背面的线条隐藏起来。

图6.63

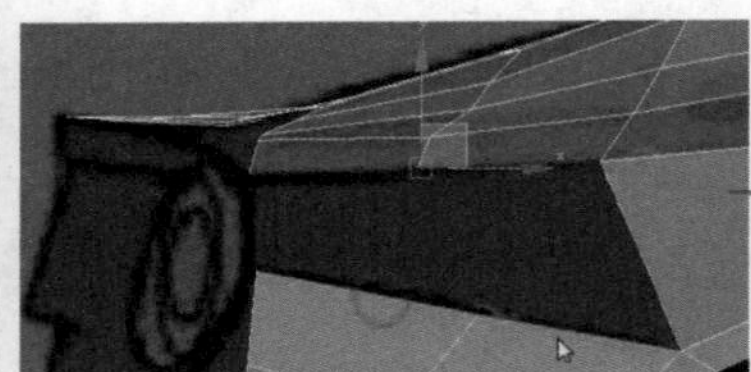

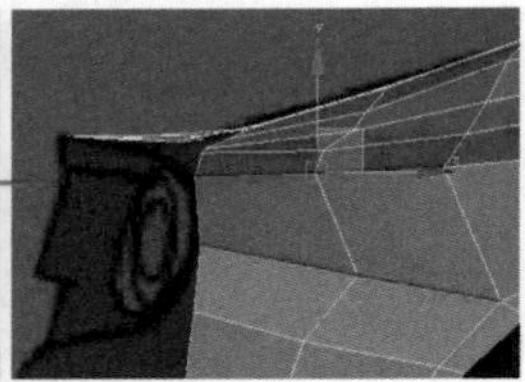

图6,64

07 在顶视图中选择车后面的3条边，在前视图中按住键盘上的Shift键，向下进行复制，如图6.65所示，然后选择复制出来的一条边，在左视图围合出后车灯的轮廓，并在多个视图中调节其顶点的位置，如图6.66所示。

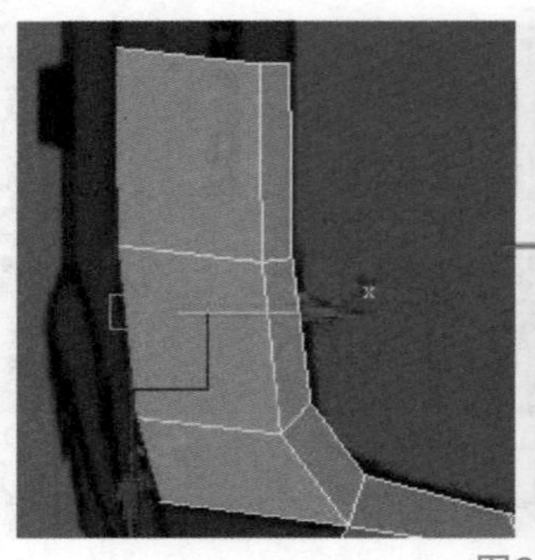

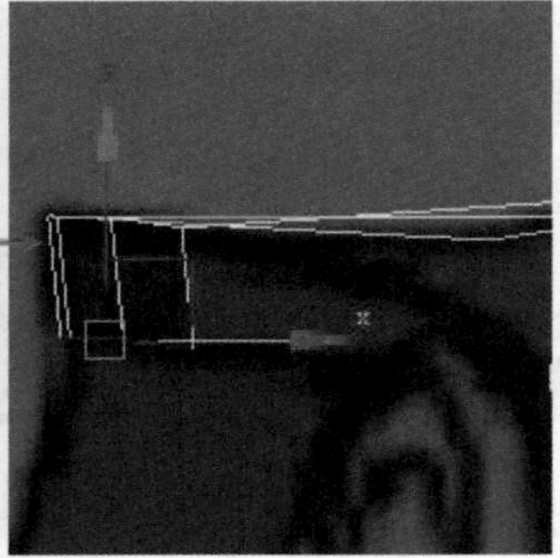

图6.65

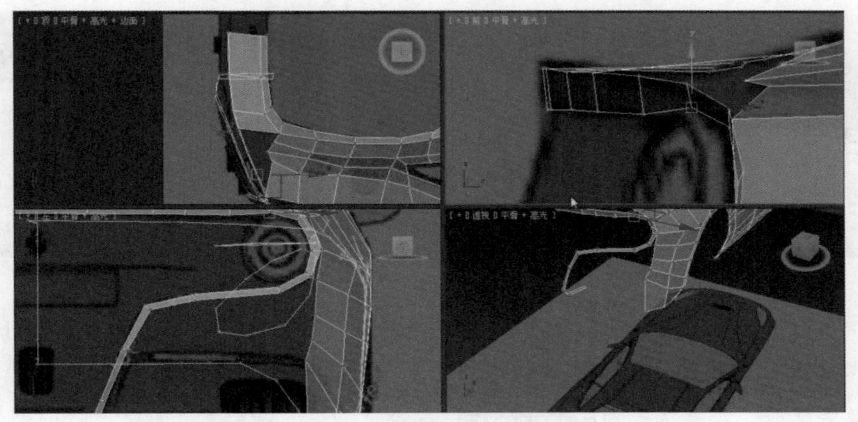

图6.66

08 车灯轮廓制作完成后，还需要将缝隙进行连接和焊接，选择空白处的两条边，在命令面板中单击【桥】按钮，将其进行连接；对于分段数不够的多边形应按住键盘上的Ctrl键并将多边形的边选择，然后再命令面板中单击【连接】按钮后面的设置框，给多边形再加一条边；进入顶点层级，单击鼠标右键，对顶点进行目标焊接操作，如图6.67所示。

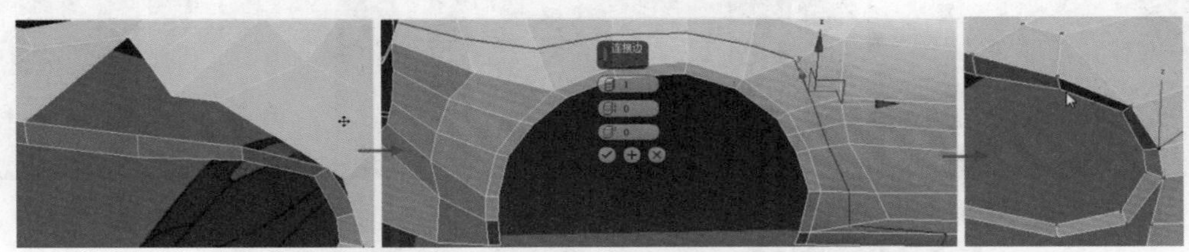

图6.67

09 在左视图中选择没有焊接的边，按住键盘上的Shift键，向左复制出四段多边形，如图6.68所示，然后在多个视图中调节它的位置，如图6.69所示。

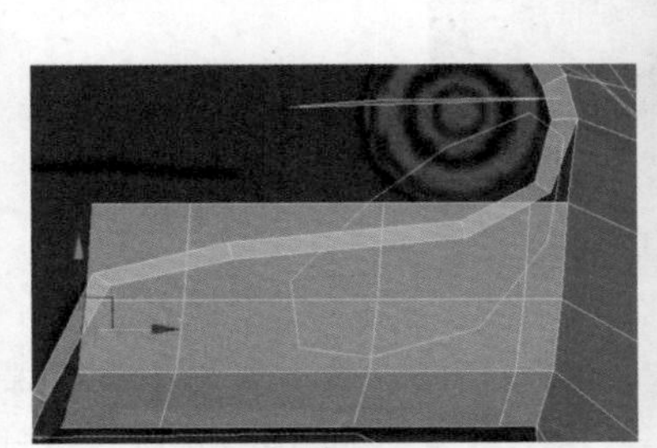

图6.68

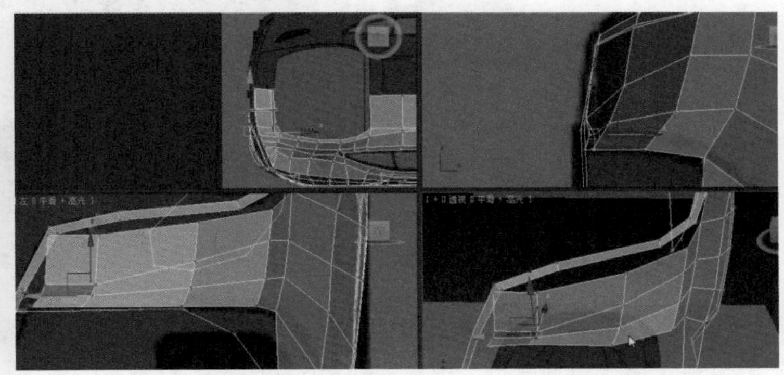

图6.69

10 给图6.70所示的多边形加一圈边，再单击连接后的三角面的边，按下键盘上的Delete键将三角面删掉，如图6.71所示。对于接缝的连接，选择接缝的两条边，在命令面板中找到【桥】按钮，将其进行连接并在多个视图中调整顶点的位置，如图6.72所示。

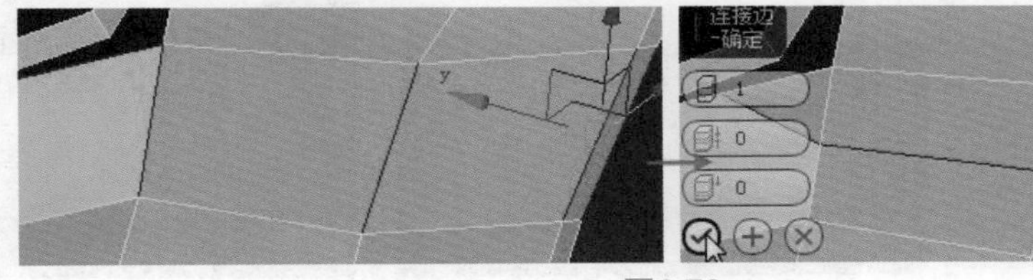

图6.70

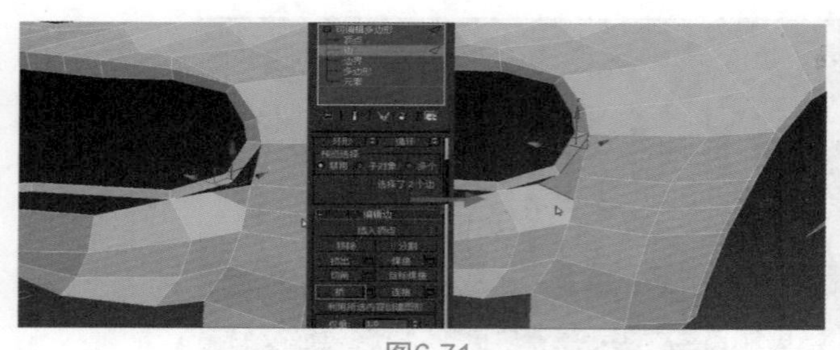
图6.71

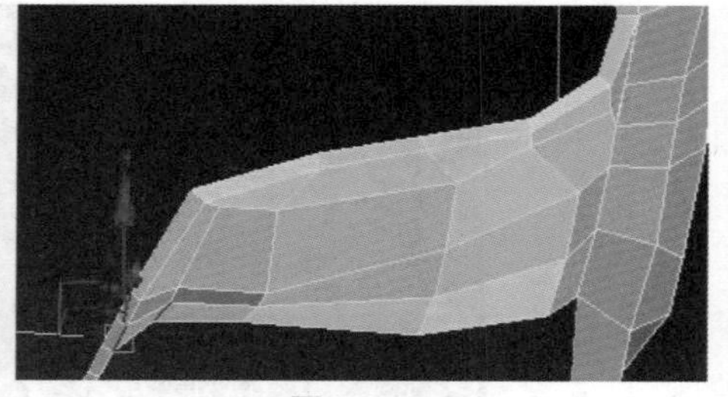
图6.72

TIPS 对于在进行【桥】连接的过程中遇到边数不对称的问题，可以通过对边数不够的多边形进行连接或者剪切操作来解决。

11 将接缝完成后，接着制作车后下方的灰色保险杠部分。首先在前视图中将面中间连接的一条线拆分成两段，如图6.73所示，然后在左视图中选择面拆分后的两条边，按住键盘上的Shift键进行移动复制两次，将复制后的多边形顶点与上面对应的顶点进行目标焊接操作（如图6.74），最后在其他视图中对刚刚复制出来的对象进行位置调整，如图6.75所示。

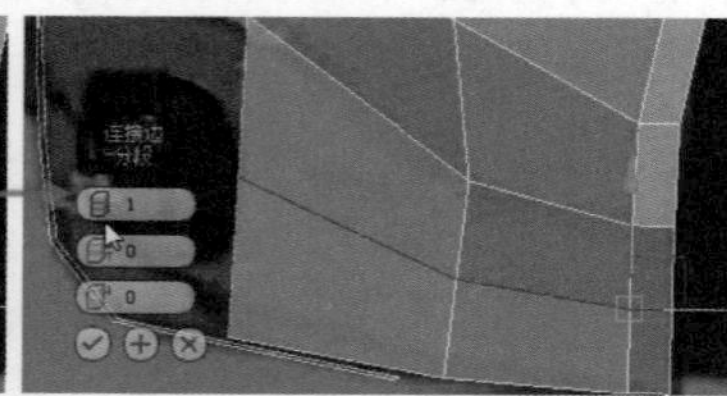
图6.73

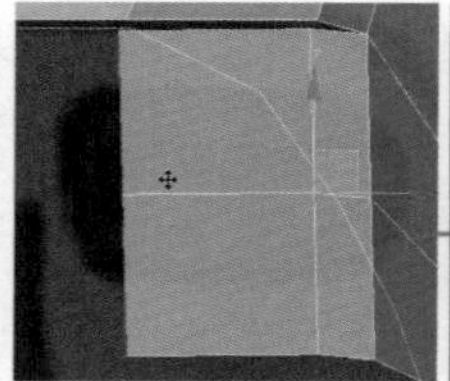
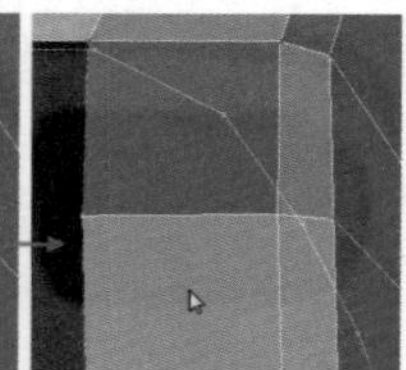
图6.74

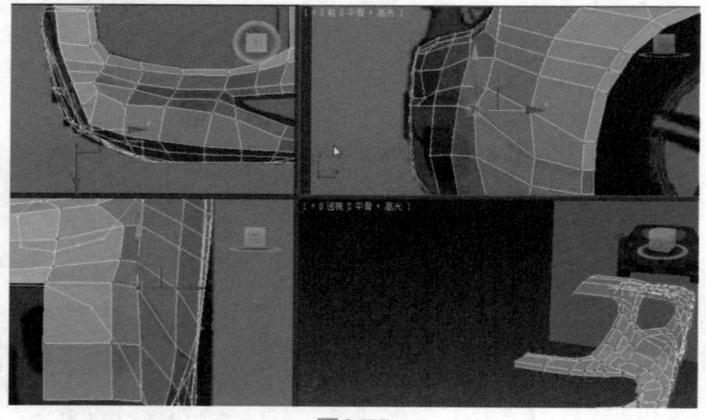
图6.75

12 进入边层级，再次选择边并进行移动复制，进入顶点层级，单击鼠标右键，使用【目标焊接】命令将顶点进行缝合，如图6.76所示。将多余的线选择并按下键盘上的Ctrl+Backspace删掉，在命令面板中选择约束到“边”的情况下调整中间线条的位置，在约束到“无”的情况下按住键盘上的Ctrl键并选择接缝的两边，在命令面板中单击【桥】按钮，将缝隙进行连接，到其他视图中进行顶点调整，如图6.77所示。

图6.76

图6.77

13 上面的接缝制作完成后，选择图6.78所示的边，向内进行移动复制。对底部另外的几条边向下并向内进行移动复制，然后在多个视图中调节其位置，如图6.79所示。

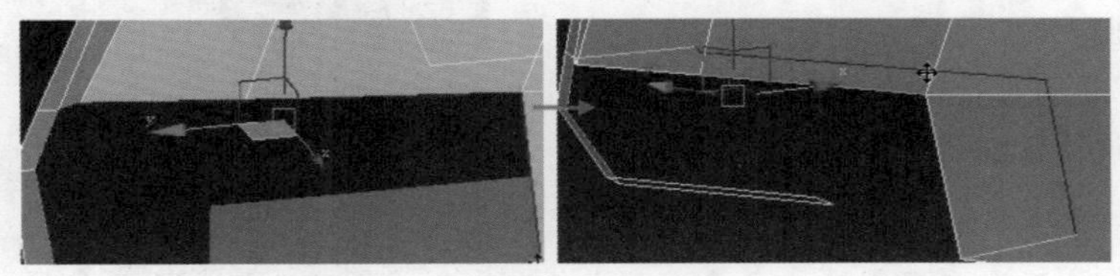

图6.78

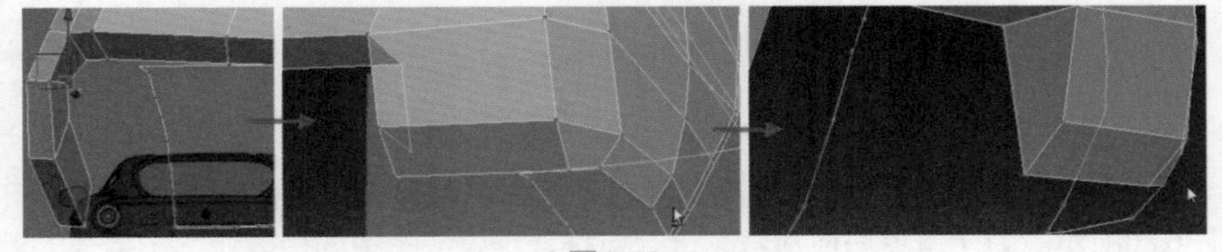

图6.79

TIPS 如果底部的边是分开进行向下和向内进行移动复制的，需要先将其相应的顶点进行目标焊接操作。

14 接下来继续制作汽车尾部空缺的部分。选择图6.80所示的边，按住键盘上的Shift键，向下进行移动复制，然后向内进行移动复制以制作出汽车车牌部分的凹陷，再向下进行复制。如图6.81所示。为了更好地展现出牌照灯部分的凹槽构造，需要在多个视图中调整该对象的位置，如图6.82所示。

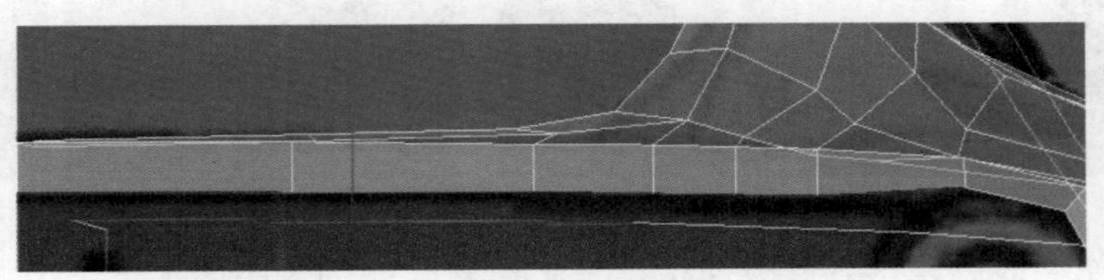

图6.80

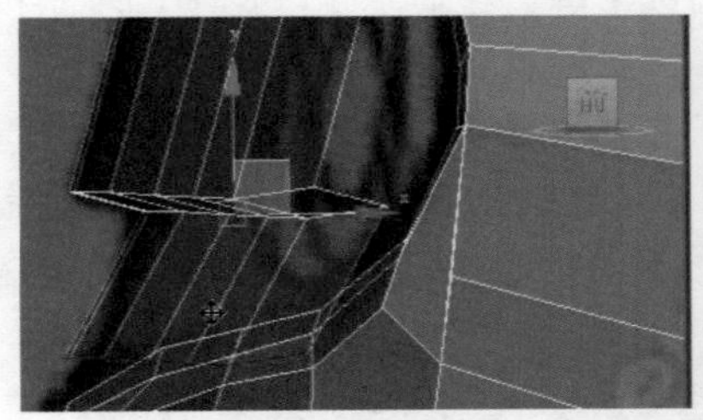

图6.81

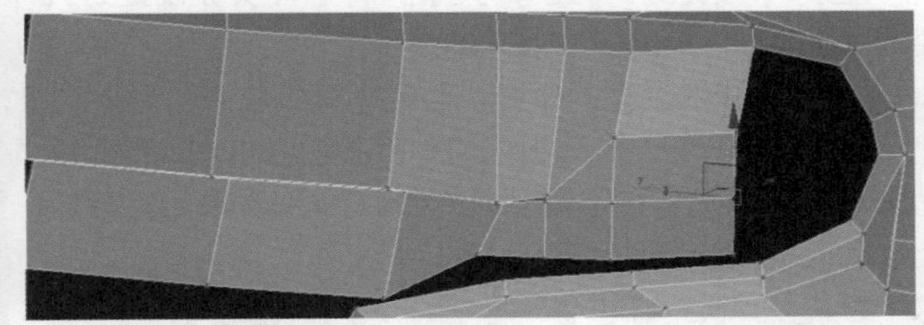

图6.82

15 进入边层级，按住键盘上的Ctrl键并选择图6.82所示的空白处的边，在命令面板中单击【桥】按钮，将其缝隙进行连接，如图6.83所示。连接后的该区域位置也比较凌乱，线条布局高低不一，仍然需要在多个视图中将该区域的位置进行调整，如图6.84所示。

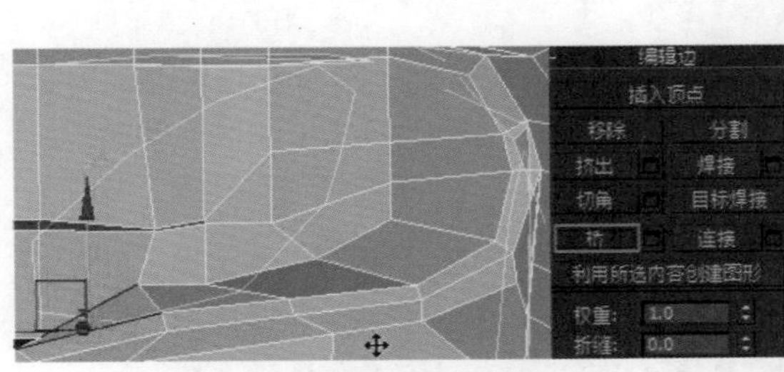

图6.83

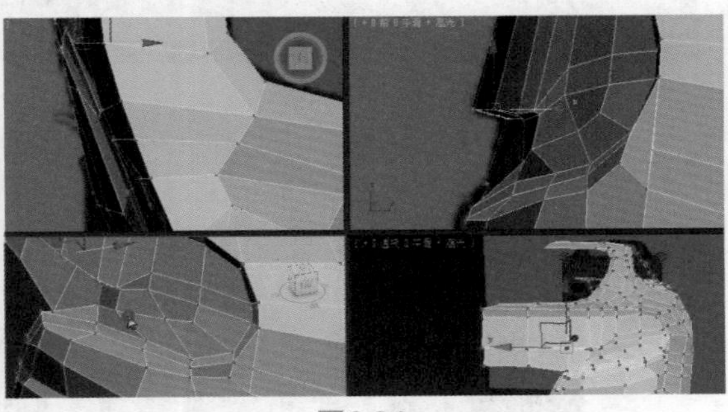

图6.84

16 在左视图中，选择车尾后面的两条边，继续按住键盘上的Shift键并根据旁边车身的布线段数向下进行复制延伸，如图6.85所示。车身外壳部分做完之后，需要对其布线进行调整，把扭曲和凹陷的线调理平顺，让分布不均的线条适当均匀一些。

TIPS 为了方便操作，建议在复制完一段多边形之后就适当地调整该多边形的顶点，并将其与相邻的顶点进行目标焊接。

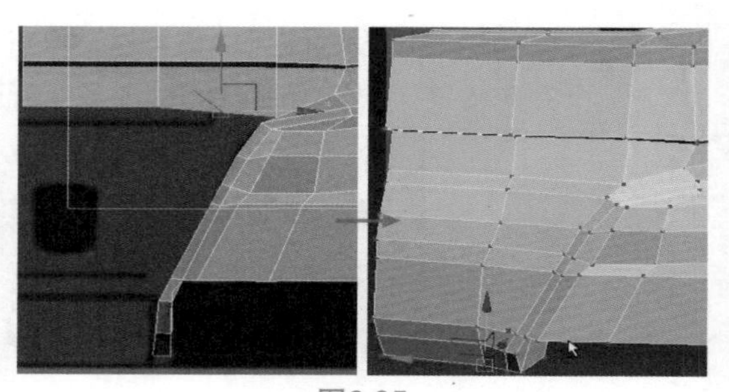
图6.85

17 参考图片，进入多边形层级，按住键盘上的Ctrl键并选择汽车尾部需要凹陷的部分，在命令面板中单击【倒角】后面的设置框，将【倒角】的高度设置为-0.461，将【倒角】的轮廓值设置为-0.313，如图6.86所示。为了方便后面对汽车进行对称处理，应将中间接缝处倒角出来的多边形删掉，如图6.87所示。

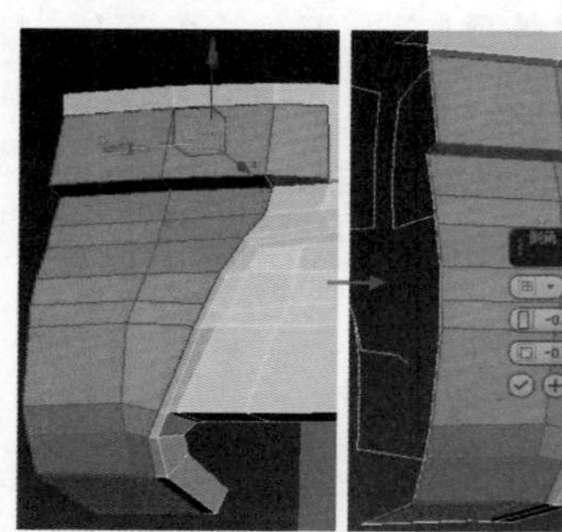
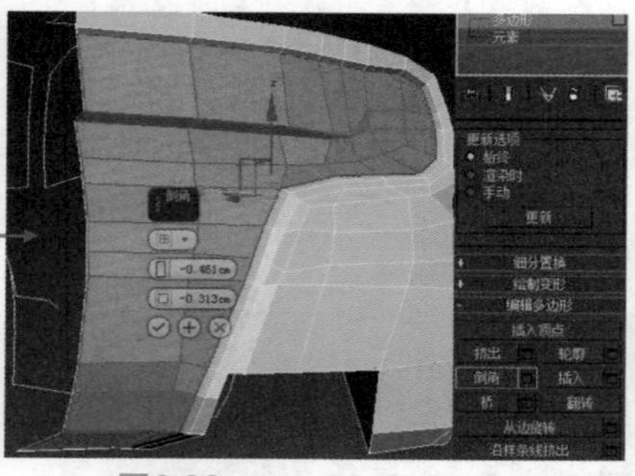
图6.86

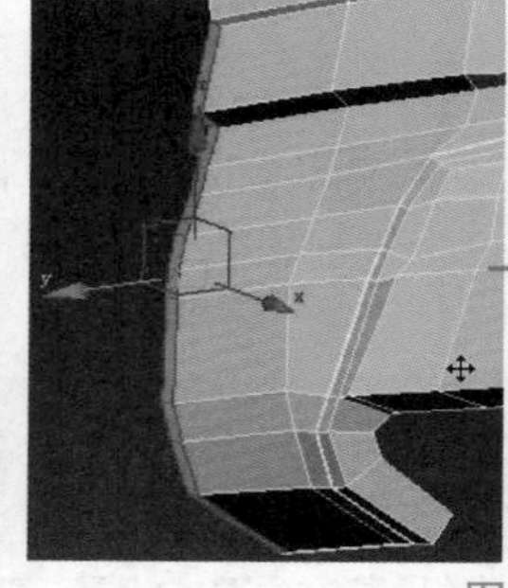
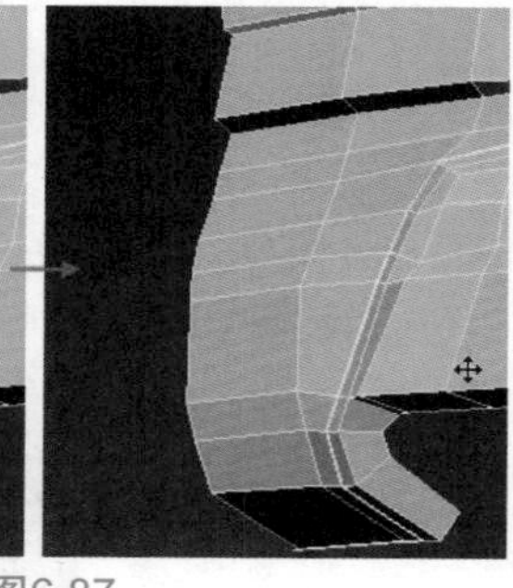
图6.87

18 基本形状制作完成后，进入修改面板，在下拉修改器列表中增加一个【涡轮平滑】命令，单击【最终结果显示开关】，将迭代次数设置为3，勾选【等值线显示】复选项，观察模型尾部是否有明显的问题，如图6.88所示。

19 找到出错的模型的位置，回到【可编辑多边形】层级，单击【最终结果显示开关】，选择汽车尾部第一个五边面，按下键盘上的Delete键将其删掉，再按住键盘上的Ctrl键，选择造成五边面的相邻的边，按下键盘上的Ctrl+Backspace将其移除，紧接着把刚刚删掉的面用【桥】命令连接上，如图6.89所示。

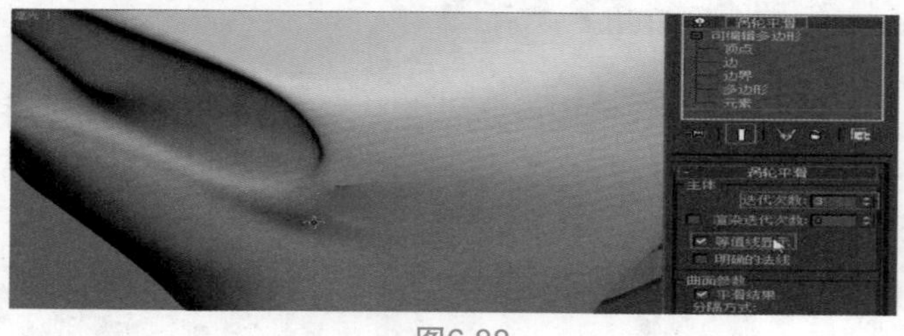
图6.88

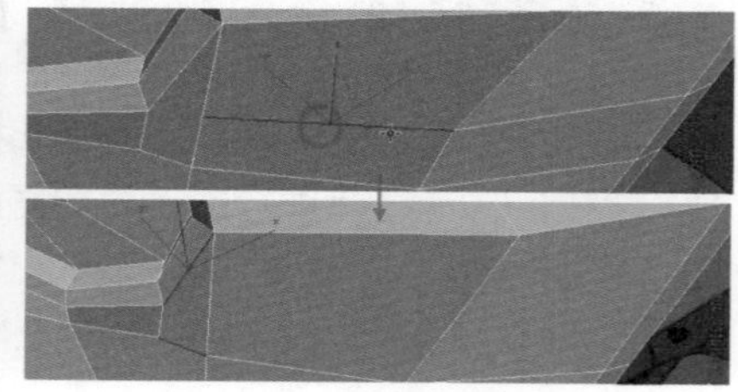
图6.89

20 参考图片，按下键盘上的快捷键Alt+X将其半透明显示，在多个视图中调节汽车尾部的转折，再次按下键盘上的快捷键Alt+X，取消半透明显示对象，然后观察整体车型，如图6.90所示。

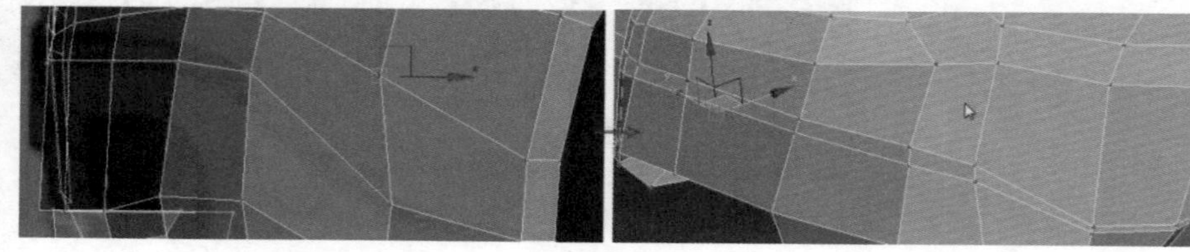
图6.90

21 找到汽车尾部第二个五边面，按住键盘上的Alt+C并对其进行切割，如图6.91所示，然后找到相应的边进行移除，适当调整顶点位置，使其线条分布适当均匀，如图6.92所示。

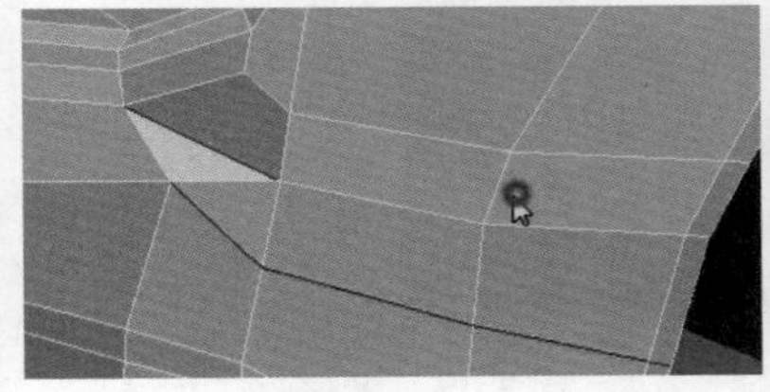

图6.91

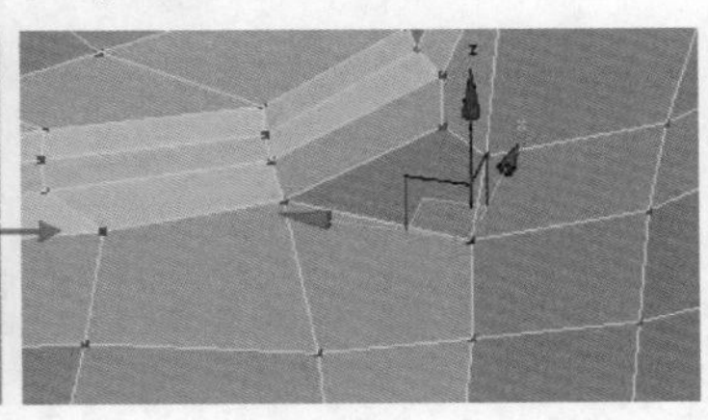

图6.92

22 参考图片，进入顶点层级，找到汽车尾部，选择图6.93所示的顶点，使用【选择并移动】工具向内移动，制作出汽车的凹槽部分。

23 汽车尾部制作完成后，在多个视图中调节车身和由于前面误操作产生的车头变形部分的顶点，使其表面更加光滑、饱满，如图6.94所示。

TIPS 如果模型造型不太光滑、饱满，而且在参考图片上也没有明确的线条参考，可以凭自己的感觉并参考图片对模型进行调整。

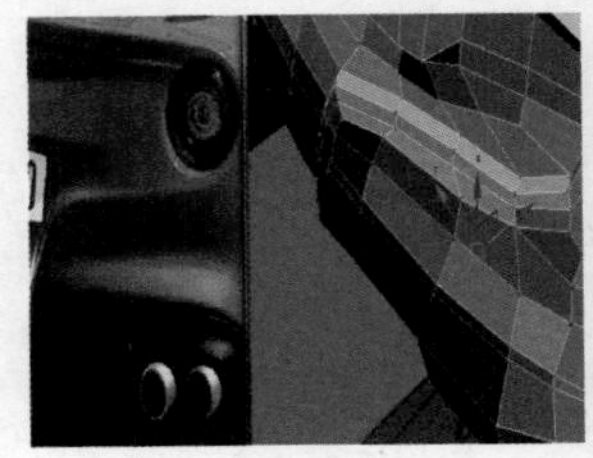

图6.93

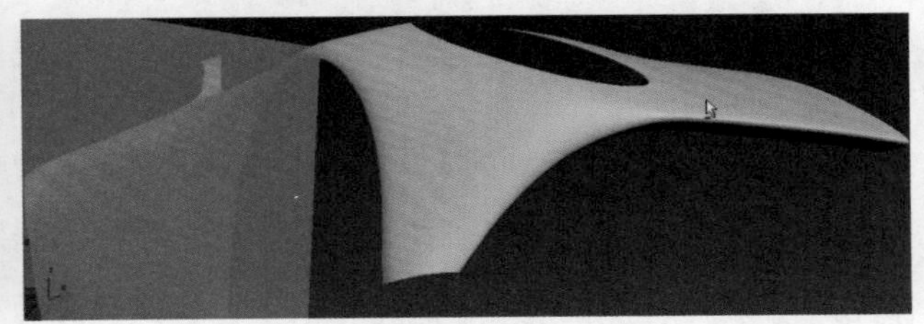

图6.94

24 在顶视图中找到车顶部分，进入边层级，按住键盘上的快捷键Alt+C以切割出后风挡玻璃的划分区域，进入顶点层级，在约束到“边”的情况下对其做相应的调整，如图6.95所示。对于剪切后出现的三角形同样可以使用【剪切】命令对其进行切割，调整好相应的顶点后删除中间多余的线，如图6.96所示。

图6.95

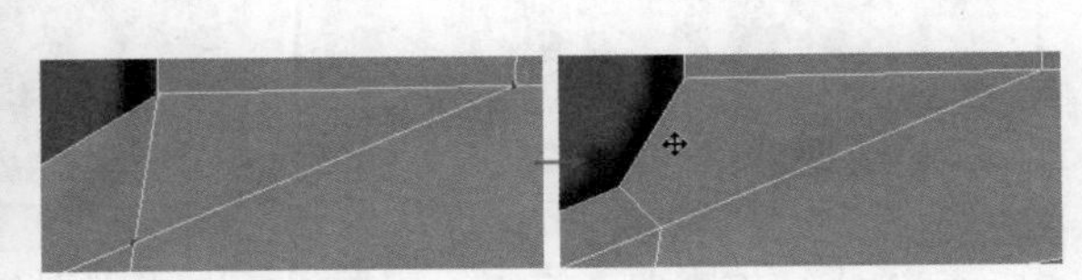

图6.96

6.4 拆分车身

01 由于汽车外壳不是一整块的，为了接下来对模型更精确地操作，所以需要对汽车按着拆分线对其每个部分进行拆分。删除【涡轮平滑】后进入多边形层级，首先在侧视图中选择车门部分，在命令面板中单击【分离】按钮，选择【分离到元素】复选项，如图6.97所示。然后继续选择前面需要分离的多边形，如汽车侧裙部分、引擎盖部分，保险杠部分等，如图6.98所示。

TIPS 在选择划分区域的时候可以按下键盘上F2键以观察所选区域是否正确，如果有多选的面，可以按住键盘上的Alt键进行框选排除，如果少选则需要继续按住Ctrl键进行加选。

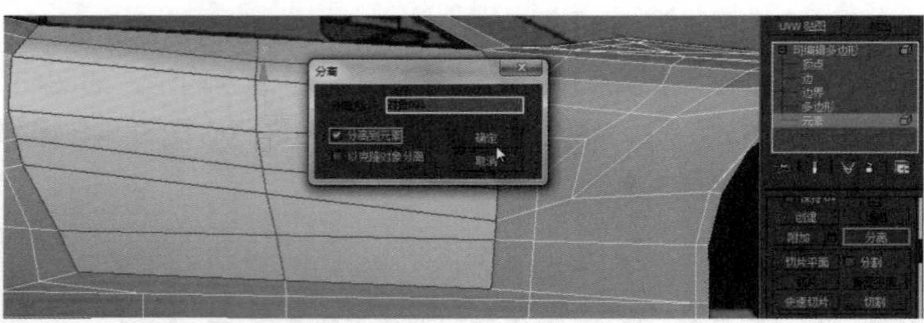

图6.97

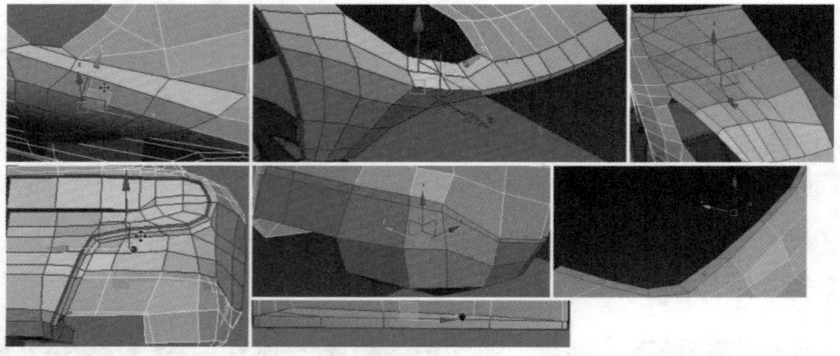

图6.98

02 制作车牌上面的凹槽部分。参考图片，框选需要制作凹槽部分的一排分离后重叠在一起的线，然后使用✣【选择并移动】工具向下移动，如图6.99所示。

TIPS 由于车牌上部分的凹槽在平面视图中没有很好地体现，因此要参考汽车的透视图做适当的调整。

03 制作完成后给汽车添加一个【涡轮平滑】，进入修改面板，在下拉修改器列表中增加一个【涡轮平滑】修改器，在命令面板中将【迭代次数】设置为3，勾选【等值线显示】复选项，可以看到车门附近的造型还不明显。选择相应的顶点，然后向内进行移动，如图6.100所示。

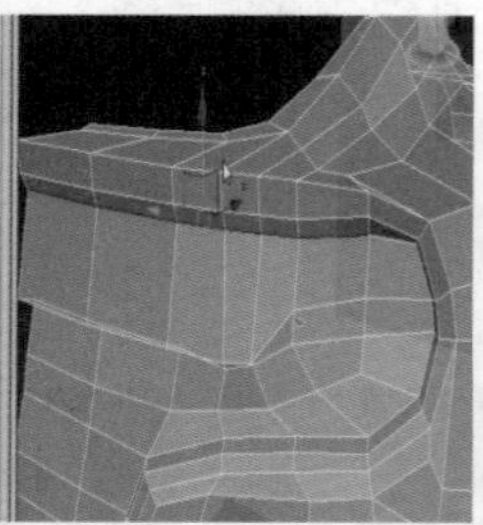

图6.99

图6.100

04 由于结构需要，进入元素层级，选择刚刚分离出的后视镜部分，然后在多边形层级中按住键盘上的Alt键，排除下面部分，在命令面板中重新进行一次分离操作，如图6.101所示。然后框选没有进行分离且与车轮相交的3个顶点，在命令面板中单击【焊接】命令后面的设置框，将焊接阈值设置为1.3左右，将其与车轮从重合的顶点进行焊接，使剩余的部分与车轮部分形成一个元素，如图6.102所示。

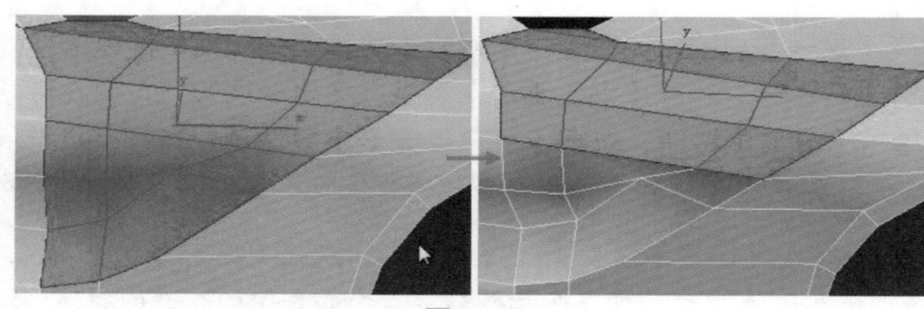

图6.101

图6.102

05 参考图片，进入顶点层级，选择车轮上可以制作空气桥的顶点，使用【选择并移动】工具向内进行移动，如图6.103所示，将可以制作凹陷的尾部顶点在约束到“边”的情况下向上进行移动，如图6.104所示。

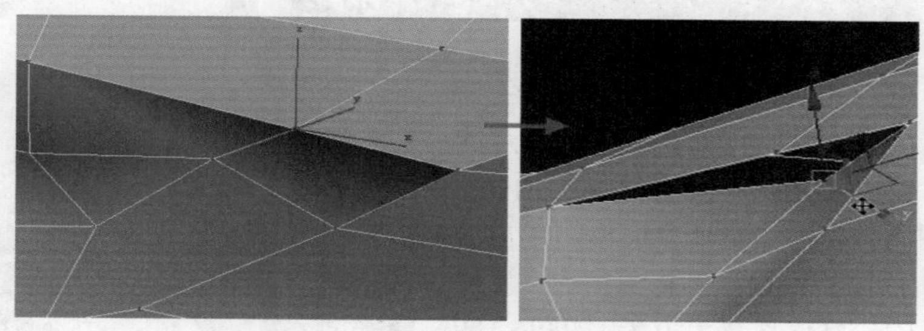

图6.103

图6.104

06 选择刚才所移动制作的空气桥下面的顶点，按下键盘上的快捷键Alt+C键并对它进行切割，然后且删掉中间多余的线，在约束到“无”的情况下调节顶点的位置，如图6.105所示。

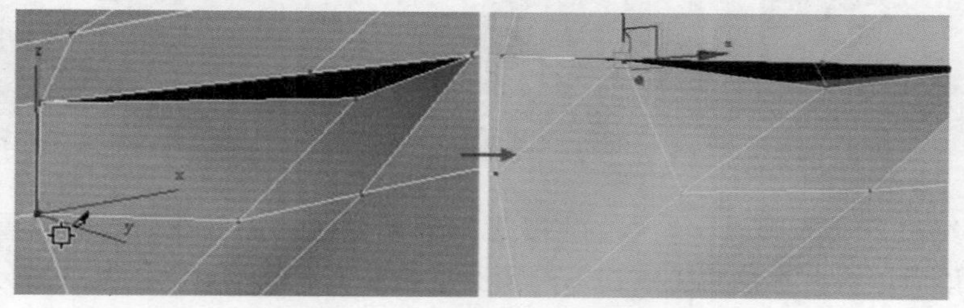

图6.105

07 进入元素层级，选择前车轮的元素，按住键盘上的Ctrl键，单击顶点层级，前车轮上所有的顶点都将被选择，按住键盘上的Alt键，框选不需要的顶点并将其排除开，留下需要焊接的顶点，在命令面板中单击【焊接】按钮后面的设置框，将焊接阈值设置为1.32左右，如图6.106所示。

图6.106

08 进入顶点层级，在侧裙部分框选图6.107所示的顶点，参考图片在约束到“无”的情况下调整顶点的位置，使其产生汽车后面部较深、前面部较浅的凹陷。然后框选顶点并调整该部分附近和车尾的顶点。

09 制作引擎盖部分的变形，进入顶点层级，选择（如图6.108）所示的顶点，然后向下移动，制作出适当的凹陷和空气桥部分。

图6.107

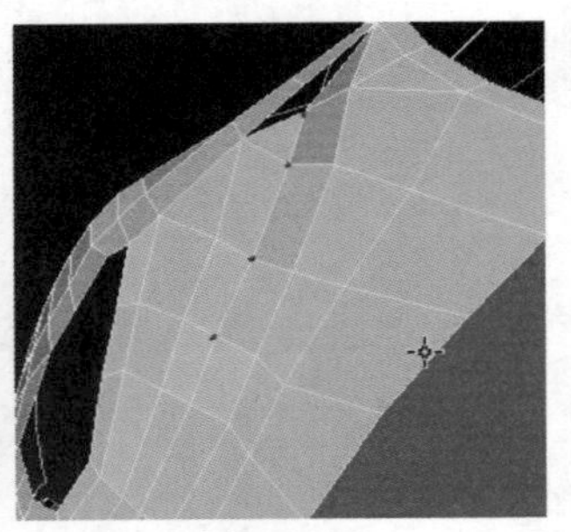
图6.108

10 在顶视图中，选择引擎盖中间部分的顶点，在约束到“边”的情况下调节顶点的位置。然后进入多边形层级，按住键盘上的Ctrl键，选择引擎盖中间车窗下的5个多边形，单击命令面板中【倒角】后面的设置框，将倒角的高度设置为-1.141，倒角的轮廓值设置为-0.7，如图6.109所示。

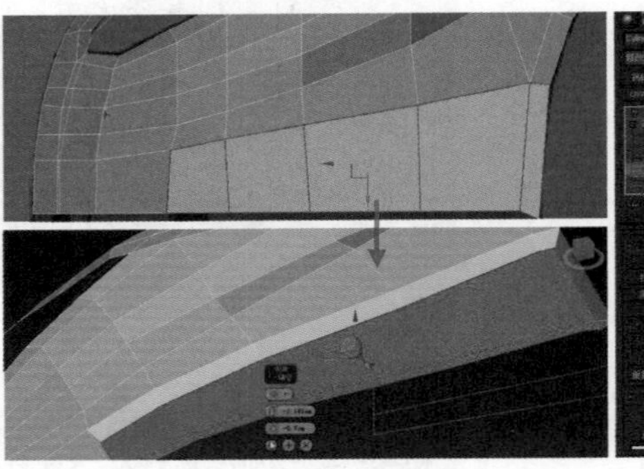
图6.109

11 由于后面需要镜像出另外一部分汽车模型，所以需要把引擎盖中间经过【倒角】处理后多余的面删除，如图6.110所示。参考图片，根据引擎盖中间凹槽前面深、后面浅的特点，进入顶点层级，适当调整引擎盖中间顶点的位置，如图6.111所示。

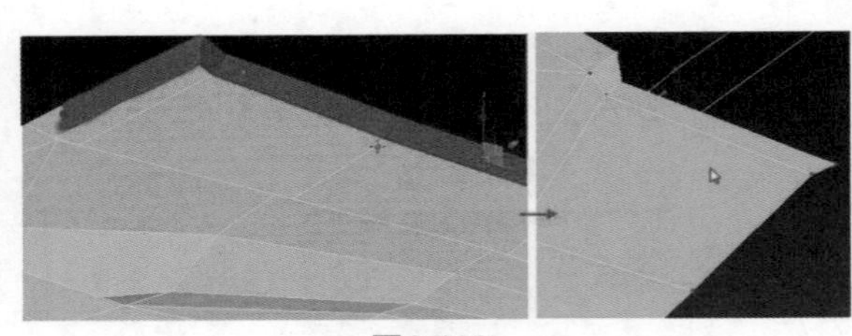
图6.110

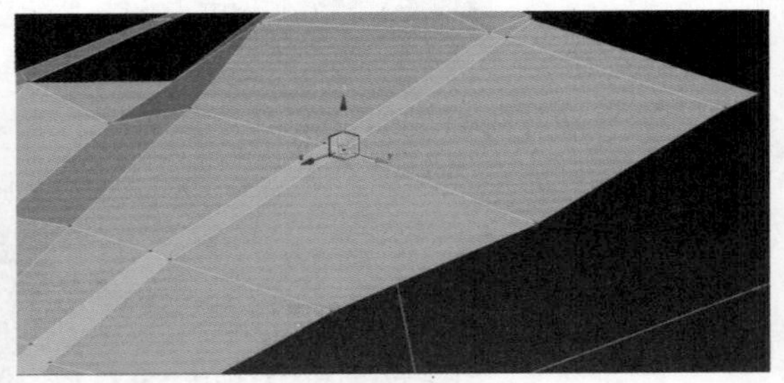
图6.111

12 由于汽车经过多次的编辑，轮眉的形状已经有所变化，需要在前视图中重新调整轮眉的位置。进入顶点层级，在约束到“边”的情况下调整顶点的位置，使其线段分布均匀一些。在约束到“无”的情况下移动顶点的位置，使轮眉更加圆滑一些，按下键盘上的快捷键Alt+X键，反复观察模型的形状，如图6.112所示。

图6.112

13 调整好轮眉的宽度之后，开始制作轮眉明确的边缘。进入边层级，按住键盘上的Ctrl键并选择轮眉上一圈线，单击 【最终结果显示开关】，在命令面板中单击【连接】按钮后面的设置框，将分段数设置为2，收缩值设置为76，如图6.113所示。边缘制作完成后仍需对轮眉的位置进行调整。

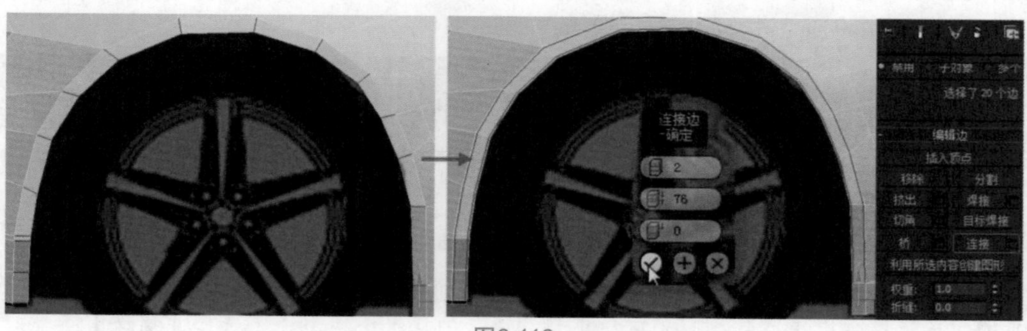

图6.113

6.5 车身外壳厚度的制作以及平滑后引擎盖的优化

01 在修改面板中删除【涡轮平滑】命令，在【修改器列表】里下拉菜单中给【可编辑多边形】添加【壳】命令，并将【壳】的【内部量】设置为0.8cm。由于我们只需要汽车的外壳和厚度面，所以在命令面板中勾选【选择内部面】复选项，然后转换为可编辑多边形，如图6.114所示。进入多边形层级，系统自动选择全部内部面，按下键盘上的Delete键将其删除，如图6.115所示。

图6.114

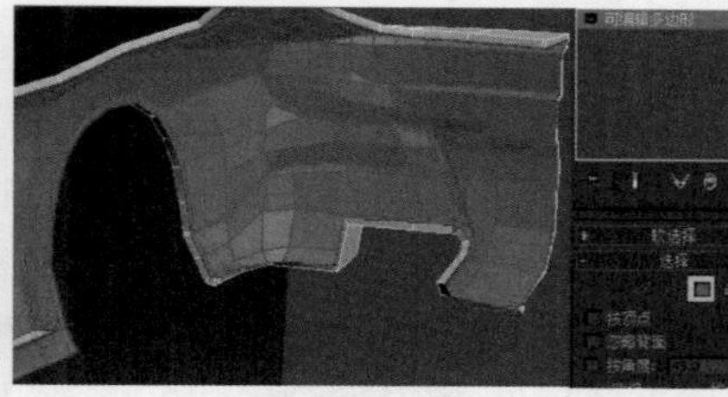

图6.115

02 将【可编辑多边形】对象按元素分离出来，再对其进行细致的调整。进入元素层级，在场景中单击【可编辑多边形】对象，在命令面板中单击【分离】按钮，如图6.116所示。将其按顺序分别命名为：空气桥、前保险杠、引擎盖、车门、后保险杠、后备箱、后部、侧裙、翼子板，如图6.116所示。

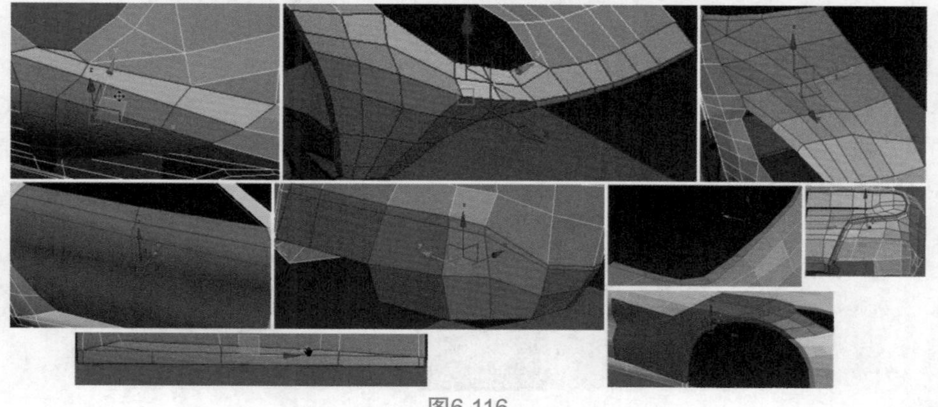

图6.116

03 选择引擎盖对象，添加一个【涡轮平滑】命令，将【迭代次数】设置为3，勾选【等值线显示】复选项，进入多边形层级，将对象的对称面删除，如图6.117所示。单击【涡轮平滑】按钮后对物体进行观察，按住键盘上的Ctrl键并选择边缘周围的一圈线，在命令面板中单击【连接】按钮后面的设置框，滑动滑块给边缘再连接一圈线以使其边界线更加明确，连接后出现的小三角，需要单击鼠标右键，再将顶点进行目标焊接操作，如图6.118所示。

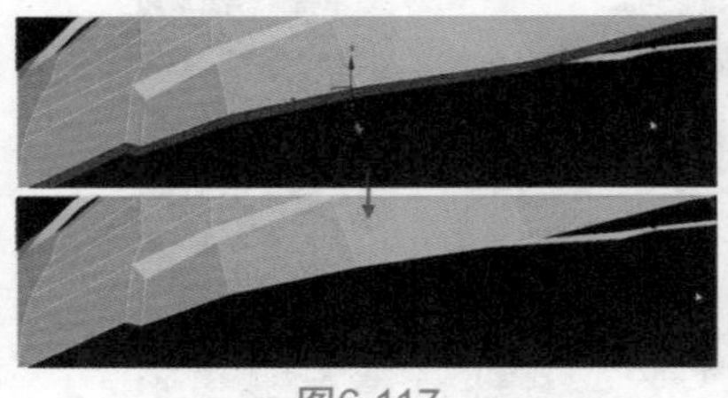

图6.117

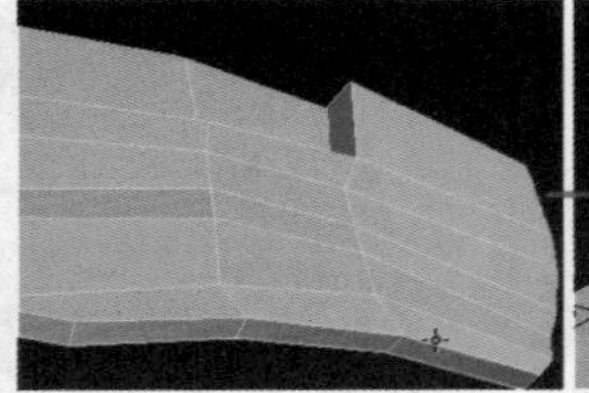

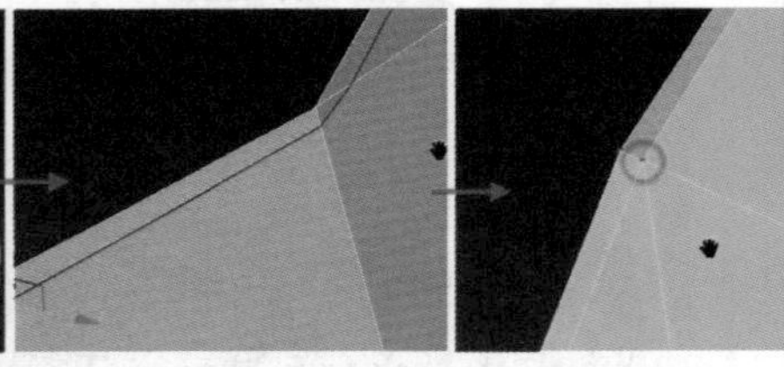

图6.118

TIPS 有的线条连接会比较凌乱，需要在约束到"边"的情况下使用【选择并移动】工具对线条的顶点进行调整，将线条移动到边缘。

04 参考图片，给汽车引擎盖中间制作明确的转折。环形选择引擎盖中间内部的一圈线，在命令面板中单击【连接】按钮后面的设置框，滑动滑块将线条向上移动，如图6.119所示。

图6.119

TIPS 连接的线条过多、过密集会使模型产生棱角，模型中不需要棱角，而线太多且过于密集的地方需要通过调动顶点或者线条来解决。

05 引擎盖中间小凹槽的制作。按下键盘上的快捷键Alt+X，半透明显示对象，进入多边形层级，选择凹槽对应的那一个多边形，在命令面板中单击【插入】按钮后面的设置框，将插入数量设置为1.4左右，删除对称方向的多边形，将插入的多边形顶点向对称方向移动，并且在约束到"边"的情况下向下移动，如图6.120所示。

图6.120

06 选择【插入】后的面，在命令面板中单击【倒角】后面的设置框，将倒角的高度设置为-0.603，使面凹陷下去，删除中间的对称面，如图6.121所示。然后按住键盘上Ctrl键并选择凹陷后的4条边，在命令面板中单击【连接】按钮后面的设置框，将连接的线条调节到稍微靠上一点的地方，如图6.122所示。

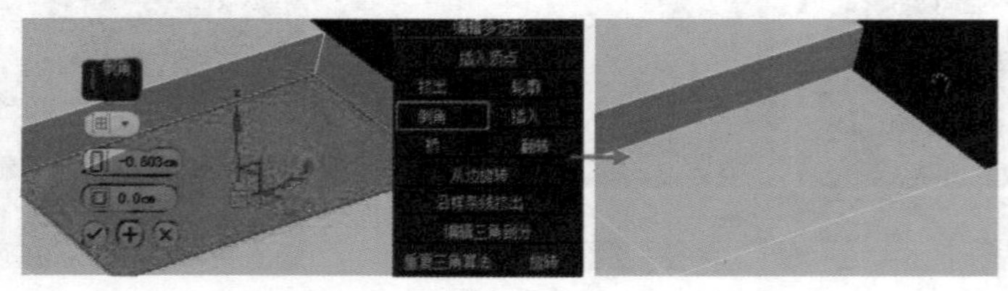

图6.121

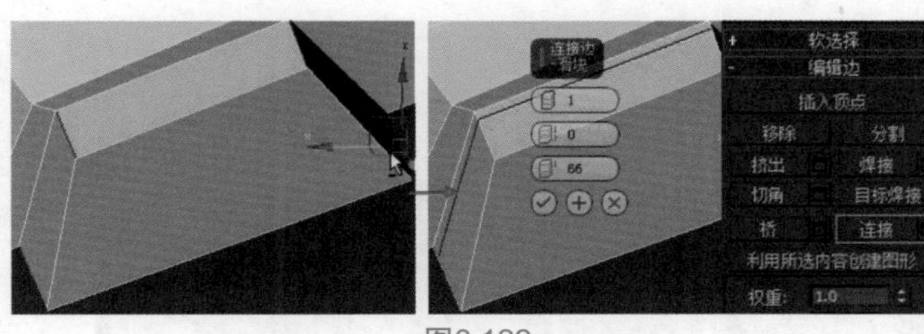

图6.122

07 选择引擎盖中间的一圈线，单击【最终结果显示开关】，在命令面板中单击【连接】按钮后面的设置框，对连接线进行调整，如图6.123所示。

08 参考图片，观察汽车引擎盖上的凹槽前面圆角比较圆滑，后面圆角比较方正。此时汽车不需要额外加线，只需进入顶点层级，选择后圆角上的顶点并向圆角方向移动一点即可，如图6.124所示。

图6.123

图6.124

09 选择前保险杠对象，添加一个【涡轮平滑】命令，将迭代次数设置为3，勾选【等值线显示】复选项，进入多边形层级，将对象需要对称的面删除，如图6.125所示。

10 参考图片，为了保持前保险杠的形状，按住键盘上的Ctrl键并选择前保险杠边缘的线条，然后在命令面板中单击【连接】按钮后面的设置框，将线条移动靠近到需要保存棱角的那条边，如图6.126所示。

图6.125

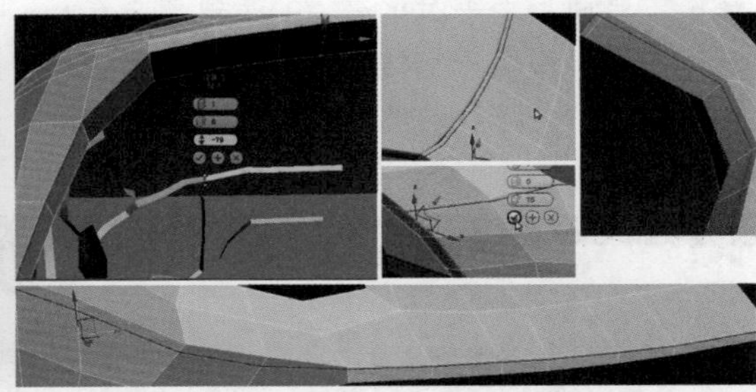

图6.126

6.6 平滑后车身侧面的优化

01 翼子板模型棱角的制作与前保险杠棱角的制作方法大致一致，添加一个【涡轮平滑】命令，将【迭代次数】设置为3，勾选【等值线显示】复选项，按住键盘上的Ctrl键，或者进入边层级并选择边缘上的一条边，单击命令面板中的【环形】或者【循环】按钮将边缘一圈的边都选择，然后参考图片和临近的模型对象，在命令面板中单击【连接】按钮后面的设置框，将连接线靠近所要产生棱角的边缘，如图6.127所示。

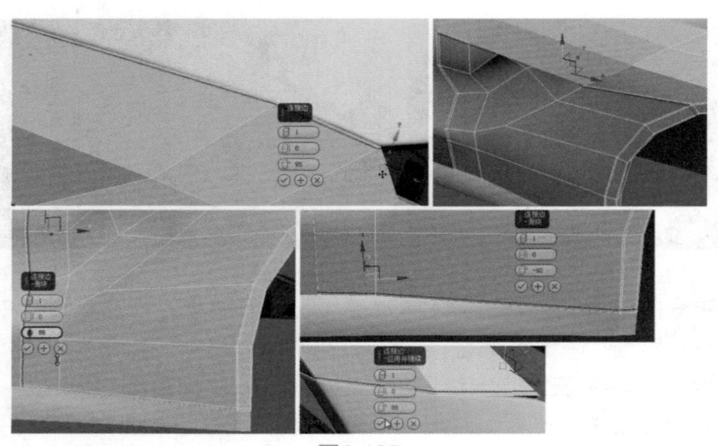

图6.127

02 由于翼子板中间的造型还没有明显地突出来，需要对中间进行加线，使其轮廓更加明显。，如图6.128所示连接后的造型中间出现了一个五边面，需要对其进行剪切操作以使其成为四边面，如图6.129所示。

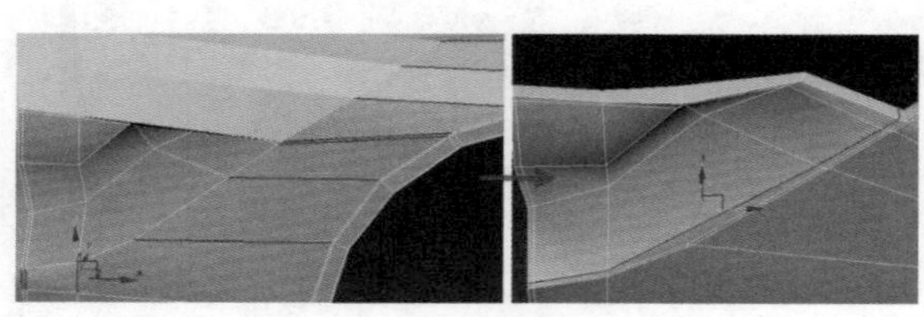

图6.128

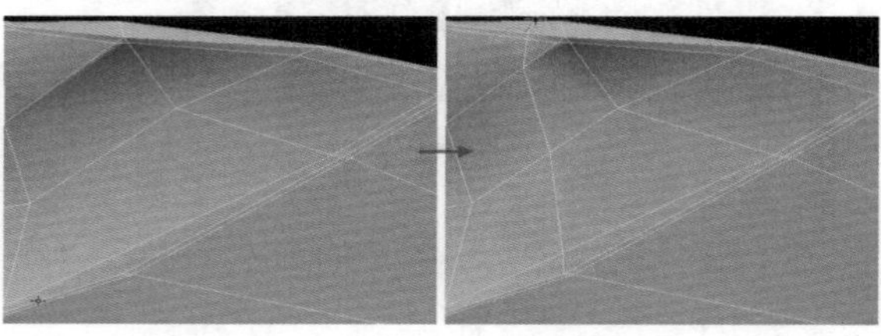

图6.129

TIPS 在对边缘进行棱角处理的时候，要注意棱角的平滑度。有些地方的棱角不需要突出，则需要在约束到“边”的情况下拉开顶点间的距离，在约束到“无”的情况下移动顶点位置使模型外表更圆滑。

03 对于模型边缘出现的小三角，需要单击鼠标右键后将顶点进行焊接处理，而中间出现的大三角面，由于对平滑后的对象影响不大，所以不用再进行调整，如图6.130所示。

04 翼子板的上部转角处的棱角造型也需要进行加线处理，从而使转角更加明显。选择转角处环形的一圈线，然后单击命令面板中的【连接】按钮后面的设置框，连接成一条线，同时对它的顶点做适当的调整，如图6.131所示。

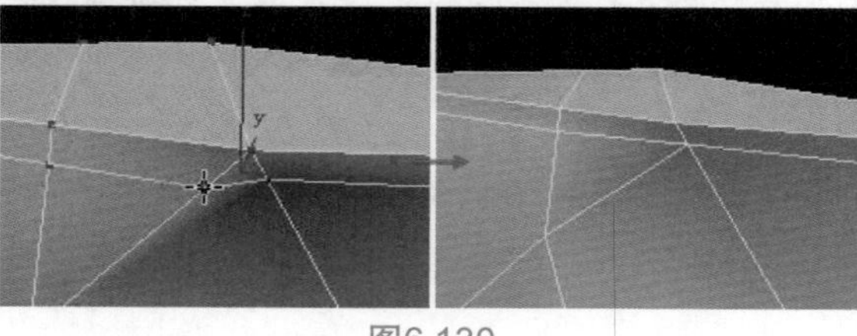

图6.130

图6.131

05 空气桥部分的制作。也添加一个【涡轮平滑】命令，将【迭代次数】设置为3，勾选【等值线显示】复选项。为了保持空气桥边缘的棱角，进入边层级，选择空气桥对象边缘的一圈线并进行连接，然后在约束到“边”的情况下进行顶点的调整，并将可以合并的顶点进行焊接处理，如图6.132所示。

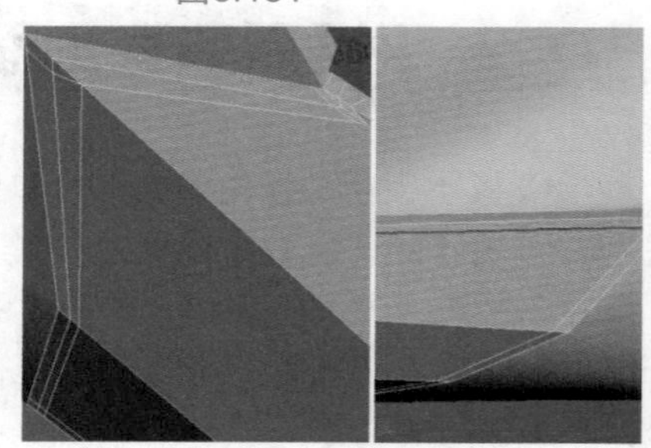

图6.132

06 选择车门对象，为了方便观察对象平滑后的效果，也添加一个【涡轮平滑】命令，将【迭代次数】设置为3，勾选【等值线显示】复选项。进入边层级，将车门对象的上下左右边缘连接成一圈线，使其产生棱角以保持车门的造型，如图6.133所示。

07 车门中间空气的布线可以参考上面翼子板的布线格局，将两边的布线进行对照统一，并且参考图片进行顶点的调整，如图6.134所示。

图6.133

图6.134

08 参考图片，为了方便车门和空气桥两边对象同时进行操作，可以先将两个对象的【涡轮平滑】都删掉，选择一个对象，单击命令面板中的【附加】按钮，将这两个对象附加成一个对象。然后选择凹陷处棱角的一圈线，单击命令面板中的【连接】按钮，使连接的线条靠近所要制作棱角的边，如图6.135所示。

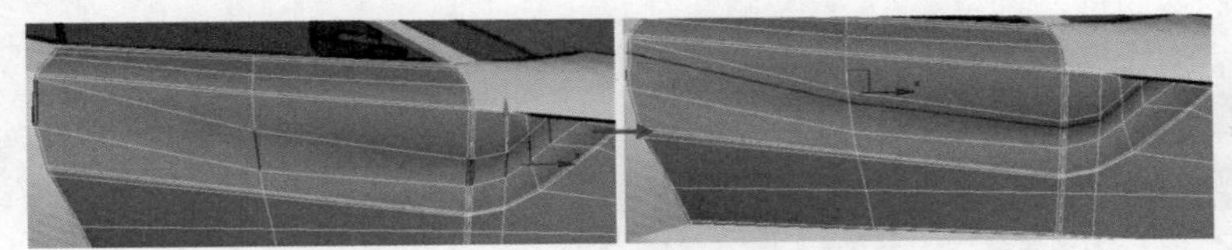
图6.135

09 完成对棱角线条的连接后给对象添加一个【涡轮平滑】命令，将【迭代次数】设置为3，勾选【等值线显示】复选项，单击【最终结果显示开关】，观察模型的造型。模型线条布局越密集，棱角越清晰，可以通过在约束到“边”的情况下调动中间凹陷处的顶点，通过在约束到“无”的情况下将凹陷处的棱角顶点向内外移动，如图6.136所示。

10 车门制作完成后，开始制作侧裙部。先按住键盘上的快捷键Alt+C，在侧裙底部切割出一条线，然后将不需要的另外两条线删除，如图6.137所示。

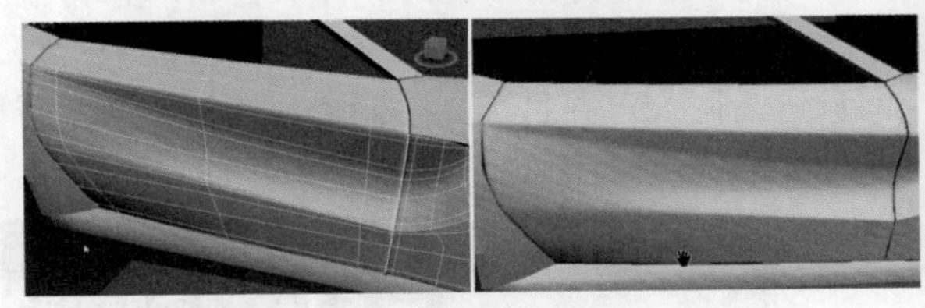
图6.136

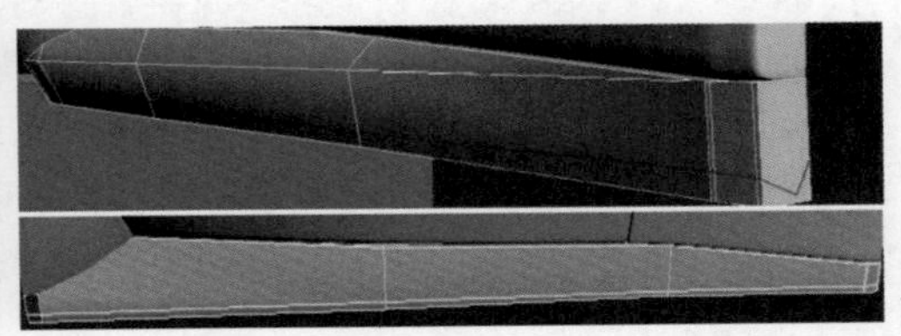
图6.137

11 按住键盘上的快捷键Alt+C，在侧裙转角处切割出一条线（如图6.138），然后给附近边缘连接一条边，并调整顶点使其保持该边缘的轮廓，如图6.139所示。

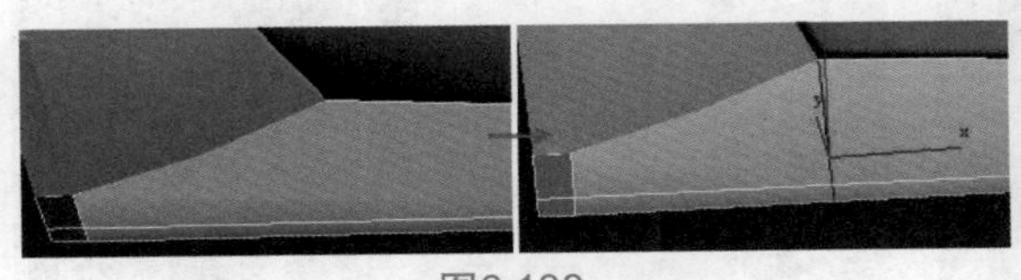
图6.138

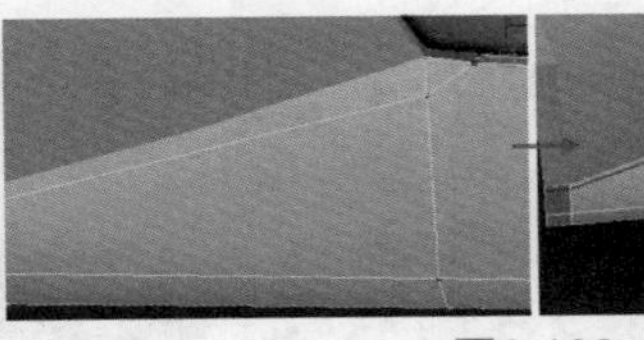
图6.139

12 顶点调整好之后，删除图6.140所示的连接后的侧裙的内部边。为了保持平滑后的侧裙的棱角形状还需要对侧裙的棱角边缘进行加线处理，然后调整顶点的内外位置，如图6.141所示。

图6.140

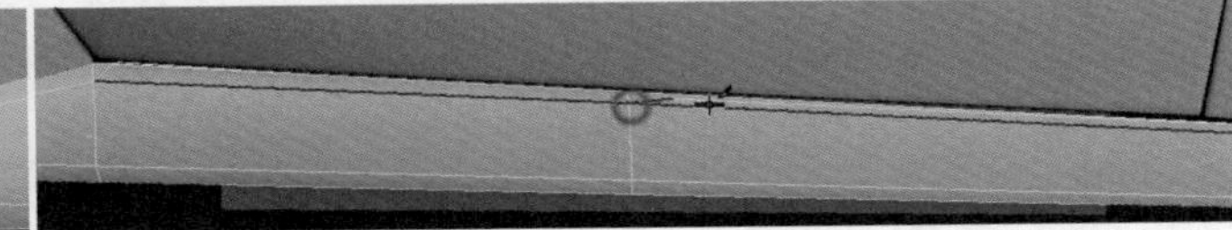
图6.141

13 现在需去除侧裙转角处的三角形面，再次利用按住键盘上的快捷键Alt+C切割出一条线，然后选择中间的一条造成小三角的线，按下键盘上的快捷键Ctrl+Backspace删除，并在旁边继续连接一条线，如图6.142所示。单击 II 【显示最终结果开关】按钮，调整顶点的位置以使向上的顶点向内移动，向下的顶点向外移动，使侧裙既有一定弧度又与车门贴合，如图6.143所示。

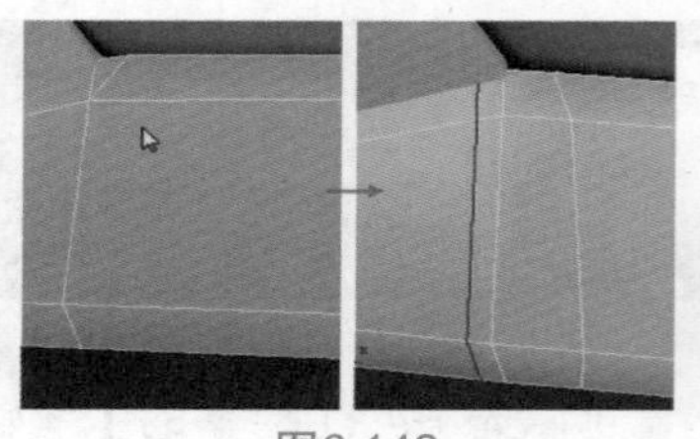

图6.142

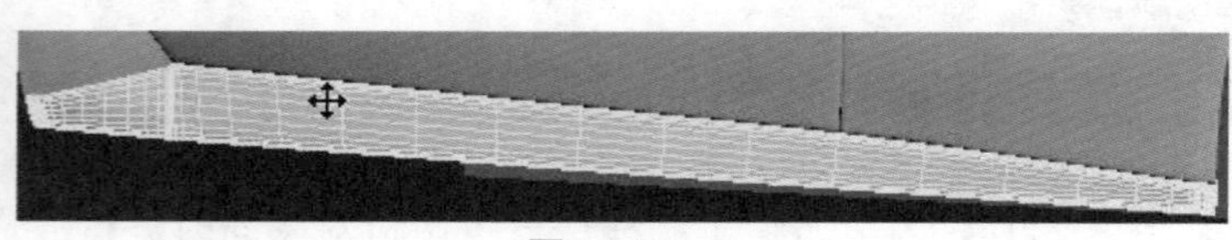

图6.143

14 对于后备箱的分离错的部分还需要重新进行一次分离附加。首先在后车轮的边层级选择图6.144所示的边并进行一次连接，然后进入多边形层级，选择图6.145所示的面，在命令面板中单击【分离】按钮将面分离开。

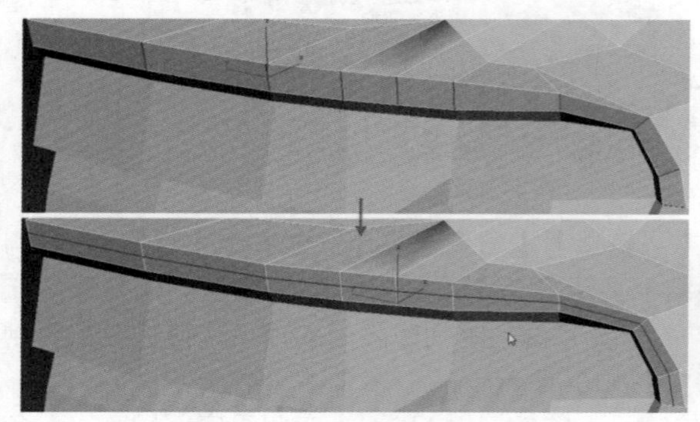

图6.144

图6.145

15 为了方便修改和观察，按住键盘上的Ctrl键并选择刚才分离出来的对象和后备箱对象，按下键盘上的快捷键Alt+Q，孤立显示选择的对象。分别进入对象的多边形层级，将两个对象之间重合的面删掉，如图6.146所示。然后将这两个对象进行附加，并且选择它们的顶点，在命令面板后面中单击【焊接】按钮，将焊接阈值设置到0.5左右，如图6.147所示。

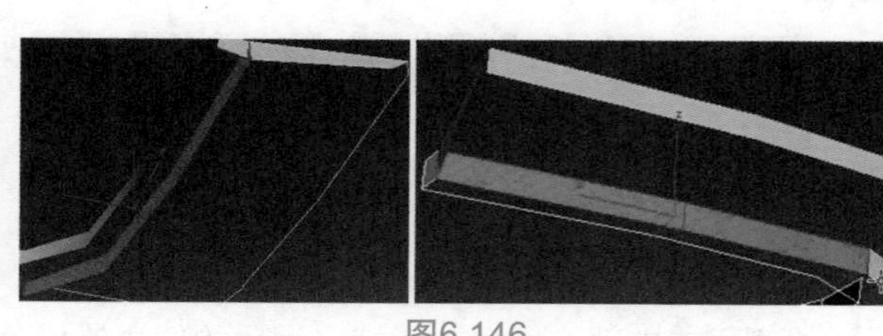

图6.146

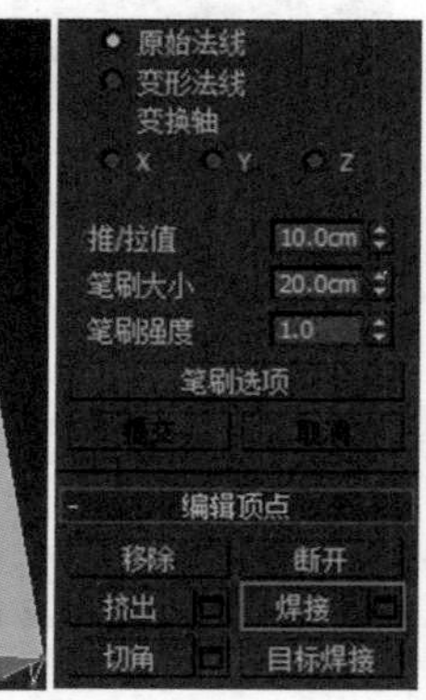

图6.147

16 进入边层级，选择需要连接的边，单击命令面板中的【桥】命令，将两个边进行连接，如图6.148所示。为了给分离后的对象制作出一定的厚度，除了将两条边【桥】连接上，还应按住键盘上的Ctrl键选择需要增加厚度的边，按住键盘上的Shift键，进行移动复制，如图6.149所示。紧接着选择转角处的边，单击命令面板中【连接】按钮后面的设置框，为转角处连接一条线将其形状固定住，如图6.150所示。

图6.148

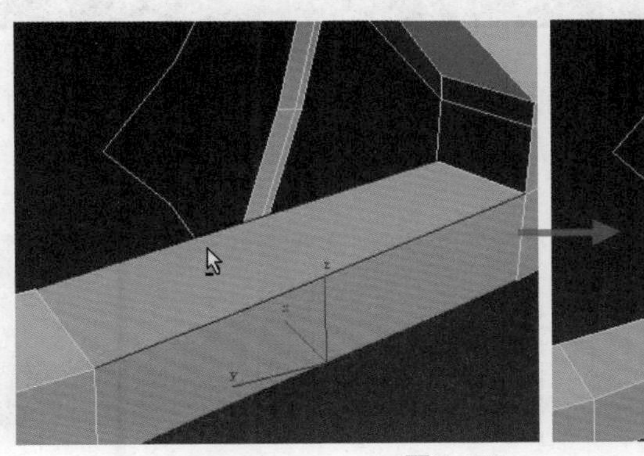
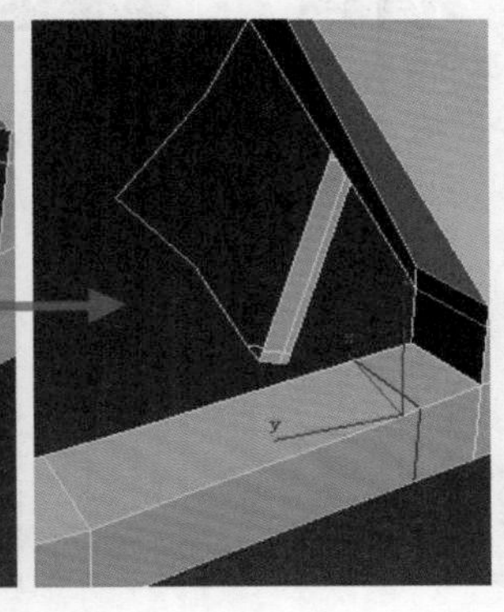

图6.149

图6.150

17 对于后备箱上的三角面，进入边层级，按下键盘上的快捷键Alt+C，切割出一条边，然后选择造成三角面的斜边，按下键盘上的Backspace键将其删掉，如图6.151所示。

18 为了更精细地修改模型，单击鼠标右键，选择【全部取消隐藏】命令，给后备箱对象添加一个【涡轮平滑】，将【迭代次数】设置为3，勾选【等值线显示】复选项，观察对象在场景中的造型。然后按下键盘上的快捷键Alt+Q，孤立显示后车轮的对象，将边缘和厚度上需要保持棱角造型的地方进行加线处理，如图6.152所示。

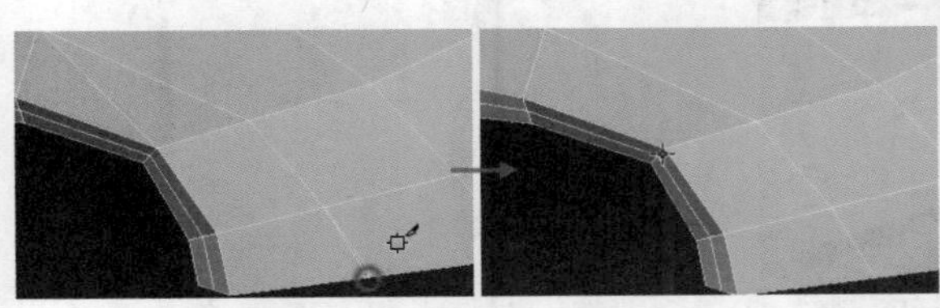

图6.151

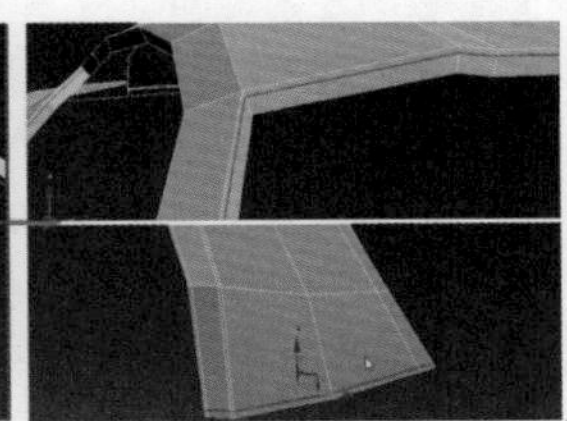

图6.152

19 进入多边形层级，选择并删除中间的对称面，如图6.153所示。

图6.153

20 参考图片，进入边层级，按住键盘上的Ctrl键并选择汽车车顶转角处的边，在命令面板中单击【连接】按钮后面的设置框，将线条移动到接近棱角处。然后在顶视图中进入顶点层级，选择转角处的顶点并移动顶点的位置，如图6.154所示。

21 选择后车轮与汽车后部所在边缘的边，为了保持棱角形状，单击命令面板中的【连接】按钮，将分段数设置为2、收缩值设置为12，如图6.155所示。

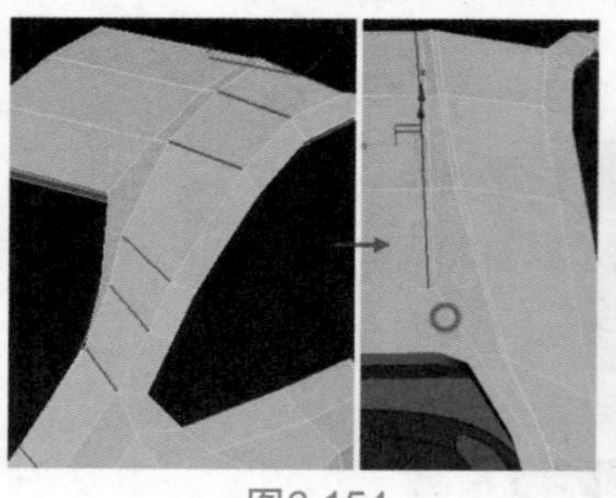
图6.154

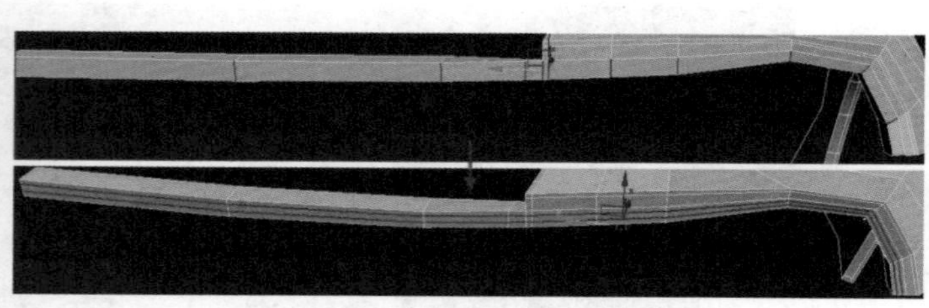
图6.155

22 在左视图中，进入顶点层级，单击【显示最终结果开关】按钮，关闭约束到“边”，然后调整车尾圆形区域的顶点。参考图片，后面明显的转折需要加一圈线，然后移动顶点的位置，如图6.156所示。

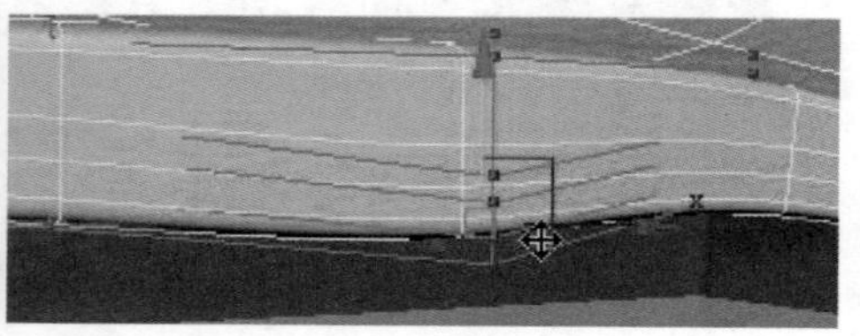
图6.156

23 在透视图中，进入多边形层级，参考图片，选择汽车需要凹陷的对应面。在命令面板中单击【倒角】按钮后面的设置框，将倒角的高度设置为-0.6左右，如图6.157所示。在约束到“边”的情况下进入顶点层级，在顶视图中调节顶点的位置，然后在中间连接一圈线以使其固定住形状，并适当调整顶点的位置，如图6.158所示。

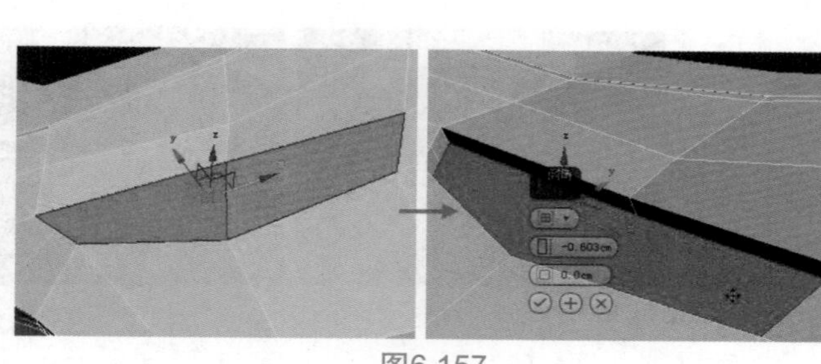
图6.157

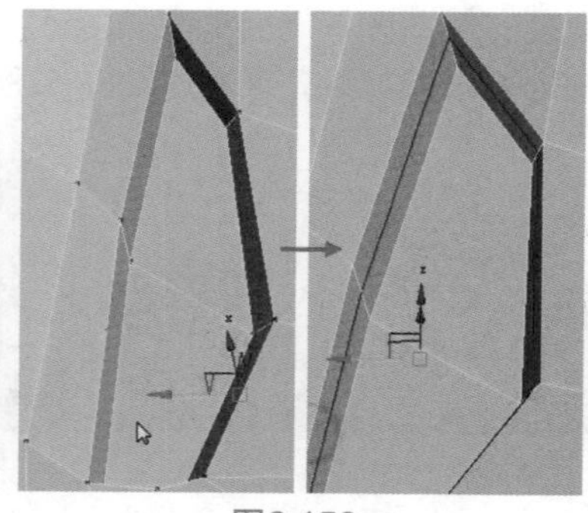
图6.158

24 进入边层级，选择后备箱侧棱角上的边，然后单击命令面板中的【连接】按钮，连接出一条边以控制棱角的形状。进入顶点层级，选择连接线贴近后部对象的点，在约束到“边”的情况下调节顶点的位置，使边缘过渡得平滑些，如图6.159所示。

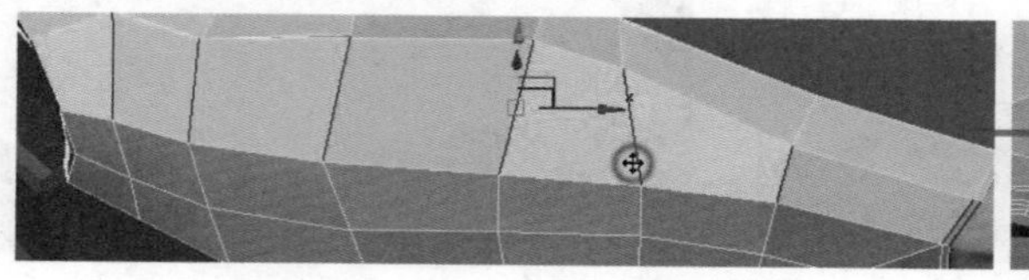
图6.159

25 选择后备箱对象为其添加一个【涡轮平滑】修改器，将【迭代次数】设置为3，勾选【等值线显示】复选项。进入多边形层级，选择对称面的多边形并按下键盘上的Delete将其删除掉，如图6.160所示。

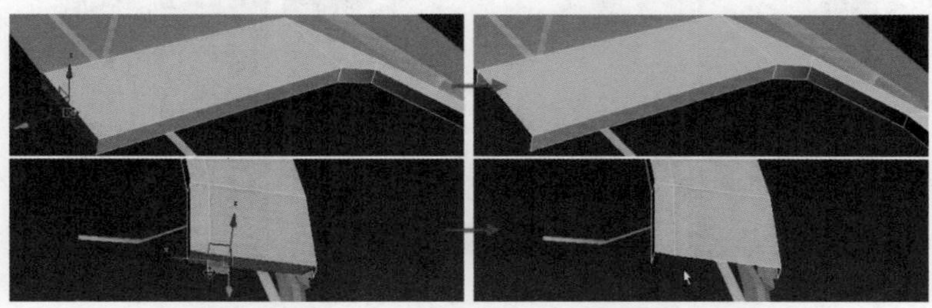

图6.160

26 进入边层级，单击【显示最终结果开并】按钮，按住键盘上的Ctrl键并选择边缘中间的线，在命令面板中单击【连接】按钮后面的设置框，给边缘增加线条，如图6.161所示。

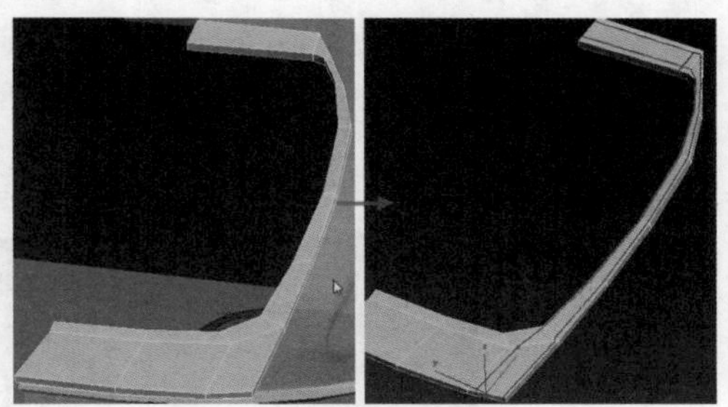

图6.161

27 对于场景中的三角形，可以按下键盘上的快捷键Alt+C，切割出一条线，单击鼠标右键，执行剪切操作，然后进入边层级，选择中间造成三角面的边，按下键盘上的Delete键进行删除，如图6.162所示。

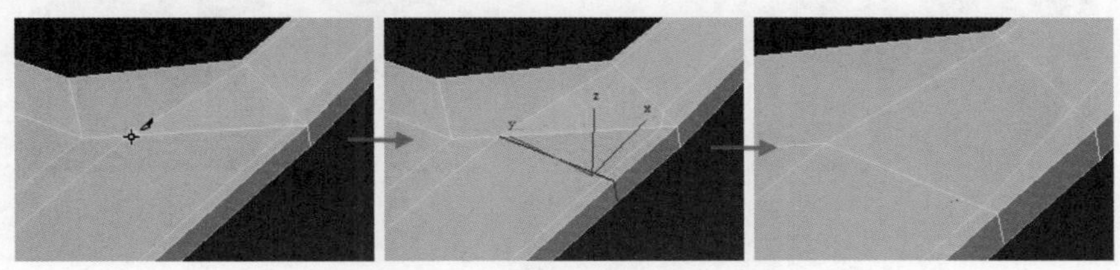

图6.162

28 三角面处理好之后，继续对后车轮的轮廓做精细的处理，让轮廓转折更加明显。按住键盘上的Ctrl键并选择轮廓周围的边，然后在命令面板中单击【连接】按钮后面的设置框，将连接操作得到的边移动到对象的边缘上，如图6.163所示。

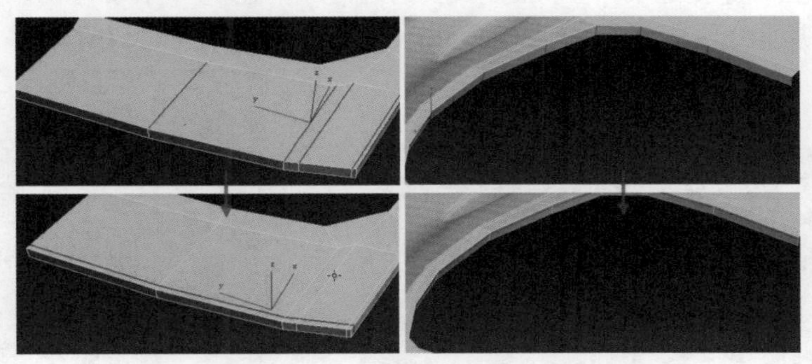

图6.163

6.7 平滑后车尾部的优化

01 退出多边形层级，为模型添加【涡轮平滑】修改器并设置【迭代次数】为3。模型的基本形状已经出来了，但模型边缘并不清晰，部分转折不够明显，如图6.164所示。

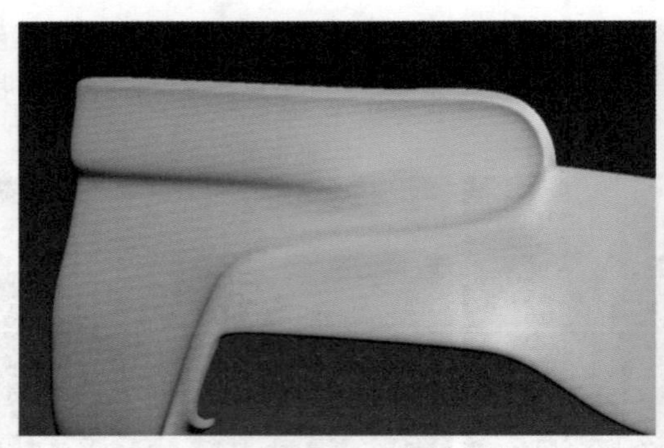

图6.164

02 进入【可编辑多边形】的边层级，选择图6.165左侧所示的边，单击命令面板中的 连接 【连接】按钮，在弹出的对话框中设置连接的边数为1，移动滑块至图6.165中间所示的位置，确认连接。完成后将中间部分的多边形删除，如图6.165右侧所示。

> TIPS 在建模的过程中，删去不需要的多边形可以减少模型的片面数。

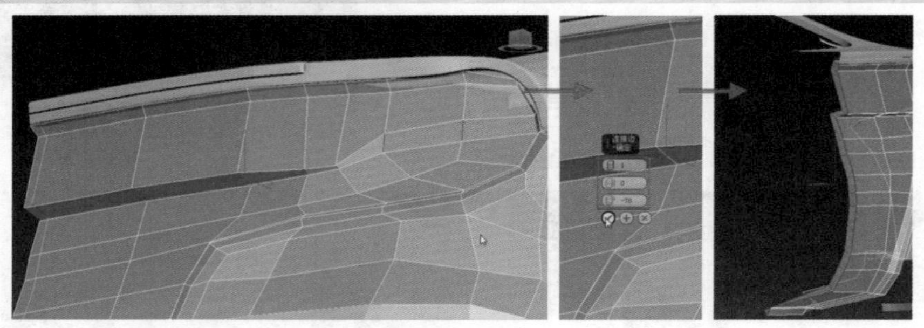

图6.165

03 进入【可编辑多边形】的多边形层级，删除图6.166左侧所示的边。完成后单击工具栏【选择并移动】按钮来调整顶点，同时整理模型的布线，益于后面的操作，完成后如图6.166右侧所示。

04 单击修改面板的【显示最终结果开关】按钮，开启最终结果显示，在【涡轮平滑】层级勾选【等值线显示】复选项，可以显示更少的边，便于观察。对比参考图，使用工具栏中的【选择并移动】工具调整顶点，同时调整车灯上方的模型，完成后如图6.167所示。

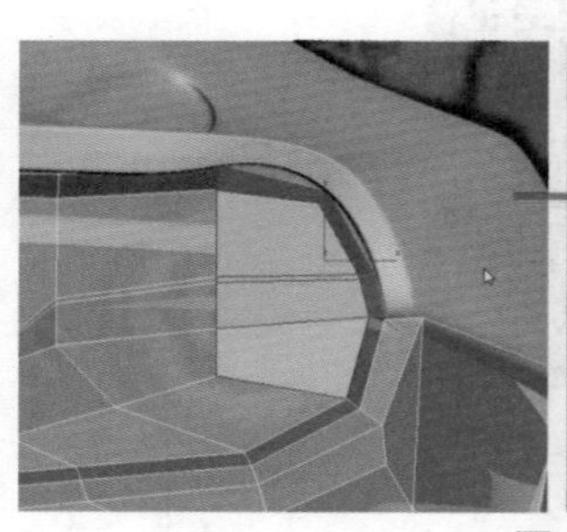

图6.166

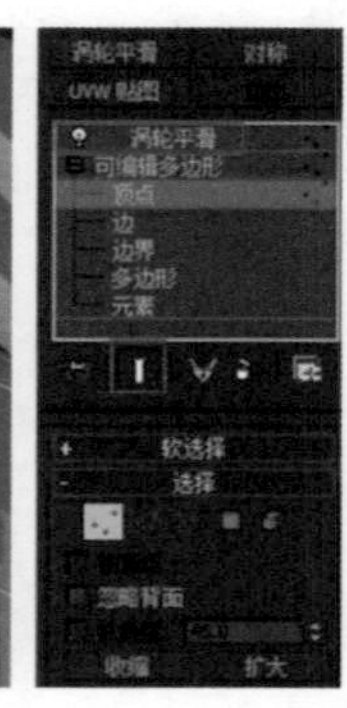

图6.167

05 从透视图中观察模型，单击工具栏中的【选择并移动】按钮以调整顶点，使模型前后位置整齐，如图6.168所示。

06 退出【涡轮平滑】层级，单击修改面板的【显示最终结果开关】按钮，关闭最终结果显示。观察平滑前的模型，调整布线。在顶点层级中按下键盘的快捷键Alt+C进行切割，如图6.169中间所示。切割完成后进入【可编辑多边形】的边层级，移除图6.169右侧所示的边。

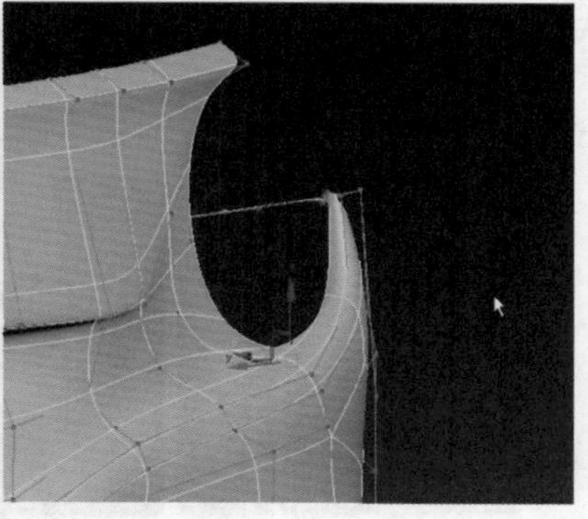

图6.168

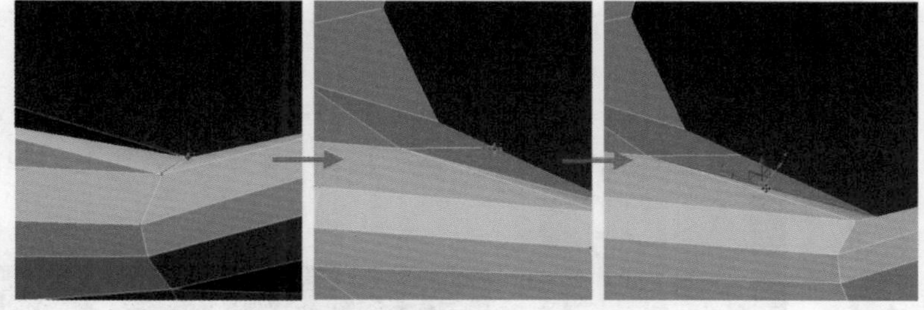

图6.169

07 进入【可编辑多边形】的多边形层级，关闭最终结果显示，删除图6.170左侧所示的多边形。对比参考图，进入【可编辑多边形】的点层级，使用工具栏中的✥【选择并移动】工具调整顶点，完成后如图6.170右侧所示。

TIPS 在建模的过程中，需要不断地对比参考图来调整模型，这样才能提高模型的精准度。

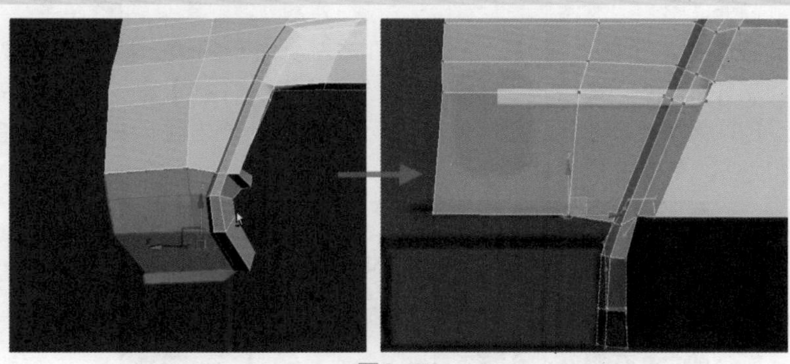

图6.170

08 进入【可编辑多边形】的边层级，选择图6.171左侧所示的边，按住Shift键的同时向内拖动鼠标实现移动复制。完成后选择图6.171中右侧所示的边，单击命令面板中的 连接 【连接】按钮，在弹出的对话框中设置分段数为1，确认连接。

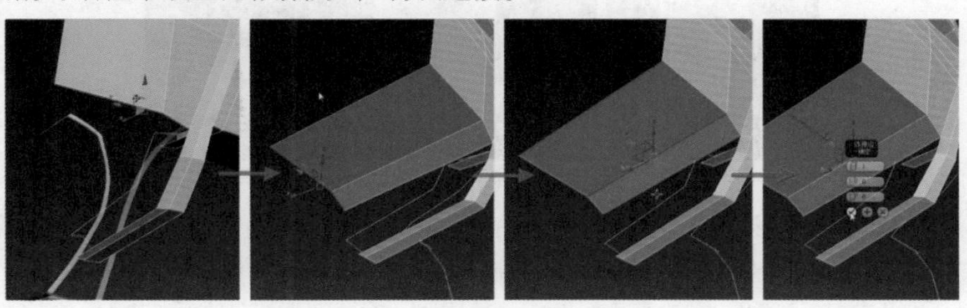

图6.171

09 单击工具栏中的【选择并移动】按钮，调整复制出的边和连接出的边，完成后选择图6.172左侧所示的边，单击命令面板中的【桥】按钮，在两条边之间建立多边形，需要建立两个多边形。退出边层级，返回【涡轮平滑】修改器，如图6.172所示。

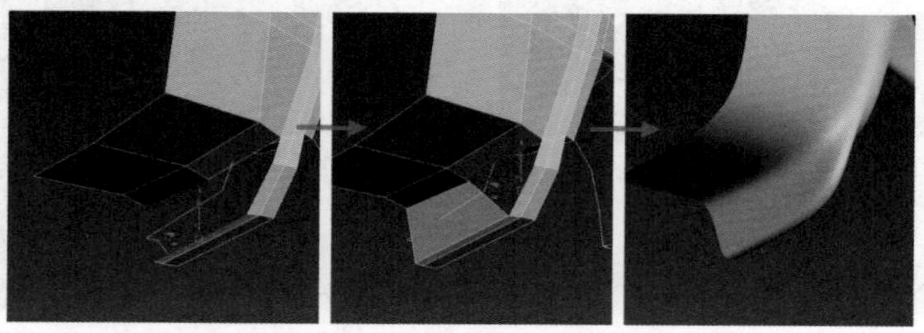

图6.172

10 对比参考图片，进入【可编辑多边形】的点层级，使用工具栏中的【选择并移动】工具调整顶点，完成后如图6.173所示。

11 进入【可编辑多边形】的多边形层级，删除图6.174左侧所示的多边形。进入【可编辑多边形】的点层级，使用工具栏中的【选择并移动】工具调整顶点，如图6.174所示。

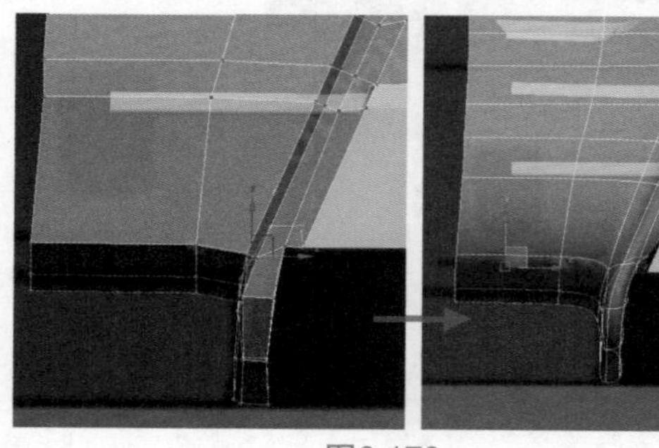

图6.173

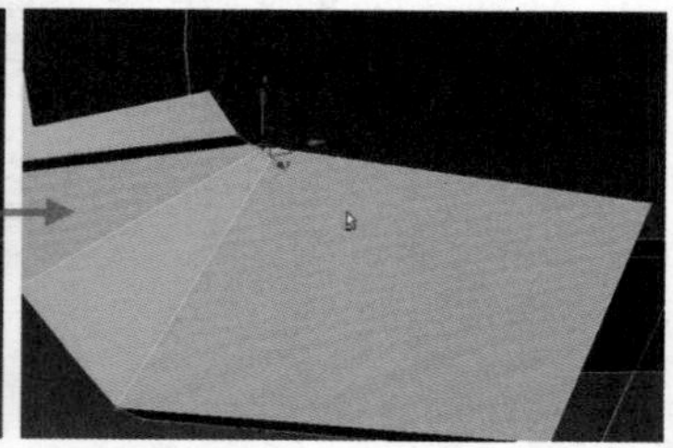

图6.174

12 进入【可编辑多边形】的边层级，选择图6.175左侧所示的边，按住Shift键的同时拖动鼠标实现移动复制，复制两次后单击鼠标右键，选择【目标焊接】命令，然后单击另一条边。进入【可编辑多边形】的点层级，选择图6.175中间所示的顶点，单击鼠标右键，选择【目标焊接】命令，再单击另一个顶点，完成破面的封口。

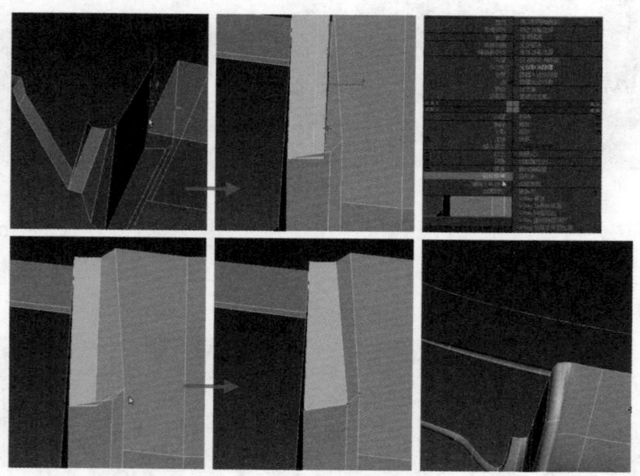

图6.175

13 进入【可编辑多边形】的边层级，选择图6.176左侧所示的边，单击命令面板中的【连接】按钮，在弹出的对话框中设置连接的边数为1，调整滑块数值为75左右，结束连接。

14 在顶点层级中按下键盘的快捷键Alt+C，对模型进行切割，完成后右键单击鼠标结束，如图6.177所示。

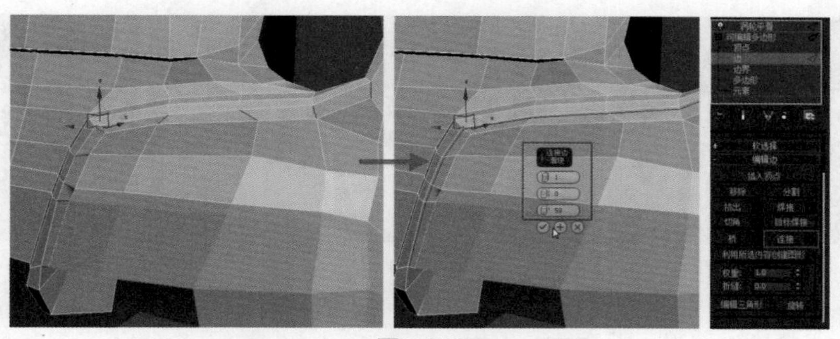

图6.176

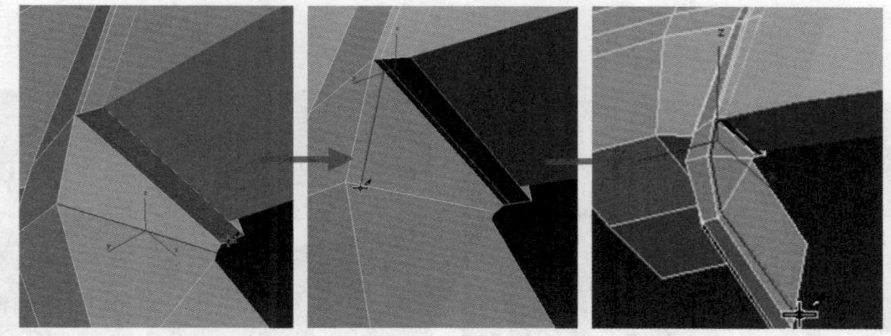

图6.177

15 进入【可编辑多边形】的边层级，在命令面板选择“约束到边”，如图6.178所示，将刚才连接好的边使用【选择并移动】工具在模型表面上下滑动以调整其位置，使转折更加明显。使用快捷键Alt+C对模型进行切割，如图6.179所示。切割后出现了三角面，移除部分边，再次进行切割，将模型布线整理顺畅。

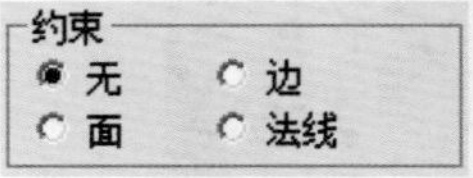

约束
- ● 无　○ 边
- ○ 面　○ 法线

图6.178

图6.179

> TIPS 可编辑多边形中的三角形面在平滑后往往会出现严重的造型问题，尤其是在模型转折处和边缘。应该在平滑操作之前将其修改为四边形。

16 返回【涡轮平滑】层级观察模型，选择图6.180所示的边，按下快捷键Ctrl+Backspace进行移除。

17 环形选择图6.181所示的边，单击命令面板中的 连接 【连接】按钮，在弹出的对话框中调整分段数为1，同时调整滑块至相应位置。进入【可编辑多边形】的点层级，单击鼠标右键，在弹出的菜单中选择【目标焊接】命令，然后将部分顶点焊接。使用快捷键Alt+C对模型进行切割，完成后移除部分边，这样模型中就没有三角形了。

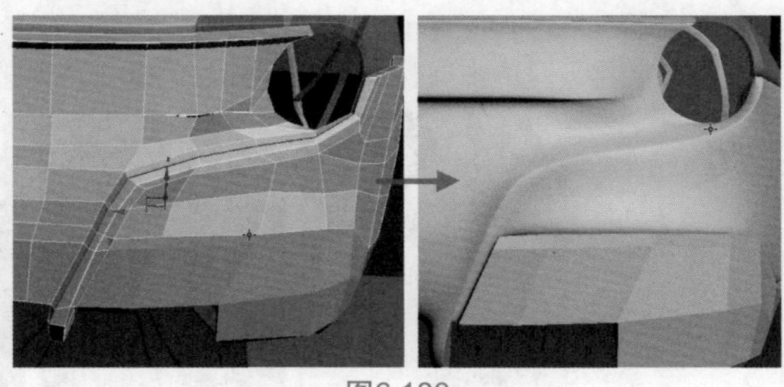

图6.180

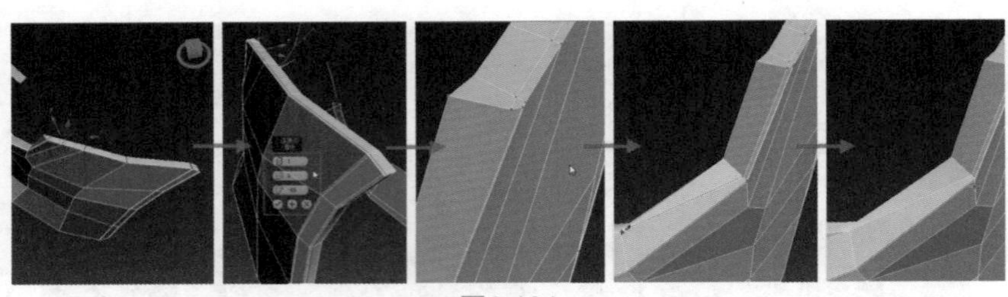
图6.181

18 选择图6.182左侧所示的边，单击工具栏中的✥【选择并移动】按钮，按住Shift键的同时向内拖动鼠标以实现移动复制，需要复制两次。

19 返回【涡轮平滑】层级观察模型，调整模型细节。进入【可编辑多边形】的点层级，单击鼠标右键，在弹出的菜单中选择【目标焊接】命令，然后将部分顶点焊接，如图6.183所示。

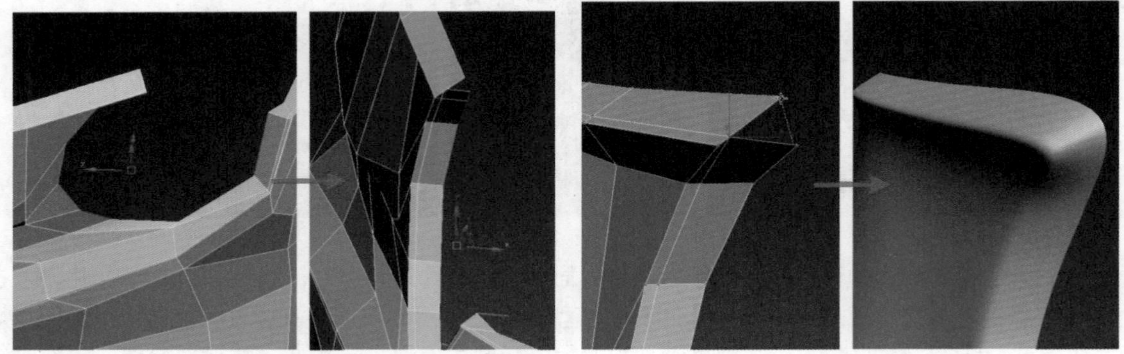
图6.182　　图6.183

20 环形选择图6.184所示的边，单击命令面板中的 连接 【连接】按钮，在弹出的对话框中调整分段数为1，同时调整滑块至如图所示的位置。进入【可编辑多边形】的点层级，在命令面板选择"约束到边"方式，单击工具栏中的✥【选择并移动】按钮以调整顶点。

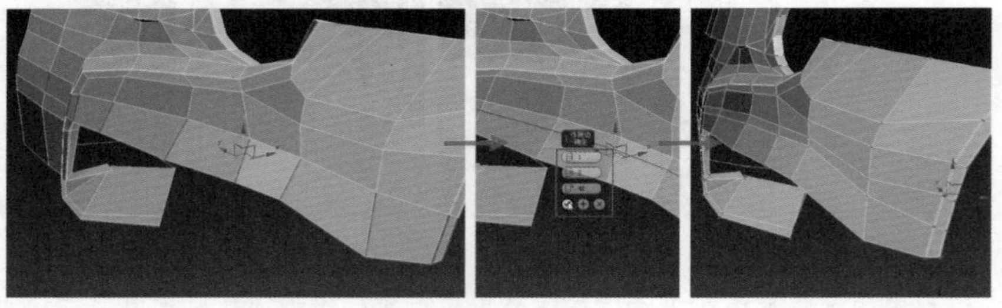
图6.184

21 选择图6.185左侧所示的多边形，将其删除。然后选择图6.185中所示的多边形，单击命令面板中的 挤出 【挤出】按钮，在弹出的对话框中设置高度为1.4左右。进入【可编辑多边形】的点层级，单击鼠标右键，在弹出的菜单中选择【目标焊接】命令，将部分顶点焊接。

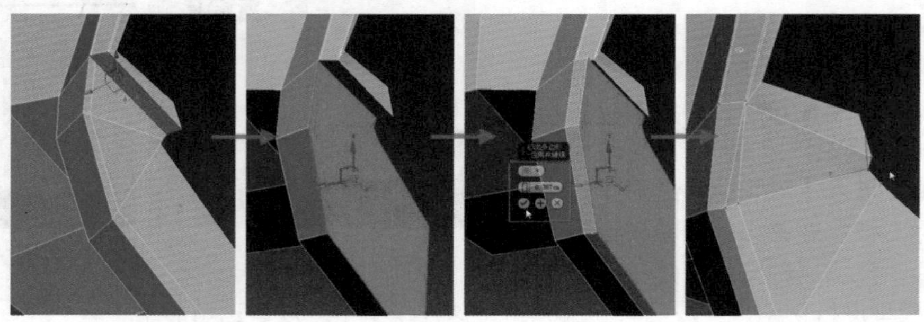
图6.185

22 回到【涡轮平滑】层级观察模型，单击修改面板中的【显示最终结果开关】按钮，开启最终结果显示，同时对比参考图对模型进行调整，删除多余的片面，完成后如图6.186所示。

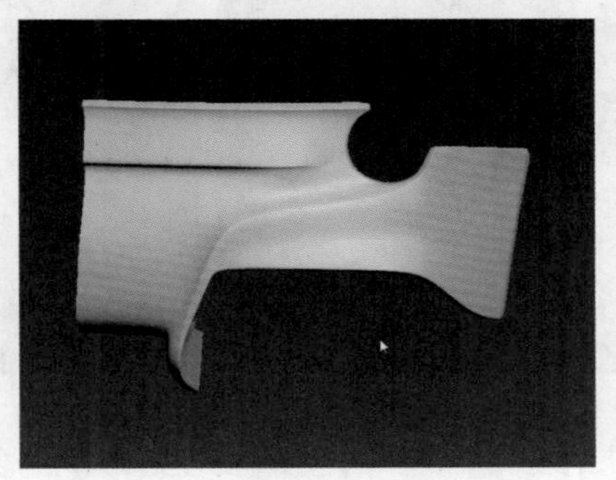

图6.186

6.8 平滑后保险杠的优化

01 退出多边形层级，为模型添加【涡轮平滑】修改器并设置【迭代次数】为3，勾选【等值线显示】复选项以便于观察。可以看到平滑后的模型转折不够明显，需要进一步优化布线，如图6.187所示。

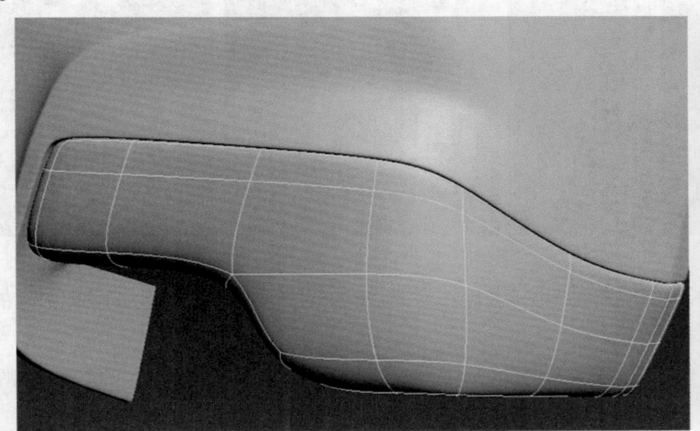

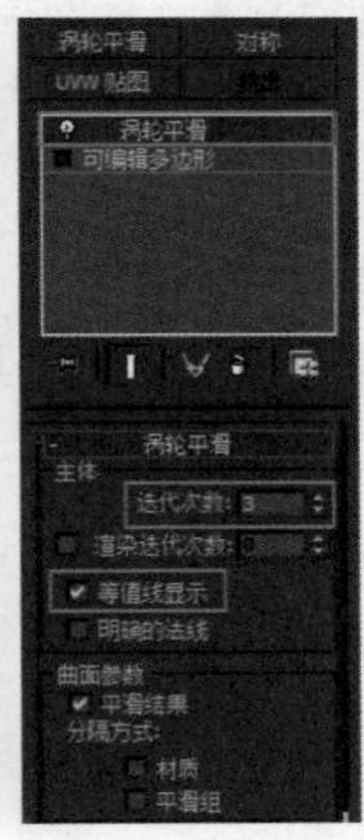

图6.187

02 进入【可编辑多边形】的边层级，选择图6.188左侧所示的边，单击命令面板中的【连接】按钮，在弹出的对话框中设置分段数为1、收缩值为0、滑块值为-85，连接一圈线；同理，在转折内侧也连接一圈线。

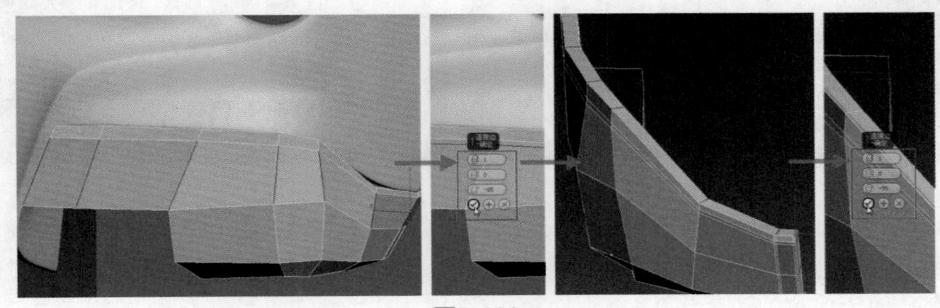

图6.188

03 进入【可编辑多边形】的点层级，单击工具栏中的【选择并移动】按钮，对转折部分的顶点进行位置调整，完成后如图6.189所示。

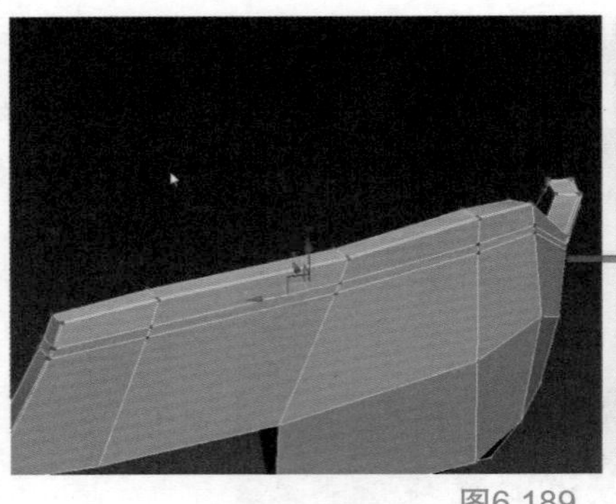
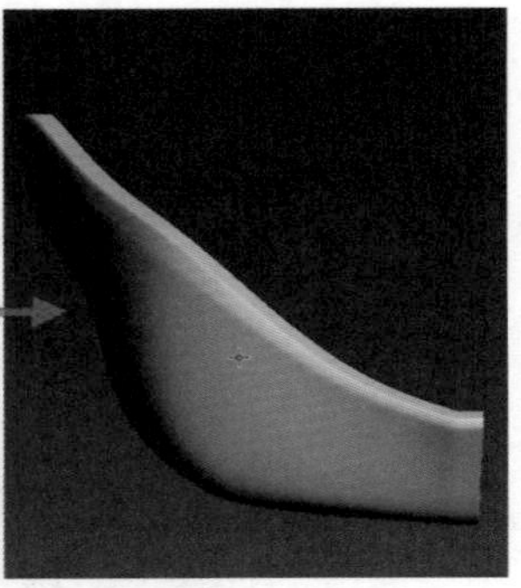

图6.189

04 这个模型上有一个排气孔的位置，进入【可编辑多边形】的多边形层级，选择图6.190左侧所示的多边形，单击命令面板中的 倒角 【倒角】按钮，在弹出的对话框中调整高度数值为0、轮廓值为-0.85左右。完成后单击工具栏中的【选择并均匀缩放】按钮对多边形进行上下缩放。

TIPS 本例中并没有按照真实跑车的尺寸进行建模，文中出现的一些尺寸参数仅作参考，读者在制作时可能需要不同的数值，只要模型比例正确即可。

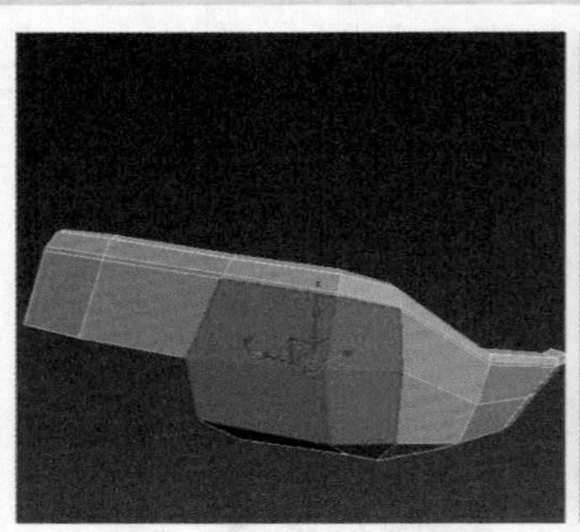

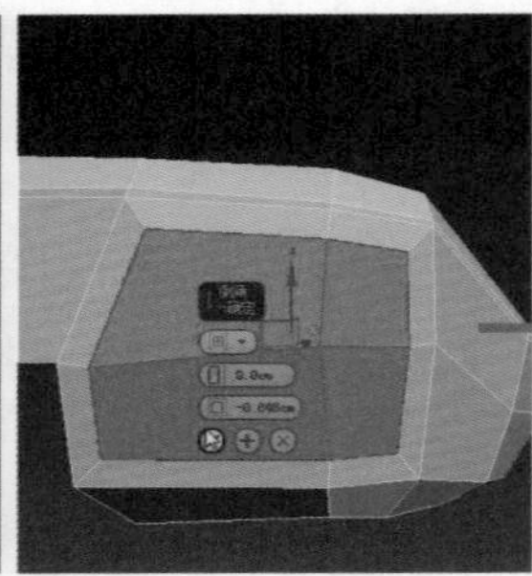
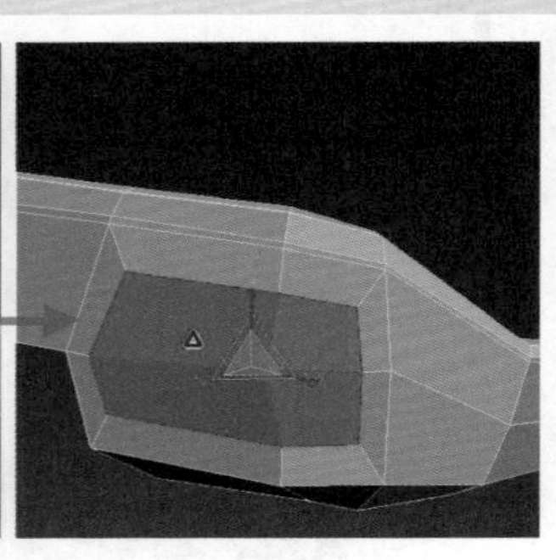

图6.190

05 使用键盘快捷键Alt+X将模型半透明显示，对比参考图片，对排气孔周围的顶点进行位置调整，完成后如图6.191右侧所示。

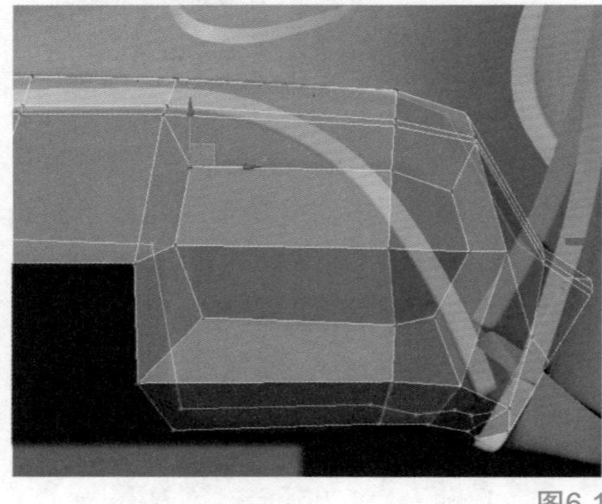
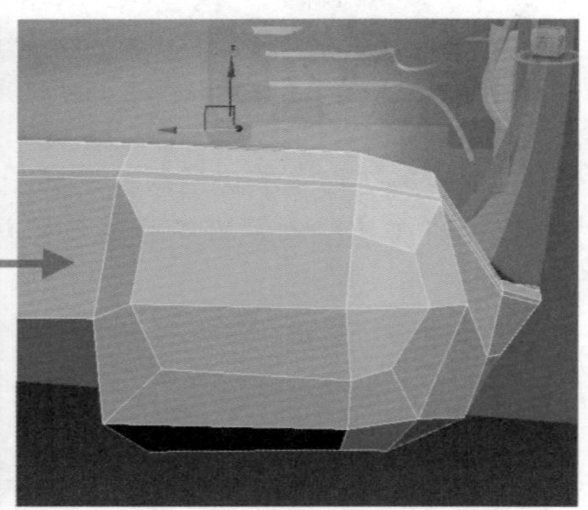

图6.191

06 选择图6.192左侧所示的多边形，单击命令面板中的 倒角 【倒角】按钮，在弹出的对话框中调整高度数值为0.5、轮廓值为-0.28左右。单击【应用并继续】按钮，进入第二次倒角，调整高度数值为0、轮廓值为-0.4；再次单击【应用并继续】按钮，进入第三次倒角，调整高度数值为-0.4左右、轮廓值为0；然后单击【应用并继续】按钮，进入第四次倒角，调整高度数值为-0.14左右、轮廓值为0，最后单击“√”图标完成倒角。

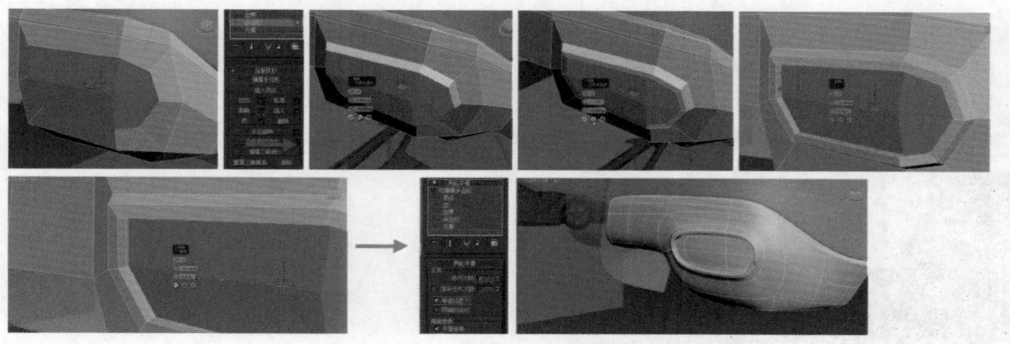
图6.192

07 进入【可编辑多边形】的点层级，单击【显示最终结果开关】按钮，开启最终结果显示，使用工具栏中的【选择并移动】工具调整顶点位置，如图6.193所示。

> TIPS 当模型半透明显示还是会影响观察的时候，可以单击鼠标右键，打开对象属性对话框，在可见性处调低数值以便观察。

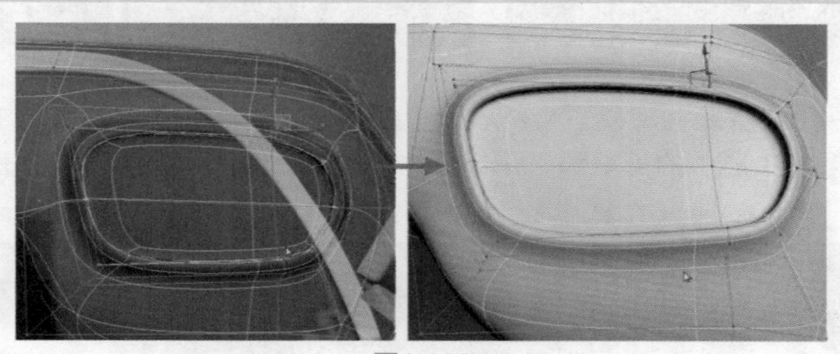
图6.193

08 选择图6.194左侧所示的多边形，单击工具栏的【选择并移动】工具将其向内移动，对图6.194右侧的操作同理。进入【可编辑多边形】的边层级，选择图6.195左侧所示的边，使用工具栏的【选择并移动】工具将其向内移动，完成后如图6.195右侧所示。

图6.194

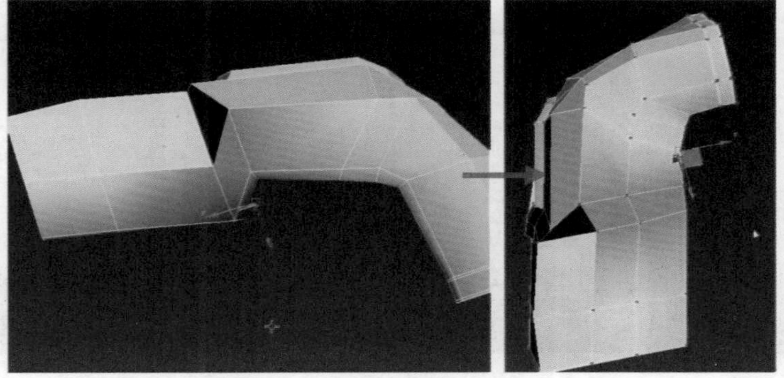
图6.195

09 在开启最终结果显示的条件下，对比参考图片，分别从左视图、前视图和透视图中，使用工具栏中的【选择并移动】工具对顶点进行位置调整，如图6.196所示。

10 观察模型，保险杠和另一模型的衔接处过于圆润，这里可以通过加线来增强转折。在顶点层级下按下键盘的快捷键Alt+C，对多边形的边缘进行切割，如图6.197所示。

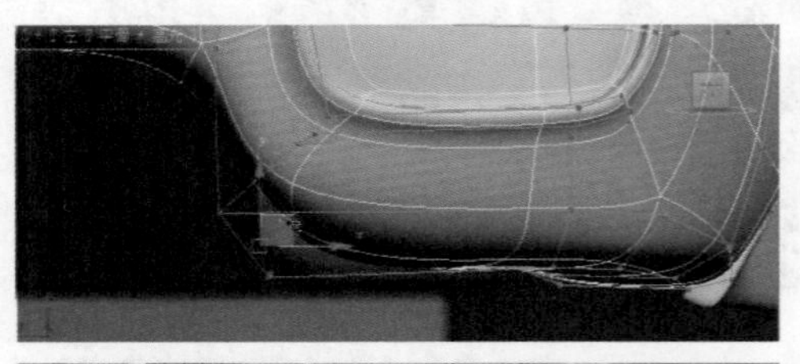

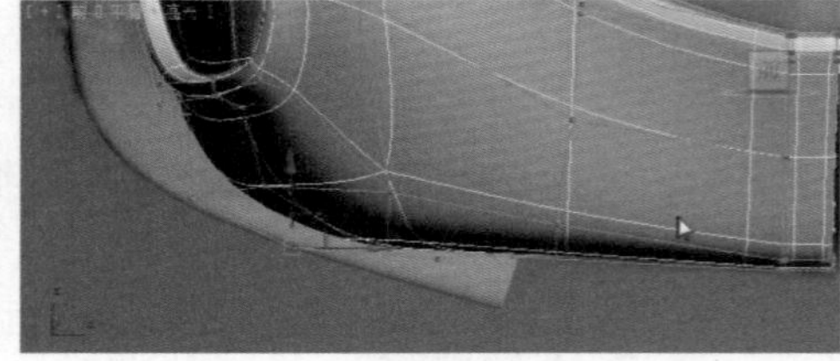

图6.196

图6.197

11 回到【涡轮平滑】层级，将模型全部取消隐藏，仔细观察参考图，进行下一步的细节制作。进入【可编辑多边形】的点层级，选择图6.198左侧所示的顶点，单击命令面板中的【平面化】按钮右侧的【Y】按钮，使用工具栏中的【选择并移动】工具将顶点移动至汽车中轴线。

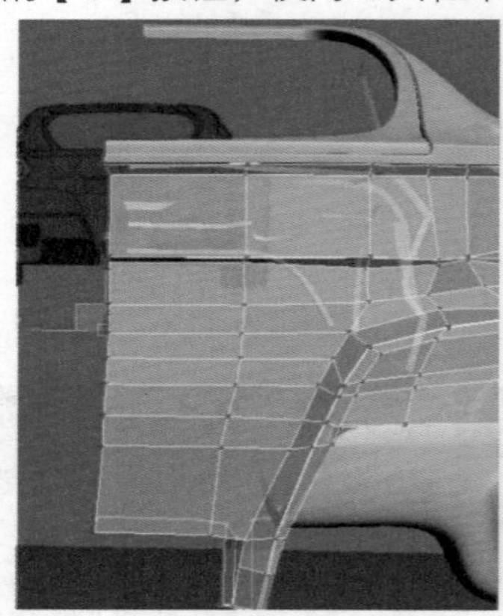

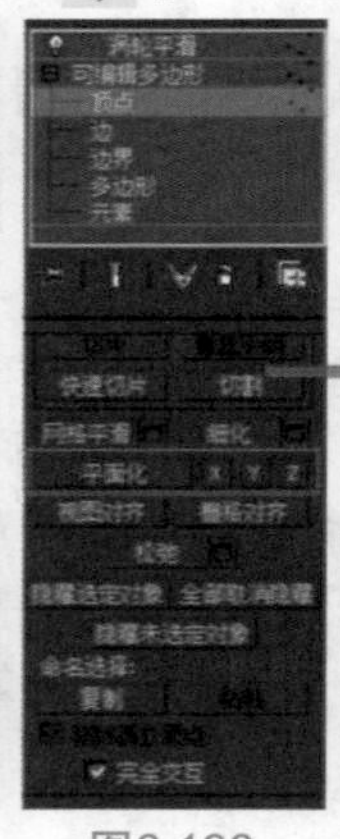

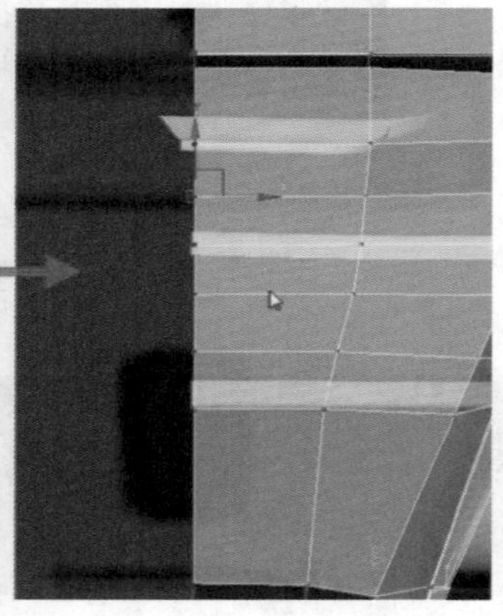

图6.198

12 选择图6.199左侧所示的边，单击命令面板中的 连接 【连接】按钮，在弹出的对话框中设置分段数为1、收缩值为0、滑块值为20；用同样的方法连接出图6.199右侧所示的边。

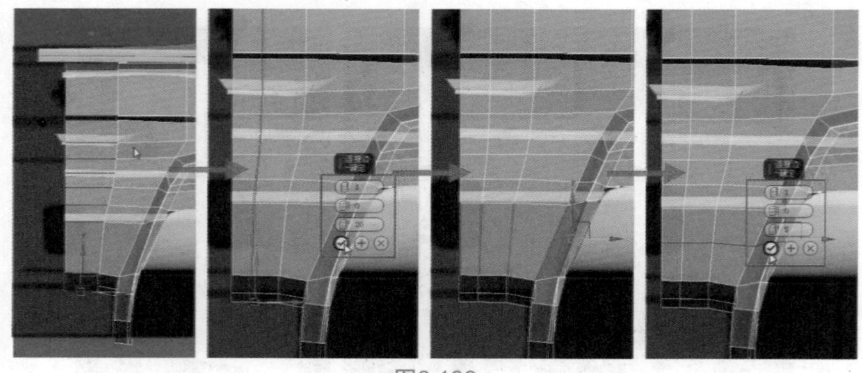

图6.199

13 进入【可编辑多边形】的多边形层级，选择图6.200左侧所示多边形，单击命令面板中的 倒角 【倒角】按钮，在弹出的对话框中调整高度数值为-0.75左右、轮廓值为-0.06，完成后删除图6.200右侧所示的多边形。

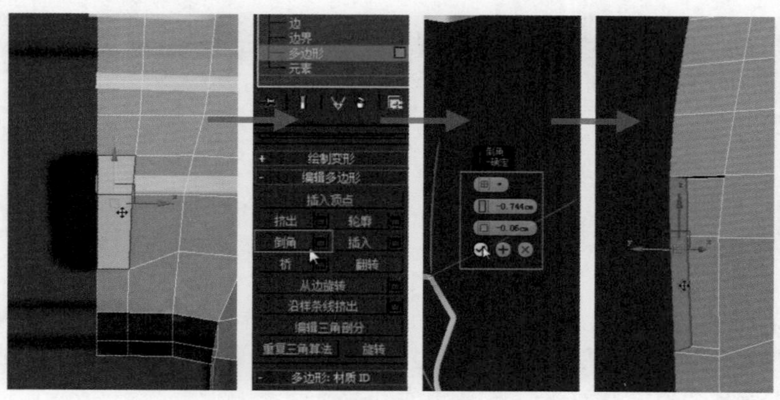

图6.200

14 返回【涡轮平滑】层级观察模型，发现凹槽的转折不够明显。进入【可编辑多边形】的点层级，单击工具栏中的【选择并移动】按钮，在"约束到边"的前提下适当移动，从而增强转折，如图6.201左侧所示。进入【可编辑多边形】的边层级，选择图6.201中所示的边，单击命令面板中的 连接 【连接】按钮，在弹出的对话框中设置分段数为1、收缩值为0、滑块值为5，连接一圈线以增强转折。

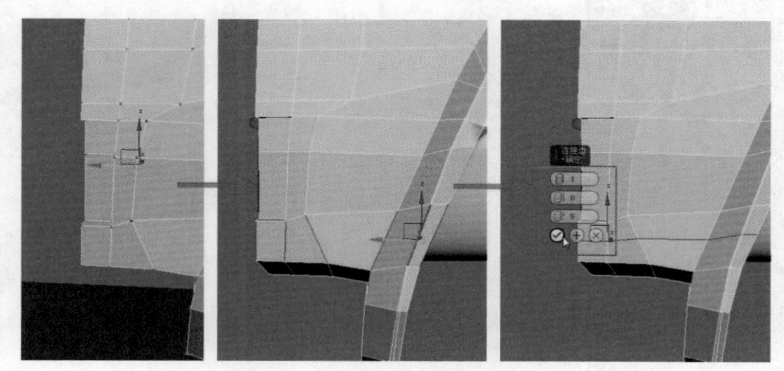
图6.201

15 进入【可编辑多边形】的点层级，在"约束到边"的前提下使用工具栏的【选择并移动】工具调整顶点的位置，如图6.202左侧所示。进入【可编辑多边形】的边层级，选择图6.202中所示的边，单击命令面板中的 连接 【连接】按钮，在弹出的对话框中设置分段数为1、收缩值为0、滑块值为-51左右，完成后如图6.202右侧所示。

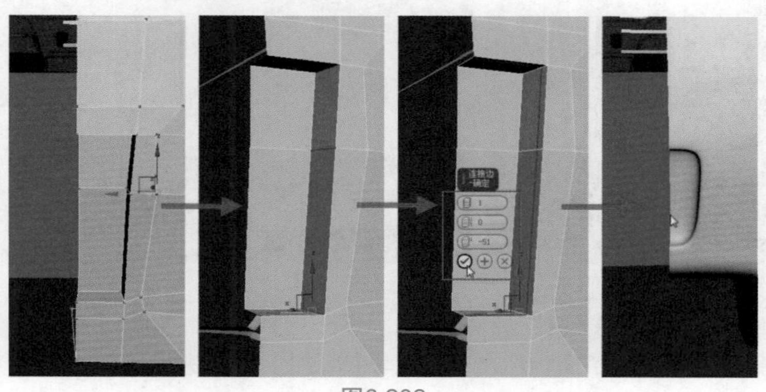
图6.202

16 这一步进行车门把手的制作，进入【可编辑多边形】的边层级，选择图6.203左侧所示的边，单击命令面板中的 连接 【连接】按钮，在弹出的对话框中设置分段数为1、收缩值为0、滑块值为0；使用同样的方法连接图6.203中的其他线。

图6.203

17 进入【可编辑多边形】的点层级，使用工具栏的【选择并移动】工具移动顶点，完成后如图6.204左侧所示。选择图6.204中的多边形，单击命令面板中的 倒角 【倒角】按钮，在弹出的对话框中调整高度数值为-0.5左右、轮廓值为-0.2左右。

TIPS 本例中并没有按照真实跑车的尺寸进行建模，文中出现的一些尺寸参数仅作参考，读者在制作时可能需要不同的数值，只要模型比例正确即可。

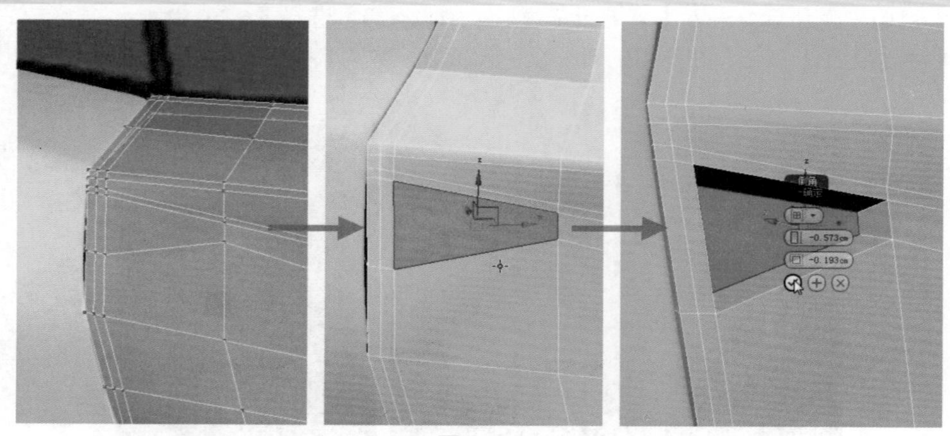

图6.204

18 返回【涡轮平滑】层级观察模型，此时的门把手过于圆润。进入【可编辑多边形】的边层级，选择图6.205左侧所示的边，单击命令面板中的 连接 【连接】按钮，在弹出的对话框中设置分段数为1、收缩值为0、滑块值为0；使用同样的方法进行图6.205右侧的操作。

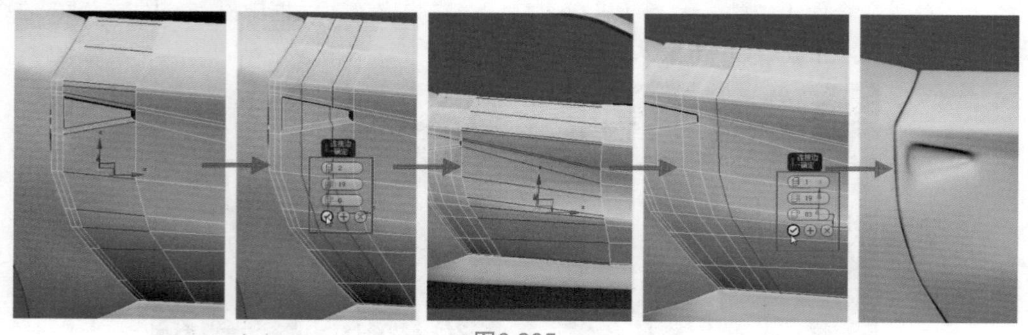

图6.205

19 对比参考图片，所有的模型都已制作完成。逐一选择模型，删除【涡轮平滑】效果，再任意选择一个模型，单击命令面板中的 附加 【附加】按钮进行拾取，将其余模型全部附加成一个整体，然后单击 附加 【附加】按钮以结束，如图6.206所示。

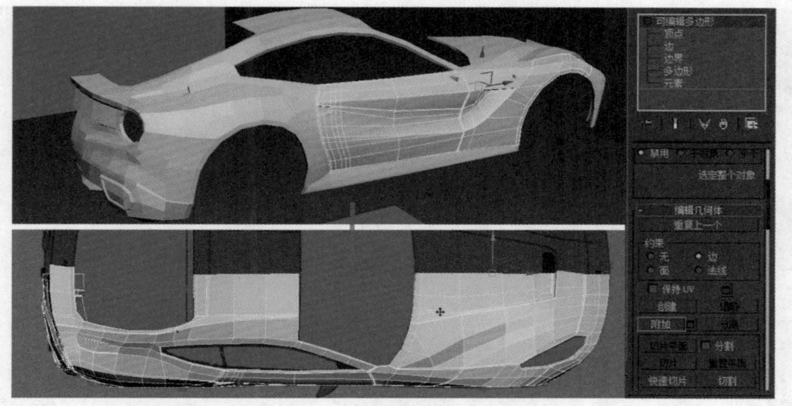

图6.206

20 选择模型，从修改器列表找到【对称】修改器，设置对称轴为Y，勾选【翻转】复选项，完成对称。检查模型，进入【可编辑多边形】的点层级，使用工具栏的【选择并移动】工具调整顶点的位置，使对称后的模型中间不会出现缝隙，完成后单击鼠标右键，在弹出的菜单中选择【转换为】→【可编辑多边形】命令，如图6.207、图6.208所示。

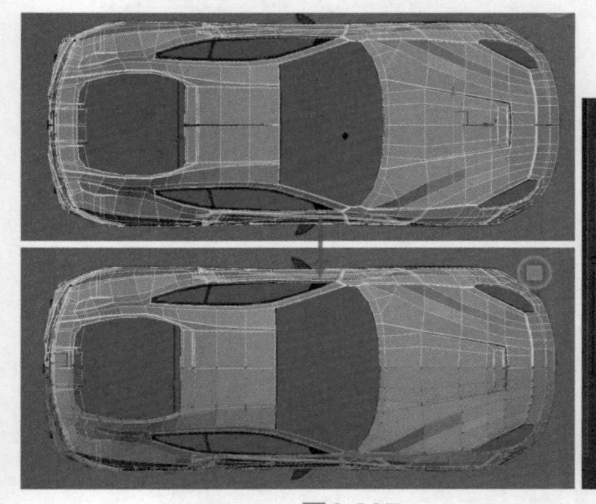

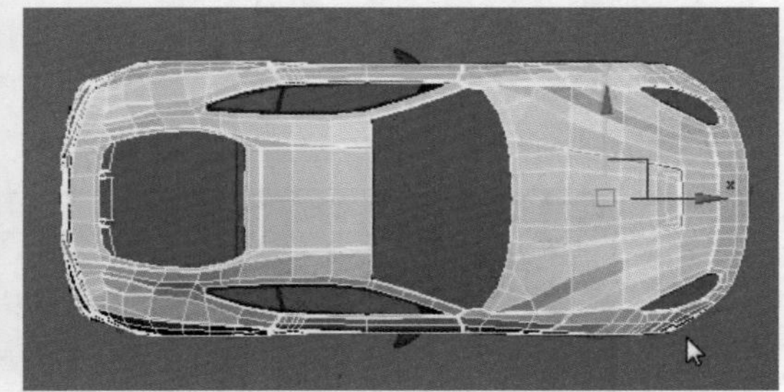

图6.207　　图6.208

21 进入【可编辑多边形】的边层级，选择图6.209左侧所示的边，单击命令面板中的【连接】按钮，在弹出的对话框中设置分段数为1、收缩值为0、滑块值为0；选择图6.209中所示的边，同样单击命令面板中的【连接】按钮连接一圈线。进入【可编辑多边形】的点层级，使用工具栏中的【选择并移动】工具移动顶点，使顶点在油箱孔周围。

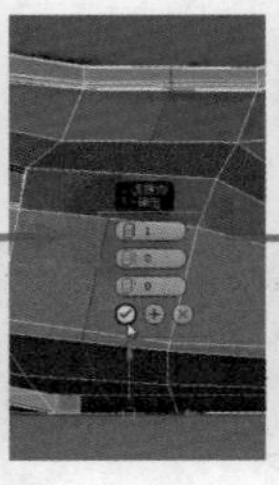

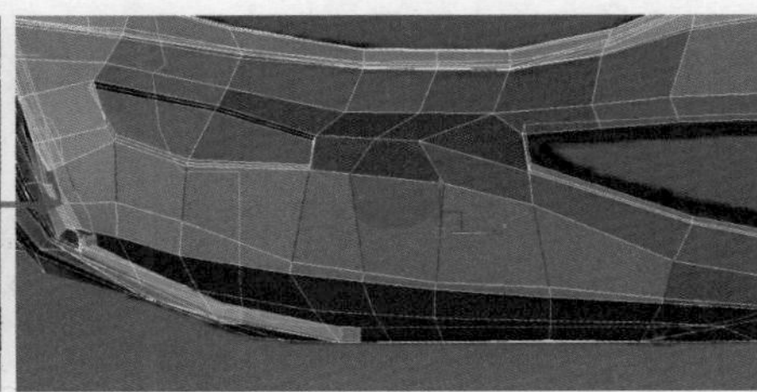

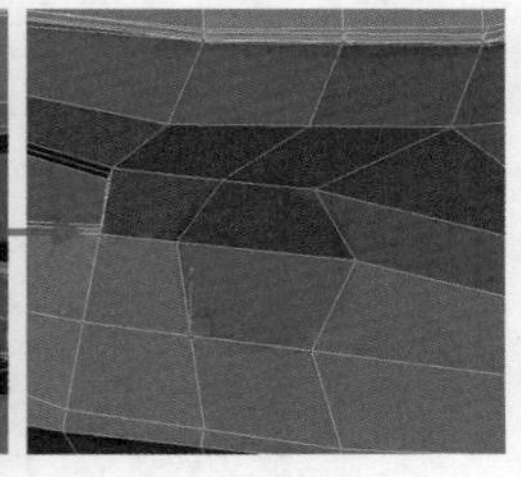

图6.209

22 选择图6.210左侧所示的多边形，单击命令面板中的【倒角】按钮，在弹出的对话框中调整高度数值为-0.6左右、轮廓值为0。单击【应用并继续】按钮进入第二次倒角，调整高度数值为0、轮廓值为-0.1左右；再次单击【应用并继续】按钮进入第三次倒角，调整高度数值为0.7左右、轮廓值为0，单击“√”图标完成倒角。完成后给模型添加【涡轮平滑】修改器并设置【迭代次数】为2，选中【等值线显示】复选项，观察油箱孔细节，如图6.210所示。

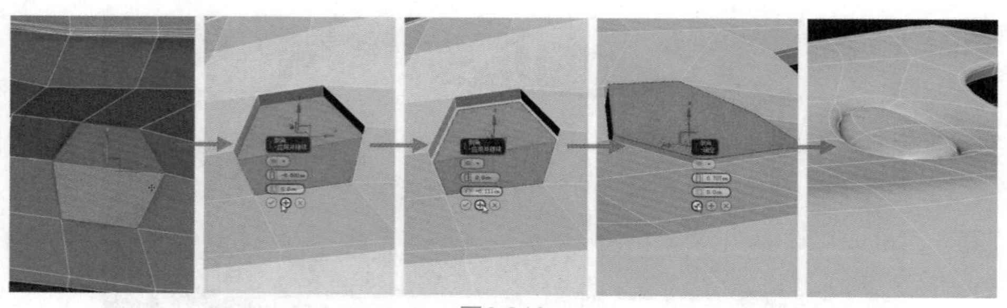

图6.210

23 进入【可编辑多边形】的多边形层级，选择图6.211左侧所示的多边形，单击命令面板中的 插入 【插入】按钮，在弹出的对话框中调整轮廓为0.52左右。

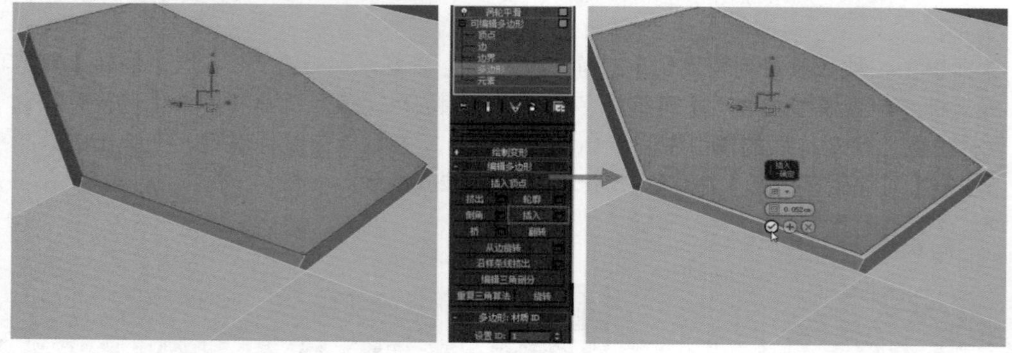

图6.211

24 进入【可编辑多边形】的边层级，选择图6.212左侧所示的边，单击命令面板中的 连接 【连接】按钮，在弹出的对话框中设置分段数为1、收缩值为0、滑块值为-79左右。

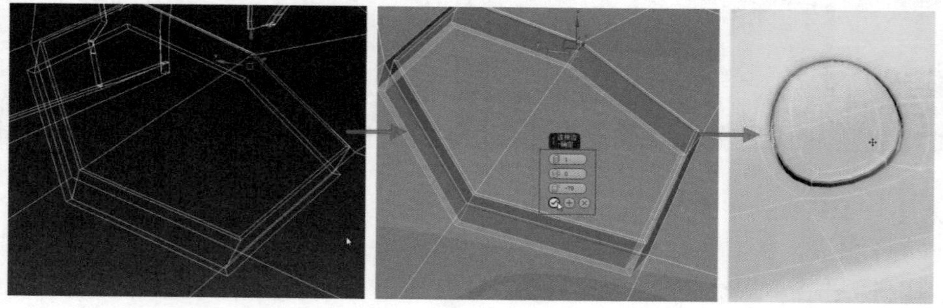

图6.212

25 对比参考图片，在【可编辑多边形】的点层级下，使用工具栏中的【选择并移动】工具移动顶点，调整油箱孔的形状。完成后返回【涡轮平滑】层级，整个车身的外观部分就全部制作完成了，如图6.213所示。

图6.213

6.9 制作轮毂

01 在前视图中创建一个圆柱体并将【高度分段】设置为1，【端面分段】设置为3，【边数】设置为30，如图6.214所示。

TIPS 本例中并没有按照真实跑车的尺寸进行建模，文中出现的一些尺寸参数仅作参考，读者在制作时可能需要不同的数值，只要模型比例正确即可。

02 选择圆柱体对象，单击鼠标右键，在弹出的快捷菜单中选择转换为【可编辑多边形】命令，进入其多边形层级，选择图6.215左侧所示的多边形并将其删除，只剩下前面的多边形，如图6.215右所示。

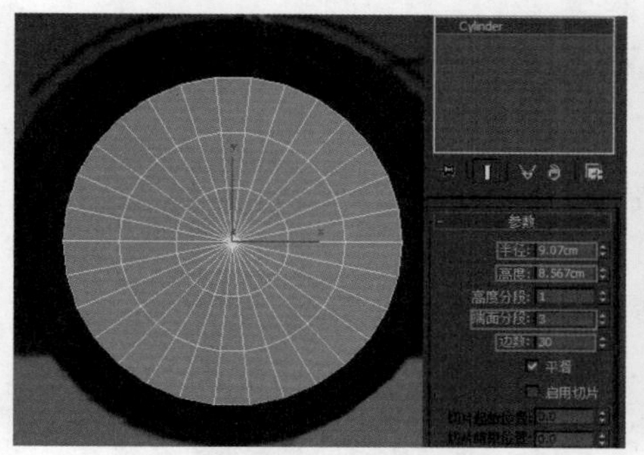

图6.214

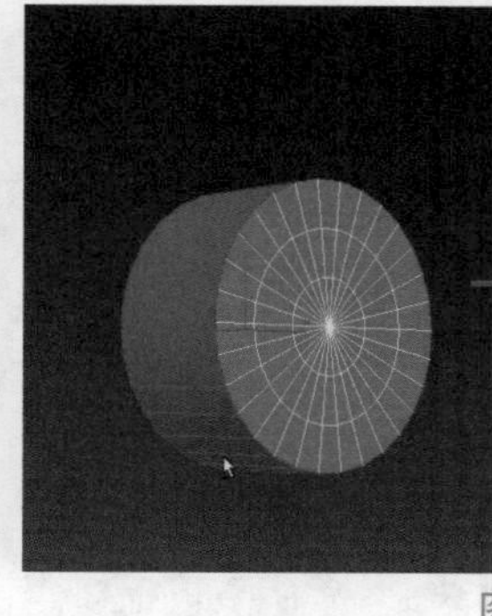

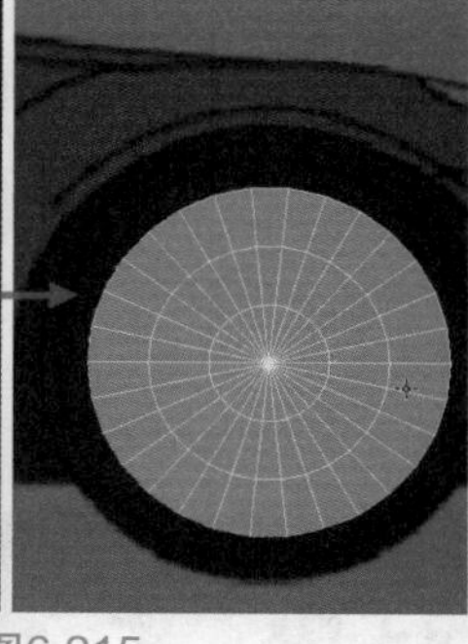

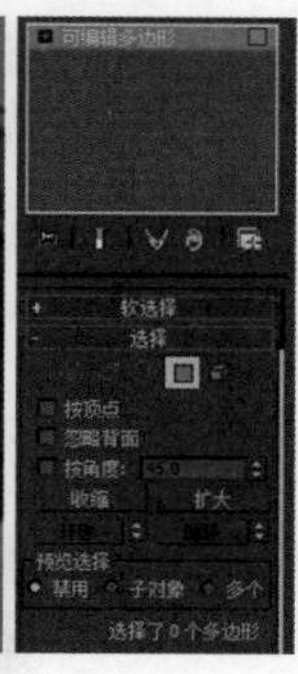

图6.215

03 按下键盘上的Alt+X快捷键，将平面对象设置为半透明显示以便于对比观察参考图片。进入【可编辑多边形】的边层级，依次选择中间的两圈边，使用工具栏上的【选择并均匀缩放】工具进行缩放处理，缩放至相对应的结构线上即可，如图6.216右侧所示。

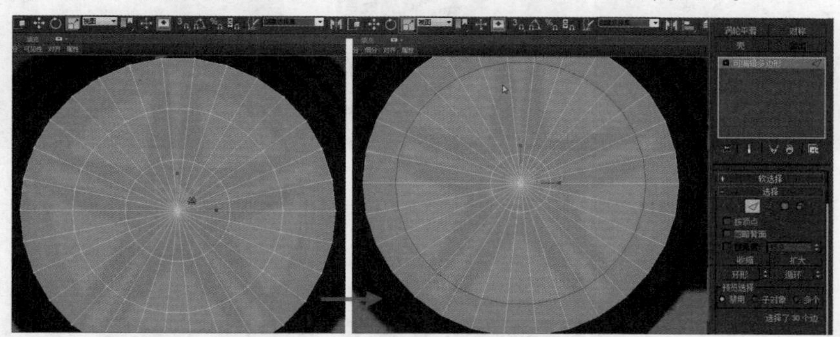

图6.216

04 继续为对象添加边，选择图6.217左侧所示的边，单击命令面板中的 连接 【连接】按钮，在弹出的对话框中调整滑块数值为43左右，可将连线调整到合适位置，如图6.217右侧所示。

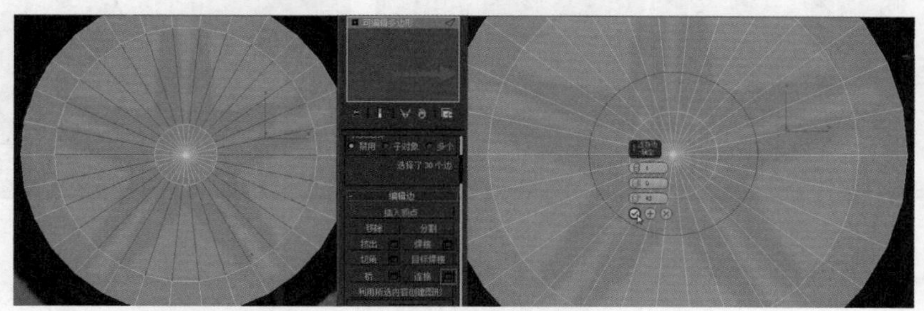

图6.217

05 在工具栏中的【角度捕捉】工具上单击鼠标右键，在弹出的对话框中设置角度为1°，并按下【角度捕捉】按钮，如图6.218所示。为了使制作更加方便，使用【选择并旋转】工具将其旋转6°，使其最上端由水平线变为左右对称的尖形状，如图6.219所示。

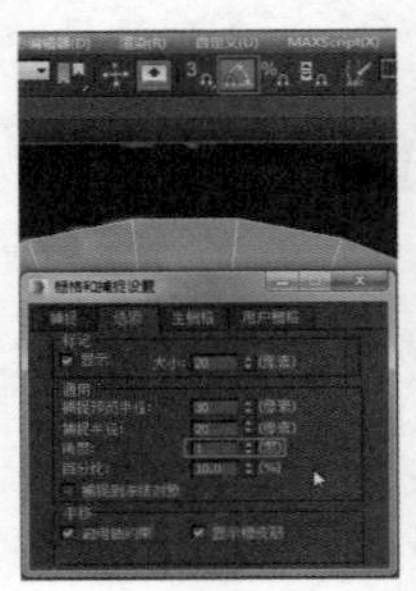
图6.218

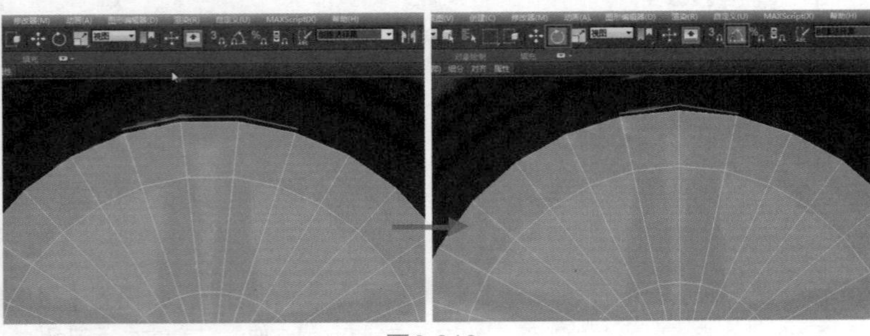
图6.219

06 选择对象，在修改面板进入【可编辑多边形】的多边形层级，删除一些多边形，得到图6.220所示的状态。

TIPS 如果觉得本步骤中对象的透明程度不够，难以透过对象观察参考图片时，可以选择对象，单击鼠标右键，在弹出的对象属性对话框中修改【可见性】的数值，例如本例中修改为0.2，如图6.221所示。

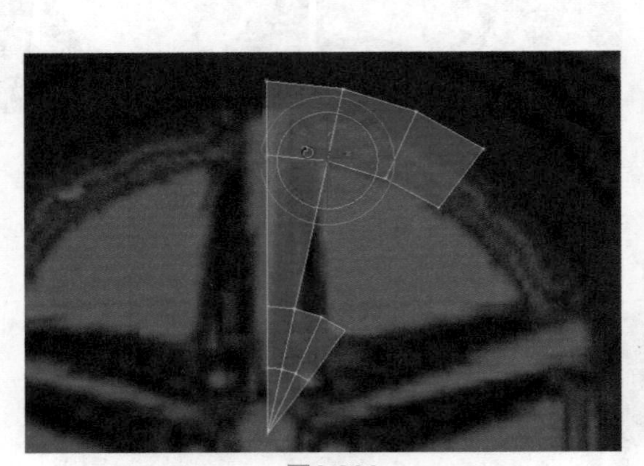
图6.220

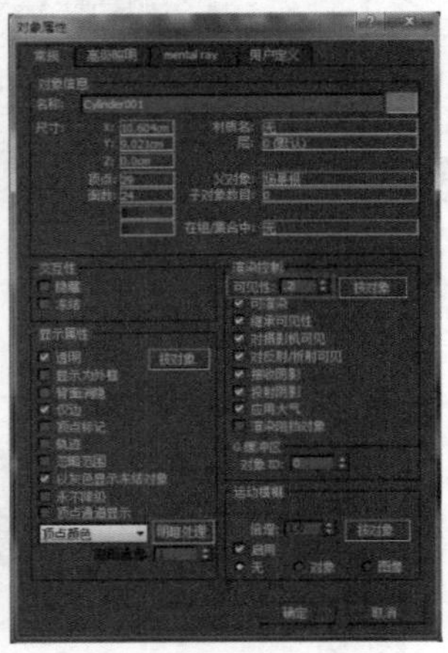
图6.221

07 在修改面板进入【可编辑多边形】的边层级，选择图6.222左侧所示的边，然后单击命令面板中的 连接 【连接】按钮，在弹出的框中设置数量为2，即可连接两圈边。再进入顶点层级，用工具栏中的【选择并移动】工具对其点的位置进行调整，直至图6.223所示状态。

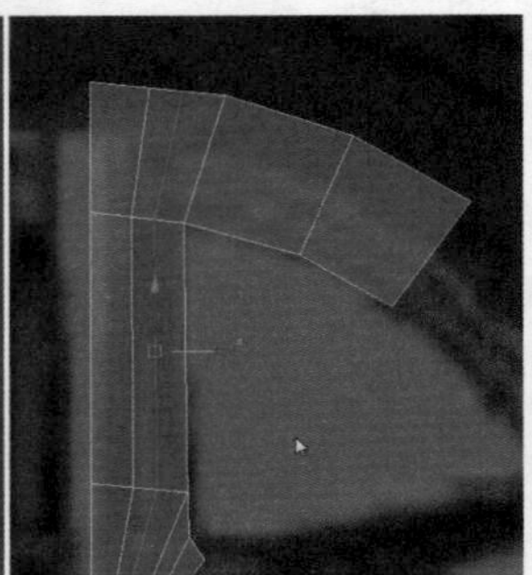
图6.222

图6.223

08 进入多边形层级删除其中一个多边形，然后按快捷键Alt+C使用【切割】命令依次单击相应顶点以连接边到轮毂中心点。再进入边层级移除暂时不需要的5条边，如图6.224所示。

09 在修改面板中选择【可编辑多边形】，进入边层级，选择相应的边，单击命令面板中的 连接 【连接】按钮，在弹出的对话框中将滑块数值略微调整。然后进入顶点层级，采用“约束到边”的方式，对顶点进行调整，如图6.225所示。

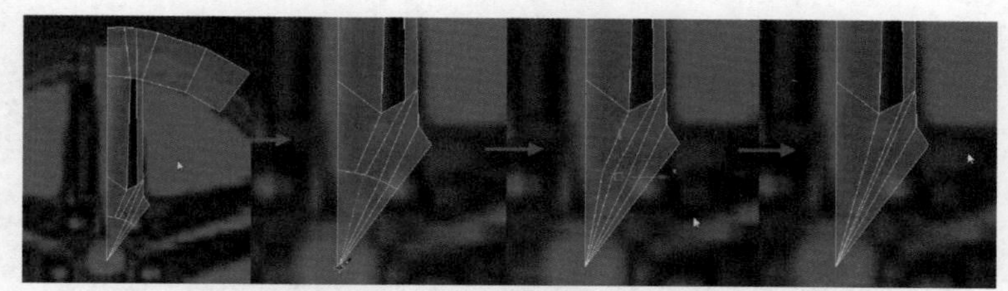

图6.224

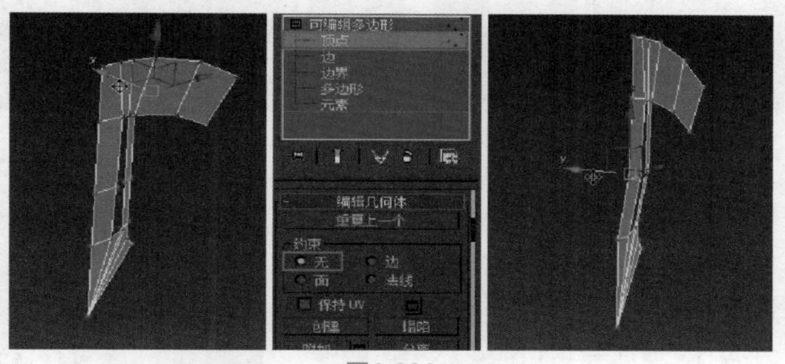

图6.225

TIPS 采用“约束到边”方式可以在模型形状保持基本不变的情况下滑动模型上的点和线来达到优化模型布线的目的，在使用完后应及时设置为“无”，否则在一些操作中会出现混乱。

10 在修改面板中选择【可编辑多边形】，进入顶点层级，选择相应的点，关闭“约束到边”方式，调整模型，使中间最低、边缘最高，如图6.226所示。

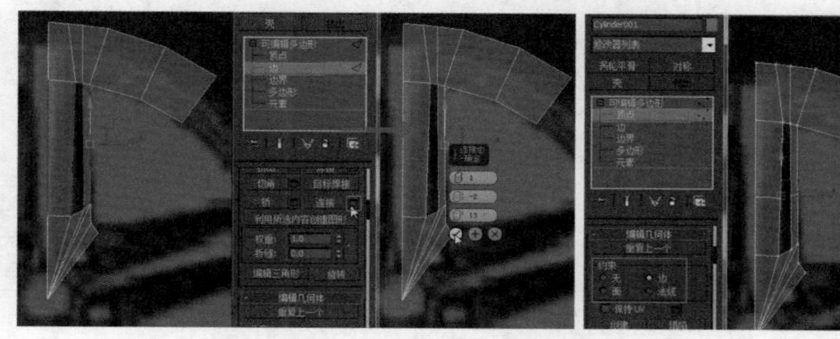

图6.226

11 选择对象，目前它还是一个片状模型。需要从修改器列表中为其添加【壳】修改器，并设置【内部量】为1.19、【外部量】为0，这样它就具有了厚度。然后将其转化为可编辑多边形，从修改器列表中为其添加【涡轮平滑】修改器，设置【迭代次数】为2，在【涡轮平滑】层级选中【等值线显示】复选项，可以显示更少的边以便于观察，如图6.227所示。

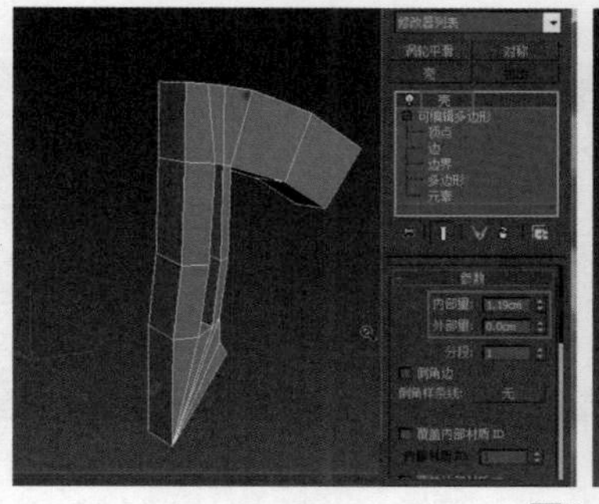

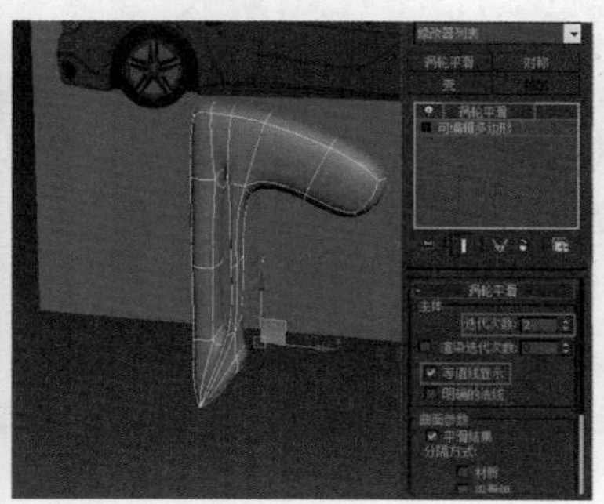

图6.227

12 根据上一步骤，发现很多地方需要加线，在修改面板中选择【可编辑多边形】，进入边层级，选择相应的线，单击命令面板中的 切角 【切角】按钮，在弹出的对话框中将边切角量设置为0.04，即可将一圈边变为两圈，如图6.228所示。

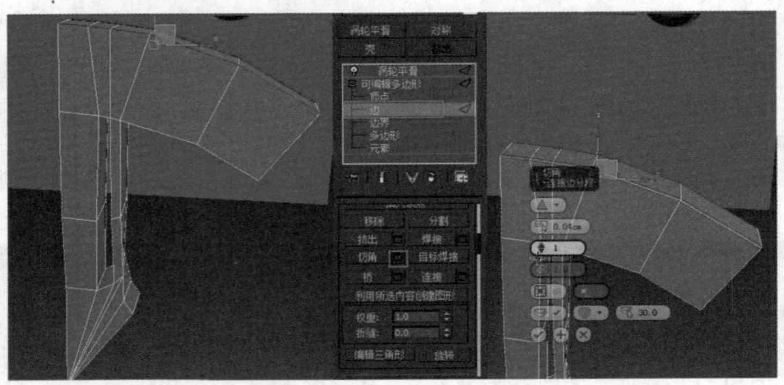
图6.228

13 在修改面板中选择【可编辑多边形】，进入多边形层级，选择需要对称的部分并将其删除，如图6.229所示。进入边层级，选择相应的边，单击命令面板中的 连接 【连接】按钮，在弹出的对话框中将收缩值调整为14，滑块数值调整为-66，如图6.230所示。

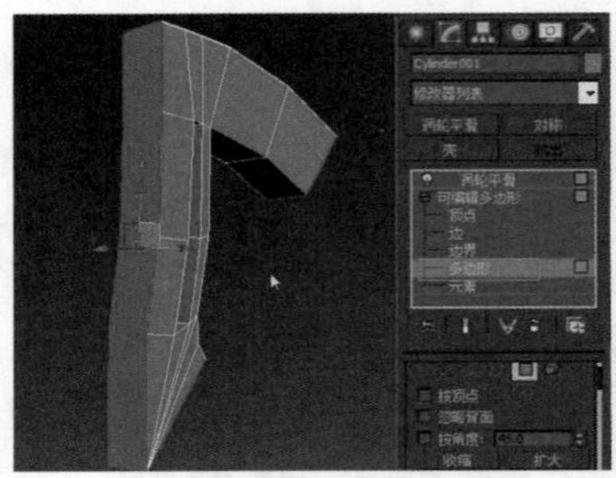
图6.229

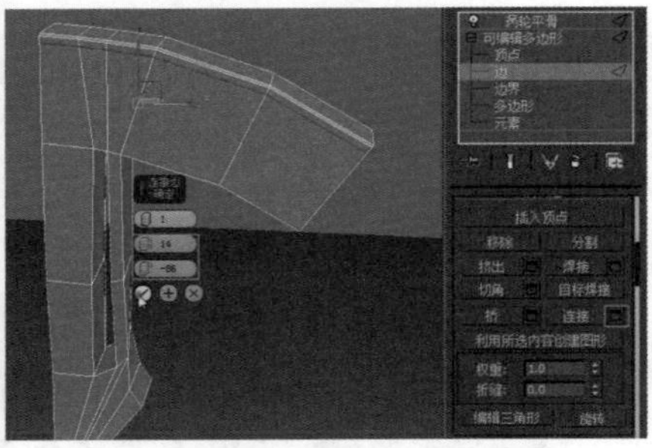

图6.230

14 从修改器列表中为其添加【对称】修改器，进入镜像层级，使用工具栏中的【选择并旋转】工具（如图6.231），将其转化为可编辑多边形。然后按住Shift键旋转72°，弹出【克隆选项】对话框，选择【复制】选项，设置【副本数】为4，单击【确定】按钮（如图6.232），然后将其转化为可编辑多边形。再单击【附加】按钮，用工具栏中的【选择并移动】工具将车轮依次附加为一个对象并再次将其转化为可编辑多边形，如图6.233所示。

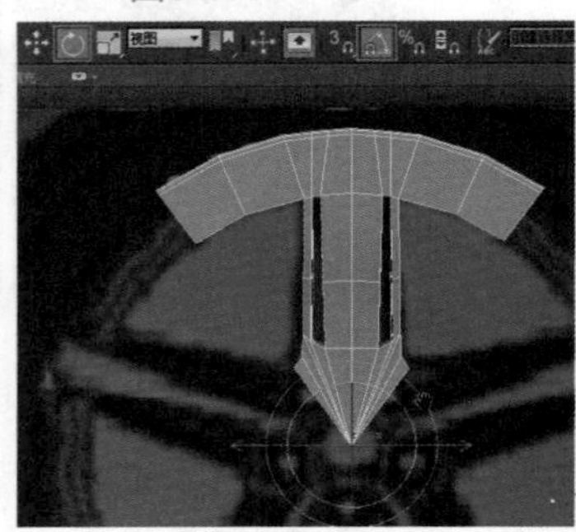
图6.231

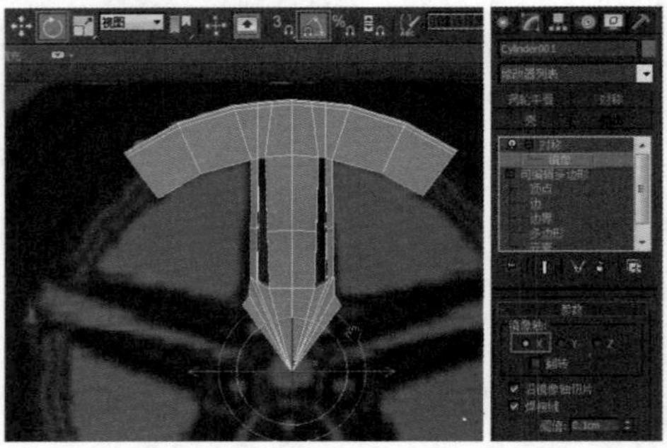

图6.232

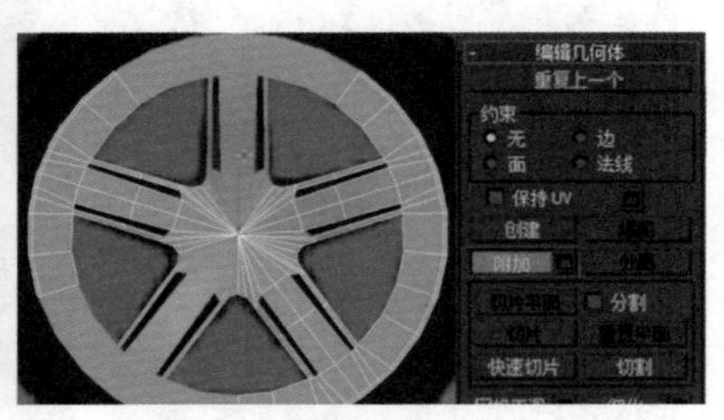
图6.233

15 在修改面板中选择【可编辑多边形】，进入顶点层级，使用快捷键Ctrl+A全选点，单击【焊接】按钮，尽可能调小数值，避免数值过大、焊接点过多，以免破坏模型，如图6.234所示。在顶点层级下，框选中心点，单击命令面板中的 切角 【切角】按钮，在弹出的对话框中将边切角量设置为1.32左右即可，如图6.235所示。在修改面板中选择【可编辑多边形】，进入多边形层级，单击命令面板中的【插入】按钮，在弹出的对话框中将插入值设置为0.72左右即可，利用工具栏中的【选择并均匀缩放】工具进行适当调整缩放，如图6.236所示。

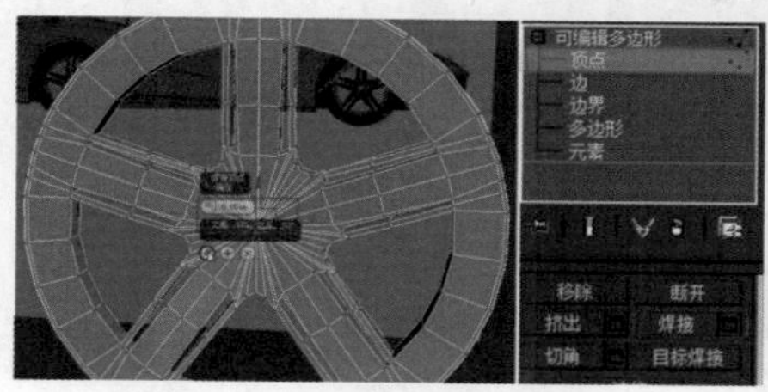

图6.234

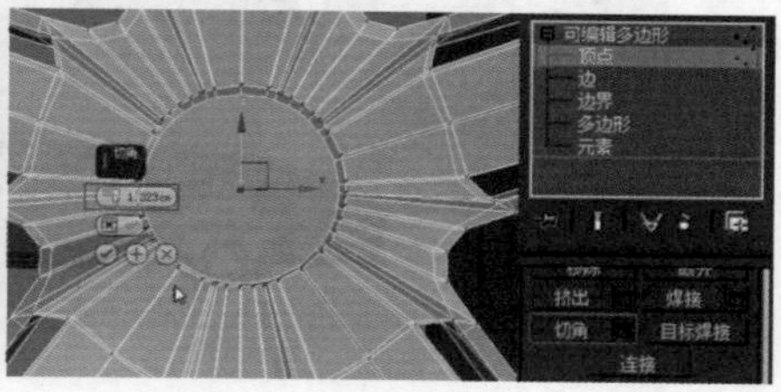

图6.235

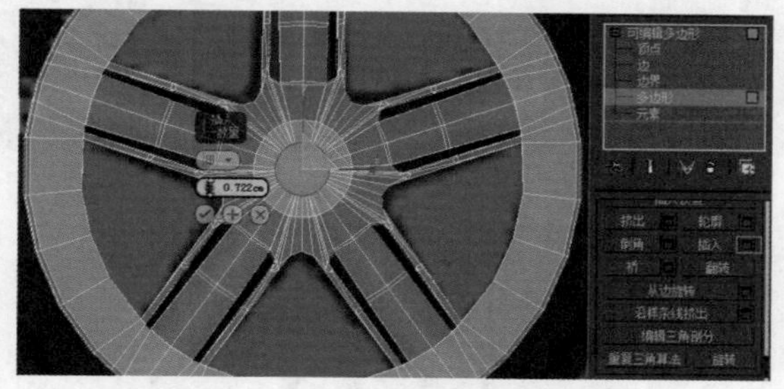

图6.236

16 在修改面板中选择【可编辑多边形】，进入多边形层级，再次单击【插入】按钮，将数值设置为0.103，单击鼠标右键，在弹出的菜单中选择【塌陷】命令，即可将所选内容塌陷为一点，这样中心点就做出来了，如图6.237所示。对另外一面，使用另外一种方法，在修改面板中选择【可编辑多边形】，进入多边形层级，单击【倒角】按钮，将数值设置为0、0，单击鼠标右键，在弹出的菜单中选择【塌陷】命令，即可将所选内容塌陷为一点，这样中心点就做出来了，如图6.238所示。

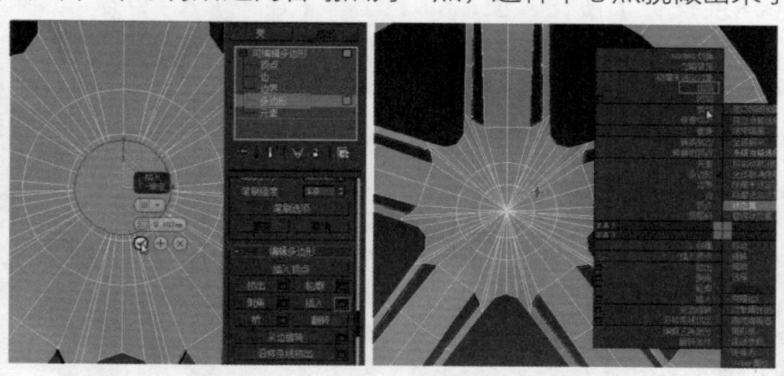

图6.237

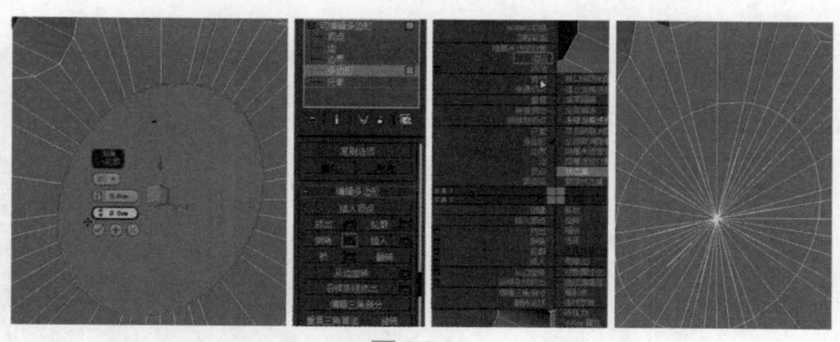

图6.238

17 在修改面板中选择【可编辑多边形】，进入多边形层级，框选并删掉多余的块面，便于观察和操作，如图6.239所示。按下F3键，进入线框模式，便于观察，然后进入顶点层级，用工具栏中的【选择并移动】工具对其点的位置进行精确调整，前后点尽量对应，这样制作起来比较方便，如图6.240所示。为了避免出错，把相重合的点分开，注意前后对齐、位置的调整，如图6.241所示。

图6.239

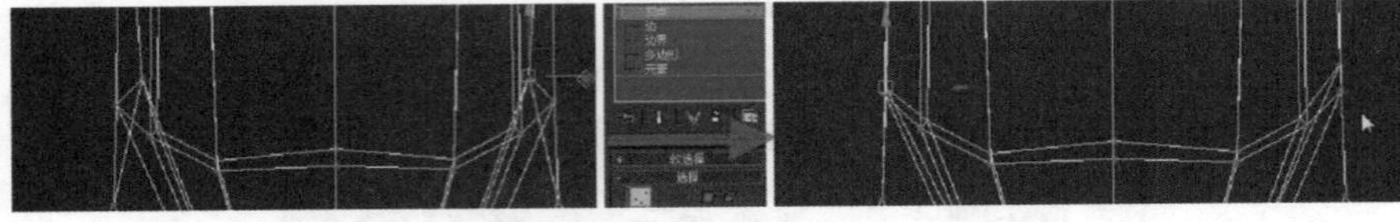
图6.240

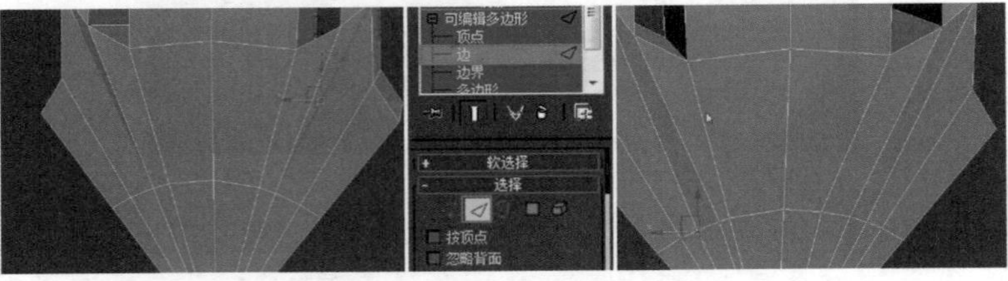
图6.241

18 在修改面板中选择【可编辑多边形】，进入顶点层级，框选并删掉可对称得到的块面，便于观察和操作，如图6.242所示。从修改器列表中为其添加【对称】修改器，进入镜像层级，然后在工具栏中单击【角度捕捉】按钮，使用【选择并旋转】工具对其进旋转，如图6.243所示。

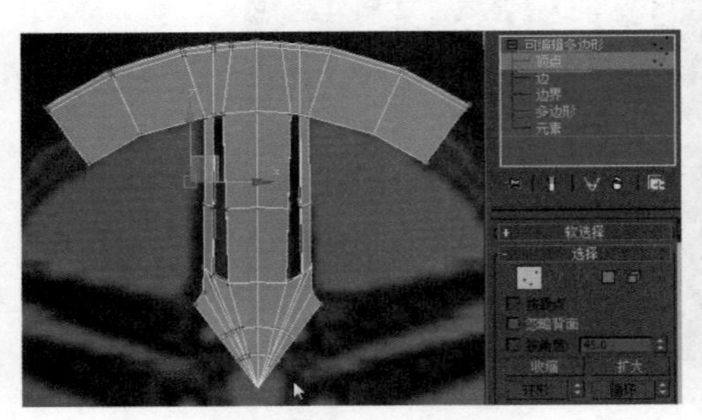
图6.242

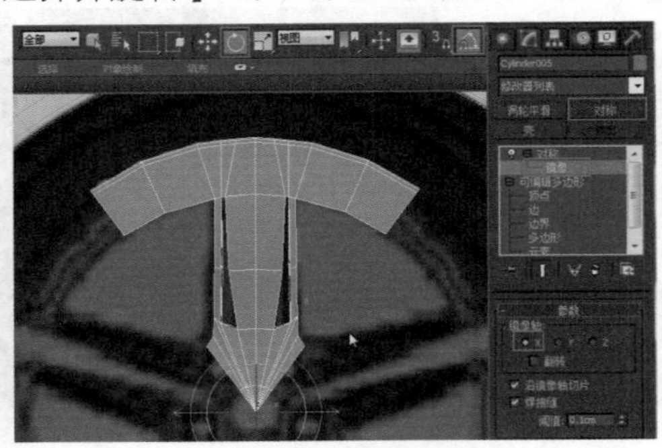
图6.243

19 按F3键以打开线框显示，在前视图中，进入顶点层级，用工具栏中的【选择并移动】工具再次对其点的位置进行精确调整，上下宽度，前后对应，然后关闭【对称】功能，得到图6.244所示效果。

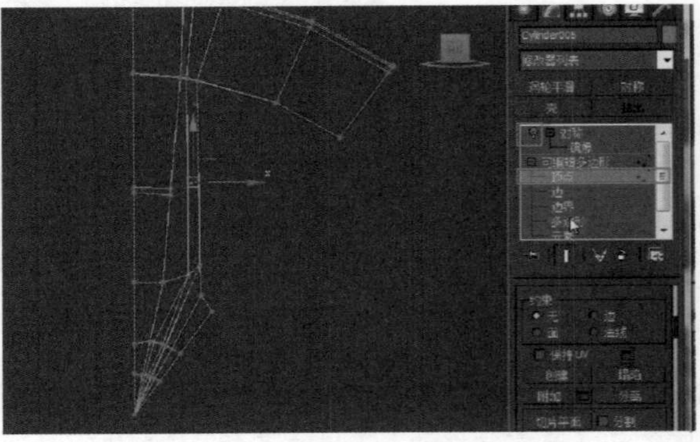
图6.244

20 上一步骤中，已经对需要挤出的多边形的点进行了调整，所以在修改面板【可编辑多边形】，进入多边形层级，用工具栏中的【选择并移动】工具选择需要挤出的多边形，然后在透视图下，单击【挤出】按钮，挤出多边形，将数值设置为0.12（如图6.245），然后删除因为挤出而在侧边产生的多余的面，如图6.246所示。

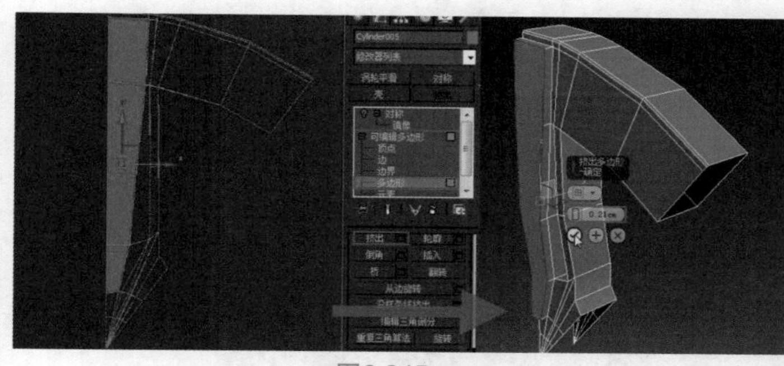
图6.245

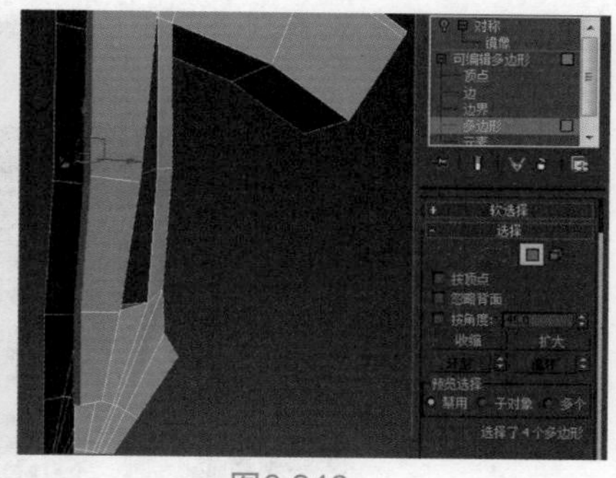
图6.246

21 从修改器列表中为其添加【涡轮平滑】修改器，在这里【对称】修改器要放在【涡轮平滑】修改器的下面，然后将【迭代次数】设置为3，在【涡轮平滑】层级选中【等值线显示】复选项，如图6.247所示。

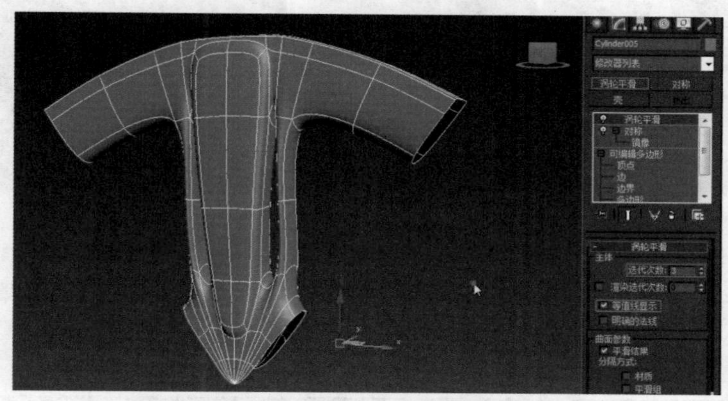
图6.247

22 单击【显示最终结果开关】，切换到关闭状态。因为有的边太突出，影响到模型的形状，所以在修改面板中选择【可编辑多边形】，进入边层级，在修改面板选择“约束到边”方式，再用工具栏中的【选择并移动】工具将选择的边向下移动，如图6.248所示。用快捷键Ctrl+backspace直接移除图6.249左侧所示的边。

图6.248

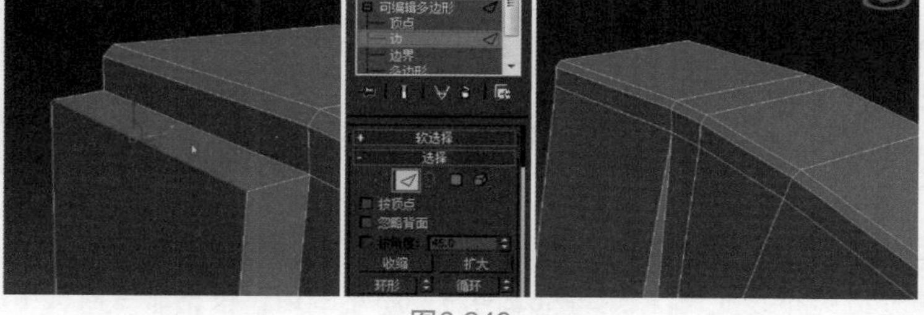
图6.249

23 对模型顶部进行加线操作，选择图6.250左侧所示的边，单击命令面板中的【连接】按钮，在弹出的对话框中将滑块数值调整为0，即可在模型顶部中间增加一圈线。选择图6.251

左侧所示的边，单击命令面板中的 连接 【连接】按钮，在弹出的对话框中将滑块数值调整为0，即可增加一圈线。

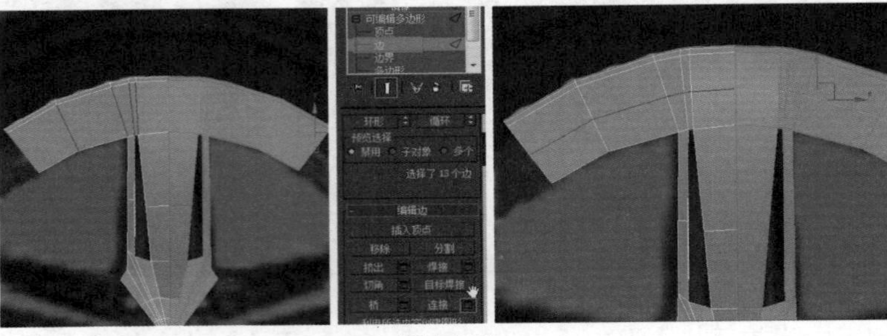

图6.250

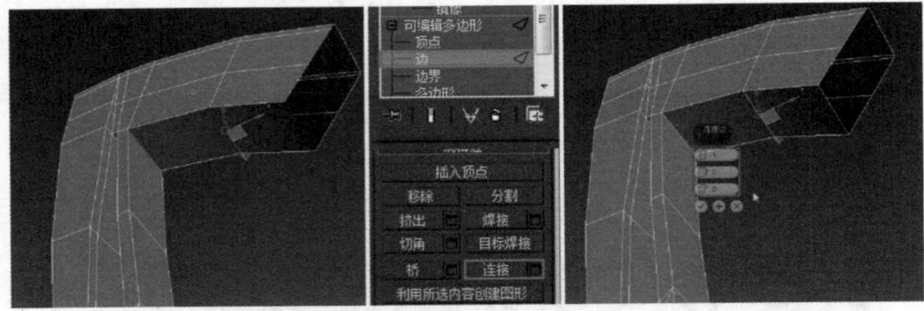

图6.251

24 在修改面板中选择【可编辑多边形】，进入边层级，用工具栏中的【选择并移动】工具，选择图6.252左侧的边，并将其删除，然后选择边缘，边按住键盘的Shift键进行移动复制，实现模型向下的延伸。并适当移动调整高度，如图6.252所示。然后选择这两条边和其对应的两条边，单击命令面板中的 桥 【桥】按钮，对其处理得到图6.253右侧所示的效果。

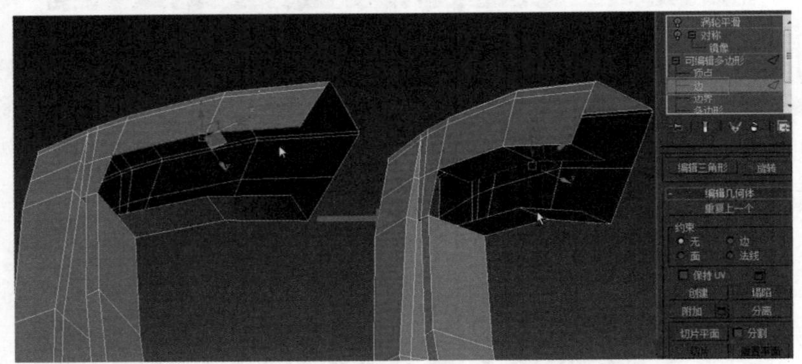

图6.252

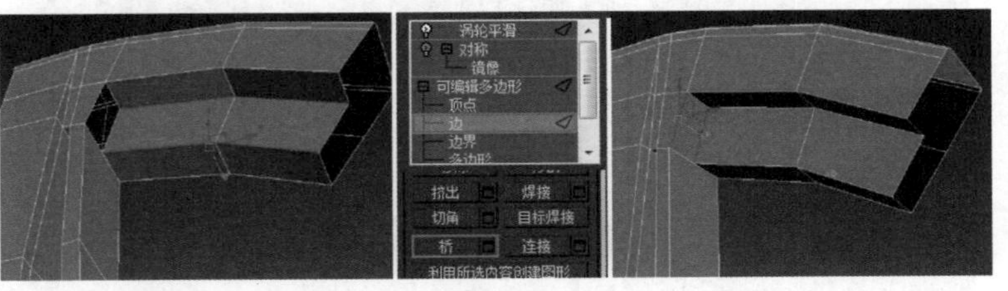

图6.253

25 此部分模型的基本形状已经完成，但添加【涡轮平滑】修改器后形状会过度圆滑，造成结构不明显，需事先进行布线处理。选择图6.254左侧所示的边，单击命令面板中的 连接 【连接】按钮，在弹出的对话框中将分段数设置为1、收缩值设置为186（尽可能大），即可增加一圈边。然后将连接出来的边用工具栏中的【选择并移动】工具向中间靠拢一点，得到图6.254右侧所示的效果。

图6.254

26 继续进行布线、加线处理。在边层级下，选择图6.255左侧所示的边，单击命令面板中的 连接 【连接】按钮，在弹出的对话框中将分段数设置为2、收缩值设置为34、滑块设置为1，即可增加两圈边，如图6.255所示。在边层级下，选择图6.256左侧所示的边，单击命令面板中的 连接 【连接】按钮，在弹出的对话框中将分段数设置为2、收缩值设置为84、滑块设置为1，即可增加两圈边，如图6.256所示。

图6.255

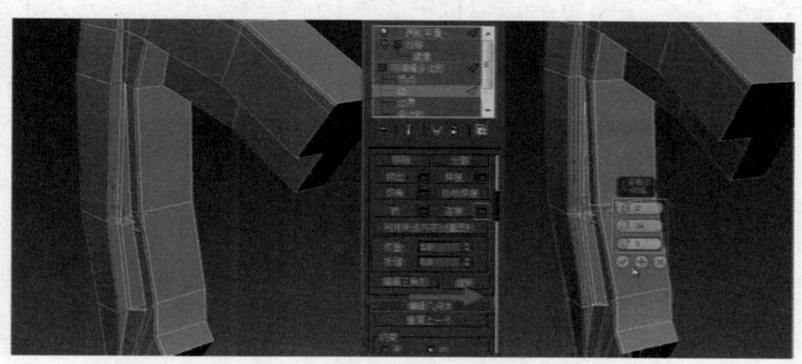

图6.256

27 进行布线之后，一些地方结构更加明显，显得不够平缓，所以在修改面板中选择【可编辑多边形】，进入顶点层级，用工具栏中的【选择并移动】工具选择图6.257左侧所示的点，进行移动调整，使其在平滑后看起来更平缓，如图6.257所示。在修改面板中选择【可编辑多边形】，进入顶点层级，按快捷键ALT+C使用【切割】命令依次单击相应顶点进行切割，产生两条边，如图6.258所示。

图6.257

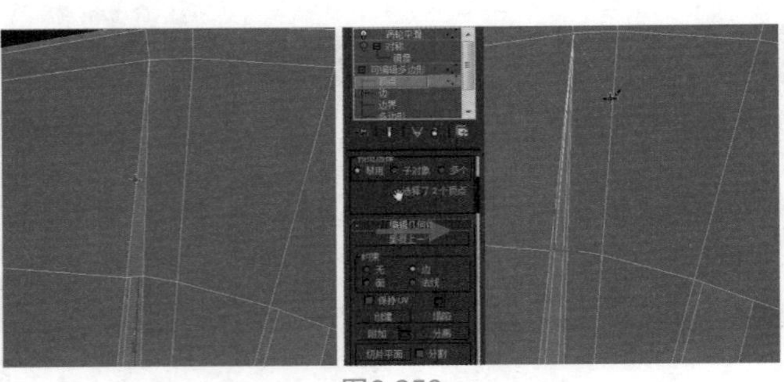

图6.258

28 在使用【切割】命令后，平滑小范围出现变形，在修改面板中选择【可编辑多边形】，进入边层级，用工具栏中的【选择并移动】工具选择图6.259左侧所示的边，单击【环形】按钮，单击命令面板中的 连接 【连接】按钮，在弹出的对话框中将分段数设置为1、收缩值设置为34、滑块设置为-56，即可增加一圈边，然后对其进行约束处理，这样变形的问题就解决了，如图6.259所示。

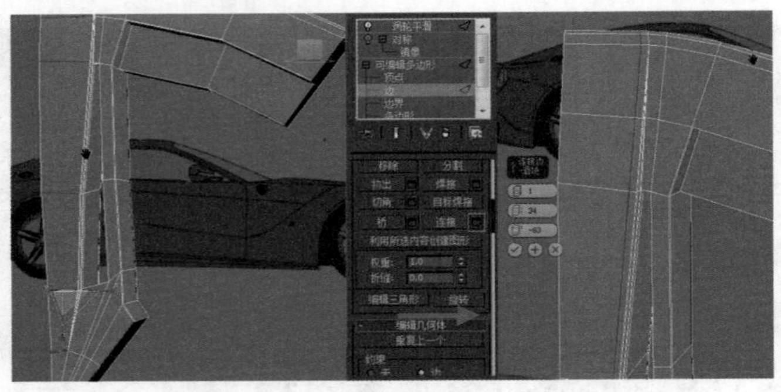

图6.259

29 模型上部现在变得比较平，在修改面板中选择【可编辑多边形】、进入顶点层级，用工具栏中的【选择并移动】工具选择图6.260左侧所示的点，设置【约束】切换到“无”方式，单击【显示最终结果开关】，切换到开启状态。对其顶点进行调整，如图6.260所示。

图6.260

30 继续进行布线、加线处理。在边层级下，选择图6.261左侧所示的边，单击命令面板中的 连接 【连接】按钮，在弹出的对话框中将分段数设置为1、收缩值设置为34、滑块设置为-83，即可增加1圈边，对形状进行修正，如图6.261所示。在边层级下，选择图6.262左侧所示的边，单击命令面板中的 连接 【连接】按钮，在弹出的对话框中将分段数设置为1、收缩值设置为34、滑块设置为5，即可增加1圈边，对形状进行修正，如图6.262所示。选择图6.263左侧所示的边，单击命令面板中的 连接 【连接】按钮，在弹出的对话框中将分段数设置为1、收缩值设置为34、滑块设置为93，即可增加1圈边，如图6.263所示。

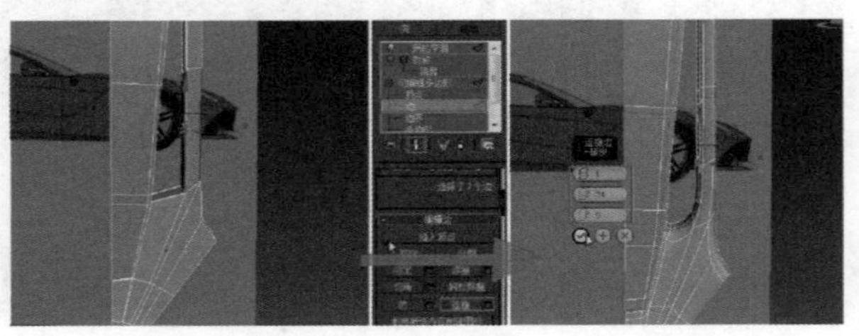

图6.261

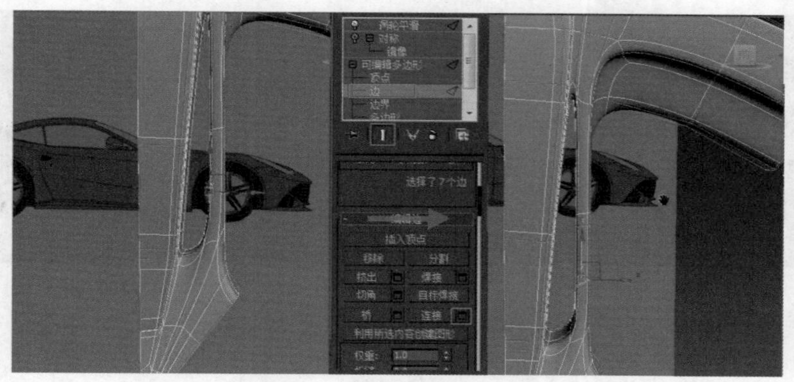

图6.262

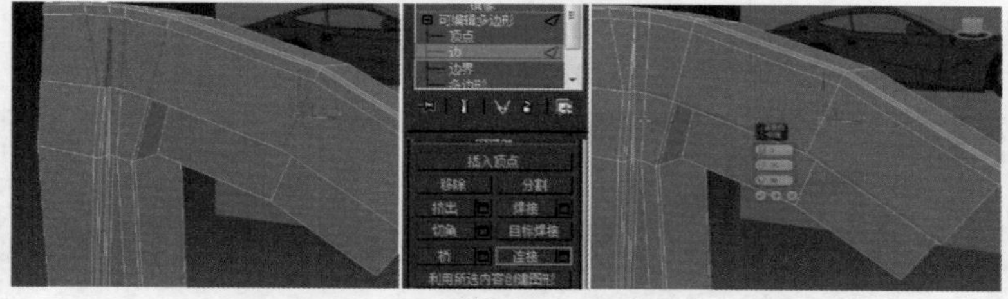

图6.263

31在对象的顶点层级和边层级之间转换下移动调整相应顶点的位置，在这里调整相应的顶点和边，使图6.264的部分产生明显转折，如图6.264所示。继续调整相应的边，采用“约束到边”方式，选择图6.265左侧所示的边，向中间靠拢，使转折不生硬、不明显，如图6.265所示。

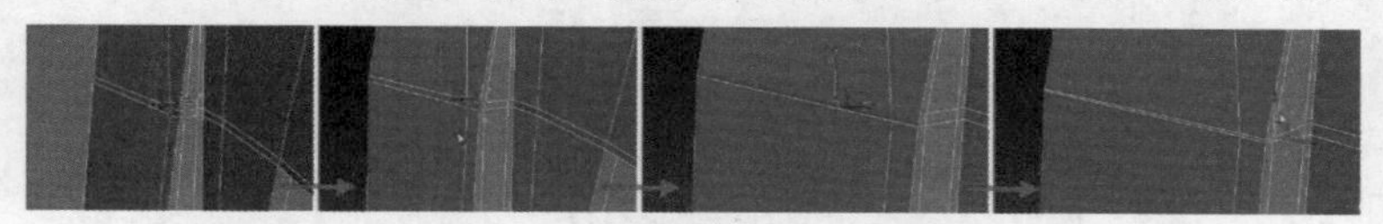

图6.264

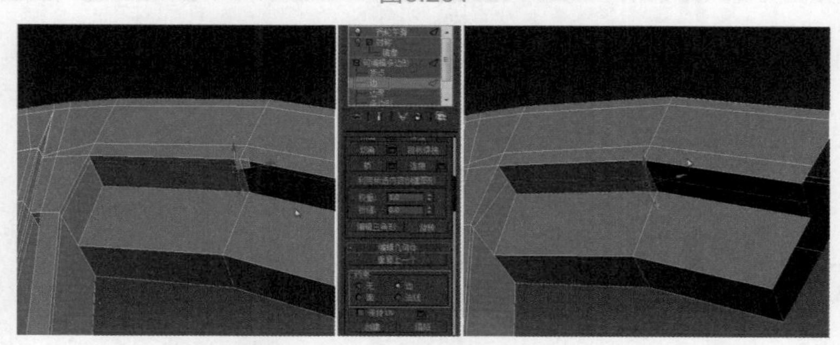

图6.265

32在边层级下，选择图6.266左侧所示的边，单击命令面板中的【连接】按钮，在弹出的对话框中将分段数设置为1、收缩值设置为34、滑块设置为93，即可在靠上的地方增加1圈边，从而达到强化转折的作用，如图6.266 所示。

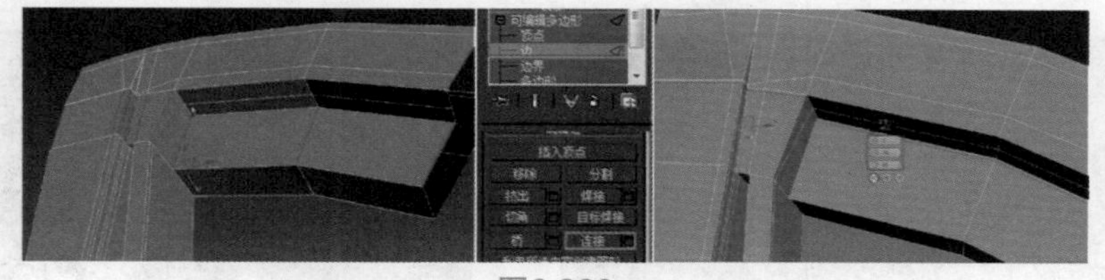

图6.266

33在多边形层级下，选择图6.267左侧所示的多边形，关闭“约束到边”方式，用工具栏中的【选择并移动】工具将其向外平移，从而使转折结构更加明显，如图6.267所示。

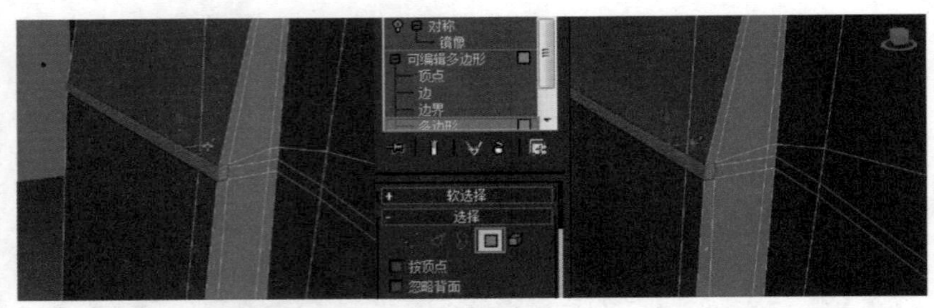

图6.267

34 调整布线，选择图6.268左侧所示的边，选择“约束到边”的方式，用工具栏中的【选择并移动】工具向下移动，使转折结构圆滑，如图6.268所示。在顶点层级下，选择图6.269左侧所示的顶点，用工具栏中的【选择并移动】工具向左平移，使转折结构更加圆滑，如图6.269所示。选择图6.270左侧所示的边，单击命令面板中的 连接 【连接】按钮，在弹出的对话框中将分段数设置为1、收缩值设置为34、滑块设置为-40，即可增加1圈边，如图6.270所示。

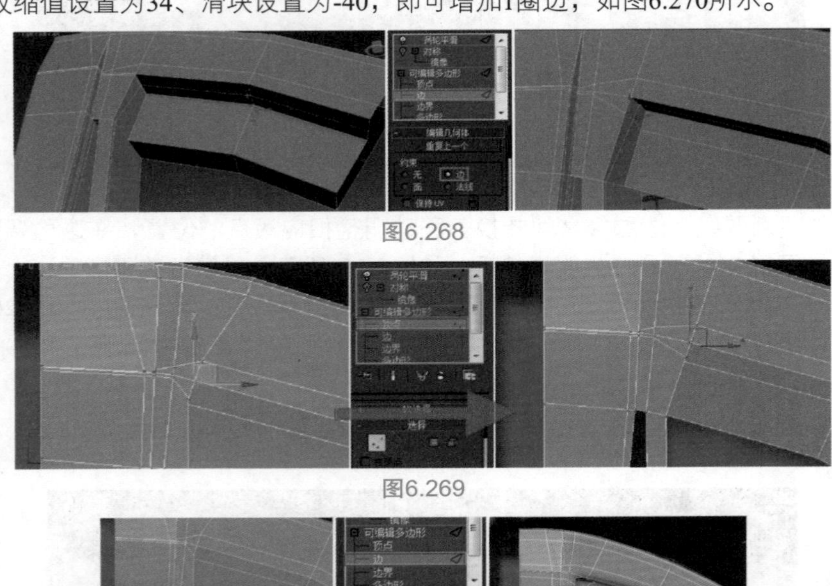

图6.268

图6.269

图6.270

35 选择图6.271左侧所示的边，单击命令面板中的【连接】按钮，在弹出的对话框中将分段数设置为1、收缩值设置为0、滑块设置为0，在边中间增加1圈边（如图6.271）；然后选择图6.272左侧所示的边，用工具栏中的【选择并移动】工具对其向外调整，使转折结构更加圆滑，不显得太过平缓，如图6.272所示。

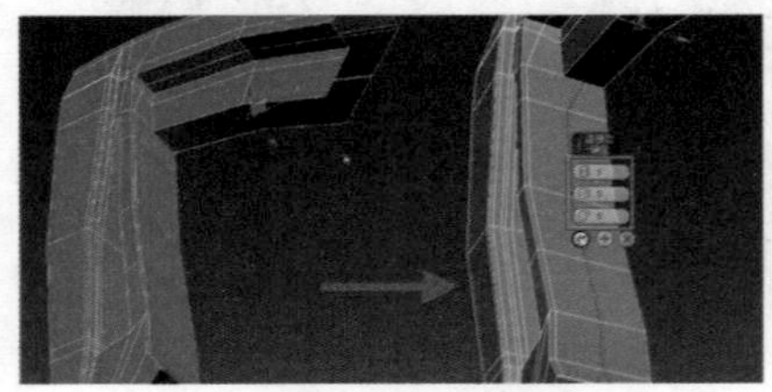

图6.271

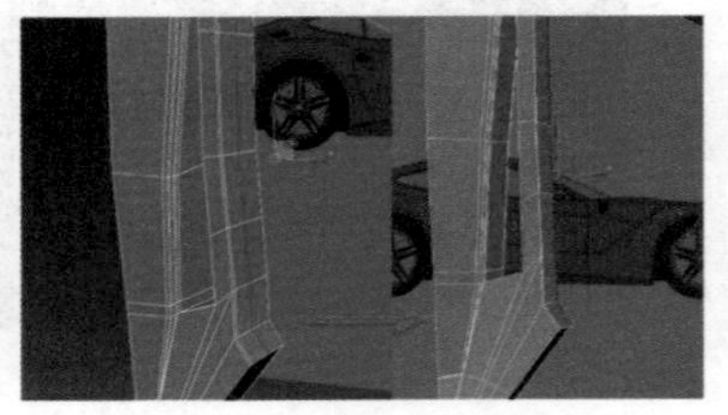

图6.272

36 选择图6.273左侧所示的边，单击命令面板中的【连接】按钮，在弹出的对话框中将分段数设置为1、收缩值设置为0、滑块设置为-50，即在边中间增加1圈边，从而使转折结构不那么清晰，变得圆滑，如图6.273所示。

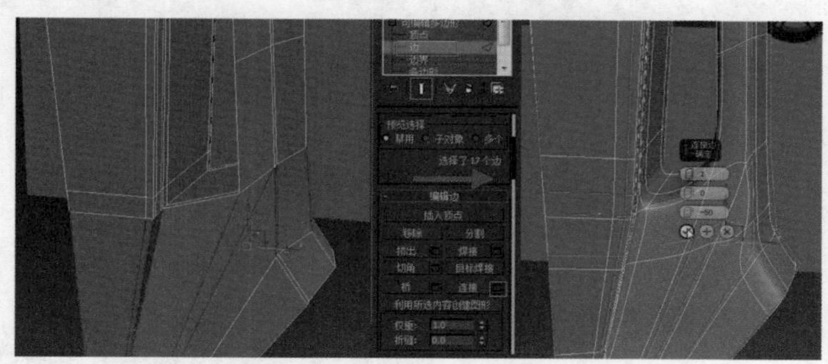

图6.273

37 为下一步骤做准备，删除【涡轮平滑】修改器，打开【对称】功能，选中【翻转】选项，进入镜像层级，用工具栏上的【选择并旋转】工具旋转镜像轴，退出镜像层级，单击鼠标右键，将其转化为可编辑多边形，如图6.274所示。

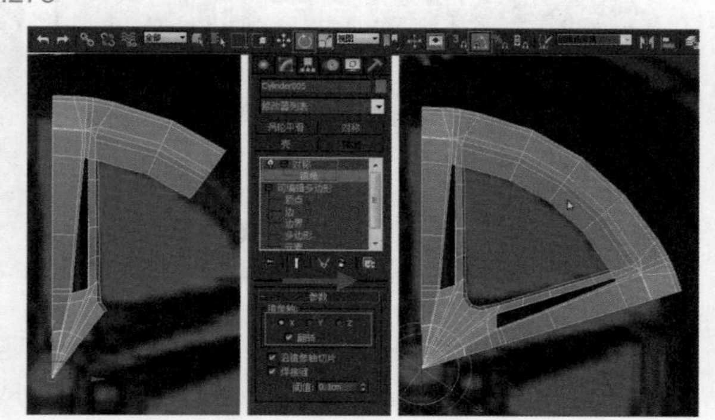

图6.274

38 圆孔的制作。在边层级下，选择图6.275左侧所示的边，单击命令面板中的【连接】按钮，在弹出的对话框中将分段数设置为2、收缩值设置为-8、滑块设置为0、即在边中间增加2圈边。退出边层级，进入顶点层级，调整顶点位置直至出现图6.275右侧所示的形状。

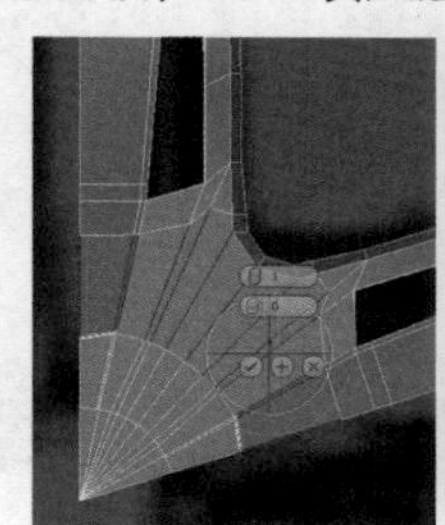
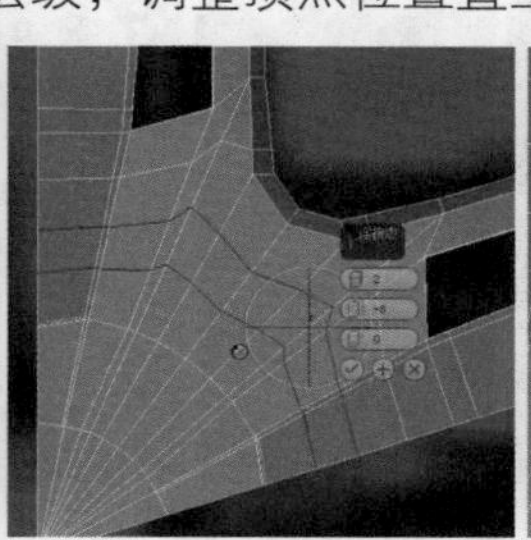

图6.275

39 紧接着上一个步骤，在多边形层级下，选择图6.276所示的多边形并将其删除；添加【涡轮平滑】修改器，然后将【迭代次数】为3，在【涡轮平滑】层级中选中【等值线显示】复选项，如图6.277所示。在修改面板中选择【可编辑多边形】，进入边界层级，选择图6.278（1）所示的边界，按住键盘的Shift键进行移动复制，实现模型向内的逐次延伸，最后用鼠标右键封口，如图6.278所示。

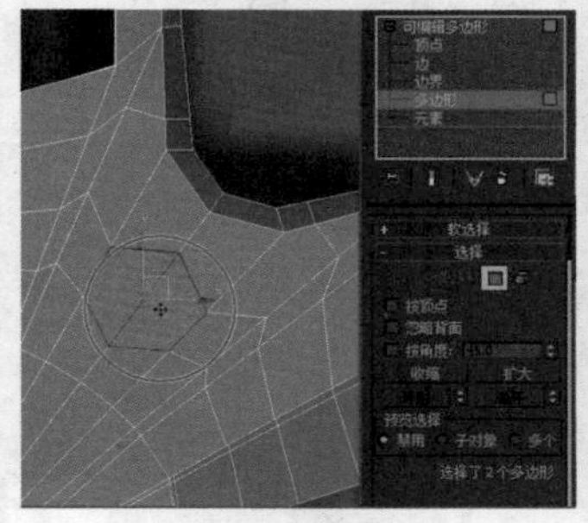

图6.276

图6.277

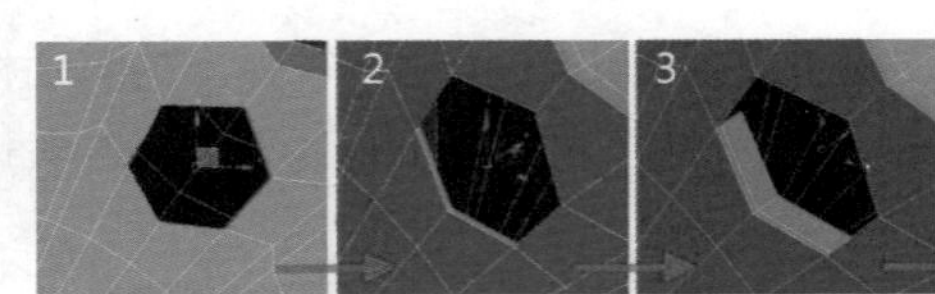
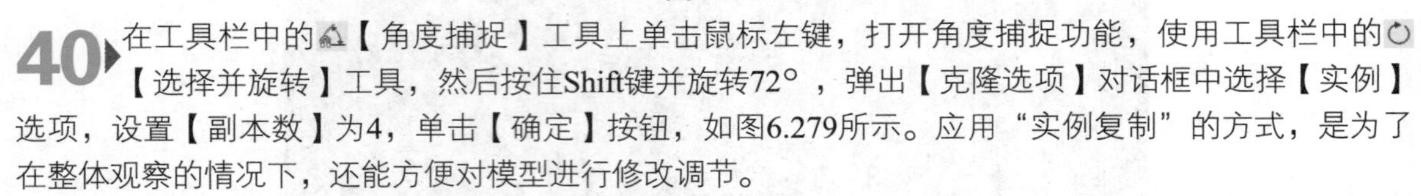

图6.278

40 在工具栏中的【角度捕捉】工具上单击鼠标左键，打开角度捕捉功能，使用工具栏中的【选择并旋转】工具，然后按住Shift键并旋转72°，弹出【克隆选项】对话框中选择【实例】选项，设置【副本数】为4，单击【确定】按钮，如图6.279所示。应用“实例复制”的方式，是为了在整体观察的情况下，还能方便对模型进行修改调节。

41 在顶点层级下调整外轮廓的形，关闭“约束到边”功能，用工具栏中的【选择并移动】工具向下移动，使外轮廓更圆滑，如图6.280所示。

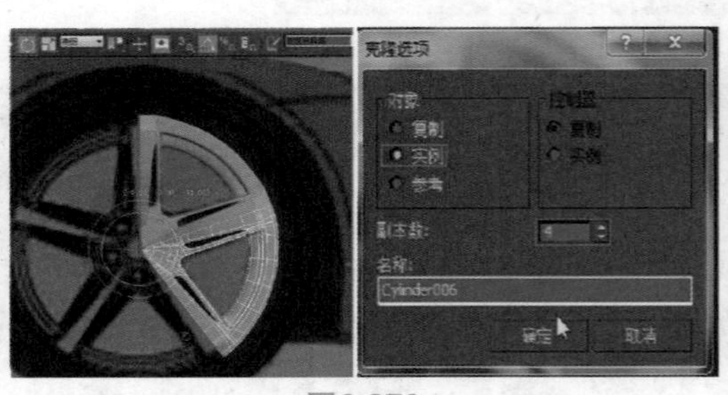

图6.279

图6.280

42 因为模型是实例关系，所以要附加成一个整体。删除【涡轮平滑】修改器后，单击【附加】按钮，然后单击各个实例模型，将其附加成为一个整体，如图6.281所示。

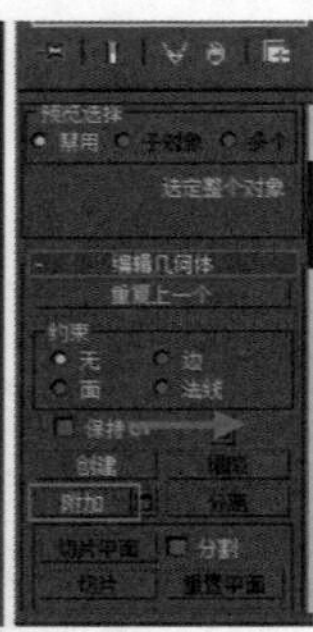
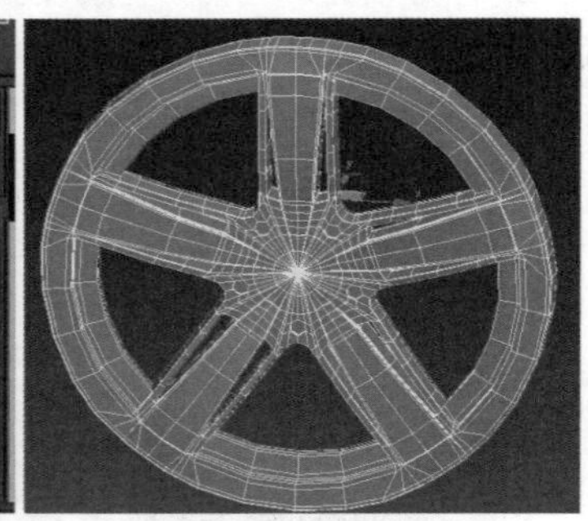

图6.281

43 在修改面板中选择【可编辑多边形】，进入顶点层级，使用快捷键Ctrl+A全选所有的顶点，单击【焊接】按钮，将焊接缝的阈值改小至0.01，如图6.282所示。从修改器列表中为其添加【涡轮平滑】修改器，然后将【迭代次数】设置为3，在【涡轮平滑】层级中选中【等值线显示】复选项，如图6.283所示。

图6.282

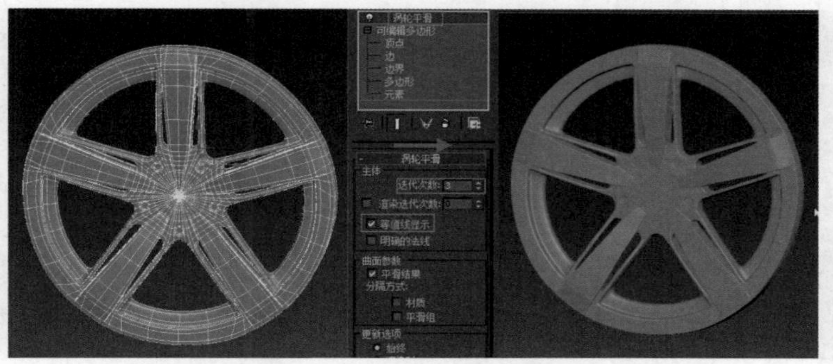

图6.283

6.10 轮胎和刹车钳制作

01 刹车盘的制作。在前视图中创建一个圆柱体，将【高度分段】设置为1，【端面分段】设置为1，【边数】设置为18，然后在透视图中将圆柱体的高度调整至1.2左右，如图6.284所示。

TIPS 本例中并没有按照真实跑车的尺寸进行建模，文中出现的一些尺寸参数仅作参考，读者在制作时可能需要不同的数值，只要模型比例正确即可。

图6.284

02 为了制作刹车卡钳，在前视图中创建一个长方体，将【长度分段】设置为4（如图6.285）；选择长方体对象，单击鼠标右键，将其转换为可编辑多边形，进入顶点层级，用工具栏中的【选择并移动】工具对其点的位置进行调整，直至出现图6.286所示的状态。

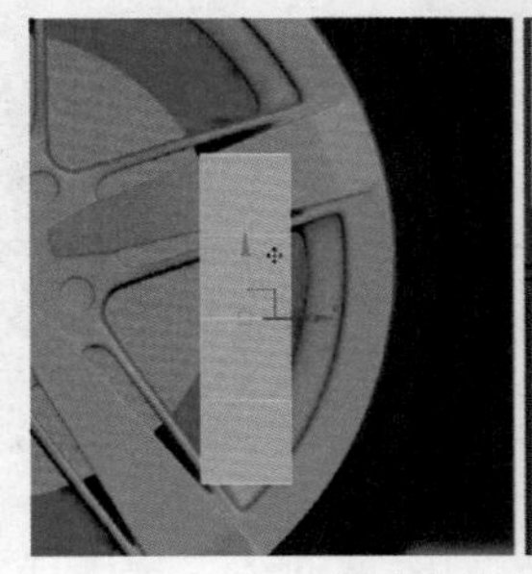

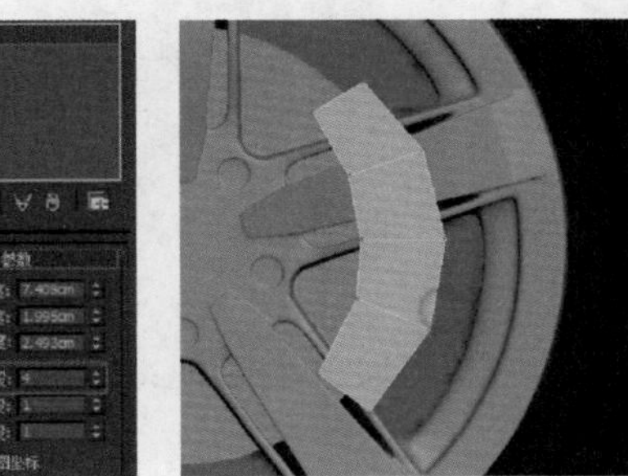

图6.285　　图6.286

03 紧接上一个步骤，进入其多边形层级，选择图6.287左侧所示的多边形，单击命令面板中的 倒角 【倒角】按钮，在弹出的对话框中调整高度数值为0，轮廓值为合适的负数即可，如图6.287所示。再次单击 倒角 【倒角】按钮，在弹出的对话框中调整高度数值为0.42左右、轮廓值为0，如图6.288所示。

图6.287

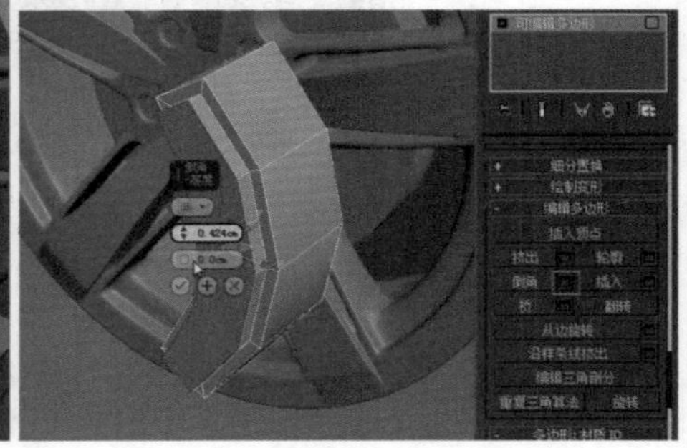

图6.288

04 进入顶点层级，用工具栏中的【选择并移动】工具对其厚度进行调整，直至出现图6.289所示的状态；进入其多边形层级，选择图6.290左侧所示多边形，单击命令面板中的 倒角 【倒角】按钮，在弹出的对话框中调整高度数值为0.71左右、轮廓值为-0.28左右，如图6.290所示。

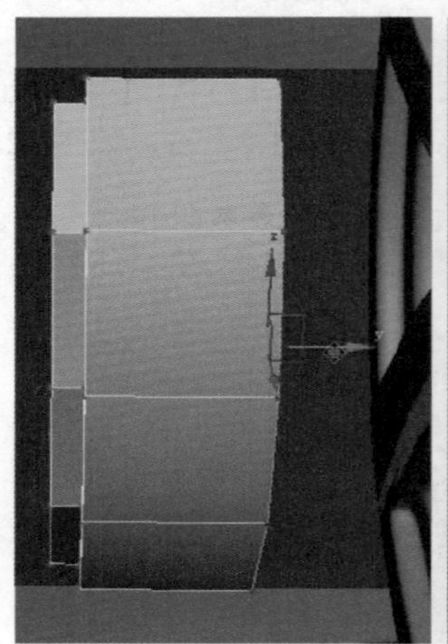

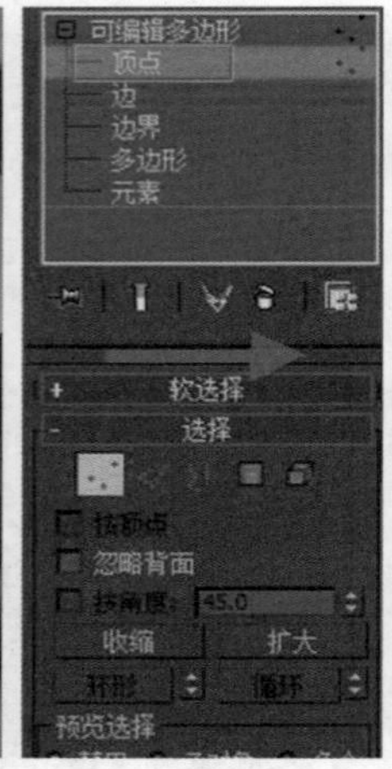

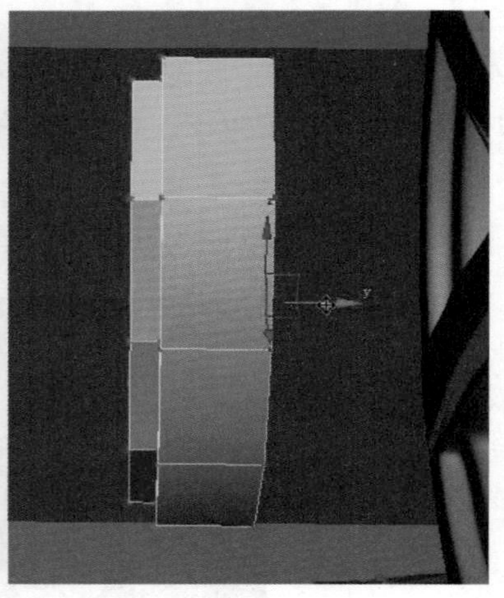

图6.289

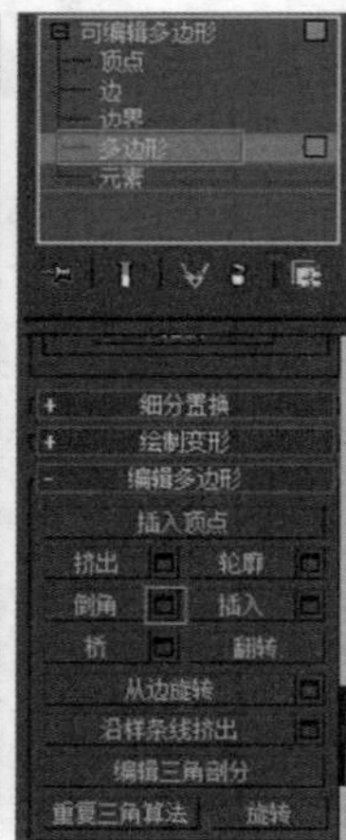

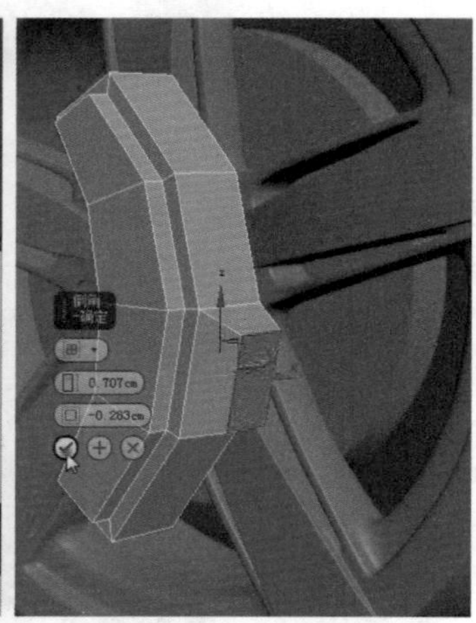

图6.290

05 进行加线处理，结构处理。进入边层级，选择图6.291左侧所示的边，单击命令面板中的 连接 【连接】按钮，在弹出的对话框中将分段数设置为1、收缩值设置为-1、滑块设置为-51，如图6.291所示。进入多边形层级，选择图6.292左侧所示的多边形，单击命令面板中的 倒角 【倒角】按钮，在弹出的对话框中调整高度数值为0.7左右、轮廓值为-0.142左右，如图6.292所示。

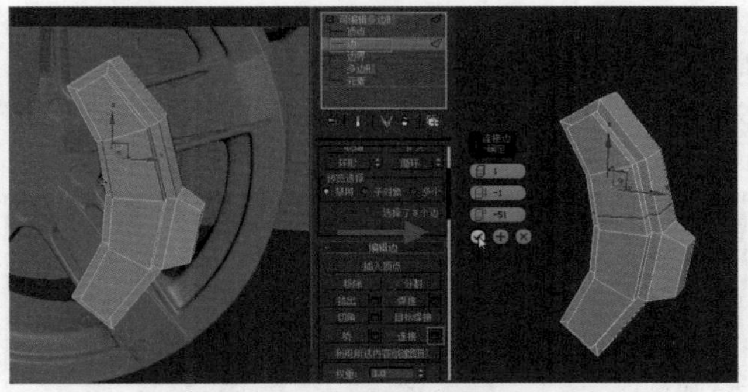
图6.291

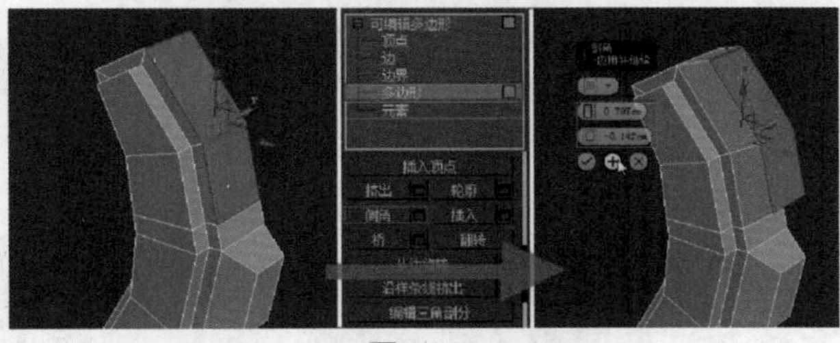
图6.292

TIPS 本例中并没有按照真实跑车的尺寸进行建模，文中出现的一些尺寸参数仅作参考，读者在制作时可能需要不同的数值，只要模型比例正确即可。

06 此刹车卡钳部分模型的基本形状已经完成，但添加【涡轮平滑】修改器后模型的形状会过度圆滑，结构不明显，需事先进行加线、布线处理。选择图6.293左侧所示的边，单击命令面板中的 连接 【连接】按钮，在弹出的对话框中将分段数设置为1、收缩值设置为-1、滑块设置为67，如图6.293所示。选择如图6.294左侧所示的边，单击命令面板中的 连接 【连接】按钮，在弹出的对话框中将分段数设置为2、收缩值设置为75、滑块设置为0，如图6.294所示。选择图6.295左侧所示的边，单击命令面板中的 连接 【连接】按钮，在弹出的对话框中将分段数设置为2、收缩值设置为75、滑块设置为0，如图6.295所示。

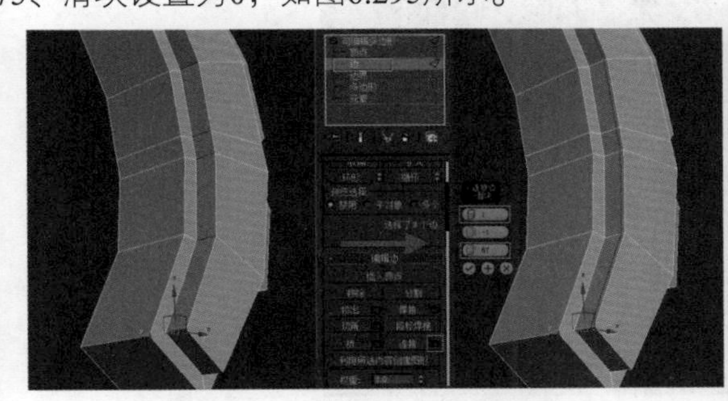
图6.293

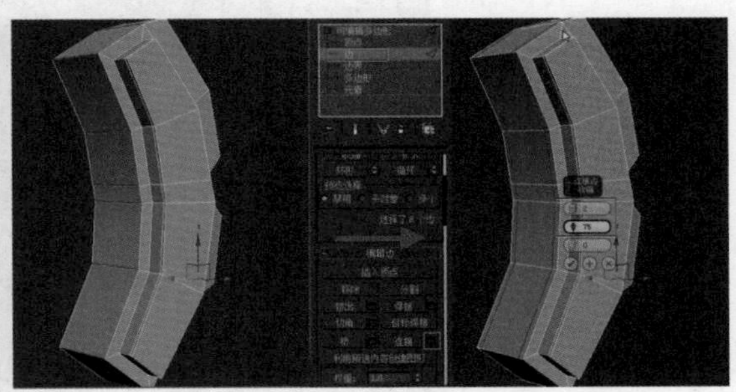
图6.294

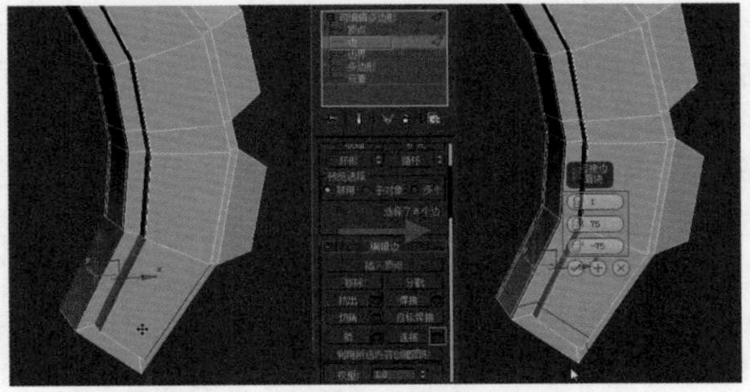
图6.295

07 继续进行加线、布线处理。选择如图6.296左侧所示的边，单击命令面板中的 连接 【连接】按钮，在弹出的对话框中将分段数设置为1、收缩值设置为75、滑块设置为78，如图6.296所示。选择图6.297左侧所示的边，单击命令面板中的 连接 【连接】按钮，在弹出的对话框中将分段数设置为1、收缩值设置为75、滑块设置为78，如图6.297所示。

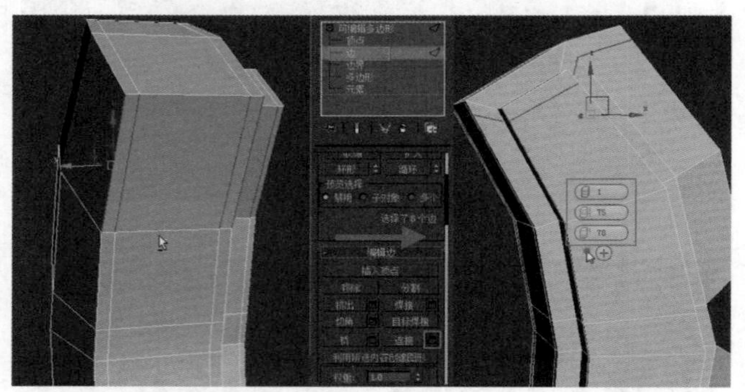

图6.296

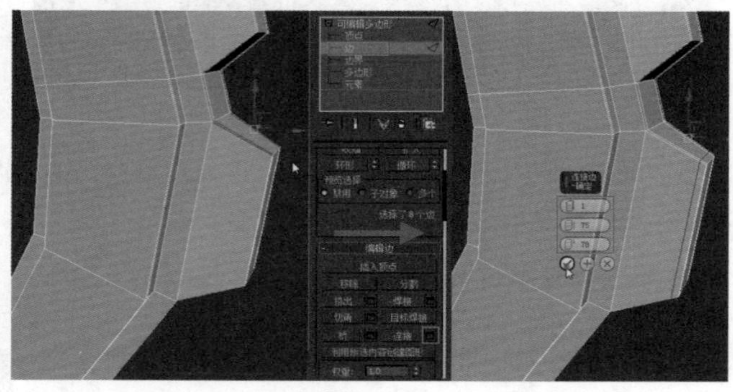

图6.297

选择图6.298左侧所示的边，单击命令面板中的 连接 【连接】按钮，在弹出的对话框中将分段数设置为1、收缩值设置为75、滑块设置为78，如图6.298所示。

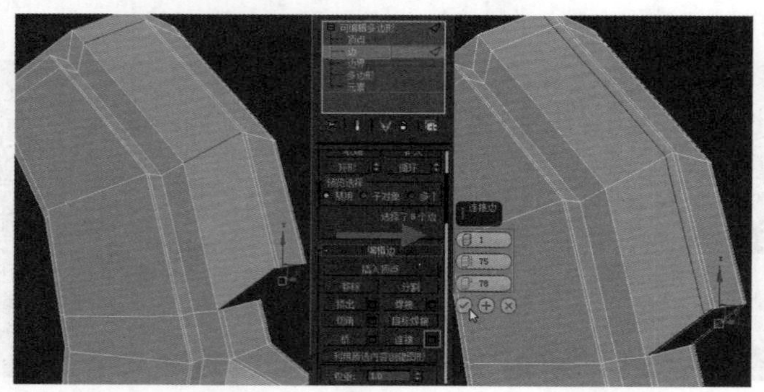

图6.298

08 在前视图中创建一个圆柱体，将【高度分段】设置为4、【端面分段】设置为1、【边数】设置为48，然后在透视图中将圆柱的高度调整至5.9左右，如图6.299所示。选择圆柱体对象，单击鼠标右键，将其转换为可编辑多边形，进入其多边形层级，选择图6.300左侧所示的多边形并将其删除，只剩下侧面的多边形，如图6.300所示。

09 进入【可编辑多边形】的边界层级，选择一个边界，使用工具栏上的【选择并均匀缩放】工具进行缩放处理，如图6.301（1）所示。然后再使用工具栏上的【选择并均匀缩放】工具，同时按住键盘的Shift键，进行复制缩放处理，如图6.301（2）所示。最后用工具栏上的【选择并移动】工具对其进行向内收缩的位移，如图6.301（3）所示。

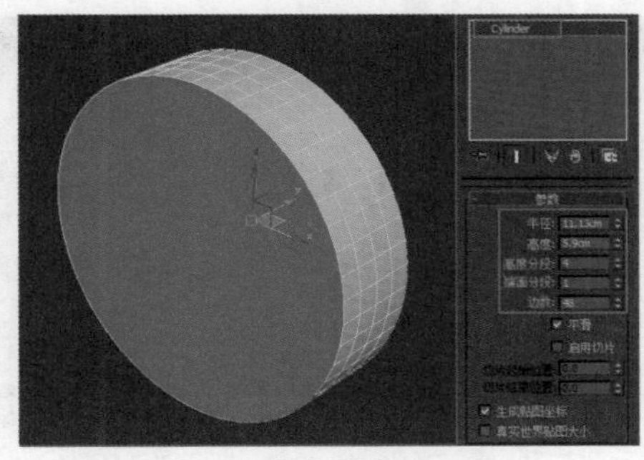

图6.299

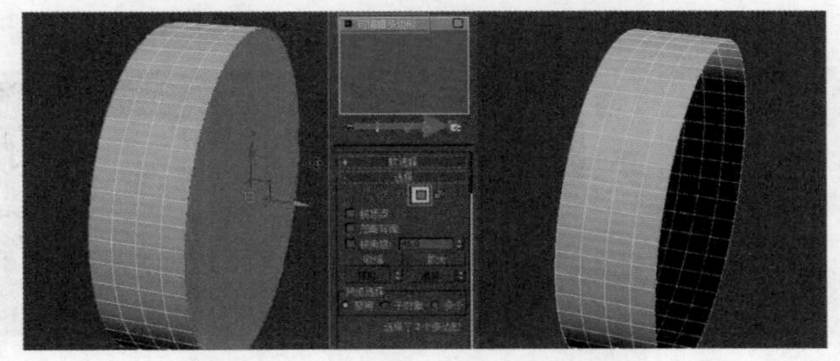

图6.300

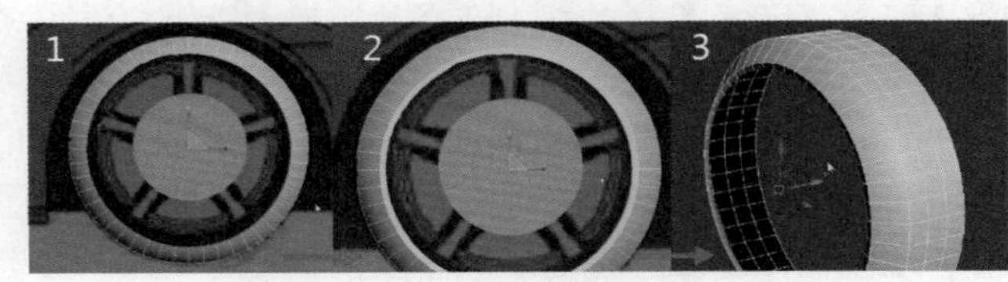

图6.301

10 进入边层级，单击【环形】按钮，选择图6.302左侧所示的边，单击命令面板中的 连接 【连接】按钮，在弹出的对话框中将分段数设置为1、收缩值设置为0、滑块设置为-50，如图6.302所示。

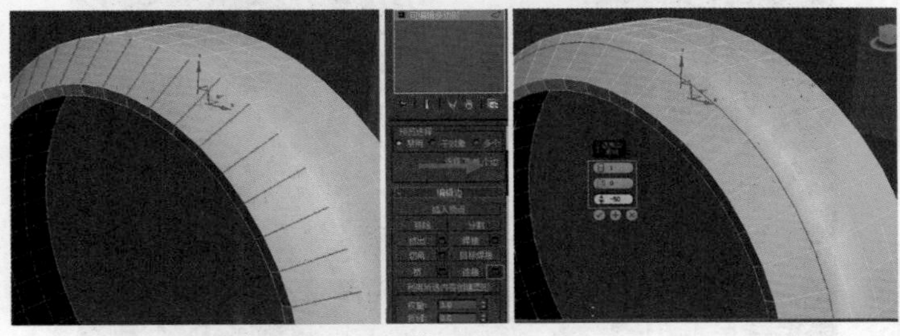

图6.302

11 此轮胎部分模型的基本形状已经完成，接下来制作轮胎表面的凹凸形状。进入其多边形层级，选择图6.303所示的多边形，单击命令面板中的 倒角 【倒角】按钮，在弹出的对话框中调整为按照局部法线的方式，调整高度数值为0.182左右、轮廓值为-0.14左右（如图6.303），重复上一个步骤可得到图6.304所示的效果。

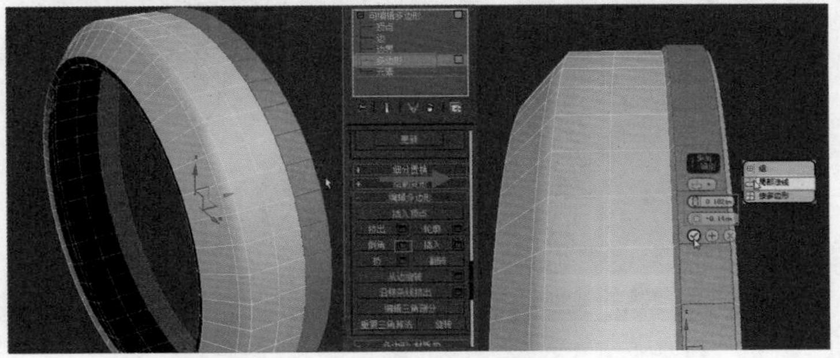

图6.303

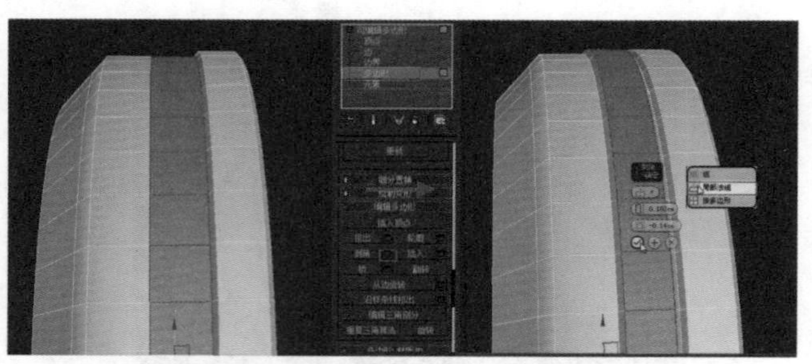

图6.304

12 选择图6.305所示的多边形，单击命令面板中的 倒角 【倒角】按钮，相关数值的设置不变，如图6.305（1）所示，删除多余的多边形，只剩下图6.305（3）所示的多边形。

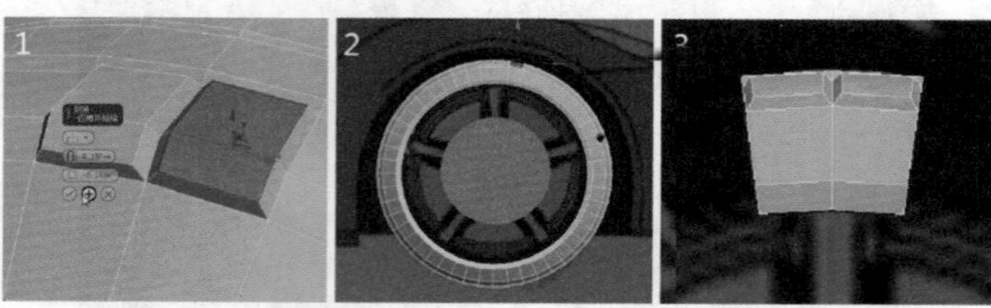

图6.305

13 打开【角度捕捉】开关，用工具栏的【选择并旋转】工具，退出多边形层级，选择对象并按住Shift键旋转15度，弹出【克隆选项】对话框，选择【复制】选项，设置【副本数】为23，单击【确定】按钮，如图6.306所示。然后框选所有轮胎，使用快捷键Alt+Q将对象孤立显示，选择其中一块，再单击【附加】按钮，弹出附加对象对话框，因为孤立显示了对象，所以按快捷键Ctrl+A全选附加，如图6.307所示。最后进入顶点层级，使用快捷键Ctrl+A全选所有顶点，单击命令面板【焊接】按钮，将焊接缝的阈值改小至0.1左右（尽可能小），如图6.308所示。

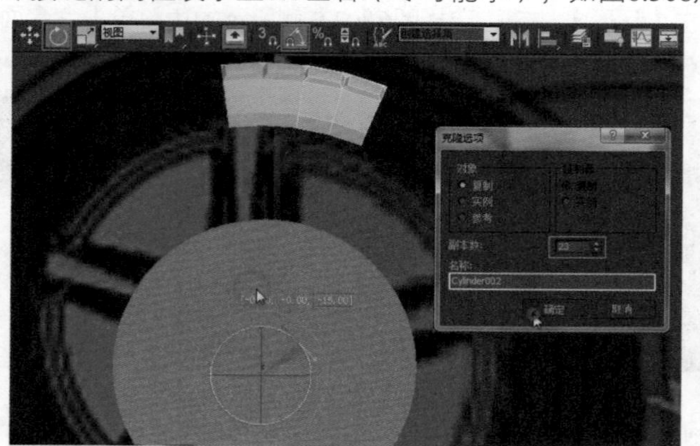

图6.306

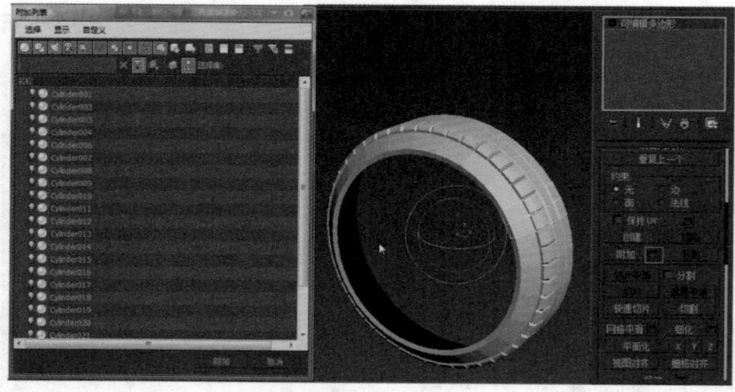

图6.307

图6.308

14 此轮胎部分模型的基本形状已经完成，但添加【涡轮平滑】修改器后形状会过度圆滑，结构不明显，需事先进行加线、布线处理。选择图6.309上左侧和下左侧所示的边，分别单击命令面板中的 连接 【连接】按钮，在弹出的对话框中将分段数设置为2、收缩值设置为87、滑块设置为0，如图6.309所示。选择图6.310上左侧所示的边，单击命令面板中的 连接 【连接】按钮，在弹出的对话框中将分段数设置为1、收缩值设置为87、滑块设置为-89；选择图6.310下左侧所示的边，单击命令面板中的 连接 【连接】按钮，在弹出的对话框中将分段数设置为1、收缩值设置为87、滑块设置为68，如图6.310所示。

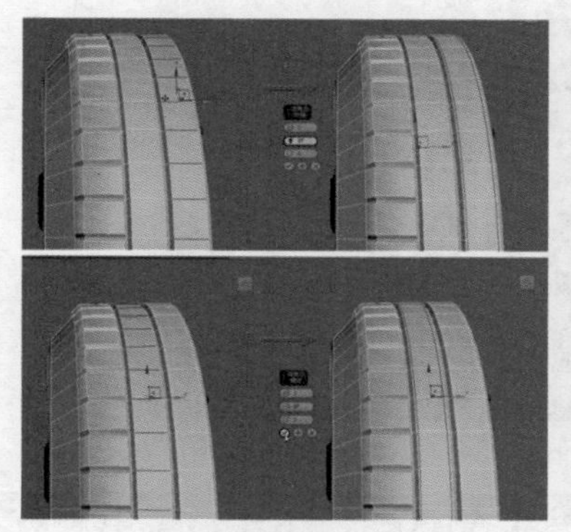
图6.309

图6.310

15 继续进行布线、加线处理。选择图6.311左侧所示的边，单击命令面板中的 连接 【连接】按钮，在弹出的对话框中将分段数设置为1、收缩值设置为87、滑块设置为62，在相邻的多边形上重复一次图6.311所示的步骤。

图6.311

16 再次删除多余的多边形，只剩下图6.312所示的多边形。重复步骤13的所有操作，打开【角度捕捉】开关，用工具栏的【选择并旋转】工具，选择按住Shift键旋转15度，弹出【克隆选项】对话框，选择【复制】，设置【副本数】为23，单击【确定】按钮；然后框选所有轮胎，用快捷键Alt+Q将对象孤立显示，选择其中一块，再单击【附加】按钮，弹出【附加对象】对话框，因为孤立显示了对象，所以用快捷键Ctrl+A全选并进行附加。最后进入顶点层级，用快捷键Ctrl+A全选所有顶点，单击命令面板【焊接】按钮，将焊接缝的阈值改小至0.01左右（尽可能小）。然后添加【涡轮平滑】修改器，将【迭代次数】设置为2，最后达到图6.313所示的效果。

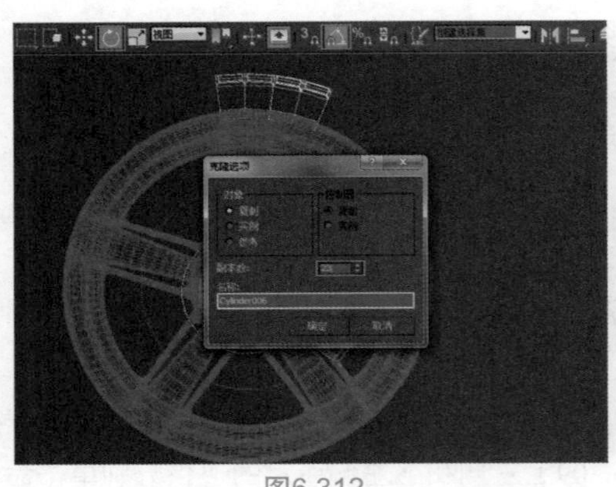

图6.312

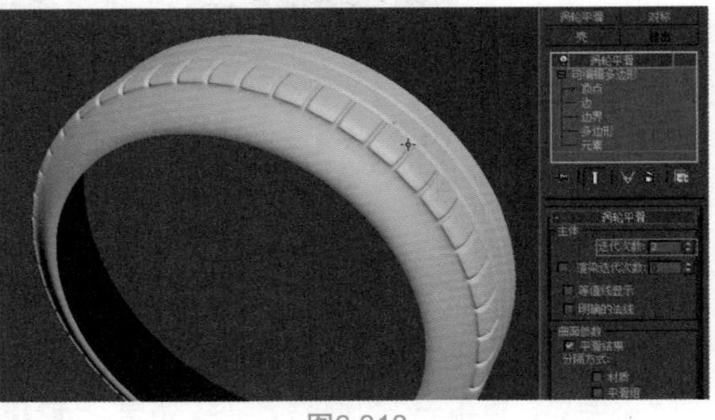

图6.313

17 选择轮胎，删除【涡轮平滑】修改器，添加【对称】修改器，进入镜像层级，勾选镜像轴为“Z轴”，退出镜像层级，单击鼠标右键，将其转化为可编辑多边形，如图6.314所示。注意轮胎的宽度，如图6.315所示，进入顶点层级调整轮胎宽度，然后单击鼠标右键，将其转换为可编辑多边形。

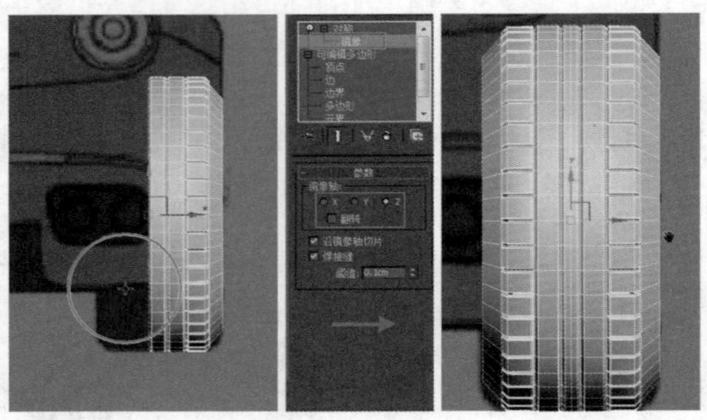

图6.314

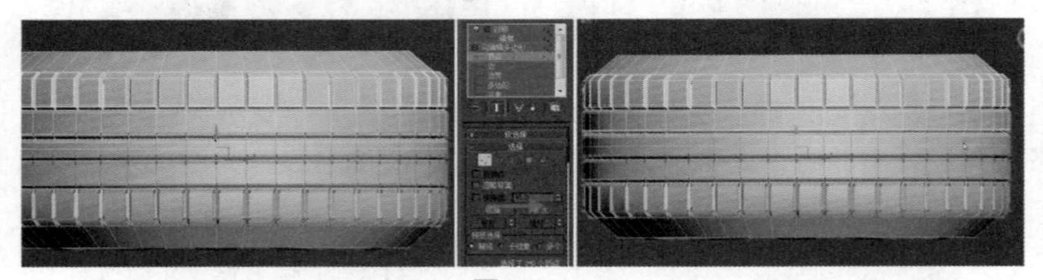

图6.315

18 调整轮胎、刹车卡钳、刹车盘与轮毂的位置关系。调整至图6.316右侧所示的效果即可，注意部件模型之间的深度关系。轮胎、刹车盘与轮毂分别使用工具栏上的【对齐】命令，选择中心对齐的方式，如图6.316左侧，则选择手动对齐的方式。

图6.316

19 构建轮毂中心的圆形结构。为了使可利用的范围变大，在多边形层级下，利用工具栏的【选择并均匀缩放】工具进行适当调整放大，如图6.317所示。在顶点层级下，选择图6.318所示的点，单击命令面板中的切角【切角】按钮，在弹出的对话框中将边切角量设置为0.79左右即可，如图6.318所示。

TIPS 本例中并没有按照真实跑车的尺寸进行建模，文中出现的一些尺寸参数仅作参考，读者在制作时可能需要不同的数值，只要模型比例正确即可。

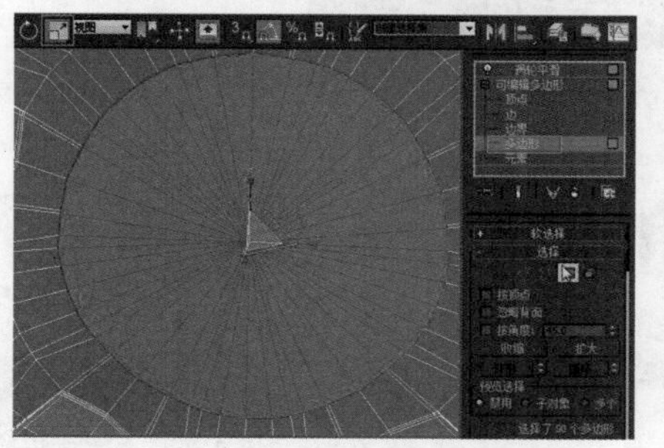

图6.317

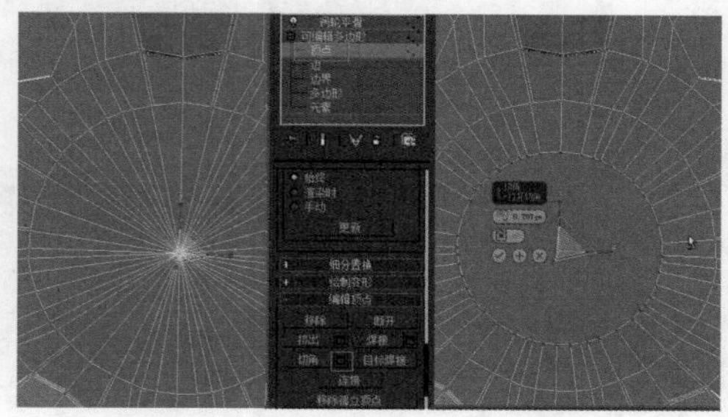

图6.318

20 选择图6.319所示的多边形，单击命令面板中的倒角【倒角】按钮，在弹出的对话框中调整高度数值为0、轮廓值为-0.02左右，如图6.319（1）所示；单击【应用并继续】按钮，在弹出的对话框中调整高度数值为-0.1左右、轮廓值为0，如图6.319（2）所示；单击【应用并继续】按钮，在弹出的对话框中调整高度数值为0、轮廓值为-0.02左右，如图6.319（3）所示；单击【应用并继续】按钮，在弹出的对话框中调整高度数值为0.1左右、轮廓值为0，如图6.319（4）所示；单击【应用并继续】按钮，在弹出的对话框中调整高度数值为0、轮廓值为-0.07，如图6.319（5）所示。

TIPS 本例中并没有按照真实跑车的尺寸进行建模，文中出现的一些尺寸参数仅作参考，读者在制作时可能需要不同的数值，只要模型比例正确即可。

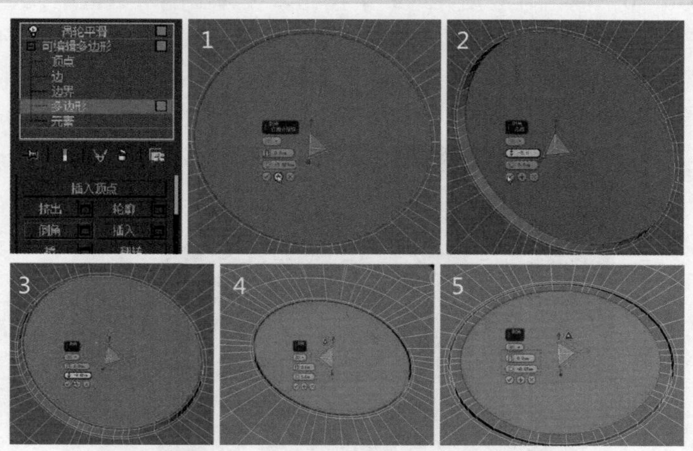

图6.319

21 单击鼠标右键，在弹出的菜单中选择【塌陷】命令，即可将圆孔封闭并产生一个中心点，如图6.320所示。然后打开【涡轮平滑】修改器。

22 将调整好的轮胎及其部件成组，然后用工具栏的【选择并移动】工具选择图6.321所示的模型，在工具栏中单击【镜像】按钮，调整镜像屏幕坐标，将镜像轴调整为X轴，偏移值调整为-54.36左右，与图片对应，克隆当前选择调整为【复制】类型。

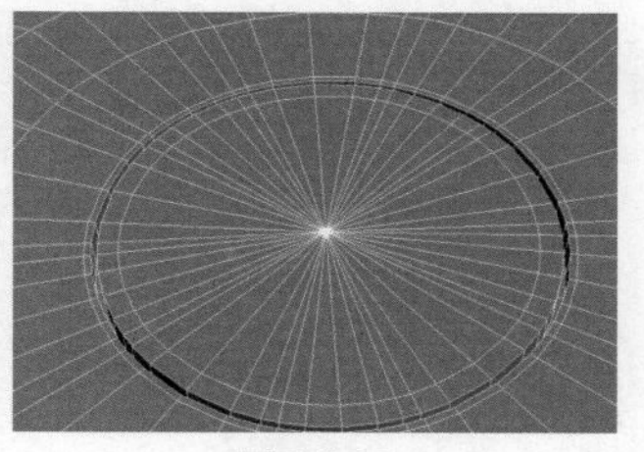

图6.320

图6.321

6.11 排气管、门把手等细节制作

01 排气孔的制作。在左视图中创建一个圆柱体并将【高度分段】设置为1，【端面分段】设置为1，【边数】设置为12，【半径】设置为1.5左右，【高度】设置为4.73左右（如图6.322），选择圆柱体对象，单击鼠标右键，在弹出的菜单中选择转换为【可编辑多边形】命令。

TIPS 本例中并没有按照真实跑车的尺寸进行建模，文中出现的一些尺寸参数仅作参考，读者在制作时可能需要不同的数值，只要模型比例正确即可。

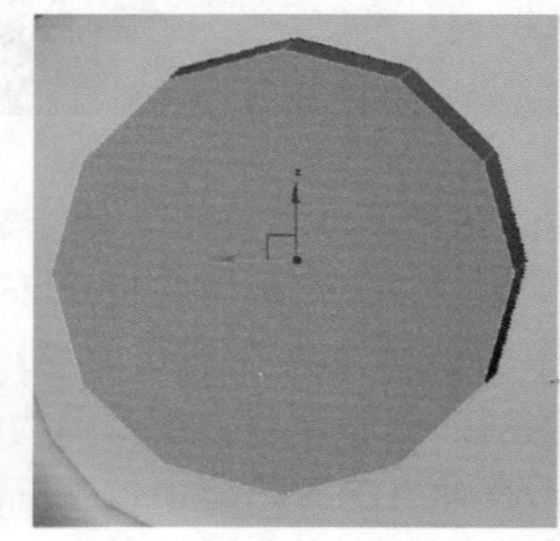

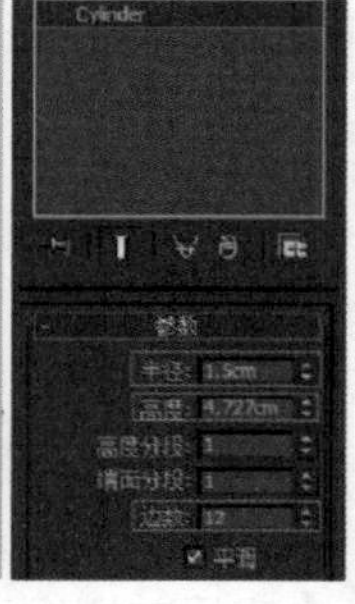

图6.322

02 在修改面板选择【可编辑多边形】，进入多边形层级，单击【倒角】按钮，在弹出的对话框中调整高度数值为0、轮廓值为-0.07左右，如图6.323；单击应用并继续按钮，在弹出的对话框中调整数值为-0.936、0；单击【应用并继续】按钮，在弹出的对话框中调整数值为0、-0.05；单击【应用并继续】按钮，在弹出的对话框中调整数值为0.78、0；单击【应用并继续】按钮，在弹出的对话框中调整数值为0、-0.05；单击【应用并继续】按钮，在弹出的对话框中调整数值为-3.432、0；最后选择两个底面多边形，将其删除得到图6.324（6）所示的效果，如图6.324所示。

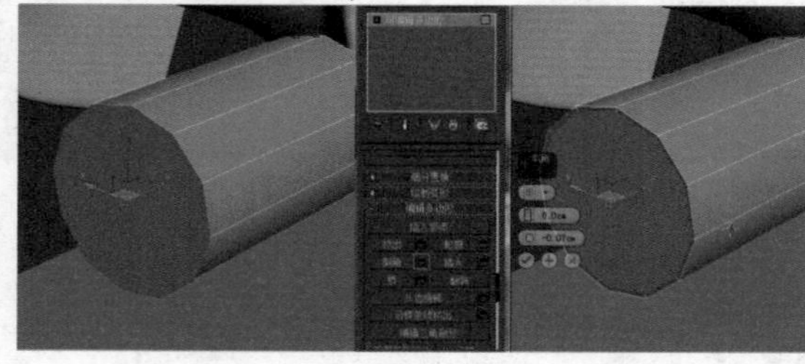

图6.323

图6.324

03 对排气孔模型进行加线操作，选择图6.325左侧所示的边，单击命令面板中的【连接】按钮，在弹出的对话框中将滑块数值调整为99，如图6.325所示。选择相应的边，单击命令面板中的【连接】按钮，在弹出的对话框中将滑块数值调整为-89，如图6.326（1）；选择相应的边，单击命令面板中的【连接】按钮，在弹出的对话框中将滑块数值调整为65，如图6.326（2）；选择相应的边，单击命令面板中的【连接】按钮，在弹出的对话框中将滑块数值调整为98，如图6.326（3）。

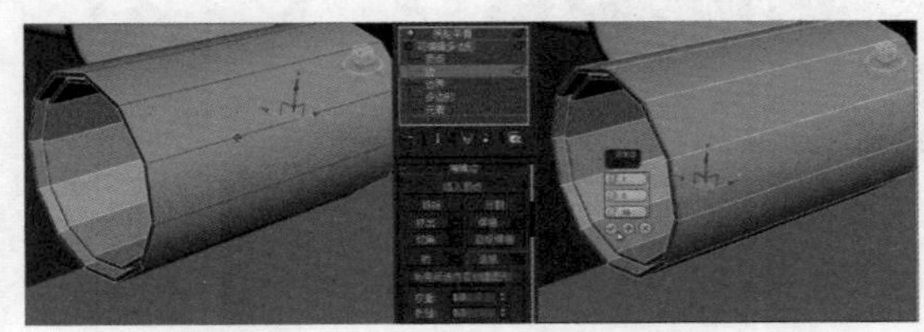

图6.325

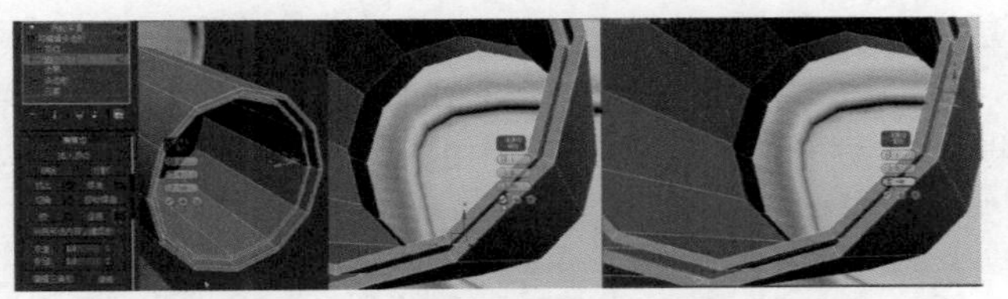

图6.326

04 选择排气孔模型，从修改器列表中为其添加【涡轮平滑】修改器，然后将【迭代次数】为2，在【涡轮平滑】层级勾选【等值线显示】复选项，按住Shift键移动复制，如图6.327所示。

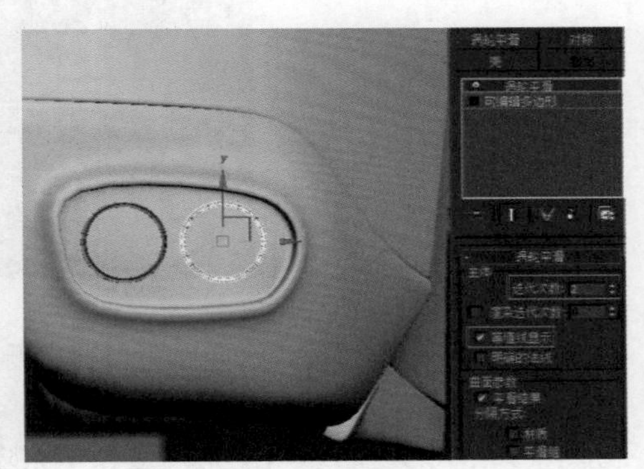

图6.327

05 删除【涡轮平滑】修改器后，进入元素层级，选择如图6.328所示的元素，单击【分离】按钮，选择图6.329所示的边，单击命令面板中的【连接】按钮，在弹出的对话框中将数值调整为1、0、0，如图6.329；在修改面板中选择【可编辑多边形】，进入顶点层级，用工具栏中的【选择并移动】工具移动调整相应的点，如图6.330（1），然后选择中心顶点，单击命令面板中的【切角】按钮，在弹出的对话框中调整边切角量数值为11.82左右，如图6.330（2），然后进入多边形层级，删除中间的多边形，得到图6.330（3）所示的效果。

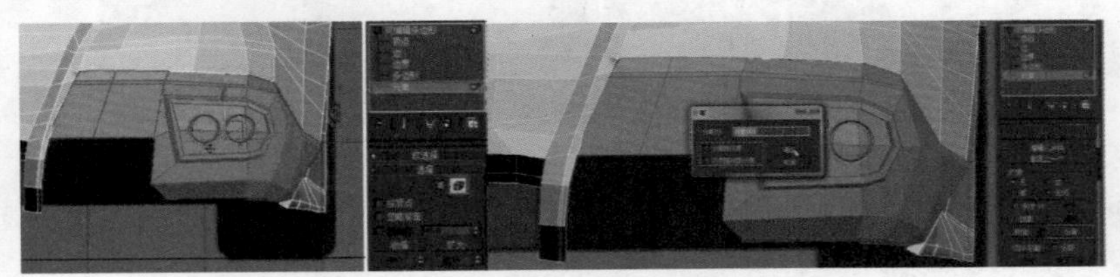

图6.328

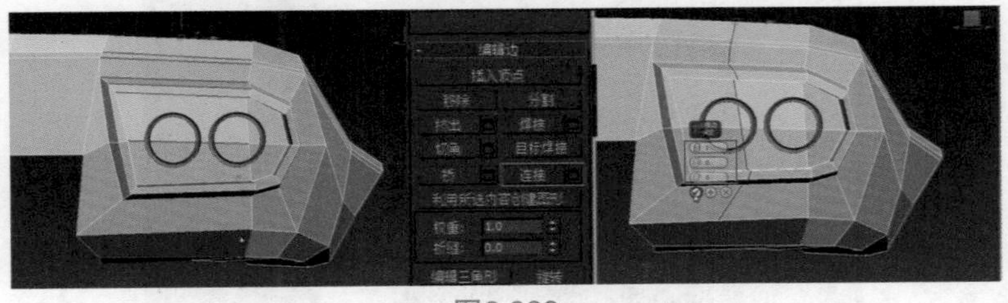

图6.329

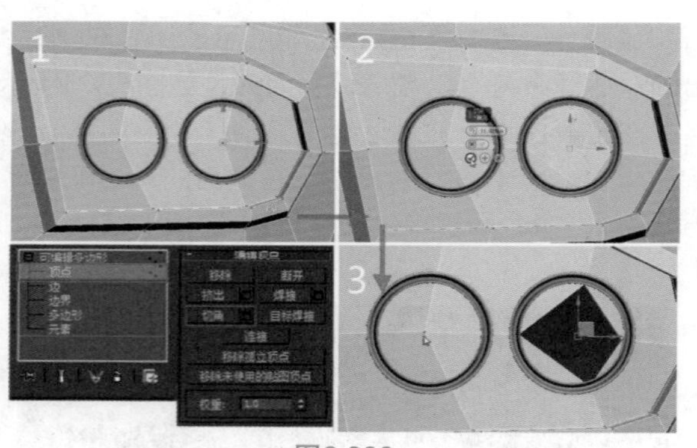

图6.330

06 紧接上一步骤，对排气孔的洞口进行调整。由于洞口分段太少，点移动后会出现交叉，可能引发后续问题，从修改器列表中为其添加【涡轮平滑】修改器，然后将【迭代次数】改为2，在【涡轮平滑】层级勾选【等值线显示】复选项，在修改面板进入【可编辑多边形】的顶点层级，打开【显示最终结果开关】，使用快捷键Alt+C和【切割】工具对点切割加线，如图6.331（2）；按键盘上的F3键打开线框显示，用工具栏中的【选择并移动】工具移动调整相应的点，如图6.331（3），调整排气孔前后关系，最后得到图6.331（4）所示的效果。

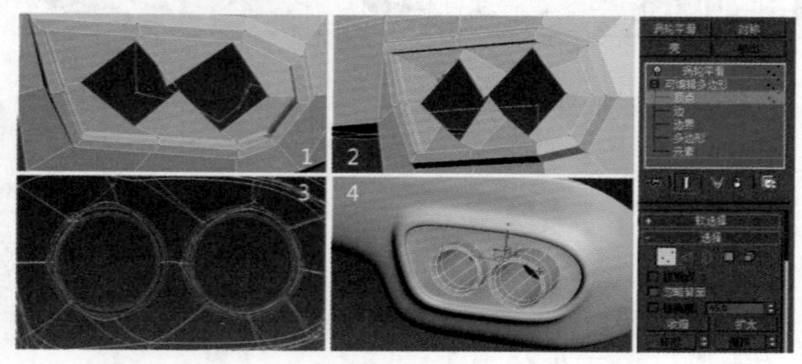

图6.331

07 进入元素层级，选择元素并将其删除，然后将做好孔的后保险杠和排气管成组图6.332左侧所示状态，在工具栏中单击【镜像】按钮，调整镜像屏幕坐标，将镜像轴调整为X轴，偏移值调整为-396.5左右，与图片对应，“克隆当前选择”项选择【复制】，如图6.332右侧所示。

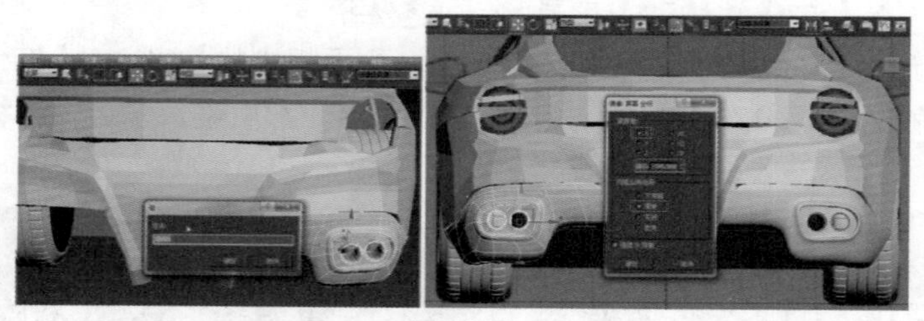

图6.332

08 进入多边形层级，选择图6.333所示的多边形，单击【分离】设置，勾选【以克隆对象分离】复选项，如图6.333所示。

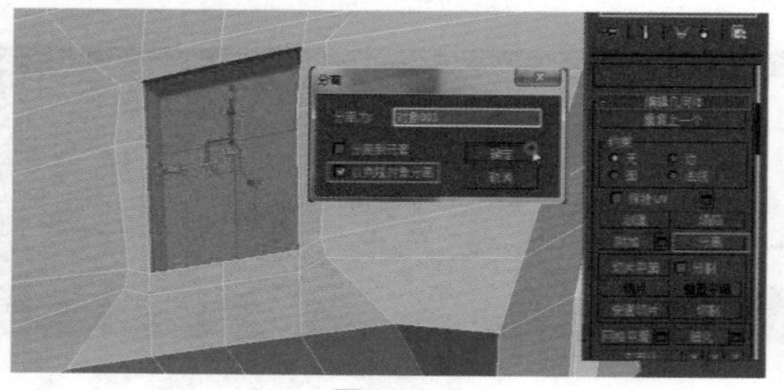

图6.333

09 为了方便观察，改变模型颜色，选择图6.334所示的元素，使用快捷键Alt+Q将元素孤立显示，单击【翻转】按钮；进入边层级，选择如图6.33所示的边，单击【桥】按钮，对模型进行封口；进入顶点层级，选择图6.336所示的点，单击【焊接】按钮，对其进行顶点焊接。

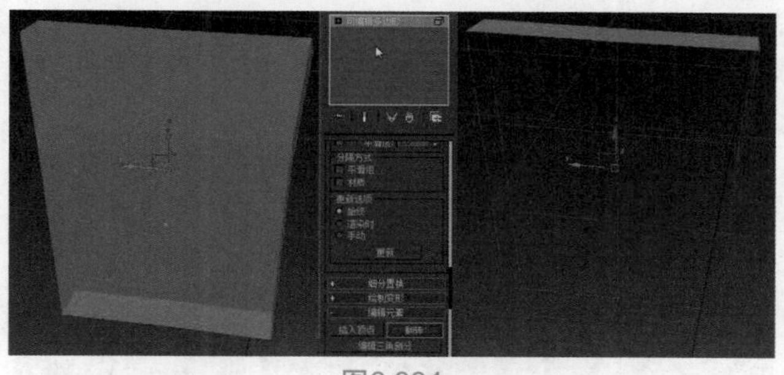

图6.334

图6.335

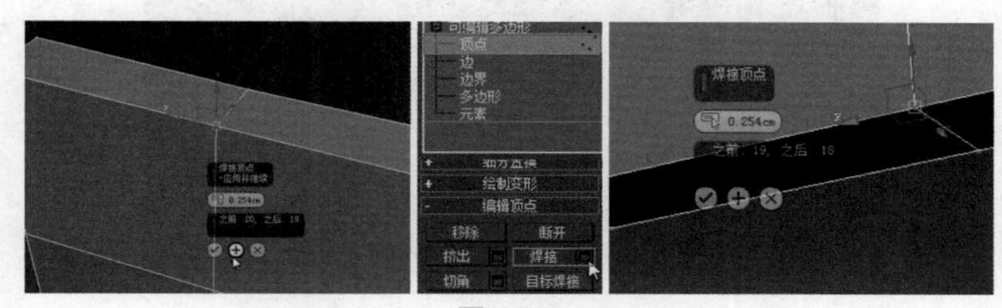

图6.336

10 为了构建图片中的12个凹陷的孔，接下来对模型进行加线、布线的处理。如图6.337所示，进入边层级，选择相应的边，运用命令面板中的 连接 【连接】按钮，对弹出的对话框中的数值进行调整，如图6.337（1-4）所示。再进入顶点层级，选择图6.337（5）中所示的点，单击命令面板中的 切角 【切角】按钮，在弹出的对话框中调整边切角量数值为0.92，如图6.337（6）所示。

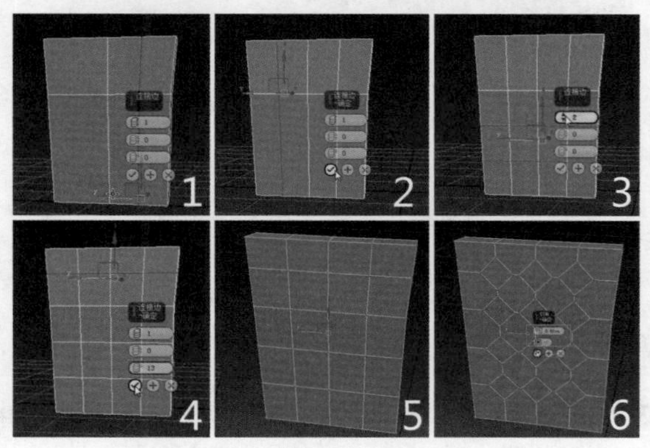

图6.337

11 在修改面板中选择【可编辑多边形】，进入多边形层级，选择如图6.338（1）所示的多边形，单击【倒角】按钮，在弹出的对话框中调整数值为-0.1、0，单击应用并继续在弹出的对话框中调整数值为-0.818、0；单击【应用并继续】按钮在弹出的对话框中调整数值为-0.15，0，如图6.338（1-4）所示。进入边层级，选择如图6.338（5）所示的边，单击【切角】按钮，设置切角量为0.209，从修改器列表中为其添加【涡轮平滑】修改器，然后将【迭代次数】设置为2，在【涡轮平滑】层级勾选【等值线显示】复选项，如图6.338（6）所示。

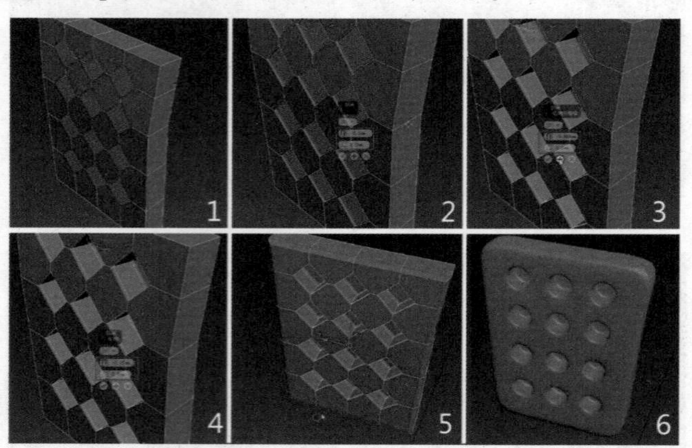

图6.338

12 门把手的制作。在侧视图中创建一个长方体，将【长度分段】设置为3，其他分段都设置为1，然后转化为可编辑多边形，进入其顶点层级，选择如图6.339所示的点，用工具栏中的【选择并移动】工具对其点的位置进行调整，直至图6.339所示状态。

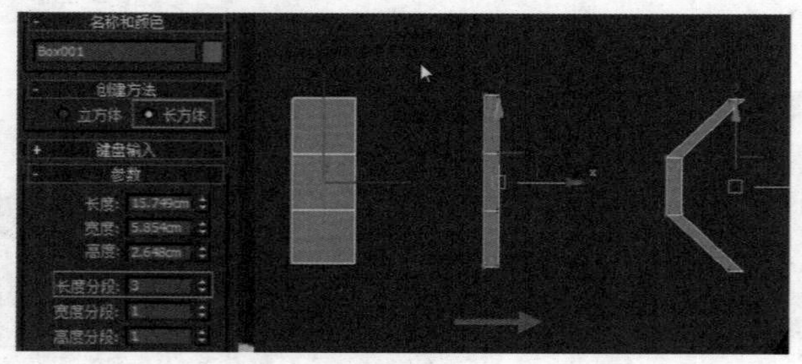

图6.339

13 进入顶点层级，选择如图所示的点，用工具栏中的【选择并移动】工具对其位置进行调整，使用工具栏上的【选择并均匀缩放】工具进行缩放处理，进入边层级，选择图所示的边，单击命令面板中的 连接 【连接】按钮，连接结构线，如图6.340所示。

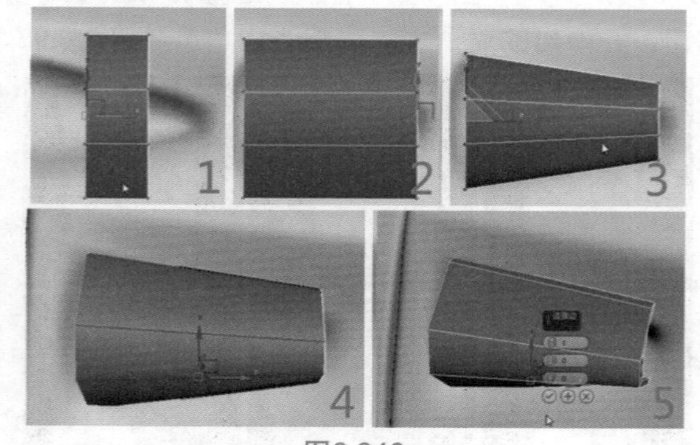

图6.340

14 进入边层级，选择如图6.341左侧所示的边，单击命令面板中的 连接 【连接】按钮，在弹出的对话框中将滑块数值调整为2、57、0，如图6.341所示。

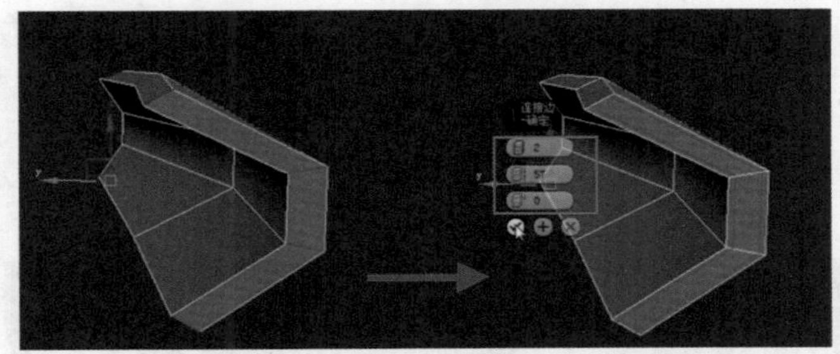

图6.341

15 因为车门把手部分与车身相接，会出现看不见的面，所以通常选择将其删除。选择如图6.342左侧所示的多边形并将其删除，然后进入顶点层级，对门把手的造型进行调整，调整的结果如图6.342中间所示，最后从修改器列表中为其添加【涡轮平滑】修改器，然后将【迭代次数】为2，在【涡轮平滑】层级勾选【等值线显示】复选项，门把手制作完成，如图6.342右侧所示。

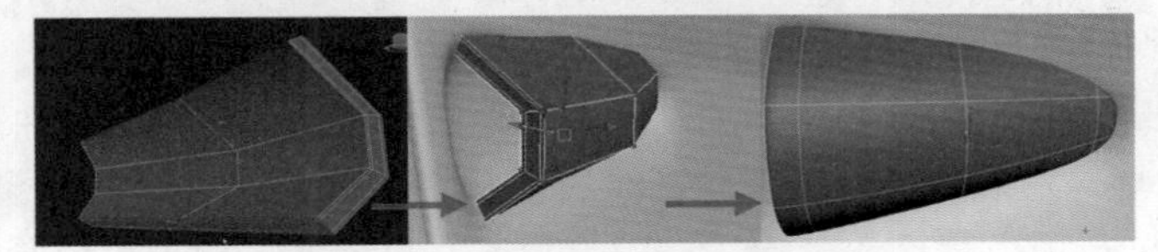

图6.342

6.12 前保险杠制作

01 车前保险杠的制作。删除车体的【涡轮平滑】修改器，进入元素层级，选择图6.343所示的元素，单击【分离】按钮，为了保证运行速度，隐藏其他的模型，开启它的【涡轮平滑】修改器，然后将【迭代次数】改为3，在【涡轮平滑】层级勾选【等值线显示】复选项。

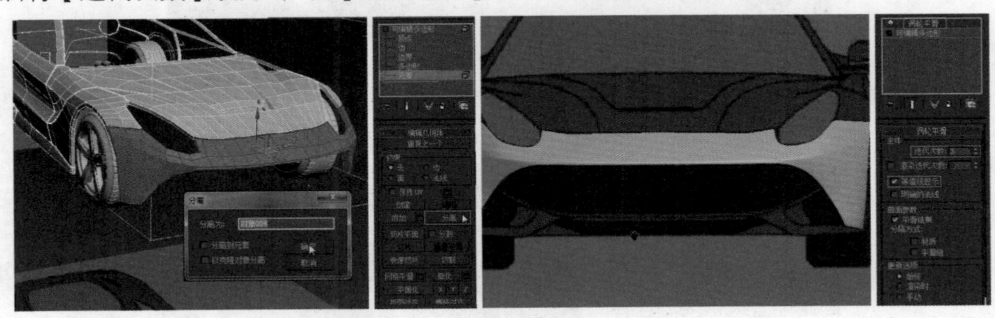

图6.343

02 在车身的侧面视图中创建一个平面并将长、宽的分段都设置为1，（如图6.344）；然后将其转换为可编辑多边形。

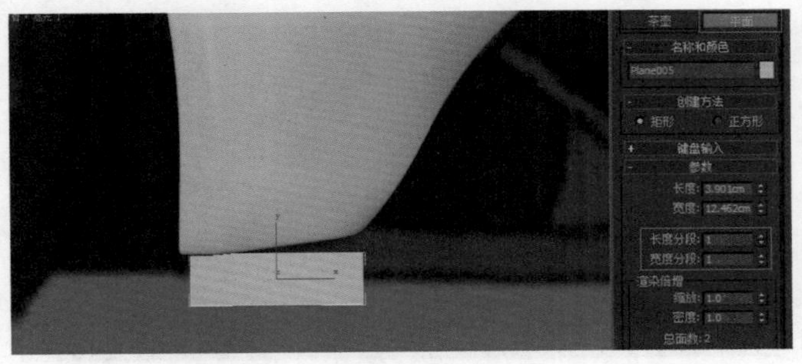

图6.344

03 前保险杠模型的制作。按下键盘上的快捷键Alt+X，将平面对象设置为半透明显示以便于对比观察参考图片。在顶点层级和边层级来回转换，在顶点层级用工具栏中的【选择并移动】工具对其点的位置进行调整，在边层级按住键盘上的Shift键并用工具栏中的【选择并移动】工具，对边进行移动复制，在本步骤参考图片，并结合正、侧两个视图，对模型进行构建，从而保证模型构建的准确性，如图6.345所示。

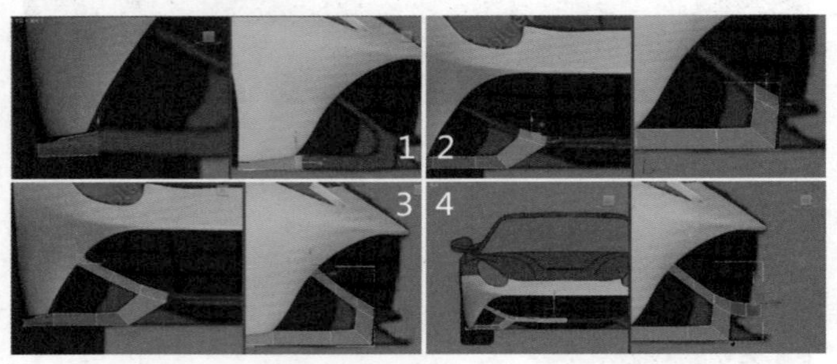

图6.345

04 紧接着上一步骤进行前保险杠模型的制作。在边层级按住键盘Shift键并用工具栏中的【选择并移动】工具，对边进行移动复制，然后进入顶点层级，单击【目标焊接】按钮，单击需要焊接的顶点，对其进行顶点焊接，焊接后按F3键打开线框显示，对顶点位置进行移动调整，如图6.346所示。在这一步骤中，应注意模型的布线处理，布线要紧跟结构。

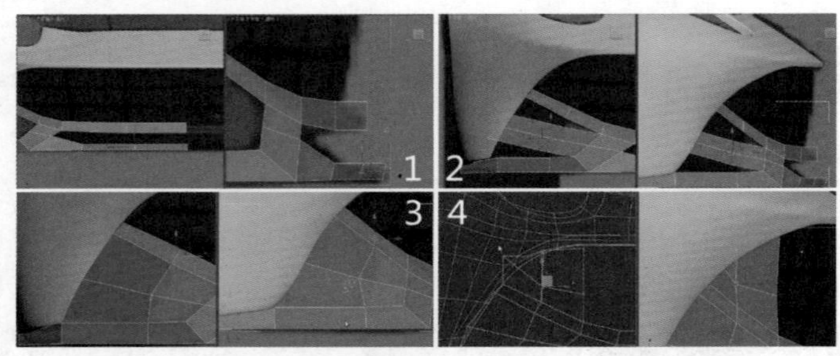

图6.346

05 将视图调整到顶视图，进入顶点层级，将模型下部按照图片调整得幅度更大一些，也就是将模型底部的点向外略微一定，使得前保险杠的幅度更为饱满，如图6.347所示。

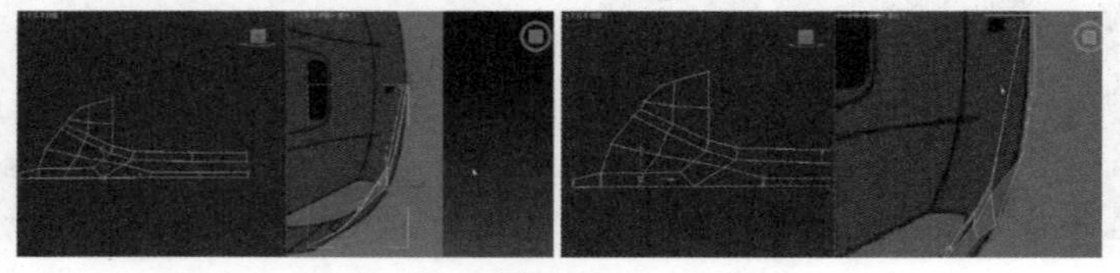

图6.347

06 进入多边形层级，选择图6.348所示的多边形，单击【分离】按钮，然后隐藏分离对象，如图6.348所示。

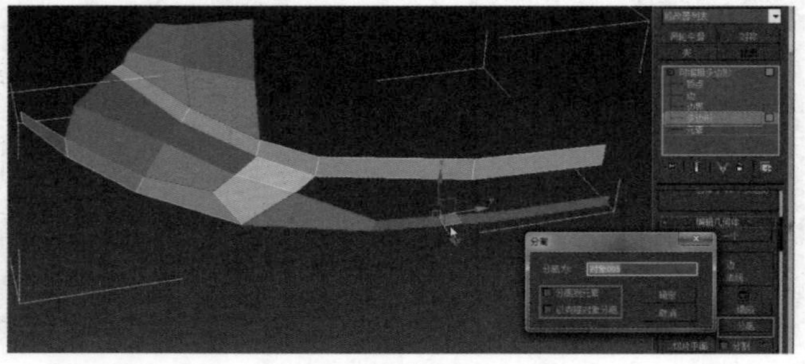

图6.348

07 这一步骤进行布线、加线处理和结构调整。为了匹配其他模型，选择相应的边，单击命令面板中的【连接】按钮，添加分段，如图6.349（1）所示，然后调整位置；选择如图6.349（2）所示的边，单击命令面板中的【连接】按钮，增加边线一圈，选择图6.349（3）、（5）所示的上下的边向内移动，形成中间向外、两边向内的结构。

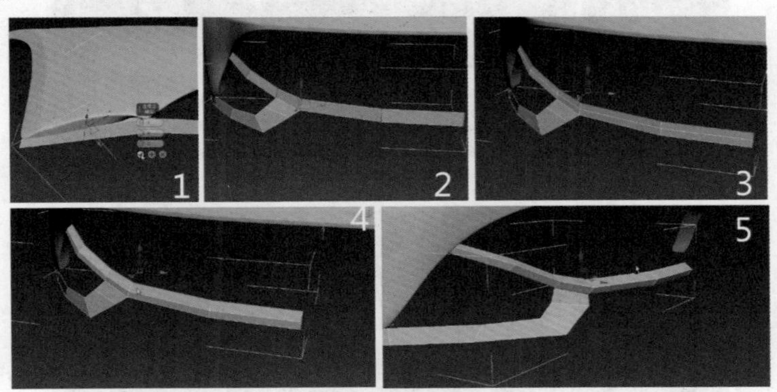

图6.349

08 目前模型还是一个片状模型。需要从修改器列表中为其添加【壳】修改器，并设置【内部量】为2.0、【外部量】为0，这样它就具有了厚度（内部量是向法线的反方向增长厚度，不会影响模型的外观形态），勾选【选择内部面】复选项（如图6.350）；然后单击鼠标右键，将其转化为可编辑多边形，进入多边形层级，删除内部面及模型两端看不见的封口面（如图6.351）；从修改器列表中为其添加【涡轮平滑】修改器，然后将【迭代次数】改为2，在【涡轮平滑】层级勾选【等值线显示】复选项，如图6.352所示。

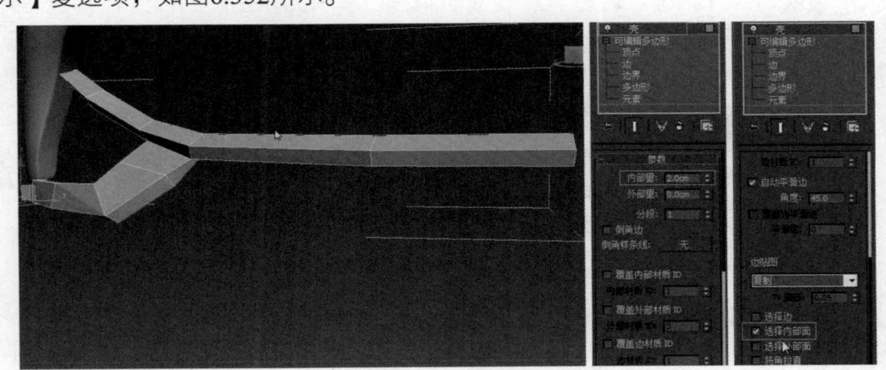

图6.350

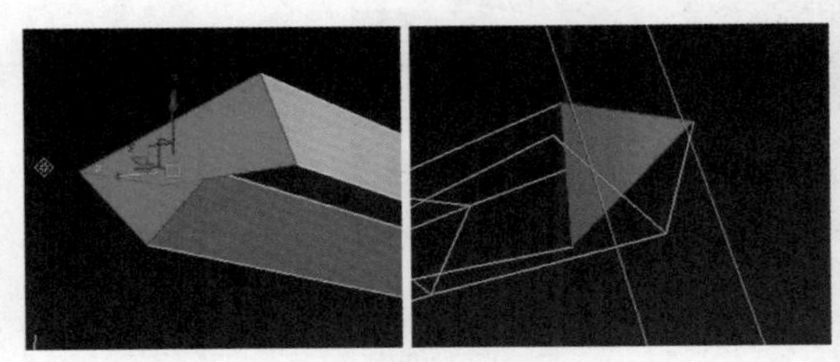

图6.351

图6.352

09 此部分模型的基本形状已经完成，但添加【涡轮平滑】修改器后形状会过度圆滑，结构不明显，需事先进行布线处理。如图6.353左侧所示，进入边层级，选择相应的边，单击命令面板中的【连接】按钮，将弹出的对话框中的数值调整为2、67、0；如图6.353右侧所示，进入边层级，选择相应的边，运用命令面板中的【连接】按钮，将弹出的对话框中的数值调整为1、67、-82，如图6.353所示。进行加线、布线处理，进入边层级，选择相应的边，单击命令面板中的【连接】按钮，在弹出的对话框中调整参数的数值，如图6.354所示。

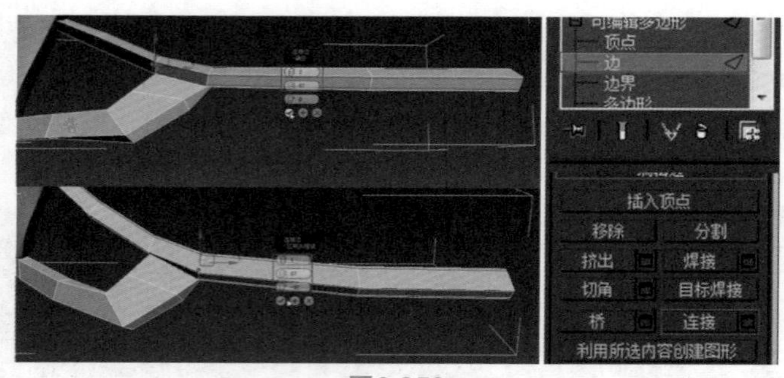

图6.353

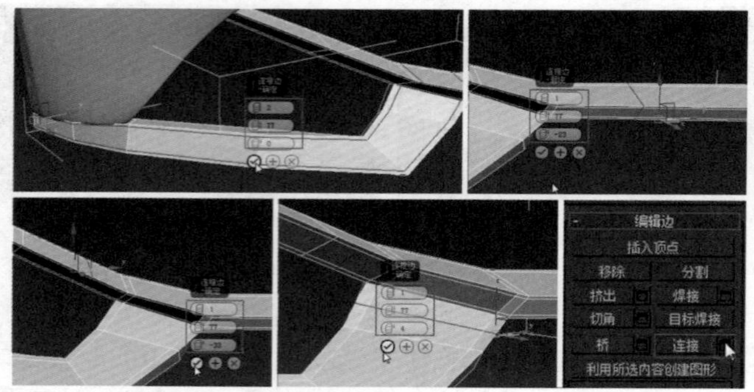

图6.354

10 全部取消隐藏，进入顶点层级，选择约束到边的方式。单击【显示最终结果开关】按钮，将显示结果切换到打开状态。通过对点的移动调整，解决比较生硬的部分，并且在对照参考图的情况下对模型进行调整，调整外形弯曲的形状，调整点的结构位置，如图6.355所示。选择图6.356所示的边，单击命令面板中的 连接 【连接】按钮，对弹出的对话框中的数值调整数值，如图6.356所示。

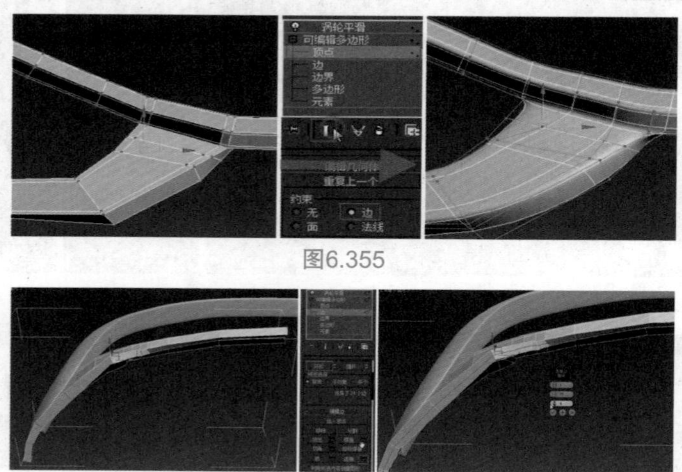

图6.355

图6.356

11 显示出之前隐藏的分离部分，进入顶点层级，对顶点进行调整，使点完全穿插进另外的两个模型，如图6.357所示。进入边层级，选择图6.358所示的边，按住Shift键向内复制延伸边。

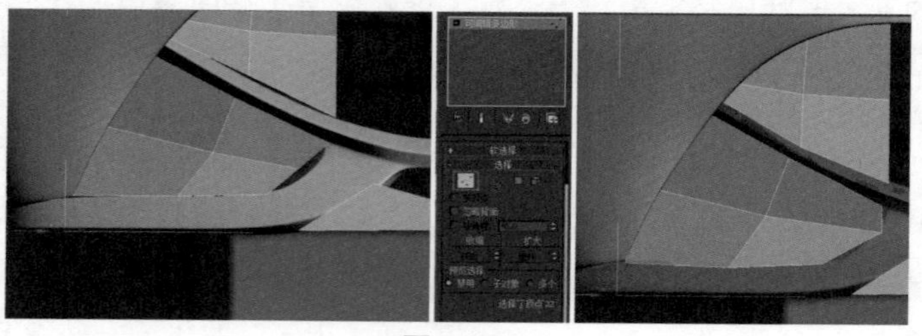

图6.357

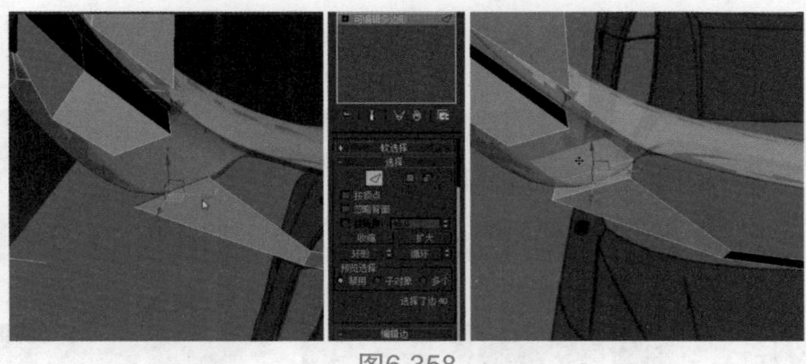
图6.358

12 选择对象，目前它还是一个片状模型。需要从修改器列表中为其添加【壳】修改器，设置【内部量】为2、【外部量】为0，勾选【选择内部面】复选项，这样它就具有了厚度。然后将其转化为可编辑多边形，进入多边形层级，删除选择的内部面和两端多余的面，如图6.359所示。

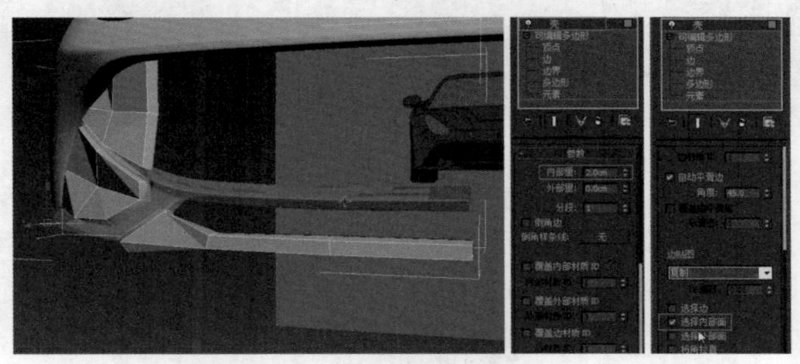
图6.359

13 顶点层级和边层级交替使用，对顶点和边进行调整，使点完全穿插进模型，也是进一步对点位置的调整，从而保证布线的准确，线不出现大的转折（如图6.360）；为了避免图6.361左侧缝隙出现，进入边层级，选择边并按住Shift键向下复制延伸，如图6.361所示。

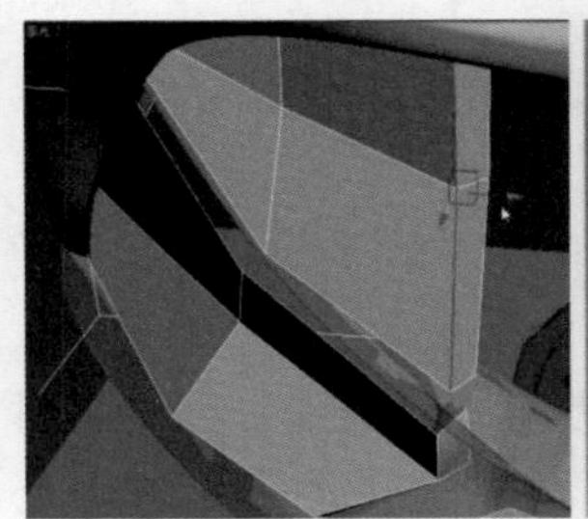

图6.360

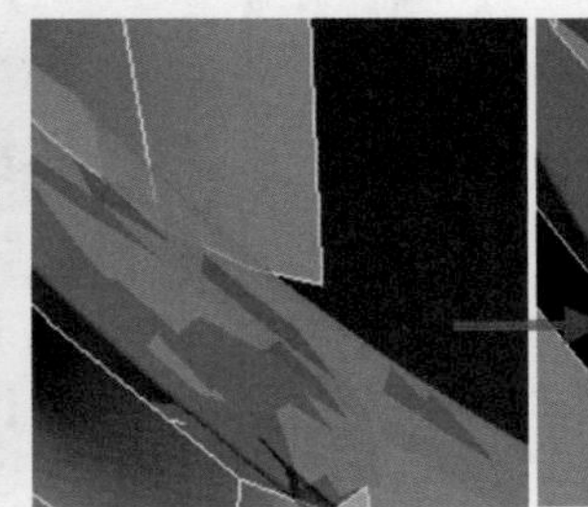
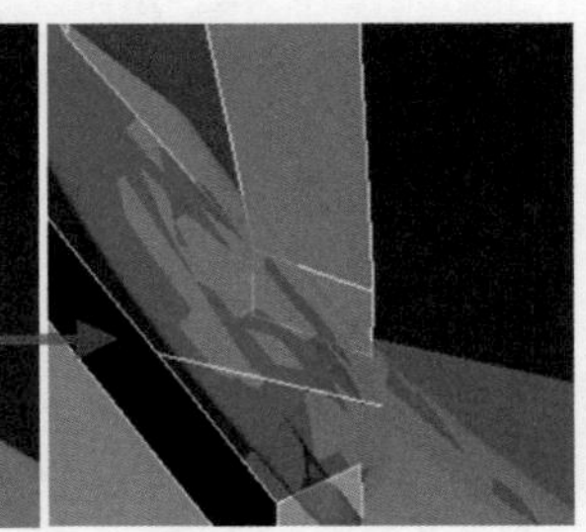
图6.361

14 进入点层级，对图6.362所示的面进行调整，单击【显示最终结果开关】按钮，将显示结果切换到打开状态并调整布线，然后将点移动进其他模型以避免出现缝隙，如图6.362所示。

图6.362

15 选择图6.363所示的边，向下移动，调整其厚度；为了强化相应的结构，使其更加明显，选择图6.364左侧所示的边，单击命令面板中的 连接 【连接】按钮，然后再单击命令面板中的连接【连接】按钮，连接出图6.364右侧所示的边线，调整参数为1、0、-79左右，达到强化结构的效果。

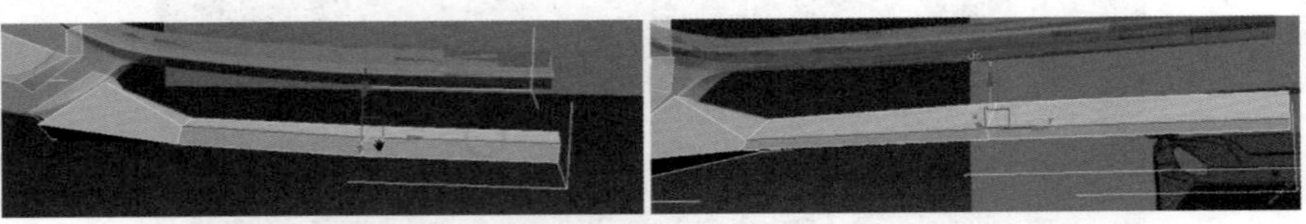

图6.363

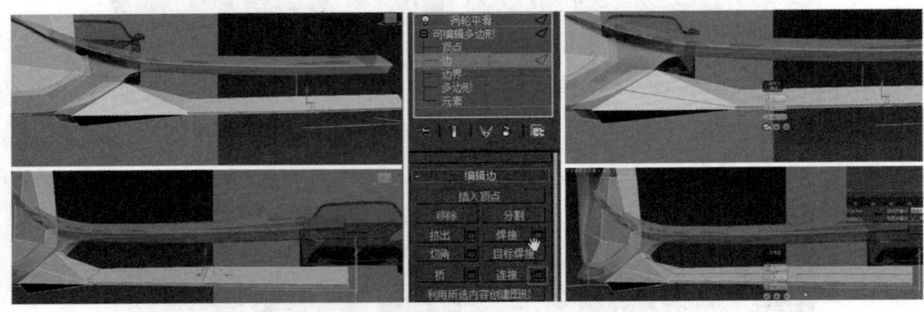

图6.364

16 如图6.365（1）所示的两个模型的交界处不能很好的贴合，进入点层级，通过移动顶点来进行匹配，调整至如图6.365（2）所示的程度；选择如图6.365(3)所示的点，向内移动以提高其宽度，向下移动以降低其高度，调整至图6.365（4）所示的程度。

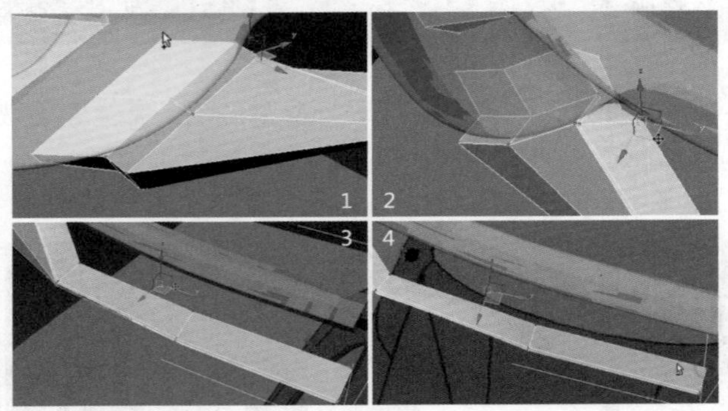

图6.365

17 前保险杠的基本形状已经完成，但加【涡轮平滑】修改器后其形状会过度圆滑，结构不明显，需事先进行加线、布线处理。选择图6.366所示的边，单击命令面板中的连接【连接】按钮，进行加线处理；选择图6.367左上所示的边，单击命令面板中的连接【连接】按钮，进行加线处理，效果如图6.367右上所示；选择图6.367左下所示的边，单击命令面板中的连接【连接】按钮，进行加线处理，效果如图6.367右下所示。

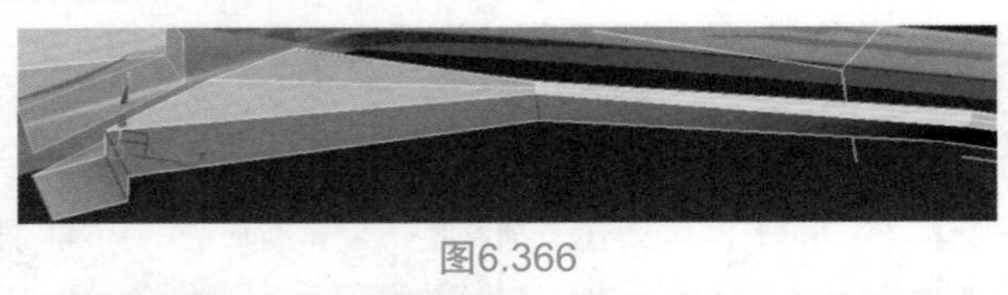

图6.366

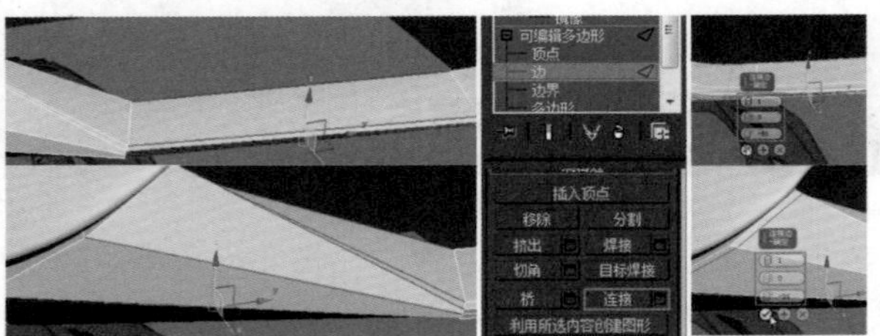

图6.367

18 处理图6.368左侧所示的部分，因其太过突出不能与上面的结构相匹配，进入顶点层级，单击【显示最终结果开关】按钮，切换到打开状态，再调整点的位置。

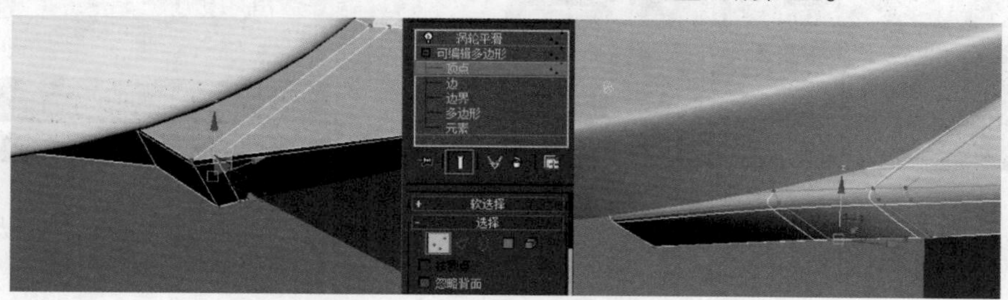

图6.368

19 选择前保险杠的一个部分，单击【附加】按钮，将前保险杠的各个部分附加成为一个整体，如图6.369所示。添加【对称】编辑器，进入镜像层级，将镜像轴设置为Z轴，进入镜像层级，单击鼠标右键，将其转化为可编辑多边形，如图6.370所示。

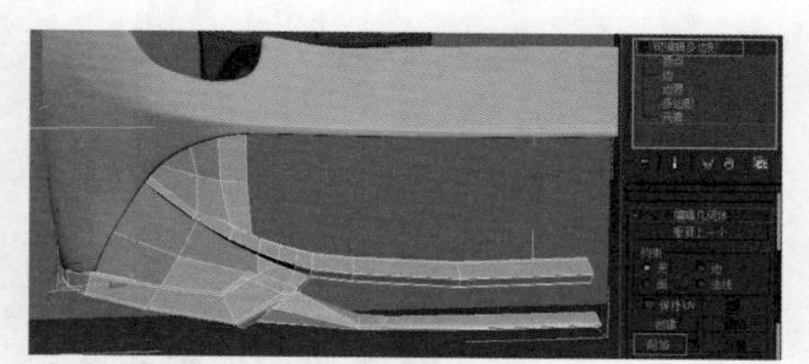

图6.369

20 从修改器列表中为其添加【涡轮平滑】修改器，然后将【迭代次数】改为3，在【涡轮平滑】层级勾选【等值线显示】复选项，如图6.371所示。

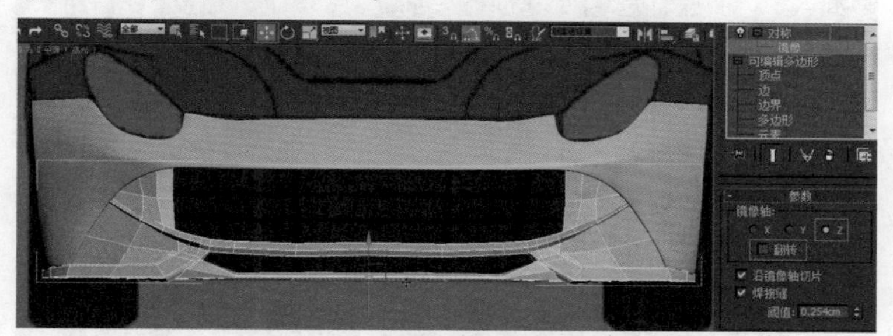

图6.370

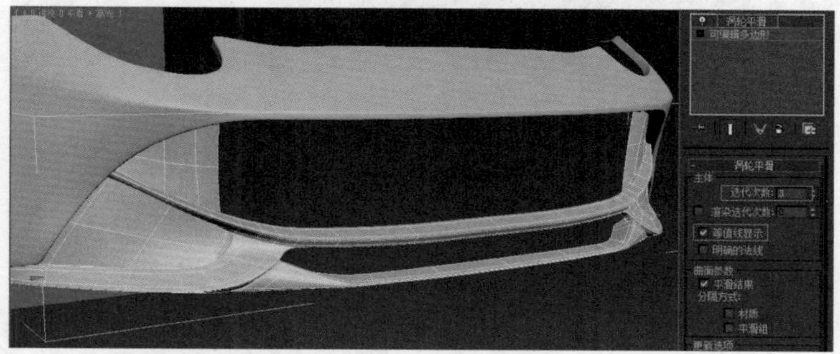

图6.371

6.13 进气格栅和车尾灯等细节制作

01 在这一步骤进行进气格栅的制作。在前视图中创建一个平面并将长度分段、宽度分段分别设置为1、3，并调整长度和宽度，如图6.372所示。

02 在顶视图中单击鼠标右键，将平面转换为可编辑多边形。进入顶点层级，移动调整顶点，转到透视图中观察调整结果，然后选择平面上排的顶点并向下移动，也就是调整其宽度，如图6.373所示。

图6.372

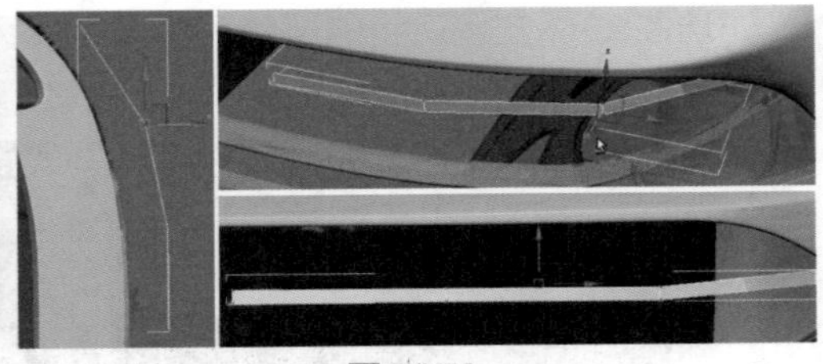

图6.373

03 在透视图中选择模型，从修改器列表添加【壳】修改器，并将【外部量】调为0、【内部量】调为5左右，勾选【选择内部面】复选项，然后将其转换为可编辑多边形，进入多边形层级，删除内部面及其两端的面，如图6.374所示。添加【对称】修改器，进入镜像层级，设置镜像轴为X轴，退出镜像层级，单击鼠标右键，将其转化为可编辑多边形，如图6.375所示。进入边层级，选择图3.376所示的边，单击命令面板中的 连接 【连接】按钮，达到强化结构的目的。然后添加【涡轮平滑】修改器，设置【迭代次数】为2。

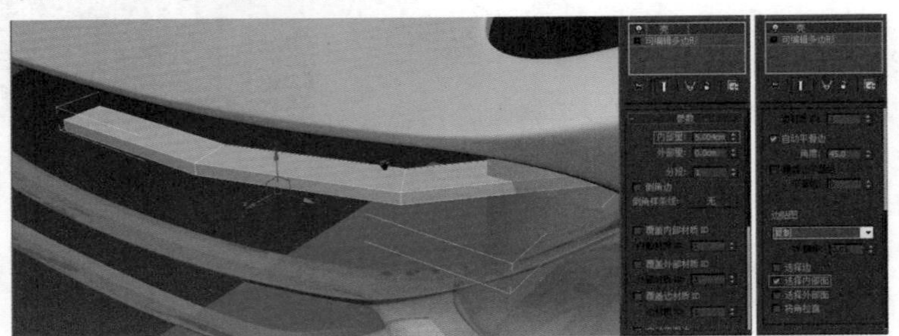

图6.374

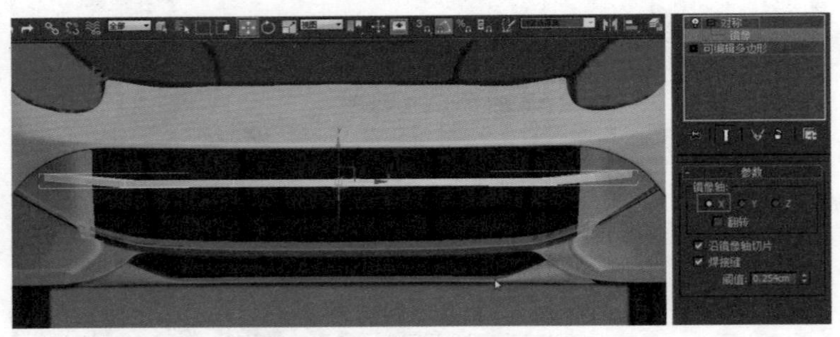

图6.375

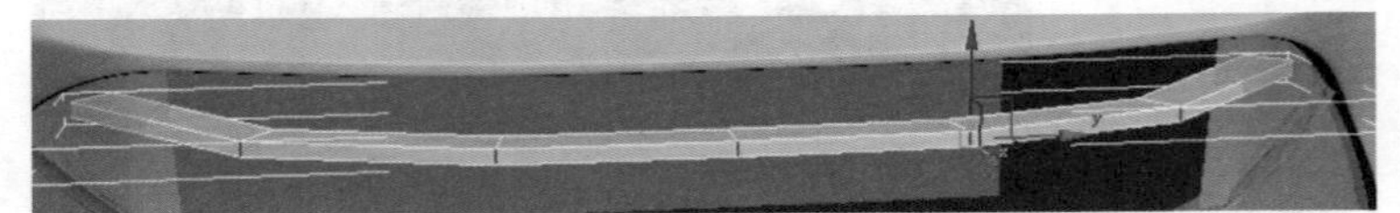

图6.376

04 在右视图中选择物体并按住Shift键复制一个，转到透视图中并调整进气格栅位置，使上面的要略微凸出来一点，如图6.377所示。

图6.377

05 在前视图中创建一个长方体，将【高度分段】改为3。转到透视图，将其转换为可编辑多边形，然后进入多边形层级，删除看不见的多余面，如图6.378所示。然后进入顶点层级，对相应的顶点进行位移调整，然后进入边层级，运用命令面板中的 连接 【连接】按钮，添加图6.379所示的连接线，达到强化结构的目的。在右视图中选择物体并按住Shift键复制出一个，进入顶点层级，转到透视图中并对复制出的进气格栅顶点的位置进行调整，如图6.380所示。

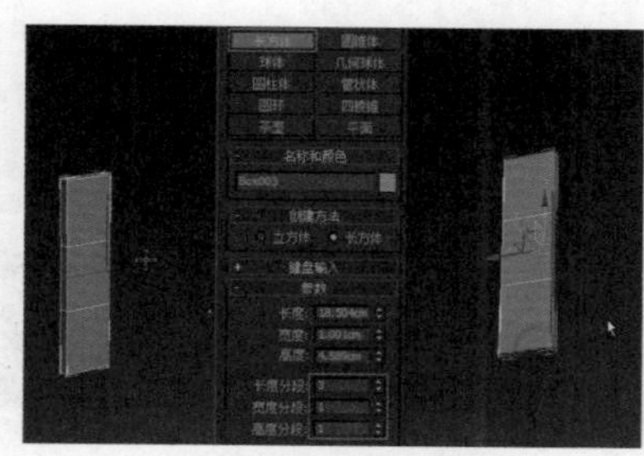
图6.378

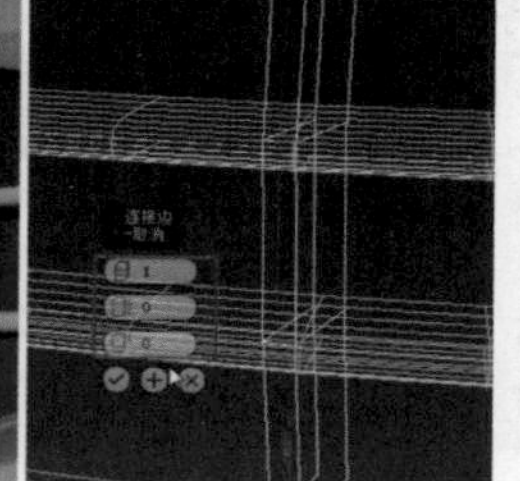
图6.379

图6.380

06 选择进气格栅，单击工具栏中的【镜像】按钮，选择镜像轴为X轴，采用复制的方式（如图6.381）；删除之前为了便于观察用的【涡轮平滑】修改器，单击【附加】按钮，将进气格栅的各个部分附加成为一个整体；从修改器列表中为其添加【涡轮平滑】修改器，然后将【迭代次数】设置为2，如图6.382所示。进气格栅完成。

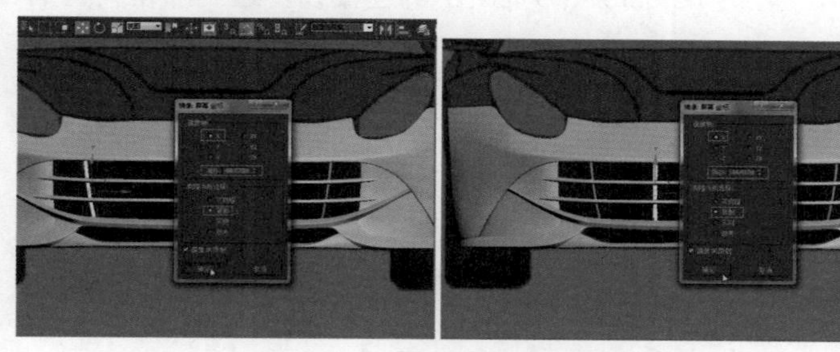
图6.381

图6.382

07 在左视图中创建一个长方体并转到透视图中将其向后调整，将【长度分段】改为3，注意其厚度不要太厚（如图6.383）；然后单击鼠标右键，将其转换为可编辑多边形，在左视图中进入顶点层级，调整长方体的顶点，使其弯曲，如图6.384所示。然后整体对该部分进行缩放、移动等操作，进入多边形层级，删除两侧的面，避免添加【涡轮平滑】后出现问题，然后添加【涡轮平滑】修改器，将【迭代次数】改为2，如图6.385所示。

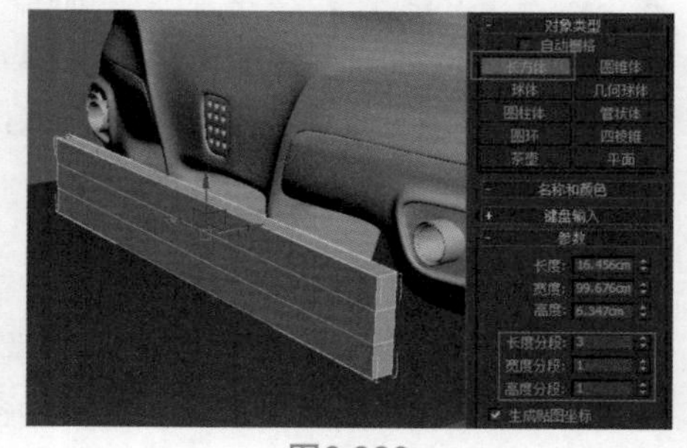
图6.383

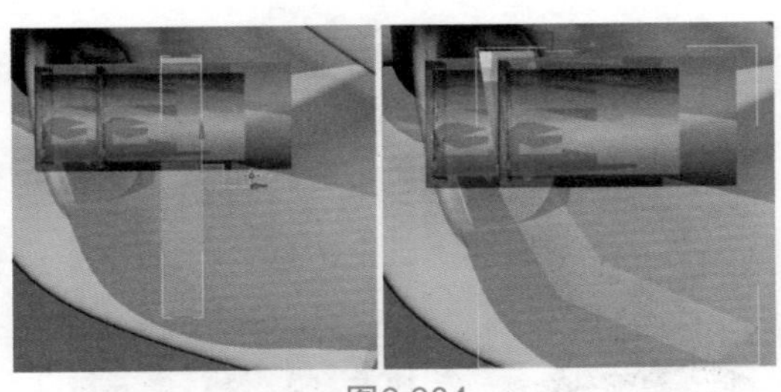
图6.384

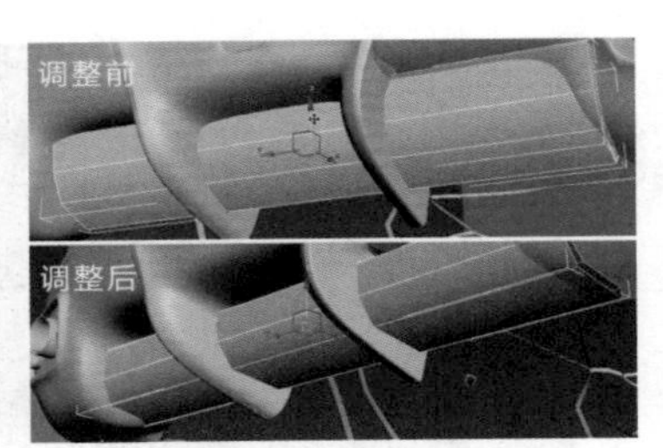

图6.385

08 在前视图中创建一个长方体并将其转换为可编辑多边形；在点层级下调整，使其弯曲；然后选择侧面的顶点，向中间移动，使其厚度变薄图。选择图6.386（4）所示的多边形并将其删除，如图6.386所示。

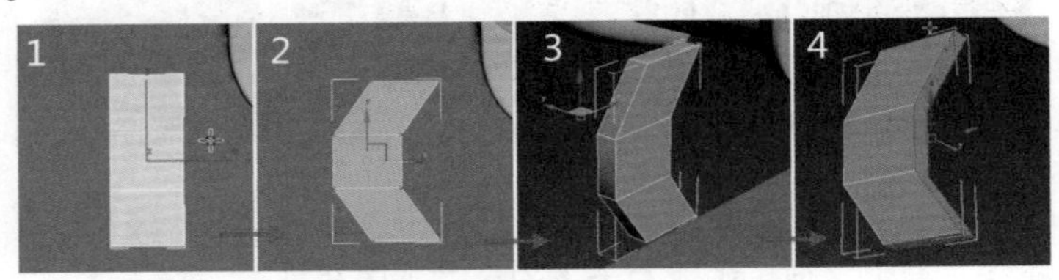

图6.386

09 进入顶点层级，对该对象进行移动调整，运用命令面板中的 连接 【连接】按钮，进行布线、加线的处理，添加如图6.387（3）所示的连接线，达到强化结构的目的，也便于对模型形结构的调整。

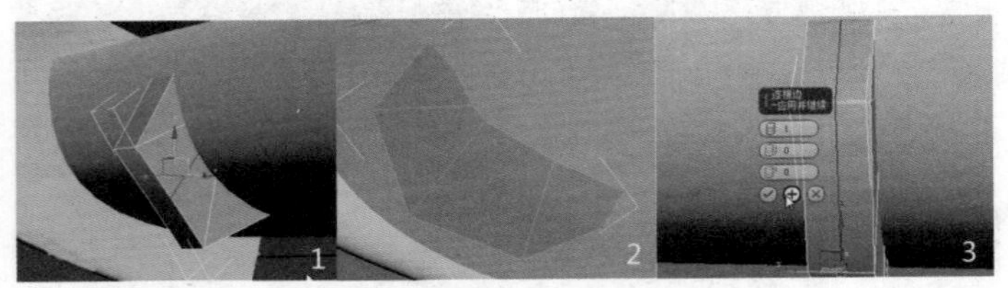

图6.387

10 打开【涡轮平滑】修改器，将【迭代次数】改为2，进入顶点层级，单击【显示最终结果开关】按钮，切换到打开状态，然后调整模型，对其做形态上调整。然后转到透视图中进行向后调整（如图6.388）；最后在右视图中选择物体并按住Shift移动复制对象，如图6.389所示。

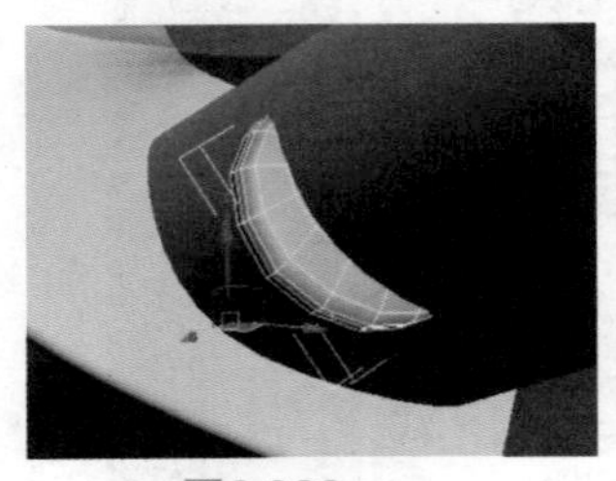
图6.388

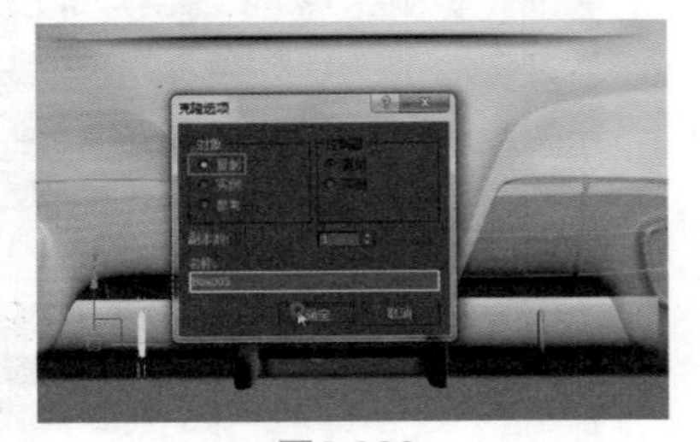
图6.389

11 车灯的制作，在左视图中创建一个圆柱体，【半径】调整为8.15，【高度】调整为10.6左右，【高度分段】改为1，然后调整其位置，单击鼠标右键，将其转换为可编辑多边形，如图6.390所示。

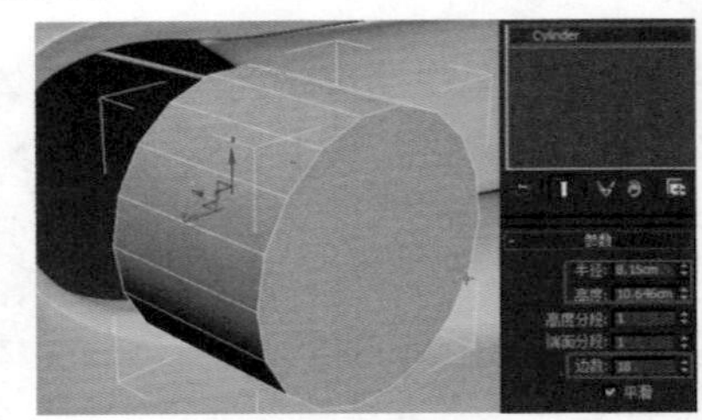

图6.390

12 进入多边形层级，选择图6.391（1）所示的面，单击命令面板中的 倒角 【倒角】按钮，在弹出的对话框中设置参数，如图6.391（2）所示，继续进行6次倒角操作，相关参数设置如图6.391（3）～（8）所示。添加【涡轮平滑】修改器，将【迭代次数】调整为2并观察形体。各种转折都变得不够明显了，需要进行加线布线处理。

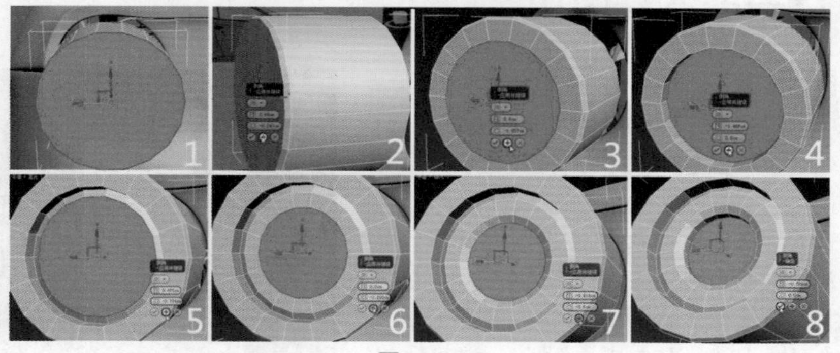

图6.391

13 选择如图6.392左侧所示的边（用命令面板中的【循环】按钮选择会比较方便），单击【切角】按钮，设置切角量为0.05（如图6.392），进入多边形层级，选择中部的圆形，在命令面板内单击【插入】按钮，设置插入值为0.2（尽可能小），如图6.393所示，删除图6.394所示的灯背面的多边形。

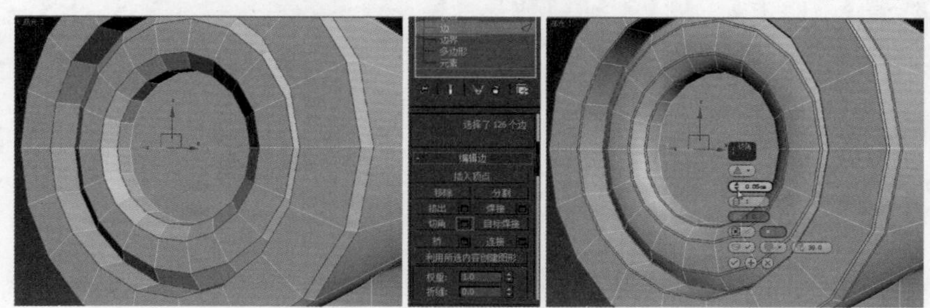

图6.392

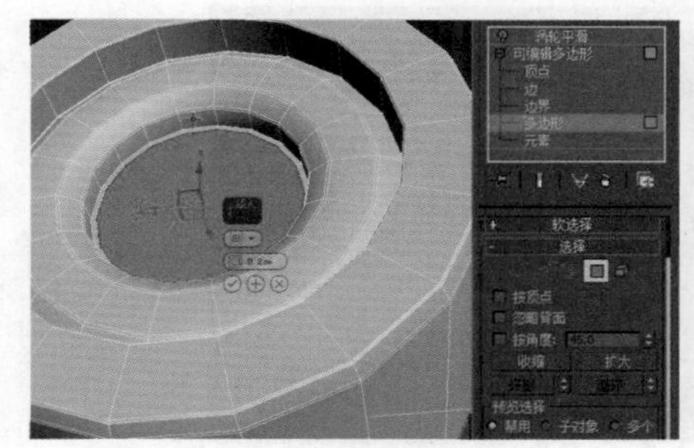

图6.393

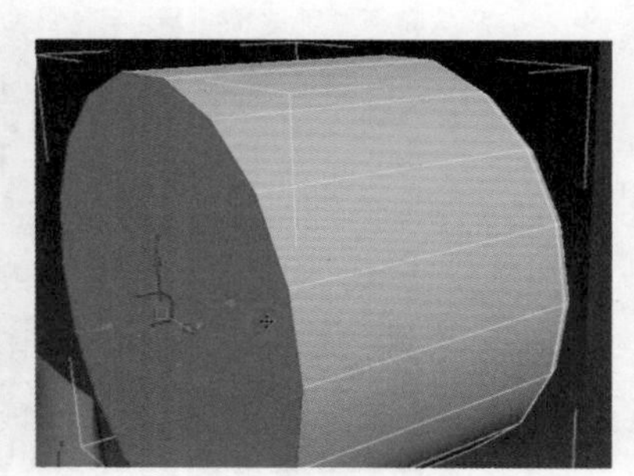

图6.394

14 添加修改器【FFD2x2x2】，进入控制点层级，选择相应的控制点移动，调整至如图6.395所示的状态。

15 将模型转换为可编辑多边形，添加【涡轮平滑】修改器，将【迭代次数】调整为2，在右视图中选择物体，单击【镜像】按钮以复制偏移，勾选镜像轴为X轴，以复制的方式镜像对象，如图6.396所示。

图6.395

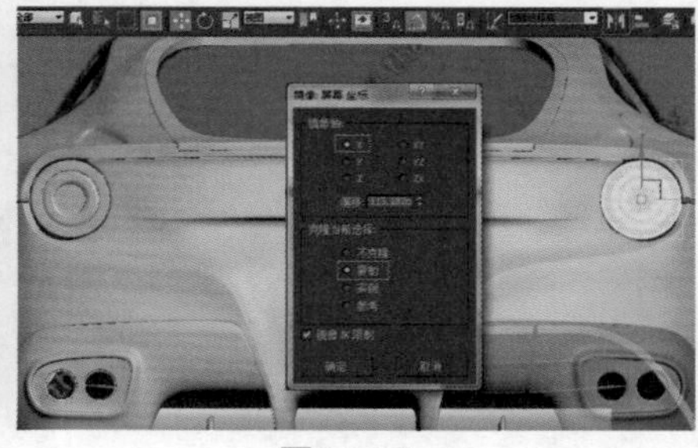

图6.396

6.14 汽车前大灯制作

01 在前视图中创建一个平面并将【长度分段】设置为3、【宽度分段】设置为2（如图6.397），然后选择平面对象，单击鼠标右键，将其转换为可编辑多边形。

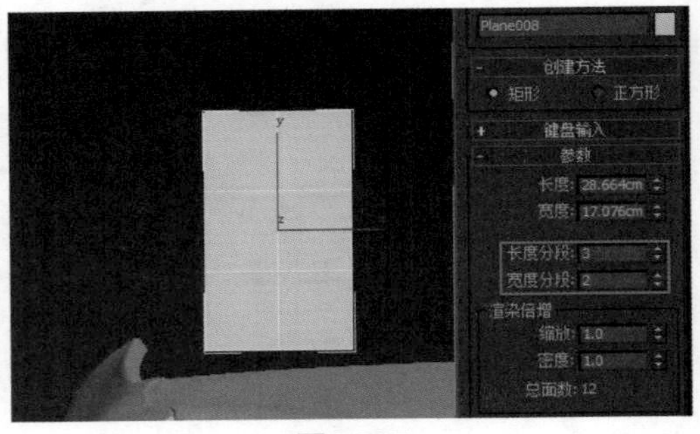

图6.397

02 按下键盘上的Alt+X快捷键，将平面对象设置为半透明显示以便于对比观察参考图片。进入可编辑多边形的顶点层级，移动顶点，使其贴合车灯的形状，然后转到透视图，使其完全贴合，如图6.398所示。

图6.398

03 选择模型，按住Shift键移动复制一份，用作车灯外部的玻璃罩，如图6.399所示。

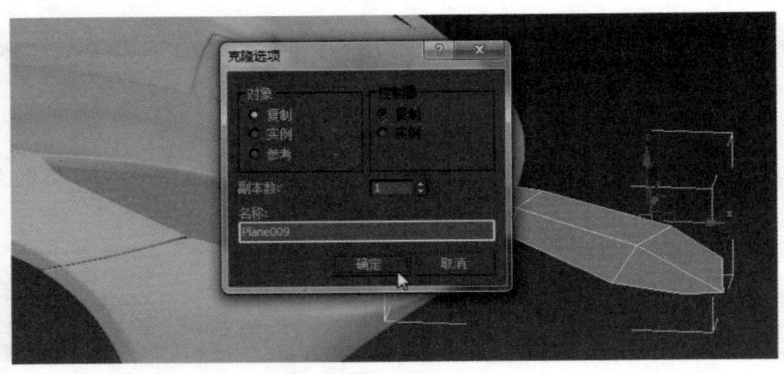

图6.399

04 进入多边形层级，单击【倒角】按钮，将数值设置为0、-1.257左右（如图6.400），然后进入点层级，对顶点进行移动调整，调整为图6.401左侧所示的效果，然后选择图6.401中所示的多边形，单击命令面板中的【挤出】按钮，将数值调整为-4.30、0（如图6.401）；然后再进行局部的小调整，对形状进行修正。

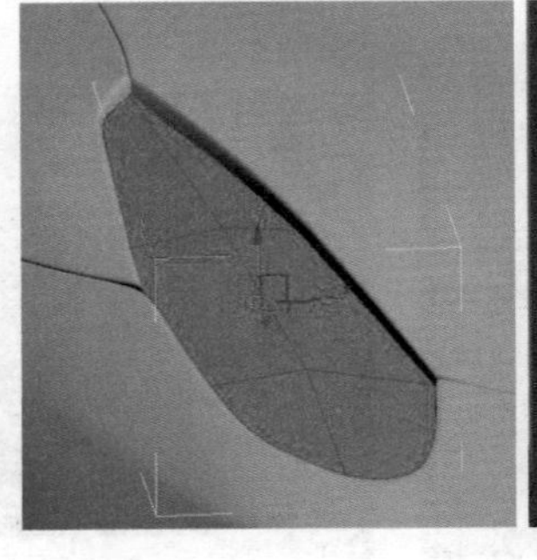

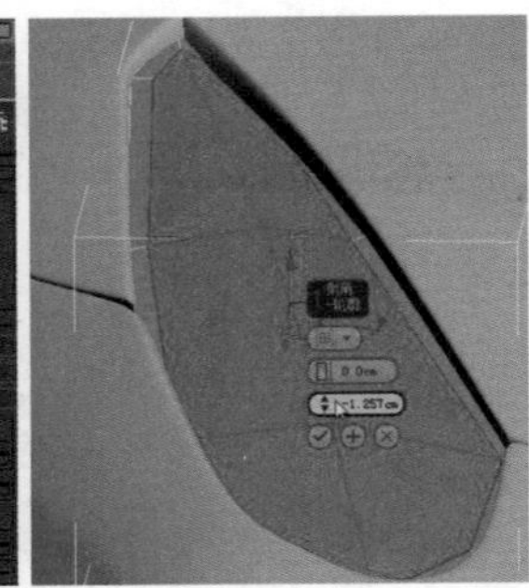

图6.400

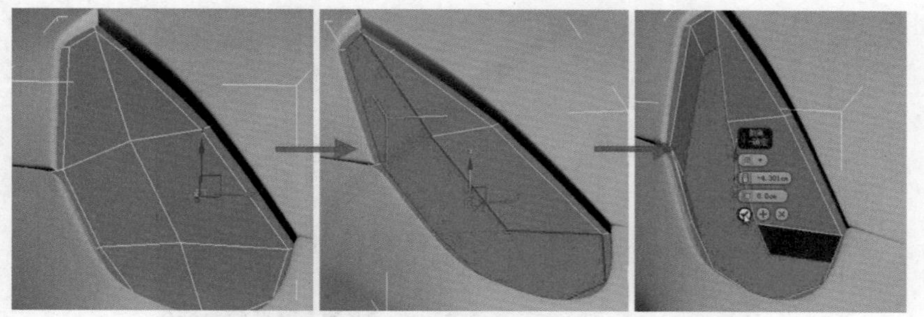

图6.401

TIPS 本例中并没有按照真实跑车的尺寸进行建模，文中出现的一些尺寸参数仅作参考，读者在制作时可能需要不同的数值，只要模型比例正确即可。

05 选择图6.402（1）所示的面，在多边形层级下，单击命令面板中的【倒角】按钮，将数值设置为0、-0.66左右，单击【应用并继续】按钮，将数值设置为-0.33、0，然后选择图6.402（4）所示的面，向后移动以增加其深度，如图6.402所示。

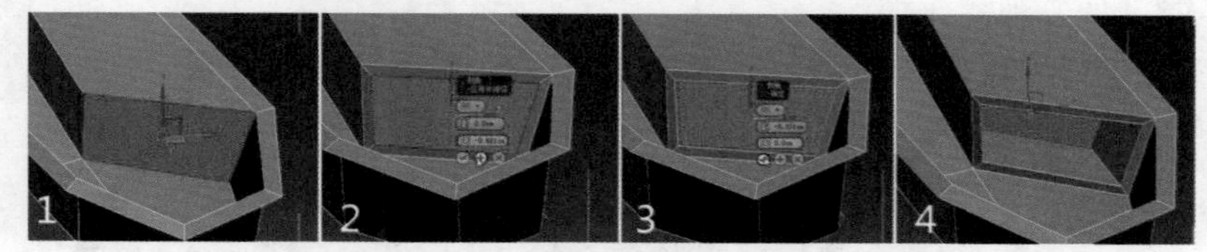

图6.402

06 加线处理以强化结构。塑造灯带形状，进入边层级，选择相应的边，单击命令面板中的 连接 【连接】按钮，在弹出的对话框中调整分段数、收缩值，滑块的设置，调整参数如图6.403所示。

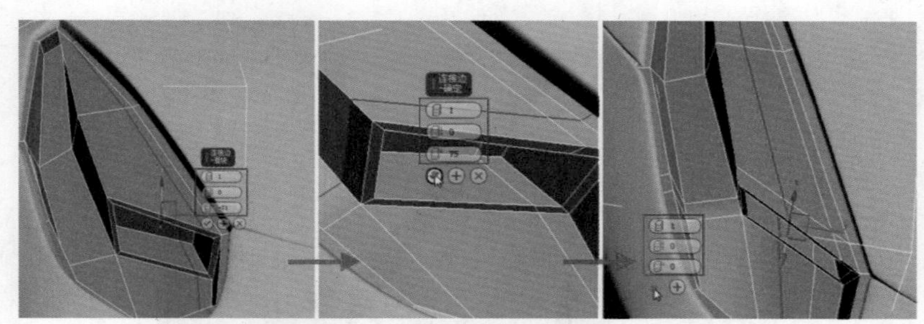

图6.403

07 继续加线处理，塑造灯带形状。进入边层级，选择相应的边，单击命令面板中的 连接 【连接】按钮，在弹出的对话框中调整分段数、收缩值，滑块的设置，参数如图6.404所示。然后进入顶点层级，用工具栏的【选择并移动】工具对其点的位置进行调整，直至出现如图6.405所示的状态。

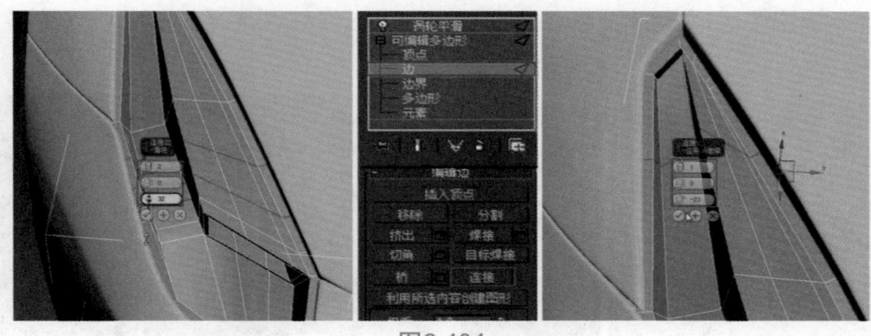

图6.404

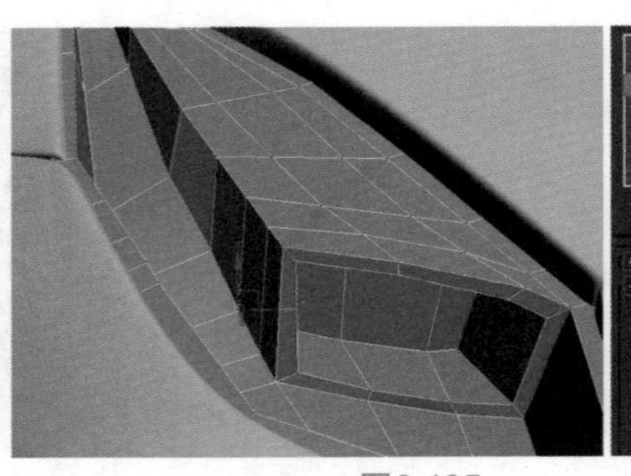
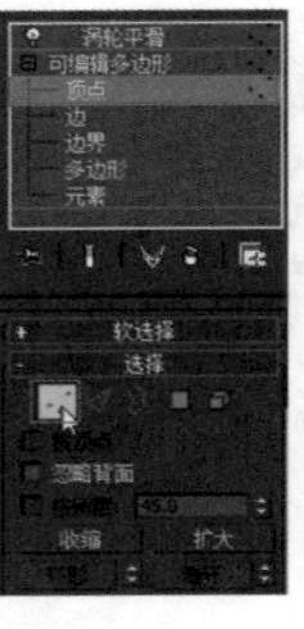

图6.405

08 紧接上一个步骤，进入多边形层级，选择相应的多边形，单击命令面板中的 倒角 【倒角】按钮，在弹出的对话框中调整高度值为0、轮廓值为-0.25左右，如图6.406左侧所示。再次单击 倒角 【倒角】按钮，在弹出的对话框中调整高度值为-0.16左右、轮廓值为0，如图6.406右侧所示。然后进行加线处理，约束轮廓，进入边层级，选择相应的边，单击命令面板中的 连接 【连接】按钮，在弹出的对话框中调整参数如图6.407所示，添加【涡轮平滑】修改器，然后将【迭代次数】改为2或3，便于观察效果。

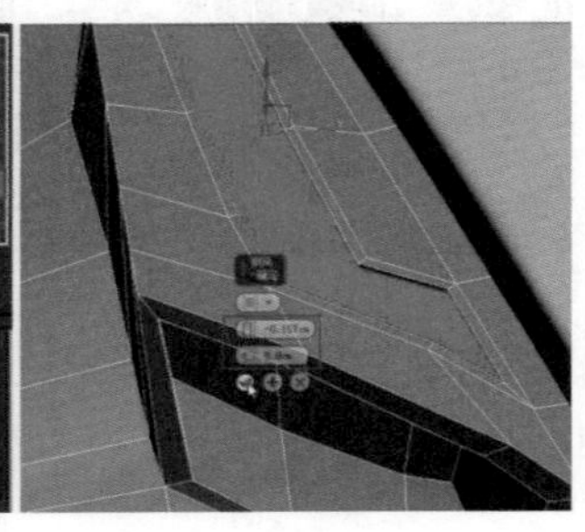

图6.406

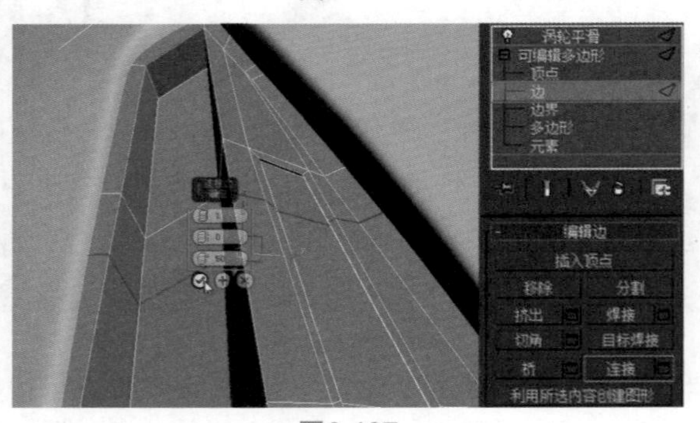

图6.407

09 大灯灯泡的制作。创建一个半球并将【半径】设置为3.44左右、【分段】设置为24、【半球】数值为0.5，勾选【切除】选项，然后将半球移动至图6.408所示的位置，单击鼠标右键，将其转换为可编辑多边形，删除封口的面，进入边界层级，选择图6.409所示的边界，按住Shift键移动复制边界。

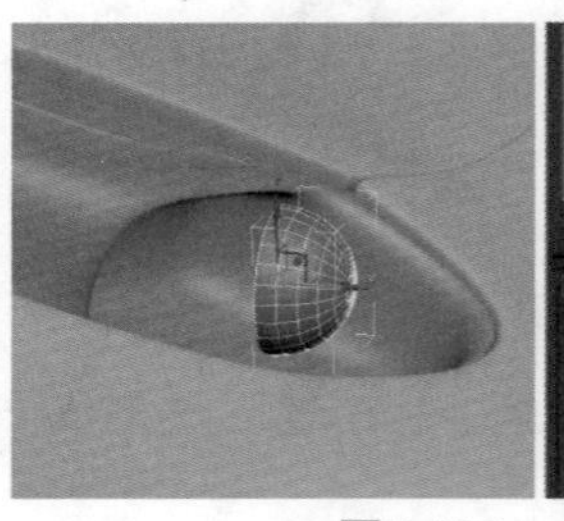

图6.408

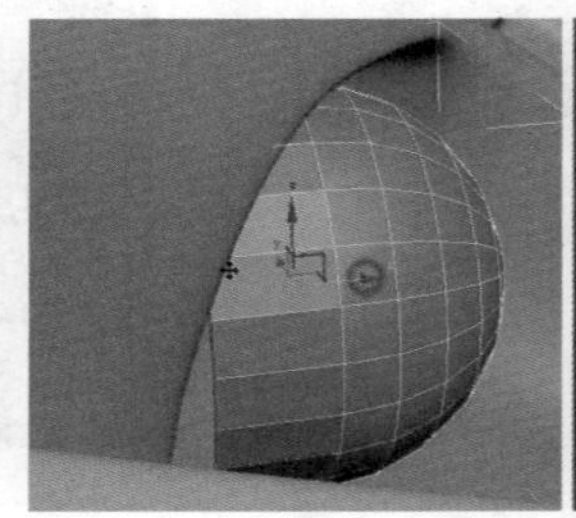

图6.409

10 车灯中的小灯的制作。创建一个长方体，参数设置如图6.410所示，单击鼠标右键，将其转换为可编辑多边形，删除末端封口的面，并移动至车灯合适的位置。

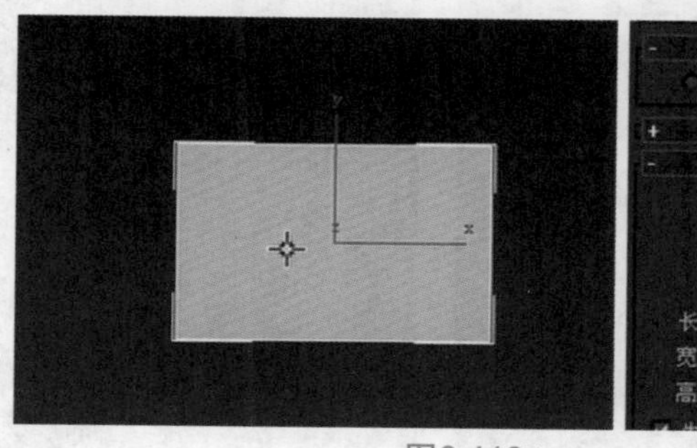
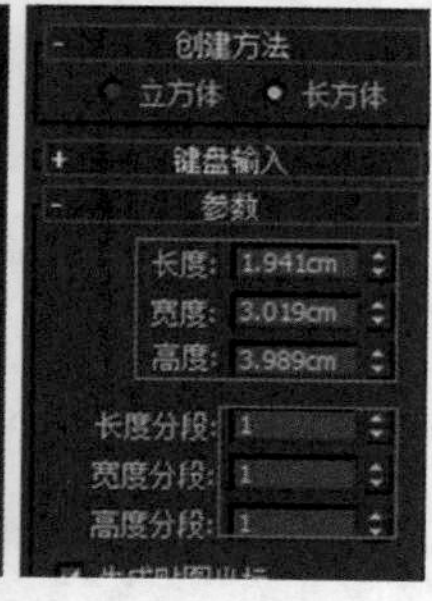

图6.410

11 进入多边形层级，选择图6.411所示的多边形，单击命令面板中的 倒角 【倒角】按钮，在弹出的对话框中调整高度值为0、轮廓值为-0.23左右。再次单击 倒角 【倒角】按钮的命令，在弹出的对话框中调整高度值为0.36左右、轮廓值为0。

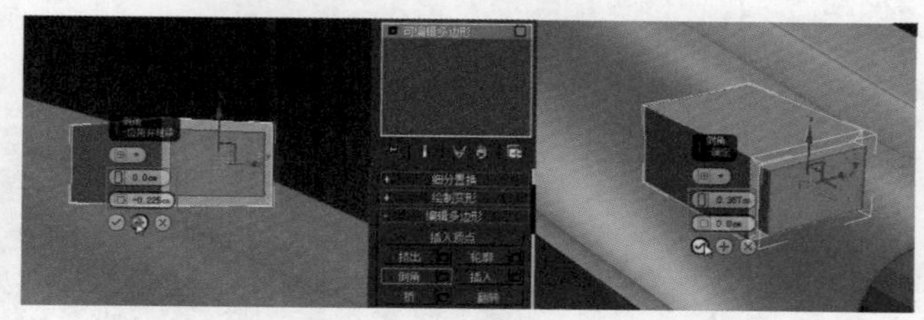

图6.411

12 进入边层级，选择模型的棱边，如图6.412左侧所示（使用循环选择比较方便），单击命令面板中的【切角】按钮，在弹出的对话框中调整切角量为0.38左右，如图6.412所示。为了使轮廓更加清晰，进行加线处理，进入边层级，选择相应的边，单击命令面板中的【连接】按钮，添加图6.413所示的线，添加【涡轮平滑】修改器，然后将【迭代次数】设置为2，便于观察效果。

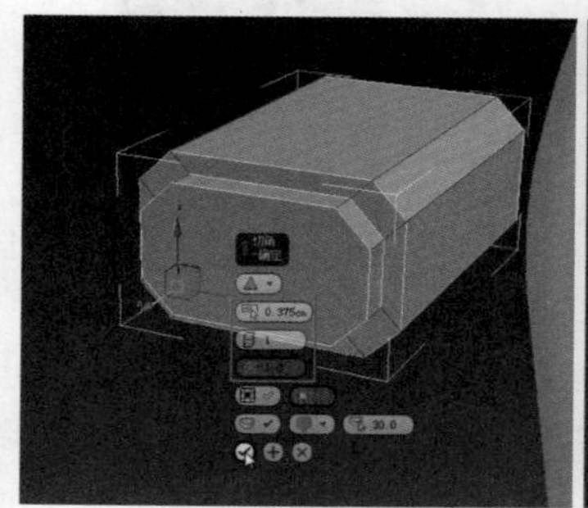
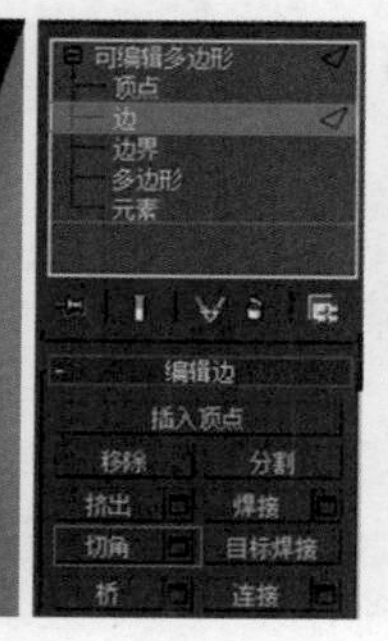

图6.412

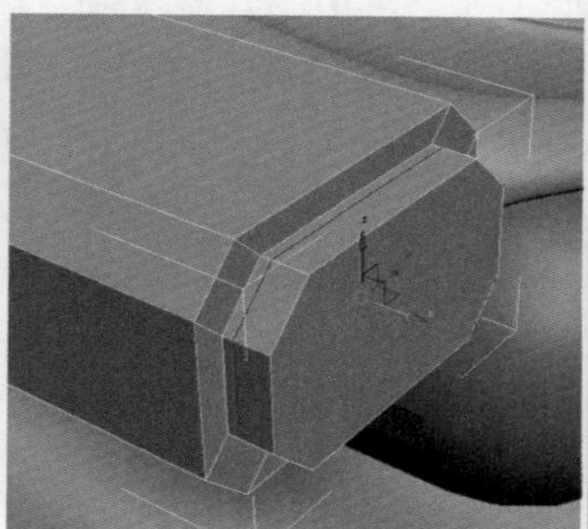
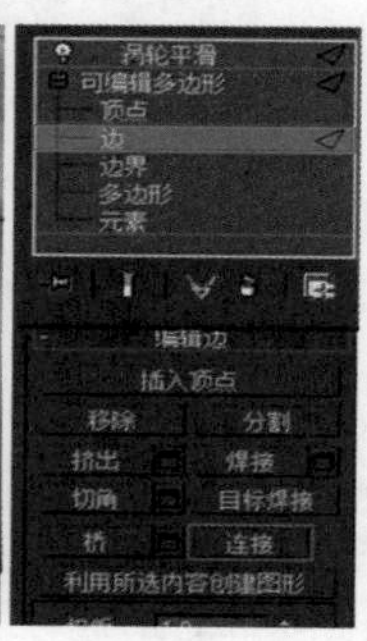

图6.413

13 调整小灯的位置，直至出现图6.414所示的效果，按住Shift键移动复制7个副本（这里采用实例复制的方法，便于修改）（如图6.415），再次调整单个小灯的位置，调整的效果如图6.416所示。

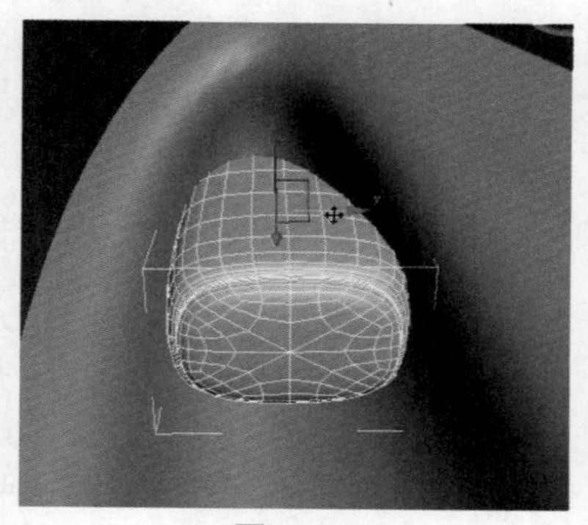

图6.414

14 进入元素层级，选择车灯中的大灯泡，单击【自动平滑】按钮（如图6.417）使车大灯更加平滑。车灯灯罩（玻璃）的制作，将覆盖的玻璃片移动调整至如图6.418所示的位置，然后进入多边形层级，选择玻璃片全部的面，单击命令面板中的 倒角 【倒角】按钮，在弹出的对话框中调整高度数值为1.79左右、轮廓值为-1.79左右（如图6.419左侧）。然后为玻璃片添加

【涡轮平滑】修改器，然后将【迭代次数】设置为3，便于观察效果和调整操作。

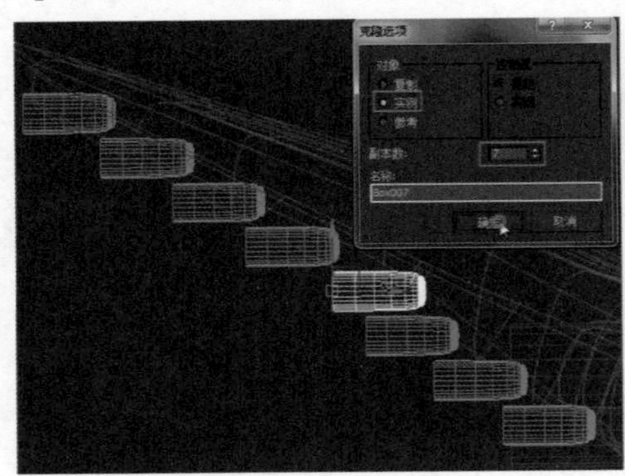

图6.415

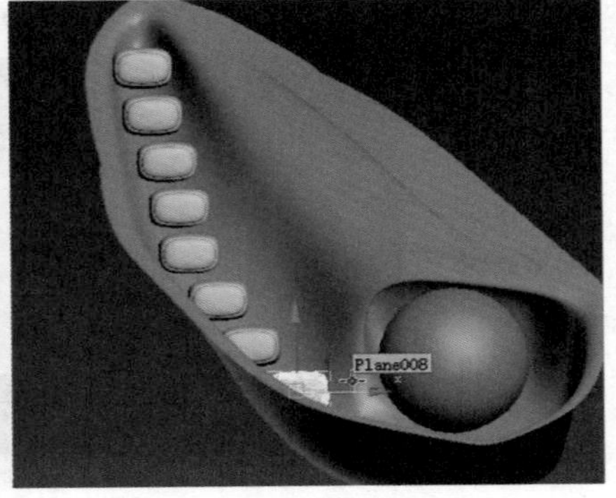

图6.416

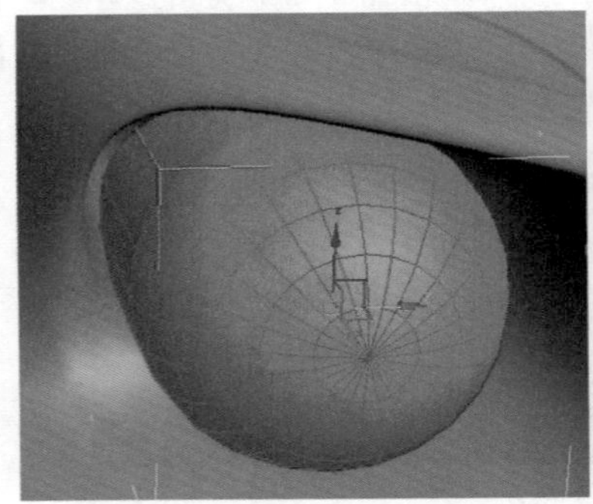

图6.417

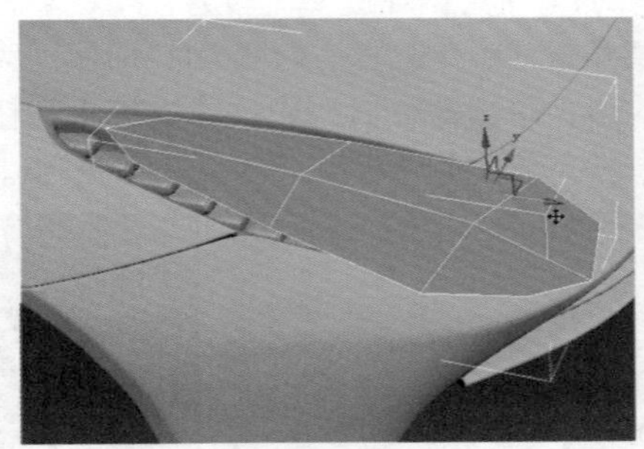

图6.418

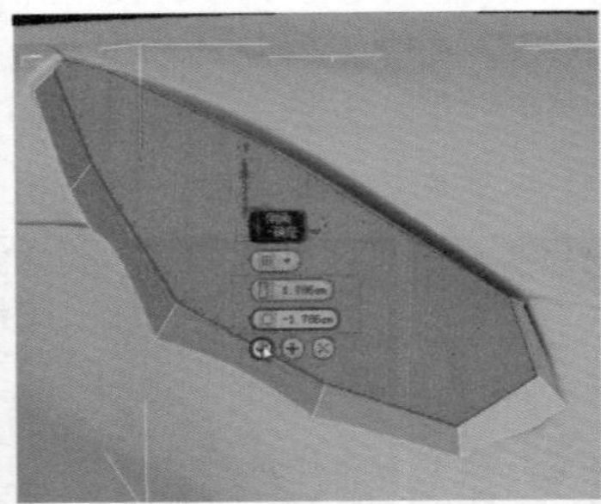

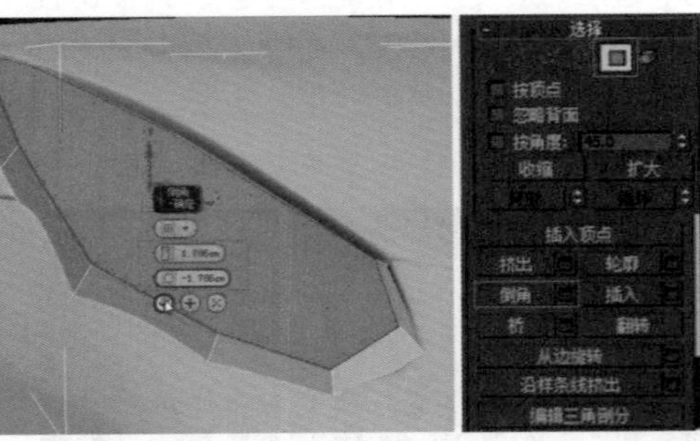

图6.419

15 为了便于对玻璃罩形状的调整，进入边层级，选择相应的边，单击命令面板中的【连接】按钮，添加图6.420所示的线；进入顶点层级，打开【显示最终结果开关】，调整顶点使玻璃罩达到图6.421所示的效果。（使用快捷键Alt+X可以将对象半透明显示，便于观察调整）。

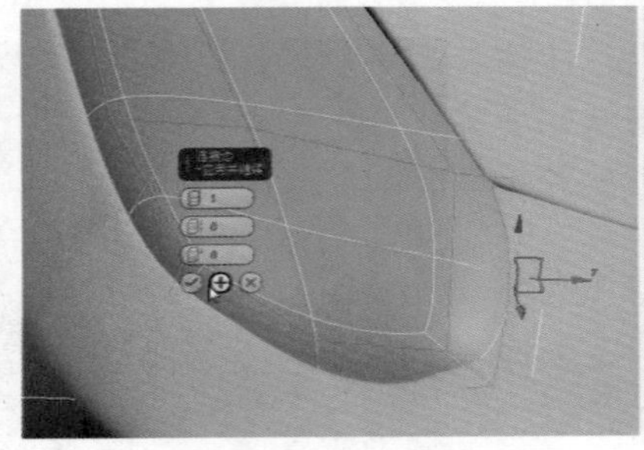

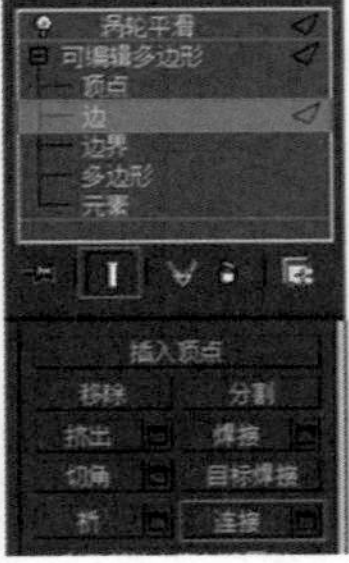

图6.420

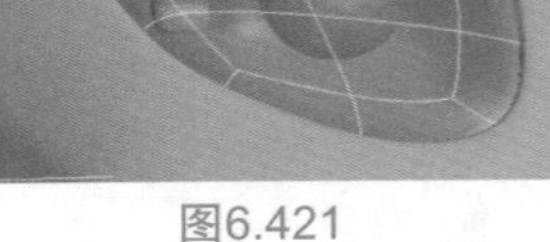

图6.421

16 最后将车灯的各个组成部分的【涡轮平滑】修改器删除，并将其全部成组。在工具栏单击【镜像生成】按钮，调整镜像屏幕坐标，将镜像轴调整为X轴，将偏移值调整为116.69左右，将【克隆当前选择】调整为复制方式，如图6.422所示。

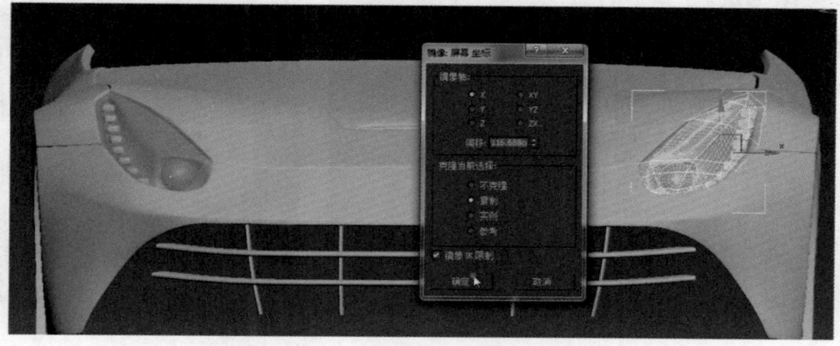

图6.422

6.15 车窗玻璃的制作

01 在前视图中创建平面对象，设置其【长度分段】为1、【宽度分段】为1，并设置合适长度和宽度数值。从顶视图中用【选择并移动】工具向外移动，避免平面在车身内部，如图6.423所示。

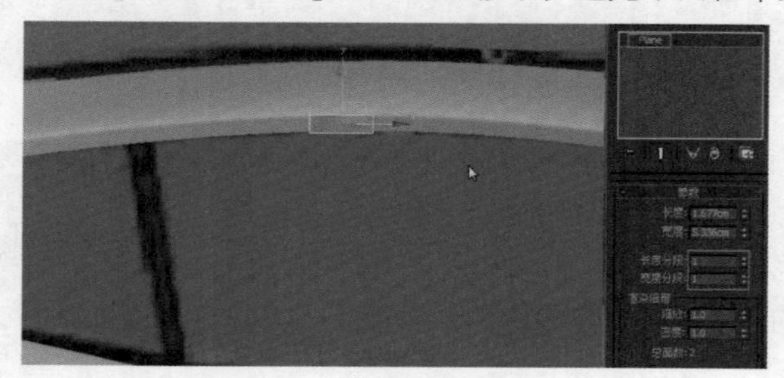

图6.423

02 选择平面对象，单击鼠标右键，在弹出的菜单中选择【转换为】→【可编辑多边形】命令。进入多边形对象的边层级，选择一段的边，按住键盘上Shift键的同时进行移动复制，即可将面片对象进行延伸，继续顺着车窗的边缘多次复制到最前端，图6.424所示。

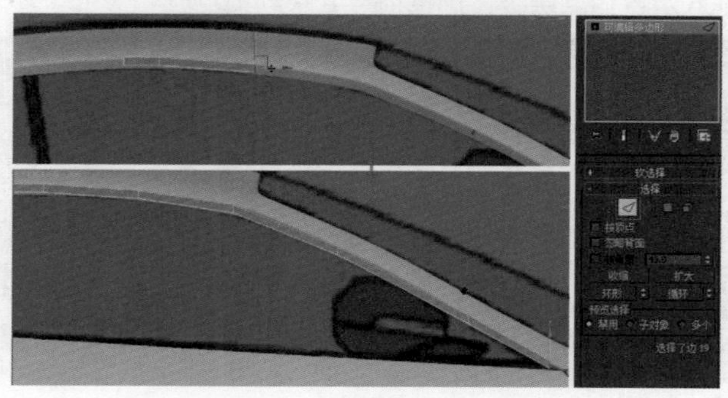

图6.424

03 分别选择图6.425所示的3个顶点，进行位置的细微调整，调节顶点位置后，每条短边大致朝向同一个位置。

TIPS 本步骤中当多边形延伸到最转折处时，需要将顶点的位置进行调整，使各条短边的朝向大致有一个向心的趋势，这样的操作对与后期形成精细模型的流畅度有好处。

04 进入对象的边层级，选择边缘处的边，继续按住键盘上的Shift键进行复制，随后进入对象的顶点层级并进行顶点位置的调整，如图6.426所示。

图6.425　　图6.426

05 继续用同样的方法选择边并配合使用键盘上的Shift键进行复制，随后进入顶点层级并调整位置，以改变边的朝向。分别将最前角、车门后缝隙处、最后段调整成图6.427左、中、右所示的状态。

图6.427

06 调整好前角、车门后缝隙处之后，进入对象边层级，选择末端的边并按住Shift键向内缩放复制，复制好之后，将整个多边形起始端的边和末端的边焊接起来，单击鼠标左键，在弹出的对话框中选择【目标焊接】命令，如图6.428所示。

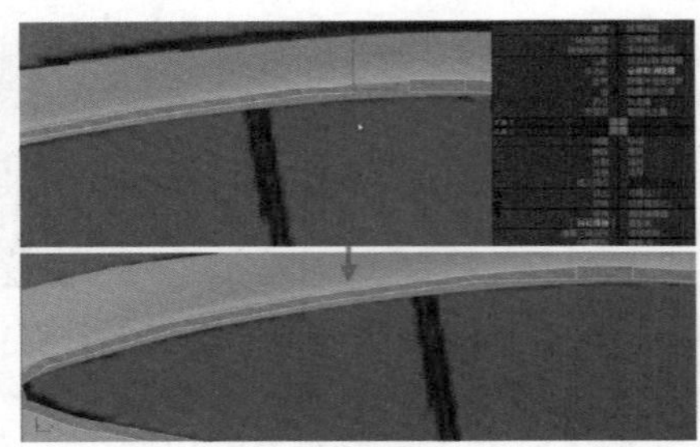
图6.428

07 在边层级中调整好之后，进入对象的点层级，分别选择图6.429所示的3个顶点，进行位置的细微调整。

08 在前视图中完成布线之后，再进入透视图中，继续调整布线。选择对象，进入对象的点层级，选择顶点并移动顶点到相应的位置，如图6.430所示。

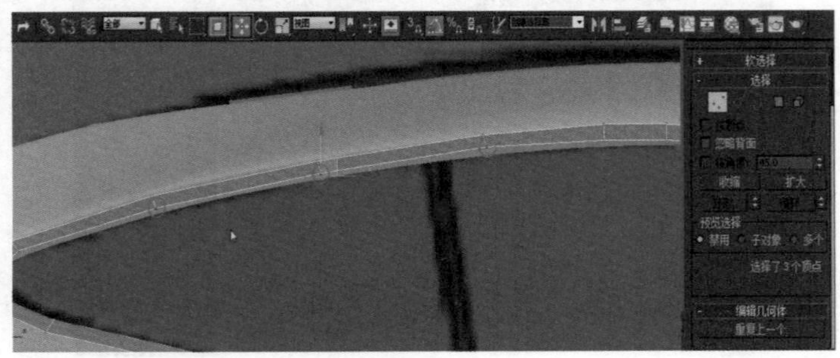
图6.429

图6.430

TIPS

本步骤中需要移动的点比较多，对每个点单独移动会比较麻烦，先选择多个点一起移动，在某些点调整好之后，筛除已调整的点之后继续调整其他的点，如图6.431所示。

图6.431

09 调整好透视图的布线后，车窗框的布线基本完成。选择平面对象，从修改器列表中为平面增加【壳】修改器，将壳的【外部量】设置为0，【内部量】调整为1.8左右，如图6.432所示。

图6.432

10 选择壳对象，单击鼠标右键，在弹出的菜单中选择【转换为】→【可编辑多边形】命令。进入多边形的边层级，选择多边形外部的边。多边形为粉色，不易分辨，把多边形颜色改为蓝色。单击命令面板中的 连接 【连接】按钮，在弹出的对话框中调整分段数为2、边收缩为15，如图6.433所示。

图6.433

11 连接好线和调整好边距之后，从修改器列表中为平面增加【涡轮平滑】修改器，将【迭代次数】调整为3，勾选【等值线显示】复选项，从命令面板进入顶点级别，打开【最终结果显示开关】。如图6.434所示，添加涡轮平滑之后，车窗框的基本形状已经成型。这时候进入前视图，拖动点，进一步对多边形进行修改，在前视图中修改好之后，再进入透视图中进行修改，如图6.435所示。

图6.434

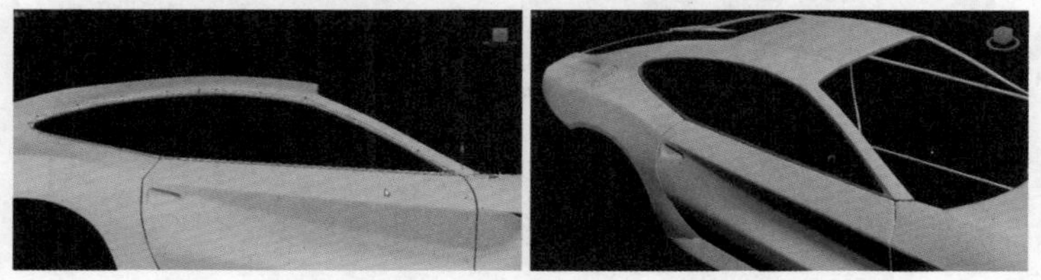

图6.435

12 在车窗框制作好之后，继续制作车窗玻璃，在前视图中创建4个顶点的闭合线，进入点层级，框选这4个点，单击鼠标右键，在弹出的对话框中选择【Bezier角点】命令，如图6.436所示。

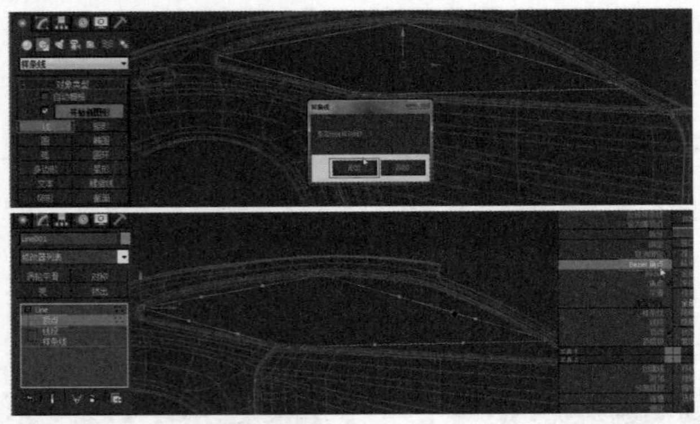

图6.436

13 转化为【Bezier角点】之后，单击X、Y轴的黄色区域，控制【Bezier角点】的手杆，对线进行调整。在前视图将线调整好之后，进入透视图中继续做调整，选择车窗框和线，按键盘上的快捷键Shift+X隐藏掉车窗框和线以外其他物体，更便于观察调整。在前视图和透视图中调整好线之后，单独再看线是否还有扭曲以便进行调整，如图6.437所示。

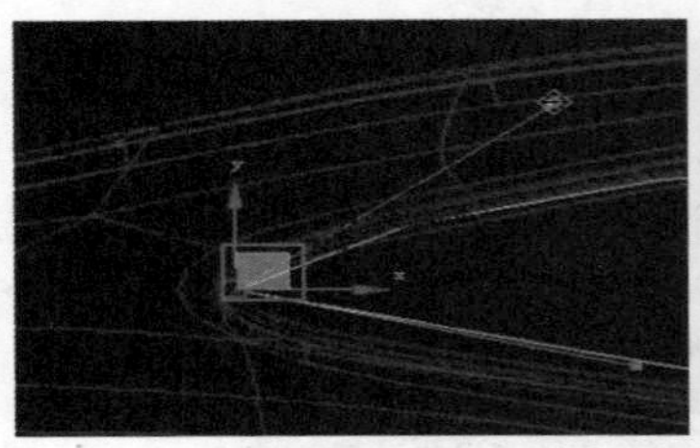

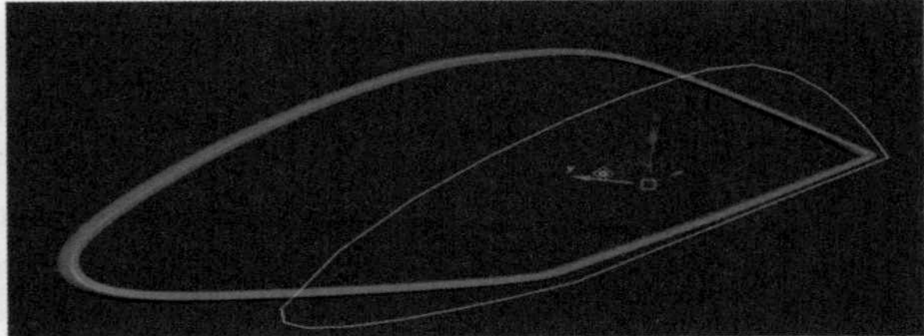

图6.437

14 在让线条完全处于车窗框之中后，选择线，从修改器列表中为平面增加【曲面】修改器，勾选【翻转法线】复选项，这时发现玻璃的边缘露出来部分且玻璃塌陷。先调整边缘部分，打开Ⅱ【最终结果显示开关】，关闭曲面显示，进入点层级进行调整，如图6.438所示。

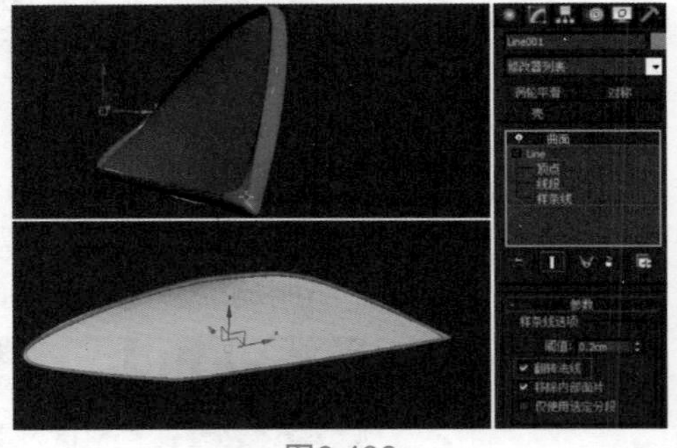

图6.438

15 调整之后，再调整玻璃。隐藏车窗框，关闭曲面显示。显示出参考图，在命令面板中单击【优化】按钮。根据参考图添加两个点，如图6.439所示，在命令面板单击【创建线】按钮，利用【三维捕捉】工具可以在三维空间中捕捉到对象，连接两个顶点成为一条边。进入点层级并选择顶点，单击鼠标右键，在弹出对话框中选择【Bezier角点】命令，如图6.440所示。

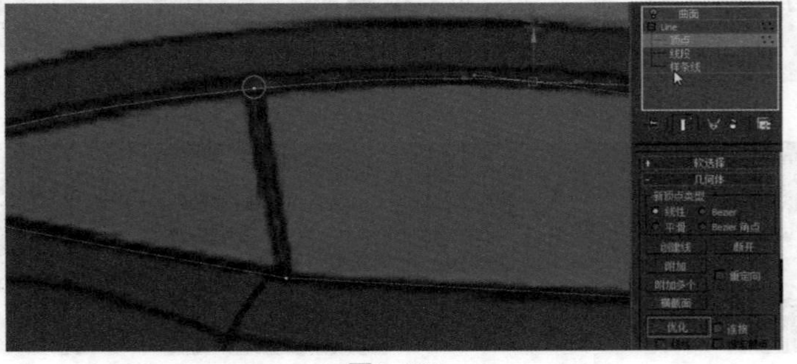

图6.439

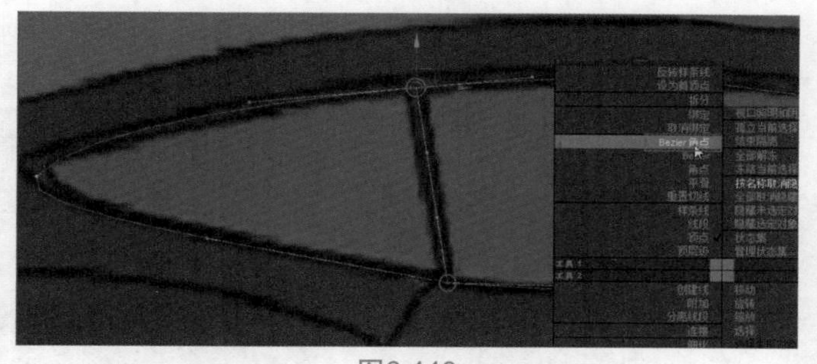

图6.440

16 进入透视图，单击曲面开关，打开曲面，发现玻璃与边框之间有缝隙，选择顶点层级。关闭【三维捕捉】功能，单击X、Y轴的黄色区域，控制【Bezier角点】的手杆，再单击Y轴继续控制【Bezier角点】的手杆以调整。调整好之后进入前视图，把玻璃调为透明，如图6.441所示。

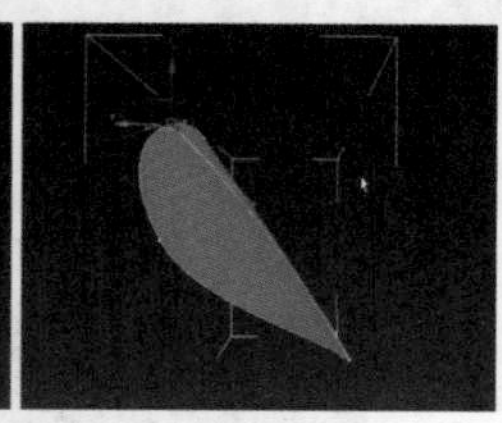

图6.441

17 回到前视图，根据参考图，车窗还有一个长方体结构需要创建，在透前视图中创建一个长方体。单击鼠标右键将其转化为可编辑多边形，进入点层级，调整长方体形状和参考图一致。然后进入边层级，选择长方体的4条边，单击 连接 【连接】按钮，将边数设置为1。进入透视图，选择多边形层级，删除背面和上下两个面，然后移动到窗户边。将长方体移动到车窗后，进入对象的点层级。移动点以使长方体能够与车窗贴合，如图6.442所示。

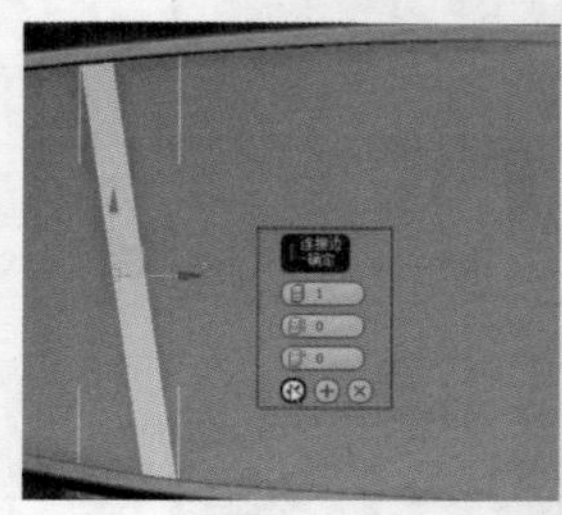
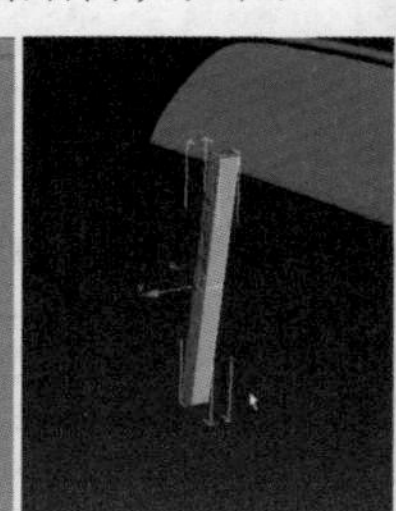
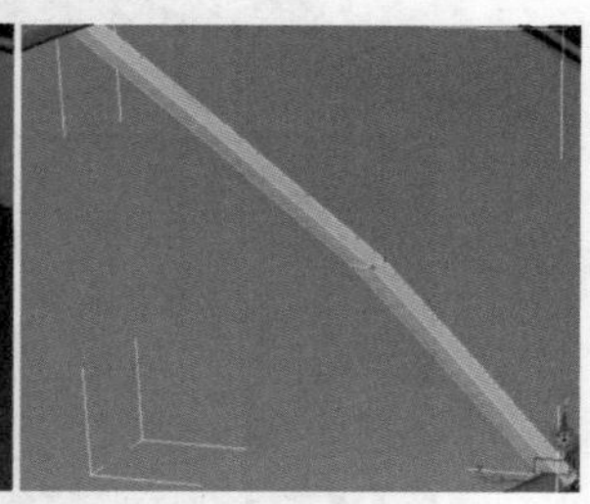

图6.442

18 贴合好之后，对长方体加线。选择长方体横向的线，单击命令面板 连接 【连接】按钮，设置边数为2；设置边收缩为33，如图6.443所示。从修改器列表中为平面增加【涡轮平滑】修改器，将【迭代次数】调整为3，再次调整形状与边框协调。进入顶点层级，打开【最终结果显示开关】，移动顶点以调整长方体，如图6.444所示。

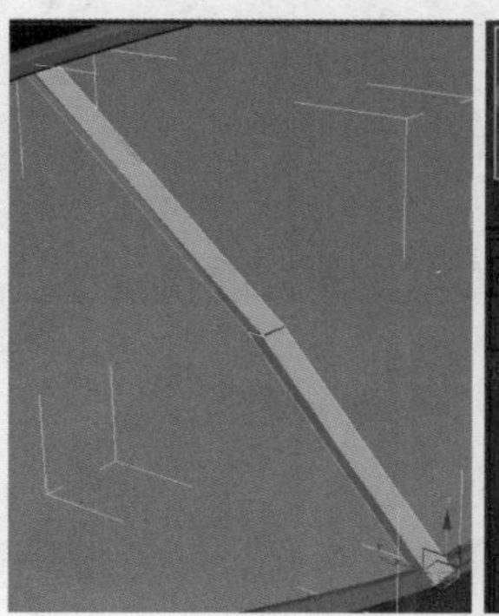
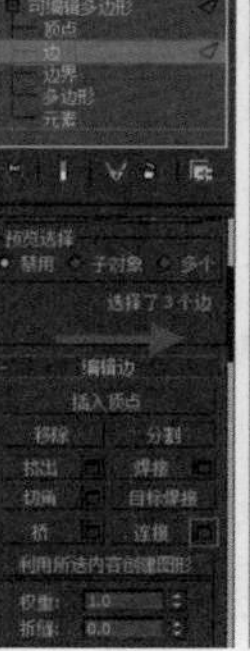
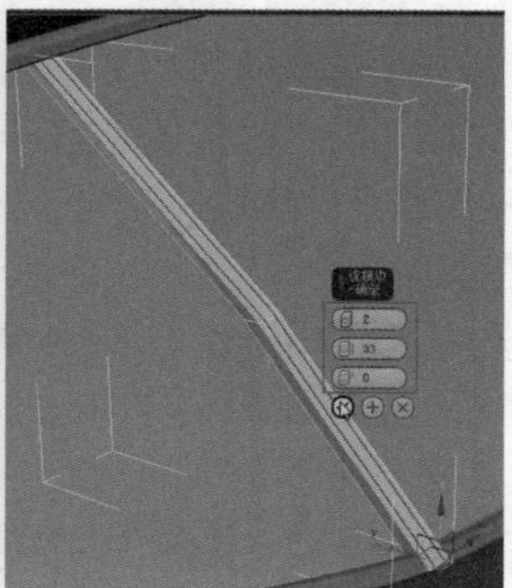

图6.443

19 侧面车窗基本完成，把车窗框、玻璃和长方体3个物体成组并命名为“boli”。单击【镜像生成】按钮，在弹出的对话框中选择【复制】选项，并调节偏移值改变位置，如图6.445所示。

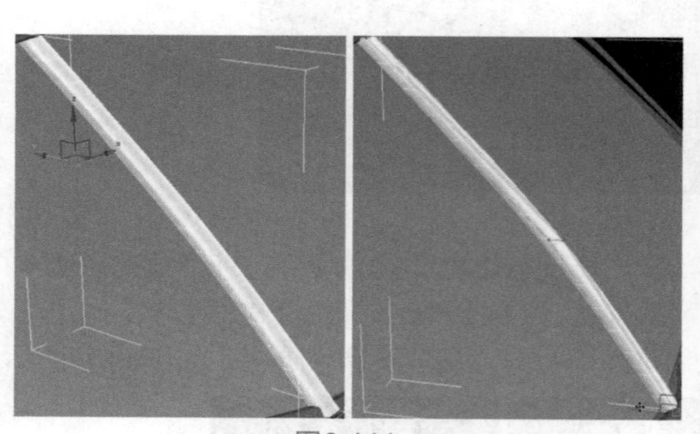

图6.444

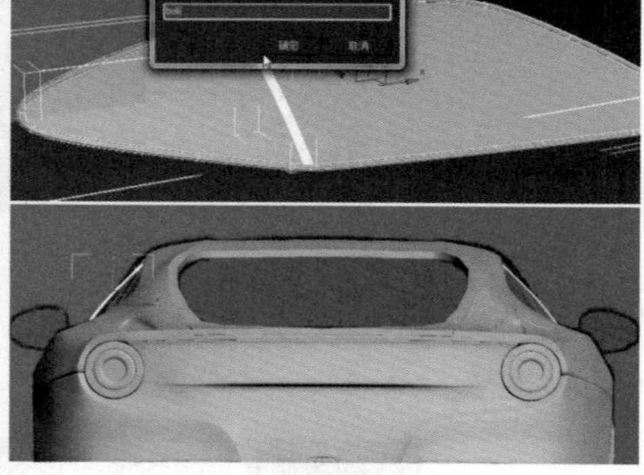

图6.445

20 现在开始制作前车窗。进入顶视图，创建4个顶点的闭合线（如图6.446），进入点层级，框选4个点，单击鼠标右键，在弹出的对话框中选择【Bezier角点】命令并进行调整，如图6.447所示。

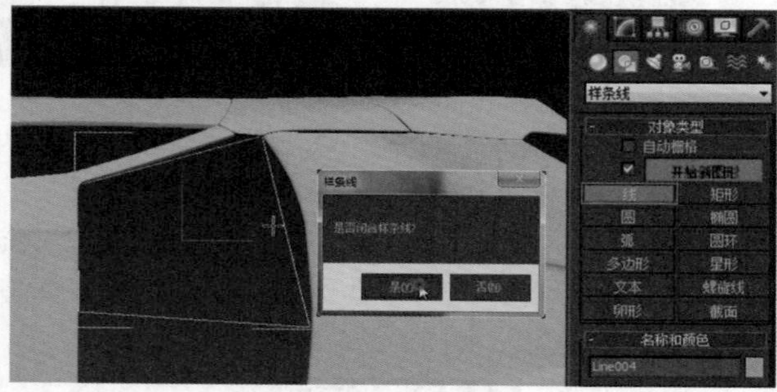

图6.446

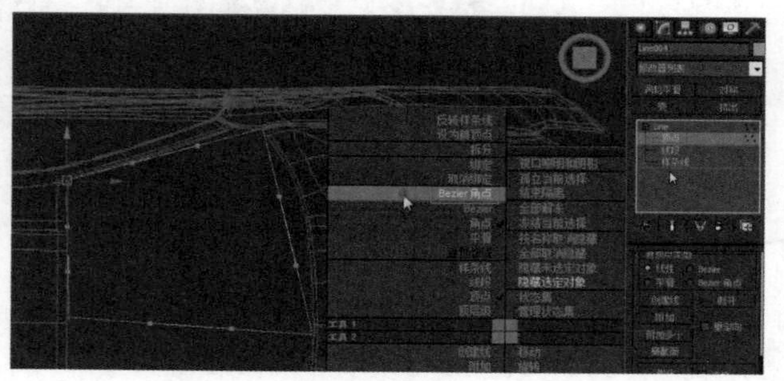

图6.447

21 进入透视图，控制【Bezier角点】手柄，在顶视图和透视图进行调整。调整好之后从修改器列表中为平面增加【曲面】修改器，如图6.448所示。

22 进入顶点层级，打开【最终显示结果开关】，再次控制点进行调整，从修改器列表中为平面增加【镜像】修改器，设镜像轴为Y轴。发现中间有空隙，进入线的顶点层级并调整点，如图6.449所示。

23 制作后车窗，跟前车窗的制作方法一样。进入顶视图，创建有4个顶点的闭合线，进入点层级，框选4个点，单击鼠标右键，将其转化为【Bezier角点】，如图6.450所示。

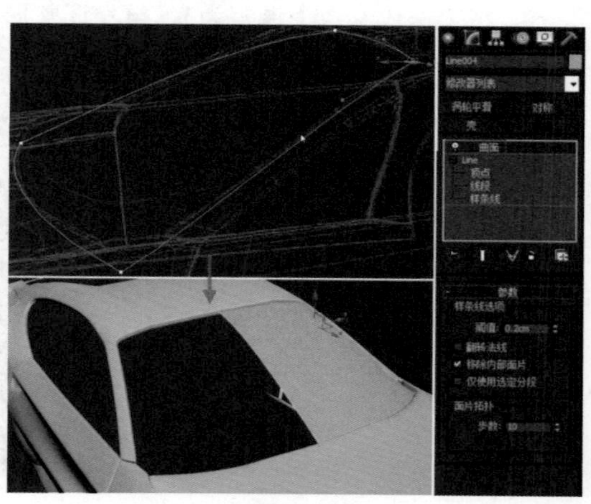

图6.448

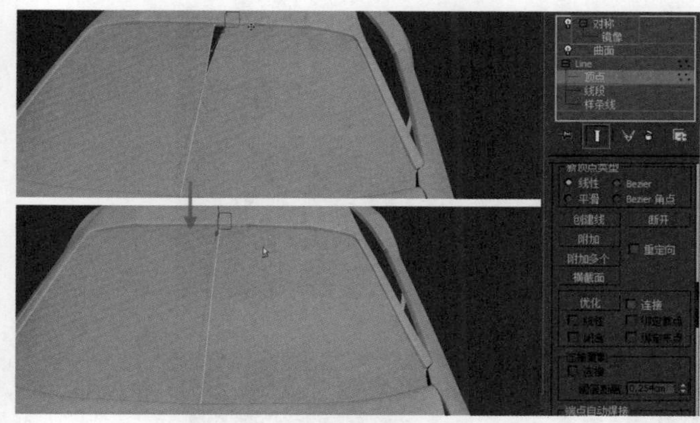

图6.449　　图6.450

24 转化为【Bezier角点】后，和前车窗一样制作方法一样，在顶视图和透视图中根据模型控制【Bezier角点】手柄进行调整。从修改器列表中为平面增加【曲面】修改器，勾选【翻转法线】复选项，如图6.451所示。

25 从修改器列表中为平面增加【对称】修改器，选择对称轴为Y轴。移动对称轴，单击鼠标右键，在弹出的对话框中选择【全部取消隐藏】命令，按键盘上的快捷键Alt+X，让后视镜变为透明。这样汽车模型就完成了，如图6.452所示。

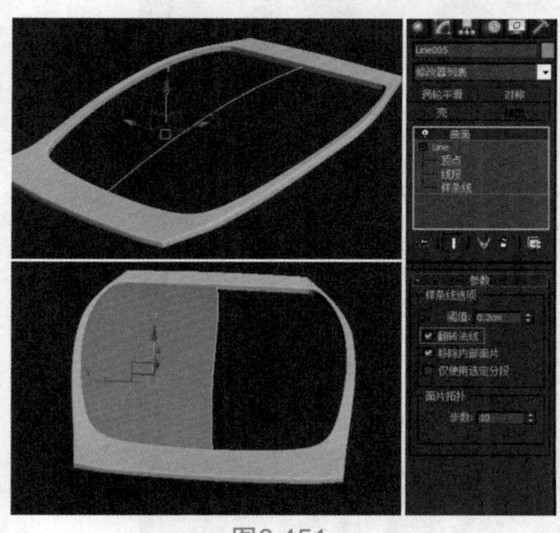

图6.451

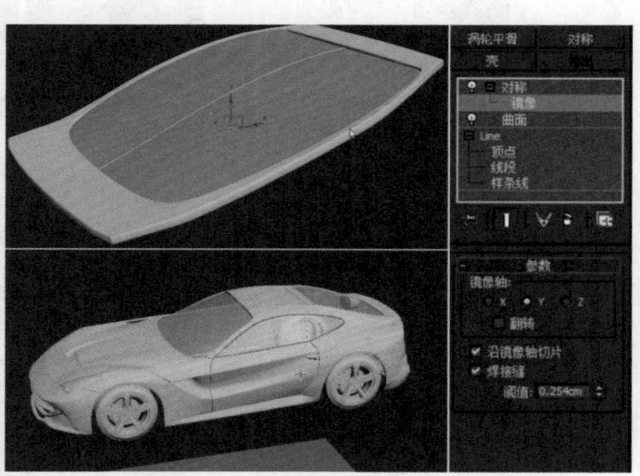

图6.452

6.16 后视镜和底盘制作

01 在前视图中创建一个长方体，设置【长度分段】为2、【宽度分段】为3、【高度分段】为3。单击鼠标右键，将其转化为可编辑多边形，进入顶视图中进行调整，再进入透视图中进行调整。进入边层级，选择长方体中间的边，将其移动到长方体中间，进入点层级，继续调整，如图6.453、图6.454所示。

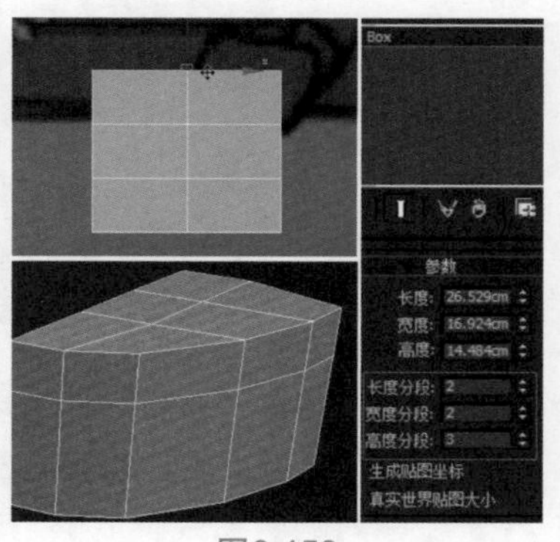

图6.453

02 基本形状调整好之后，开始制作后视镜的把手。进入多边形层级，选择一个面，单击命令面板中的 挤出 【挤出】按钮，如图6.455所示。

03 进入顶视图，观察参考图，后视镜把手没有对齐参考图，进入多边形的点层级，根据参考图调整点，如图6.456所示。

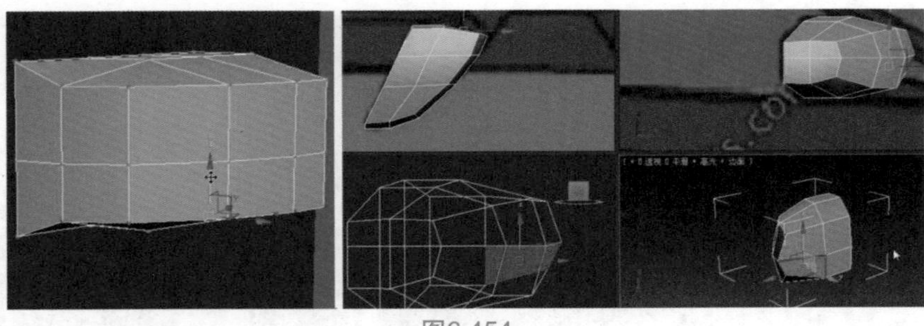

图6.454

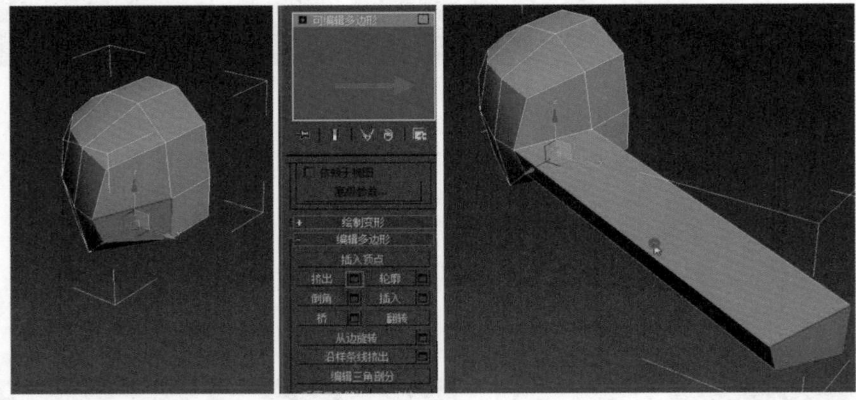

图6.455

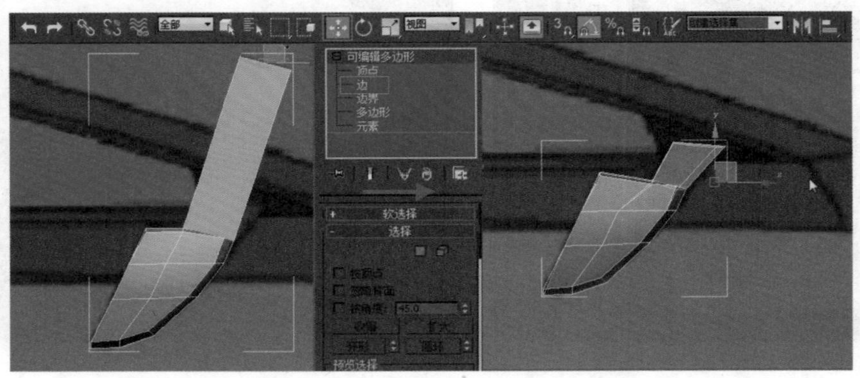

图6.456

04 为了让长方体更有层次，进入边层级，选择边，单击命令面板中的 连接 【连接】按钮。设置边段数为2、边收缩为-70左右、边滑块为-80左右，如图6.457所示。

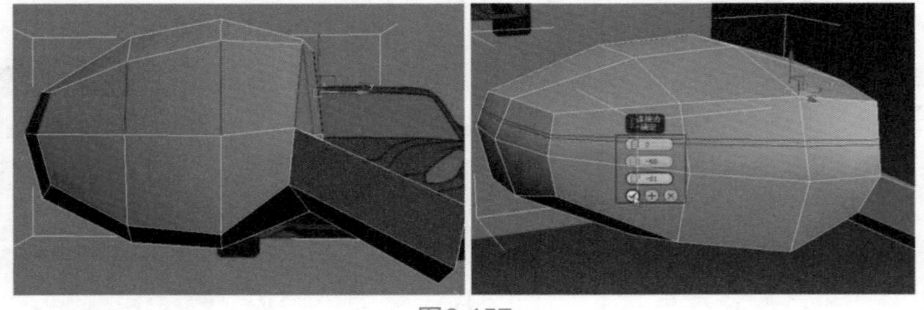

图6.457

05 后视镜是由两种材质组成，进入多边形层级，选择后视镜把手上面的两个面并向后拖动，让上下有层次感，如图6.458所示。

06 中间的两圈线不能够隔得太近，线离得近，造成对象涡轮平滑之后显得不够圆滑、有些生硬。进入边层级并调整边，如图6.459所示。

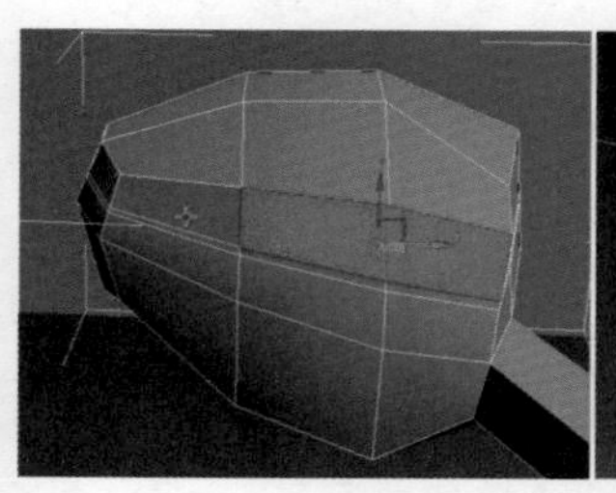
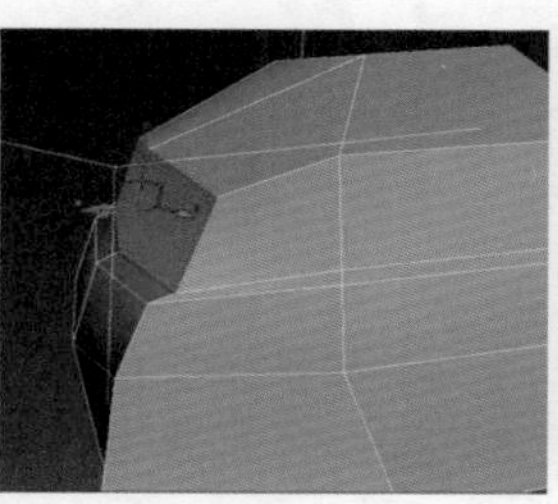
图6.458

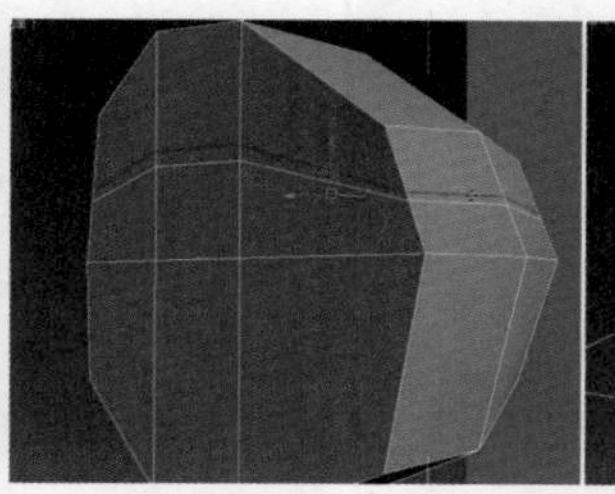
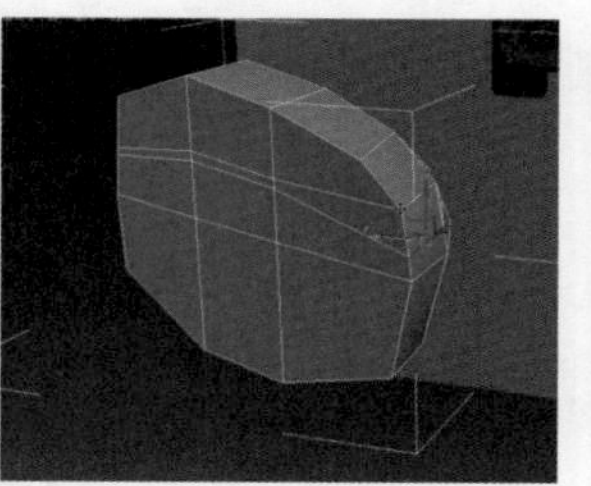
图6.459

07 从修改器列表中为模型增加【涡轮平滑】修改器，设置【迭代次数】为3，如图6.460所示。观察一下效果，再参照参考图继续做调整。进入边层级，环形选择线，单击命令面板中的 连接 【连接】按钮，设置边段数为1，如图6.461所示。

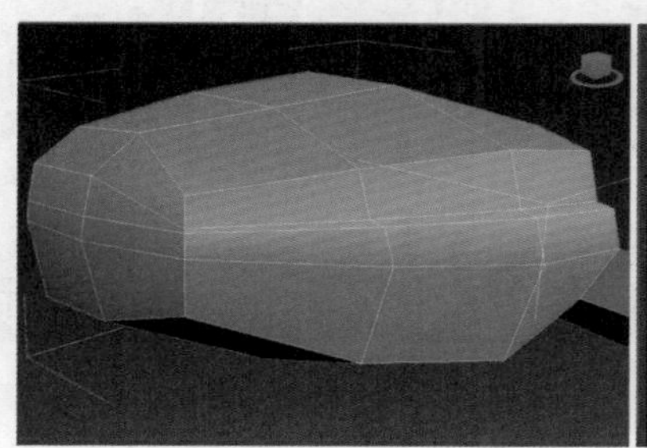

图6.460

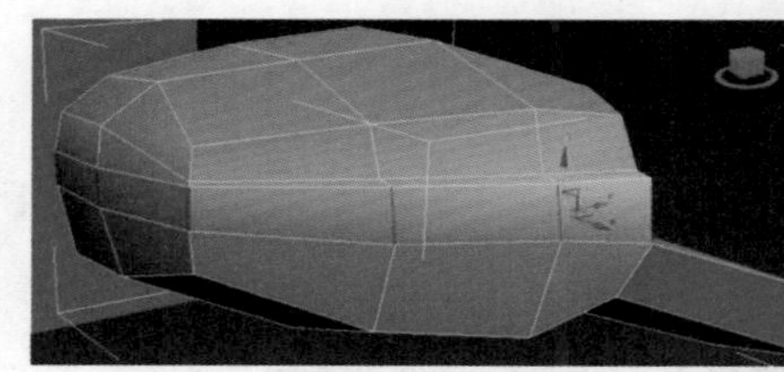
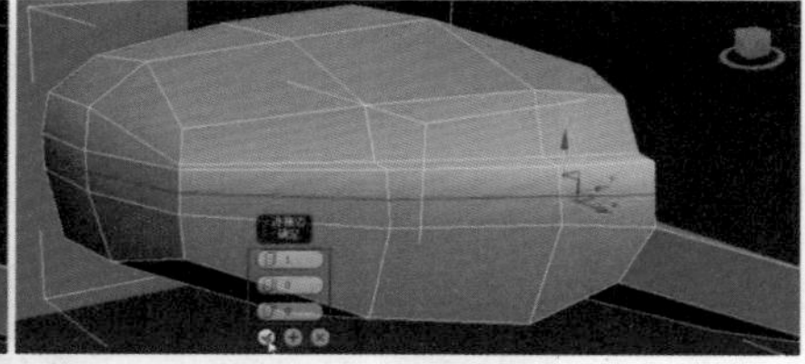
图6.461

08 将横向的边连接好之后，纵向再连接一圈线。环形选择边，单击命令面板中的 连接 【连接】按钮，设置边段数为1、边滑块为11，如图6.462所示。连接好之后再调整点，选择点在“约束到边”的前提下移动，如图6.463所示。

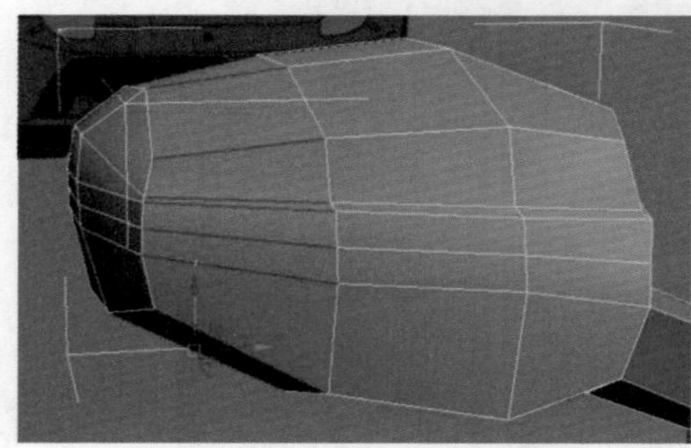
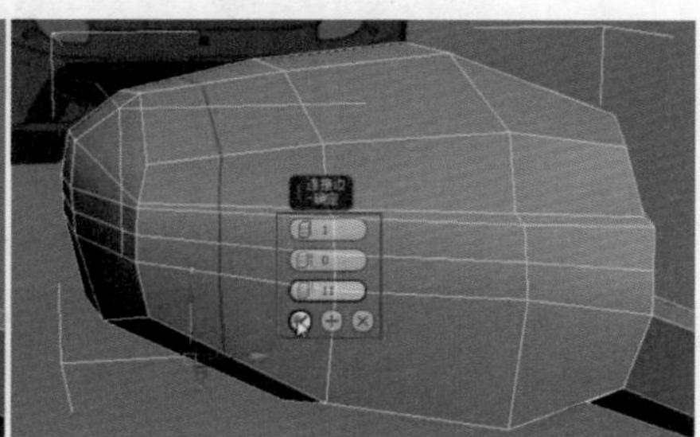
图6.462

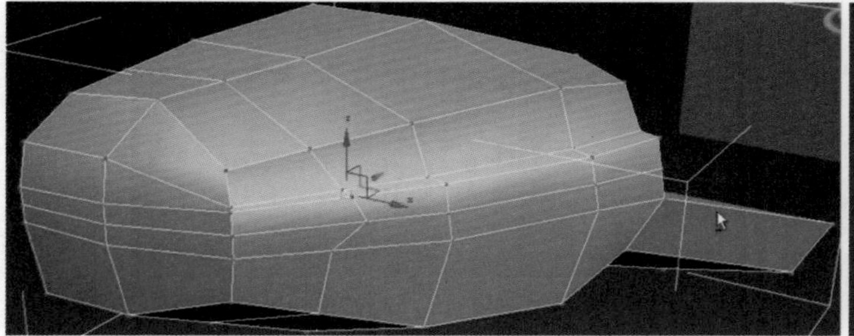
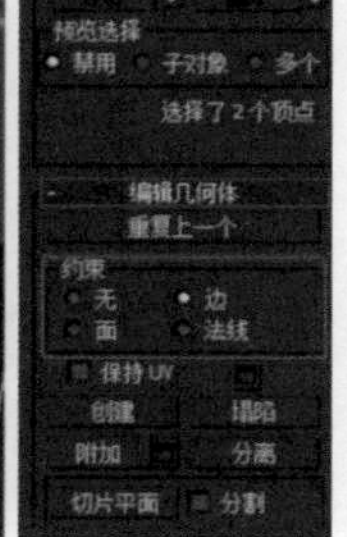

图6.463

09 调整好点之后，打开涡轮平滑显示开关，观察对象是否圆滑，在打开【显示最终结果开关】的状态下，关闭"约束到边"方式，调整顶点和边的位置。关闭【显示最终结果开关】，配合切换"约束到边"的方式，对边和顶点进行调整，如图6.464所示。

10 在配合切换"约束到边"的方式对边和顶点进行调整之后，打开参考图再观察形状，环形选择中间的边。为了让转折处更加清晰，再添加一圈边。单击命令面板中的 连接 【连接】按钮，设置边段数为1、边滑块为11、边段数为1、边滑块为-82左右，从而靠近上面的边，如图6.465所示。

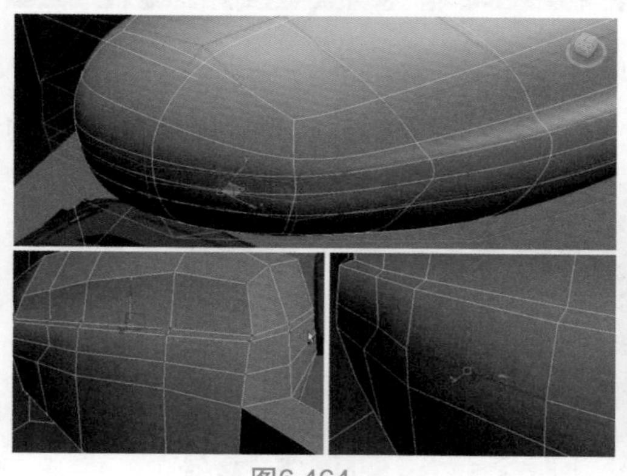

图6.464

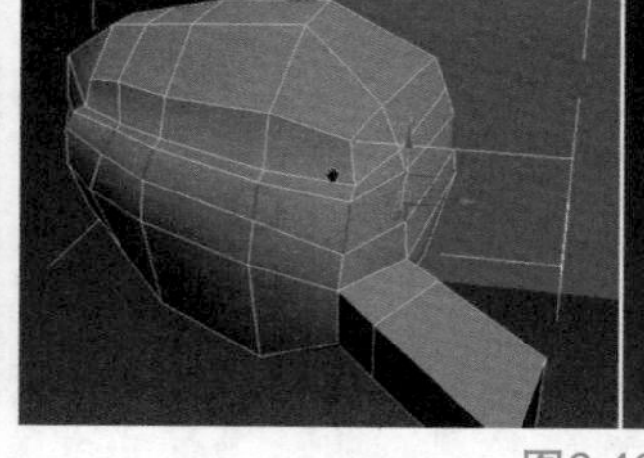

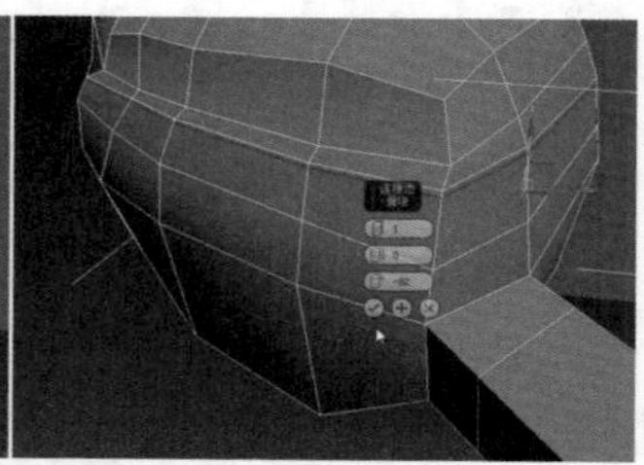

图6.465

11 后视镜的前部分转折是比较圆滑的，不要有太明显的转折。进入点层级，开启"约束到边"方式，如图6.466所示。

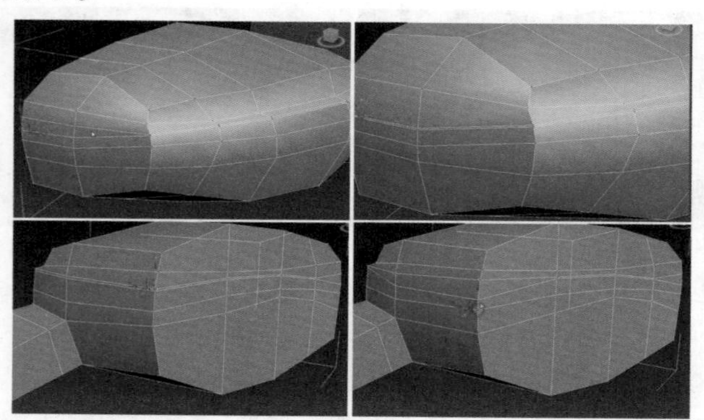

图6.466

12 基本形状调整好之后，开始制作镜面部分。关闭【显示最终结果开关】，因为布线比较混乱，需要调整均匀。进入点层级中进行调整。外形不够圆滑，打开【显示最终结果开关】，对后视镜外形进行调整，如图6.467、图6.468所示。

图6.467

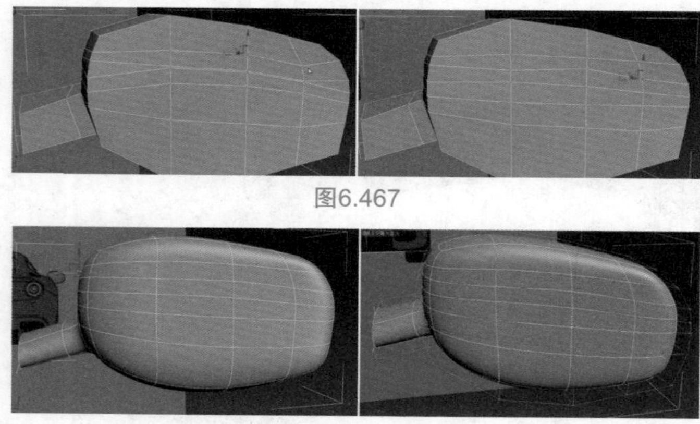

图6.468

13 调整之后，关闭 【显示最终结果开关】按钮，进入多边形层级，选择多边形，单击命令面板中的 平面化 【平面化】按钮，如图6.469所示。

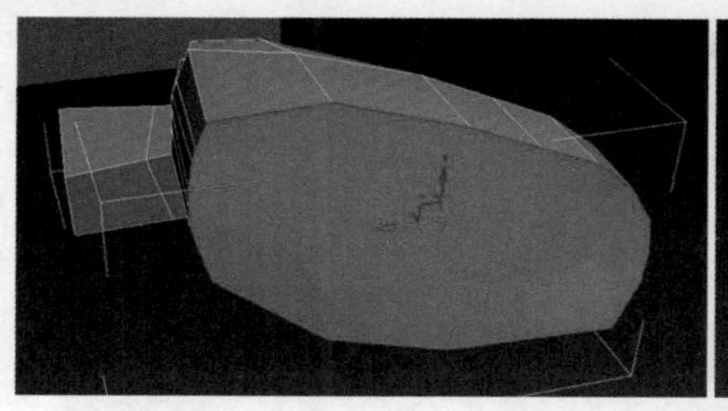
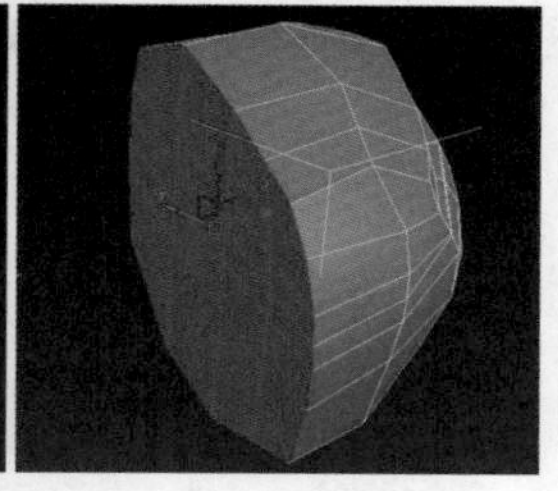

图6.469

14 继续单击命令面板中的 倒角 【倒角】按钮，设置第一次倒角轮廓为-0.36左右、高度为0；单击⊕【应用并继续】按钮，进行第二次倒角，设置轮廓为0、高度为-0.4左右；单击⊕【应用并继续】按钮进行第三次倒角，设置轮廓为-0.3左右、高度为0；单击⊕【应用并继续】按钮进行第四次倒角，设置轮廓为0、高度为0.35左右，如图6.470所示。

TIPS 本例中并没有按照真实跑车的尺寸进行建模，文中出现的一些尺寸参数仅作参考，读者在制作时可能需要不同的数值，只要模型比例正确即可。

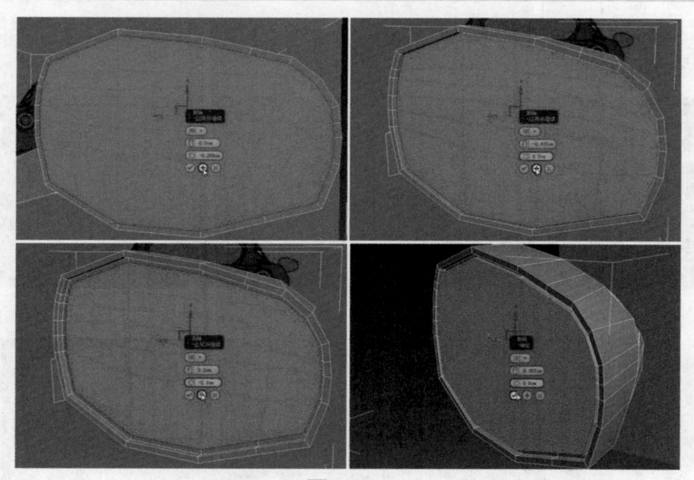

图6.470

15 倒角之后，单击 【涡轮平滑显示开关】按钮，发现模型边缘不够圆滑，打开 【显示最终结果开关】，进入点层级调整外形，如图6.471所示。调整好之后，打开后视镜参照图，转折处下面有一个凹槽，现在制作凹槽，如图6.472所示。

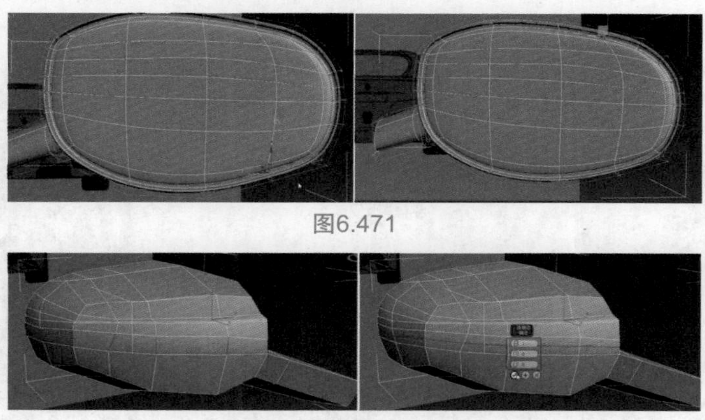

图6.471

图6.472

16▸ 单击【涡轮平滑显示开关】按钮，发现形状还不够圆，需要继续加边。进入边层级并选择边，打开【显示最终结果开关】，单击命令面板中的 连接 【连接】按钮，如图6.473所示。

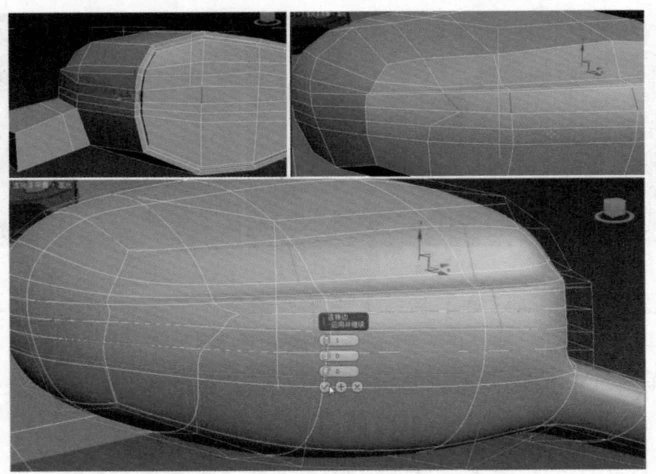

图6.473

17▸ 连接好线之后，发现模型还是有许多拉伸的地方。进入点层级，选择点并进行调整，如图6.474所示。点调整之后，进入边层级并选择边，打开【显示最终结果开关】，设置边段数为1、边滑块为-47，如图6.475所示。

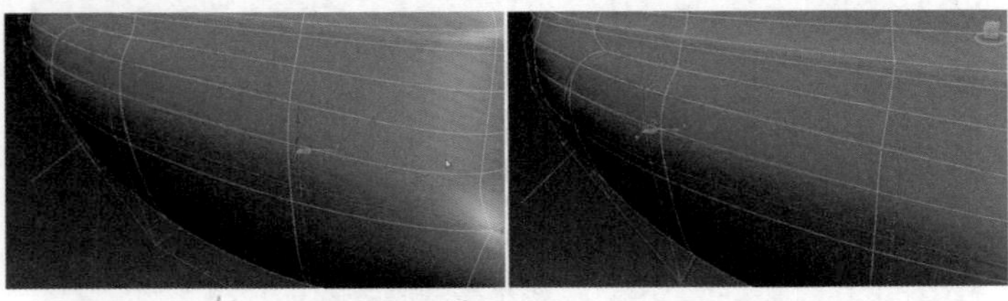

图6.474

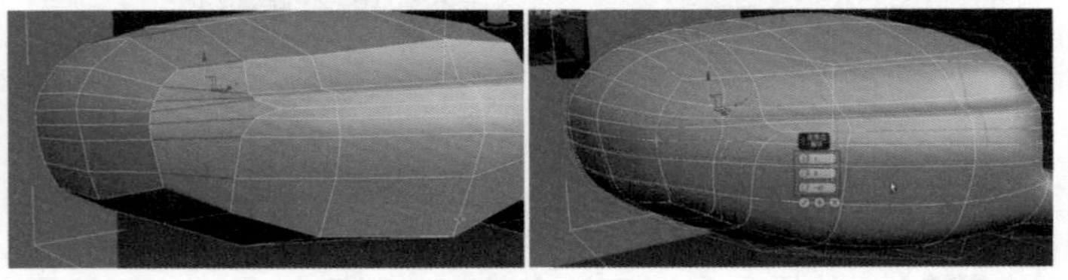

图6.475

18▸ 对后视镜形状做细致调整，使用命令面板中的 松弛 【绘制变形 松弛】工具，全选多边形，按键盘上的F2键转变换边显示模式。进入多边形层级，选择面，按键盘上的F2键。选择命令面板绘制图形 松弛 ，调整多边形的形状，如图6.476所示。

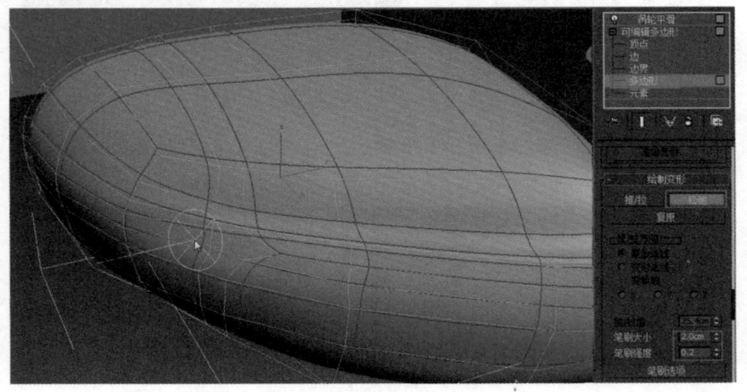

图6.476

19 接下来调整前面镜框处，关闭【显示最终结果开关】。进入线层级并选择边，单击【连接】按钮，设置边段数为2、边收缩为50左右，继续连接线，单击【连接】按钮，设置边段数为2、边收缩为50左右，如图6.477所示。

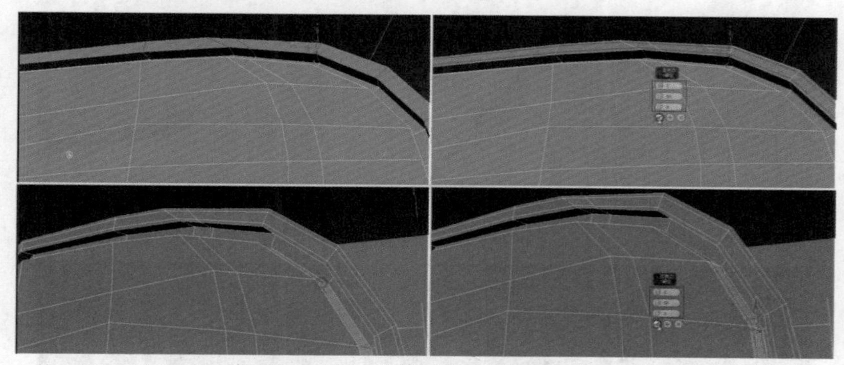

图6.477

20 由于多次编辑导致平面镜位置出现变形，需要将其编辑为平整边框，调整好之后开始调整镜面。进入多边形层级，选择面，单击命令面板中的【平面化】按钮。然后在多个视图里把多边体移动到合适的位置，如图6.478所示。

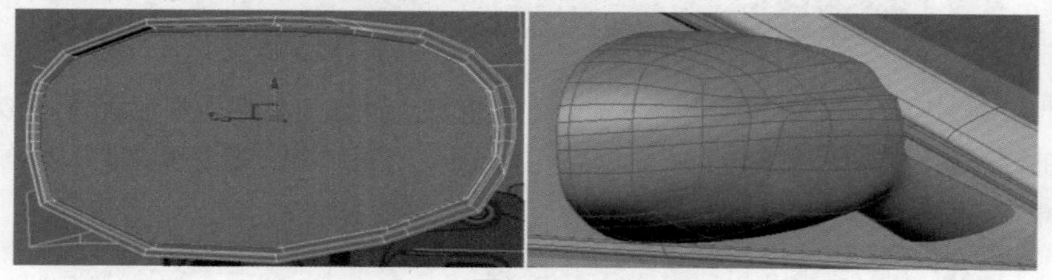

图6.478

21 后视镜外形完成之后，调整后视镜把手位置。打开【显示最终结果开关】。进入顶点层级，调整顶点的位置，如图6.479所示。

图6.479

22 接下来制作玻璃前方的一个三角区域。进入到线框模式，创建线并将其移动到对应位置，进入到点层级，单独调整顶点，如图6.480所示。

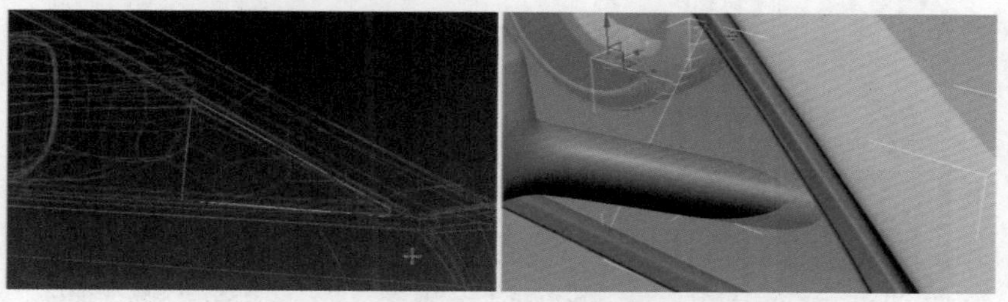

图6.480

23 从修改器列表中为平面增加【挤出】修改器，单击鼠标右键，在弹出的菜单中选择【转换为】→【可编辑多边形】命令，进入点层级并进行调整。进入边层级并选择边，单击【连接】按钮，设置边数为1，如图6.481、图6.482所示。

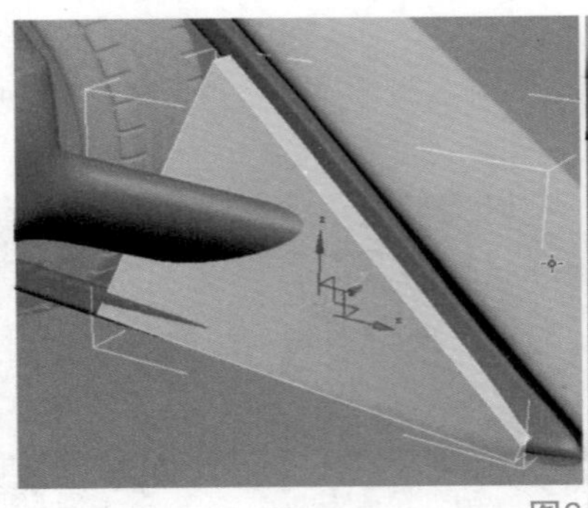

图6.481

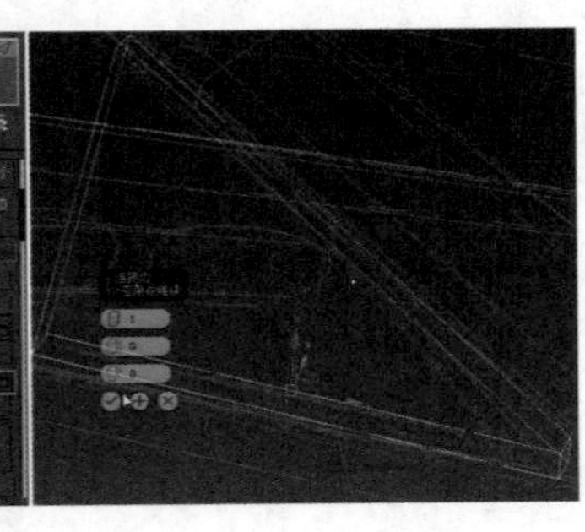

图6.482

24 进入对象的点层级，选择点并使对象贴合到车窗框。调整好之后选择后视镜和多边形，单击菜单栏的 组(G)【组】，将其成组并命名为“jingzi”。随后单击【镜像】工具对称到车身另一侧，如图6.483所示。

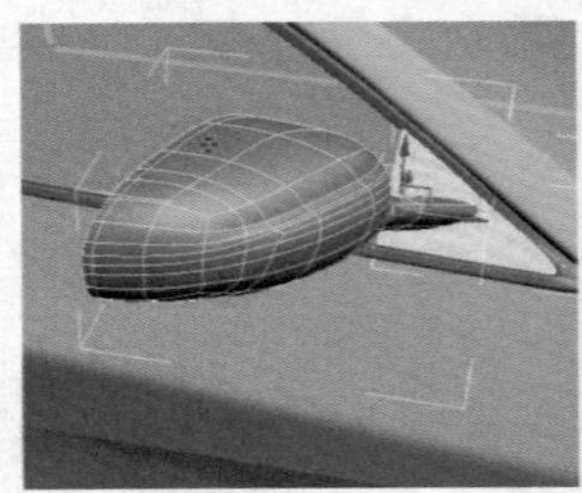
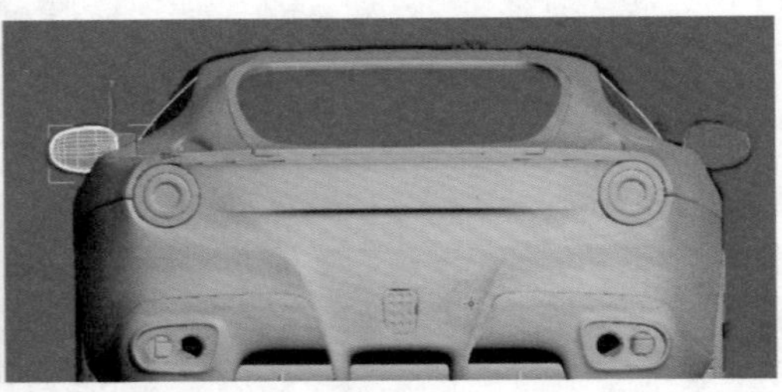

图6.483

25 接下来制作汽车底盘。首先选择轮胎，单击鼠标右键，在弹出的菜单中选择【隐藏选定对象】命令。在前视图中创建圆柱对象，在弹出的菜单中选择【转换为】→【可编辑多边形】命令，如图6.484所示。

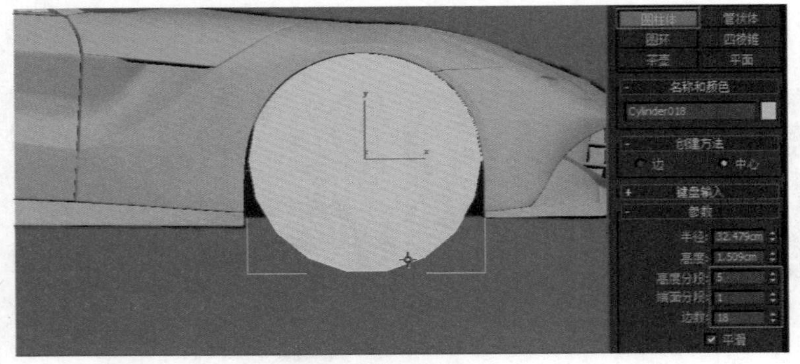

图6.484

26 进入透视图，选择对象的多边形层级，选择圆柱开边四层多边形并将其删除，拖动到轮胎位置，进入多边形的点层级，进入左视图，选择点以调整轮胎宽度，如图6.485所示。

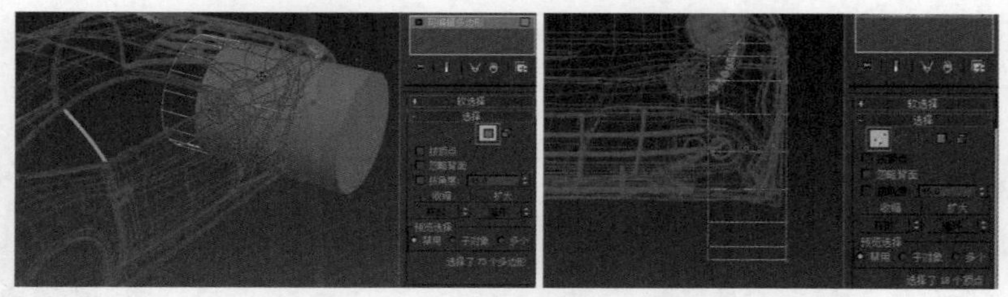

图6.485

27 进入前视图，进入对象的多边形层级，选择对象中间的多边形，单击命令面板中的【插入】按钮，设置数值为2.5左右，如图6.486所示。

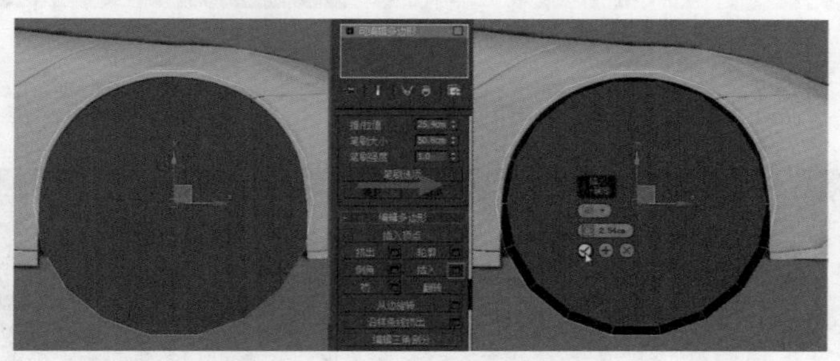

图6.486

28 选择多边形，单击鼠标右键，在弹出的对话框中选择【塌陷】选项（如图6.487），再进入多边形层级，选择下半部分多边形并将其删除，如图6.488所示。

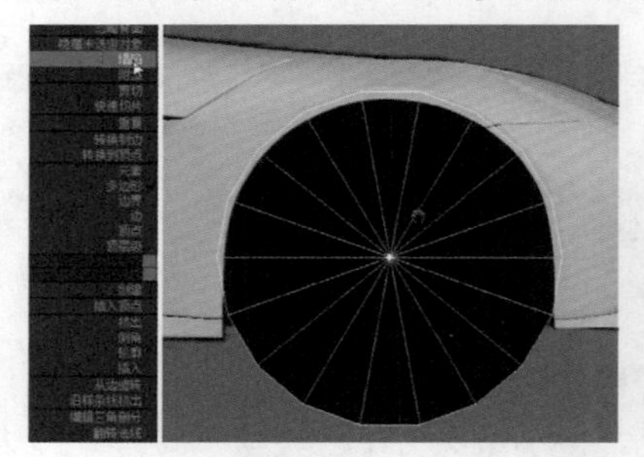

图6.487

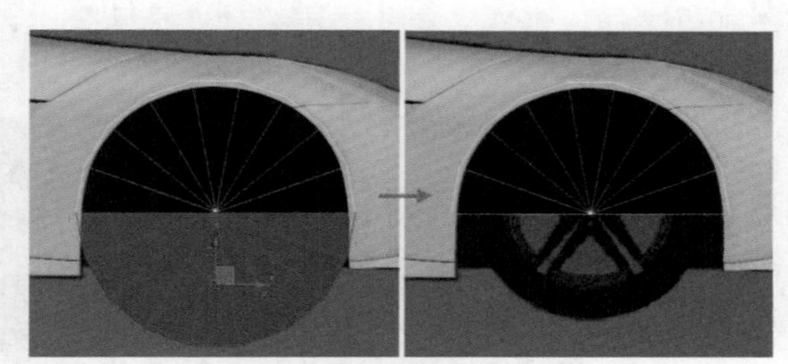

图6.488

29 进入对象的边层级，选择边缘处的边，按住键盘上的Shift键复制出多边形并移到后轮位置，再调整顶点位置以完善形状，进入对象的点层级，调整形状，如图6.489所示。

图6.489

30 现在对象为黑色，需要进行翻转。进入对象的元素层级，选择对象元素，单击命令面板中的【翻转】按钮，如图6.490所示。

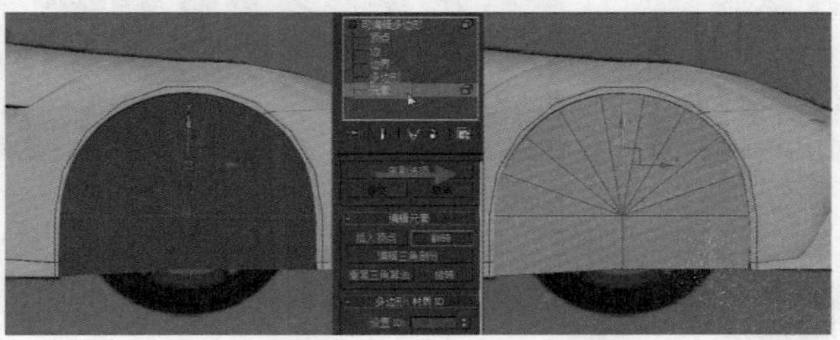

图6.490

31 选择对象，按住键盘Shift键复制一个并移到后部轮胎的位置，进入对象的点层级，调整点的位置，如图6.491所示。

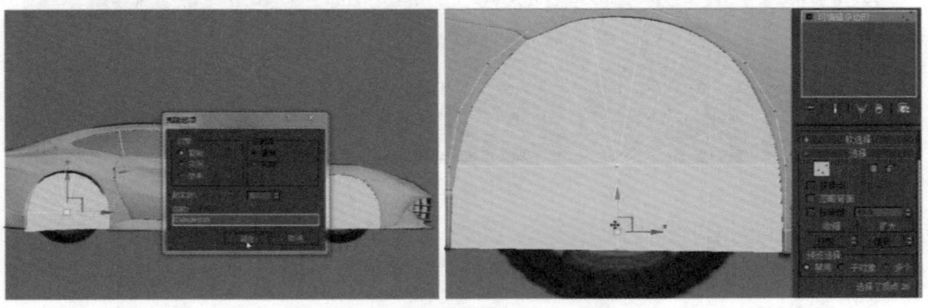

图6.491

32 调整好之后，进入透视图中，选择一个元素，在命令面板中单击 附加 【附加】按钮，如图6.492所示。

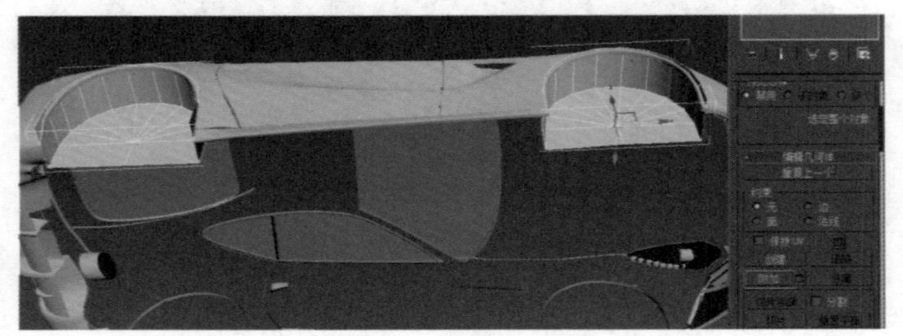

图6.492

33 附加好之后，进入对象的边层级，选择两个边，单击命令面板中的 桥 【桥】按钮，如图6.493所示。

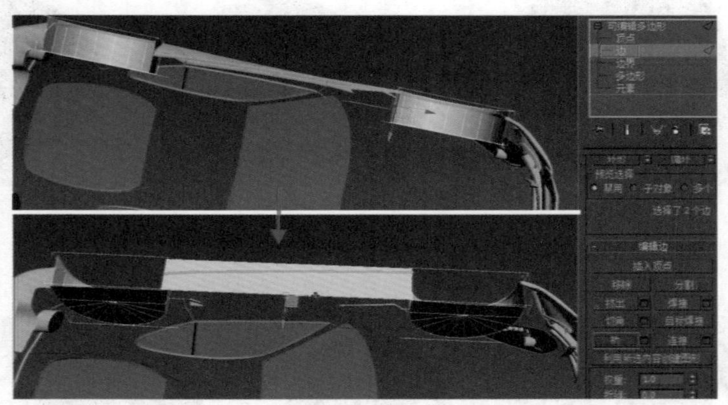

图6.493

34 桥连接好之后，进入对象的边层级，选择长边并按住键盘Shift进行复制，如图6.494所示。把车底封上。再选择底盘前面的边并按住键盘Shift进行复制，如图6.495所示。

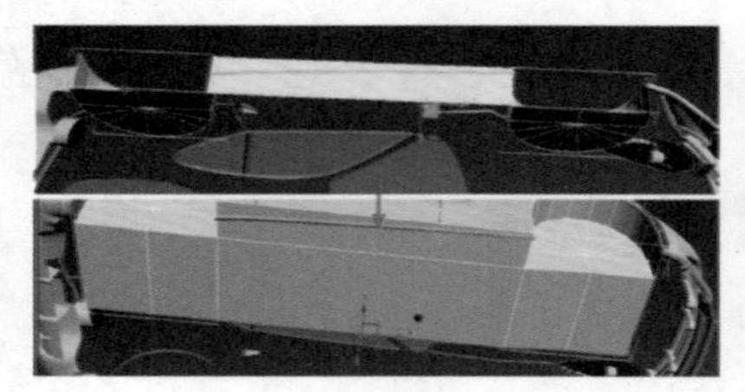

图6.494

图6.495

35 复制好之后，进入对象的顶点层级，选择相应的顶点并调整位置，让车身底盘处在整个车身内部，如图6.496所示。

36 调整好之后，进入对象的边层级，选择相应的边，单击命令面板中的 连接 【连接】按钮，选择车体，按键盘上的快捷键Alt+X，让车体半透明显示以便于观察。选择车身底盘，单击对象颜色，更换车身底盘颜色为蓝色，从而便于观看，如图6.497所示。

图6.496

图6.497

37 进入对象的边层级，选择底盘前面的边，按住键盘上的Shift键进行复制，如图6.498所示。复制出来的多边形不能够把车栏杆挡住，选择边并向内移动，如图6.499所示。

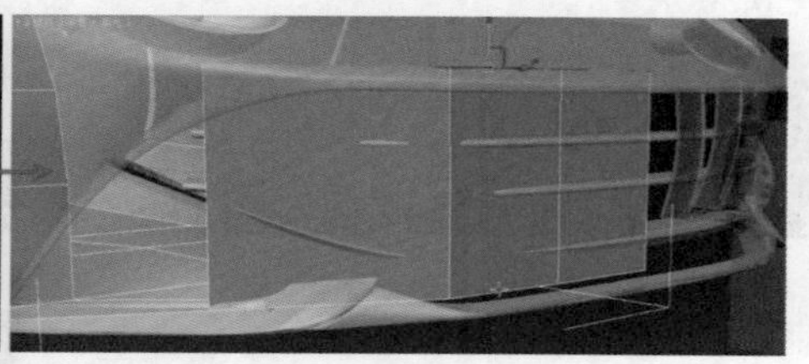

图6.498

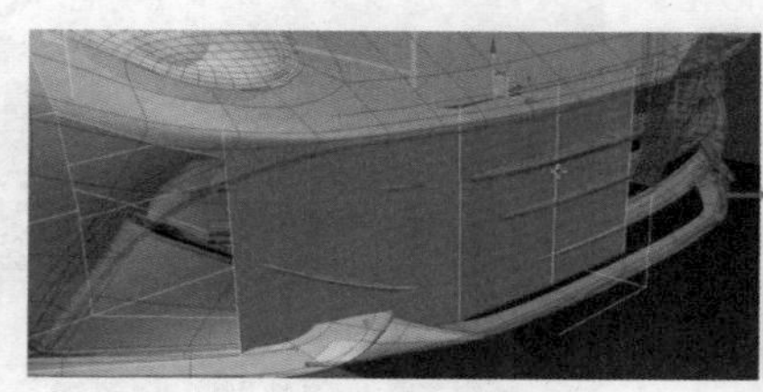

图6.499

38 向内移动之后，按住键盘上的Shift键进行复制，复制好之后把轮胎前面的边也封上。选择相对应的两条边，单击命令面板中的 桥 【桥】按钮，如图6.500所示。

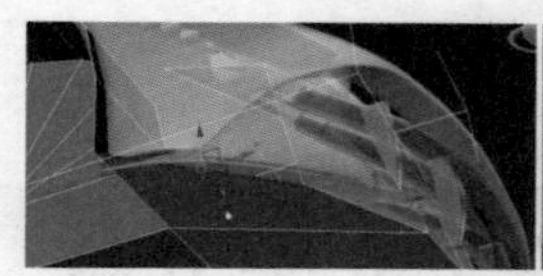
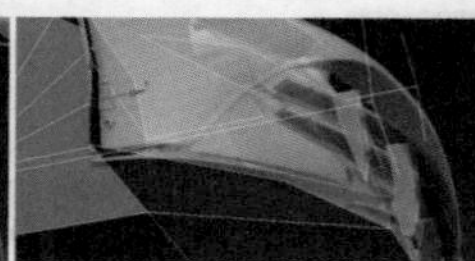
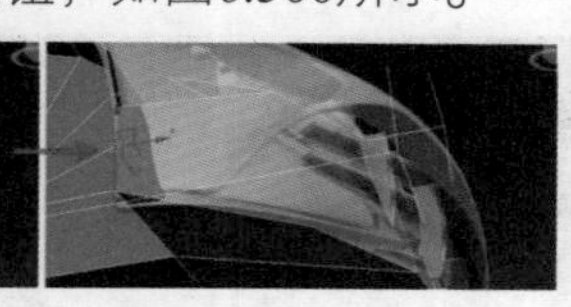

图6.500

39 连接好之后，进入对象的边层级，环形选择边，单击命令面板中的 连接 【连接】按钮，如图6.501所示。

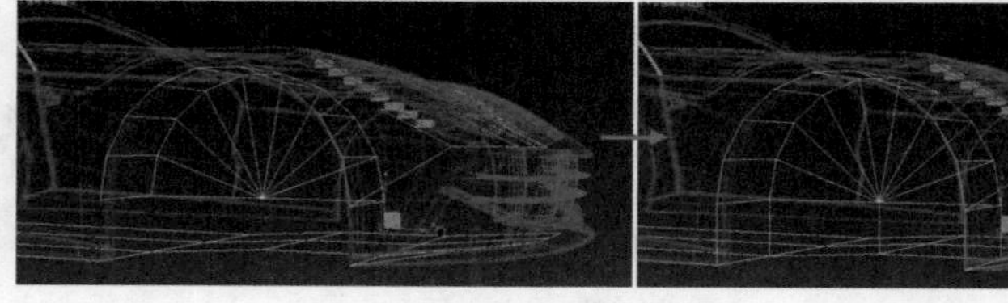

图6.501

40 环形边连接好之后，观察模型底盘。发现很多部分露出了车身，进入对象的边层级，调整边的位置，如图6.502所示。

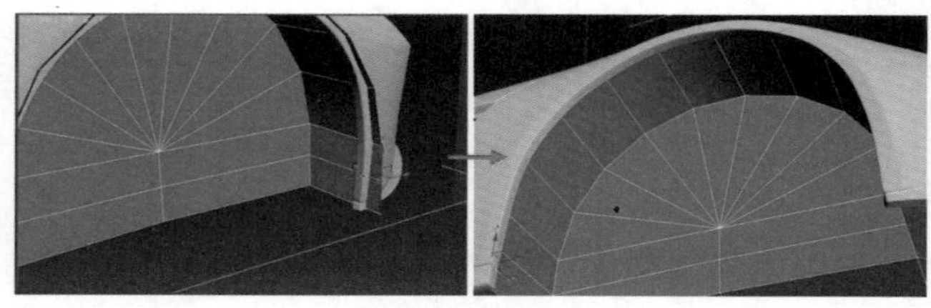
图6.502

41 车身底盘前半部分基本都做好了，开始调整后半部分。进入对象的边层级，选择轮胎位置露出的边，向内移动，如图6.503所示。

42 再选择底盘尾部的边，按住键盘上的Shift键进行复制，把汽车底部填满。再按住键盘上的Shift键向上拖动进行复制，再向外移动，使其不要露出到车身外，如图6.504所示。

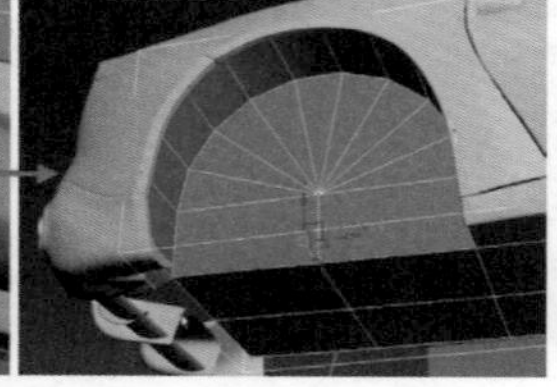
图6.503

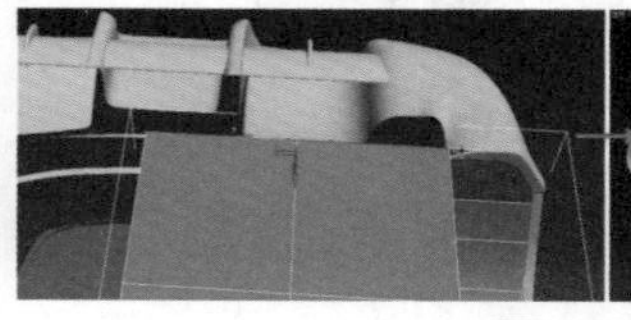
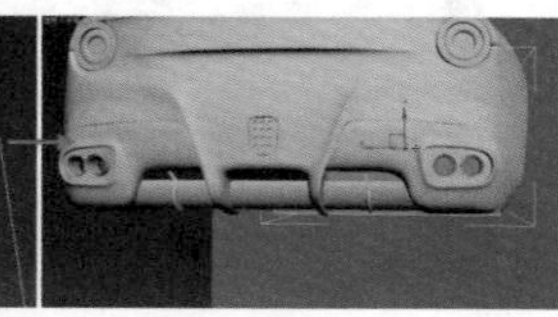
图6.504

43 观察底盘模型，还有小部分露在车身外，分别进入对象的顶点层级和边层级进行调整，如图6.505、图6.506所示。

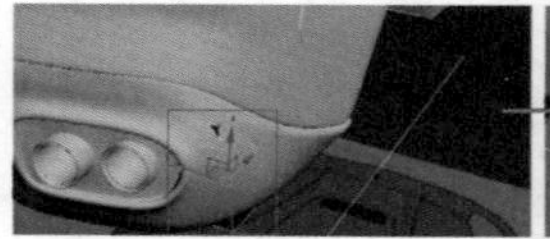

图6.505

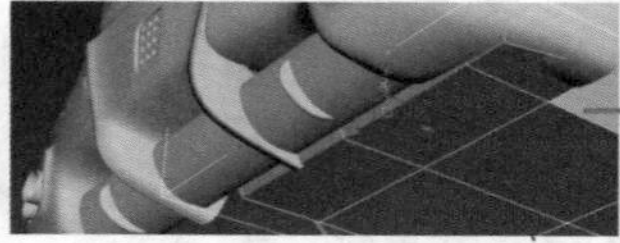

图6.506

44 在车身底盘填好漏洞且没有漏出车身外表之后。从修改器列表中为车身底盘增加【涡轮平滑】修改器，设置【迭代次数】为2，选择底盘并按下快捷键Alt+Q，使对象孤立显示，如图6.507所示。

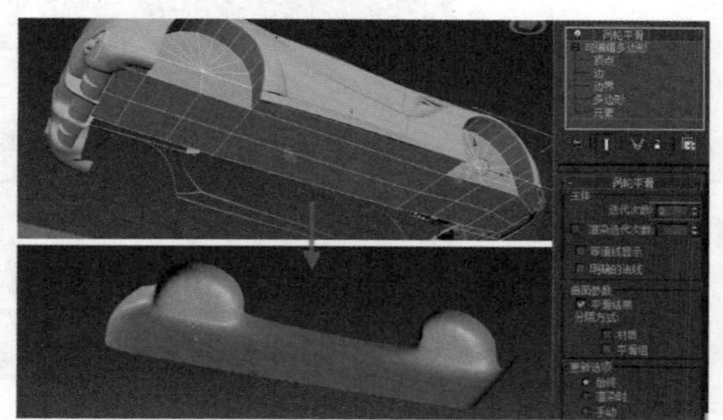
图6.507

45 进入对象的边层级，环形选择底盘靠外的边，单击命令面板中的 连接 【连接】按钮，设置分段数为1、边滑块为85左右，使其靠近里面的边，如图6.508所示。再选择中间的线，单击命令面板中的 连接 【连接】按钮，设置边段数为2、边收缩70左右，使其靠近两边的线，如图6.509所示。

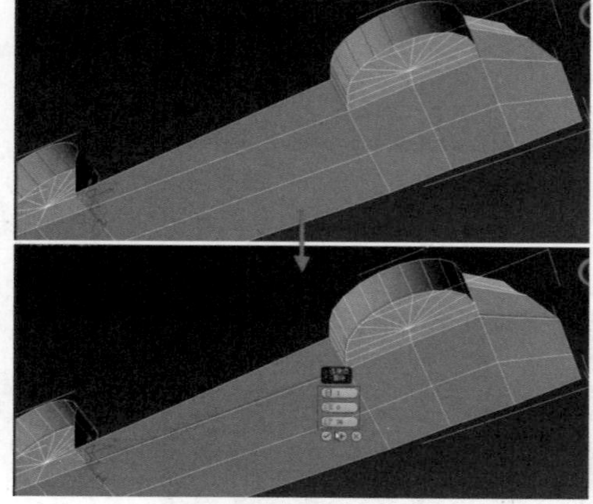
图6.508

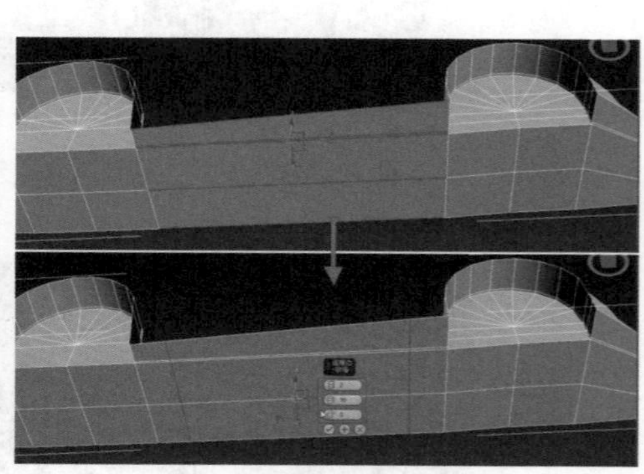
图6.509

46 加好线之后，继续调整底盘布线。选择尾部转折处的边，单击命令面板中的 切角 【切角】按钮，如图6.510所示。

47 切好角之后继续选择边，单击命令面板中的 连接 【连接】按钮，设置边段数为1、边滑块为-80，如图6.511所示。再选择线，单击命令面板中的 连接 【连接】按钮，设置边段数1、边滑块为-80，如图6.512所示。

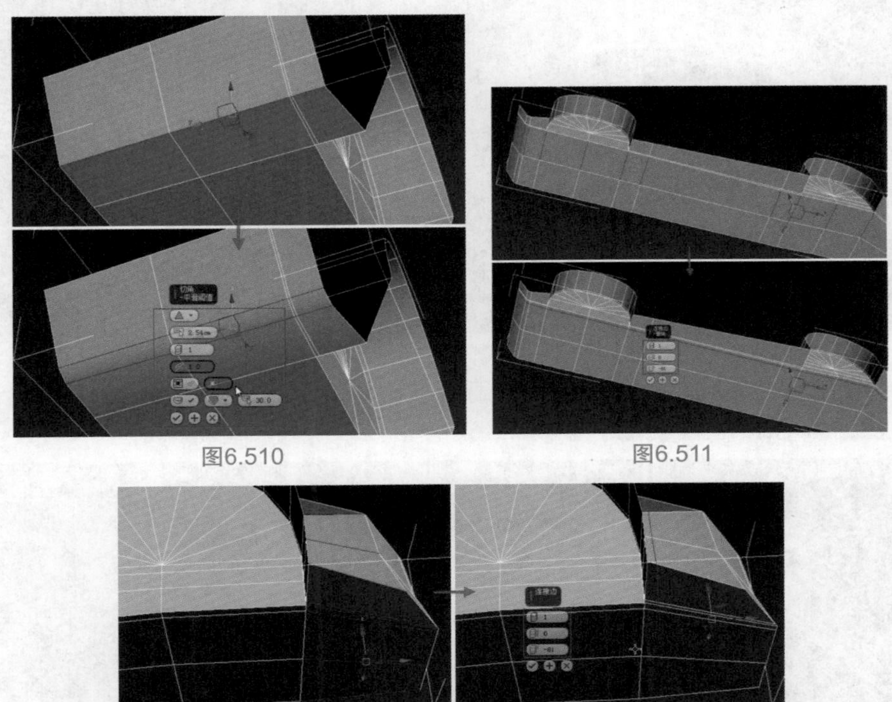

图6.510　　图6.511

图6.512

48 调整好之后，汽车底盘基本完成，打开涡轮平滑查看，再调整一下有拉扯的地方。选择车轮附近造成拉扯的边，在“约束到边”的前提下，进行位置调整，如图6.513所示。

图6.513

49 在底盘尾部选择边并再连接一圈线。单击命令面板中的 连接 【连接】按钮，设置边段数为1、边滑块为-70左右，如图6.514所示。

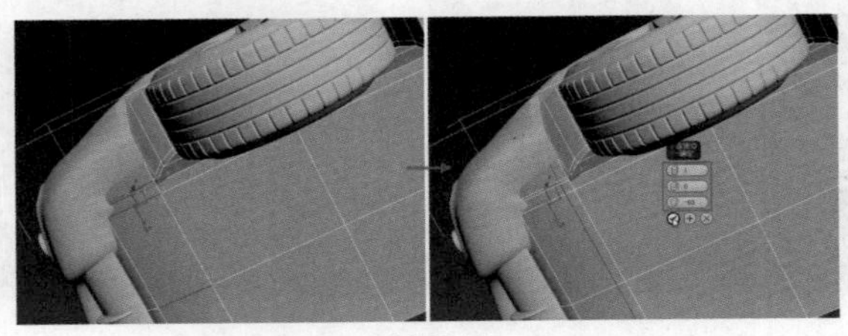

图6.514

50 汽车底盘做好之后，进入顶视图，从修改器列表中为汽车底盘增加【对称】修改器，对称轴为Z轴。把【对称】修改器拖到到涡轮平滑下面，选择对称修改器移动镜像调整好位置，如图6.515所示。

图6.515

51 调整好位置之后打开涡轮平滑，单击鼠标右键，选择【全部解冻】命令，选择全部参考图，按键盘上的Delete键将其删除，如图6.516所示。

图6.516

52 选择全部模型，按键盘上的M键打开材质编辑器，给所有物体统一的颜色。单击【材质编辑器】进行指定，如图6.517所示。

图6.517

6.17 汽车材质设置

01 给汽车制作一个地面，在顶视图中创建一个平面，打开修改面板，将其【长度】、【宽度】均设置为800，将【长度分段】和【宽度分段】均设置为1。调整参数完毕后，将平面放置在视图的正中间，从其他视图中检查其高度是否在地面位置，如图6.518所示。

02 单击工具栏的【渲染设置】开关，在弹出的【渲染设置】面板中选择【公用】选项卡，在【指定渲染器】卷展栏下单击【产品级】后的按钮，将渲染器改为V-Ray Adv渲染器，如图6.519所示。

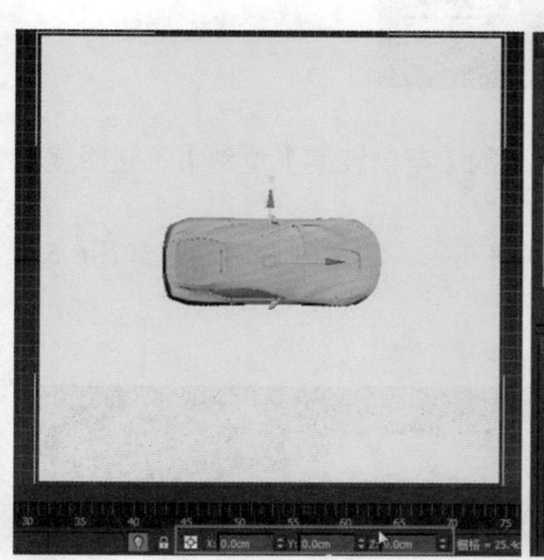

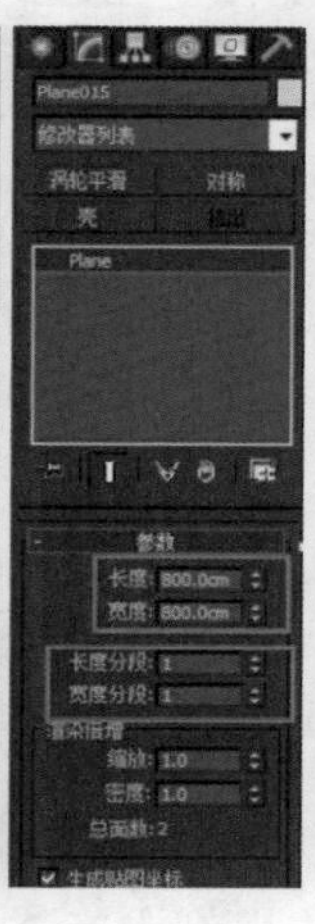

图6.518

图6.519

03 给地面添加材质。首先按键盘上的快捷键M或者单击工具栏上的按钮，在打开的Slate材质编辑器左侧的【贴图/材质浏览器】中双击【标准】材质，即可在视图中出现一个材质，为了方便区分和管理各对象的材质，将其命名为“dimian”。在右侧单击【漫反射】后面的小方块，在弹出的对话框中选择【渐变坡度】选项。单击进入【渐变坡度】层次，如图6.520所示。

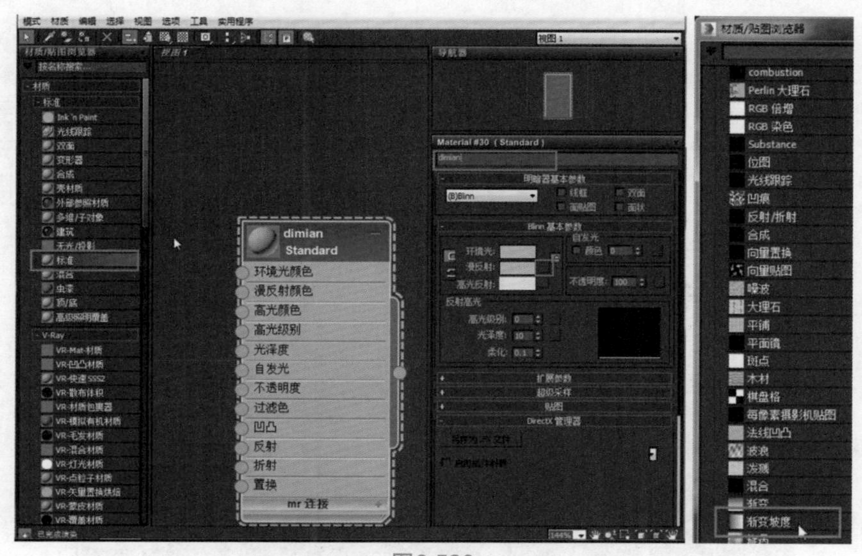

图6.520

在【渐变坡度】参数下双击鼠标以添加一个颜色，并调整相应位置，然后分别双击4个颜色点，修改其亮度参数为：120、120、0、0，并将【渐变类型】改为【径向】，如图6.521所示。

图6.521

04 返回上一层，进入【贴图】通道，把【漫反射颜色】里面的【渐变坡度】拉到【不透明度】里面，选择【复制】类型，如图6.522所示。

05 把材质指定给地面，在视图中就可以看到地面变成中间是灰色、边上是透明的，如图6.523所示。

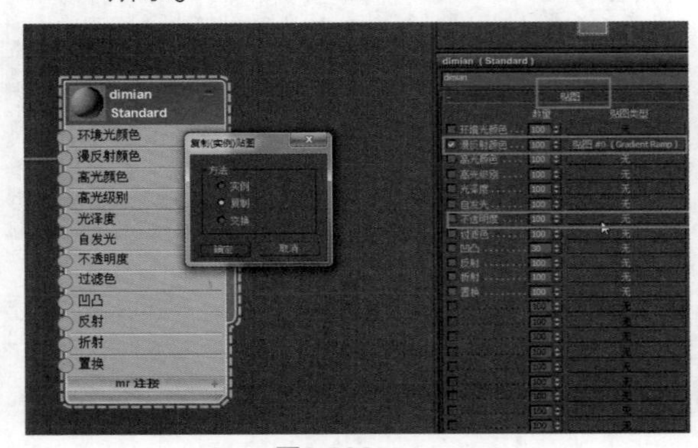

图6.522

图6.523

06 继续设置车漆材质，在打开的Slate材质编辑器左侧的【贴图/材质浏览器】中双击【VRay-车漆材质】，即可在视图中出现一个材质，将其命名为“cheqi”。

在【基础层参数】卷展栏中设置颜色为红色，调节RGB值为（69，0，0）。不需要设置雪花效果，所以把【雪花密度】改为0。再将【镀膜强度】数值设置为0.06，使其有更好的光泽效果，如图6.524所示。

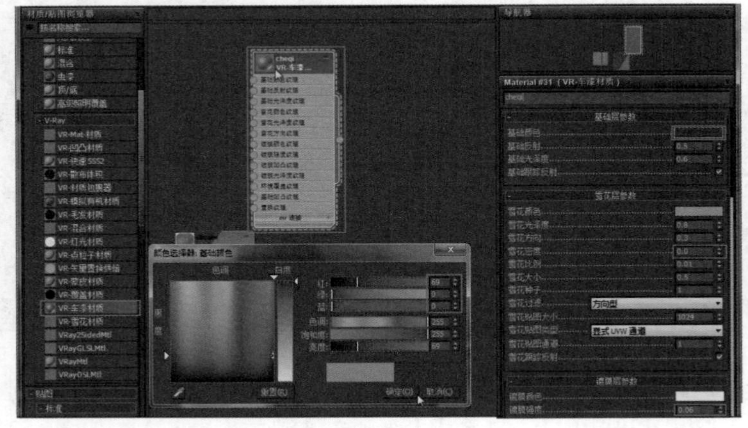

图6.524

07 由于汽车引擎盖上凹陷部分和车尾处凹陷部分的材质与车漆材质不一样，所以需要分开，如图6.525所示。首先在修改器堆栈的【涡轮平滑】修改器上单击鼠标右键并将其删除。然后在多边形层级选择多边形，在命令面板单击【分离】按钮即可将其分开。再单独给分离的车尾处凹陷部分添加【涡轮平滑】修改器，将【迭代次数】调至3，并将【等值线显示】功能打开，如图6.526所示。

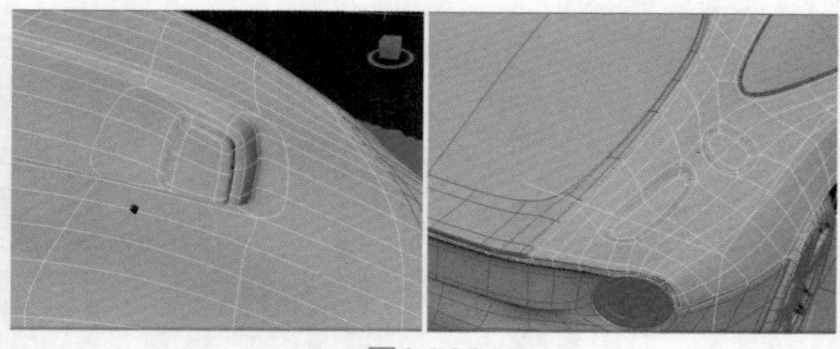
图6.525

图6.526

08 将车漆材质指定给车壳（部位如图6.527），选择前车部位，进入【可编辑多边形】并选择元素层级，进行【分离】操作，再次指定材质，如图6.528所示。

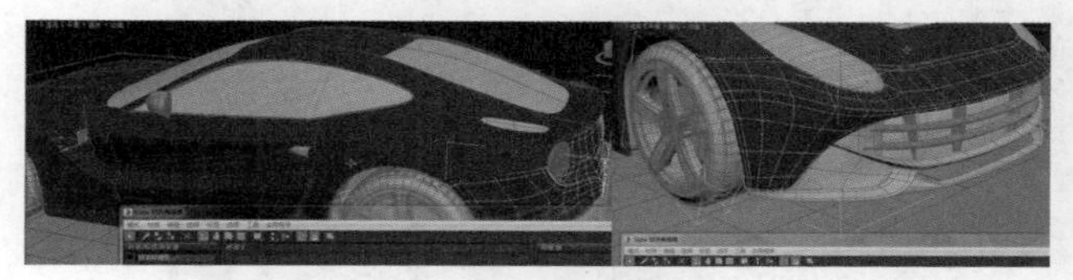
图6.527

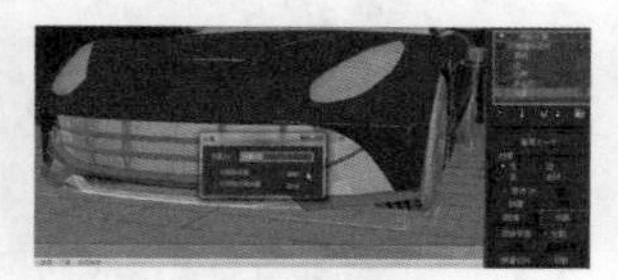
图6.528

09 制作反光镜材质。再次在打开的Slate材质编辑器左侧的【贴图/材质浏览器】中双击【VRayMtl】材质，即可在视图中出现一个材质，将其命名为：“yaguanghei”，并将【漫反射】颜色的亮度设置为纯黑，把它的【反射】颜色调为15。【高光光泽度】改为0.1、【反射光泽度】改为0.25、【细分】改为24，如图6.529所示。

图6.529

10 再次在打开的Slate材质编辑器左侧的【贴图/材质浏览器】中双击【VRayMtl】材质，即可在视图中出现一个材质，将其命名为“pingmianjing”，将其反射值调到最白，不改变其他参数，如图6.530所示。

图6.530

11 在打开的Slate材质编辑器左侧的【贴图/材质浏览器】中双击【多维/子对象】材质，即可在视图中出现一个材质，将【设置数量】改为3，将1号指定给“cheqi”，将2号指定给“yaguanghei”，将3号指定给“pingmianjing”，如图6.531所示。

图6.531

12 分离反光镜材质。首先将其转化为可编辑多边形，进入其多边形层级，选择图6.532所示的多边形，在命令面板中选择“多边形材质ID”并设置ID为1。执行菜单栏中的【编辑】→【反选】命令，如图6.533所示。被选择的多边形是亚光黑漆部分，在命令面板中选择“多边形材质ID”并设置ID为2。再选择平面镜的部分并设置ID为3，如图6.534所示。

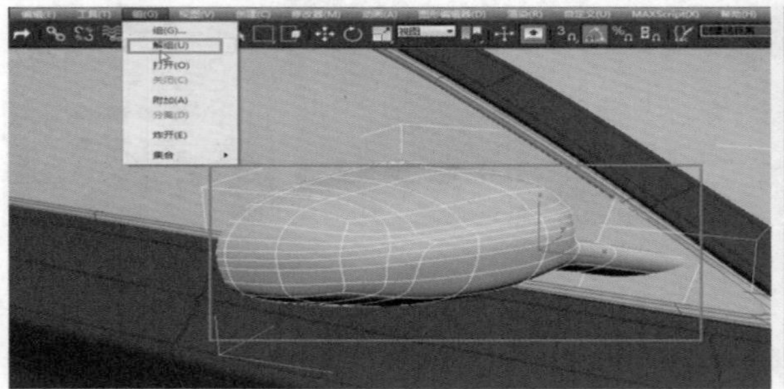

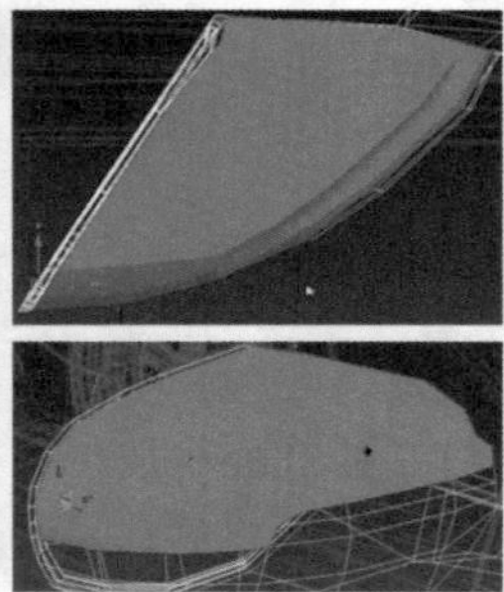

图6.532

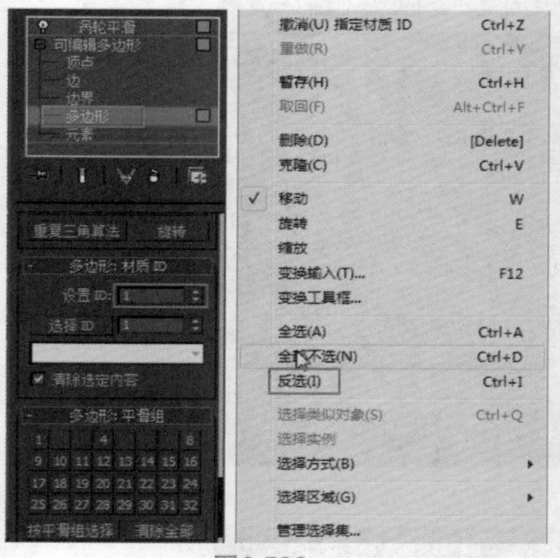

图6.533

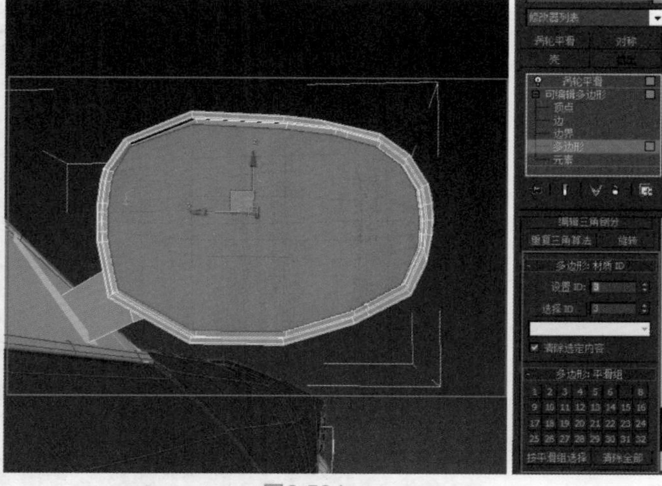

图6.534

13 把多维/子对象材质指定给反光镜，继续调整黑边的位置，删除边线，重新连接。打开【显示最终结果开关】，调整边线位置，如图6.535所示。调整好了之后，将三角区域指定“yaguanghei”材质，选择反光镜，单击工具栏的【镜像】按钮，如图6.536所示。

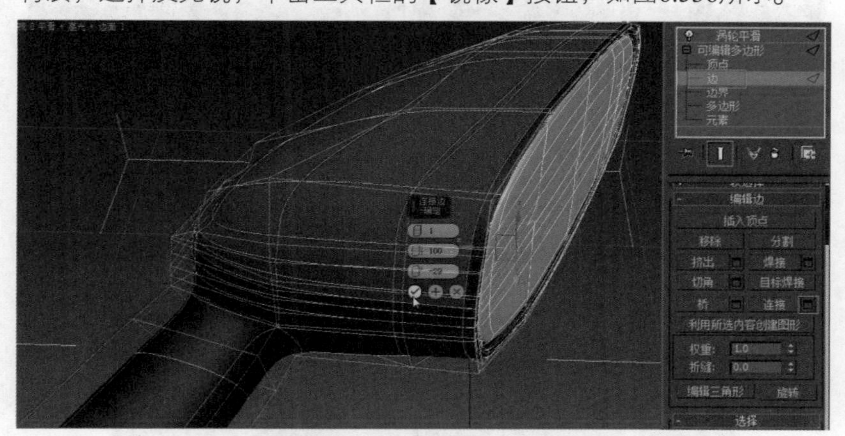

图6.535

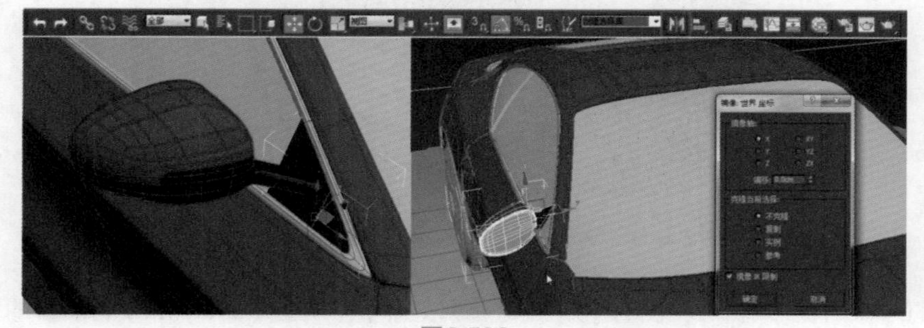

图6.536

14 在打开的Slate材质编辑器左侧的【贴图/材质浏览器】中双击【VRayMtl】材质，即可在视图中出现一个材质，为了方便区分和管理各对象的材质，将其命名为“guangzehei”，如图6.537所示。并将【漫反射】颜色的亮度设置为7，【反射】颜色亮度设为62，【高光光泽度】值设置为0.85，【反射光泽度】值设置为0.9，【细分】值设置为16，关闭【菲涅耳反射】功能，如图6.538所示。将材质指定前面进气格栅和图6.539所示部分，如图6.539所示。

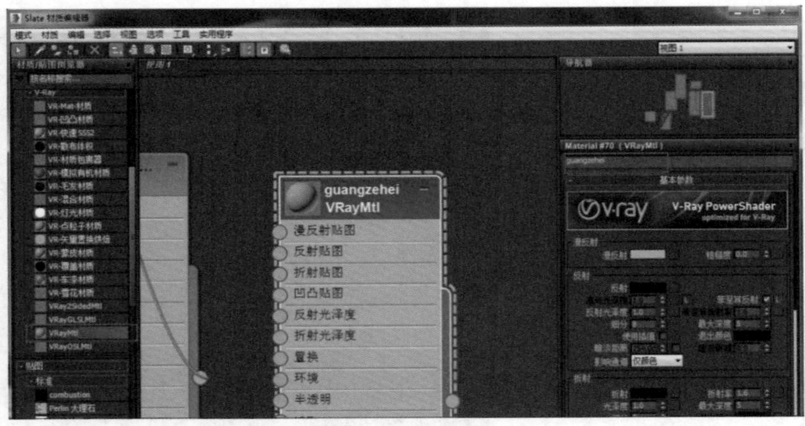

图6.537

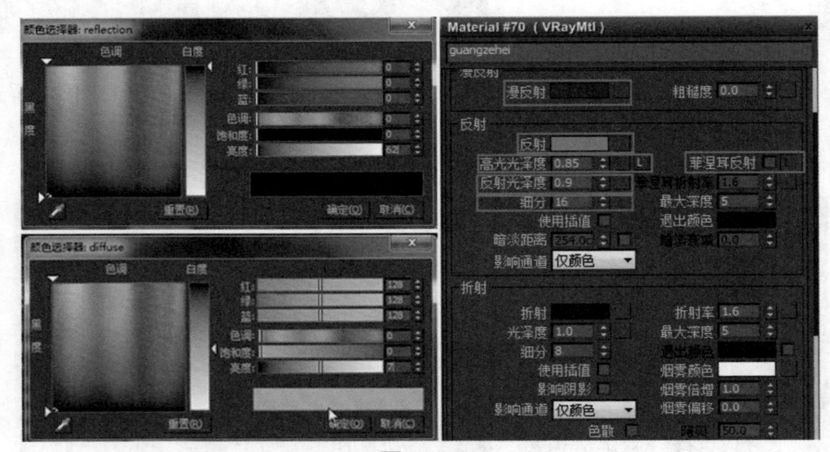

图6.538

图6.539

15 在打开的Slate材质编辑器左侧的【贴图/材质浏览器】中双击【VRayMtl】材质，即可在视图中出现一个材质，为了方便区分和管理各对象的材质，将其命名为“jinqikou”，如图6.540所示。单击【漫反射】后面的【M】按钮，在弹出的【材质/贴图浏览器】中选择【位图】选项。再在弹出的窗口中选择随书光盘中提供的“金属网”图片。将【反射】颜色调为70，将【反射光泽度】值设置为0.6，将【细分】值设置为16（如图6.541）为了使金属网的质感更好，为其制作凹凸效果。将【凹凸贴图】拖曳至金属网，如图6.542所示。将“jinqikou”材质指定给所选择部分，因为金属网效果不正确，因此需要做进一步调整。从修改器列表中为金属对象增加【UVW贴图】修改器。在修改面板的参数中设置贴图方式为【长方体】类型，将【长度】、【宽度】、【高度】的值均设置为3.0cm，如图6.543所示。

图6.540

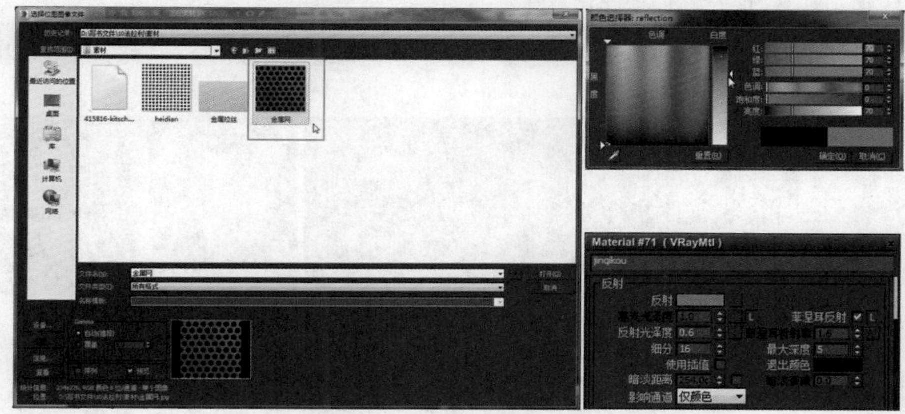

图6.541

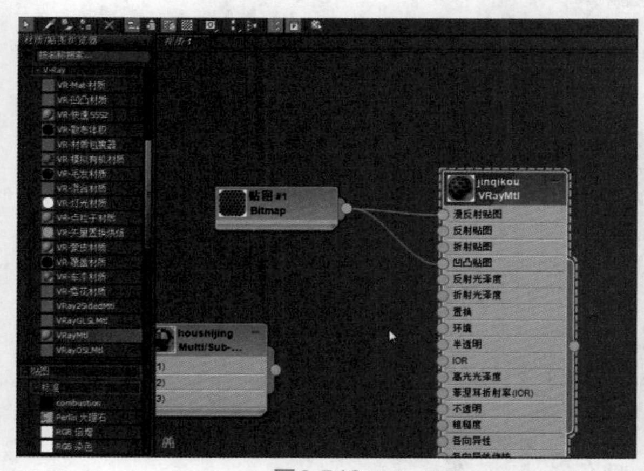

图6.542

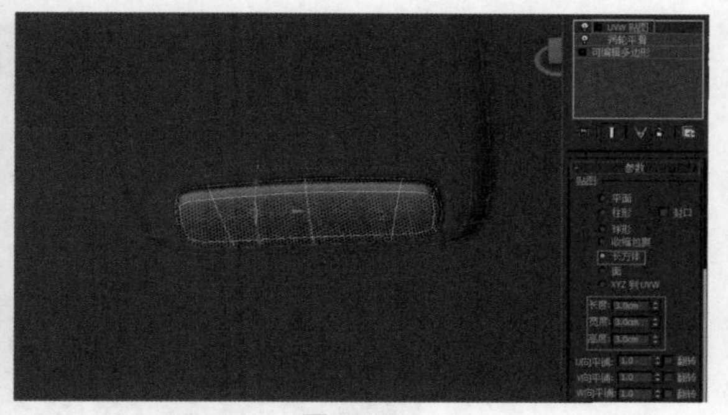

图6.543

16 后保险杠材质。选择后保险杠，执行【解组】操作，选择中间部位，在【可编辑多边形】内的多边形层级下，选择中间（红色）部位，并且将其扩大一圈，然后给予【分离】操作，找到刚才做的“金属网”材质并指定给它。同样添加【UVW贴图】，设置贴图方式为【长方体】类型，将【长度】、【宽度】、【高度】值都设为3.0cm。再添加一个【涡轮平滑】修改器并将其放在【UVW贴图】修改器下面，将【迭代次数】设置为3，如图6.544所示。

17 选择图6.545所示的位置并指定“yaguanghei”材质，然后制作排气口的材质。在打开的Slate材质编辑器左侧的【贴图/材质浏览器】中双击【VRayMtl】材质，即可在视图中出现一个材质，为了方便区分和管理各对象的材质，将其命名为“duge”，将【漫反射】颜色的亮度设置为128，将

【反射】颜色值调为190，将【反射光泽度】值设置为0.95，将【细分】值设置为16，如图6.546所示。将材质指定给排气口，打开【视口中显示明暗处理材质】，对另一边给予【镜像】处理，如图6.547所示。

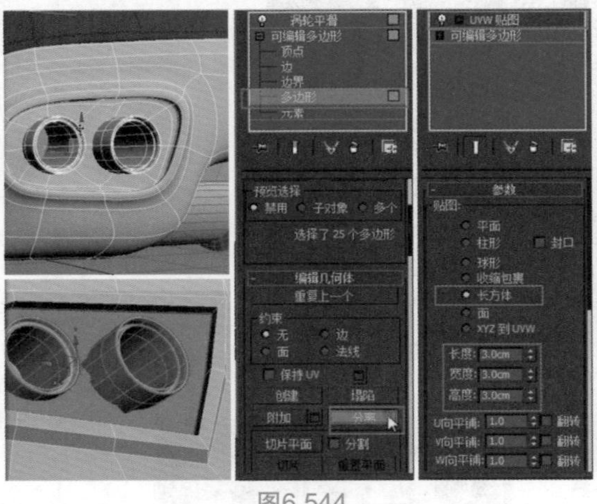

图6.544

图6.545

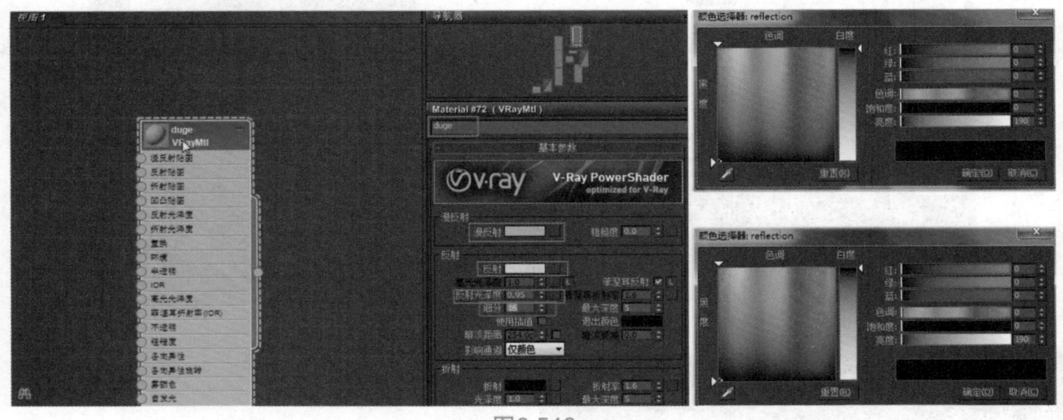

图6.546

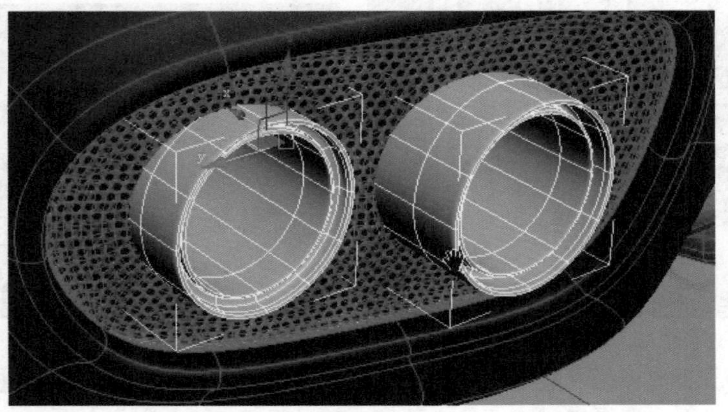

图6.547

18 制作尾部的白色部件。在【材质编辑器】中选择“yaguanghei”，按Shift键复制一个。将名字改为“baise”，将【漫反射】颜色改为201。在打开的Slate材质编辑器左侧的【贴图/材质浏览器】中双击【多维/子对象】材质，即可在视图中出现一个材质，将名字改为“weibuxiaojiegou”，【设置数量】改为2，将1号指定给“yaguanghei”，将2号指定给“baise”，如图6.548所示。将尾部的白色结构在【多边形】的状态下分配ID号，图中选择部位，扩大一圈，定为ID2，如图6.549所示。执行菜单栏中的【编辑】→【反选】命令，设置ID为1，把材质指定给对象，如图6.550所示。

图6.548

图6.549

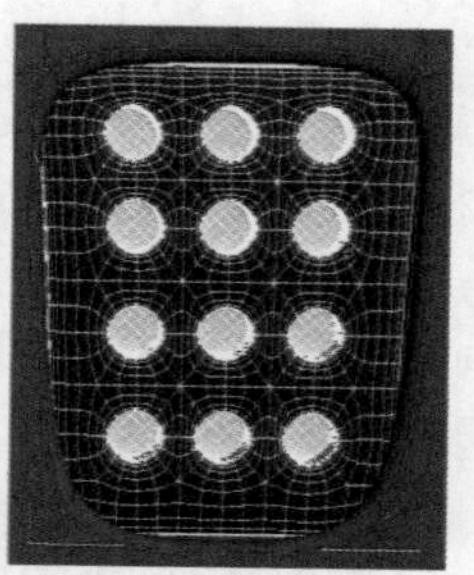

图6.550

19 选择尾部和车窗玻璃边框并指定"guangzehei"材质，如图6.551所示。再制作玻璃材质，在打开的Slate材质编辑器左侧的【贴图/材质浏览器】中双击【VRayMtl】材质，即可在视图中出现一个材质，为了方便区分和管理各对象的材质，将其命名为"heiboli"，并将【漫反射】颜色的亮度设置为4，设置【色调】为170，设置【饱和度】为128，设置红绿蓝的值分别为（2，2，4），将【反射】颜色调为210，将【反射光泽度】值设置为0.95，将【细分】值设置为16，如图6.552所示。选择图中所示四面玻璃，指定材质，如图6.553所示。

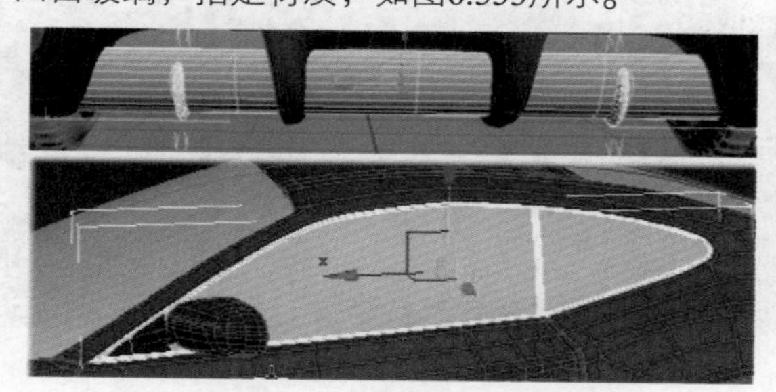

图6.551

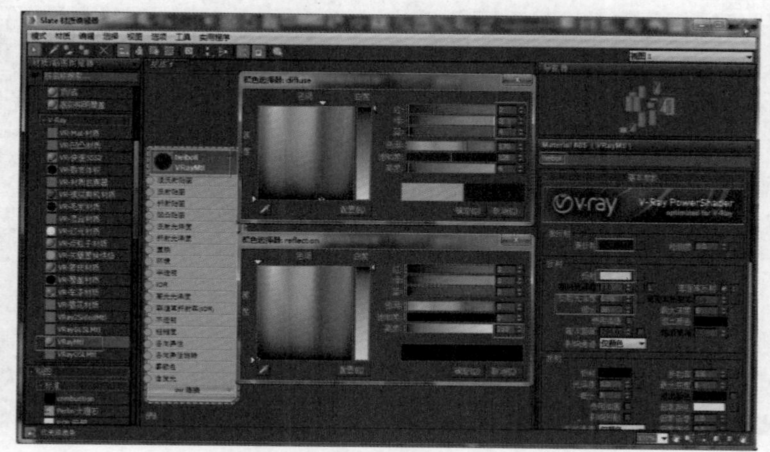

图6.552

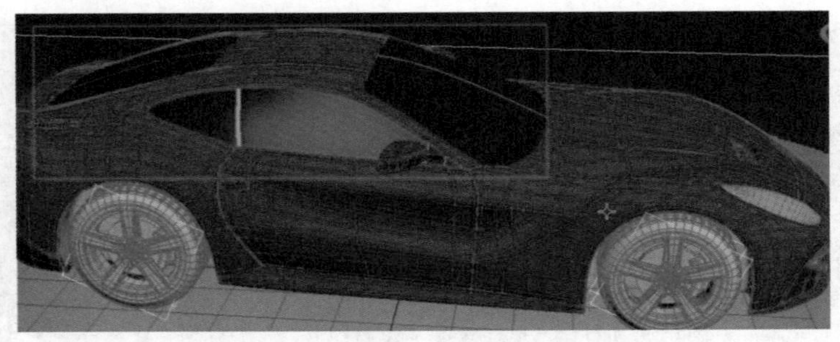
图6.553

20 在打开的Slate材质编辑器左侧的【贴图/材质浏览器】中双击【标准】材质，即可在视图中出现一个材质，为了方便区分和管理各对象的材质，将其命名为“luntai”。为金属材质的反射通道添加衰减贴图可以使渲染效果更有层次感。单击反射颜色后的空白按钮，在弹出的【材质/贴图浏览器】中选择【衰减】材质，如图6.554所示。进入【衰减】，第一个黑色保持不变，将第二个改为数值10，如图6.555所示。然后回到上一层，将【第一层高光反射层】中的【级别】改为26、【光泽度】改为4、【各向异性】改为25，将【第二层高光反射层】中的【级别】改为43、【光泽度】改为14、【各向异性】改为63、【方向】改为81，如图6.556所示。解组并选择轮胎部分，将材质指定给它。

图6.554

图6.555

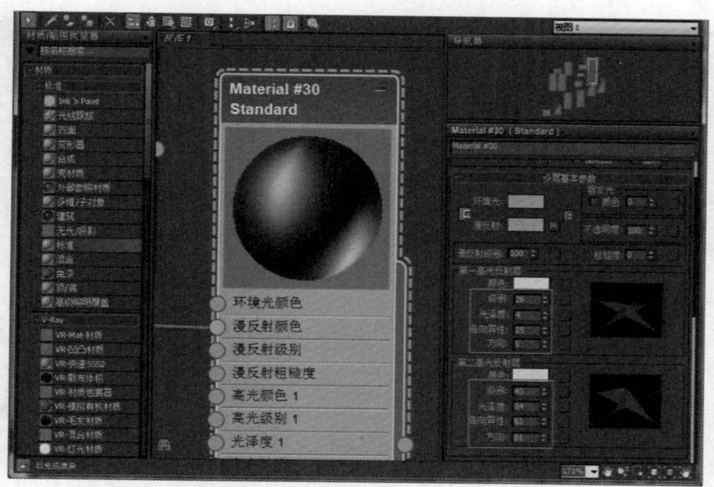
图6.556

21 制作轮毂材质。在打开的Slate材质编辑器左侧的【贴图/材质浏览器】中双击【VRayMtl】材质，即可在视图中出现一个材质，为了方便区分和管理各对象的材质，将其命名为“lungu”。为体现更好的质感，单击漫反射颜色后的空白按钮，在弹出的【材质/贴图浏览器】中选择【衰减】材质，如图6.557所示。进入【衰减】，将第一个亮度改为81，将第二个亮度改为7，如图6.558所示。将【反射】颜色的亮度设置为158，将【高光光泽度】改为0.55，将【反射光泽度】改为0.8，将【细分】值改为16，去掉【菲涅耳反射】功能，将材质指定给轮毂，如图6.559所示。

图6.557

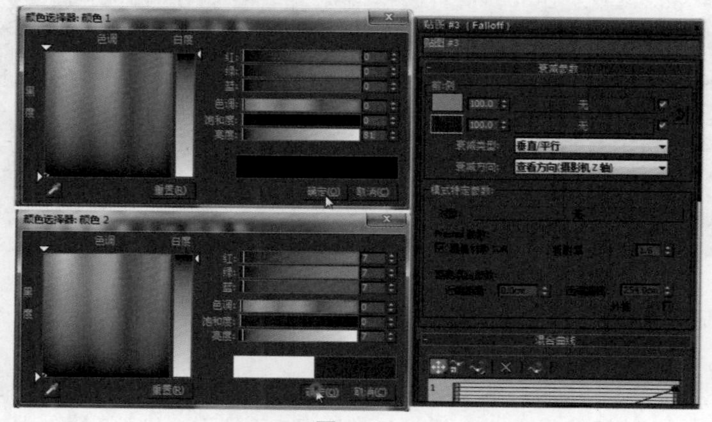
图6.558

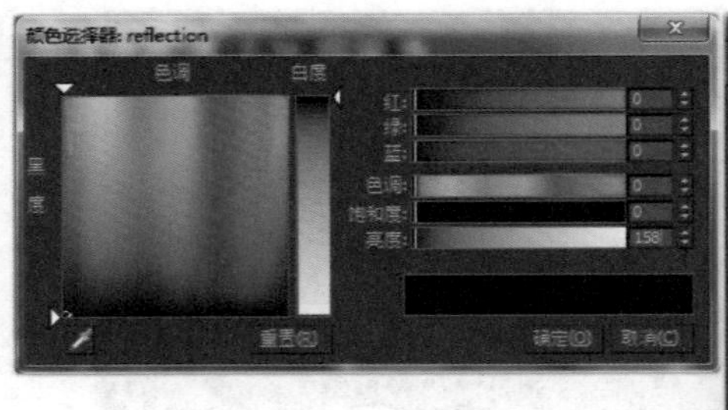

图6.559

22 在打开的Slate材质编辑器左侧的【贴图/材质浏览器】中双击【VRayMtl】材质，即可在视图中出现一个材质，为了方便区分和管理各对象的材质，将其命名为“shacheqian”。并将【漫反射】颜色的亮度设置为201、色调为255、饱和度为255、红绿蓝值为（201，0，0），将【反射】颜色的亮度设置为44，将【反射光泽度】改为0.7，将【细分】改为16，如图6.560所示。下拉到【贴图】并选择【凹凸】类型，在材质【凹凸贴图】通道里选择【标准】中的【噪波】类型，双击进入【噪波】层级，设置其【噪波参数】中的大小为5，指定给刹车钳，如图6.561所示。

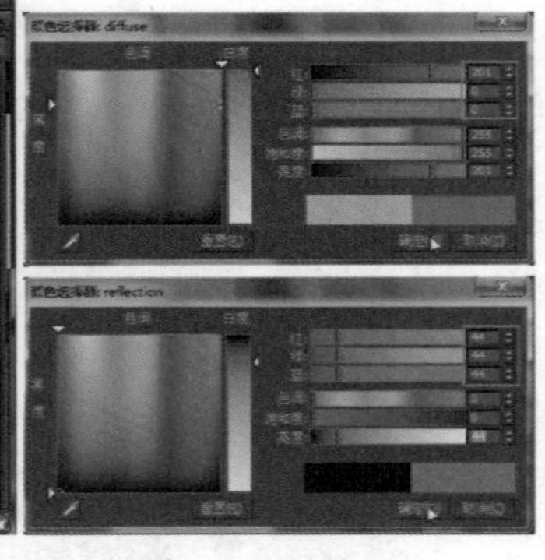

图6.560

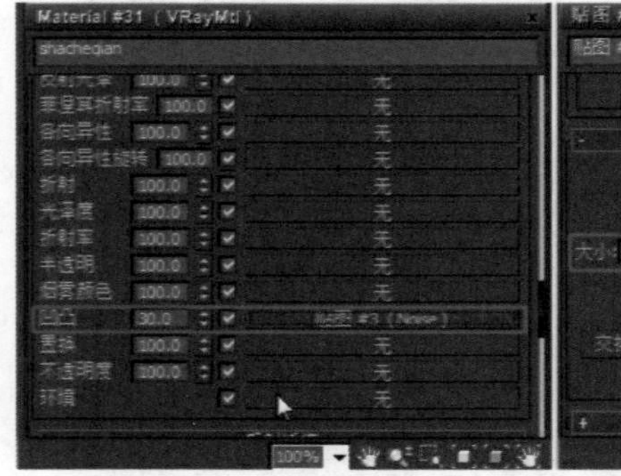
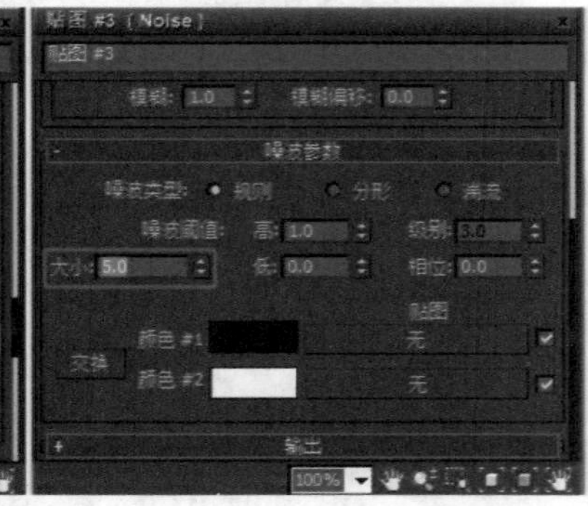

图6.561

23 刹车盘材质制作。在打开的Slate材质编辑器左侧的【贴图/材质浏览器】中双击【VRayMtl】材质，即可在视图中出现一个材质，为了方便区分和管理各对象的材质，将其命名为“shachepan”。单击【漫反射】后面的【M】按钮，在弹出的【材质/贴图浏览器】中选择【位图】材质。再在弹出的窗口中选择随书光盘中提供的“金属拉丝”图片。将【反射】颜色的亮度设置为

100，如图6.562所示。【反射光泽度】改为0.8，将【细分】改为16，关闭【菲涅尔反射】功能，为了使金属网的质感更好，为其制作凹凸效果。将【凹凸贴图】拖曳至金属拉丝，指定给刹车盘。独立显示刹车盘，调整UVW贴图。从修改器列表中为刹车盘对象增加【UVW贴图】修改器。在修改面板的参数中设置贴图方式为【球形】，将【U向平铺】、【V向平铺】、【W向平铺】值分别设为0.02，2，1，如图6.563所示。

图6.562

24 把做好的轮胎材质复制到其他3个轮胎上面。选择底盘，指定“yaguanghei”材质，整理材质。制作大灯材质。在打开的Slate材质编辑器左侧的【贴图/材质浏览器】中双击【VRayMtl】材质，即可在视图中出现一个材质，为了方便区分和管理各对象的材质，将其命名为“toumingboli”。并将【漫反射】颜色的亮度设置为200，将【反射】颜色的亮度设置为150，如图6.564所示。将【反射光泽度】改为0.9，将【细分】改为16，打开【菲涅耳反射】功能（如图6.565），将【折射】改为245，将【折射率】改为1.5，解组大灯部位。

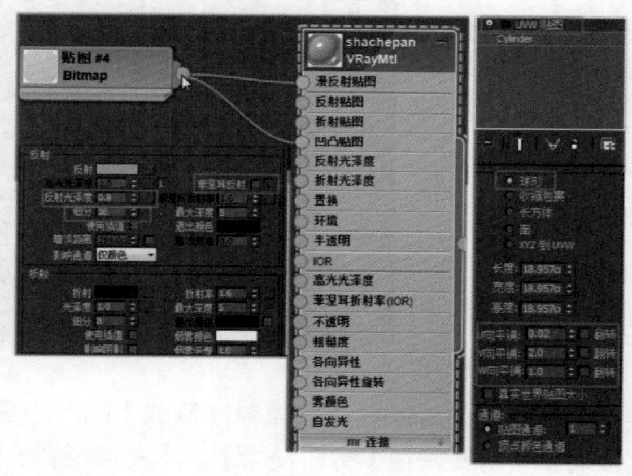

图6.563

图6.564

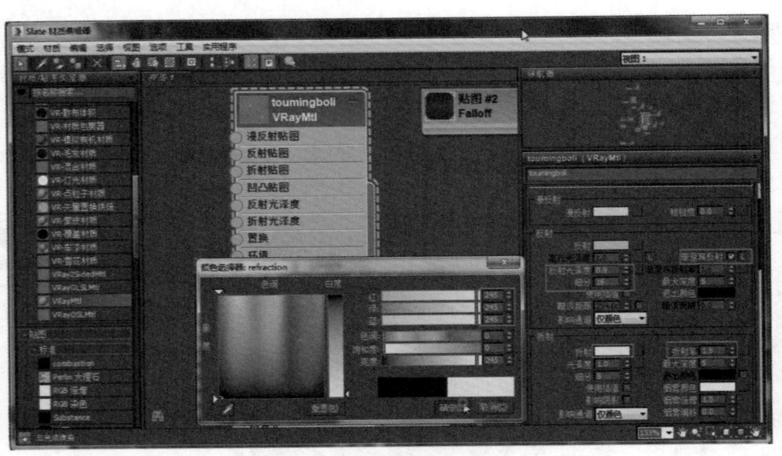

图6.565

25 制作大灯之下的灯罩材质。在打开的Slate材质编辑器左侧的【贴图/材质浏览器】中双击【VRayMtl】材质，即可在视图中出现一个材质，为了方便区分和管理各对象的材质，将其命名为“fanguangmian”。并将【漫反射】颜色的亮度设置为74，将【反射】颜色的亮度设置为133，将【反射光泽度】改为0.95，将【细分】改为16，关闭【菲涅耳反射】功能，如图6.566所示。

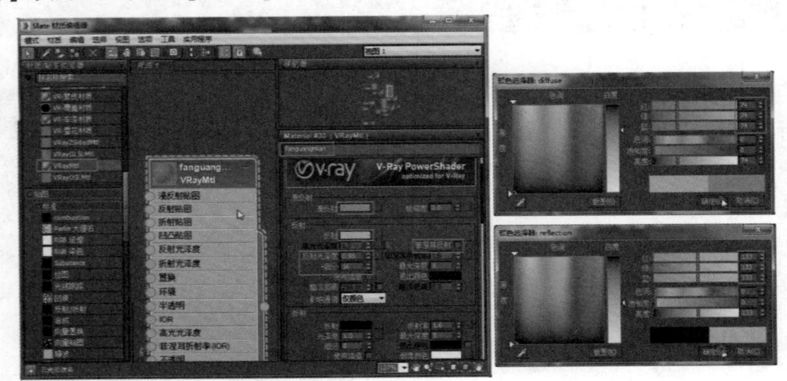

图6.566

在打开的Slate材质编辑器左侧的【贴图/材质浏览器】中双击【VRay灯光材质】，即可在视图中出现一个材质，将【背面发光】、【补偿摄影机曝光】、【直接照明】等功能开启，如图6.567所示。

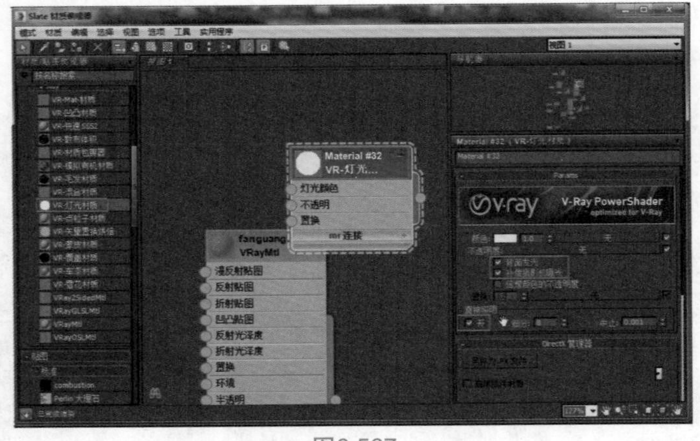

图6.567

在打开的Slate材质编辑器左侧的【贴图/材质浏览器】中双击【多维/子对象】材质，即可在视图中出现一个材质，为了方便区分和管理各对象的材质，将其命名为“qiandeng”。设置数量为2，一号为灯光材质，二号为反光材质，如图6.568所示。然后分离前灯材质，首先将其转化为可编辑多边形，进入其多边形层级选择图6.569所示的多边形，在命令面板选择“多边形材质ID”设置ID为1。选择菜单栏【编辑】中的【反选】命令，图6.569所示。被选择的多边形是亚光黑漆部分，在命令面板中选择“多边形材质ID”设置ID为2。用同样的方法制作后面材质。

选择大面积灯壳并指定“fanguangmian”材质，为灯泡指定【VRay灯光材质】，如图6.570所示。镜像给另一边。

图6.568

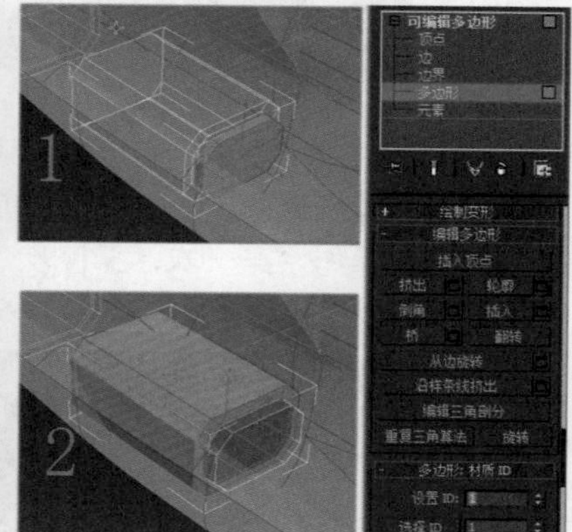

图6.569

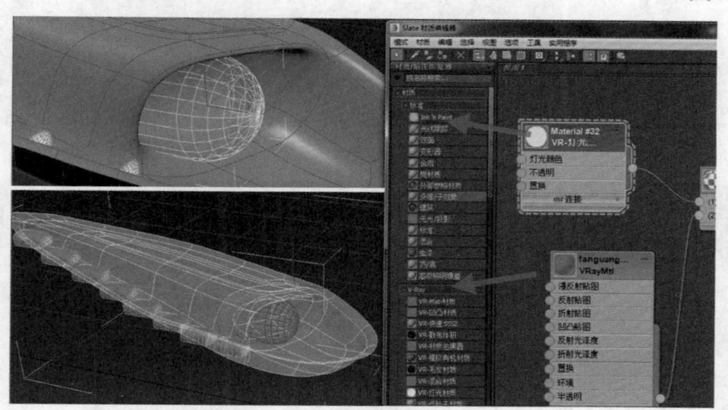

图6.570

26▶ 制作尾灯材质。独立显示尾灯，首先在修改器列表给尾灯部分添加【壳】修改器，将【内部量】调至0.3cm，为了让尾灯更有空间感。在左视图中建立一个圆柱体，将【边数】改为24，如图6.571所示，单击鼠标右键，将其转化为可编辑多边形，删除正面圆，然后在修改器中选择【翻转】，移动它至尾灯里部，【缩小】背面。在修改器中添加【FFD2×2×2】修改器，在控制点层级，拉斜以对准尾灯，如图6.572所示。

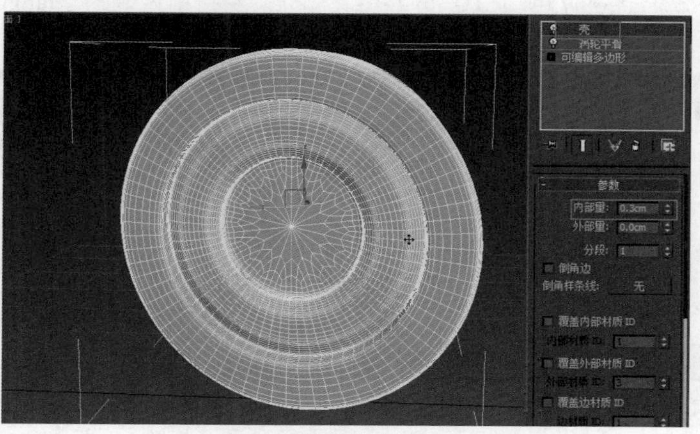

图6.571

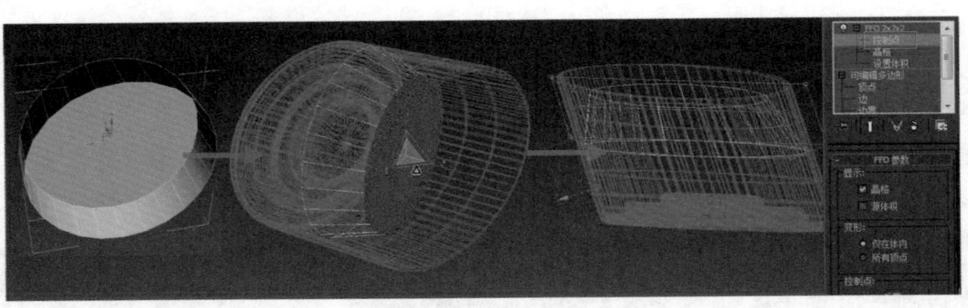

图6.572

27 再制作一个光。同样在上一个图形中，选择边界并进行【封口】操作，选择封口出的多边形并执行【分离】操作。在元素层级下，选择分离的圆，给予【翻转】处理，在多边形层级中选择【倒角】操作，第一次、第二次、第三次倒角操作的参数值分别为-0.754、-1.469、-2.898，最后对圆进行缩放操作，如图6.573、图6.574所示。

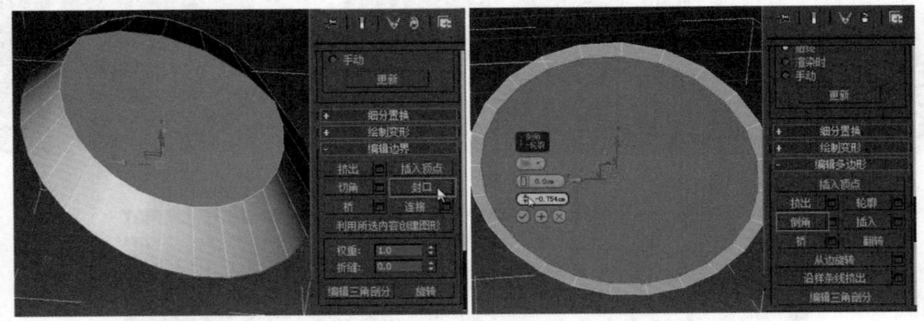

图6.573

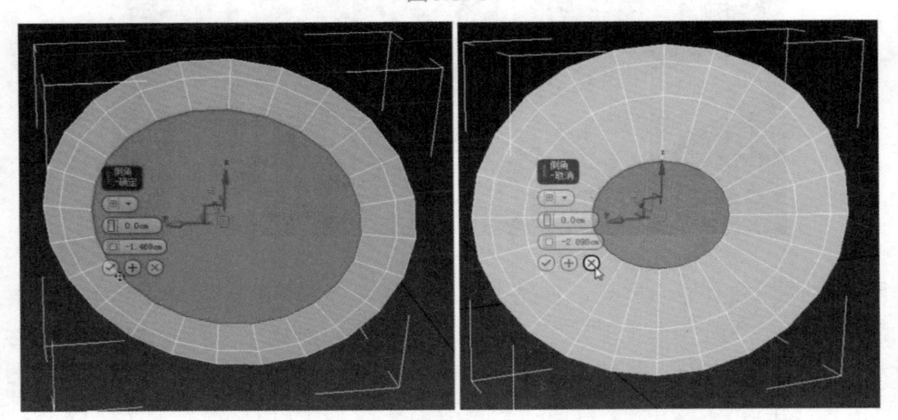

图6.574

在多边形层级下选择图6.575所示的部分并将其删除。将之前做好的“fanguangmian”材质指定给后面的灯罩，将【VRay灯光材质】指定给前灯光，如图6.576所示。

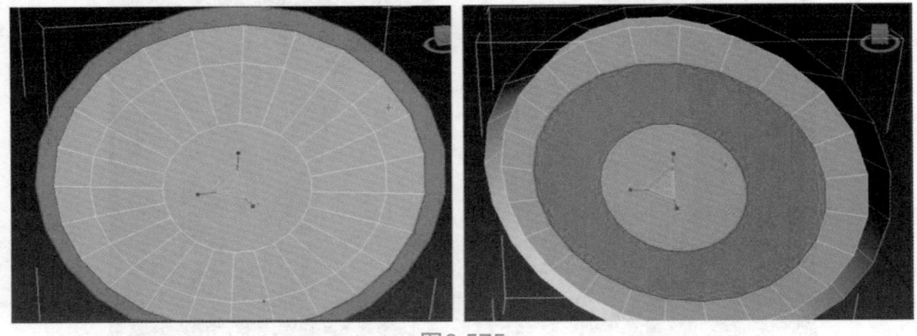

图6.575

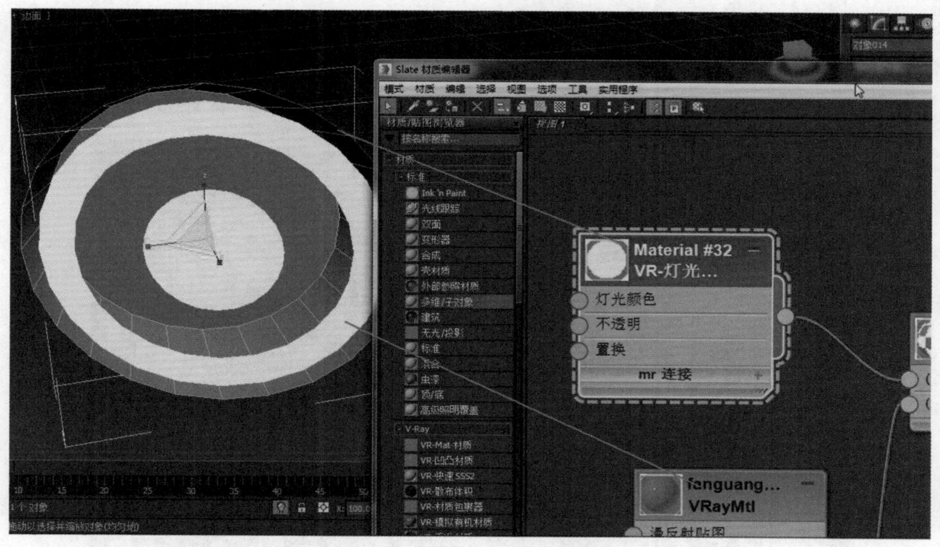

图6.576

28 在打开的Slate材质编辑器左侧的【贴图/材质浏览器】中双击【VRayMtl】材质，即可在视图中出现一个材质，为了方便区分和管理各对象的材质，将其命名为“hongsuliao”。并将【漫反射】颜色的亮度设置为55，将【反射】颜色调为120，将【高光光泽度】值设置为0.8，将【反射光泽度】值设置为0.9，将【细分】值设置为16，打开【菲涅耳反射】功能，如图6.577所示。将【折射】改为245，将【折射率】改为1.7，将【烟雾颜色】颜色的亮度设置为255、【色调】为210、【饱和度】为235，将红绿蓝值设置为（241，20，20），如图6.578所示。

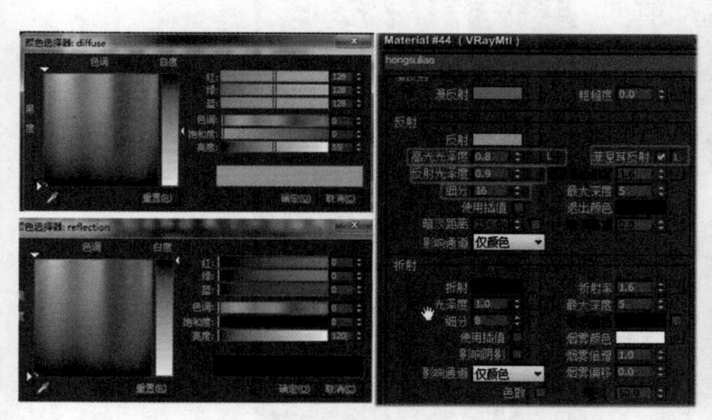
图6.577

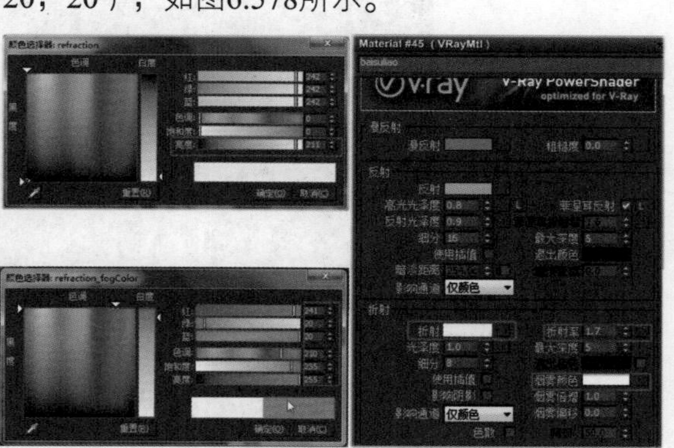
图6.578

29 按Shift键复制一个“hongsuliao”材质，将名字改为“baisuliao”，将【漫反射】改为128，将【反射】改为87，将【折射】改为211，如图6.579所示。在打开的Slate材质编辑器左侧的【贴图/材质浏览器】中双击【多维/子对象】材质，即可在视图中出现一个材质，为了方便区分和管理各对象的材质，将其命名为“weidengzhao”。将【设置数量】改为2，将1号指定给“hongsuliao”，将2号指定给“baisuliao”，如图6.580所示。

图6.579

30 选择尾灯，在多边形级别下，选择图6.581所示的部分，设置为ID2，选择菜单栏的【编辑】菜单中的【反选】命令，设置为ID为1，将材质“weidengzhao”指定尾灯。将尾灯镜像给另外一个，参照图示进行镜像操作，如图6.582所示。

图6.580

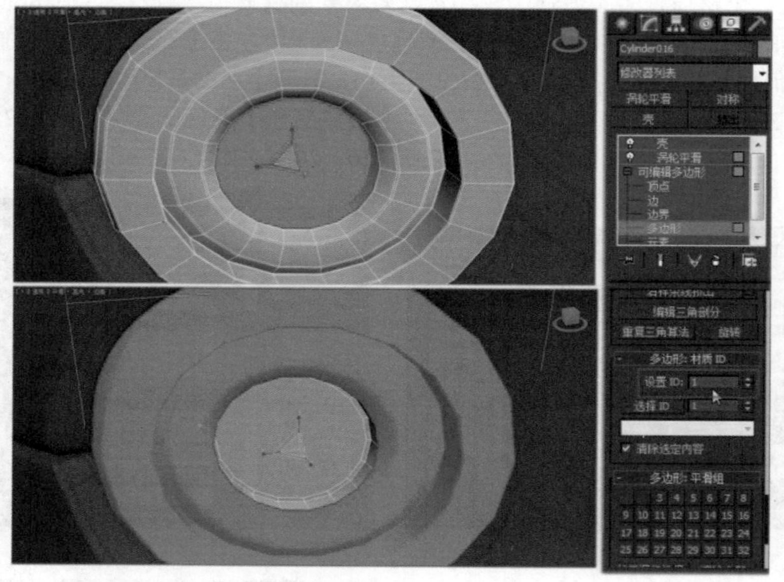

图6.581

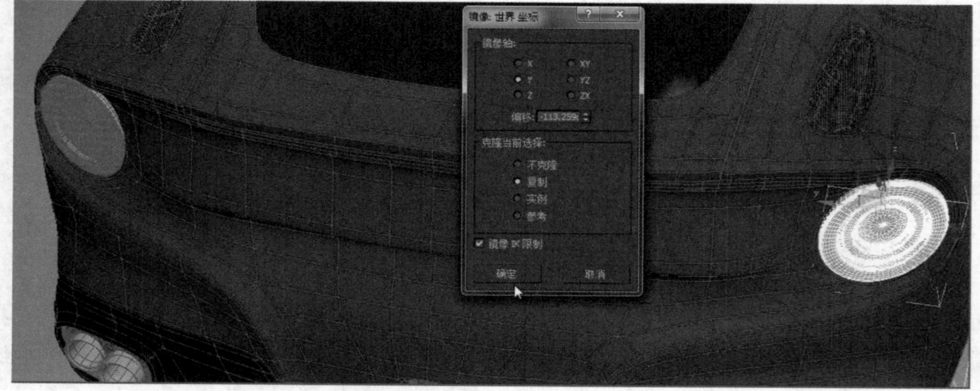

图6.582

6.18 灯光及渲染参数

01 在顶视图中创建一个大小值分别为300、170的【VR-灯光】。在透视图中，使用【选择并旋转】工具将灯光调整至图6.583所示的位置，将其放置在汽车的斜上方。这是场景中主要的灯光，通过该灯光产生阴影，起到照明的作用。再次选择【VR-灯光】，在修改面板的参数中将灯光的颜色的R（红）、G（绿）、B（蓝）值调整为（255，249，232）。由于该灯光不是场景中的唯一灯光，所以其【倍增】值应适度降低，调整为10。在选项层级中，勾选【投射阴影】、【不可见】、【影响漫反射】复选项去除【影响高光】、【影响反射】复选项的勾选。最后将灯光的【细分】值改为16，如图6.583所示。

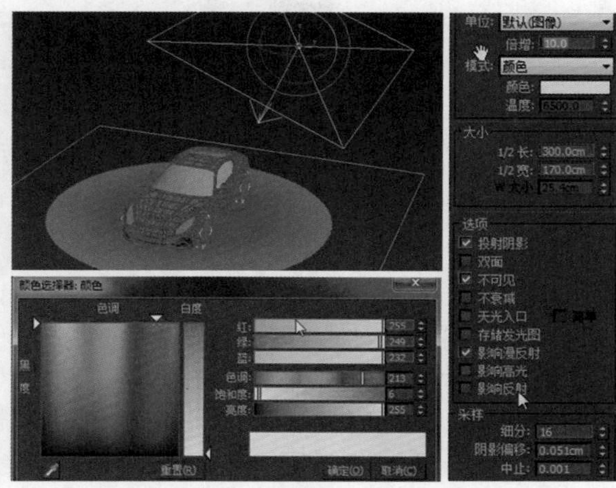

图6.583

02 场景的主灯光设置完毕，这一步骤是设置场景中影响高光和反射的辅灯。在顶视图中创建一个【大小】值分别为200、50的【VR-灯光】。在透视图中，使用【选择并旋转】工具将灯光调整至如图6.564所示的位置，将其放置在汽车的斜上方，这是场景中主要的辅光。通过该灯光产生反光，起到反光板的作用。再次选择【VR-灯光】，在修改面板的参数中将灯光的颜色的R（红）、G（绿）、B（蓝）值均调整为255，即纯白色。其【倍增】值应适度降低，调整为1.5。在选项层级中，勾选【不可见】、【影响高光】、【影响反射】等复选项，去除对【投射阴影】、【影响漫反射】等复选项的勾选，如图6.584所示。

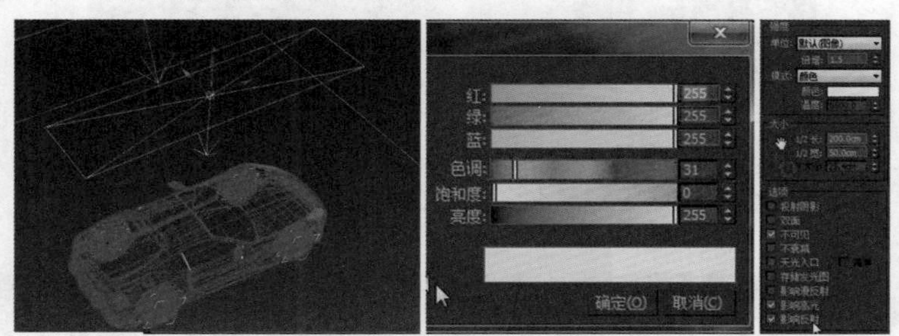

图6.584

03 按住键盘上的Shift键并移动复制该灯光，将其作为场景中的补光，从而避免场景的一侧出现过黑的现象。在修改面板中，修改其【倍增】值，调整为1。将灯光的【大小】值分别改为100、60。勾选【不可见】、【影响漫反射】、【影响高光】等复选项，如图6.585所示。

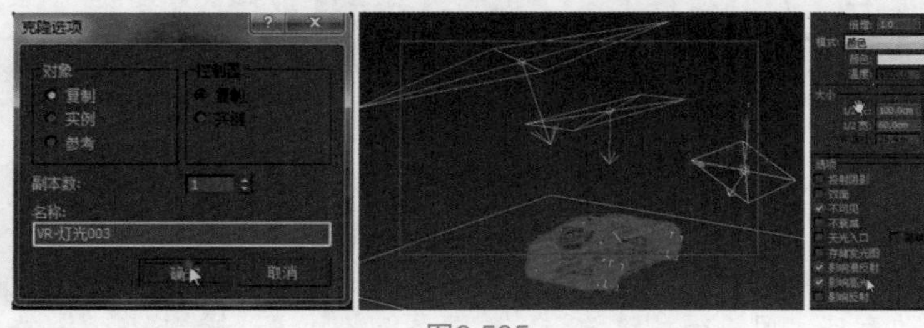

图6.585

04 场景所有灯光制作完毕，按照渲染的流程，这一步骤是创建相机。选取一个角度，使用快捷键Ctrl+C创建相机，在修改面板中适当地调节【备用镜头】的焦距，选择35mm的镜头，然后推拉镜头，调整构图并选择较好的渲染角度，如图6.586所示。

图6.586

05 布好灯光，创建好相机后，应进行渲染参数的设置。单击工具栏中的【渲染设置】开关，在弹出的渲染设置面板中选择【V-Ray】选项卡，在【全局开关】卷展栏中，将【基本模式】改为【高级模式】，关闭【默认灯光】。将【图像采样器】卷展栏中的【类型】调整为自适应，【过滤器】调整为Catmull-Rom。在【环境】卷展栏中开启【全局照明环境】，适当降低倍增值，将【倍增】值改为0.4，颜色也需进一步调整，调整至冷色，如图6.587所示。将灯光的颜色的R（红）、G（绿）、B（蓝）值调整为（204，230，255）（在调整渲染参数的过程中，数值并不是固定不变的，而是通过多次测试得出的结论）。打开【反射/折射】开关，单击黑色块后的【无】按钮，在弹出的【材质/贴图浏览器】中选择【Vray-HDRI】材质。将贴图拖曳到材质编辑器的空白处，通过实例的方法打开。双击【位图】按钮，再在弹出的对话框中选择随书光盘中提供的424136.hdr贴图，如图6.588所示。将【贴图】选项组中的【贴图类型】改为角度，将【水平旋转】角度调整为61，使得光泽反射得更为自然，避免出现太亮的效果。

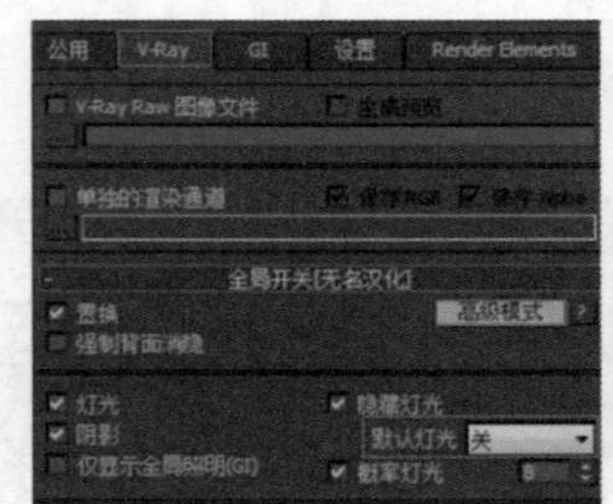

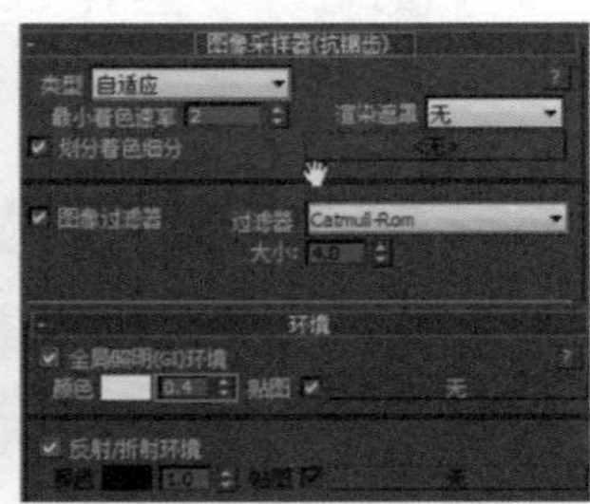

图6.587

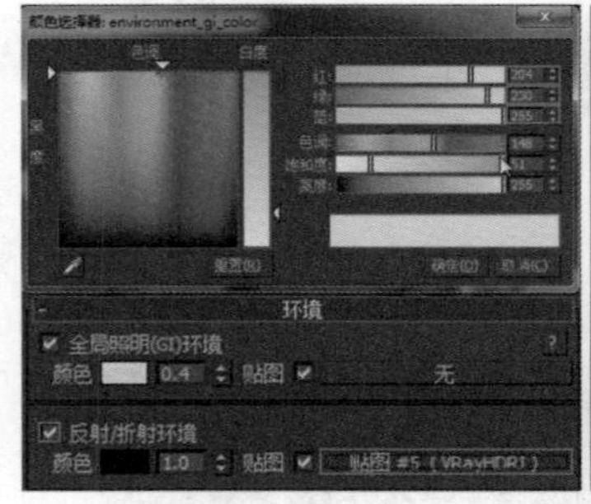

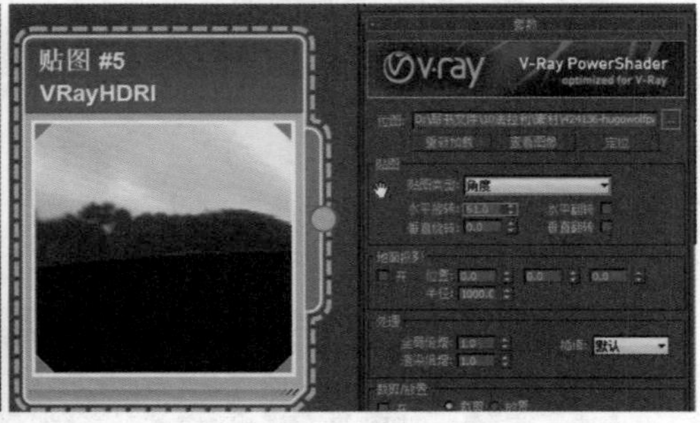

图6.588

06 选择【GI】选项卡，在【全局照明】卷展栏中，将【基本模式】改为【高级模式】，将【二次引擎】的【倍增】值调整为0.55，如图6.589所示。

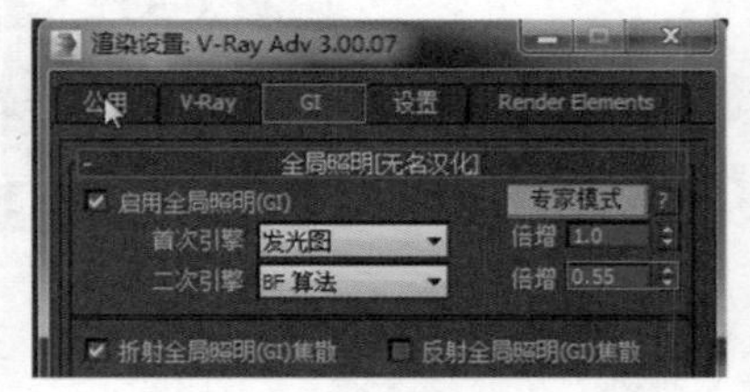

图6.589

07 渲染设置修改完毕，可进行测试渲染。对草图渲染可适度降低相关参数。选择【GI】选项卡，在【发光图】卷展栏中，将【当前预设】由高改为低。选择【公用】选项卡，将

【公用】选项卡中的输出大小的宽度和长度分别调整为640、480，如图6.590所示。

08 渲染汽车，得到草图。观察草图的质量再做修改，发现轮胎不够黑，地面颜色不够暗，如图6.591所示。

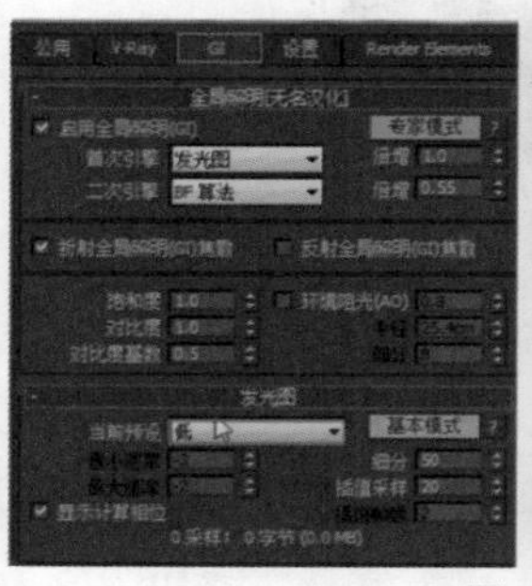
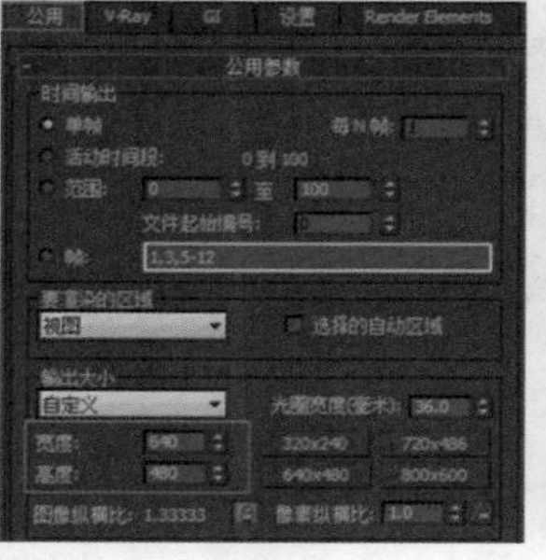

图6.590

图6.591

09 调整灯光，将其高度调高，如图6.592所示。

10 找到【轮胎】材质，调整【第一层高光反射层】中的【级别】为8、【光泽度】为30；将【第二层高光反射层】中的【级别】为10、【光泽度】为50，如图6.593所示。

图6.592

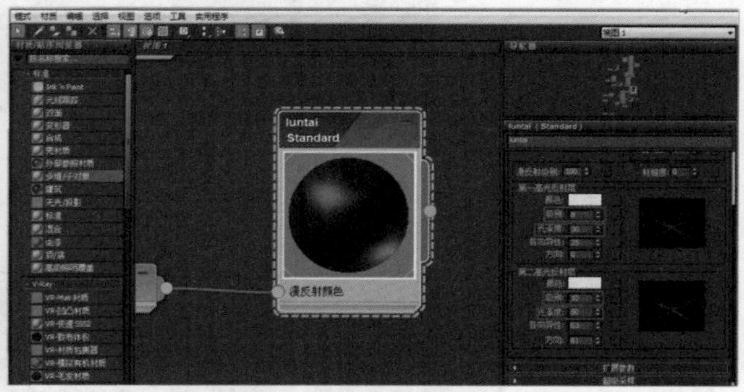

图6.593

11 调整完毕后，调整角度，然后再次进行渲染，如图6.594所示。发现问题：尾灯材质没有赋予、需要修改“guangzehei”和“yaguanghei”的材质效果。

12 找到“guangzehei”材质，将【反射】调至32。找到“yaguanghei”材质，关闭【菲涅耳反射】功能，如图6.595所示。

图6.594

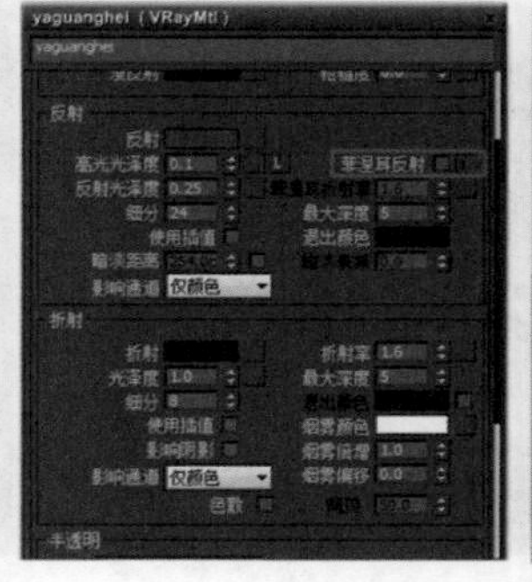
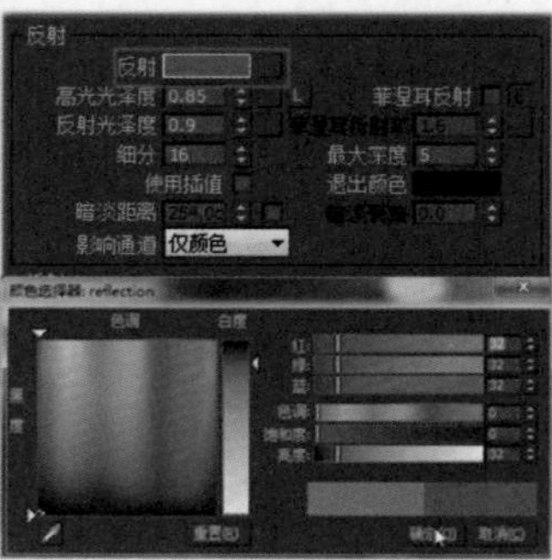

图6.595

13 把尾灯部分分别赋予“fanguangmian”材质和灯光材质，再次进行渲染后发现灯罩太过透明，如图6.596所示。

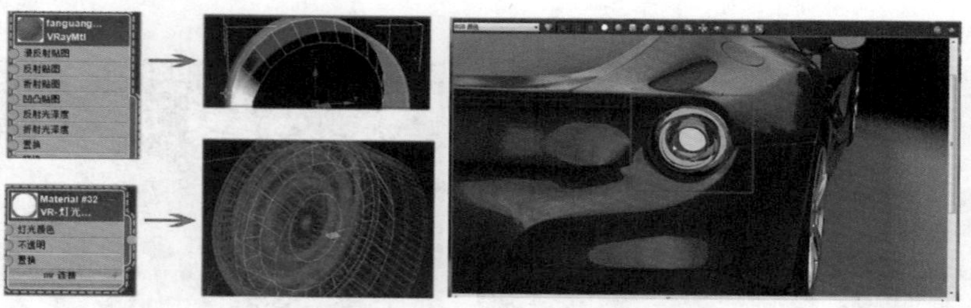

图6.596

14 找到“hongsuliao”材质，将【烟雾倍增】设置为2.0；找到“baisuliao”材质，将【折射】改为131，如图6.597所示。

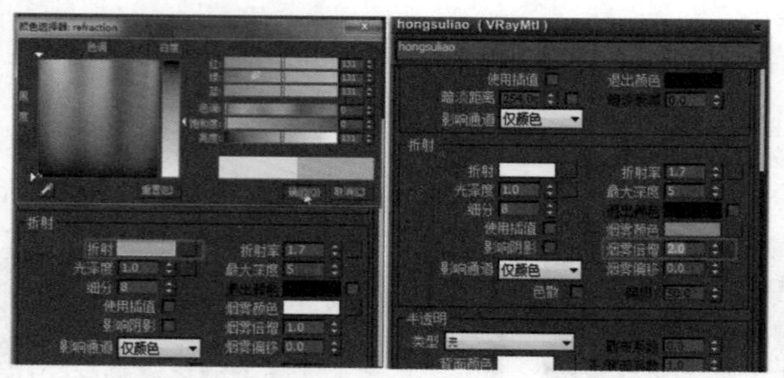

图6.597

15 选择图6.598所示的灯光，在修改面板中将【倍增】改为0.5。单击工具栏的【渲染设置】开关，选择【V-Ray】选项卡，在【环境】卷展栏下，将颜色改为0.5，如图6.598所示。

图6.598

16 再次渲染，如图6.599所示。做出调整，找到“dimian”材质，进入【渐变坡度】，将第一个、第二个颜色值均改为80，如图6.600所示。

图6.599

图6.600

17 提高渲染参数，渲染最终效果图。在【V-Ray】选项卡的【全局确定性蒙特卡洛】卷展栏中，将【噪波阈值】改为0.001。选择【公用】选项卡，将【输出大小】选项组中的【宽度】和【长度】分别设置为2400、1800。选择【GI】选项卡，在【发光图】卷展栏中，将【当前预设】改为高，如图6.601所示。

图6.601

18 调整好角度，完成以上设置，便可开始渲染，最终的效果如图6.602所示。

图6.602

第7章

产品设计展示动画

——飞利浦超声诊断系统ClearVue 650

有时静态的产品效果图不能灵活地表达、生动地说明产品设计。人的注意力更容易被动态的事物所吸引。利用动画技术来表现产品设计可使作品的表现力提升一个新的层次。3ds Max可以通过关键帧构建动画，制作出三维的产品展示动画。后期通过合成软件加以文字和音频的辅助能够更清晰地突出设计重点，更有效地表现设计。

本章重点难点

1.【设置关键点】按钮的用法；
2.自动关键点模式制作动画；
3.曲线编辑器的使用；
4.复制关键帧；
5.链接关系；
6.画面构图和动画节奏；
7.渲染输出设置。

7.1 宝相纹靠背椅组装动画

明清家具是我国的工艺美术史上的重要一笔，不仅具有深厚的历史文化底蕴，而且精致典雅，具有很高的艺术价值。在学习制作宝相纹靠背椅组装动画之前先学习一下各部分的名称，从而方便理解后面的操作步骤。椅子主要部分的名称如图7.1所示。

在这一章将要制作明清家具的安装动画，对这把宝相纹靠背椅已经建立好了模型，设置好了材质和渲染参数，场景文件“宝相纹靠背椅无动画.max”在随书的配套光盘中，如图7.2所示。

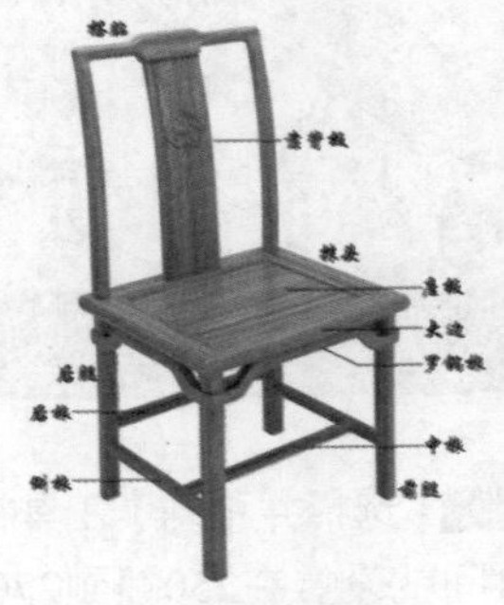

图7.1

图7.2

01 由于椅子的结构比较多，所以需要的时间也比较长，先单击右下角的【时间配置】按钮，然后将【时间配置】中的结束时间设置为1500，即一共是1500帧，如图7.3所示。

02 先记录动画完成状态下的关键帧。首先将时间拖动到1400帧的地方，接着选择椅子的所有结构，然后单击【自动关键点】按钮设置关键帧，再单击【设置关键点】按钮记录一个关键帧，如图7.4所示。

03 接下来制作各部件散开状态的关键帧。在右下角的动画播放区输入200，时间会自动到200帧的位置，在自动关键点开启的状态下使用【选择并移动】和【选择并旋转】工具将椅

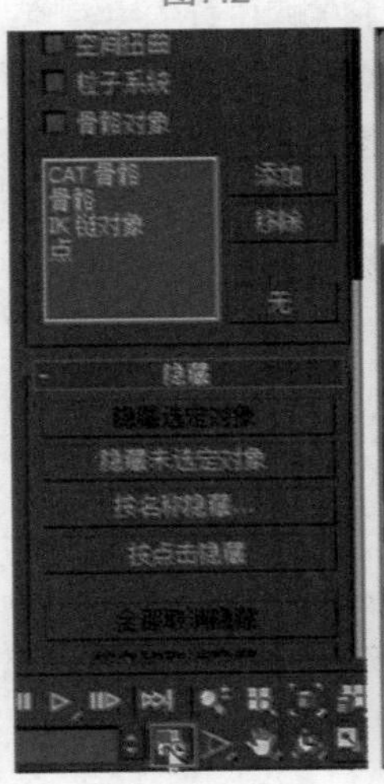

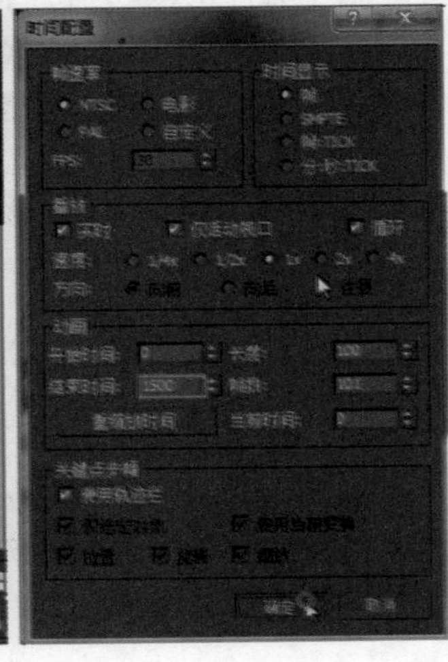

图7.3

子的各个部位平整地放在平面上，系统会自动记录一个关键帧。这时动画已经有了，拖动时间滑块时各个部位就慢慢地组合成一把完整的椅子。但为了追求更好的艺术效果，接下来需要使椅子的所有零部件有节奏、分批次地组装在一起，如图7.5所示。

图7.4

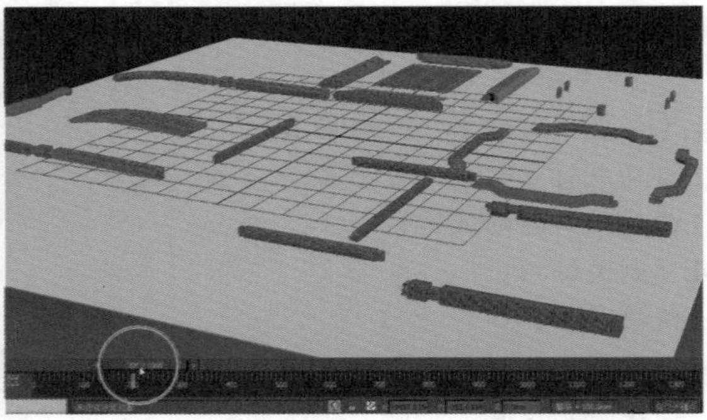

图7.5

04 首先从椅子的后部开始组装。选择后大边对象，然后框选1400帧位置的关键点，使用【选择并移动】工具将其移动到230帧，后大边就会提前到达组装的最终位置，如图7.6所示。

05 选择后罗锅枨对象，框选1400帧位置的关键帧，使用【选择并移动】工具将其移动到250帧，将200帧处的关键帧移动到230帧处。这样后罗锅枨的动作时间就设置到230帧到250帧之间，如图7.7所示。

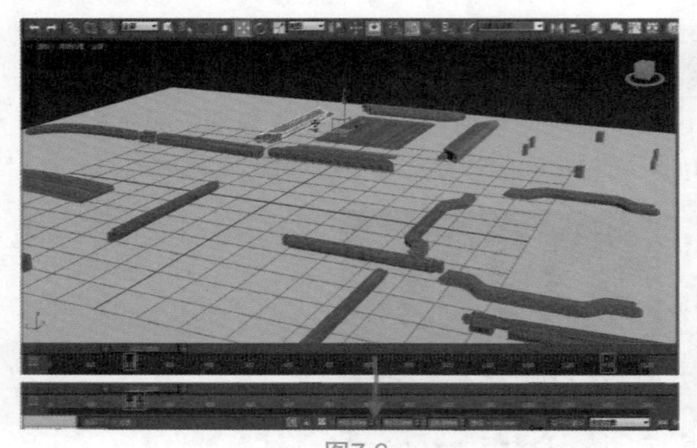

图7.6

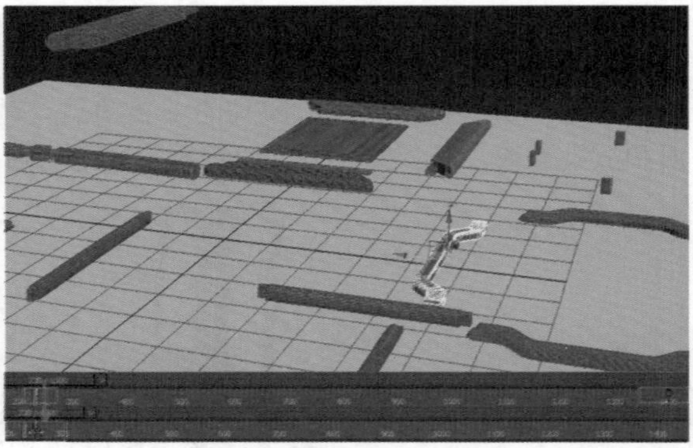

图7.7

06 选择后枨对象，框选1400帧位置的关键帧，使用【选择并移动】工具将其移动到270帧，将200帧处的关键帧移动到250帧处。这样后枨的动作时间就设置在250帧到270帧之间，如图7.8所示。

07 选择后腿对象，框选1400帧位置的关键帧，使用【选择并移动】工具将其移动到390帧，将200帧处的关键帧移动到290帧处。这样后腿的动作时间就设置在290帧到390帧之间，如图7.9所示。

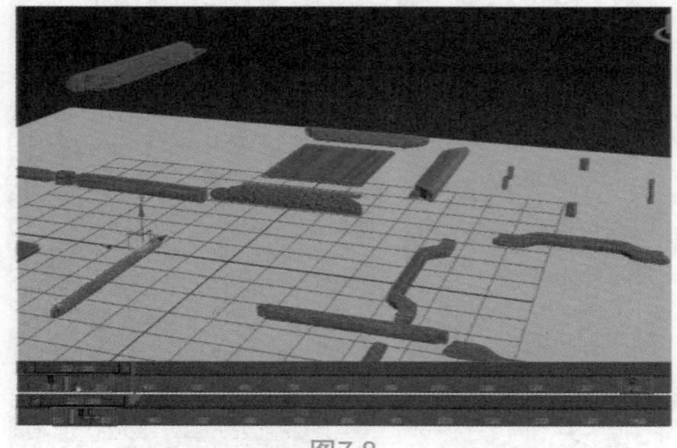

图7.8

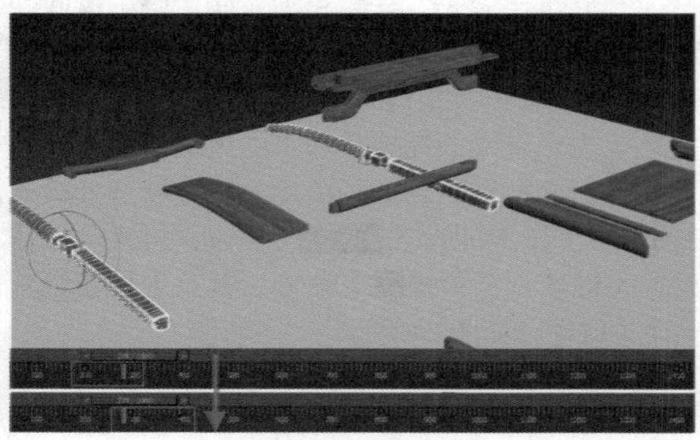

图7.9

08 在拨动时间滑块的时候，后腿有插入地面的现象。为了解决这个现象，将时间滑块拉到330帧的位置，选择两个后腿，使用【选择并移动】工具将其往上移动以适当的抬高位置。这样在组合的动画中它便不会插入到地面中去了，如图7.10所示。

09 在后腿组合的过程中，发现不够有节奏感，而且在组合的时候它会从后大边中穿过去，这是不合理的。框选390帧处的关键帧，使用【选择并移动】工具并按下键盘上的Shift键移动复制到380帧左右，如图7.11所示。

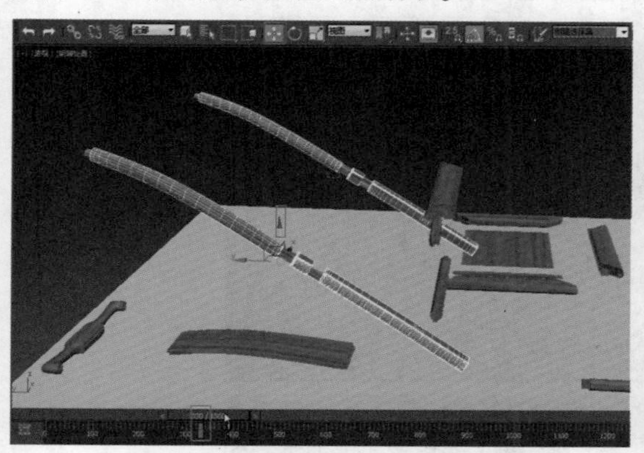

图7.10

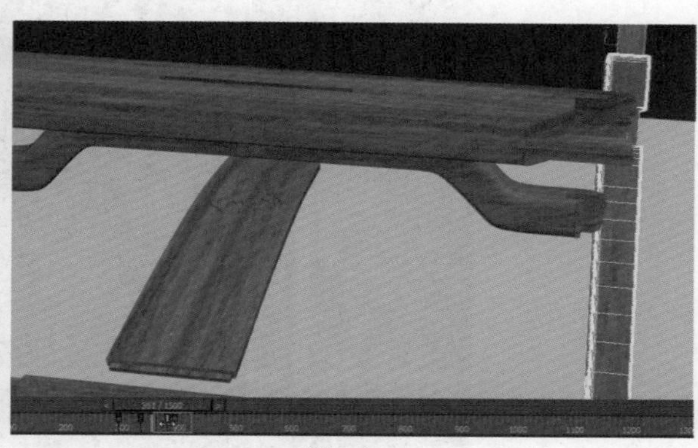

图7.11

10 单击【关键帧模式】按钮进入关键帧模式，可以快速准确地选择和切换关键帧。将时间滑块定位到刚刚复制的380附近的关键帧（378帧），分别选择对象两个后腿，使用【选择并移动】工具将其向左右两边分别移动，如图7.12所示。

这时，两个后腿的动画就做完了，在它们运动的时候不会有穿过物体的现象，而且两个关键点离得很近，所以在组装的时候显得很有力度。

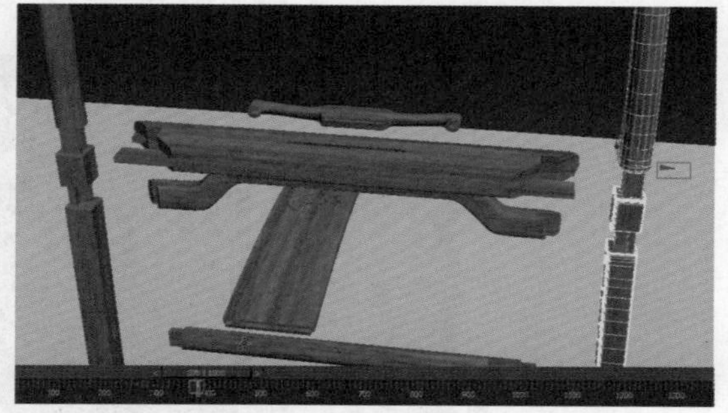

图7.12

11 选择左、右罗锅枨对象，框选200帧位置的关键帧，使用【选择并移动】工具将其移动到410帧，将1400帧处的关键帧移动到510帧处。这样左、右罗锅枨的动作时间就设置在410帧到510帧之间，如图7.13所示。

12 在左、右罗锅枨的运动过程中需要有移动和旋转两个动作，为了使动作更有节奏，就需要将旋转变换集中到某个时间段。可以在480帧到495帧之间给它一个集中的旋转，让其在这15帧之间只旋转不位移。将时间滑块定位到480帧的位置，单击【设置关键点】按钮，记录一个关键帧。选择480帧的关键点，使用【选择并移动】工具，同时按下键盘上的Shift键移动复制到495帧，如图7.14所示。

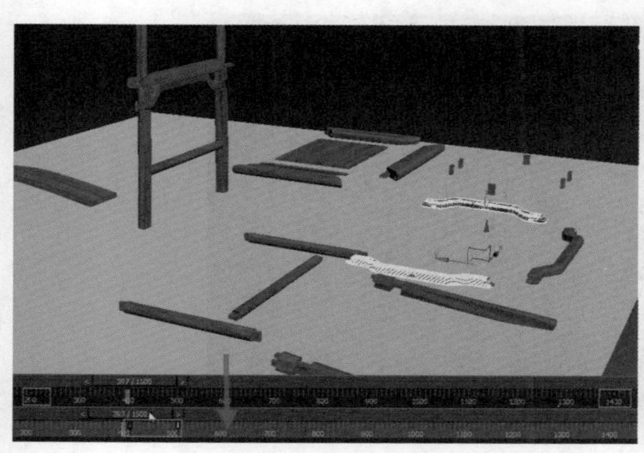

图7.13

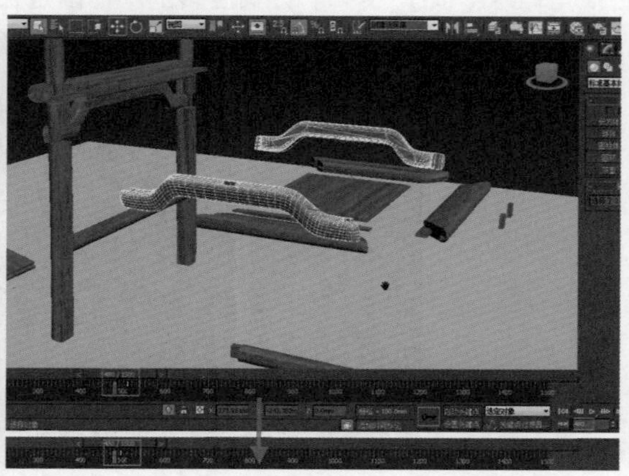

图7.14

13 在480帧到495帧之间使左、右罗锅枨完成绕X轴旋转的动作。使用【曲线编辑器】按钮来调整左、右罗锅枨的旋转。在曲线编辑时，可使用【缩放区域】按钮框选区域将其放大或缩小。

14 先选择左罗锅枨，让它先完成旋转。单击左侧的【X轴旋转】按钮，选择第480帧的关键点，在右上角输入【值】为0，再选择495帧的关键点，在右上角输入【值】为90，让其旋转的动作固定在480帧和495帧之间，如图7.15、图7.16所示。

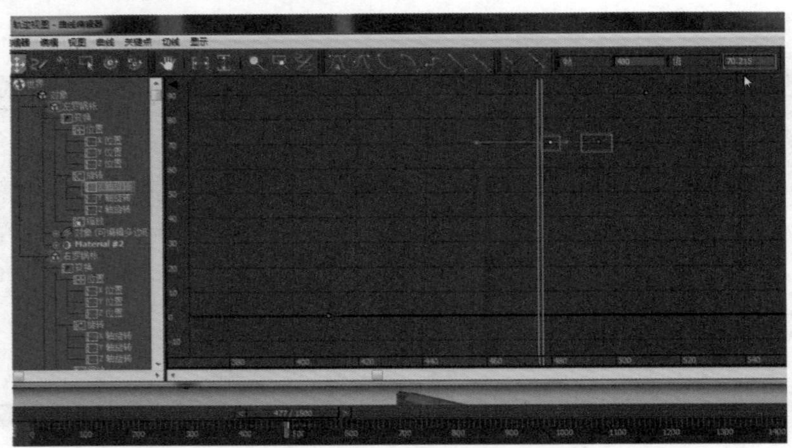

图7.15

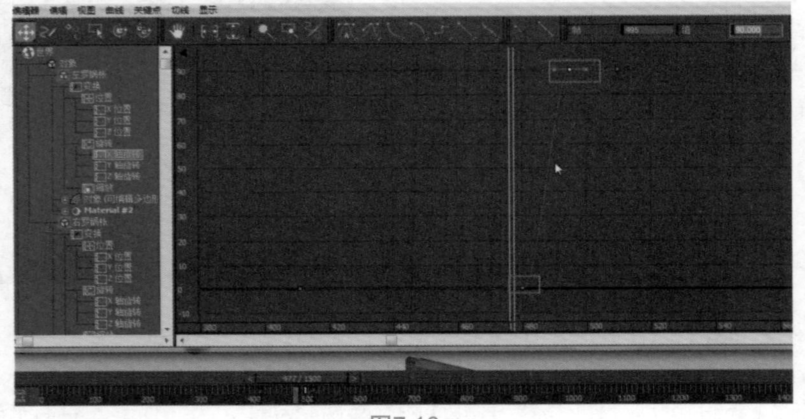

图7.16

15 选择右罗锅枨，单击【X轴旋转】按钮，因为410帧位置的【值】是-180，选择第480帧的关键点，在右上角输入【值】为-180，510帧位置的【值】是-90，所以选择495帧的关键点，在右上角输入【值】为-90。让其旋转的动作固定在480帧和495帧之间，如图7.17、图7.18所示。

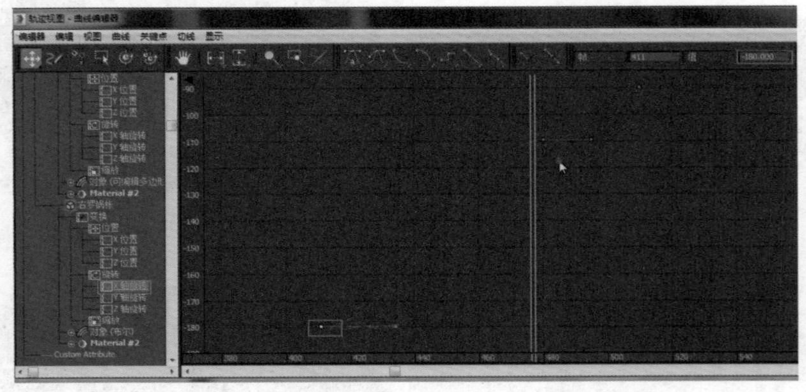

图7.17

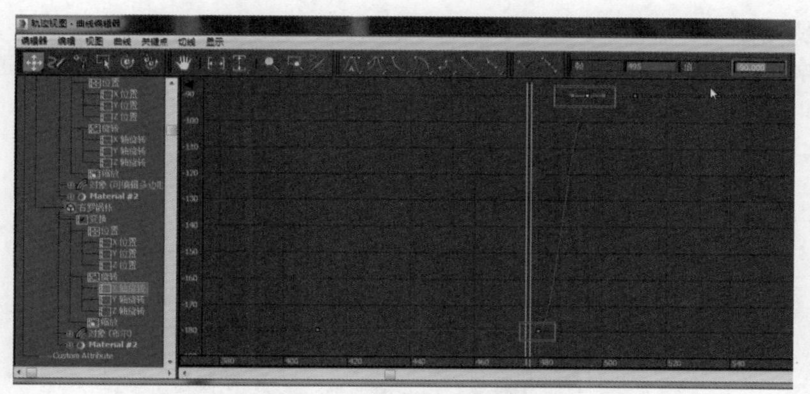

图7.18

16 在组合的最后一步应该需要有力量的加速。保持右罗锅枨处于选择状态，在曲线编辑器左侧单击右罗锅枨对象的【Y位置】按钮，选择510帧的关键点，单击【将切线设置为快速】按钮，使其位移运动变得快速，如图7.19所示。

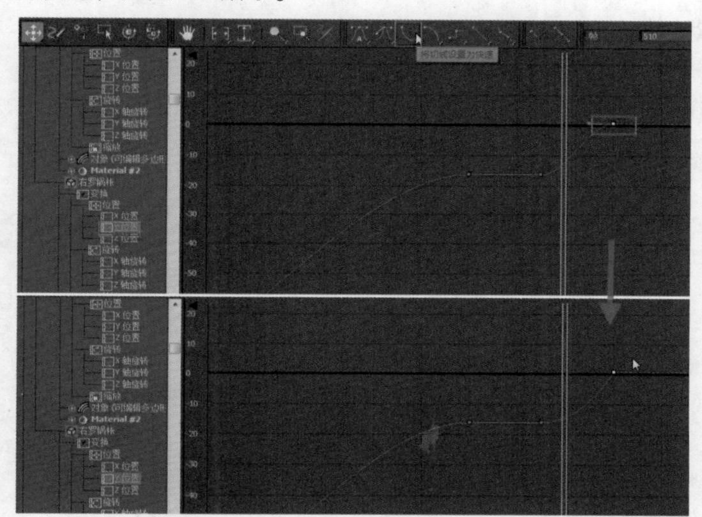

图7.19

17 在视图中选择左罗锅枨，在曲线编辑器左侧单击左罗锅枨的【Y位置】，选择510帧的关键点，单击【将切线设置为快速】按钮，使切线变得很陡，物体的运动便会变得快速，如图7.20所示。

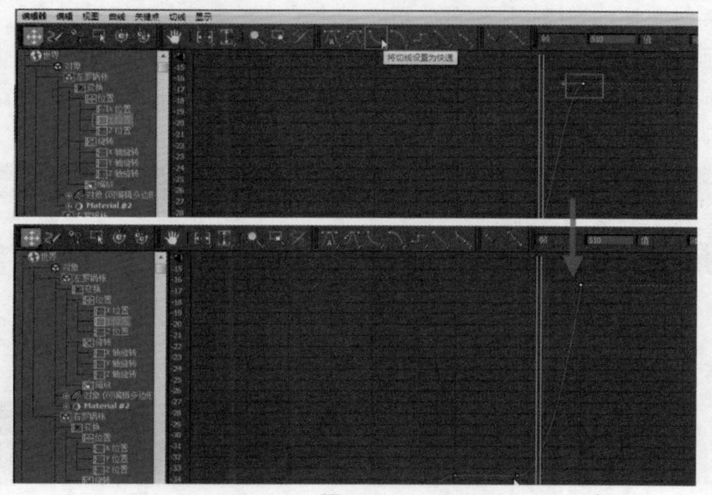

图7.20

18 接下来使侧枨和中枨到位。输入530帧的位置，选择对象两个侧枨和中枨，框选200帧位置的关键帧，使用【选择并移动】工具将其移动到530帧，将1400帧处的关键帧移动到575帧处。这样侧枨和中枨的动作时间就设置在530帧到575帧之间，如图7.21所示。

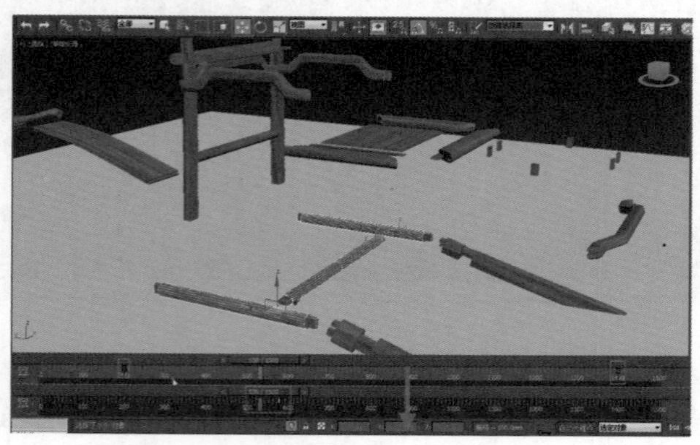
图7.21

19 由于侧枨运动是斜着往上的，有穿过物体的现象。这是不合理的，所以在550帧的时候将其移动到正前方，可以改变其运动轨迹，如图7.22所示。

20 侧枨和中枨在正前方的时候先完成它们3个物体之间的组装，框选550帧的关键点，使用【选择并移动】工具并按下键盘上的Shift键复制到560帧。在 560帧的位置移动两个侧枨并将其组装到中枨上去，如图7.23所示。

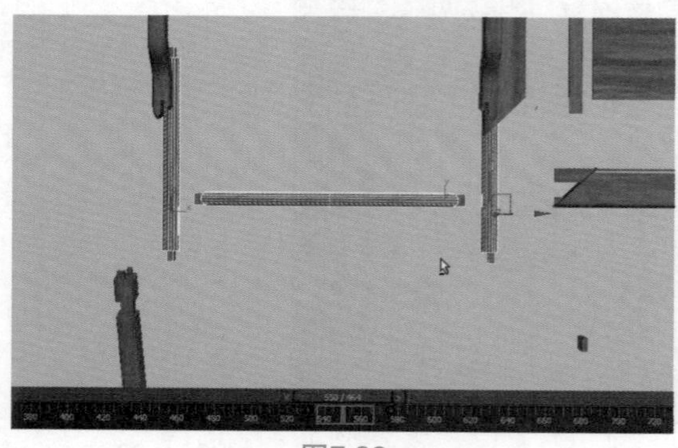
图7.22

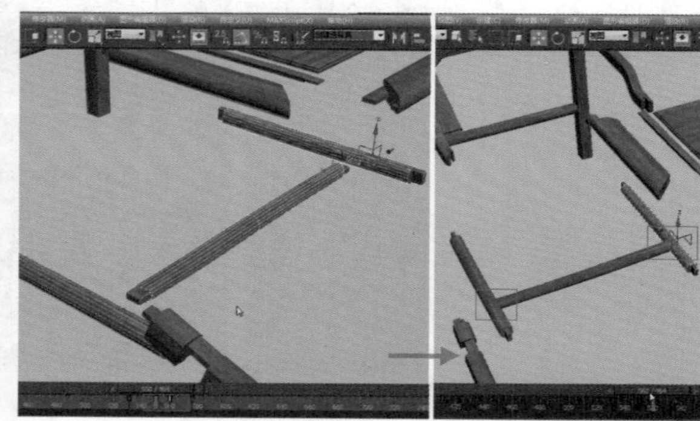
图7.23

21 选择对象前腿，在【层次】修改界面，单击仅影响轴【仅影响轴】按钮，使用【选择并移动】工具将轴心移动到椅子腿底部，再次单击【仅影响轴】按钮结束调整，如图7.24所示。

22 选择两个前腿对象，然后框选200帧位置的关键帧，使用【选择并移动】工具将其移动到595帧，结束时间由1400帧移动到740帧，这样两个前腿的动作时间就设置在595帧到740帧之间，如图7.25所示。

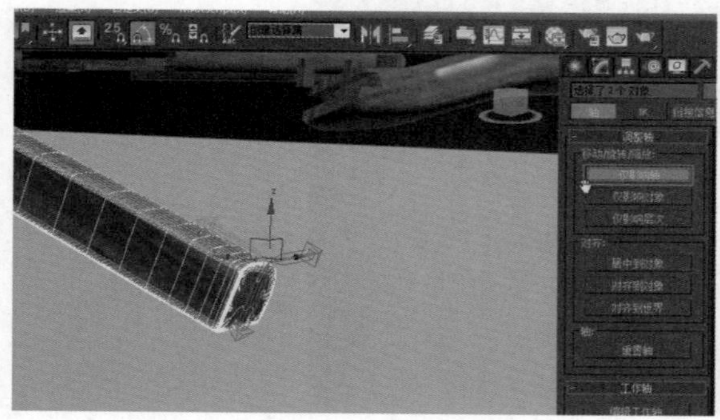
图7.24

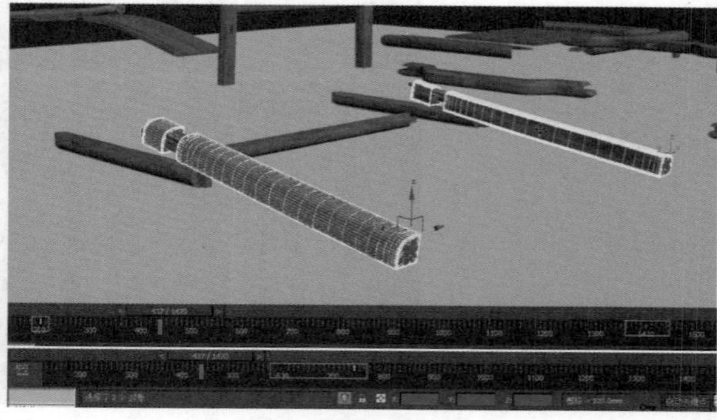
图7.25

23 让前罗锅枨在运动时先和两个前腿完成组装再一起到位，所以前罗锅枨的运动时间和两个前腿是一样的。先将前罗锅枨的结束时间调到740帧，再使用【选择并移动】工具将1400帧的关键点移动到740帧，如图7.26所示。

24 先让两个前腿原地站立起来再移动，再次选择两个前腿对象，直接把时间滑块调到640帧，让两个前腿在640帧的位置先站起来。首先框选595帧的关键点，使用【选择并移动】工具并按下键盘上的Shift键将其复制到640帧的位置，如图7.27所示。

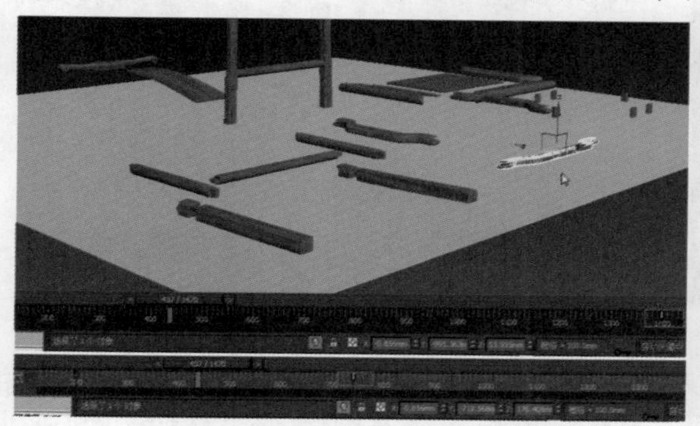

图7.26

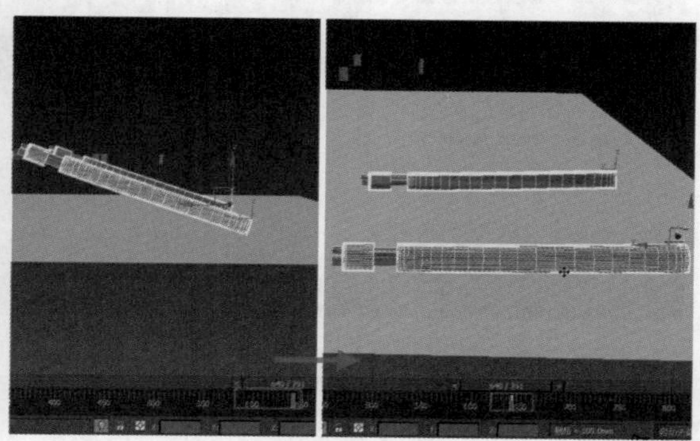

图7.27

25 单击【曲线编辑器】按钮，用轨迹视图直接调整两个腿Y轴上的旋转。选择右前腿【选择并旋转】中的【Y轴旋转】，将640帧的关键点的【值】改为0，如图7.28所示。

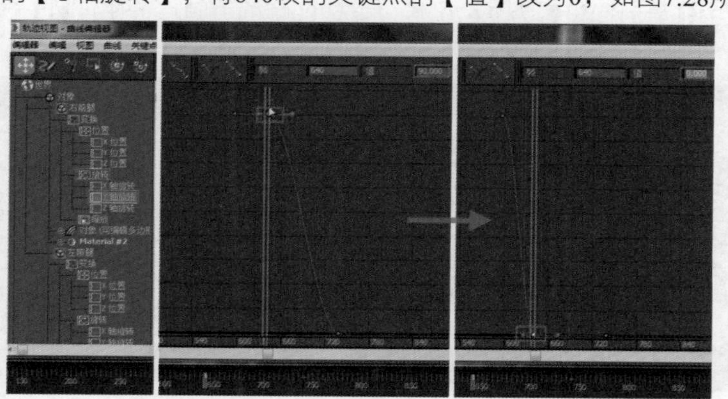

图7.28

26 选择左前腿【选择并旋转】中的【Y轴旋转】，将640帧的关键点的【值】改为0，如图7.29所示。

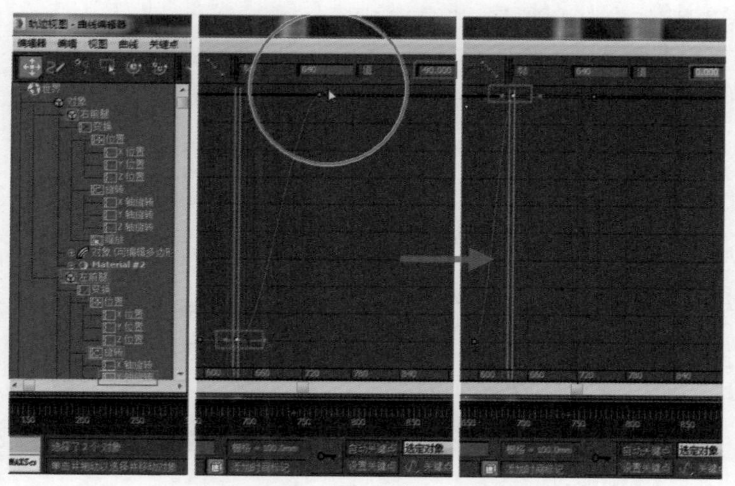

图7.29

这时两个前腿的原地站立动画就做成了，如图7.30所示。

27 接下来将两个前腿移动到椅子的正前方，等待罗锅枨来完成组装动作，在右下角输入670帧，使用【选择并移动】工具将两个前腿移动到椅子的正前方，如图7.31所示。

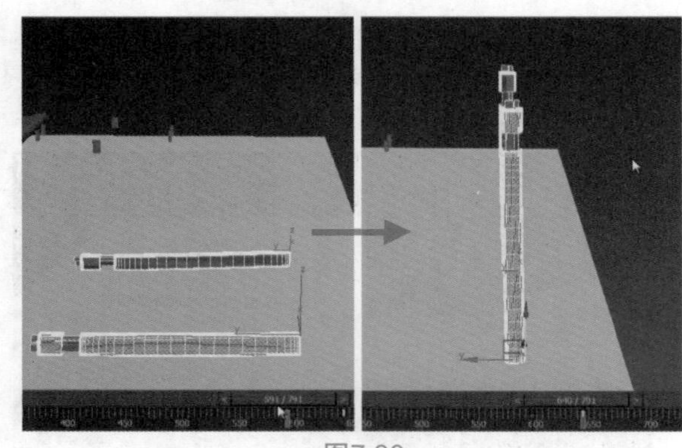
图7.30

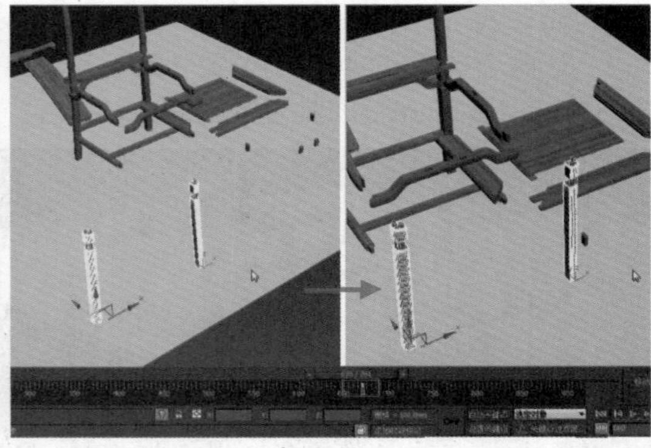
图7.31

28 两个前腿需要在670帧到695帧之间不向后移动，和前罗锅枨完成组装动作。框选670帧的关键点，使用【选择并移动】工具并按下键盘上的Shift键，将其复制移动到695帧的位置。

29 选择前罗锅枨对象，让两个前腿在和它在695帧的时候在同一个位置。使用键盘快捷键F3和F4可以快速地切换线框和明暗处理视图，如图7.32所示。

30 把前罗锅枨的开始时间设置为从670帧。框选200帧的关键点，使用【选择并移动】工具移动到670帧的位置，如图7.33所示。

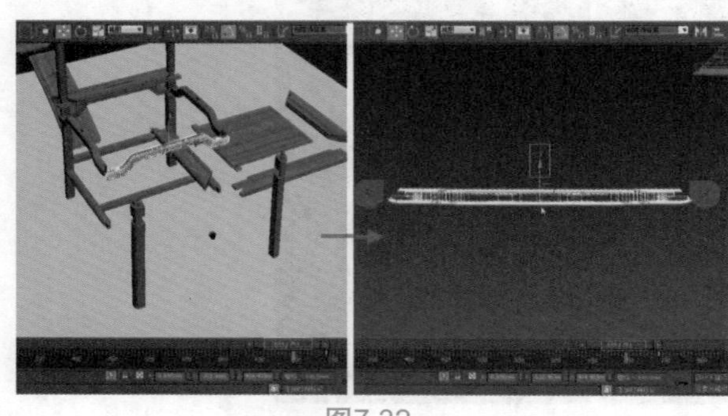
图7.32

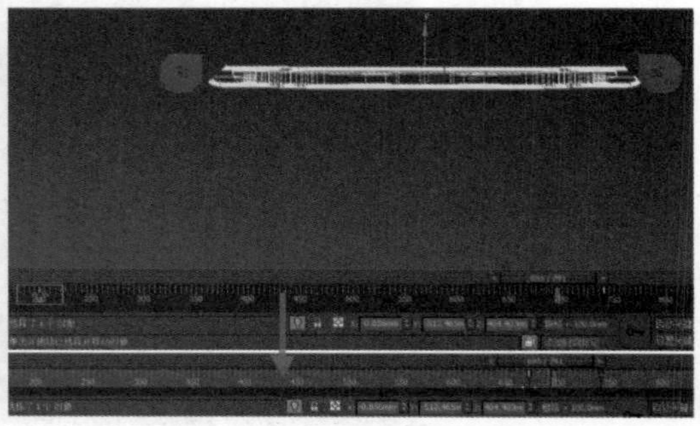
图7.33

31 由于前罗锅枨是歪着的，所以要将其旋转过来。单击【曲线编辑器】按钮，由于前罗锅枨只有移动的关键帧，没有位移的关键帧，所以要在695帧的位置加上一个关键帧。单击【添加关键帧】按钮以添加一个关键帧，如图7.34所示。

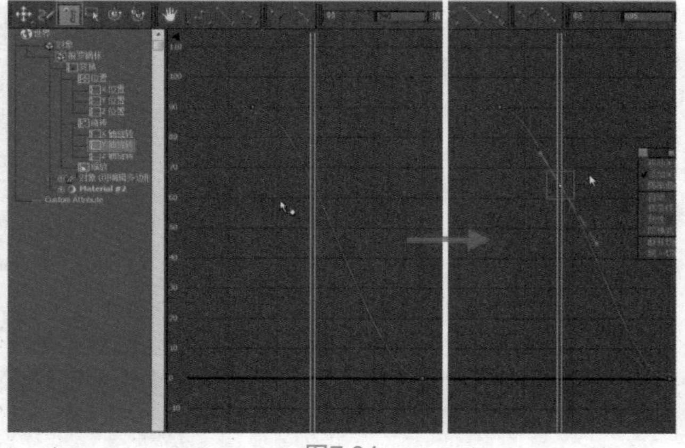
图7.34

32 在轨迹视图左侧选择前罗锅枨的【Y轴旋转】，选择695帧的关键点，把数值改为0，如图7.35所示。

33 为了使后腿和前罗锅枨的位置一致，在自动关键帧开启的状态下使用【选择并移动】工具将其移动到和前罗锅枨平行的位置。

34 框选前罗锅枨和两个前腿在695帧位置的关键帧，使用【选择并移动】工具并按下键盘的Shift键将其移动复制到710帧。

35 选择710帧位置的关键点，分别选择两个前腿，使用【选择并移动】工具，让它和前罗锅枨组装到一起，如图7.36所示。

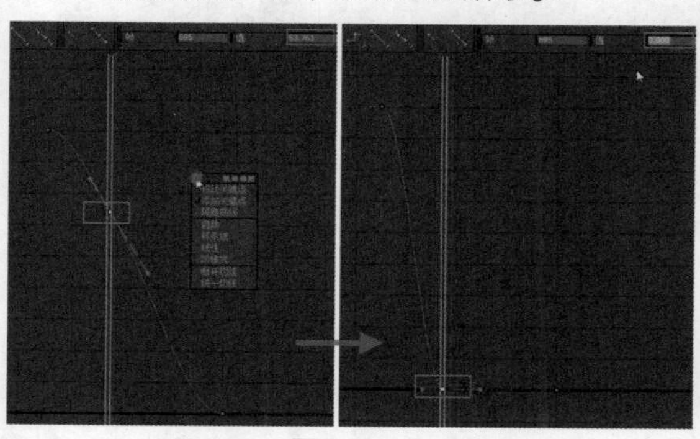

图7.35

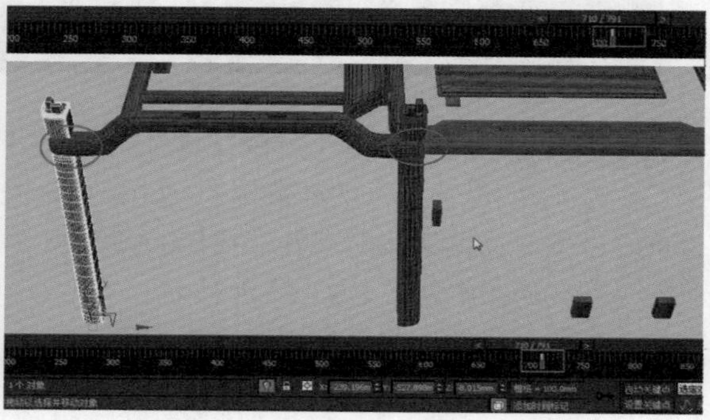

图7.36

36 选择已自行组装好的3个物体，单击【曲线编辑器】按钮，分别将其740帧的关键点上单击【将切线设置为快速】按钮，如图7.37所示。

37 选择前大边，将其200帧位置的关键点使用【选择并移动】工具，移动到820帧的位置，等待组装。选择穿带对象，让其从760帧开始运动。选择200帧位置的关键点，使用【选择并移动】工具将其移到760帧的位置，再选择785帧的位置，让穿带和前大边组装到一起，如图7.38所示。并将穿带785帧的关键帧复制到820帧以等待坐板完成组装。

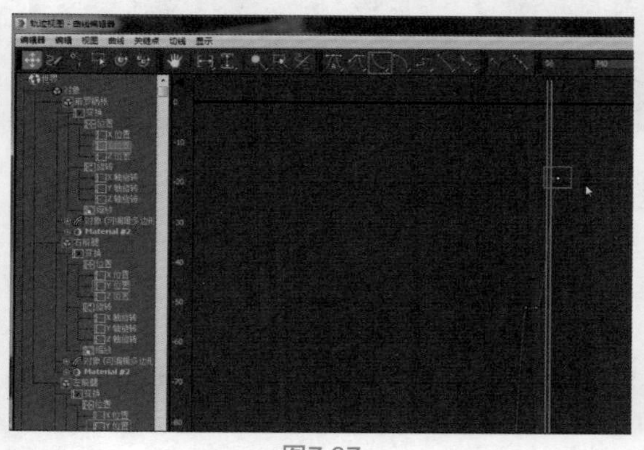

图7.37

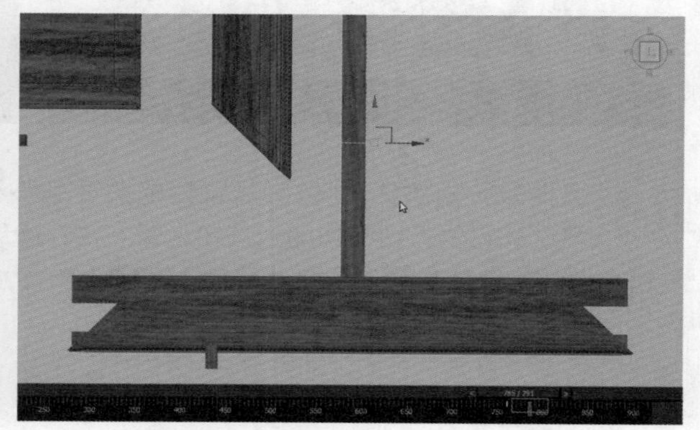

图7.38

38 选择对象坐板，把200帧位置的关键帧移动到785帧的位置，然后将时间滑块调到810帧，使用【选择并移动】工具，让坐板和前大边穿带组装到一起。选择穿带对象810帧的关键点，移动复制到820帧，在820帧之后让3个物体一起组装到椅子上，如图7.39所示。

39 选择3个对象，把1400帧位置的关键点移动到900帧，让其在900帧的时候完成组装动画。

40 在组装的时候，在物体中有穿插的现象，为了避免穿插的问题，选择3个对象，将时间滑块定位到850帧，使用【选择并移动】工具将这3个物体提高，这样的话就不会有穿插在物体中的现象。由于最后组装的瞬间有结构穿插的动作，需要分别在850帧和900帧的时候单击【记录关键点】按钮以强行记录关键帧，然后在870帧的位置将这3个对象使用【选择并移动】和【选择并旋转】工具将其稍微往前移动一点并倾斜，如图7.40所示。

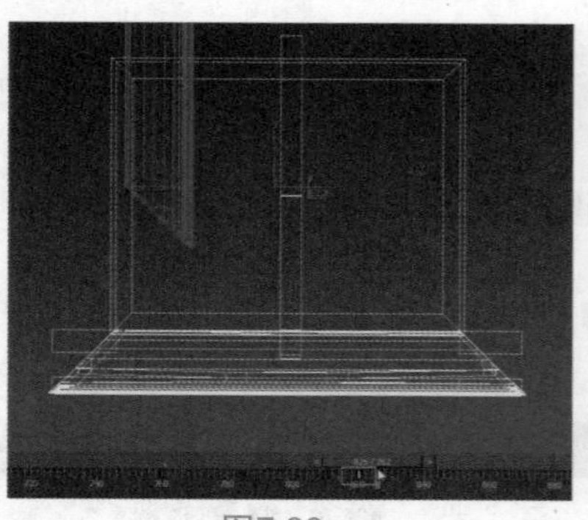

图7.39

图7.40

41 选择左、右两个抹头对象，将开始时200帧位置的关键点使用【选择并移动】工具移动到920帧的位置，再把结束时的1400帧位置的关键点移动到1200帧的位置。

42 由于有物体穿插的问题，在1000帧的位置将其移动到与椅子有相同高度，左、右两个抹头分别在椅子的两边，如图7.41所示。

43 为了使最后的组装显得有节奏、有力量，单击【曲线编辑器】按钮，在左、右抹头的【X位置】分别将1000帧的曲线设置为【将切线设置为快速】，如图7.42所示。

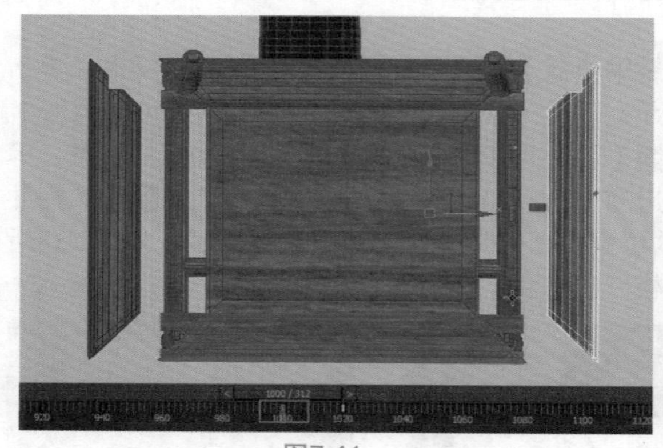

图7.41

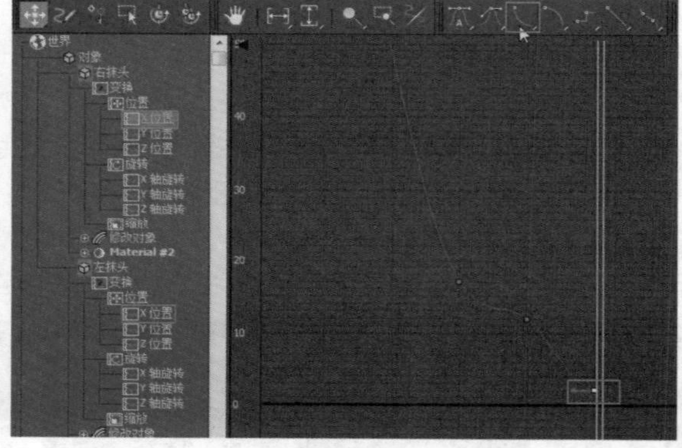

图7.42

44 选择靠背板对象，将200帧位置的关键点移动到1060帧，1400帧位置的关键点移动到1170帧，让它的运动在1060到1170之间。在其运动过程中有穿插现象，为了使动作显得更合理，在1140帧的位置使用【选择并移动】和【选择并旋转】工具让靠背板往上移动并让其旋转角度显得合理，如图7.43所示。

45 同样，让靠背板的运动有节奏、有力量，在【曲线编辑器】里面，调整靠背板的【Z位置】，使用【将切线设置为快速】工具把最后一个关键点的切线设置为快速，如图7.44所示。

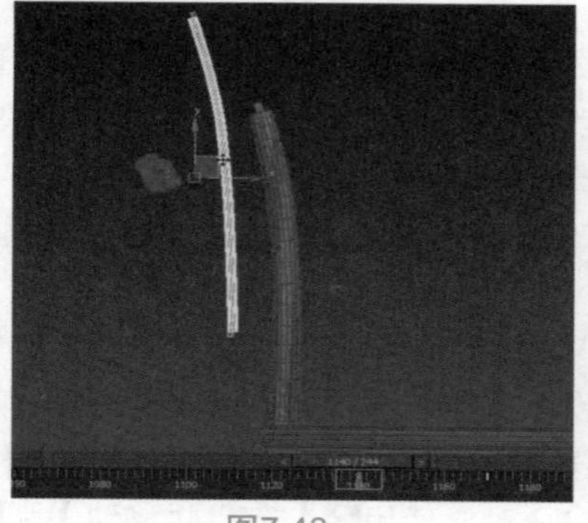

图7.43

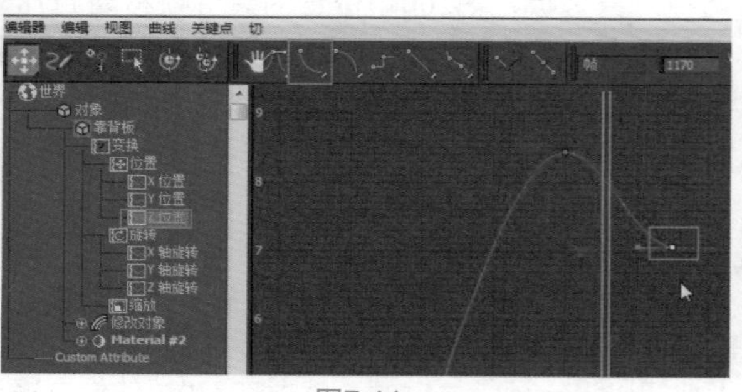

图7.44

46 调整搭脑对象的运动时间。选择搭脑对象，框选200帧位置的关键点，使用【选择并移动】工具移动到1200帧的位置。将1400帧位置的关键点移动到1270帧。这样，搭脑的移动时间就在1200帧到1270帧之间。因为同样有穿插问题，在1250帧的位置使用【选择并移动】和【选择并旋转】工具将其往上移动并旋转其角度，让它的组装过程更准确，如图7.45所示。

47 在最后一段时间让搭脑加速运动，在【曲线编辑器】中，对其【Z位置】最后一个关键点使用【将切线设置为快速】工具，让其运动加速，如图7.46所示。

图7.45

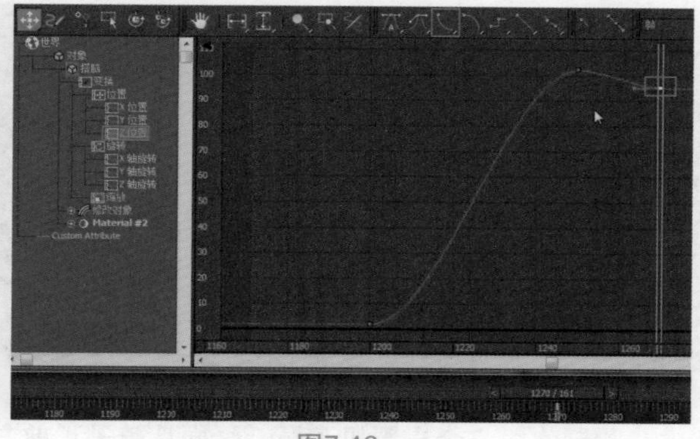

图7.46

48 最后，将木楔子组装到椅子上。选择所有木楔子，把200帧位置的关键点框选之后使用【选择并移动】工具移动到1300帧，框选1400帧位置的关键点之后，将其移动到1360帧。在运动时和罗锅枨有穿插现象，可直接将时间定位到1360帧位置，框选关键帧，使用【选择并移动】工具并按下键上盘的Shift键，将其复制到1340帧。然后再使用【选择并移动】工具将楔子移动到椅子的正下方，让其在最后一步运动时直接从下面垂直组装上去，如图7.47所示。

49 在最后给每个木楔子一个加速的动作。使用【曲线编辑器】工具，选择木楔子的【Z位置】的最后一个关键点，单击【将切线设置为快速】按钮，将那个关键点设置为快速运动，如图7.48所示。由于有6个罗锅枨楔子，所以一定要分别选择，再对其进行修改命令。

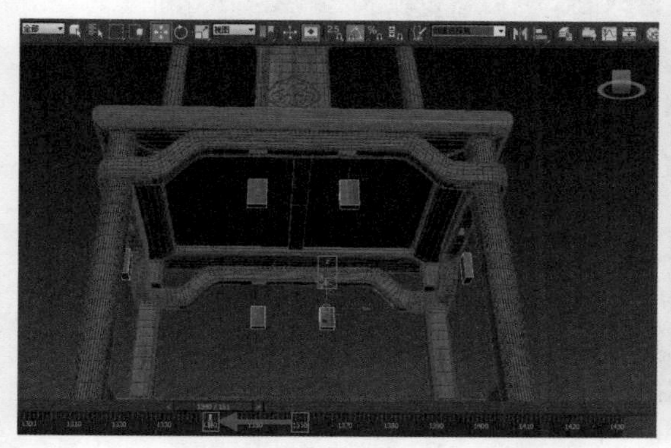

图7.47

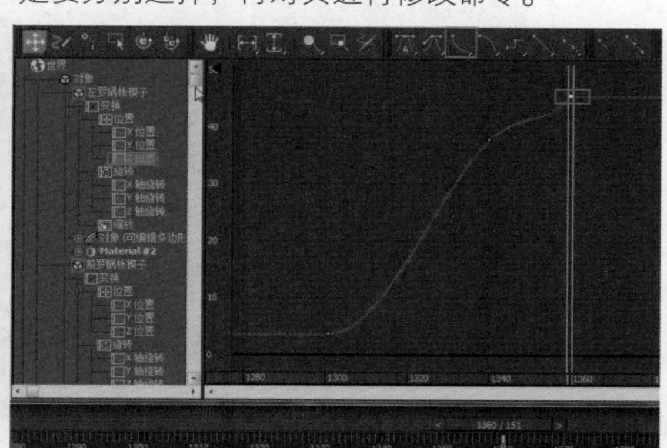

图7.48

7.2 摄影机动画

摄像机动画是全面展示产品的手段，通过关键帧记录自由摄影机的推、拉、摇、移变化，可以更形象地展示产品设计。在制作时需要注意动画节奏的把握和画面构图的艺术性。

01 在透视图中按快捷键Shift+F以显示安全框。本步骤来制作第一个摄影机动画，从顶视图中俯拍，镜头由左下角逐步拉至中间以看到全景。单击【摄像机】按钮，选择【自由】类型，在顶视图中创建自由摄像机，单击透视图左上角的【透视】→摄像机→Camera001，即可将视图切换到摄像机（Camera001）视图。单击【选择并移动】按钮，在顶视图中将摄像机（Camera001）调整到场景左下角的位置，在左视图中沿Z轴方向将摄像机（Camera001）调整到合适的高度，如图7.49所示。

02 选择自由摄像机(Camera001)，将时间调到200帧，单击【自动关键点】按钮，单击【选择并移动】工具，移动摄像机（Camera001）至合适位置，使动画从场景左下角到全景进行播放，如图7.50所示。

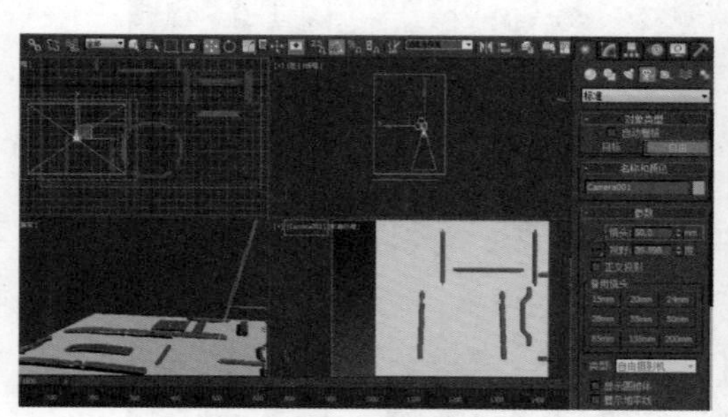

图7.49

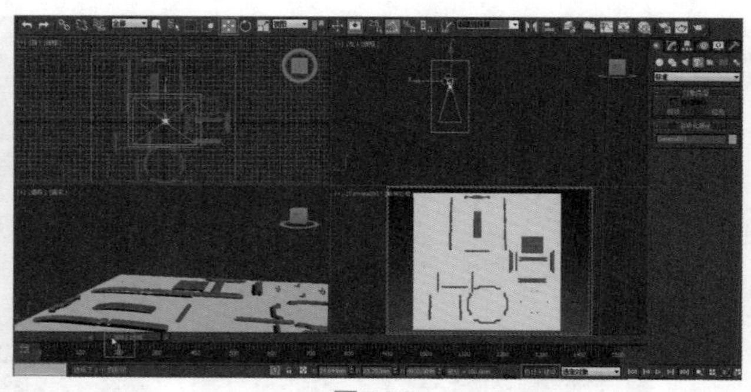

图7.50

03 本步骤制作第二个摄影机动画，画面从椅子正前方由远及近，然后向右旋转镜头以观察左、右罗锅枨动作。将视图切换至左视图，单击【摄像机】按钮，选择【自由】的方式，在左视图中创建自由摄像机，自由摄像机【参数】卷展栏下的【镜头】参数设置为50，单击摄像机视图左上角的【Camera001】→摄像机→Camera002，将视图切换成摄像机（Camera002）视图。在顶视图和左视图中调整摄像机位置，选择自由摄像机（Camera002），单击【自动关键点】按钮，单击【设置关键点】按钮，将200帧设置为关键点，如图7.51所示。

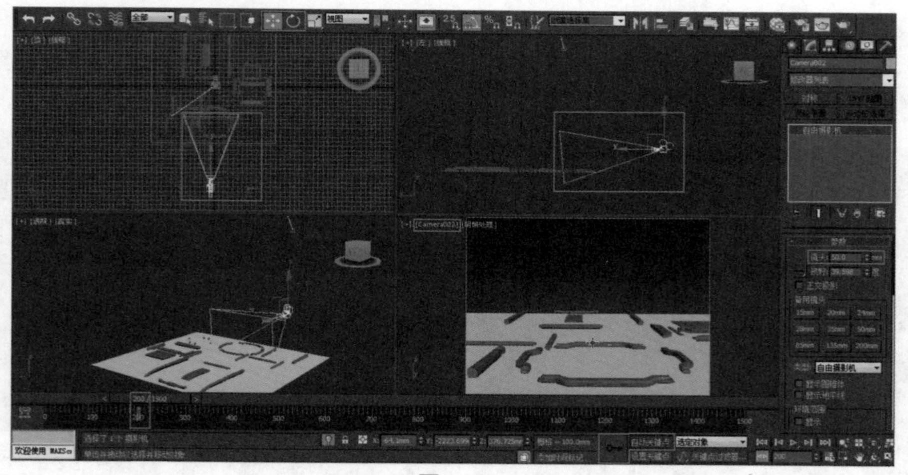

图7.51

04 将时间调至320帧，在顶视图中将摄像机（Camera002）由场景下方向场景上方移动，将400帧、500帧、550帧分别设置为关键点，单击【选择并旋转】按钮，在顶视图中将摄像机（Camera002）分别旋转-30度、-20度、-10度，单击【选择并移动】按钮，移动摄像机位置，如图7.52所示。

05 播放动画进行动画测试，对旋转过早和摄像机距离太近两个问题进行修改。选择摄像机（Camera002），单击鼠标右键，选择【对象属性】命令勾选【轨迹】复选项，如图7.53所示。单击【自动关键点】按钮，将时间调到320帧，单击【选择并旋转】按钮，在顶视图中将摄像机（Camera002）旋转15度，将时间分别调到400帧和500帧，单击【选择并移动】按钮在顶视图中将摄像机（Camera002）均向左下位置移动，使摄像机离拍摄对象远一些，关键点于550帧处，在左视图中将摄像机（Camera002）沿Y轴方向向下移动，调整后摄像机（Camera002）的轨迹如图7.54所示。

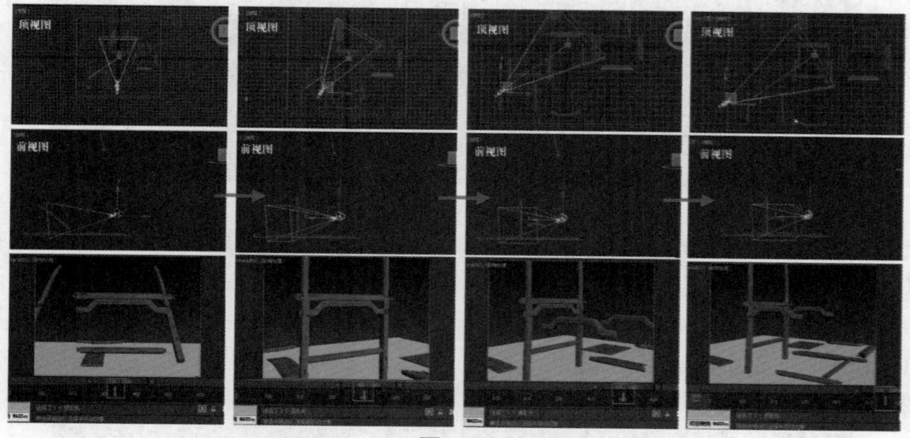

图7.52

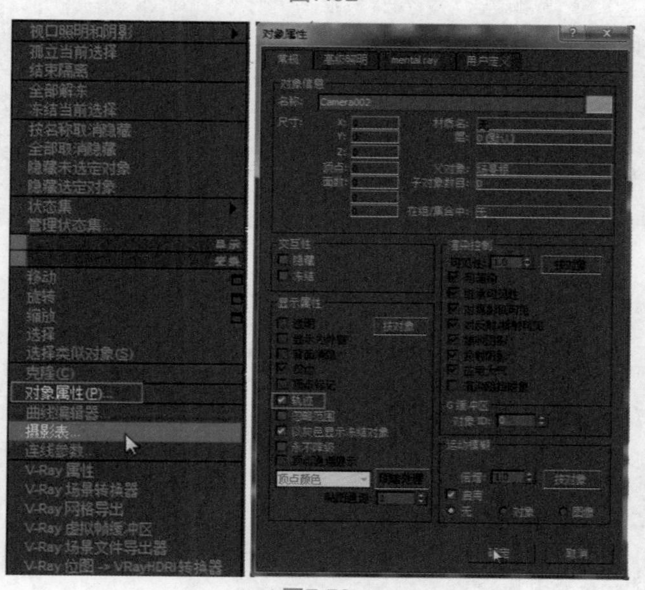

图7.53

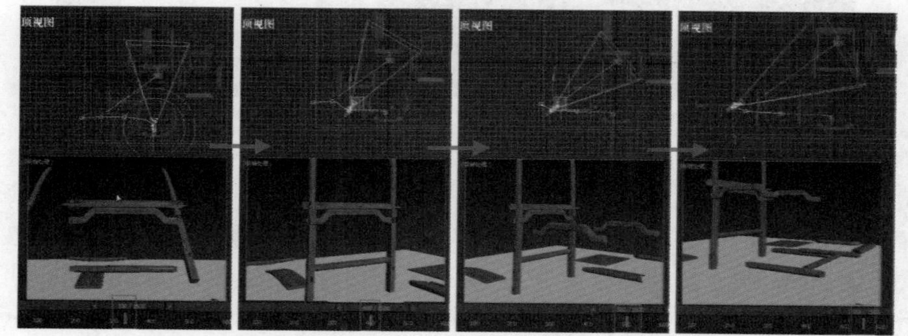

图7.54

06 本步骤制作第三个摄影机动画，俯视前腿站立动作，然后跟随前腿运动。至前腿与罗锅枨组装时使摄像机呈现一定的俯拍角度，继续向前推近镜头，观察前腿和罗锅枨到位动作。在顶视图中创建自由摄像机（Camera003），将摄像机（Camera002）视图切换到摄像机（Camera003）视图，单击【选择并移动】按钮，在顶视图中将摄像机调整到场景左下角的位置，切换至左视图中，沿Y轴方向将摄像机（Camera003）调整到合适的高度，如图7.55所示。

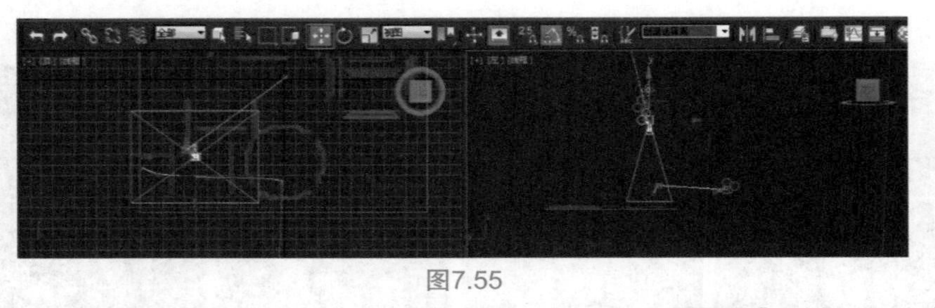

图7.55

07 选择自由摄像机（Camera003），将时间调到600帧，单击自动关键点【自动关键点】按钮，单击【设置关键点】按钮，将600帧设置为关键点。在690帧处，单击【选择并移动】按钮，在顶视图中将摄像机（Camera003）向右上方移动，单击【选择并旋转】按钮，在左视图中将摄像机（Camera003）旋转-10度，单击【选择并移动】按钮，在顶视图和左视图中继续调整摄像机（Camera003），直到将摄像机调整到合适位置，如图7.56、图7.57所示。

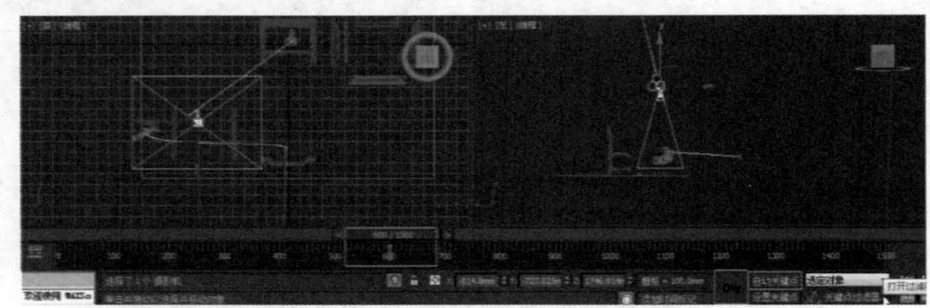

图7.56

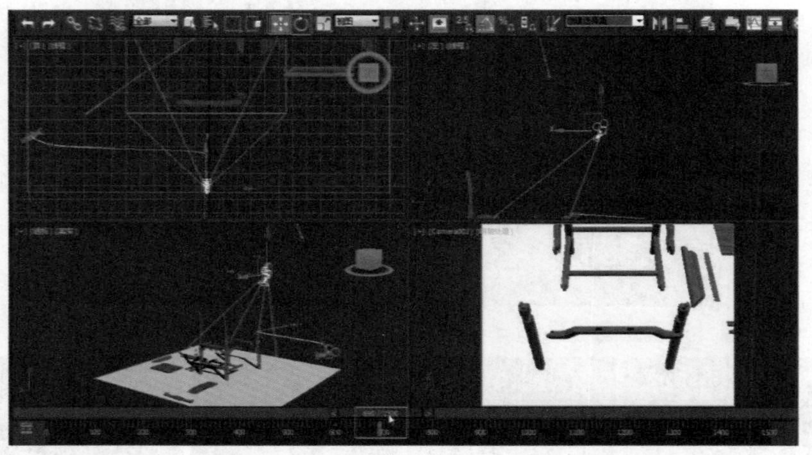

图7.57

08 现在需要摄像机（Camera003）在690帧到710帧之间处于静止状态，框选690帧处的关键帧，按住Shift键移动复制到710帧，接下来将时间滑块定位到740帧处，单击【选择并移动】按钮，在左视图中将摄像机（Camera003）沿X轴方向向左移动，单击【选择并旋转】按钮，在左视图中将摄像机（Camera003）旋转-30度，在左视图中沿Y轴方向将摄像机（Camera003）向下移动，如图7.58所示。经播放测试后，发现前一段时间画面构图出现问题，将时间滑块定位到650帧，在顶视图中将摄像机（Camera003）画面使构图更合理，如图7.59所示。

09 现在来创建第四个摄影机动画，摄影机从前大边的前方静止俯拍座板和穿带与座板组装，然后跟随三者移动，最后定位到椅子侧面观察三者到位。在顶视图中创建自由摄像机（Camera004），将摄像机（Camera003）视图切换为摄像机（Camera004）视图，单击【选择并移动】按钮，在顶视图和左视图中将摄像机（Camera004）移动至合适位置，单击【选择并旋转】按钮，在顶视图中将摄像机（Camera004）旋转45°，再在顶视图中将摄像机（Camera004）向下移动，如图7.60所示。

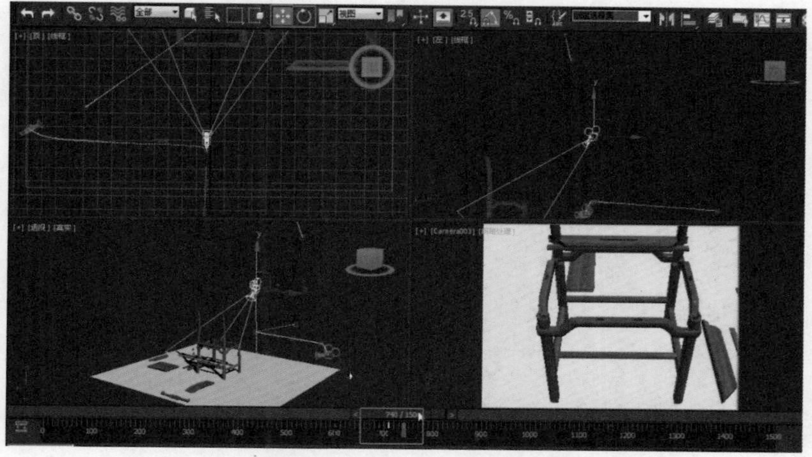
图7.58

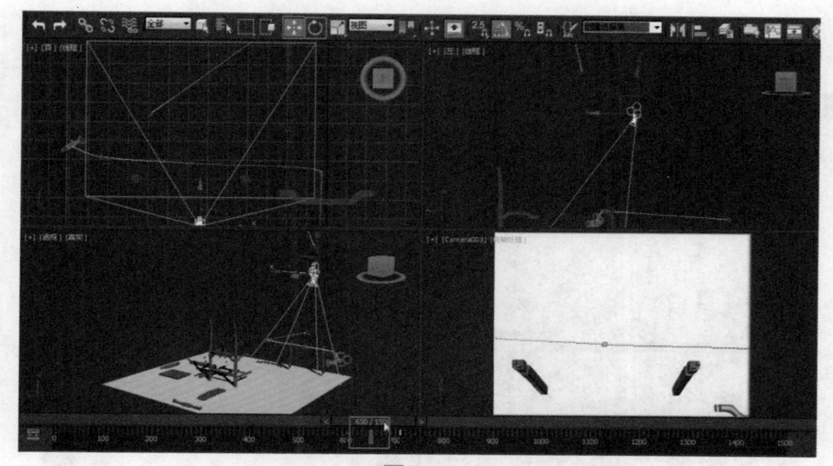
图7.59

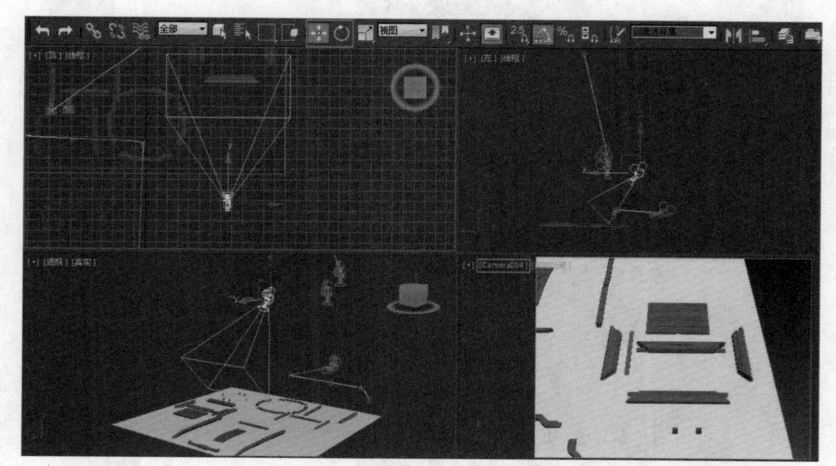
图7.60

10 选择摄像机（Camera004），将时间滑块定位到760帧，单击自动关键点【自动关键点】按钮，单击【设置关键点】按钮，将760帧设置为关键点，应使摄像机从760帧到830帧处于静止状态，所以框选760帧，按住Shift键将760帧移动复制到830帧。将时间定位到890帧处，单击【选择并移动】按钮，在顶视图沿Y轴方向将摄像机向上移动，移到椅子侧面。单击【选择并旋转】按钮，在顶视图中将摄像机（Camera004）旋转90度，单击【选择并移动】按钮和【选择并旋转】按钮，在顶视图和左视图中调整摄像机位置（Camera004），如图7.61所示。

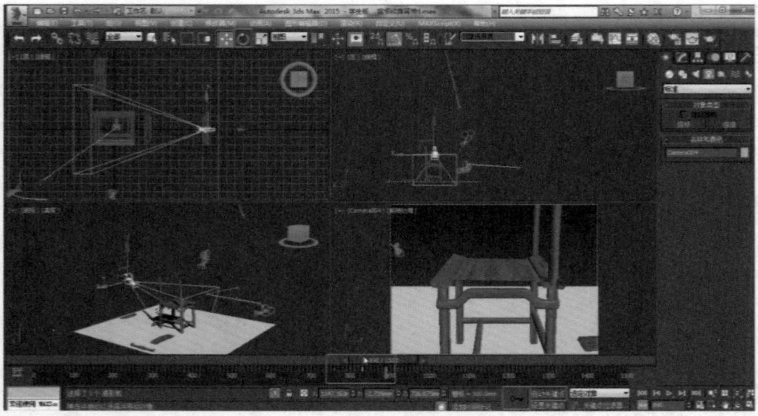

图7.61

11 现在创建第五个摄影机动画，画面从抹头的前方俯拍，然后跟随抹头运动到位，最后向前推近。在顶视图中创建自由摄像机（Camera005），将摄像机（Camera004）视图切换为摄像机（Camera005）视图，单击【选择并移动】按钮，在顶视图和左视图中将摄像机（Camera005）移动至合适位置。单击【选择并旋转】按钮，在顶视图中将摄像机（Camera005）旋转30度，如图7.62所示。

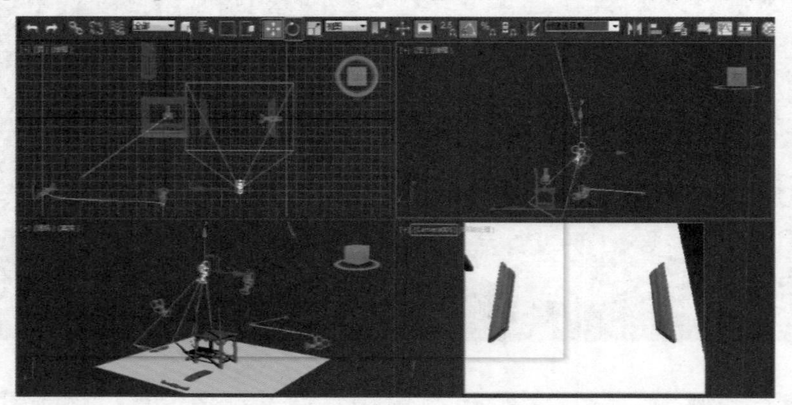

图7.62

12 选择摄像机（Camera005），将时间调到920帧，单击自动关键点【自动关键点】按钮，单击【设置关键点】按钮，将920帧设置为关键点，单击【选择并移动】按钮，在顶视图和左视图中移动摄像机（Camera005）位置，将950帧、990帧、1020帧分别设置为关键点，保持所拍摄的对象模型在摄像机画面范围内，如图7.63、图7.64、图7.65、图7.66所示。

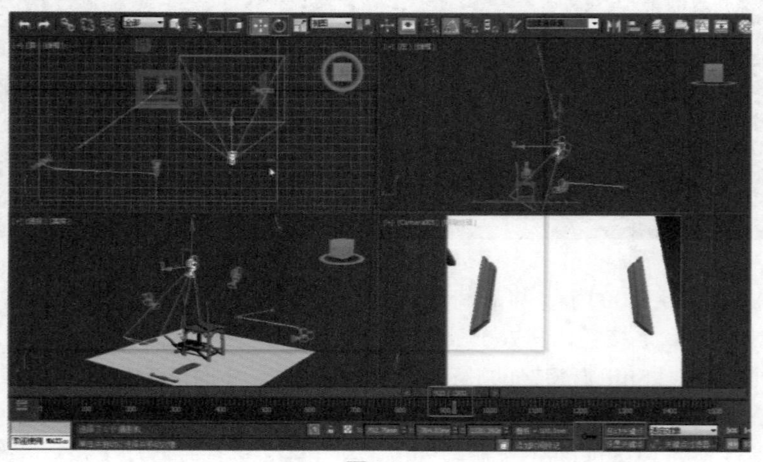

图7.63

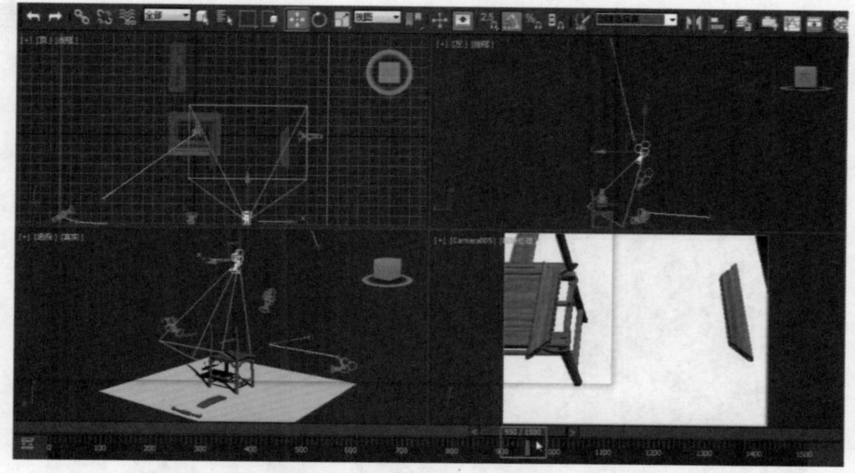

图7.64

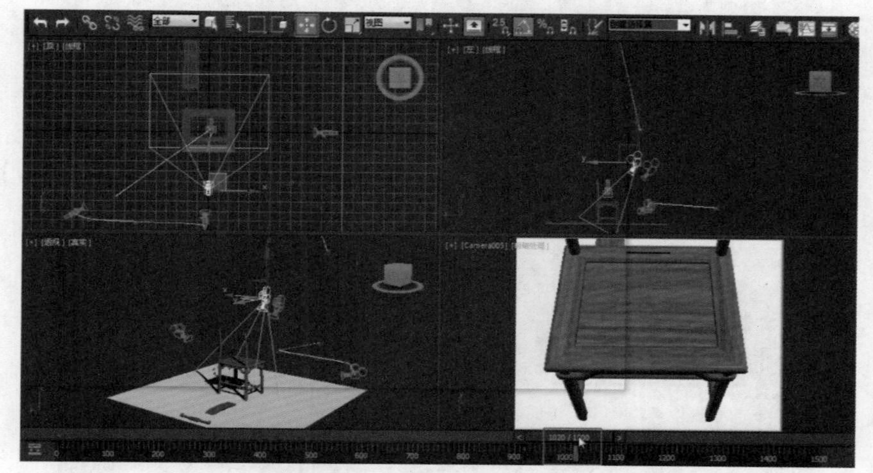

图7.65

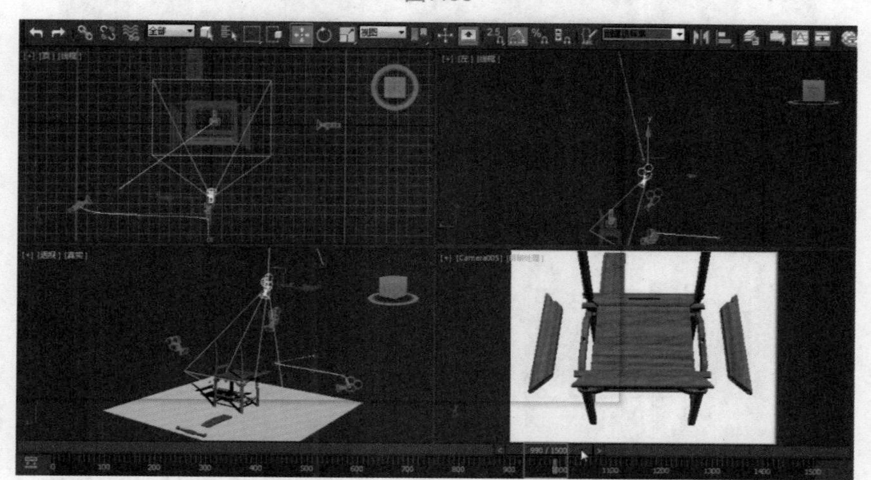

图7.66

13现在创建第六个摄影机动画，画面由上一个摄影机的最后位置开始逐步向后推向“宝相纹”图案，而后上移以观察“搭脑”安装。在前视图中创建自由摄像机（Camera06），将摄像机（Camera005）视图切换为摄像机（Camera006）视图，将时间调到1060帧，单击【选择并移动】按钮，在前视图和顶视图中将摄像机（Camera006）移动至合适位置，单击【选择并旋转】按钮，在顶视图中将摄像机（Camera005）旋转20度，选择摄像机（Camera006），单击自动关键点【自动关键点】按钮，单击【设置关键点】按钮，将1060帧设置为关键点，如图7.67所示。

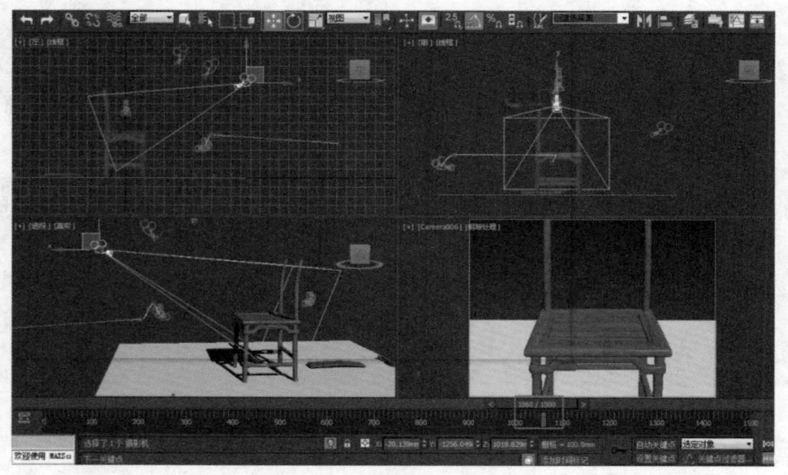

图7.67

14 将时间调到1190帧，单击【选择并移动】按钮，在左视图中沿Z轴方向将摄像机（Camera006）向左移动，靠近椅子靠背。到1230帧，在左视图中将摄像机（Camera006）再次向左移动，使其再靠近椅子靠背一些。到1270帧，在前视图中将摄像机（Camera006）向上移动到合适位置，如图7.68、图7.69、图7.70所示。

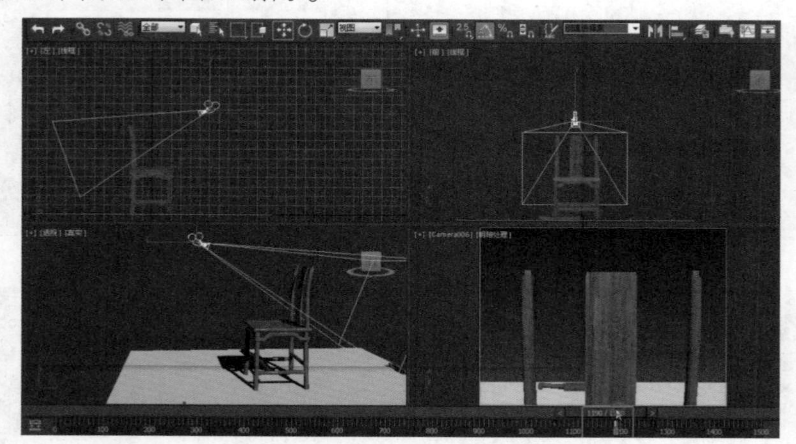

图7.68

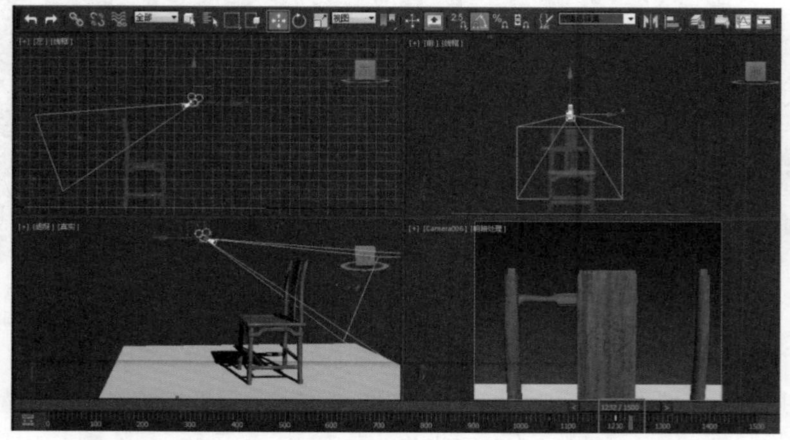

图7.69

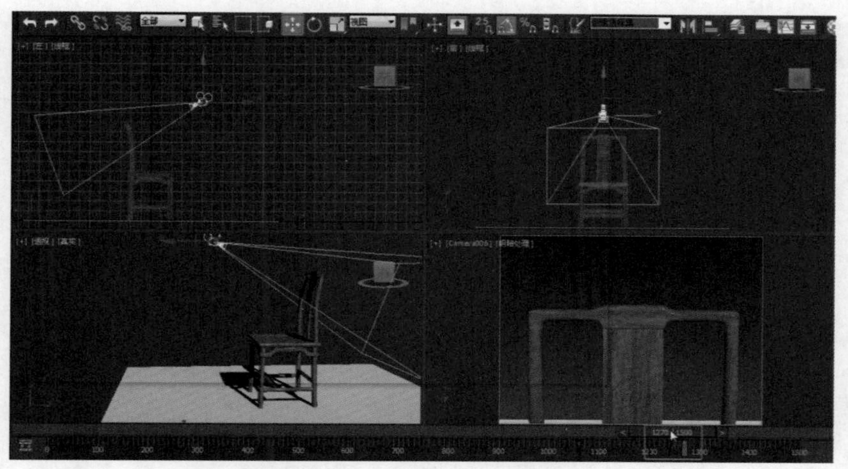

图7.70

15 现在制作第七个摄影机动画，画面从楔子底部仰拍，跟随楔子运动到椅子底部，然后向上推近。将顶视图切换为底视图，在底视图中创建自由摄像机（Camera07），将摄像机（Camera006）视图切换为摄像机（Camera007）视图，将时间调到1300帧，单击【选择并移动】按钮，在底视图和前视图中将摄像机（Camera007）移动至合适位置，使椅子的楔子全部在摄像机（Camera007）的画面范围内。单击【自动关键点】按钮，单击【设置关键点】按钮，将1300帧设置为关键点，如图7.71所示。

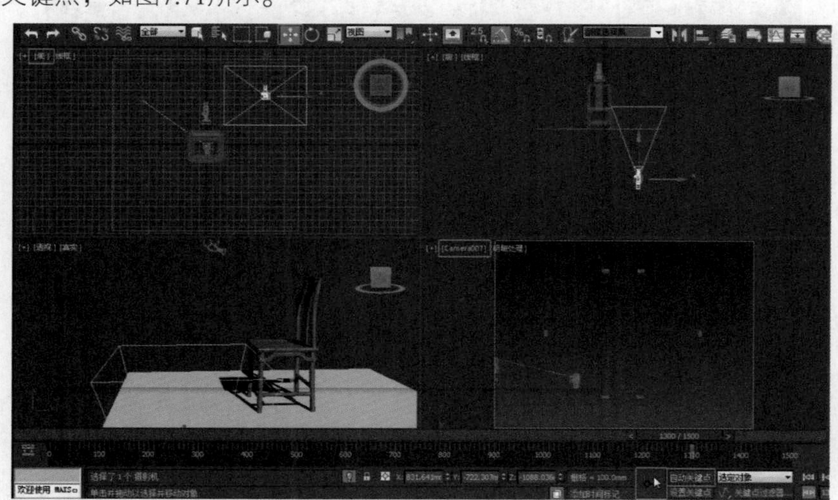

图7.71

16 将时间调到1360帧，单击【选择并移动】按钮，在底视图和前视图中将摄像机（Camera007）移动至合适位置，使椅子的底部全部在摄像机（Camera007）的画面范围内，然后使1340帧到1360帧摄像机处于推近过程。框选1360帧，按住Shift键并将1360帧移动复制到1340帧，单击【选择并移动】按钮，在前视图中沿Y轴方向将摄像机（Camera007）向下移动，如图7.72、图7.73所示。

17 接下来进行渲染动画的设置，因为有7个摄影机，所以需要分7段喧染，后期可以用合成软件按钮，合成为一整段。将摄影机视图切换为渲染摄像机（Camera001）视图，单击【渲染设置】按钮，打开渲染设置窗口，将【公用参数】卷展栏下的【时间输出】范围设置为0到200，输出大小的【宽度】设置为1280、【高度】设置为960。在【渲染输出】下单击【文件】按钮，在弹出的对话框中设置文件保存位置和名称，保存类型建议为mov格式，单击【保存】按钮会弹出压缩设置框，设置质量为高，再单击【确定】按钮以保存。最后单击【渲染】按钮即可开始渲染，渲染完成后可在预设的目录下找到视频文件，如图7.74所示。

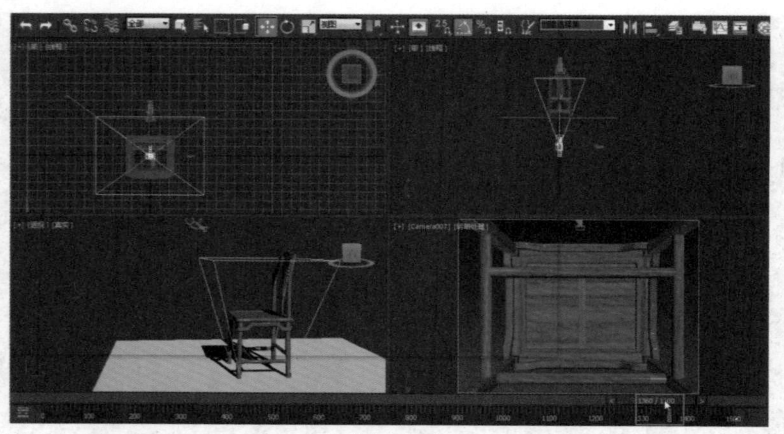

图7.72

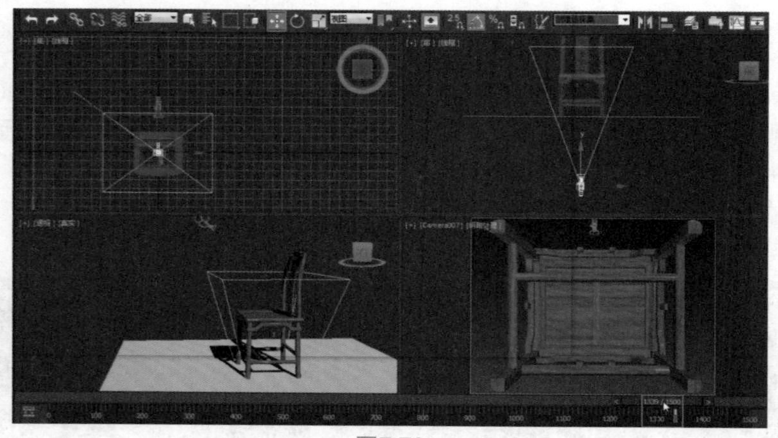

图7.73

同理，依次渲染其余的6个摄像机。在渲染摄像机（Camera007）动画时，由于摄像机（Camera007）是从底部向上拍摄，很有可能被地面遮挡，所以在渲染摄像机（Camera007）动画时选择地面对象，单击鼠标右键，打开【对象属性】对话框，在里面取消勾选【对摄像机可见】复选项，如图7.75所示。

TIPS 在选择动画输出格式时，如果没有mov选项是因为电脑中没有相应的解码器，可下载QuickTime播放器安装，然后重新启动3ds Max软件即可。

图7.74

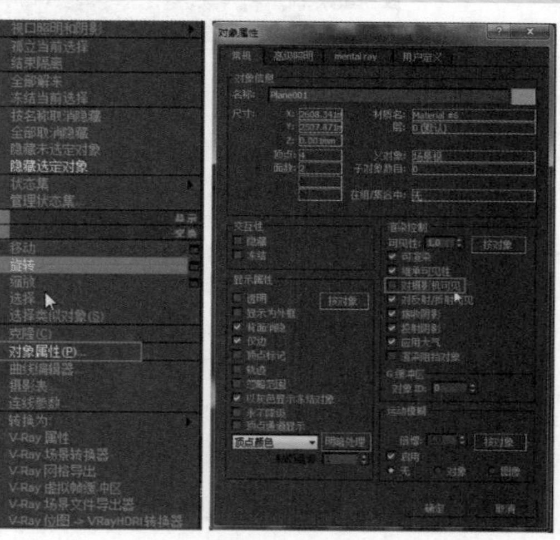

图7.75

7.3 机器动画制作

在进行复杂机器类产品的设计表现时，很难通过效果图全面地传达出产品的信息。这时可以借助动画技术进行产品工作方式展示、产品原理展示、能量传递展示等内容，可以取得更好的效果。

01 打开配套光盘中的“超声波诊断系统无动画.max”文件，使用快捷键P切换到透视图。首先设置插头的动画，过程是插头从主机前方移动到插槽内，连接线也与之一起移动。单击【选择并移动】按钮，沿Y轴方向将插头移出，单击自动关键点【自动关键点】按钮，将时间滑块定位到30帧，沿Y轴方向将插头移进并插入插槽，如图7.76所示。

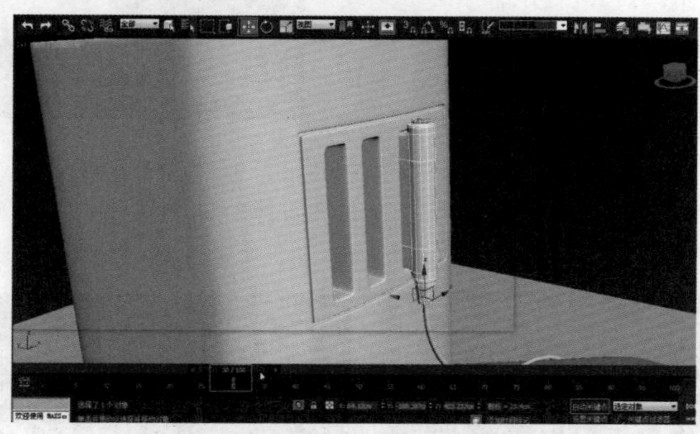

图7.76

02 选择插头连接线，单击【修改】选项卡进入修改面板，单击【line】下顶点层级。选择连接线与插头连接处的顶点，时间滑块调到0帧，单击【选择并移动】按钮，沿Y轴方向将插头移动，与插头连接处对齐，单击【设置关键点】按钮，将0帧设置为关键点。将时间调到30帧，沿Y轴方向将连接线移动，与插头连接处对齐，单击【设置关键点】按钮，将30帧设置为关键点，如图7.77、图7.78所示。

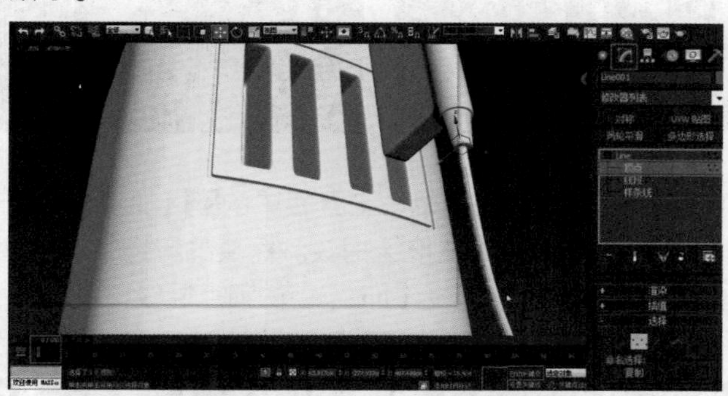

图7.77

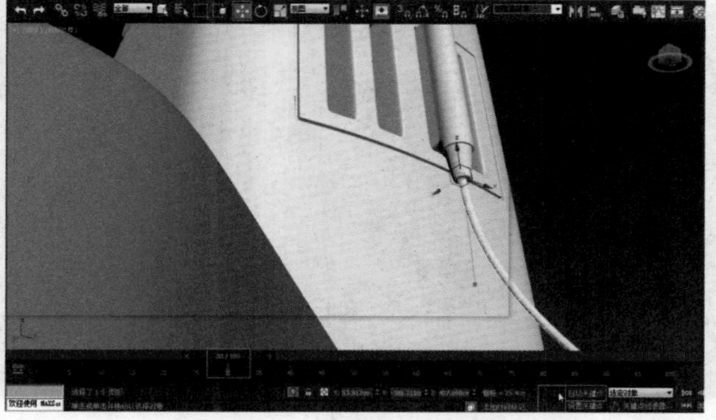

图7.78

03 现在制作探头动画，过程是探头上移脱离杯状部件，然后移动到机器左前方，探头感应面朝下做往复运动，最后回到杯状部件。探头运动的过程需带动连接线做相应的动画，所以事先需要设置连接线和探头、接头的关系。单击自动关键点按钮，关闭【自动关键点】，首先调整探头的轴心。选择探头对象，单击【层次】选项卡进入层次面板，单击【调整轴】卷展栏下的【仅影响轴】按钮、【居中到对象】按钮，可将探头轴心调整到其中心，便于旋转操作，如图7.79所示。

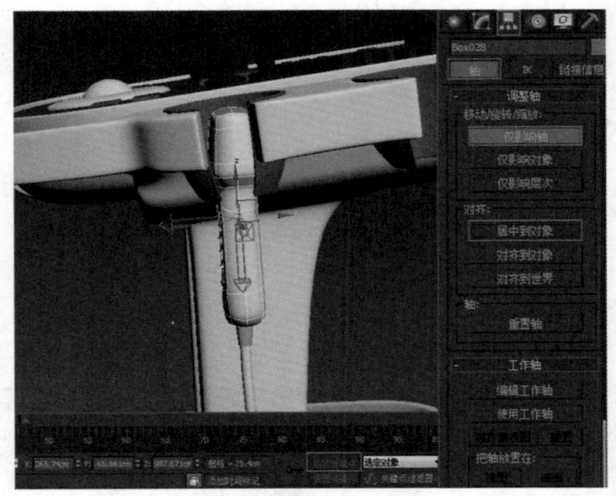

图7.79

04 选择探头连接的线，单击【修改】选项卡进入修改面板，从修改器列表中选择【样条线选择】修改器，选择【样条线选择】下的顶点层级，框选探头下的顶点。从修改器列表中选择【链接变换】修改器，单击【参数】卷展栏下的【拾取控制对象】按钮，然后选择拾取探头与连接线之间的接头部件，从而使接头的移动带动顶点的移动，如图7.80、图7.81所示。

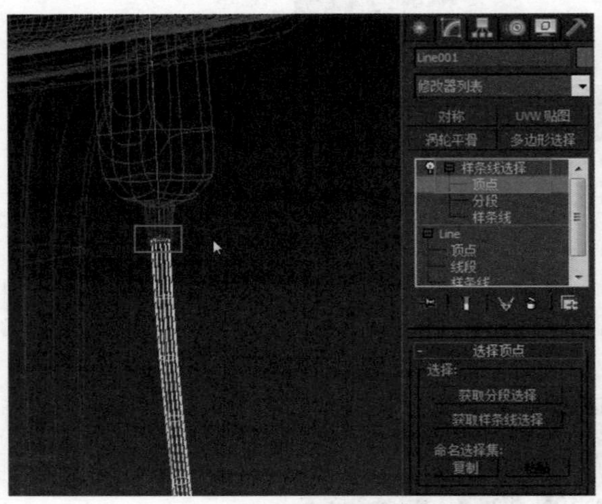

图7.80

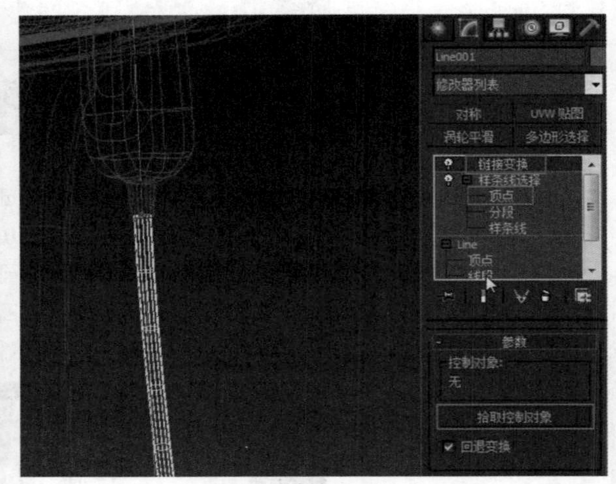

图7.81

05 选择连接探头和线之间的接头对象，单击工具栏中的【选择并链接】按钮，单击接头对象并将连线拖曳到探头，即可将接头链接给探头。探头的运动带动接头的运动，从而带动线的运动，如图7.82所示。选择连接探头的线，选择【line】下的顶点层级，框选线由上往下的第二个顶点，单击鼠标右键，选择【平滑】命令，上面顶点的运动会带动第二个顶点的自然变化，如图7.83所示。

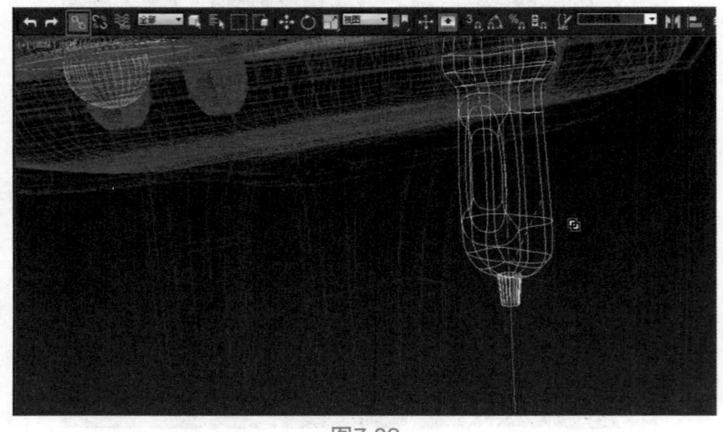

图7.82

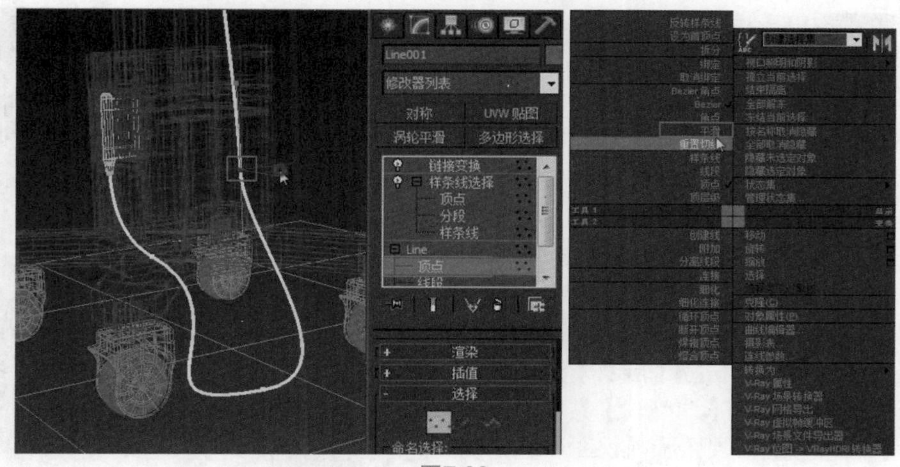

图7.83

06 然后制作探头动画。将时间滑块拨到40帧，单击自动关键点【自动关键点】按钮，单击【设置关键点】按钮，将40帧设置为关键点。定位到60帧处，单击【选择并移动】按钮，沿Z轴方向将探头向上移出。定位到80帧，沿X轴方向将探头向外移出。单击【设置关键点】按钮，将80帧设置为关键点。将时间滑块定位到100帧，探头先沿Y轴方向向前移动，再沿Z轴方向向下移动，单击【角度捕捉】按钮，单击【选择并旋转】按钮，将探头旋转180度，如图7.84、图7.85、图7.86所示。

07 将时间滑块分别调到130帧、160帧、190帧，将探头沿着X轴或者Y轴方向任意移动，形成探头工作时移动的动画。框选80帧处的关键帧，按住Shift键将其复制到220帧。将时间滑块定位到190帧，单击【选择并旋转】按钮，将探头旋转150度。框选60帧并移动复制到240帧，框选40帧并移动复制到260帧，这样探头从工作状态到回归原位的动画便完成了，如图7.87所示。

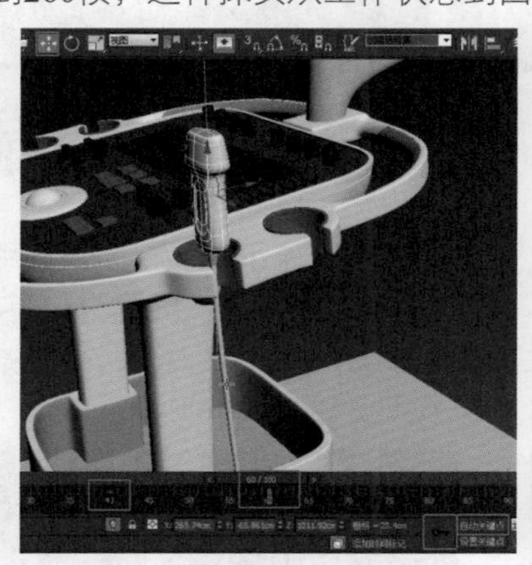

图7.84

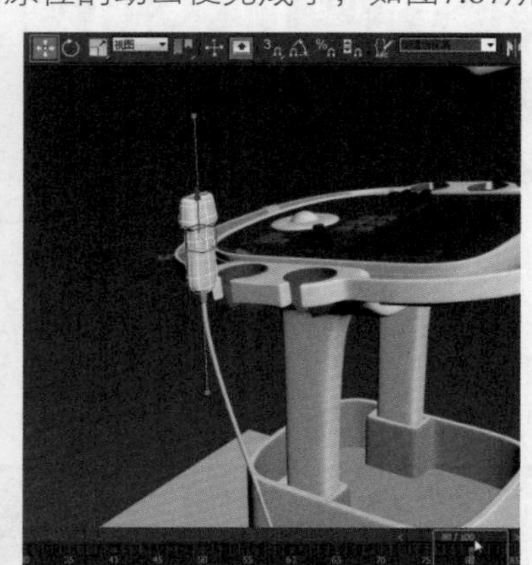

图7.85

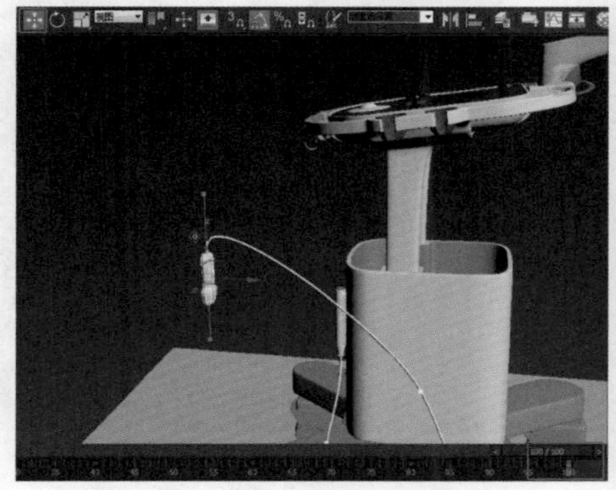

图7.86

图7.87

08 单击自动关键点按钮，关闭【自动关键点】，先制作显示器转动动画之前的调整。分别选择上转向臂和连接转向臂与显示器的圆柱零件，在修改器堆栈的【涡轮平滑】修改器上单击鼠标右键并将其删除。选择上转向臂，单击修改面板的【附加】按钮，再选择圆柱零件，再次单击【附加】按钮以结束操作。重新为对象添加【涡轮平滑】修改器，将下【迭代次数】参数设置为3，如图7.88所示。

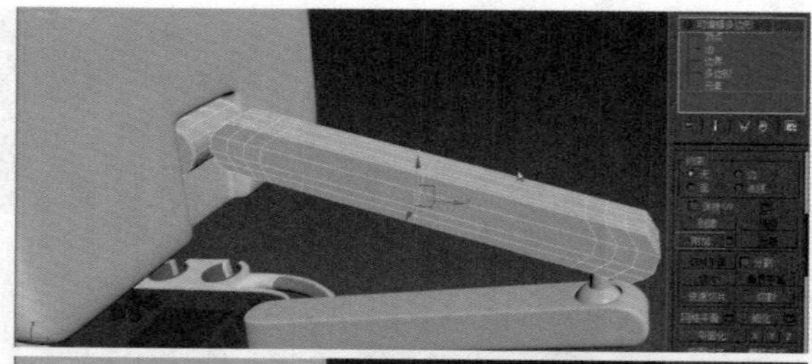
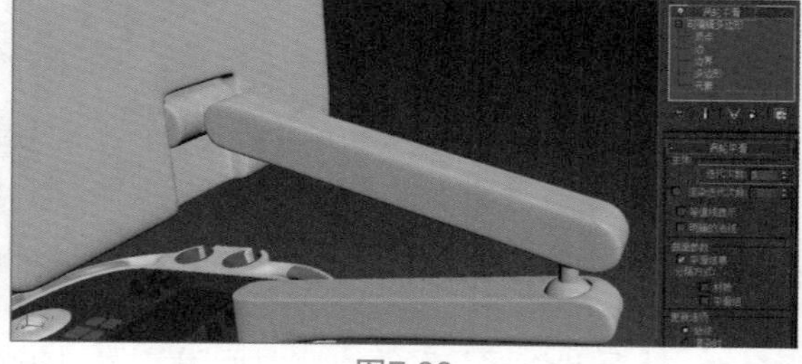

图7.88

09 选择上转向臂，单击【层次】选项卡进入层次面板，选择【调整轴】卷展栏下的【仅影响轴】选项，在左视图和前视图中移动调整转向臂的轴心与转向臂下的球型零件中心。同理，将显示器的轴心调整到圆柱形零件中心。选择显示器，单击工具栏上的【选择并链接】按钮，单击显示器并拖曳连接到上转向臂，即可将显示器链接给转向臂，转向臂的运动带动显示器运动，如图7.89所示。

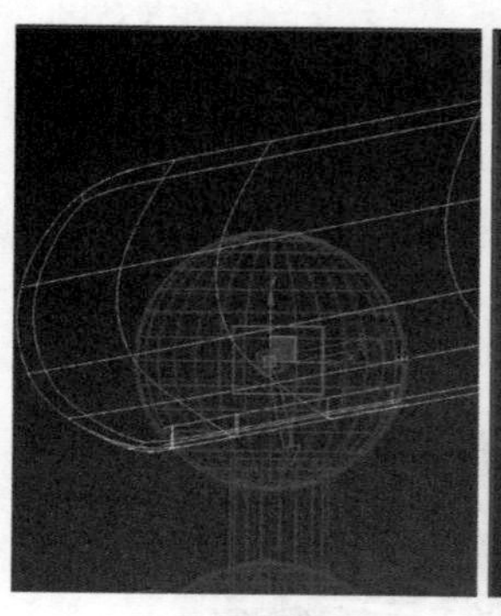
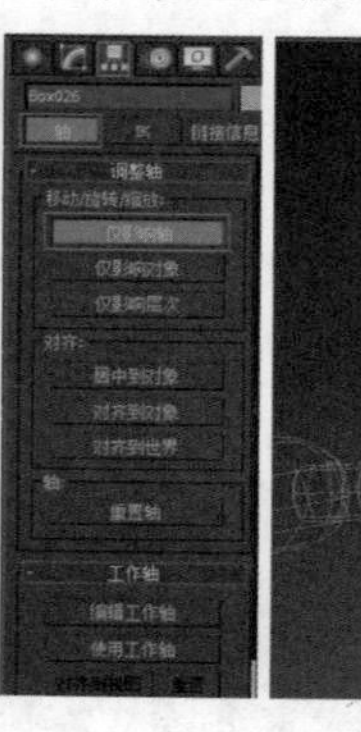
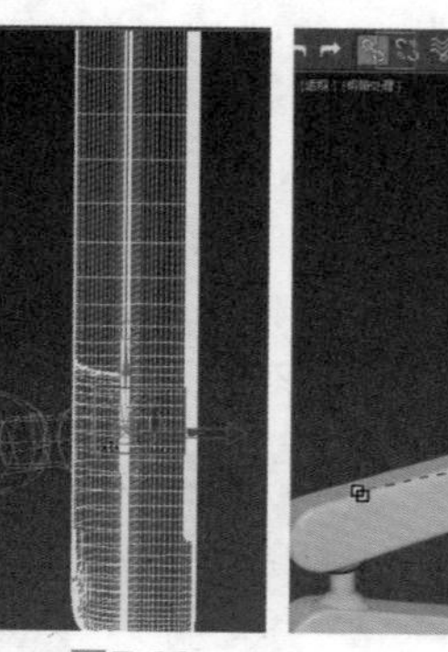
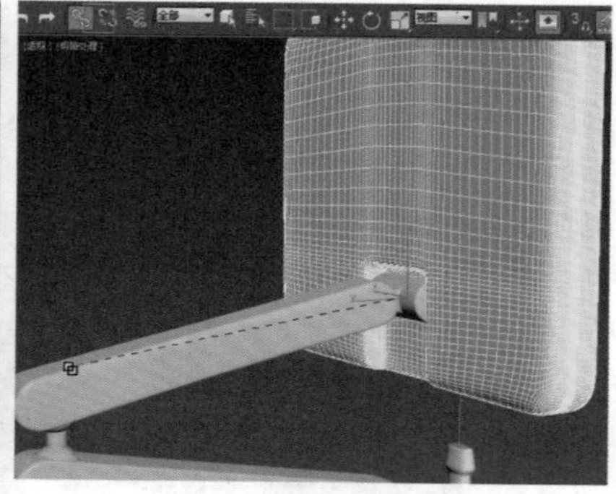

图7.89

10 下面将制作显示器的运动动画，过程是转向臂的旋转带动显示器的移动，显示器自身还有旋转动作。将时间滑块调到270帧，分别选择显示器和转向臂，单击自动关键点【自动关键点】按钮，单击【设置关键点】按钮，将270帧设置为关键点，如图7.90所示。将时间滑块定位到310帧，选择转向臂和显示器，单击【选择并旋转】按钮，将其分别旋转-35度和30度，如图7.91所示。

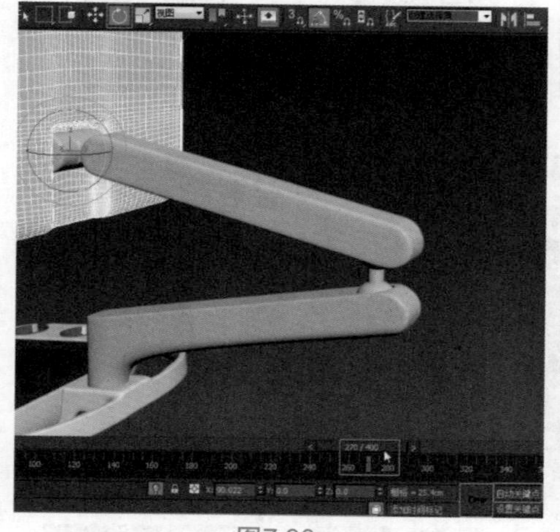

图7.90

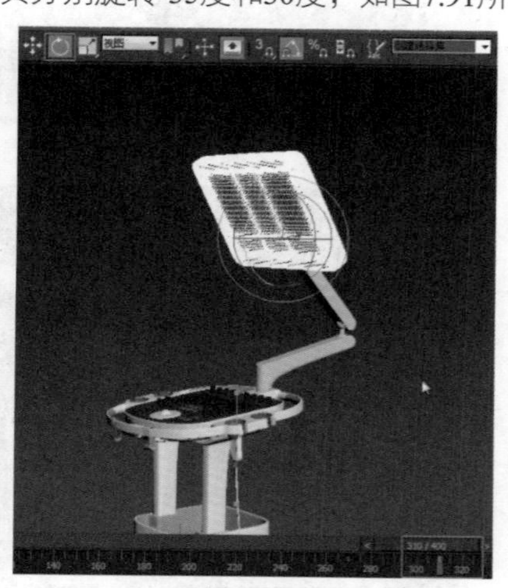

图7.91

11 将时间滑块调到350帧，单击【选择并旋转】按钮，将转向臂向右旋转55°。选择显示器对象，将坐标系统切换为“局部”，将显示器旋转-20°，如图7.92所示。将时间滑块定位到390帧，选择转向臂，将坐标系统切换为“视图”，将转向臂向左旋转55°，再向下旋转55°，显示器向上旋转30°，如图7.93所示。

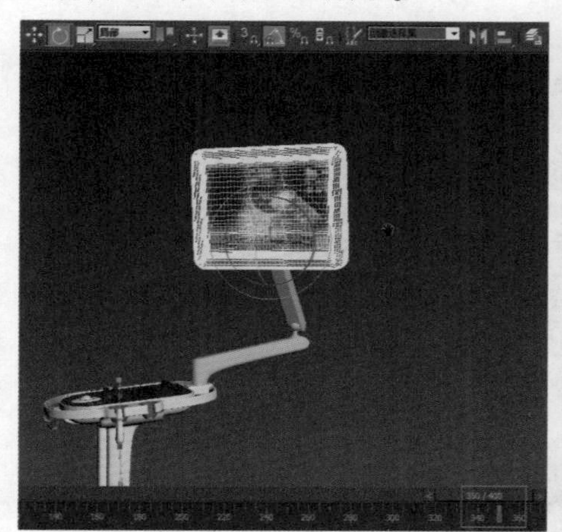
图7.92

图7.93

12 接下来创建摄像机。在透视图中选择适合观察插头动画的角度，用快捷键Ctrl+C创建摄像机（Camera001）。按快捷键Shift+F显示安全框，单击【推拉摄像机】、【侧滚摄像机】、【环游摄像机】按钮，调整摄像机（Camera001）位置和视角，将镜头参数设置为50mm，如图7.94所示。同理，创建目标摄像机（Camera002），用于观察探头动画。创建目标摄像机（Camera003），用于观察摄像机动画，如图7.95、图7.96所示。

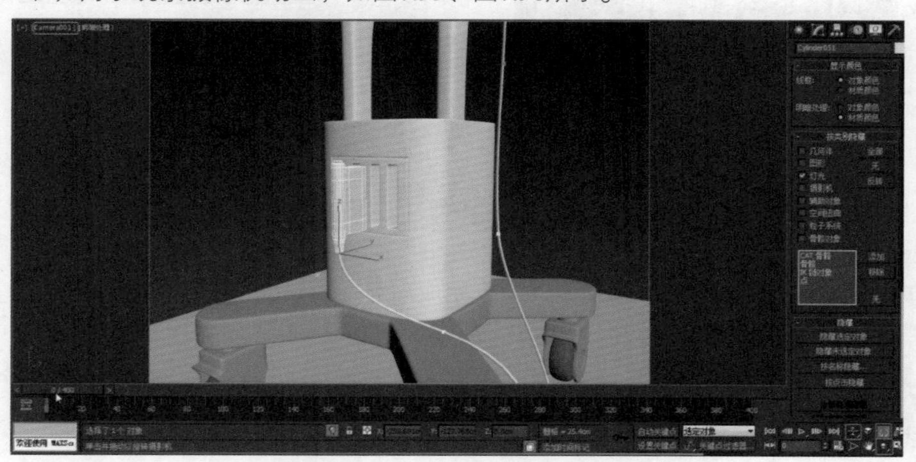
图7.94

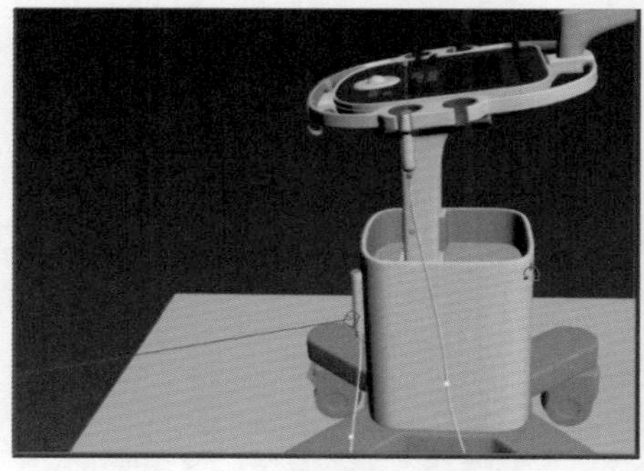
图7.95

图7.96

13 渲染摄影机动画。将当前视图切换成Camera001视图，单击工具栏的【渲染设置】开关，在【GI】选项卡中的【发光图】卷展栏下将【当前预设】设置为高-动画。在【公用】选项卡中的【公共参数】卷展栏下将【范围】设置为0至30帧，将输出大小的【宽度】设置为960，【高度】设置为720，如图7.97所示。在【渲染输出】下单击【文件】按钮，设置文件保存位置和名称，保存类型可选择avi、tga或者mov格式，如图7.98所示。

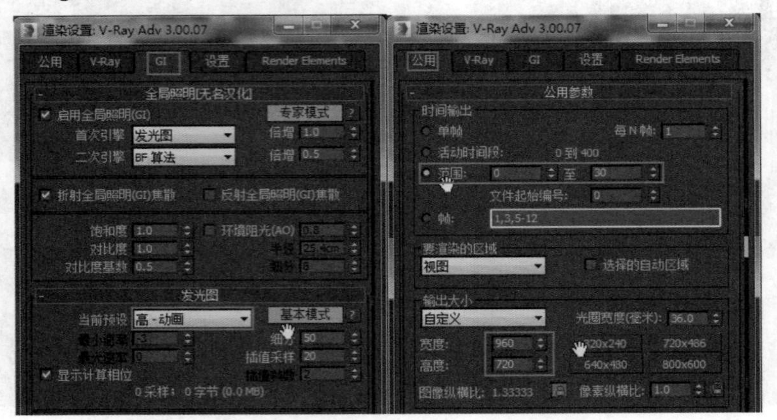

图7.97

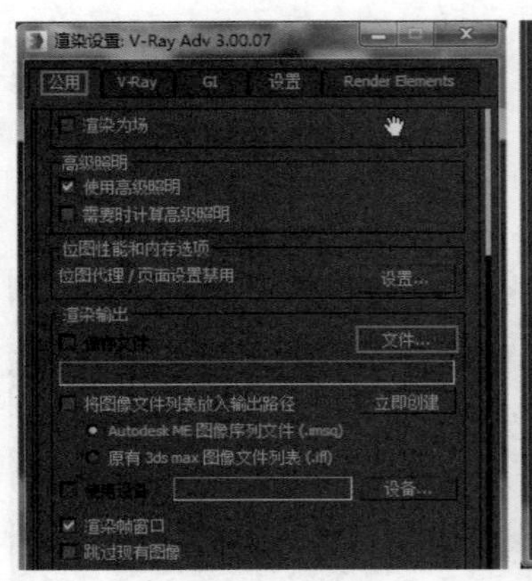

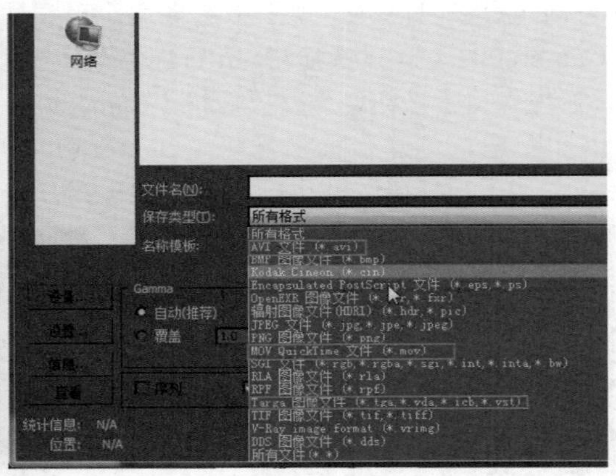

图7.98

最后单击【渲染】按钮即可开始渲染，渲染完成后可在预设的目录下找到视频文件。使用同样的方法渲染摄像机（Camera002）动画和摄像机（Camera003）动画。

> TIPS 在选择动画输出格式时，没有mov选项的原因是电脑中没有相应的解码器，可下载QuickTime播放器安装，然后重新启动3ds Max软件即可。